银 鲳
繁育理论与养殖技术

彭士明　施兆鸿　主编

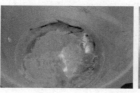

中国农业出版社
北　京

编 委 会

主　编　彭士明　施兆鸿

副主编　高权新　赵　峰　马凌波　王建钢
　　　　潘桂平

编写人员　（按姓氏笔画排列）

　　　　马春艳　马凌波　王建钢　尹　飞

　　　　孙　鹏　张凤英　张晨捷　赵　峰

　　　　施兆鸿　高权新　黄旭雄　彭士明

　　　　潘桂平

银鲳，学名 *Pampus argenteus* （Euphrasen，1788），我国南方俗称白鲳，北方俗称平鱼，隶属于硬骨鱼纲（Osteichthyes）、鲈形目（Perciformes）、鲳科（Stromateidae）、鲳属（*Pampus*），为中上层洄游性鱼类，广泛分布于我国黄海、渤海、东海及南海各海区，是我国主要的海产经济鱼类之一。银鲳肉质鲜嫩，口感好，富含人体必需氨基酸和高度不饱和脂肪酸等，深受人们的喜爱。同时，银鲳由于营养价值高且鱼刺少，也是婴幼儿阶段一种非常理想的辅食，因此，其市场需求量非常大，养殖开发潜力巨大。

然而，由于过度捕捞及自然海域水环境的不断恶化，银鲳种质资源状况令人堪忧，个体小型化与性早熟现象日趋明显。为有效保护自然海域野生银鲳的种质资源，并进一步满足巨大的消费市场需求，自 20 世纪 80 年代，我国科研人员就陆续开始了银鲳繁殖生物学方面的研究工作。国内最早且有科技文献报道可循的开展银鲳繁育生物学研究的鱼类学家是中国水产科学研究院东海水产研究所的赵传絪研究员，他在 80 年代首次针对东海海区鲳的鱼卵与仔鱼形态进行了研究报道，堪称国内鲳繁育生物学研究的开拓者与先行者。然而，银鲳独特的生物学特征，即体呈菱形、侧扁、无鳔，口小且下位，体被弱圆鳞，易脱落，应激性反应强，离水即死等，决定了其全人工繁育难度很大。由于银鲳繁育及养殖技术难度大，国内虽有不少学者针对其人工繁育开展了诸多研究和尝试，但截至 20 世纪末一直未有突破性进展。国际上同样如此，日本学者自 20 世纪 60 年代、科威特学者自 20 世纪 90 年代起也分别陆续开始了银鲳繁殖方面的研究，但在银鲳全人工繁育及养殖技术方面至今仍未有突破性进展，其相关研究仍处于实验室阶段。

自 21 世纪初，中国水产科学研究院东海水产研究所依托国家科技支撑计划、国家自然科学基金、上海市科技兴农以及中央级公益性科研院所基本科研业务费等项目，历时十余年，开展了系统深入的研究，在银鲳种质资源与遗传特性、繁殖生物学、发育生物学、养殖生态学、营养学以及全人工繁育及养殖配套技术等方面取得了多项创新性成果，完成了银鲳种质资源与群体遗传学、亲体性腺发育规律及生殖调控机理、胚胎发育及仔稚幼鱼摄食与生长特性、关键养殖生态因子生理需求及营养生理学等基础理论研究，先后突破了银鲳人工养殖技术、生殖调控技术、催产孵化及苗种培育技术以及全人工育苗技术等系列关键技术，创建了银鲳全人工繁育系列技术方法，开发了银鲳工厂化、池塘及网箱等多种养殖模式及配套技术方法，实现了我国鲳属鱼类养殖"零"的突破，技术成果获国家海洋局海洋工程科学技术奖（技术发明类）一等奖，以及上海市技术发明奖二等奖。

银鲳作为目前我国最具开发潜力的海水养殖新对象之一，近些年来，业界的关注度也日益提升。为助推银鲳规模化繁育及养殖开发的进度，笔者在总结长期生产实践经验的基础上，结合国内外已有的相关资料和文献报道，本着"实用、实际、实践"的原则，编写了本书。本书是对目前我国银鲳繁育、养殖相关理论研究及其生产实践技术的全面总结。笔者采用基础理论研究与实际生产实践技术相结合的方法，对银鲳生物学与种质资源特性、繁殖生物学、发育生物学、人工繁育技术、养殖生态学、营养生理与饲料学、消化道微生物学、养殖模式与技术以及病害防治技术等进行了较全面的阐述和介绍。本书可供养殖生产从业人员，以及科研院校科技工作者参考。

本书的编写得到了国家自然科学基金面上项目（31772870）、上海市种业发展项目（沪农科种字 2017 第 1－10 号）及现代农业（海水鱼）产业技术体系专项资金（CARS－47－G25）的资助。同时，本书引用了大量的参考文献，在此向所有文献作者表示衷心感谢。作为国内系统阐述银鲳人工繁育及养殖理论与技术的首本专著，加之编者水平和能力有限，书中难免有不足、错误和不妥之处，敬请同行专家和广大读者批评指正，以使本书在使用中不断得以完善和提高。

彭士明

2018 年 3 月

目 录

第一章

银鲳生物学与种质资源特性

第一节　鲳属鱼类的分类与分布

银鲳，学名 *Pampus argenteus*（Euphrasen，1788），属于硬骨鱼纲（Osteichthyes）、鲈形目（Perciformes）、鲳科（Stromateidae）、鲳属（*Pampus*），为中上层洄游性鱼类，广泛分布于黄海、渤海、东海及南海各海区，是我国主要的海产经济鱼类之一。鲳属鱼类的分类简史、分类特征、种的检索表及地理分布如下（刘静等，2002）。

一、鲳属鱼类分类简史

早在 19 世纪 80 年代，Gill（1884）依据背鳍和臀鳍前方小棘是否明显这一特征，将鲳属分为两个亚属，即 *Stromateoides* 和 *Chondroplites*，同时，他还认为鲳属只有两个种，分别为 *Stromateoides argenteus* 和 *Chondroplites chinensis*。Regan（1902）依据尾鳍的形态特征将鲳属分为两个种，一个是尾鳍为截形或浅叉形的中国鲳（*Stromateiodes sinensis*），另一个是尾鳍深叉形且下叶延长的灰鲳（*S. cinereus*）。Fowler（1972）在记述中国沿海的鲳属鱼类时，也将其分为两个种，中国鲳（*Pampus sinensis*）和银鲳（*P. argenteus*），他认为 *P. cinereus* 和 *P. echinogaster* 是 *P. argenteus* 的同物异名。美国学者 Haedrich（1967）在研究鲳亚目鱼类的系统分类时，根据鳍的形态、鳍条鳍棘数目、脊椎骨数目、鳃耙数目等生物学特征，将鲳属分为 3 个种，分别为中国鲳（*P. chinensis*）、银鲳（*P. argenteus*）和高丽鲳（*P. echinogaster*），他把 *P. cinereus* 视为 *P. argenteus* 的同物异名。日本学者 Yamada（1986）和 Nakabo（1993）在对我国黄海、东海及日本沿海的鲳科鱼类进行分类描述时，根据鳍的形态和头部后侧方侧线管的位置将鲳属分为 3 个种，即银鲳（*P. argenteus*）、高丽鲳（*P. echinogaster*）和中国鲳（*P. chinensis*）。国内鱼类学家成庆泰等（1962，1963）根据鳍的特征和吻的形态，将南海和东海的鲳属鱼类分成 3 个种，即燕尾鲳（*Stromateoides nozawae* Ishikawa）、银鲳（*S. argenteus* Euphrasen）和中国鲳（*S. sinensis* Euphrasen）。杨文华等（1987）同样根据鳍和吻的生物学特征，将中国沿海的鲳属鱼类分成上述 3 个种，仅是将属名由 *Stromateoides* 改成了 *Pampus*。邓思明等（1981）通过比较分析中国鲳亚目鱼类的侧线管系统、骨骼系统、耳石结构及食道侧囊等生物学特征，将鲳属分成了 3 个种，分别为银鲳（*P. argenteus*）、灰鲳（*P. cinereus*）和中国鲳（*P. chinensis*）。伍汉霖（1985）在《福建鱼类志》一书中，根据鳍的形态和颜色、头部后上方侧线管的形态特征以及脊椎骨数目，将鲳属同样分成了银鲳（*P. argenteus*）、灰鲳（*P. cinereus*）和中国鲳（*P. chinensis*）这 3 个种。李春生（1995）首次提出我国东海和黄海有 4 种鲳，分别为翎鲳（*Pampus* sp.）、镰鲳（*P. echinogaster*）、中国鲳（*P. chinensis*）及灰鲳（*P. cinereus*）。Liu et al（1998）报道了鲳属鱼类的一个新种，即珍鲳（*P. minor*），同时对原来被许多学者认为是银鲳（*P. argenteus* Euphrasen）同物异名的翎鲳（*P. punctatissimus* Temminck et Schlegel）重新进行了描述，认为翎鲳是区别于银鲳的独立有效种。

关于鲳属鱼类的种类划分问题，截至目前，国内外学者的观点仍存在分歧。根据刘静等（2002）的研究报道，我国鲳属鱼类共有 5 个种，分别为银鲳（*Pampus argenteus* Euphrasen，1788）、翎鲳

（*P. punctatissimus* Temminck *et* Schlegel，1854）、灰鲳（*P. cinereus* Bloch，1793）、中国鲳（*P. chinesis* Euphrasen，1788）和珍鲳（*P. minor* Liu et al，1998）。

二、主要分类学特征

体卵圆形，侧扁而高，头小，吻圆钝，凸起。口小，前位或亚前位。上颌骨伸达眼的下方，上下颌牙各一行，细小；牙具单峰或 3 峰；犁骨、腭骨、基鳃骨及舌上均无牙。食道侧囊单个，长椭圆形，侧囊内壁具有大小不等的乳头状突起，每个乳突具有许多细小针状角质刺，突起的基底均埋于肉中。鳃孔小，鳃盖条 5～6，无假鳃；鳃耙短小，有的退化为结节状。体被细小圆鳞，易脱落。侧线完全，上侧位，与背缘平行，伸达尾鳍基部，头后部及躯干部前段侧线管发达。背鳍一个，鳍棘部不发达或无，幼鱼时鳍棘短，小戟状，成鱼时鳍棘多埋于皮下；鳍条部基底长，鳍条数目多。臀鳍与背鳍同形，几乎相对，具 30～50 鳍条。胸鳍尖长。一般无腹鳍。尾鳍浅叉或深叉。椎骨 29～41 个。

三、种的检索表

我国 5 种鲳属鱼类种的检索表如下（刘静等，2002）：

1（2）体小型，成鱼体长不超过 150 mm；背鳍和臀鳍鳍棘幼鱼时期明显，成鱼时仍存在，未埋藏于皮下；背鳍和臀鳍前部鳍条稍延长呈镰刀状，未达尾鳍基底；脊椎骨 29～30 个；在我国分布于台湾海峡南部和南海近海 ………………………………………………………………… 珍鲳（*Pampus minor* Liu *et* Li，1998）

2（1）体大型，成鱼体长超过 300 mm；背鳍和臀鳍鳍棘幼鱼和成鱼时期皆无，或幼鱼时明显，成鱼时则埋于皮下；背鳍和臀鳍前部鳍条延长呈镰刀状或三角形，或显著延长呈燕尾形，其末端未达或伸达尾鳍基底；脊椎骨多于 32 个。

3（4）背鳍和臀鳍鳍棘幼鱼和成鱼时期皆无；幼鱼背鳍和臀鳍前部鳍条隆起呈三角形，成鱼背鳍和臀鳍前部鳍条稍延长呈镰刀形，鳍条未达尾鳍基底；脊椎骨 32～33 个；尾鳍分叉浅，上下叶等长；我国分布于东海南部、台湾海峡和南海近海 ……………………… 中国鲳（*Pampus chinensis* Euphrasen，1788）

4（3）背鳍和臀鳍鳍棘幼鱼时明显，成鱼时则埋藏于皮下；背鳍和臀鳍前部鳍条延长呈镰刀状或显著延长呈燕尾形；脊椎骨多于 34 个；尾鳍分叉深。

5（6）背鳍和臀鳍前部鳍条延长呈镰刀状，末端不伸达尾鳍基底；脊椎骨 39～41 个；我国分布于渤海、黄海、东海、台湾海峡和南海近海 ………………………………… 银鲳（*Pampus argenteus* Euphrasen，1788）

6（5）背鳍和臀鳍前部鳍条延长呈镰刀形或燕尾形，末端达到或超过尾鳍基底；脊椎骨 34～38 个。

7（8）尾鳍深叉形，上下叶等长；脊椎骨 34～35 个；口端位，吻与下颌等长，前端齐平；我国分布于渤海、黄海、东海、台湾海峡和南海近海 ……………… 翎鲳（*Pampus punctatissimus* Temminck *et* Schlegel，1854）

8（7）尾鳍深叉形，上下叶不等长，下叶显著长于上叶，燕尾形；脊椎骨 37～38 个；口亚端位，下颌稍短于吻端；我国分布于东海、台湾海峡和南海近海 ……………………… 灰鲳（*Pampus cinereus* Bloch，1793）

四、地理分布

银鲳广泛分布于我国渤海、黄海、东海、台湾海峡及南海北部沿岸；北方地区的辽宁、河北、山东沿岸常见的鲳即为此种。本种在朝鲜、日本南部海区也有分布，但日本近海较少。

翎鲳广泛分布于我国黄海、东海、台湾海峡及南海北部沿岸海区；在上海、浙江、福建沿岸很常见。本种的分布区也包括朝鲜、日本沿岸，印度尼西亚群岛海区也有分布。

灰鲳分布于我国台湾海峡南部及南海北部沿岸；在海南三亚、昌化，广西北海，广东湛江至汕头，福建厦门以南均有分布。本种的分布向南可达越南、马来西亚等东南亚近海。

中国鲳分布于我国台湾海峡中南部至南海北部沿岸；在福建龙江、厦门以南至广东、广西和海南近海很常见。本种可能在泰国、马来西亚、印度尼西亚等东南亚沿岸有分布，印度洋也可能有分布。

珍鲳仅分布于我国南海北部和台湾海峡南部沿岸，最北到福建厦门一带，是广东、广西以及海南沿岸常见的种类。

第二节　形态特征

一、外部形态

体卵圆形，侧扁而高，背缘和腹缘呈弧形隆起，体以背鳍起点前为最高，尾柄短，头小，吻短而圆钝。口小，亚端位，两颌各具细齿 1 行，齿三峰状，排列紧密，犁骨、腭骨及舌上均无齿。鳃孔小，鳃盖骨具软柔扁棘。体被细小圆鳞，易脱落。侧线完全，前部有分支，后部与背缘平行。背鳍 1 个，鳍棘在幼鱼时明显，成鱼时埋于皮下，臀鳍和背鳍同形，无腹鳍，尾鳍深叉形，臀鳍和尾鳍下支常延长。体背青灰色，腹部银白色，各鳍浅灰色。银鲳的外形见图 1-1。

图 1-1　银　鲳

二、内部特征

无鳔。无鳃上辅助器官。食道侧囊一个，呈长椭圆形。幽门盲囊数 500～600 个，每个幽门盲囊长 15 mm 左右。

三、可数性状

臀鳍和背鳍各具 30～50 个鳍条，无鳍棘；鳃耙 15～20 个（3～5＋12～15），成鱼鳃耙长 3～4 mm；脊椎骨数 39～41，其中腹椎骨数 14～16，尾椎骨数 24～25；耳石薄、半透明，耳石前端基叶与翼叶之间有一深缺刻。

四、侧线管系统

侧线管背分支占头长的 37%～43%，后端呈弧形；侧线管腹分支占胸鳍长的 20%～27%；横枕管和眶上连管左右间距较远（图 1-2）。

五、银鲳形态框架结构测量

参照 Elliott et al（1995）的方法建立了银鲳的框架定标点（赵峰等，2011），银鲳框架数据的测量位点见图 1-3。测量点间的测量准确度为 0.1 mm，每个样本共有 19 个框架参数指标。

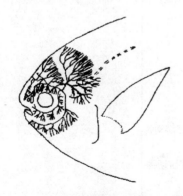

图 1-2　银鲳的头枕区侧线分支

（刘静等，2002）

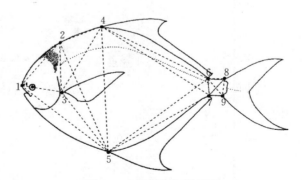

图 1-3　银鲳框架测量图

1. 吻前端　2. 头盖骨后缘　3. 胸鳍起点　4. 背鳍起点　5. 臀鳍起点　6. 背鳍末端

7. 臀鳍末端　8. 背部尾鳍起点　9. 腹部尾鳍起点

图中 9 个坐标点之间的距离为 19 个框架数据，例如，D_{1-2} 表示定标点 1 与 2 之间的距离

（赵峰等，2011）

第三节 生态习性

一、生活习性

银鲳为近海暖温性中上层鱼类，是分布广泛的重要经济鱼类，除我国的黄海、渤海、东海、南海均有分布外，韩国、日本、越南、菲律宾、孟加拉国、印度、科威特等国沿海也有分布。我国以黄海南部和东海北部较为集中，有集群和季节性洄游现象。在自然状态中，经常在水温 8～26 ℃、盐度 20～34 的海域中捕获到银鲳。人工养殖条件下银鲳的最适生长水温 25～28 ℃，在此范围内摄食旺盛。水温低于 14 ℃或高于 32 ℃时摄食减弱，温度低于 4 ℃或高于 33 ℃时出现死亡。

银鲳对盐度的适应范围为 10～36，在 20～25 盐度范围内生长速度最快，性腺快速发育阶段，其适宜盐度需求为 25～28。盐度突变幅度大于 10 且时间长于 48 h，或盐度长时间低于 10 会导致其死亡。在自然环境中，银鲳喜好阴暗，常躲避于亮暗交界处的暗处，因此，在人工养殖条件下，其光照强度一般不高于 700 lx。

由于银鲳应激性反应强，体态呈菱形，侧扁，且无鳔，在水体中不能趴底，因此其人工养殖难度较大。人工养殖条件下银鲳的游动习性为集群持续游动，游动轨迹 90％以上为圆周形，且日间游动速度是夜间游动速度的 3～5 倍，银鲳夜间通过降低游动速度调整其机体能量的分配。正是因为银鲳的这种不间断持续游动的习性，决定了其对溶解氧的要求较高，人工养殖条件下，溶解氧量高于 6 mg/L 为宜。

二、摄食习性

银鲳是一种广食性鱼类，食物来源包含甲壳类、水母类、箭虫、头足类以及浮游动物等。Dadzie et al（2000）通过胃含物分析的方法研究了科威特附近海域银鲳的食物组成，结果表明，银鲳的食物来源广泛，包含诸多的食物类型（桡足类、硅藻、软体动物、鱼鳞、鱼卵及初孵仔鱼等），但桡足类是其中的主要组成部分。彭士明等（2011）利用碳氮稳定同位素技术分析了东海区银鲳的食性（图 1-4），在所有分析的可能食物来源中，箭虫的食物贡献率是最高的，平均贡献率为 57％，在所有分析的可能饵料中，虾类与浮游动物总的平均贡献率为 22.5％。对于采用传统胃含物分析与采用碳氮稳定同位素技术分析两者间的差异，其原因可能是多方面的，一是方法上的差异，传统胃含物分析的方法只能反映银鲳最近的摄食情况，由于不同时期以及不同海区间饵料生物的丰度以及种类可能存在差异，其摄食的种

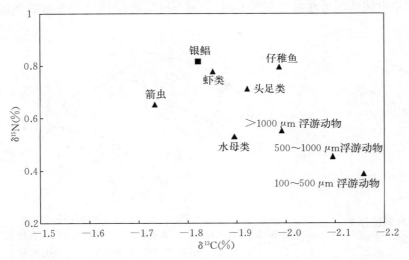

图 1-4 东海区银鲳及及其可能饵料的 δ^{13} C 和 δ^{15} N 值

（彭士明等，2011）

类可能会随之有所变动，以满足自身生长所需，而银鲳稳定同位素的组成总是与其生存领域内饵料的稳定同位素组成相一致，其反映的是银鲳在一段时间内的摄食情况；二是一些易被消化的食物很难利用传统胃含物分析的方法观测到，如一些无脊椎动物（箭虫、水母等）；三是鱼类的摄食在很大程度上依赖于其栖息环境中的食物组成，并且鱼类摄食存在明显的偶食性。

目前，研究已证实，银鲳对水母具有明显的摄食偏好，对海月水母的日摄食量超出其自身体重的10倍（Liu et al，2014）。此外，对其胃含物中食物组成的分析表明，孟加拉湾海域野生银鲳消化道内未消化掉的食物中水母的含量为28.8%（Pati，1980）。彭士明等（2011）利用碳氮稳定同位素技术分析得出水母对银鲳的饵料贡献率最高可达54%。在银鲳的日常养殖生产过程中，在多种食物共存的情况下，银鲳也是首先选择摄食水母，直至将水母吃光，再摄食其他食物。此外，鱼类营养位置的确定，可定量地计算其在食物链内某一消费者经过新陈代谢消耗了多少生物量，同时，处于相同营养级的种属可以汇聚成一个营养群，其类似于营养级的功能类群，因此，确定鱼类的营养级有利于从营养结构的角度来划分海洋生物的功能群（蔡德陵等，2005）。蔡德陵等（2005）在对黄海、东海生态系统食物网连续营养谱的研究过程中得出，银鲳营养级的位置在1.63～3.63。彭士明等（2011）计算得出的银鲳的营养级位置在3.19～4.14，平均营养级为3.54，两者的研究有所差异。判定两者之间营养位置是否一致，不能单纯比较所计算得出的营养级的结果，因为影响营养级位置的因素有很多，基线生物的选择以及一个营养级氮同位素富集度的界定标准均会导致营养级位置的计算结果产生差异。

三、生殖习性

银鲳的产卵场分布在沿海河口咸淡水混合区域，水深一般为10～20 m，低盐，水温较高，底质以泥、沙、沙泥为主。东海海域银鲳产卵期为每年的4—6月。在局部海域，银鲳的生殖群体随盐度降低和温度升高由南向北、由东向西逐渐推移，就各地的渔场而言，产卵期从南向北依次推迟。如福建闽东渔场产卵期在3—7月，盛期4月初至5月底；浙江北部产卵期为5—7月，盛期5—6月；黄海南部的吕四渔场为4月下旬至6月下旬；渤海在5月上旬至7月上旬。在黄海南部和渤海有一部分数量的银鲳是在8—10月产卵。据此认为银鲳有夏季产卵和秋季产卵两个产卵群体存在。近年来，自然海域银鲳产卵期有所提前，如浙江北部舟山渔场的银鲳产卵盛期在4月中旬至5月中旬。银鲳最小性成熟年龄为1龄，2龄鱼全部达到性成熟。通过对银鲳卵巢发育周年变化的组织学观察，银鲳属于短期分批产卵类型的鱼类。

四、生长特性

人工培育条件下，银鲳从初孵仔鱼至50日龄的全长特定生长率为5.489%，肛前长特定生长率为3.228%，体高特定生长率为5.371%（施兆鸿等，2007）。在仔稚幼鱼的生长过程中，仔鱼阶段主要是以长度增长为主，肛前长和体高的增长相对较慢，这一阶段鱼的体型由蝌蚪状逐渐变成体纵长的体型；稚鱼阶段体长和体高增长加快，全长基本达到仔鱼阶段的2倍，但体高增长的速率更快，达到仔鱼阶段的3.5倍，并逐渐显现出侧扁状体型；幼鱼前期阶段体高增长和体长增长的速率比较接近，此阶段的增长速率介于仔鱼和稚鱼的增长速率之间，这一阶段各可量性状的生长速率基本符合银鲳特有的卵圆侧扁状体型的生长方式。银鲳不同年龄组个体的叉长、体重见表1-1。

表 1-1　不同年龄组的叉长、体重实测值及标准差

年龄	体重范围（g）	平均体重（g）	叉长范围（cm）	平均体长（cm）
1龄	55～435	153.04±92.12	12.1～23.8	16.88±3.16
2龄	370～730	496.22±115.73	22.2～27.1	24.21±1.75

1～2龄的体重与叉长的关系如下：

$$W=0.015\,5\times L_T^{3.236\,7} \qquad\qquad (R^2=0.911\,8)$$

式中：W——体重，g；

L_T——叉长，cm。

第四节　种质资源特性

种质资源又称遗传资源，系由亲代遗传给子代的遗传物质。种质资源研究的核心内容主要包括三条主线，即科学评估、有效保存和合理利用。因此，鱼类种质资源特性的研究是有效开展鱼类资源保护及其遗传育种的前提条件之一。当前，鱼类遗传多样性的研究是该领域的热点之一。一个物种遗传多样性的高低与其适应能力、生存能力和进化潜力密切相关。丰富的遗传多样性意味着比较高的适应生存潜力，蕴藏着比较大的进化潜能以及比较丰富的育种和遗传改良的潜力，而贫乏的遗传多样性则会给物种生存、进化及种质资源的保护和利用带来许多不利影响。

银鲳是我国东部沿海主要的海产经济鱼类之一，具有较高市场价值。然而，自20世纪末，随着捕捞强度的增加与水环境的不断恶化，野生银鲳种质资源已出现明显衰退迹象，个体小型化及性早熟现象已日趋明显。深入开展银鲳种质资源的研究，挖掘其种质特性，不仅有利于银鲳种质资源的保护，也可为银鲳的种质改良与遗传育种工作提供数据支撑。

一、银鲳染色体核型

染色体是细胞核中载有遗传信息的物质，在显微镜下呈圆柱状或杆状，主要由DNA和蛋白质组成，在细胞发生有丝分裂时期容易被碱性染料着色，因此而得名。染色体核型又称染色体组型，是指染色体组在有丝分裂中期的表型，包括染色体数目、大小、形态特征。一个体细胞中的全部染色体，按其大小、形态特征（着丝粒的位置）顺序排列所构成的图像就称为核型。

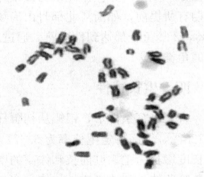

采用植物凝集素（PHA）和秋水仙素腹腔注射、肾细胞直接制片法，对银鲳染色体组型进行了研究。选取来自不同个体的分散良好的细胞，用显微镜（油镜下）进行观察、拍照，根据众数确定二倍体染色体数目。挑选多个数目完整、分散良好、长度适中（正中期）、着丝点清楚、两条单体适度分开、形态清晰的分裂象进行显微摄影，在相片上对每一条染色体确认着丝点位置，分别测量长臂和短臂，测量数据取其平均值。计算其相对长度、臂比值和着丝点指数，并按Levan et al（1964）提出的标准进行配对、分类、排列组型。

统计了银鲳100个中期分裂象的结果，其中染色体总数为48的分裂象细胞占全部计数细胞的70%，由此确定银鲳的二倍体染色体数目为2n＝48（图1-5）。

图1-5　银鲳的染色体中期分裂象（×1000）

根据对银鲳染色体相对长度和臂比的统计结果（表1-2），其全部染色体可配成24对，按Levan et al（1964）的命名法分成四组，M组（中部着丝点染色体，r＝1.00～1.70）1对；SM组（亚中部着丝点染色体，r＝1.71～3.00）3对；ST组（亚端部着丝点染色体 r＝3.01～7.00）5对；T组（端部着丝点染色体，r＝7.01～∞）15对。按相对长度排列，制成银鲳染色体组型图（图1-6），核型公式为2N＝2M＋6SM＋10ST＋30T，臂数NF＝56。在银鲳的SM组中，有一对相对本组其他染色体明显较大的染色体，除此之外，各相邻两对染色体之间无明显差异，大小呈递减趋势排列。4组染色体均未发现带有特殊标志如随体、次缢痕的染色体，也未发现与性别决定有关的异型染色体。

表1-2 银鲳染色体核型参数

染色体编号	长臂（μm）	短臂（μm）	总长度（μm）	臂比	相对长度（%）	着丝粒指数	类型
1	1.36	1.23	2.59	1.11	4.26	0.47	M₁
2	2.06	1.17	3.23	1.76	5.31	0.36	SM₁
3	1.92	0.72	2.64	2.67	4.34	0.27	SM₂
4	1.8	0.78	2.58	2.31	4.24	0.30	SM₃
5	2.36	0.64	3.10	3.72	5.10	0.21	ST₁
6	2.42	0.66	3.08	3.67	5.07	0.21	ST₂
7	2.26	0.63	2.88	3.61	4.74	0.22	ST₃
8	2.06	0.54	2.60	3.85	4.28	0.21	ST₄
9	1.7	0.47	2.17	3.66	3.57	0.21	ST₅
10	3.08	0	3.08	∞	5.07	0	T₁
11	2.98	0	2.98	∞	4.90	0	T₂
12	2.94	0	2.94	∞	4.84	0	T₃
13	2.82	0	2.82	∞	4.63	0	T₄
14	2.63	0	2.63	∞	4.33	0	T₅
15	2.46	0	2.46	∞	4.05	0	T₆
16	2.45	0	2.45	∞	4.02	0	T₇
17	2.41	0	2.41	∞	3.96	0	T₈
18	2.33	0	2.33	∞	3.82	0	T₉
19	2.22	0	2.22	∞	3.64	0	T₁₀
20	2.12	0	2.12	∞	3.49	0	T₁₁
21	2.08	0	2.08	∞	3.41	0	T₁₂
22	2.02	0	2.02	∞	3.32	0	T₁₃
23	1.91	0	1.91	∞	3.13	0	T₁₄
24	1.48	0	1.48	∞	2.43	0	T₁₅

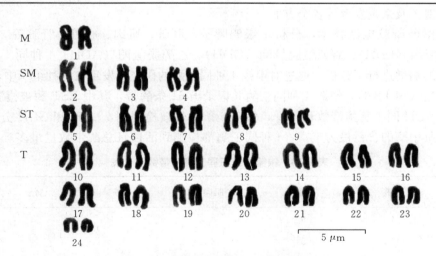

图1-6 银鲳染色体组型（标尺=5 μm）

　　鲈形目鱼类种类繁多，是脊椎动物中种类最多的一个目。卓孝磊等（2007）报道鲈形目鱼类二倍体的染色体数目及核型具有一定的相似性，约60%的种类为2n=48，但在染色体组型和臂数上存在一定差异。银鲳 M 组染色体数为 2，SM 组染色体数为 6，与舒琥等（2007）报道的卵形鲳鲹染色体组型相似，染色体臂数相同。

通过对 800 余种已做核型研究的鱼类染色体进行研究发现（小岛吉雄，1979），高位类群的鱼类染色体的特点是其数目分布呈收敛状态较集中，局限在 2n＝42～48 的范围内，峰值是 2n＝48，M 型（包括 M 和 SM 染色体）少，A 型染色体（包括 ST 和 T 染色体）多。银鲳 2n＝48，M 型染色体数目为 8，A 型染色体为 40，NF＝56，为典型的高位类群染色体数目。因此，银鲳在鱼类系统上属于高位类群，与系统演化上的低位类群（如鲤形目、鲇形目大多数种类）核型中 M 型染色体所占比例大（超过 50％）、A 型染色体比例小（小于 50％）、NF 值高的特点相比，有着明显的区别。

由于银鲳应激性反应强，在进行核型实验过程中，往往在操作后短短几个小时内鱼即死亡，给实验造成很大困难。经过反复摸索，可采用如下方法有效减缓银鲳在实验过程中的应激反应：①从暂养池捞鱼时，鱼全程不能离水，必须带水操作；②注射 PHA 和秋水仙素时，事先用丁香酚麻醉实验鱼；③注射药物时，尽量在水面下操作；④注射药物后，实验鱼的暂养容器水位保持在 80～100 cm，上面遮盖黑色遮阳布避光。

刘琨等（2017）对银鲳的染色体核型也进行了研究报道，染色体核型分析表明，银鲳二倍体染色体数为 2n＝48，核型为 2n＝2SM＋10ST＋36T，其染色体臂数（NF）为 50，未发现与性别相关的异型染色体。该研究结果与本书中所述银鲳的核型稍有区别。染色体组型主要是染色体数目和染色体形态，但由于鱼类的染色体数目多且小，再加上同一细胞在分裂中期的染色体形态差别往往不是很明显，而不同的研究者在制片过程、观察方法以及研究中期染色体的收缩程度方面都有不尽相同的地方，由此便会导致不同的研究者往往很难得到相同的结果。

染色体核型是分子遗传学的基础，对银鲳染色体核型的研究可为该鱼的种质资源调查和保护提供科学依据，为研究其进化地位及其与其他鱼类的演化关系提供遗传学依据，为遗传变异、种间杂交及其优良品种选育等提供重要理论指导，从而有利于该鱼的开发利用。

二、银鲳同工酶的组织差异表达

同工酶（isozyme）是指由一个或多个基因座位编码、存在于同一种（或属）的生物或同一个体的不同组织中，甚至在同一组织或同一细胞中，催化同一种化学反应，但酶分子结构有所不同的一类酶。同工酶在发育分化及代谢调节中必不可少，作为一种生化遗传指标，已经广泛用于鱼类物种鉴定、亲缘关系分析、种群遗传及系统发育等各个方面。

采用聚丙烯酰胺凝胶电泳技术，分析了银鲳脾脏、肝脏、肌肉、心脏、肾脏等 5 种组织中酯酶（EST）、乳酸脱氢酶（LDH）、谷氨酸脱氢酶（GDH）、乙醇脱氢酶（ADH）4 种同工酶的表达模式，并对各种同工酶的酶谱进行了分析。通过对银鲳 4 种同工酶的研究，发现在 5 种组织中，各种同工酶都有一定程度的表达（表 1-3），银鲳 4 种同工酶共记录出 61 条酶带，其中 EST 酶被检测出的酶带数量最多也较复杂，ADH 同工酶酶带数量最少，只有 6 条酶带被检测到，LDH 和 GDH 分别检测到 16 条和 9 条酶带；肝脏中酶的含量最为丰富，4 种同工酶都检测到活性且总酶带数量最多，共检测到 18 条

表 1-3　银鲳各组织同工酶酶带数统计表

同工酶	脾脏	肝脏	肌肉	心脏	肾脏	合计
EST	1	9	8	9	3	30
LDH	2	5	2	3	4	16
GDH	1	2	1	2	3	9
ADH	1	2	1	1	1	6
合计	5	18	12	15	11	61

酶带，活性几乎是几种组织中最高的，其次是心脏，再者是肌肉和肾脏，酶含量最少是脾脏；脾脏中酶的含量最少，共检测到 5 条酶带，且各酶带染色浅，说明其表达量较低，活性弱。

从银鲳的 EST 电泳图谱（图 1-7）可以看出，在银鲳的 5 种组织中都有 EST 的条带显示，但条带的颜色深浅不同，说明检测到了酯酶的活性，但活性强弱有所差别。脾和肾中检测到的条带数目少且条带颜色浅，示意 EST 活性弱。EST 在肝和心脏组织中表达活性最强，其次是肌肉组织。肝和心脏中 EST 条带分布较均匀，肌肉中条带在 EST6～EST12 位点之间分布多于 EST6 位点之前。肝脏是检测到 EST 同工酶最多的组织，酶带多且染色深，活性强。脾是 EST 同工酶最少的组织，酶带少且染色浅，活性弱。银鲳 EST 同工酶在 5 种组织中的表达具有显著的组织特异性。

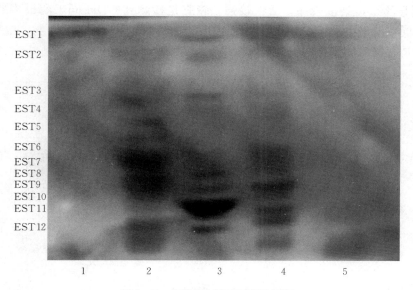

图 1-7　银鲳不同组织 EST 图谱

1、2、3、4 和 5 分别代表脾脏、肝脏、肌肉、心脏和肾脏

在银鲳 5 种组织 LDH 同工酶图谱中，不同组织的 LDH 表现出明显的组织特异性（图 1-8）。共检测到 5 条酶带，每种组织的酶带数 2～5 条不等。在脾脏中检测到 2 条酶带为 LDH4 和 LDH5，且 LDH4 染色较深，活性 LDH4＞LDH5。在银鲳肝脏组织中，共检测到 5 条酶带，活性强弱依据酶带深

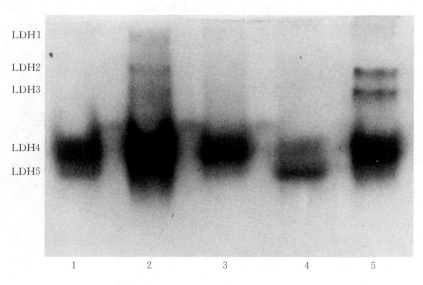

图 1-8　银鲳不同组织 LDH 图谱

1、2、3、4 和 5 分别代表脾脏、肝脏、肌肉、心脏和肾脏

浅为 LDH4＞LDH2＞LDH3＞LDH1＞LDH5。在肌肉组织中共检测到 2 条酶带，为 LDH4 和 LDH2，LDH2 染色极浅，其活性较弱。在心脏中检测到 3 条酶带，活性 LDH5＞LDH4＞LDH2。肾脏中清晰的检测到 4 条酶带，LDH2 和 LDH3 染色清晰，说明其稳定性强，LDH4 染色最深，活性最强，LDH5 染色最浅，活性最弱。LDH1 酶带只在肝组织中检测到，其他组织中并未发现 LDH1 酶带。

由银鲳不同组织的 GDH 电泳图谱（图 1-9）可见，GDH 在银鲳脾、肝脏、肌肉、心脏、肾脏各组织中都有分布，共检测到 5 条酶带。其中 GDH1 仅在肝脏中检测到且染色较浅，活性比较弱；GDH2 及 GDH3 在肾脏中检测到明显的条带，活性居中；而 GDH4 在 5 种组织中都有酶带出现，酶带较宽，在肝脏、肌肉和肾中染色较深，活性最强，心脏中的活性次之，GDH4 活性最弱的是脾脏；GDH5 仅在心脏中检测到明显酶带，染色较深，活性较强。肾脏是检测到 GDH 同工酶最多的组织，有 3 条酶带，脾脏是 GDH 同工酶最少的组织，只检测到 1 条酶带，且染色较浅，活性弱。银鲳 GDH 同工酶在 5 种组织中的表达具有显著的差异性。

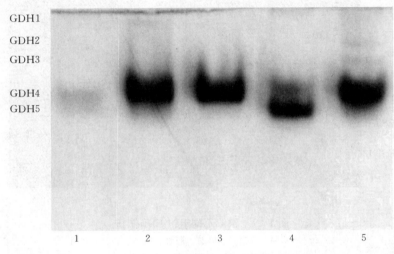

图 1-9　银鲳不同组织 GDH 图谱

1、2、3、4 和 5 分别代表脾脏、肝脏、肌肉、心脏和肾脏

银鲳不同组织的 ADH 电泳图谱见图 1-10。银鲳 ADH 同工酶共检测到 2 条酶带，ADH2 仅在肝脏中检测到酶带，染色浅，活性低，在其他 4 种组织中未检测到 ADH2 活性。在银鲳脾、肝脏、肌肉、心脏、肾脏各组织中都检测到了 ADH1 酶带，但其染色程度有差异，在心脏中 ADH1 酶带染色最深，

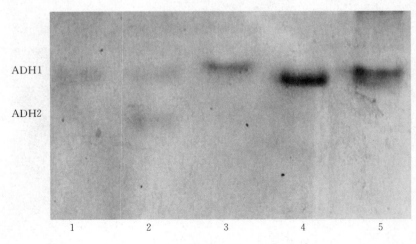

图 1-10　银鲳不同组织 ADH 图谱

1、2、3、4 和 5 分别代表脾脏、肝脏、肌肉、心脏和肾脏

活性最强。肝脏中检测到 2 条酶带，其他组织只有 1 条酶带，且染色程度差异明显，ADH 同工酶在银鲳 5 种组织中的表达具有一定的组织差异性。

银鲳的 4 种同工酶在酶带组成和表达的活性方面表现出高度的组织特异性，同工酶的表达差异与各组织执行的生理功能密切相关。同工酶的组织特异性主要表现在同工酶在组织中的表达活性强弱、位点表达特异性等。

三、鲳属鱼类线粒体基因片段序列变异及系统进化

线粒体基因由于进化速率快，呈母系遗传，种群之间的遗传差异易于被检出，被认为是评估群体遗传变异以及区别不同自然种群之间有效的遗传标记，并已在许多物种得到应用。线粒体基因组内不同的区域进化速度存在差异，适合不同水平的进化研究。

张凤英等（2008）对采自东海的银鲳、翎鲳和中国鲳 3 种鲳属鱼类共 24 个个体的线粒体 $CO\ I$ 基因序列片段进行扩增和序列测定，得到 603 bp 的基因片段，编码 201 个氨基酸，碱基 T、C、A、G 平均含量分别为 34.2%、22.3%、25.9% 和 17.6%。所得序列共定义 12 个单倍型，中国鲳只有 1 个单倍型，银鲳 3 个单倍型，翎鲳 8 个单倍型，在这 12 个单倍型中共检测到 109 个变异位点。3 种鲳密码子的使用均存在明显的偏向性，且同义密码子使用偏向性高度一致。

银鲳的 3 个单倍型遗传距离为 0.002～0.004，8 个翎鲳单倍型的遗传距离为 0.000～0.013。银鲳和翎鲳的遗传距离为 0.151～0.162，和中国鲳的遗传距离为 0.165～0.168，翎鲳和中国鲳的遗传距离为 0.058～0.065（表 1-4）。

表 1-4　3 种鲳属鱼类的遗传距离（左下角）和转换/颠换数（右上角）

（张凤英等，2008）

	Pa1	Pa2	Pa3	Pc1	Pp1	Pp2	Pp3	Pp4	Pp5	Pp6	Pp7	Pp8
Pa1		2/1	2/0	74/17	66/17	64/19	65/17	64/18	66/18	66/18	50/15	57/14
Pa2	0.002		4/1	75/16	67/16	65/18	66/16	65/17	67/17	67/17	51/14	59/13
Pa3	0.002	0.004		72/17	64/17	62/19	63/17	62/18	64/18	64/18	49/15	56/14
Pc1	0.168	0.168	0.165		33/2	33/4	32/2	31/3	33/3	33/3	24/3	32/2
Pp1	0.156	0.157	0.154	0.060		2/2	1/0	4/1	4/1	0/1	1/1	1/0
Pp2	0.156	0.157	0.154	0.060	0.004		3/2	2/3	2/3	2/3	3/1	2/1
Pp3	0.154	0.154	0.151	0.058	0.002	0.006		5/1	5/1	1/1		2/0
Pp4	0.156	0.156	0.153	0.060	0.009	0.004	0.011		2/0	4/2	4/2	4/1
Pp5	0.162	0.162	0.159	0.065	0.009	0.004	0.011	0.004		4/2	4/2	4/1
Pp6	0.159	0.159	0.156	0.063	0.002	0.006	0.004	0.011	0.011		1/2	1/1
Pp7	0.156	0.156	0.153	0.060	0.002	0.006	0.002	0.013	0.013	0.006		1/1
Pp8	0.156	0.157	0.154	0.060	0.002	0.004	0.002	0.009	0.009	0.002	0.004	

注：Pa 代表银鲳；Pc 代表中国鲳；Pp 代表翎鲳。

用鲳科的中间低鳍鲳（AB205449）、星斑真鲳（AB205450）和已提交到 GenBank 中的翎鲳（AB205448）$CO\ I$ 序列与研究中的 3 种鲳属鱼类，以长鲳科的刺鲳（AB205441）作为外群重建系统进化树。重建的 NJ（neighbor - joining，邻接法）树和 ML（maximum likelihood，最大似然法）树拓扑结构图基本一致（图 1-11）。从系统进化树可以看出，翎鲳 $CO\ I$ 序列 8 个单倍型与 GenBank 中下载的翎鲳 $CO\ I$ 序列聚为 1 支，尔后与中国鲳聚在一起，3 个银鲳单倍型聚为另 1 支，最后 3 种鲳属鱼类聚在一起，置信度均在 90% 以上。结果表明，在这 3 种鲳属鱼类中，银鲳是最早分化出来的种，中国鲳和翎鲳是较晚分化出来的种。

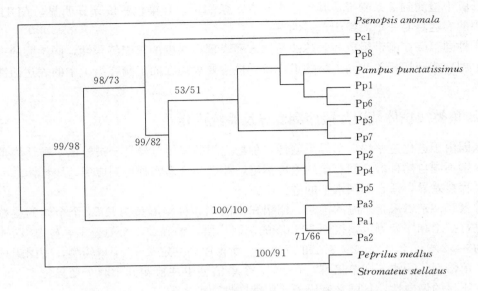

图 1-11　基于线粒体 *CO I* 序列重建的鲳属鱼类系统进化树

图中数字分别表示 NJ 和 ML 的置信度，小于 50% 的未显示

Pa. 银鲳　Pc. 中国鲳　Pp. 翎鲳

（张凤英等，2008）

马春艳等（2009）对银鲳、翎鲳和中国鲳 3 种鱼类共 19 个个体的 *Cyt-b*（cytochrome b，细胞色素 b）基因进行 PCR 扩增，经比对校正得到 1 123 bp 的基因片段，共检测到 141 个变异位点，总变异率为 12.56，5 个简约信息位点，未出现插入和（或）缺失，序列中转换明显多于颠换（表 1-5）。鲳属 3 种鱼类 19 个序列共检测到 11 种单倍型，其 T、C、A 和 G 平均含量分别为 29.1%、30.5%、27.4% 和 13.0%。（A+T）含量为 56.5%，大于（G+C）的含量（43.5%）。

表 1-5　各单倍型间的遗传距离和转换/颠换

（马春艳等，2009）

Hap	Hap1	Hap2	Hap3	Hap4	Hap5	Hap6	Hap7	Hap8	Hap9	Hap10	Hap11
Hap1		3/1	3/1	51/10	52/10	52/10	88/22	87/22	87/22	87/22	89/22
Hap2	0.004		2/0	52/9	53/9	53/9	91/21	90/21	90/21	90/21	92/21
Hap3	0.004	0.002		52/9	53/9	53/9	91/21	90/21	90/21	90/21	92/21
Hap4	0.057	0.057	0.057		1/0	1/0	89/16	90/16	88/16	90/16	88/16
Hap5	0.058	0.058	0.058	0.001		2/0	90/16	91/16	89/16	91/16	89/16
Hap6	0.058	0.058	0.058	0.001	0.002		90/16	91/16	89/16	91/16	89/16
Hap7	0.107	0.109	0.109	0.102	0.103	0.103		1/0	1/0	2/0	1/0
Hap8	0.106	0.108	0.108	0.103	0.104	0.104	0.001		2/0	1/0	2/0
Hap9	0.106	0.108	0.108	0.101	0.102	0.102	0.001	0.002		3/0	2/0
Hap10	0.106	0.108	0.108	0.103	0.104	0.104	0.002	0.001	0.003		3/0
Hap11	0.108	0.11	0.11	0.101	0.102	0.102	0.001	0.002	0.002	0.003	

根据 Kimura 遗传距离的计算结果，种内及种间遗传距离见表 1-6。种内遗传距离为 0.001～0.003，种间遗传距离在 0.057～0.108。其中，银鲳与翎鲳的遗传距离最大（0.108），而翎鲳与中国鲳间的遗传距离最小（0.057）。

表 1-6　3 种鲳属鱼类线粒体 *Cyt - b* 片段碱基组成及种内（对角线上）、种间遗传距离

（马春艳等，2009）

物种	碱基含量（%）				遗传距离		
	T	C	A	G	翎鲳	中国鲳	银鲳
翎鲳	30.5	28.8	27.5	13.2	0.003		
中国鲳	28.7	31.1	27.1	13.1	0.057	0.001	
银鲳	29.5	29.9	29.7	12.9	0.108	0.103	0.001
平均	29.1	30.5	27.4	13.0			

　　以长鲳科的刺鲳作为外群，在 GenBank 中查找到的翎鲳（AB205470.1）、中间低鳍鲳（AB205471.1）、星斑真鲳（AB205472.1）的 *Cyt - b* 序列与研究中的 3 种鲳属鱼类的 *Cyt - b* 序列构建各单倍型间的 NJ 系统树和 ME（minimum evolution，最小进化法）系统树（图 1-12）。从系统进化树可以看出，3 个翎鲳单倍型与 GenBank 中下载的翎鲳序列聚为 1 支，中国鲳单独聚为 1 支，5 个银鲳单倍型单独聚为 1 支，然后 3 支相聚。同为鲳科的中间低鳍鲳和星斑真鲳聚在一起后，与 3 种鲳属鱼类聚在一起，最后与长鲳科的刺鲳聚在一起。

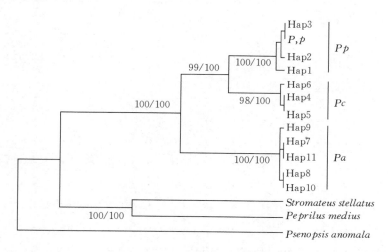

图 1-12　基于线粒体 *Cyt - b* 序列构建的鲳属鱼类的系统进化树

图中数字分别表示基于 NJ 法和 ME 法构建进化树的置信度

（马春艳等，2009）

　　进化树显示，翎鲳和中国鲳的亲缘关系较近，而与同为鲳属的银鲳的亲缘关系较远。银鲳处于进化树较基部的位置，是鲳属鱼类中分化较早的类群。3 种鲳属鱼类聚在一起，然后与同为鲳科的中间低鳍鲳和星斑真鲳相聚，最后再与刺鲳相聚。刺鲳位于进化树的基部，是较鲳属鱼类更为原始的类群。

四、基于线粒体基因序列分析的银鲳群体遗传多样性

　　基于线粒体 *D - loop*（control region displacement loop，线粒体 DNA 控制区）序列对我国渤海、东海和南海 3 个地理群体共 45 个银鲳样本的遗传多样性进行了分析（Peng et al，2009），各群体所得 *D - loop* 序列统计性分析描述见表 1-7。核苷酸多样性均较低，但单倍型多样性相对较高，3 个群体平均单倍型多样性与核苷酸多样性分别为 0.88 和 0.006。由此表明，3 个地理群体具有较高的遗传多样性。

表 1-7　不同群体银鲳 *D-loop* 序列的统计分析

(Peng et al, 2009)

取样地点	编号	样本数	单倍型数	变异位点数	单倍型多样性	平均核苷酸差异数	核苷酸多样性
渤海	B	13	6	6	0.79±0.09	1.36±0.90	0.004±0.001
东海	E	22	10	13	0.89±0.04	2.60±1.45	0.007±0.001
南海	S	10	6	9	0.89±0.08	2.47±1.45	0.007±0.002

45 条序列共检测到多态位点 20 个，共定义 17 个单倍型（表 1-8）。渤海群体（B）中有 6 个单倍型，其中 2 个为特有单倍型，东海群体（E）有 10 个单倍型，其中 5 个为特有单倍型，南海群体（S）有 5 个单倍型，其中 3 个为特有单倍型。

表 1-8　银鲳 *D-loop* 基因片段多态位点

(Peng et al, 2009)

	1 3 3	3 5 1	7 2 6	8 6	9 4	9 8	1 2 0	1 2 0	1 3 5	2 3 9	2 4 0	2 6 2	3 0 3	3 1 2	3 3 8	3 3 0	3 3 3 8	N^a
Hap1	T A A	T A T	C T T	G T	A A	G T	T A G	G A										1
Hap2	· · ·	· · ·	C · ·	· ·	· ·	· ·	· · ·	· ·										12
Hap3	· G ·	· · A	· C ·	· ·	· ·	· ·	· · ·	· ·										3
Hap4	G G ·	· · A	· C ·	· ·	· ·	· ·	· · ·	A C										1
Hap5	· · ·	· · A	· C ·	· ·	· A ·	· ·	· · ·	· ·										1
Hap6	· · ·	· · ·	C · ·	· ·	· ·	· ·	· · ·	· ·										1
Hap7	· · ·	· · C	· A ·	G ·	· ·	· ·	· · A	· ·										2
Hap8	· · ·	· · C	· A ·	· ·	· ·	· ·	· · A	· ·										3
Hap9	· · ·	· · C	· A ·	· ·	· ·	· ·	· · ·	· ·										3
Hap10	· · ·	· · T	C A ·	G G	· ·	· ·	· · ·	· ·										1
Hap11	· · ·	C · T	C A ·	G ·	· ·	· ·	· · ·	· ·										1
Hap12	· · ·	· · C	T · ·	· ·	· A	G ·	· · ·	· ·										1
Hap13	· · ·	· · T	C · ·	· ·	· ·	· ·	· · ·	· ·										10
Hap14	· G ·	· · T	C · ·	· ·	· ·	· ·	· · ·	· ·										2
Hap15	· · G	· · C	C · ·	· ·	· ·	· ·	· · ·	· ·										1
Hap16	· · ·	· · ·	· · ·	· ·	· ·	T ·	· · ·	· ·										1
Hap17	· · ·	· · C	· A ·	· ·	· ·	· ·	· G ·	· ·										1

注：N^a 为每一种单倍型的数量。

系统进化树（NJ 系统树）的结果显示，所有单倍型个体聚为 2 个分支，其中分支 Ⅰ 包括了大部分的样本量，涵盖全部的渤海群体样本、86% 的东海群体样本以及 80% 的南海群体样本。然而分支 Ⅱ 比较小，仅有 3 个单倍型，且该分支未涵盖渤海群体的样本（图 1-13）。分子方差分析（AMOVA）结果显示，94.99% 的遗传变异来自群体内，而仅有 5.01% 的遗传变异来自群体间。3 个地理群体间表现出了显著的遗传分化（$F_{ST}=0.050$；$P<0.05$）（表 1-9）。通过表 1-10 可以看出，渤海群体与南海群体间，东海群体与南海群体间的遗传分化指数分别为 0.09 和 0.08，均表现出显著性差异（$P<0.05$），而渤海群体与东海群体间的遗传分化并不明显（$P>0.05$）。

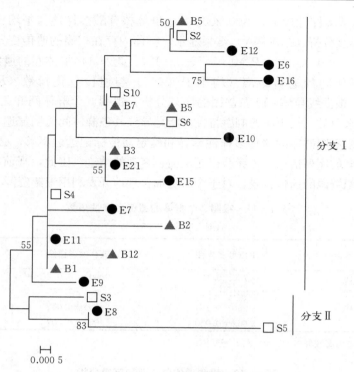

图 1-13 基于 *D-loop* 序列构建的 NJ 系统树

(Peng et al，2009)

表 1-9 银鲳群体 *D-loop* 序列的分子变异分析

(Peng et al，2009)

遗传差异来源	自由度	遗传变异元素	占总变异百分比	遗传分化指数 F_{ST}	P
群体间	2	0.058 54 V_a	5.01	0.050	0.04
群体内	42	1.108 86 V_b	94.99		
总计	44	1.167			

表 1-10 银鲳群体间遗传分化指数 F_{ST}（对角线以下）和 P 值（对角线以上）

(Peng et al，2009)

	B	E	S
B	—	0.394	0.032
E	0.001	—	0.031
S	0.092*	0.084*	—

注：* 表示 $P<0.05$，有显著性差异；B 为渤海群体，E 为舟山海域群体，S 为广东近海群体。

彭士明等（2009）利用 PCR 技术扩增我国 3 个不同海域（渤海、东海的舟山海域、南海的广东近海）银鲳线粒体 *CO I* 基因片段，得到长度为 604 bp 的片段，比较分析了 3 个不同地区 48 尾银鲳线粒体 *CO I* 基因序列的变异和遗传结构。48 条序列共检测出多态性位点 30 个，其中简约信息位点 6 个，转换位点 16 个，颠换位点 10 个，转换与颠换同时存在的位点 4 个。银鲳 3 个群体平均的核苷酸碱基组成为 C=21.33%、T=33.94%、A=25.87%、G=18.86%。各群体内的多态性位点分别为渤海 8 个、舟山海域 26 个、广东近海 1 个。银鲳 3 个群体 48 个样本共计获得 18 个单倍型，其中 3 个群体共享单倍型只有 1 个。渤海群体（B）具有 5 个特有单倍型，舟山海域群体（E）具有 9 个特有单倍型，广东近海群体（S）10 个样本共有 2 个单倍型，其中 1 个为其特有单倍型。

银鲳 3 个群体遗传多样性的分析结果显示，群体 B、E 具有较高的单倍型多样性，分别为 0.700、

0.801，而群体 S 的单倍型多样性较低，为 0.200。3 个群体核苷酸多样性与平均核苷酸差异数均比较低（表 1-11）。分子变异等级分析（AMOVA）结果显示，群体内存在很高的遗传变异（101.03%），而群体间遗传分化非常小（$F_{ST}=-0.010\,32$，$P>0.05$，表 1-12）。此外，由群体间的遗传分化指数与遗传距离同样可以看出，3 个群体间的遗传距离（均小于 0.005）与遗传分化指数（F_{ST} 为负值）均非常小（表 1-13）。由此表明，根据线粒体 $CO\,I$ 基因的序列分析，银鲳 3 个群体间并无明显的遗传分化现象。由于银鲳属于洄游性海水鱼类，长距离的洄游特性可能是导致其各群体间无明显遗传分化的原因之一。当然，从一个基因评估银鲳不同群体的遗传多样性差异和确定遗传标记远远不够，必须结合其他基因标记，进行综合分析以得到更多的序列信息，最终获得更全面、客观的结论。因此，当前应结合运用多种分子标记的方法，弄清我国银鲳资源的遗传背景，对于今后更加合理地开发利用银鲳资源具有重要的现实意义。

表 1-11　银鲳 3 个群体的遗传多样性指数

（彭士明等，2009）

群体	样本数	单倍型多样性	核苷酸多样性	平均核苷酸差异数
B	16	0.700±0.127	0.002±0.002	1.217±0.817
E	22	0.801±0.088	0.005±0.003	2.688±1.487
S	10	0.200±0.154	0.001±0.001	0.200±0.269
总计	48	0.662±0.080	0.003±0.002	1.689±1.007

注：B 为渤海群体，E 为舟山海域群体，S 为广东近海群体。

表 1-12　银鲳群体分子变异等级分析

（彭士明等，2009）

遗传差异来源	自由度	遗传变异元素	占总变异百分比
群体间	2	-0.008 68 Va	-1.03
群体内	45	0.850 05 Vb	101.03
总计	47	0.841 37	100

注：$F_{ST}=-0.010\,32$，$P>0.05$。

表 1-13　银鲳 3 个群体间的遗传分化指数 F_{ST}（左下角）及遗传距离（右上角）

（彭士明等，2009）

	B	E	S
B		0.003	0.001
E	-0.001		0.002
S	-0.004	-0.027	

注：B 为渤海群体，E 为舟山海域群体，S 为广东近海群体。

根据线粒体 $D-loop$ 序列对舟山群岛附近海域的银鲳群体（n=24）的遗传多样性进行了研究（彭士明等，2010）。通过 PCR 技术对线粒体 $D-loop$ 序列进行扩增，获得长度约为 500 bp 的扩增产物。PCR 产物经纯化并进行序列测定后，得到了 357 bp 的核苷酸片段。在 24 个个体中，共检测到 14 个变异位点，其中 8 个转换位点，5 个颠换位点，1 个转换与颠换同时存在的位点。

通过 DNASP 4.0 软件计算出这 24 个个体的遗传多样性参数：多态位点数（S）为 14，单倍型个数（H）为 11，单倍型多样性（h）为 0.89，核苷酸多样性（π）为 0.007，平均核苷酸差异数（k）为 2.57。由此可以看出，该群体银鲳具有较高的单倍型多样性，但核苷酸多样性较低。种群内能够维持较高单倍型多样性的原因可能是较大的种群数量、环境的不均一性或者具有适应种群快速增长的生活特性。对海水鱼类来说，较大的种群数量是维持较高遗传多样性的基础。根据不同单倍型多样性与核苷酸多样性间的组合，生物的遗传多样性大致可以分为四个类型：第一种是低的单倍型多样性与低的核苷酸多样性；第二种是高的单倍型多样性与低的核苷酸多样性；第三种是低的单倍型多样性与高的核苷酸多样性；第四种是高的单倍型多样性与高的核苷酸多样性。银鲳为高的单倍型多样性与低的核苷酸多样性，属于第二种类型。

　　根据线粒体 $D\text{-}loop$ 序列算出 24 个个体间的 Kimura 遗传距离，个体间的遗传距离在 0.000～0.017，其中遗传距离达到 0.017 的共有 8 组，而遗传距离大于 0.01 的至少有 80 组。以 24 个个体的 $D\text{-}loop$ 序列构建的 UPGMA 系统树和 NJ 系统树分别如图 1-14、图 1-15 所示。由图可以看出，2 种方法获得的系统树拓扑结构基本一致，24 个个体均形成 2 个大分支。由于线粒体 DNA 属于母系遗传，由此可推断该群体的 24 个个体可能来源于两个不同的母系祖先。

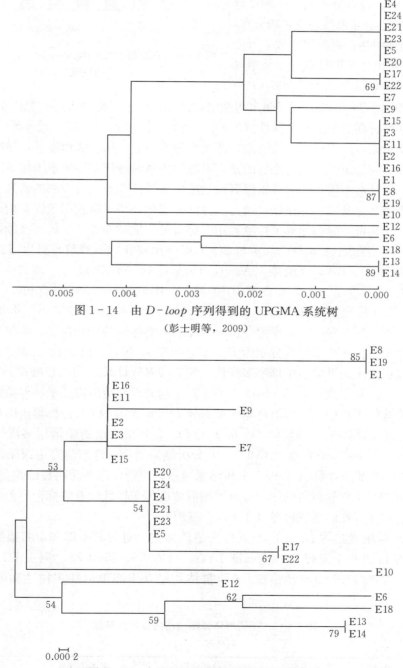

图 1-14　由 $D\text{-}loop$ 序列得到的 UPGMA 系统树
（彭士明等，2009）

图 1-15　由 $D\text{-}loop$ 序列得到的 NJ 系统树
（彭士明等，2009）

　　核苷酸不配对分布（mismatch distribution）分析表明（图 1-16），歧点分布呈单峰状，图中曲线表示在突然扩张假设理论下歧点分布的模拟值，同时无限突变位点模型的中性检验值 Tajima's D

（－1.106，$P=0.138$）和 Fs（－26.601，$P=0.000$）都是负值。结果提示东海银鲳群体在历史上可能经历过种群扩张事件。通常有两种方法检验种群在历史上是否发生过种群扩张：一是采用 Fu（1997）的 Fs 中性检验显著偏离中性突变，负的 Fs 值和差异显著的 P 值被认为种群在历史上有扩张的迹象；二是根据歧点分布曲线呈现多峰或单峰型，若核苷酸岐点分布曲线呈现单峰分布，且中性检验值显著偏离中性，则群体在过去可能经受了种群扩张。银鲳单倍型的歧点分布呈单峰状，且中性检验值 Tajima's D 为 －1.106（$P=$

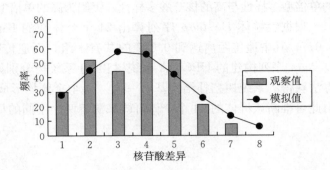

图 1－16　东海银鲳线粒体 DNA $D-loop$ 单倍型的歧点分布
（彭士明等，2009）

0.138），Fs 为 －26.601（$P=0.000$），表明东海银鲳群体在历史上可能经历过种群扩张事件。

东海银鲳群体具有较高的单倍型多样性（0.89），遗传多样性较为丰富。近年来，过度捕捞导致鱼体小型化、渔获物低龄化，严重损害幼鱼资源，造成产量不稳定。从长远角度看，过度捕捞势必破坏其遗传多样性和种质资源的稳定性。值得注意的是，不能因为目前遗传多样性水平相对丰富而忽视对银鲳资源的保护与管理。应针对中国不同群体银鲳资源的遗传多样性展开较为详细的研究工作，以期为今后的定期遗传多样性检测奠定基础，并根据其遗传多样性的变化趋势采取相应的保护措施，科学地保护野生银鲳的种质资源，使其资源能够达到可持续利用，这有助于推动渔业产业的可持续发展。

彭士明等（2010）运用线粒体 $D-loop$ 与 $CO \text{ } I$ 序列比较分析了养殖与野生银鲳群体的遗传多样性。结果显示，线粒体 $D-loop$ 片段中，A、T、C 与 G 四种核苷酸的平均含量分别为 40.00％、30.55％、16.75％和 12.70％，A＋T 的含量为 70.55％，明显高于 G＋C 的含量。$CO \text{ } I$ 基因片段中，A、T、C 和 G 的平均含量分别为 25.85％、33.90％、21.30％和 18.85％，A＋T 的含量（59.75％）同样高于 G＋C 的含量。基于 $D-loop$ 序列分析所得出的两群体总的变异位点、单倍型数、单倍型多样性、核苷酸多样性及平均核苷酸差异数分别为 19、15、0.895、0.007 和 2.505。基于 $CO \text{ } I$ 基因所得出的两群体总的变异位点、单倍型数、单倍型多样性、核苷酸多样性及平均核苷酸差异数分别为 33、17、0.713、0.004 和 2.239。基于线粒体 $D-loop$ 与 $CO \text{ } I$ 序列的研究结果均显示，养殖银鲳群体的遗传多样性低于野生群体的遗传多样性。养殖群体基于线粒体 $D-loop$ 与 $CO \text{ } I$ 分析得出的单倍型多样性分别为 0.562 与 0.571，野生群体基于线粒体 $D-loop$ 与 $CO \text{ } I$ 分析得出的单倍型多样性分别为 0.891 与 0.801。基于 $D-loop$ 序列的分子方差（AMOVA）分析结果显示，养殖与野生银鲳群体间具有明显的遗传分化，而基于 $CO \text{ } I$ 基因片段 AMOVA 分析结果显示，两群体间并无明显的遗传分化。由此表明，线粒体 $D-loop$ 序列与 $CO \text{ } I$ 基因均可作为检测银鲳群体遗传多样性的有效标记，但线粒体 $D-loop$ 序列反映银鲳群体间遗传多样性的敏感度要高于 $CO \text{ } I$ 基因。

赵峰等（2011）采用线粒体 DNA $Cyt-b$ 作为遗传标记，对黄海南部和东海银鲳群体的遗传结构进行了分析。在所分析的 6 个采样点（连云港 LYG、吕四 LS、舟山 ZS、洞头 DT、霞浦 XP、东山 DS）116 个个体中，共检测到 40 种单倍型。6 个群体均呈现出高单倍性多样性和低核苷酸多样性的特点（表 1－14）。

表 1－14　不同群体银鲳的遗传多样性参数
（赵峰等，2011）

群　体	样本数	单倍型数	单倍型多样性	多态位点数	核苷酸多样性
连云港 LYG	15	10	0.895 ± 0.070	12	0.003 ± 0.001
吕四 LS	20	9	0.653 ± 0.123	11	0.001 ± 0.001
舟山 ZS	20	11	0.884 ± 0.054	16	0.002 ± 0.001
洞头 DT	20	13	0.853 ± 0.080	25	0.003 ± 0.002

（续）

群　体	样本数	单倍型数	单倍型多样性	多态位点数	核苷酸多样性
霞浦 XP	20	8	0.647±0.120	8	0.001±0.001
东山 DS	21	10	0.733±0.104	12	0.001±0.001
合计	116	40	0.775±0.041	47	0.002±0.000

单倍型邻接关系树的大部分节点分支支持率较低（＜50％），没有明显的地理谱系结构（图 1-17）。

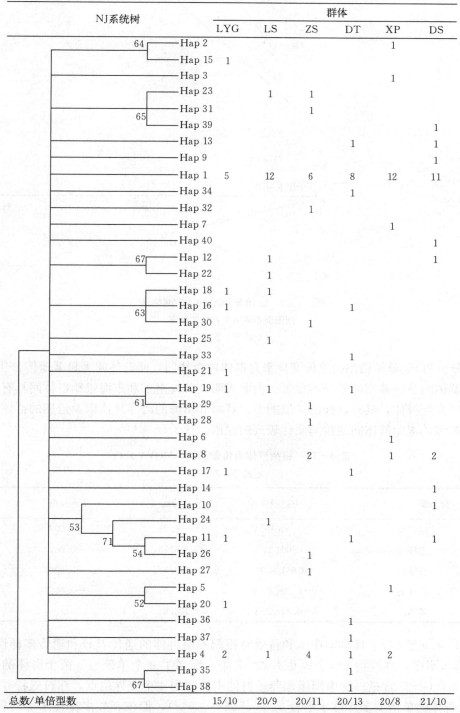

图 1-17　银鲳 40 种单倍型在 6 个群体中的分布及其分子系统树
节点数字表示大于 50％的 bootstrap 支持率
（赵峰等，2011）

每个群体的单倍型都广泛分布在单倍型邻接关系树上。这种简单的谱系结构与群体遭受瓶颈效应后经历群体扩张的特征相一致。单倍型网络图呈星状结构（图1-18），存在一个优势单倍型位于网络关系图的中心，不具有明显的地理结构。

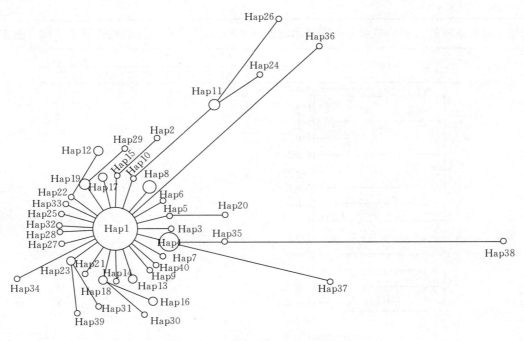

图1-18　银鲳单倍型的MJ网络图
圆圈面积表示单倍型的频率
（赵峰等，2011）

分子方差分析和F_{ST}显示银鲳的遗传变异来自群体内个体间，而群体间无显著遗传分化（表1-15）。单倍型在两两群体间分布频率的差异不显著。由此表明，黄海南部和东海银鲳群体间具有高度的基因交流，是一个随机交配群体，具有较强的扩散能力，黄海和东海的海洋环流以及近期的群体扩张可能是造成黄海南部及东海的银鲳群体间遗传同质性较高的原因。

表1-15　银鲳群体遗传差异的AMOVA分析
（赵峰等，2011）

变异来源		方差组分	变异百分比（%）	F_{ST}分析	P
2个组群	组群间	−0.006 06 V_a	−0.73	−0.007	0.757
	组群间群体间	−0.001 21 V_b	−0.15	−0.001	0.579
	群体内	0.841 30 V_c	100.87	−0.009	0.939
1个组群	群体间	−0.004 28 V_a	−0.51	−0.005	0.751
	群体内	−0.841 30 V_b	100.51		

孙鹏（2015）基于$CO\ I$序列对中国和科威特银鲳养殖群体的遗传差异和遗传多样性进行了分析。通过PCR扩增和测序，共获得$CO\ I$基因片段47条，定义了8个单倍型。两个群体的$CO\ I$序列的A+T含量均高于G+C含量。在中国银鲳养殖群体中检测到4个变异位点，在科威特养殖群体中检测到14个。两个群体的单倍型多样性水平较高（0.566~0.643），但核苷酸多样性水平均较低（0.002~0.003）。NJ系统树和遗传距离分析结果表明中国和科威银鲳特养殖群体的遗传差异较大，高于种内差异水平，因此推测两个养殖群体并非同一种鲳属鱼类。这也进一步印证了目前对于鲳属鱼类的种类划分

问题，国内外仍存在分歧。

五、银鲳遗传多样性的 AFLP 分析

利用扩增片段长度多态性（amplified fragment length polymorphism，AFLP）技术对中国黄海（2 个群体，编号 A 和 B）与东海（4 个群体，编号 C、D、E、F）范围内 6 个银鲳群体进行了遗传多样性分析（Zhao et al，2011）。6 个银鲳群体的遗传学参数见表 1-16。6 个银鲳群体各个遗传多样性参数间并未有显著性的差异。群体间的遗传距离与遗传分化指数（F_{ST}）的分析结果表明（表 1-17），平均的 F_{ST} 为 0.11（$P<0.001$），说明群体间具有明显的遗传分化，其中群体 C 和 D 间的遗传分化指数最高，群体 E 和 F 间的遗传分化指数最底。群体间的遗传距离为 0.03～0.06，其中群体 C 和 F 间的遗传距离最大，群体 B 和 C 间的遗传距离最小。

表 1-16 银鲳群体的遗传多样性参数

（Zhao et al，2011）

群体	取样点	N	P	N_a	N_e	H	I
A	119°48′E，34°55′N	23	65.46	1.655（0.477）	1.434（0.391）	0.247（0.205）	0.364（0.289）
B	121°17′E，32°54′N	28	64.43	1.644（0.480）	1.422（0.384）	0.242（0.203）	0.358（0.289）
C	122°20′E，30°14′N	23	62.89	1.629（0.484）	1.419（0.382）	0.241（0.205）	0.355（0.292）
D	121°27′E，28°01′N	25	67.01	1.670（0.471）	1.415（0.372）	0.242（0.197）	0.361（0.281）
E	120°18′E，26°42′N	24	63.92	1.639（0.482）	1.390（0.368）	0.229（0.198）	0.342（0.283）
F	118°15′E，24°08′N	20	67.01	1.670（0.471）	1.410（0.366）	0.241（0.196）	0.359（0.279）

注：N 为样本量，P 为多态位点百分率，N_a 为等位基因数，N_e 为有效等位基因数，H 为 Nei's 基因多样度，I 为香农多样性指数；括号中的数字是标准偏差。

表 1-17 群体间的遗传距离（对角线以下）和遗传分化指数 F_{ST}

（Zhao et al，2011）

群体	A	B	C	D	E	F
A		0.088*	0.108*	0.102*	0.132*	0.115*
B	0.040		0.069*	0.106*	0.131*	0.109*
C	0.046	0.029		0.143*	0.129*	0.113*
D	0.052	0.041	0.046		0.091*	0.098*
E	0.055	0.047	0.049	0.030		0.057*
F	0.050	0.052	0.058	0.048	0.038	

注：* 表示具有显著性差异。

AMOVA 分析表明（表 1-18），89.3% 的遗传变异来自群体间，而群体内的变异元素近占 10.7%，F_{ST} 为 0.11（$P<0.01$）表明群体间存在明显的遗传分化。

表 1-18 分子变异等级分析结果（AMOVA）

（Zhao et al，2011）

变异来源	自由度	平方和	变异元素	变异元素百分比	P
群体内	5	430.688	2.678	10.66	<0.01
群体间	137	3 073.940	22.437	89.34	<0.01
总计	142	3 504.636	25.115	$F_{ST}=0.106$	

六、基于银鲳 RNA - seq 数据中 SSR 标记的信息分析

通过对银鲳进行高通量转录组测序（RNA - seq）获得银鲳转录组原始实验数据，经过拼接后，获得 3 715 603 条 UniGene 序列（刘磊等，2016）。采用生物信息学分析软件 MISA 对所有 UniGene 进行简单重复序列（simple sequence repeat，SSR）位点鉴定，同时对银鲳转录组 SSR 的多态性进行评价（表 1 - 19，表 1 - 20）。银鲳转录组水平上，共鉴定出 107 007 个 SSR 位点，分布在 97 289 条 UniGene 中，发生频率为 2.62%，SSR 平均密度为 476 个/M bp。在银鲳转录组 SSRs 中，单核苷酸与二核苷酸重复序列为主要重复类型，分别占总 SSRs 的 48.14% 和 34.10%。银鲳转录组数据中 SSR 序列共包括 424 种重复基元类型，单核苷酸重复基元 A 占较高比例，占同一重复类型 SSRs 的 49.57%，二核苷酸重复基元 TG/AC 和三核苷酸重复基元 GAG/AAC 是优势重复基元，分别占同一重复类型 SSRs 的 42.43% 和 9.61%。重复序列长度在 12 bp 以上的 SSR 标记位点数占总 SSR 的 76.95%，具有丰富的多态性。

表 1 - 19　SSR 在银鲳转录组中的出现频率

（刘磊等，2016）

SSR 类型	种类	总数	比例（%）	对应条数	发生频率（%）	频率最小单元 数量（个）	频率最小单元 类型	频率最大单元 数量（个）	频率最大单元 类型
单碱基	4	51 510	48.14	39 777	46.74	572	C	25 532	A
二碱基	12	36 492	34.10	29 776	34.98	5	CG	7 862	TG
三碱基	59	15 752	14.72	12 873	15.13	1	CGT	857	GAG
四碱基	143	2 684	2.51	2 228	2.62	—	—	222	AAAC
五碱基	152	469	0.44	371	0.43	—	—	15	AAAAG
六碱基	54	100	0.09	85	0.10	—	—	7	CTCCTG
合计	424	107 007	100.00	85 110	100.00	—	—	35 073	

表 1 - 20　银鲳 SSR 不同基序长度和重复次数的分布规律

（刘磊等，2016）

SSR 类型	重复次数 5 次	6～10 次	11～15 次	16～20 次	21～25 次	大于 25 次	合计	出现频率（%）	所占比例（%）
单碱基	0	16 359	22 345	6 379	4 000	2 427	51 510	52.95	48.14
二碱基	0	20 608	9 349	3 549	1 599	1 387	36 492	37.51	34.10
三碱基	6 927	8 112	571	72	36	34	15 752	16.19	14.72
四碱基	1 217	1 259	139	38	18	13	2 684	2.76	2.51
五碱基	235	140	57	16	5	16	469	0.48	0.44
六碱基	15	61	12	6	4	2	100	0.10	0.09
合计	8 394	46 539	32 473	10 060	5 662	3 879	107 007	109.99	100.00
所占比例（%）	7.84	43.49	30.35	9.41	5.29	3.62	100.00	—	—

SSR 在整个基因组的不同位点都有分布，多态性是分析分子标记性能优劣的重要依据，SSR 片段长度又是判断其多态性的重要依据。从转录组数据筛选得到的 SSR 中，重复序列长度在 12 bp 以上的 SSR 标记位点数占总 SSR 数的 76.95%，多态性较丰富，基于该研究的结果，能够进行有针对性的引物设计。在 QTL 定位研究及遗传连锁图谱的构建中，SSR 多态性越高，所建立的图谱越精密精确，基因的定位越精准。对于银鲳种质资源衰退、遗传性状单一及种群受环境影响较大等诸多尚未解决的问题，可以通过微卫星标记确定其是否为遗传学方面的原因。基于 SSR 标记，利用微卫星引物对银鲳不同群体进行扩增，筛选扩增出的稳定条带进行分析。由于微卫星具有高度多态性的特性，且遵循孟德尔遗传规律，可以通过观察不同个体位点扩增情况，进一步判断遗传情况。

第二章

银鲳繁殖生物学

第一节　繁殖生物学概况

银鲳是我国主要海产经济鱼类之一，在我国沿海均有分布，其资源量在东海北部近海最高，其次是南部近海和北部外海，南部外海和台湾海峡较低。郑元甲等（2003）在报道中指出，我国东海海域银鲳的年龄、长度组成、性成熟等生物学指标均逐渐趋小。银鲳野生资源的变化使得银鲳繁殖生物学研究受到越来越广泛的关注（施兆鸿等，2005；赵峰等，2010）。目前，对银鲳的研究主要集中在中国、科威特、日本、韩国、印度等银鲳资源相对丰富的国家，其中又以中国和科威特的研究工作较多。

国内自 20 世纪 80 年代陆续开始了银鲳繁殖生物学方面的研究工作（赵传絪，张仁斋，1985；龚启祥等，1989）。然而由于银鲳的人工繁育工作难度较大，加之研究经费的不足等因素，相关研究中途搁浅。2004 年起，中国水产科学研究院东海水产研究所（以下简称东海所）在上海市农业委员会的专项资助下，开始重点着手研究银鲳的人工繁殖、育苗工作。2005 年东海所首次成功实现了野生银鲳的人工试养，2006 年通过海上捕捞野生亲本，利用人工授精技术成功培育获得第一批银鲳苗种。近些年来，东海所已掌握银鲳的繁殖特性、性腺发育规律（施兆鸿等，2005）以及银鲳人工育苗的模式与方法（施兆鸿等，2007，2009）。2010 年东海所在国内首次实现了银鲳的全人工繁育（施兆鸿等，2011）。

自 20 世纪 90 年代开始，科威特科研人员陆续开始了阿拉伯海湾水域银鲳的繁殖生物学研究（Dadzie et al，1998）。Dadzie et al（1998，2000）分别对科威特水域银鲳的产卵期及繁殖特性进行了研究。Almatar et al（2004）同样对科威特水域银鲳的产卵频率、繁殖力、卵子质量以及产卵类型进行了分析。

一、产卵场及其环境条件

银鲳在中国沿岸海区分布有多个产卵场，东部沿岸的产卵场主要分布在江苏吕泗洋，浙江的大戢洋、岱衢洋、大目洋，瓯江口外的温州近海，福建闽东渔场的四礵列岛、嵛山、七星一带（施兆鸿等，2005）。这些产卵场一般分布在河口咸淡水混合区域，水深一般为 10～20 m，水温为 14～22 ℃，盐度为 26.0～31.0。除东海海域外，其他海域有关银鲳产卵场的相关资料较少。国外在银鲳产卵场及其环境条件方面也有相应研究报道。Gophlan（1969）调查发现银鲳产卵场主要分布在阿拉伯海的印度加法拉巴德近岸，水温一般为 25.2～28.6 ℃，盐度为 28.3。不同学者对科威特海域银鲳的产卵场及其环境条件存有不同的看法，Dadzie et al（1998）认为银鲳的产卵场在阿拉伯湾北部低盐度的河口地区，Parasamanesh（2001）认为在阿拉伯湾北部的深海区；Almatar et al（2004）则认为分布在 5～12 m 的浅海区，这里一般具有较高的盐度（39）和温度（26～32.5 ℃），底质以沙、泥为主。

由此可见，银鲳的产卵场根据分布的海域不同而呈现不同特点。但总体来讲，银鲳的产卵场一般分布在有咸淡水交汇的近岸浅水水域，底质以沙泥为主，这可能是由于：①咸淡水交汇水域的环境特点可以刺激（或诱导）银鲳亲鱼产卵排精；②咸淡水交汇水域饵料生物资源丰富，可以为银鲳早期发育阶段提供大量生物饵料。

二、繁殖季节

鱼类的繁殖与水温有密切关系，中国浙江舟山渔场银鲳的繁殖水温为 14～22 ℃，最适水温为 16～20 ℃（施兆鸿等，2006）；而科威特海域银鲳的繁殖水温为 26～32.5 ℃（Almatar et al，2004）。由于不同海域的水温差异，银鲳的繁殖季节也有所不同（表 2-1）。由表 2-1 可见，中国沿岸银鲳的繁殖期从南向北逐渐推迟。对比历史资料和近年的调查数据，中国浙江北部舟山渔场银鲳的繁殖期有所提前（赵传絪，1990；施兆鸿等，2006），而科威特海域银鲳的繁殖期却有所推后（Dadzie et al，1998；Almatar et al，2004），这可能与产卵场水域环境条件的变迁有关。

表 2-1　银鲳的繁殖季节

（赵峰等，2010）

位　　置	繁殖季节	参考文献
福建闽东渔场	产卵期 3—7 月，盛期 4 月初至 5 月底	赵传絪，1990
浙江北部（舟山渔场）	产卵期 5—7 月，盛期 5—6 月	赵传絪，1990
	产卵期 4 月初至 6 月初，盛期 4 月中旬至 5 月中旬	龚启祥等，1989；施兆鸿等，2006
吕四渔场	产卵期 4 月下旬至 6 月下旬	赵传絪，1990
渤海	产卵期 5 月上旬至 7 月上旬	赵传絪，1990；崔青曼等，2008
	少量在 8—10 月产卵	赵传絪，1990
科威特近海	产卵期 4—9 月，盛期 5 月和 8 月	Dadzie et al，1998；2000
	产卵期 4—9 月，盛期 4—5 月	Hussain et al，1977
	产卵期 3—8 月，盛期 3 月和 8 月	Abu–Hakima et al，1984
	产卵期 5 月中旬至 10 月上旬	Almatar et al，2004
印度加法拉巴德近岸	产卵期 2—8 月	Gopalan，1969
孟加拉湾	产卵期 1—2 月	Hussain et al，1977
	产卵期 2—8 月	Pati，1982

三、雌雄比例与初次性成熟个体规格

中国浙江舟山渔场银鲳在繁殖季节（4—6 月）的雌雄比例接近于 1∶1（施兆鸿等，2006）。Almatar et al（2004）对科威特银鲳的产卵场水域进行了调查，发现在繁殖期银鲳的雌雄比例约为 1∶3；而 Dadzie et al（2000）在阿拉伯湾的科威特北部水域却发现雌鱼多于雄鱼。Almatar et al（2004）根据调查分析认为雌性成熟亲鱼产卵后会游出产卵场摄食，采样点的不同导致了调查结果的差异。中国与科威特海域银鲳在繁殖季节的性比有较大差异，是否存在 Almatar et al（2004）所调查的现象有待进一步研究证实。

中国舟山渔场银鲳性成熟个体的叉长范围为 13.5～26.0 cm（施兆鸿等，2009），其中优势叉长为 14.0～17.0 cm（施兆鸿等，2006）。曾玲等（2005）报道，2004 年中国黄海南部性腺发育至 Ⅳ～Ⅴ 期的银鲳最小叉长为 10.4 cm，而 1985 年为 12.9 cm，从而认为该区域的银鲳性成熟个体呈变小趋势，表明其性成熟可能有所提早。科威特海域银鲳雌、雄鱼繁殖高峰期的体长分别是 24.5～26.4 cm 和 20.3～22.4 cm。雄性较雌鱼成熟早，最小体长为 12.5～14.4 cm，而雌鱼成熟的最小体长是 20.5～22.4 cm（Dadzie et al，2000）。

四、生殖力

不同海域银鲳的生殖力存在较大差异，且个体之间的生殖力也差别很大（表 2-2）。曾玲等（2005）通过对比分析发现，黄海南部银鲳的生殖力大于东海银鲳的生殖力；近 30 年来，黄海南部银鲳个体绝对生殖力变化不明显，但 FL（体长相对生殖力）增大，FW（体质量相对生殖力）减小，说明银鲳提高了单位叉长的生殖力。由表 2-2 可见，科威特海域银鲳的繁殖力要显著高于中国银鲳的繁殖力，这可能是由银鲳样品的叉长范围及卵子的计数方法差异造成的，另外还可能与取样年代、时间和海区的差异等有关。

表 2-2　银鲳的生殖力
（赵峰等，2010）

海域	绝对生殖力（粒）	相对生殖力		参考文献
		FL（粒/mm）	FW（粒/g）	
东海	33 713~141 676（85 962）	167~629（411）	113~305（207）	倪海儿等，1995
黄海南部	3 993~196 175	32~807	109~553	曾玲等，2005
科威特湾	358 542	—	712.3±208	Almatar et al，2004
	28 965~455 661（164 558）	—		Dadzie et al，2000

注：括号内为平均值；—表示文献中没有相关数据。

五、性腺发育及繁殖特性

繁殖期过后，银鲳的卵巢长期处于 Ⅱ 期，但一般在繁殖期前 15~30 d 就能完成从 Ⅱ 期末发育到Ⅳ期中后期，从而进入繁殖期（施兆鸿等，2006），Almatar et al（2004）通过对科威特海域银鲳性腺发育指数（GSI）进行统计，也显示出相似的特点。银鲳这种卵巢发育特点可能有其相应的生物学意义，由于银鲳体腔较小，当 GSI 达 6% 以上时，体腔中大部分空间就会被性腺所占据，造成消化系统被挤压，短时间的性腺快速发育能延长繁殖前的摄食时间，保证繁殖期内正常代谢和繁殖时营养物质的供给。另外，与其他海水鱼类不同，银鲳卵母细胞中油滴出现在 Ⅱ 时相的中后期，这可能是银鲳卵母细胞中营养物质的提前积累，满足快速发育的需求（施兆鸿等，2006）。

亲鱼的性腺成熟度是人工育苗成功的关键因子之一，在繁殖季节野生银鲳亲体的性腺成熟度一般是由小潮汛转大潮汛时发育最好。银鲳卵巢发育呈现不同步性，在繁殖期内可以多次成熟、多次产卵（倪海儿等，1995；施兆鸿等，2006），一个繁殖期可以产 6 次卵（Almatar et al，2004）。Almatar et al（2004）认为 15 d 左右银鲳就可以完成一个性腺发育循环，性腺发育与月历（潮汐）变化呈现相关性。银鲳产卵发生在退（低）潮期，在东海海区 13:00 以后开始产卵，15:00—18:00 时达产卵高峰。人工养殖条件下，2 龄及以上亲鱼一年内有两个繁殖期，分别在 4—6 月和 9—11 月，均为多次产卵。

六、精卵特征

银鲳的精子属于鞭毛型精子，无顶体，具有 4~5 个线粒体，全长（39.51±1.64）μm。不同海域银鲳的卵子大小存在差异（表 2-3）。科威特海域银鲳卵子比中国东海、日本海及韩国海域的银鲳卵子

表 2-3　不同海域银鲳卵子及初孵仔鱼的大小
（赵峰等，2010）

海域	卵子直径（mm）	初孵仔鱼大小（mm）	参考文献
日本濑户内海	1.20~1.35	2.75~3.10	Mito et al，1967
日本海域	1.31±0.35	3.75±0.07	Oda et al，1982
韩国水域	0.83~1.27	—	Kim et al，1989
中国舟山渔场	1.349~1.387	3.699~3.862	施兆鸿等，2007
阿拉伯海印度沿岸	1.26~1.32	—	Gopalan，1969
科威特湾	1.08~1.19	2.40±0.10	Al-Abdul-Elah et al，2001
	1.05~1.12	2.40±0.10	Almatar et al，2000

注：—表示文献中没有相关数据。

小，可能是科威特海域高温、高盐造成的（Al-Abdul-Elah et al，2001）。一般来讲，初次性成熟的银鲳，其卵子干质量较轻；同体质量个体在繁殖期早期产的卵子，其干质量要大于繁殖末期所产卵子的干质量，两者相差 15.2%（Almatar et al，2004）。银鲳受精卵为球形、透明，呈浮性，具有一个油球（施兆鸿等，2011）。然而，银鲳受精卵中油球直径大小却有不同的描述，在舟山渔场为 0.53～0.59 mm，在日本濑户内海 0.43～0.45 mm，在科威特海域为 0.31～0.38 mm，这可能与不同海域银鲳卵子的大小有关。

第二节　卵巢发育特征

卵巢发育及卵子发生一直是鱼类繁殖生物学研究的热点内容。银鲳卵巢分左右两叶，其卵巢壁由结缔组织、平滑肌纤维和微血管等所构成，从卵巢壁上分出许多成束的结缔组织纤维和生殖上皮，伸向卵巢内部，形成长短不等的产卵板，其上有不同发育时期的卵母细胞。有关鲳属鱼类卵巢发育的研究，最早见于 Abu-Hakima et al（1984）的报道，其对科威特海域银鲳的生殖生物学、性腺分期及个体生殖力作了较为详尽的研究。国内学者龚启祥等（1989）报道了对东海银鲳卵巢周年变化的组织学观察。深入开展银鲳卵巢发育特征的研究，将有助于进一步全面掌握其繁殖特性，对其资源保护及其合理开发利用具有重要的指导意义。

一、自然海域银鲳卵巢发育特征

依据龚启祥等（1989）的报道，银鲳卵母细胞的发育分五个时相，各个时相的形态特征描述如下：

第 I 时相卵母细胞：该类细胞一般位于卵巢内生殖上皮附近，形态不规则，有三角形、梨形以及椭圆形等；卵径 18.0～36.0 μm，胞质颗粒均匀分布；胞核近圆球形，大而透明，核径为 10.0～18.0 μm；核仁在核内分散存在。

第 II 时相卵母细胞：即处在小生长期的初级卵母细胞。在其早期，卵母细胞形态仍不规则，形状多变；卵径 36.0～54.4 μm。胞质呈均质分布，核呈近圆球形，核质稀、染色浅而稍透明。在同一切面上核内有 7～14 个核仁，沿核膜内缘分布。滤泡膜仅一层，滤泡细胞呈扁平状。在其发育中期，卵母细胞呈近圆球形，卵径可增大到 73.8～144.0 μm。细胞质明显分层，形成呈同心圆式排列的生长环结构；出现许多透亮的小油滴，油滴直径 1.8～7.2 μm；靠近质膜的胞质颗粒细而分布均匀。核径为 30.6～72.0 μm。在同一切面上，沿核膜内缘分布着 13～14 颗核仁。在晚期，卵母细胞的内生长环迅速扩大，胞质呈网状分布，胞质内的油滴渐增多。胞质中可见卵黄核。这时卵母细胞的直径可达 126.0～180.5 μm。

第 III 时相卵母细胞：即处在大生长期早期的初级卵母细胞。在银鲳卵母细胞发育中，该时相阶段历时很短。卵母细胞呈近圆球形，卵径 108.0～288.6 μm；核径为 45.0～115.2 μm，核膜凹凸不平，呈波纹状。在同一切面上，有 14～29 个沿核膜分布的核仁。在第 III 时相早期卵母细胞内，油球逐渐增大且其数量明显地增多。在卵母细胞外周，开始出现两层滤泡膜，滤泡细胞皆成扁平状。在滤泡膜的内缘、质膜外周出现一薄层放射带，其厚度仅 1.8 μm。随着卵母细胞发育，放射带逐渐加宽到 5.4～9.1 μm，并可见放射条纹。之后，在滤泡膜与放射带之间，出现一薄层的胶质膜结构，其厚度为 0.9 μm 左右。在第 III 时相卵母细胞晚期，胶质膜增厚到 1.8～3.6 μm。外层胞质内出现一些细小的卵黄颗粒。此时两层滤泡膜的形态发生变化。内层滤泡细胞呈立方形，外层仍为扁平状。

第 IV 时相卵母细胞：即处在大生长期晚期的初级卵母细胞。由于卵黄物质不断积累，卵母细胞的体积迅速增大。根据卵径大小和形态结构的不同，可再分为早、中、晚三个阶段。①早期：卵母细胞呈圆球形，卵径 266.4～432.0 μm。在卵黄物质积累过程中，卵黄颗粒明显增大，最大卵黄颗粒的直径可达 14.4 μm，并在外层胞质内成层排列。此时，卵母细胞胞质可明显地分为外层的卵黄颗粒层和内层的油球层。核膜波纹状，核径为 72.0～144.0 μm。随着卵母细胞内卵黄物质的继续增多，卵黄颗粒逐渐由卵母细胞质的外层向中央扩散，而油球则从靠近核的内层胞质向胞质的其他部位推进，油球与卵黄颗粒逐渐相混。这时放射带开始减薄到 $3.6\sim7.2~\mu m$，而胶质膜增厚到 $1.8\sim6.3~\mu m$。②中期：卵母细胞的直径增至 $381.6\sim684.0~\mu m$，整个卵母细胞质被油球和卵黄颗粒所充满。这时最大的卵黄颗粒直径增至 $18.0~\mu m$ 左右，油球直径达 $32.4\sim45.0~\mu m$，胶质膜厚度增加到 $4.5\sim9.1~\mu m$，而放射带减薄到 $1.8\sim5.4~\mu m$。随着卵母细胞发育，其内层滤泡细胞从立方形又变成扁平状。③晚期：卵母细胞呈圆球形，卵径达 $720.0~\mu m$，胞质中的油球已渐融合成一个较大的油球和一些小油球，最大油球的直径为 $108.0\sim360.0~\mu m$，一般位于卵母细胞中央。卵黄颗粒也开始融合。细胞核极化而移向卵母细胞的一侧。此时，放射带基本消失，除滤泡膜外，卵母细胞仅有一层胶质膜的卵膜结构，其厚度达 $7.2\sim10.8~\mu m$。

第V时相卵母细胞：卵母细胞已充分发育，呈圆球形，卵径为 $704.8\sim864.0~\mu m$。油球已融合成单一大油球，偏于卵母细胞一侧，其直径可达 $266.4\sim396.0~\mu m$。卵黄颗粒相互融合。此时核膜消失，胶质膜厚度增至 $12.6\sim18.0~\mu m$。至此，卵母细胞已经成熟，以后便脱离滤泡膜而排入卵巢腔。

龚启祥等（1989）根据对银鲳卵巢的组织学观察，探明了东海银鲳卵巢发育的周年变化。东海银鲳的繁殖期为 5—6 月（主要在 5 月）。繁殖期过后，7—8 月产后卵巢进行修整、恢复，9 月进入重复发育的 II 期，并在此发育阶段越冬。经过冬季直到翌年 3 月下旬，卵巢重新开始发育进入 III 期。4 月大多数卵巢进入产卵前期，已发育到 IV 期阶段。从 5 月开始，如水温等环境条件适宜，银鲳卵巢发育到 V 期而进入繁殖期。

施兆鸿等（2006）对舟山渔场两种鲳属鱼类（银鲳和灰鲳）卵巢发育的周年变化进行了比较研究。银鲳和灰鲳的卵母细胞发育差异不大，从可量性状看，第 I 时相到第 V 时相卵母细胞的卵径和核径没有太大的差异，在第 II 时相、第 III 时相卵母细胞中，灰鲳卵母细胞中的核仁数略多于银鲳；银鲳第 III 时相卵母细胞中的油滴数多于灰鲳，而卵黄颗粒则略少于灰鲳 [图 2-1（1 和 2）]；从各自的正中切面上观察，银鲳的油滴先融合，然后卵黄颗粒再融合，而灰鲳则是油滴和卵黄颗粒几乎是同时聚合 [图 2-1（3～6）]。灰鲳的放射带在任何时期都比银鲳的要厚 [图 2-1（7 和 8）]；在第 III 时相卵母细胞的后期，灰鲳的胶质膜明显厚于银鲳的胶质膜。但到第 V 时相卵母细胞时，银鲳和灰鲳卵径都为 $700\sim870~\mu m$、油球一个、油球径 $260\sim400~\mu m$、初级卵膜厚度 $12\sim19~\mu m$，几乎没有差异。

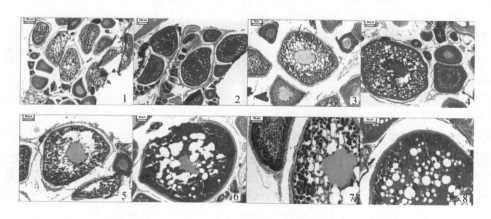

图 2-1　银鲳和灰鲳卵巢发育组织学特征

（施兆鸿等，2006）

1. 银鲳III期卵巢（×100）　　2. 灰鲳III期卵巢（×100）　　3. 银鲳第IV时相初卵母细胞（×200）　　4. 灰鲳第IV时相初卵母细胞（×200）
5. 银鲳第IV时相中卵母细胞中油滴的融合情况（×200）　　6. 灰鲳第IV时相中卵母细胞中油滴的融合情况（×200）
7. 银鲳第IV时相初卵母细胞的放射带和胶质带（×400）　　8. 灰鲳第IV时相初卵母细胞的放射带和胶质带（×400）

银鲳和灰鲳的卵巢发育有共同特点。从取样过程看，一般 $15\sim30~d$ 就能完成卵巢从 II 期末发育到 IV 期中后期进入繁殖期，而进入繁殖期后银鲳和灰鲳都基本不再摄取食物。银鲳和灰鲳的 IV 期卵巢都呈淡黄色或淡乳黄色，肉眼可见有部分成熟透明卵粒镶嵌在卵巢中，呈"松花籽"状。银鲳在Ⅳ期的卵巢中第Ⅰ～Ⅱ、第Ⅲ、第Ⅳ时相的卵母细胞的个数分别占卵巢中细胞比例的36.1%、9.3%和54.6%（龚启祥等，1989）；灰鲳在Ⅳ期的卵巢中第Ⅱ～Ⅳ时相的卵母细胞的个数分别占卵巢中细胞比例的48%、12%和40%。银鲳在Ⅴ期的卵巢中第Ⅰ～Ⅱ、第Ⅲ、第Ⅳ和第Ⅴ时相的母卵细胞的个数分别占卵巢中细胞比例49.21%、12.03%、18.94%和19.81%（龚启祥等，1989）；灰鲳在Ⅴ期的卵巢中第Ⅱ、第Ⅲ、第Ⅳ、第Ⅴ时相的母卵细胞的个数分别占卵巢细胞中比例44%、16%、21%和19%。可见银鲳和灰鲳的卵巢发育显示出不同步性，都属分批产卵类型的鱼类。

银鲳卵巢发育达到Ⅳ期，其性腺成熟系数（GSI）超过15%的，叉长范围在18.0～25.0 cm，平均22.5 cm（图2-2）；而灰鲳卵巢发育达到Ⅳ期，其性腺成熟系数超过9%的，叉长范围在27.0～31.0 cm，平均29.0 cm（图2-2）。在卵巢发育达到相同的Ⅳ期时，银鲳的性腺成熟系数要明显大于灰鲳，但银鲳的平均叉长小于灰鲳（图2-2）。

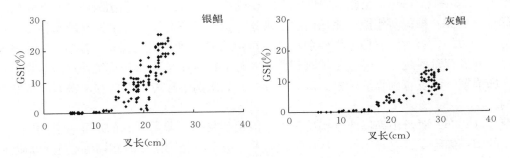

图2-2 银鲳与灰鲳雌鱼叉长与GSI关系
（施兆鸿等，2006）

银鲳和灰鲳繁殖季节是根据其卵巢周年变化而确定的。银鲳的繁殖季节在每年的4月初至6月初，繁殖高峰在4月中旬到5月中旬，卵巢成熟系数最高可达25%；而灰鲳的繁殖期在每年的6月初至8月中旬，繁殖高峰在6月下旬到7月下旬，卵巢成熟系数最高只有12.6%（图2-3）。

通过上述研究报道，可知鲳属鱼类卵巢发育具有两个明显的发育特征，一是卵巢发育呈现不同步性，属于分批产卵的鱼类；二是卵母细胞中油滴的出现都是在第Ⅱ时相的

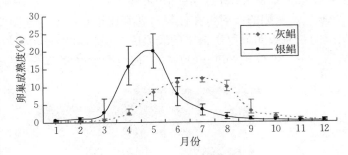

图2-3 银鲳与灰鲳卵巢发育周年变化
（施兆鸿等，2006）

中后期，有别于其他多数浮性卵种类的海水鱼类，如鳓（倪海儿等，2001）、黄鳍鲷（洪万树等，1991）、小黄鱼（吴佩秋，1980）等的卵母细胞中油滴在大生长期即第Ⅲ时相时才出现。此外，通过对上述研究报道比较分析，近些年来自然海域银鲳的繁殖期相比较20世纪80年代，呈现出提前的趋势，即性成熟提前，这可能与自然海域水环境因素变化以及人为捕捞压力有关。

二、人工养殖银鲳卵巢发育特征

卵巢发育情况可直接反映人工养殖银鲳亲体的培育质量，因此，人工养殖条件下银鲳卵巢发育特征的研究，及其与自然海域银鲳卵巢发育情况的比较分析，可为进一步改善银鲳亲体的强化培育技术提供参考依据。

孙鹏等（2013）对养殖银鲳卵巢的组织学进行了观察。银鲳的卵巢两叶对称，外面有被膜。卵巢的形状与其他多种海水鱼类不同，呈反转的L形，泄殖孔在下面一侧的中间位置。Ⅰ期性腺呈透明细线

状，肉眼难以分辨性别，Ⅱ期性腺呈浅灰色或淡黄色，通过肉眼可以分辨雌雄。之后，性腺逐渐增大。在Ⅲ期，银鲳卵巢呈浅黄色，其卵巢壁由结缔组织、平滑肌和微血管等构成。至性腺发育到Ⅳ、Ⅴ期时，卵巢组织变为橙黄色，微血管和被膜结缔组织明显增多，卵巢内部可见多个板状结构的产卵板，其内有原始生殖细胞分化而成的卵原细胞和不同时相的卵母细胞。血管深入卵巢内部，分布于产卵板和卵母细胞周围。孙鹏等（2013）的报道，与自然种群分为5个时相不同之处在于其将产卵后的时期定义为第Ⅵ期时相，第Ⅰ～Ⅵ时相卵细胞结构特征见图2-4。

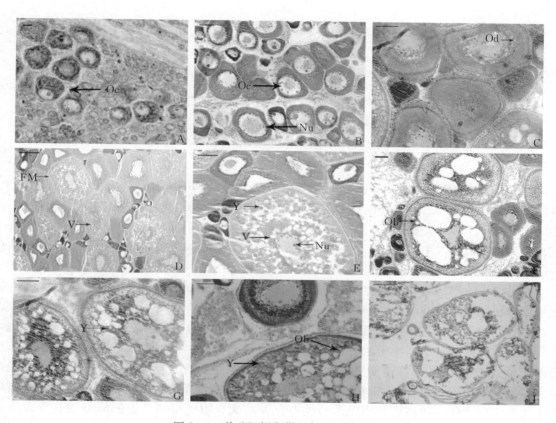

图2-4　养殖银鲳卵巢发育组织学观察

A. 第Ⅰ时相卵细胞　B. 第Ⅱ时相早期卵细胞　C. 第Ⅱ时相后期卵细胞　D. 第Ⅲ时相卵细胞　E. 第Ⅲ时相卵细胞
F. 第Ⅳ时相卵细胞　G. 第Ⅳ时相卵细胞　H. 第Ⅴ时相卵细胞　I. 第Ⅵ时相卵细胞（标尺＝50 μm）
FM：滤泡膜　Ob：油球　Oc：卵母细胞　Od：油滴　Nu：核仁　V：液泡　Y：卵黄
（孙鹏等，2013）

　　养殖银鲳的卵巢发育成熟度系数在0.6%～10.9%（图2-5）。Ⅰ期卵巢在银鲳性腺发育过程中仅出现一次，主要由第Ⅰ时相卵母细胞构成；之后，银鲳的卵巢每年随着季节变化从Ⅱ期到Ⅳ期发生周期性变化。养殖银鲳的繁育期在4—6月，此时的卵巢发育基本都在Ⅳ期和Ⅴ期。其中，Ⅳ期卵巢呈橙黄色，肉眼可见部分成熟透明卵粒游离在卵巢中。随着卵巢发育的进行，这部分卵细胞会发育成熟，形成透明、游离状的第Ⅴ时相卵母细胞并排卵。繁殖期过后，7—8月卵巢逐渐恢复，Ⅵ期卵巢与Ⅳ期卵巢较为相似，其中包含大量的第Ⅰ～Ⅳ时相卵母细胞，并可见空滤泡。从9月开始，卵巢重新进入Ⅱ期，并在该发育阶段越冬。直到翌年3月，卵巢组织开始发育进入Ⅲ期。4月开始，大多数银鲳成鱼的卵巢已经发育至Ⅳ期阶段。随后，卵巢发育成熟至Ⅴ期，养殖银鲳进入繁殖期。

　　组织学观察可见，繁殖期间卵巢中除了第Ⅳ、Ⅴ时相卵母细胞外，还兼有第Ⅰ、Ⅱ和Ⅲ时相卵母细胞的存在。在Ⅳ期卵巢组织切片的切面中，第Ⅳ时相卵母细胞占总卵细胞数量的44.6%，面积比例占总切面面积的91.2%；第Ⅲ时相卵母细胞占卵细胞总数量的9.2%，面积比例占总切面面积的4.3%；

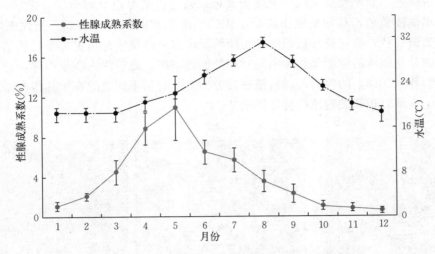

图 2-5 养殖银鲳卵巢发育的年周期变化
(孙鹏等，2013)

第Ⅰ、Ⅱ时相卵母细胞数量和面积分别占 46.2% 和 4.5%。在Ⅴ期卵巢组织中，同时可以观察到 5 个时相的卵母细胞类型。其中的第Ⅴ时相卵母细胞占卵细胞总量的 20.1%，细胞面积占总切面的 74.1%；第Ⅳ时相卵母细胞占总卵母细胞数量的 9.3%，细胞面积占 17.2%；第Ⅲ时相卵母细胞占总卵母细胞数量的 10.7%，细胞面积占 4.1%；第Ⅰ、Ⅱ时相卵母细胞占卵细胞总数量的 59.9%，而细胞面积仅占 4.6%。可见，银鲳属于分批产卵类型的鱼类。

养殖银鲳卵巢的形状与其他多种海水鱼类不同，呈反转的 L 形，而这与鲳属鱼类中其他种类的卵巢形状较为相似（施兆鸿等，2006）。养殖银鲳群体卵巢发育可以分为 6 个阶段，即卵巢发育Ⅰ～Ⅵ期，各个时期的组织学与细胞学特征与野生群体的基本相似（龚启祥等，1989）。切片观察发现，繁殖季节在银鲳Ⅳ期和Ⅴ期卵巢中均存在一定比例的第Ⅰ、Ⅱ、Ⅲ时相卵母细胞，其中的第Ⅲ时相卵母细胞在合适的条件下能够迅速积累卵黄等营养物质并发育成为成熟的卵细胞。Almatar et al（2004）研究发现在科威特水域的银鲳也分多次产卵，但其繁殖季节较长，为 5—10 月，在繁殖季节雌性个体要分 6 次产卵，而且产卵量随季节的变化并不大。由此可知，银鲳卵母细胞发育并非同步完成，属于短期分批产卵型鱼类，这与灰鲳、蓝太阳鱼等多种鱼类相似（施兆鸿等，2006；曹运长等，2008）。

通过与自然海域银鲳群体的性腺发育情况比较发现，养殖群体与野生群体的性腺成熟程度存在明显差异。每年 10 月以后，野生群体性腺成熟系数降低至 0.6% 左右；直至翌年 3 月，性腺成熟系数开始增高（龚启祥等，1989）。在舟山海区，3 月下旬至 4 月上旬，银鲳性腺成熟系数从 4% 增至 15%，4 月中旬至 5 月中旬达到 20%，最高可达 25%。而养殖群体在每年 11 月的时候，性腺成熟系数降至最低状态；之后，在 12 月和翌年 1 月一直保持在 1.0% 左右；至 2 月中期开始增长，在 4 月增至 7.8%，在 5 月达到最高值。可见，繁殖季节养殖银鲳性腺发育程度较自然海区的低，且两者差异较大。这种差异应该与不同的生活环境条件有关。

然而，近两年最新的研究调查发现，人工养殖条件下，2 龄及以上银鲳亲本在一个自然年度可以出现 2 个繁殖期，一个是 4—6 月，另一个为 9—11 月，其繁殖机理目前尚不可知，应该与养殖环境条件及营养素的摄入来源不同有关。

银鲳是我国近年来新开发的海水养殖品种之一，尽管其苗种培育已经获得较大的进展，其繁育相关基础性研究仍然较少。今后，有必要进一步系统深入地开展外界因子（温度、光照和营养素等）对银鲳性腺发育成熟的影响相关研究，通过改善养殖群体的生长发育情况，提高产卵与孵化效率，为银鲳的规模化繁育与养殖推广奠定基础。

第三节　精巢发育特征

鱼类性腺发育是其繁殖活动的基础，鱼类一系列的繁殖生理现象都围绕其性腺的发育而展开，因此，对鱼类性腺发育（卵巢与精巢）的研究是认识和调控鱼类繁殖机理与生理活动的主要途径之一。近些年来，国内外学者围绕提高鱼类繁殖性能和生产水平，针对多种鱼类的性腺发育开展了大量的研究工作。银鲳作为国内目前新开发的养殖新对象之一，研究揭示其精巢发育特征，对于有效提高银鲳的繁殖性能具有重要的理论指导意义。

一、养殖与野生银鲳精巢发育特征比较

海水鱼类的性腺发育在养殖条件下与在自然环境中存在一定的差异。除了营养条件不同外，生境也存在着较大的差异（罗海忠等，2007），这也是人为调控其性腺发育的前提条件。通常在养殖条件下所求的目标是雌雄同步生产、产卵时间人为可控、繁殖周期延长、产卵频次增加等。但若不能完全掌控性腺发育所需要的环境因子及相互间的关系，致使积温不够、营养物质偏颇等情况发生，可能会导致鱼类产出的精子活力不够或卵子不能达到完全成熟，从而影响配子的发育和仔稚鱼的生长（柳学周等，2004；彭士明等，2008）。研究养殖条件和自然环境中海水鱼类性腺发育的差异，揭示其异同点，有助于改进和完善养殖过程中的营养和环境因子，对调控性腺发育具有现实意义。

通过对养殖与野生银鲳精巢（样品采集情况见表 2-4）的组织学观察（李云航等，2012），银鲳精巢与其他大多数海水鱼类一样都是成对的，外形呈反转的 L 形，沿体腔后部紧贴腹膜。Ⅰ期的精巢为透明细丝状，紧贴腹膜，此时肉眼难以分辨雌雄；随着鱼体的生长发育，精巢成为浅灰色长带状结构，切片观察为Ⅱ期；Ⅲ期的精巢为灰白色片状结构，精巢表面开始出现细小的血管。Ⅲ期及Ⅲ期之前的精巢养殖与野生的银鲳没有多大差异；发育至Ⅳ期后，精巢继续增大，宽度开始增加，为乳白色片状，精巢表面的血管已经比较明显。此时，养殖银鲳的精巢前后粗细基本一致［图 2-6（1）］，而野生的银鲳下半部分的末端明显膨大［图 2-6（2）］；Ⅴ期精巢明显增大，不论养殖还是野生的银鲳轻压腹部均可从

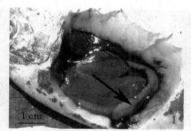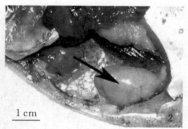

图 2-6　养殖与野生银鲳精巢解剖学形态特征
（李云航等，2012）
1. 养殖银鲳　2. 野生银鲳（箭头示精巢）

表 2-4　养殖银鲳与野生银鲳取样时水温、体重和叉长

（李云航等，2012）

时间	2010 年 5 月	2010 年 8 月	2010 年 11 月	2011 年 2 月	2011 年 5 月
室内鱼池温度（℃）	19	32	20	16**	19
养殖银鲳平均叉长（cm）	3.13±0.68	6.00±1.18	8.33±2.20	13.43±2.59	15.97±2.37
养殖银鲳平均体重（g）	0.64±0.16	18.07±3.49	26.57±8.48	54.14±36.37	88.77±35.96
自然海域水温（℃）	18	28*	20	10***	18
野生银鲳平均叉长（cm）	3.73±1.01	7.23±8.15	11.20±3.20	16.93±2.20	21.30±0.46
野生银鲳平均体重（g）	0.99±0.29	20.93±8.15	91.47±22.91	121.01±37.01	177.00±15.72

注：* 从未受禁渔的流刺网中捕获；** 养殖池中通过加温达到 16 ℃；*** 仅采集取样点水温，没有渔获。

泄殖孔中流出白色精液。解剖发现，野生性成熟雄鱼的精巢饱满肥厚，占据腹腔中的较大空间，而同样个体大小的养殖银鲳精巢仅为野生银鲳的1/2～2/3，精巢的下半部分也未见野生银鲳那样膨大饱满。养殖银鲳的性成熟指数为1.25～2.61，而野生银鲳可达到4.89。繁殖季节之后，养殖和野生银鲳的精巢均退化至Ⅲ期。3龄的野生银鲳解剖发现精巢边缘呈褶皱状，饱满度也不及1龄和2龄的银鲳，精巢上的血管模糊，在繁殖季节精巢颜色较低龄鱼暗，不如低龄鱼的精巢洁白。

养殖与野生银鲳精巢中的生殖细胞在基本结构上无差异，仅大小略有不同，均可按常规鱼类生殖细胞划分为5类：

精原细胞：在切片中可见精原细胞体积较大，呈不规则的圆形，直径8.0～12.0 μm。细胞核较大，占整个细胞的3/5～3/4［图2-7（1）］。精原细胞由原始生殖细胞产生。

初级精母细胞：较精原细胞小，细胞直径5.0～8.0 μm，镜检观察呈圆形或椭圆形，初级精母细胞是由精原细胞分裂形成，染色质丰富，染色比精原细胞要深［图2-7（2）］。

次级精母细胞：是由初级精母细胞分裂产生。直径3.0～4.0 μm，较初级精母细胞小，细胞核的嗜碱性进一步加强，染色更深［图2-7（3）］。

精子细胞：直径2.5～3.0 μm，染色很深，只有强嗜碱性的细胞核，精子细胞是由次级精母细胞分裂而来［图2-7（3）］。

精子：高倍镜下观察呈椭圆形，长径约2.0 μm，短径约1.5 μm，是精巢中生殖细胞最小的一种［图2-7（4）］。

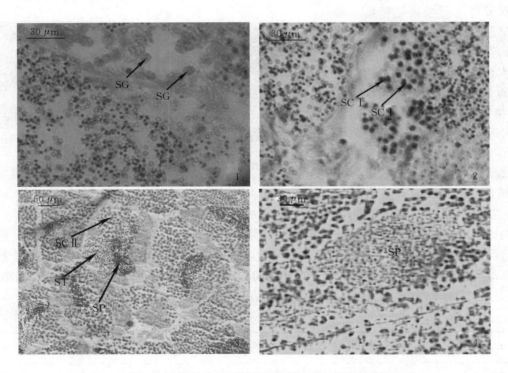

图2-7　银鲳精巢不同发育阶段生殖细胞的特征

1. 精原细胞　2. 初级精母细胞　3. 次级精母细胞和精子细胞　4. 精子

SCⅠ：初级精母细胞　SCⅡ：次级精母细胞　SG：精原细胞　SP：精子　ST：精子细胞

（李云航等，2012）

养殖与野生银鲳精巢的组织结构没有差异，都属小叶型，精巢外由腹膜构成精巢壁，内膜随结缔组织向内部延伸，将精巢分割成许多不规则的精小叶［图2-8（1）］。两种来源的银鲳精巢横切面观察均可见间介组织和精小叶［图2-8（2）］，在发育早期精小叶较小，在性成熟期的个体中精小叶变大。精小叶由众多精小囊组成，并紧密排列于精巢内。从切片观察可知，精小叶中各精小囊间生精细胞的发育并非同步，但在同一个精小囊内生精细胞的发育是同步的。小叶腔位于精小叶中间，但不明显［图 2-8（3）］，由精子充满的小叶腔，在精巢内相互连接直至输精管。当精原细胞最终分化发育成成熟的精子时，精小囊破裂，将精子释放到小叶腔中再通过输精管排出。在精巢的下半部分 2/5 处的输精管与输尿管连接泄殖孔。

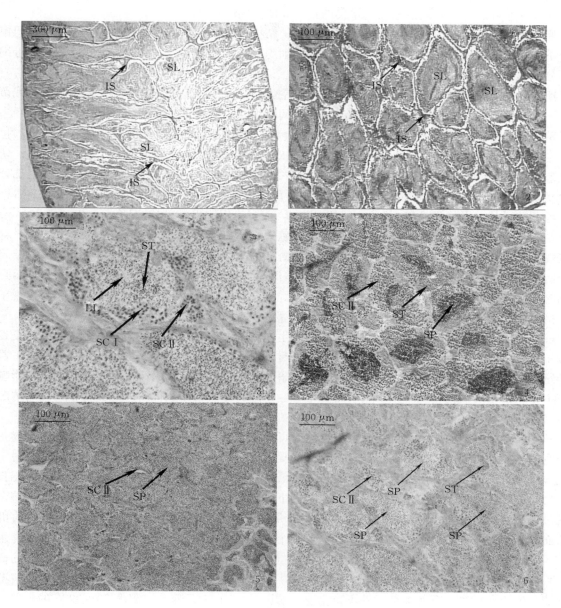

图 2-8　银鲳精巢发育的组织学

1. Ⅱ期精巢纵切面　2. Ⅱ期精巢横切面　3. Ⅲ期精巢部分放大　4. Ⅲ期精巢　5. Ⅳ期精巢　6. Ⅴ期精巢

IS：介间组织　LL：小叶腔　SCⅠ：初级精母细胞　SCⅡ：次级精母细胞　SP：精子　ST：精子细胞

（李云航等，2012）

与其他海水鱼类一样，银鲳的精巢发育可以划分为 6 个时期：

Ⅰ期：镜检观察可见，分散分布或个别集中的一些体积较大的精原细胞。

Ⅱ期：精小叶开始形成，精小叶中精原细胞增多。精小叶中可以观察到由精原细胞组成的精小囊。此时的精小叶无空腔隙，精小叶之间可以观察结缔组织，但并不发达［图 2-8（2）］。

Ⅲ期：精小叶中开始出现小叶腔，初级精母细胞沿小叶边缘作单层或多层排列［图 2-8（3）］。精小叶明显。此时的切片可以看到大量的初级精母细胞紧密排列，在一些精小囊中，可以看到初级精母细胞已经分化为次级精母细胞［图 2-8（4）］。

Ⅳ期：此时的精小叶中可以看到初级精母细胞、次级精母细胞和精子细胞组成的精小囊，精小囊内的生殖细胞处在同一发育水平，即精小囊中的生精细胞同步发育，但不同精小囊中的生殖细胞并非同步。此外，在小叶腔中可以观察到成丛聚集的精子［图 2-8（5）］。

Ⅴ期：此时的精巢中大部分为发育成熟的精子。精小囊壁破裂，成熟的精子流入小叶腔，但银鲳的小叶腔不明显。小叶壁由初级精母细胞、次级精母细胞和精子细胞组成，以精子细胞为主，精母细胞仅占少部分［图 2-8（6）］。

Ⅵ期：为产后期的精巢，精巢萎缩，精小叶呈空囊状，大部分精子已经排出，精小叶中仅残留少量的精子，小叶壁有少量精原细胞和精母细胞，小叶间的结缔组织增生。

养殖与野生银鲳的精巢在生殖周期中，受各自食物营养和生境的不同，发育有快慢之别。5 月下旬，通过全人工育苗得到的银鲳幼鱼和在海中捕获的银鲳幼鱼的叉长均为 2.5～4.8 cm，均处于Ⅰ期，切片观察未见差异；8 月，两种不同生境的银鲳因环境条件不同，生长出现差异，但精巢的切片观察都处于Ⅱ期；11 月无论从个体生长还是精巢体积的大小，两种生境的银鲳均有显著差异。养殖银鲳个体相对较小，在检测的样品中平均叉长仅（8.33±2.20）cm，而野生银鲳平均叉长达到（11.20±3.20）cm；解剖可见精巢的体积随个体水平呈正相关关系，但养殖银鲳精巢的发育情况反而较野生银鲳要快，养殖银鲳精巢发育个体间的差异较大，达到Ⅱ～Ⅳ期，而野生银鲳基本都在Ⅲ期；翌年 2 月，养殖银鲳因水温基本控制在 16 ℃，发育较快，切片观察除少数个体仍在Ⅱ期外，大部分均可达到Ⅳ～Ⅴ期，而野生银鲳在相同捕捞点及周边海域没有渔获，无法对比；翌年 5 月初，养殖银鲳因多次排精繁育，出现了退化迹象，接近 70% 的样品为Ⅵ期。而野生银鲳则进入繁殖高峰，80% 的样品处在Ⅳ～Ⅴ期。

通过上述研究发现，养殖银鲳个体普遍小于野生银鲳的个体，而且同等大小养殖银鲳的精巢发育也不如野生银鲳精巢饱满。尽管上述研究无法对两个生境的银鲳精子活力和质量做出判别，但在繁殖季节，养殖银鲳精巢不论从体积大小还是从切片中观察到的精子数量，均远小于野生银鲳，这也影响了繁殖季节中养殖银鲳的受精率。在人工繁育过程中，经常遇到养殖银鲳亲体所产的卵受精率低的情况，推测可能与性腺发育不佳以及养殖银鲳精子活力低有关。

养殖与野生银鲳的精巢发育存在差异的原因，可能主要有三个方面。首先是食物营养，食物是鱼类生长代谢的基础，鱼类通过摄食获得能量，一方面提供基础代谢之需，维持正常的生命体征，另一方面提供生长发育所需的物质。因此食物营养要素的高低直接影响银鲳精巢的发育。其次，由于银鲳自身特殊的生物学习性，应激性反应非常强。在养殖条件下银鲳往往会经受各种环境与人为因素的影响，从而必须通过调节自身的应激反应机制来应对人工养殖条件下的各种胁迫因子，因此会消耗较多的机体能量，从而减少了生长发育所需的物质积累，导致其个体生长和精巢发育均不及野生银鲳。再者，水温直接影响新陈代谢，在适温范围内水温与代谢呈正比（周小秋，1994），因而温度会影响精巢的发育与成熟。8 月养殖银鲳与野生银鲳相比个体间出现差异，可能是受到超出适温范围的高温胁迫，但精巢发育同为Ⅱ期，说明在精巢发育的前期水温不是主要影响因子。而 11 月养殖银鲳由 30～32 ℃的水温逐渐降至与自然环境相同的 20 ℃，精巢发育个体间差异较大，Ⅱ～Ⅳ期都有，而野生银鲳具有较高的同步性，这一现象可以理解为高温胁迫对精巢发育的同步性影响明显。冬季由于人为加温调控，大部分养殖银鲳精巢均可达到Ⅳ～Ⅴ期。翌年 5 月初养殖银鲳接近 70% 的精巢为Ⅵ期，可能是温度的累积效应使养殖银鲳精巢提前成熟。

二、精子超微结构分析

国内外对硬骨鱼类精子的超微结构已进行过广泛报道。研究鱼类精子的结构，不仅可以为其繁育生物学提供必要信息，而且对于鱼类分类也具有一定的借鉴作用（Jamieson，1991）。硬骨鱼类通常具有鞭毛型精子，其可分为头部、中段和尾部三部分。然而不同鱼类种类间精子的结构和形态也具有一定的差异，多表现在细胞核、中心粒复合体、袖套和鞭毛等结构上（刘雪珠等，2002）。银鲳精子的超微结构分析，可为银鲳人工繁殖技术提供基础资料，同时还可丰富鱼类受精生物学内容，为鱼类生殖细胞研究积累资料。

银鲳精子为鞭毛型精子，无顶体。精子全长（39.51±1.64）μm，分为头部、中段和尾部（鞭毛）3部分 [图2-9（1、2）]。银鲳精子头部和中段界限不明显，头部表面凹凸不平 [图2-9（2）]。精子头部长（1.98±0.30）μm；鞭毛长（37.52±1.68）μm，可分为主段和末段两部分，主段较粗，至末端逐渐变细 [图2-9（3）]。

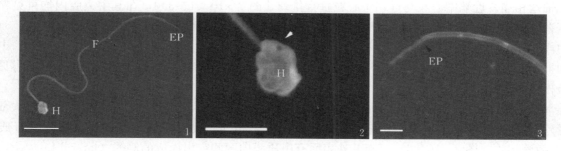

图2-9 银鲳精子的外部形态

1. 精子外形（标尺＝5 μm） 2. 精子头部，箭头示头部凹陷（标尺＝2 μm） 3. 精子鞭毛，箭头示鞭毛末端（标尺＝1 μm）

H：精子头部 F：鞭毛 EP：鞭毛末端

（赵峰等，2010）

银鲳精子鞭毛插入头部细胞核中下部，整个头部沿尾部轴丝呈不对称分布 [图2-10（1）]。其头部、中段及尾部的特征如下：

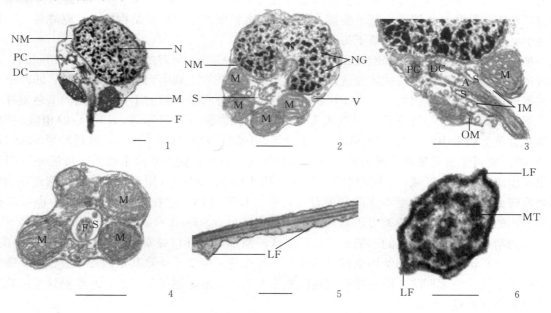

图2-10 银鲳精子的超微结构

1. 精子纵切（标尺＝200 nm） 2. 精子细胞核横切（标尺＝500 nm） 3. 精子中段纵切（标尺＝500 nm）
4. 精子中段横切（标尺＝500 nm） 5. 鞭毛纵切（标尺＝500 nm） 6. 鞭毛横切（标尺＝100 nm，箭头示核膜）

A：轴丝 DC：远端中心粒 IM：袖套内膜 LF：侧鳍 M：线粒体 MI：微管 N：细胞核
NG：细胞核中的间隙 NM：核膜 OM：袖套外膜 PC：近端中心粒 S：袖套腔 V：囊泡

（赵峰等，2010）

头部：银鲳精子的头部具有背腹之分，主要包括细胞核和中心粒复合体。细胞核呈卵圆形，位于头部腹侧，细胞质很少［图2-10（1）］。细胞核染色质密集呈团块状，在团块状的染色质之间分布着松散的不规则排列的染色质纤维和位置不定的网络状间隙［图2-10（2）］，其周围无明显的膜存在。精子质膜为单层，核膜为双层［图2-10（1）］。在银鲳精子头部背侧，质膜与核膜紧密相连，包裹着细胞核；然而，在腹侧近头部顶端的核膜与质膜间隙较大，形状极为不规则，可见电子密度不等的囊泡存在［图2-10（2）］。中心粒复合体位于精子头部背侧的植入窝（implantation fossa）内，分为近端中心粒（proximal centriole）和远端中心粒（distal centriole）。位于植入窝前端的近端中心粒由9组三联微管构成［图2-10（1）］。远端中心粒位于沟状植入窝的中段，其顶部和底端分别与近端中心粒和精子尾部的轴丝相连。近端中心粒与远端中心粒垂直排列［图2-10（1、3）］，在其中央腔内均可见颗粒状物质存在［图2-10（3）］。在远端中心粒所处的植入窝区域略向细胞核凹陷［图2-10（1、2、3）］。

中段：银鲳精子中段包括线粒体和袖套两部分。袖套较发达，呈筒状［图2-10（1、3）］，中央的空腔为袖套腔（central space of the sleeve）。袖套内有线粒体4～5个。线粒体的双膜层和内嵴可见，基质较疏松［图2-10（4）］。

尾部：银鲳精子的尾部是一条细长的鞭毛，起始于袖套腔中，与远端中心粒相连，鞭毛绝大部分伸出袖套外［图2-10（1）］。鞭毛的细胞质膜和袖套内膜相连。鞭毛由轴丝和质膜构成，具有典型的"9+2"微管结构［图2-10（6）］。鞭毛外表面有由质膜向两侧突出而成的侧鳍（lateral fin）［图2-10（6）］，侧鳍呈波纹状且不连续，其发育程度差异显著，两侧发达程度有明显差异。

硬骨鱼类的鞭毛型精子多由头部、中段（亦称中片）和尾部三部分组成，头部的主要结构为细胞核，由鞭毛组成精子的尾部，中心粒复合体和线粒体等细胞器集中于精子的中段。有些鱼类，如半滑舌鳎等，精子头部沿尾部轴丝呈对称排列，然而，植入窝较深，达细胞核长轴直径的一半以上（Gwo et al，2006；吴莹莹等，2007）；还有些鱼类，如大黄鱼，精子头部沿尾部轴丝呈不对称分布，从精子头部正中纵切面上看，中心粒复合体实际上是和细胞核并列的（尤永隆等，1997）。在这两种情况下，一般将细胞核和中心粒复合体统称为精子头部。因此，根据银鲳精子的形态结构特点，赵峰等（2010）将细胞核和中心粒复合体一并合称为精子头部。

银鲳精子头部的主要结构是细胞核和中心粒复合体，这些特征与大多数硬骨鱼类是相同的。由于精子头部沿尾部轴线不对称，且线粒体发达，所以从扫描电镜图片上观察到头部表面粗糙，凹凸不平。银鲳精子细胞核染色质密集呈团块状，在团块状的染色质之间分布着松散的不规则排列的染色质纤维和位置不定的网络状间隙，这与哲罗鱼（尹洪滨等，2008）、褐菖鲉（林丹军等，1998）的相应结构类似，而与其他硬骨鱼类精子中的核泡结构不同（尤永隆等，1996；尹洪滨等，2000；刘利平等，2004；刘雪珠等，2004）。此间隙呈无规则的网络状，且间隙中未观察到颗粒状电子致密物质，可能是周围染色质浓缩密集而形成的"空白区域"（张旭晨等，1992；尹洪滨等，2008）。银鲳精子头部腹侧近顶端的质膜与核膜间隙较大，可见电子密度不等的囊泡存在，形状极不规则，这在扫描电镜图片中也可以得到验证，这种结构的特殊性在其他鱼类中还未见报道。在大菱鲆（Suquet et al，1993）、圆斑星鲽（张永忠等，2004）的精子顶端有不规则的凹陷区，且凹陷区的前部及其开口处常有多个小的具单层膜的囊泡。张永忠等（2004）认为这种特殊结构也许是顶体的一种遗迹，但也不排除其是向外释放核内物质的一种途径。银鲳精子核前端无凹陷，但存在不规则的质膜突出和囊泡，赵峰等（2010）推测这可能是精子核内物质外排的一种途径。

硬骨鱼类精子的植入窝多为细胞核表面的一个凹陷，深浅不一。植入窝多位于核的后端，也有的位于核的一侧（Grier，1973；Deurs et al，1973；Gardiner，1978；Poirier et al，1982；尤永隆等，1996，1997）。银鲳精子的植入窝与大黄鱼（尤永隆等，1997）精子的植入窝类似，其走向与细胞核长轴接近于平行。一般硬骨鱼类中，近端中心粒和远端中心粒的排列表现为两种形态，一种是近端中心粒长轴与精子长轴垂直，呈现为T形；另一种是远端中心粒与精子长轴平行，呈现为L形。银鲳精子的近端中心粒与远端中心粒相互垂直，呈T形排列，这与目前报道的大多数硬骨鱼类精子一致，而与半滑舌鳎（吴莹莹等，2007）和黄颡鱼（尤永隆等，1996）中的"一"字形、首尾相连的排列方式相去甚远。硬骨鱼类中心粒复合体的组成及组成方式在不同鱼类间有明显差异，是否可以作为种属间的分类标准还需要大量的研究来证实。在银鲳精子近端中心和远端中心粒的中央腔内隐约可见少许颗粒状物质，这在黄颡鱼（尤永隆等，1996）、索氏六须鲇（尹洪滨等，2000）、黑鲷（Stoss，1983）、哲罗鱼（尹洪滨等，2008）、半滑舌鳎（吴莹莹等，2007）中也有这种结构的报道，对其在精子中的生理作用目前尚不可知。

　　不同的硬骨鱼类中，袖套的形态和结构及其内部线粒体的分布、数目及形态差异颇大（刘雪珠等，2002）。硬骨鱼类中，袖套有对称和不对称之分，不对称的袖套还分为上下不对称和左右不对称。银鲳精子的袖套为左右不对称，袖套内具有4～5个线粒体。有学者认为袖套的对称性、线粒体数目及形态可以作为硬骨鱼类分类的特征。许多硬骨鱼类精子鞭毛（即尾部）轴丝的外面都观察到由细胞质向两侧扩展而成的侧鳍（刘雪珠等，2002），银鲳精子鞭毛上有侧鳍存在。尹洪滨等（2008）和Stoss（1983）均认为侧鳍结构与精子的运动相适应，可提高精子的游动速度，有助于鱼类受精；而Afzelius（1978）则认为侧鳍与精子游泳速率的提高无多大关系。

第四节　卵黄发生与性类固醇激素生成

　　卵黄发生是鱼类卵母细胞生长的主要事件，为卵母细胞的生长以及后期的胚胎发育提供重要的营养素及能量。鱼类卵黄的积累主要有两种途径，一种是内源性卵黄发生，即卵母细胞的一部分卵黄由卵母细胞自身合成，主要在卵黄发生的早期阶段；另一种是外源性卵黄发生，即大量的卵黄蛋白来自肝合成的卵黄蛋白原（Vtg），再由卵母细胞将其转化成卵黄蛋白，主要在卵黄发生的中后期阶段，以卵黄颗粒的形式大量、迅速积累。研究已证实，饲料中蛋白与脂肪的含量对于鱼类卵黄的发生具有重要的影响（Gunasekera et al，1997；Peng et al，2015）。Gunasekera et al（1997）报道指出，亲鱼饲料蛋白质含量不足会降低罗非鱼卵子中游离氨基酸的含量，进而影响鱼类的卵黄发生。脂肪和脂肪酸可作为细胞膜的结构成分、化学信使的前体以及能量代谢的底物。鱼类在仔鱼期不能合成脂肪，利用的脂肪都是内源性的，因此，在鱼类卵黄发生期间，饲料中脂类营养的重要性同样不容忽视。

　　鱼类的性腺发育是一个能量积累的过程，在性腺发育过程中，机体脂肪酸，特别是其中的 n-3 系列高度不饱和脂肪酸（n-3 LC-PUFA）通过代谢途径从脂肪组织转运至肝脏，进而促进肝脏中卵黄蛋白原的合成（Bransden et al，2007；Huynh et al，2007）。然而，肝脏中 Vtg 的合成不仅需要足量的 n-3 LC-PUFA，还需要在性类固醇激素的诱导之下方能完成（Watts et al，2003；Lubzens et al，2010）。因此，n-3 LC-PUFA 和机体性类固醇激素水平是影响鱼类特别是海水鱼类卵黄发生、卵巢成熟的两个重要因素。

一、卵黄发生期间血浆 Vtg 含量变化规律

　　卵黄蛋白是鱼卵中的主要成分，Vtg 是卵黄蛋白的前体。卵黄蛋白作为鱼类胚胎发育和卵黄囊期仔鱼的主要内源性营养，对鱼类的繁殖和生长有重要的意义。

　　Peng et al（2015）分别以 100%鱼油（FO）、70%鱼油和 30%大豆油（FSO）、30%鱼油和 70%大豆油（SFO）、100%大豆油（SO）为脂肪源配制等氮、等能、等脂的 4 组饲料，饲料脂肪酸组成见表 2-5，研究分析了银鲳卵黄发生过程中血浆 Vtg 含量的变化及饲料中 n-3 LC-PUFA 对其含量的影响。

表 2-5　饲料脂肪酸组成（%，占总脂肪酸比例）

（Peng et al，2015）

脂肪酸	实验饲料			
	FO	FSO	SFO	SO
饱和脂肪酸	29.10	28.86	27.01	25.06
单不饱和脂肪酸	28.94	28.19	28.08	27.36
C 18：2n6	7.41	11.15	20.75	27.71

(续)

脂肪酸	实验饲料			
	FO	FSO	SFO	SO
C 18：3n6	0.18	0.24	0.28	0.30
C 20：4n6	3.13	1.69	0.71	0.63
n-6 多不饱和脂肪酸	10.72	13.08	21.74	28.64
C 18：3n3	1.23	1.94	2.94	3.62
C 20：3n3	0.23	0.20	0.16	0.14
C 20：5n3	14.92	12.06	8.65	5.97
C 22：5n3	1.81	1.51	1.18	0.92
C 22：6n3	12.82	10.75	8.34	6.82
n-3 多不饱和脂肪酸	31.00	26.45	21.27	17.46
n-3/n-6	2.89	2.02	0.98	0.61
Σn-3 LC-PUFAs	29.78	24.51	18.33	13.84

相比较卵黄发生前期，银鲳血浆 Vtg 含量在卵黄发生中期与后期显著性升高（图 2-11），然而 Vtg 含量在卵黄发生中期与后期间并未有显著性的差异。在卵黄发生前期，FO 与 FSO 饲料组血浆 Vtg 含量显著高于 SO 饲料组（$P<0.05$），但 FO、FSO 与 SFO 饲料组间血浆 Vtg 含量并未有显著性差异。在卵黄发生中期与后期，FSO 饲料组血浆 Vtg 含量最高，且显著高于 SFO 与 SO 饲料组（$P<0.05$）。

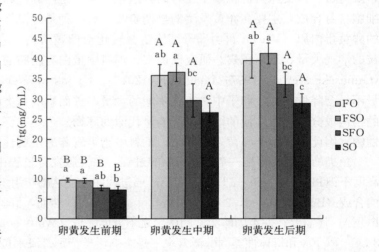

图 2-11　卵黄发生期间血浆 Vtg 含量及饲料中 n-3 LC-PUFA 对其的影响

(Peng et al, 2015)

不同小写字母表示在同一卵黄发生期内不同饲料组间具有显著性差异（$P<0.05$）；不同大写字母表示在相同饲料组内不同卵黄发生时期间具有显著性差异（$P<0.05$）

二、卵黄发生期间性类固醇激素分泌规律

性类固醇激素（雌二醇 E_2，睾酮 T）在鱼类的生殖中起着重要的作用，它们对鱼类的性分化、性腺发育成熟、卵母细胞的最后成熟及排卵都具有重要生理作用。性类固醇激素的分泌量可直接反映鱼类性腺发育的状况。

随着卵黄的发生进程，银鲳血浆 E_2 含量呈现持续升高的趋势，卵黄发生前期、中期与后期间均表现出了显著性的升高趋势（$P<0.05$）（图 2-12）（Peng et al，2015）。在卵黄发生前期，FO 饲料组血浆 E_2 含量显著高于 SO 饲料组（$P<0.05$），然而，FO、FSO 和 SFO 间血浆 E_2 含量并未有显著性差异。在卵黄发生中期与后期，FO 与 FSO 饲料血浆 E_2 含量均明显高于 SFO 与 SO 饲料组，但是 FO 与 FSO 饲料组间，SFO 与 SO 饲料组间血浆 E_2 含量并未呈现显著性差异。卵黄发生后期血浆 T 含量显著性高于卵黄发生中期与前期，除了 SO 饲料组外，血浆 T 含量在卵黄发生前期与中期间无显著性差异。在卵黄发生的前期与后期，FO 与 FSO 饲料组血浆 T 含量均显著高于 SO 饲料组（$P<0.05$），然而在

卵黄发生中期，4个饲料组间血浆 T 含量未呈现出显著性差异（图 2-12）。

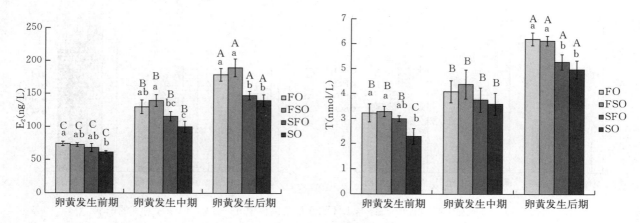

图 2-12 卵黄发生期间血浆 E₂ 与 T 的含量及饲料中 n-3 LC-PUFA 对其的影响
(Peng et al, 2015)

不同小写字母表示在同一卵黄发生期内不同饲料组间具有显著性差异（$P<0.05$）；不同大写字母表示在相同饲料组内不同卵黄发生时期间具有显著性差异（$P<0.05$）

研究资料表明，n-3 LC-PUFA 与海水鱼类机体性类固醇激素分泌水平之间存在着某种程度的因果联系，即饲料中适宜的 n-3 LC-PUFA 水平可显著提高海水鱼类机体中性类固醇激素的分泌水平，进而加速其卵黄的积累与卵巢成熟（李远友等，2004；Li et al，2005）。目前，关于 n-3 LC-PUFA 是如何影响海水鱼类卵巢组织中性类固醇激素分泌的，相关研究报道还非常少。

发育中的卵泡分泌雌激素（主要为 E₂）是卵巢发育成熟过程中至关重要的一个环节（温海深等，2001）。E₂ 通过血液运输至肝脏并与肝细胞细胞质中的 E₂ 受体结合，从而发挥其生物学效应，诱导肝脏合成卵黄蛋白原（Watts et al，2003；Lubzens et al，2010）。在大西洋鲑的研究中发现，如果 E₂ 的分泌及其与受体的结合效应受阻，会导致成熟卵子绒毛膜发育畸形、繁殖力差以及较低的胚胎成活率（Pankhurst et al，2010）。因此，性类固醇激素在鱼类性腺发育过程中具有至关重要的生理作用。在斜带石斑鱼（赵会宏等，2003）、圆斑星鲽（徐永江等，2011）及条斑星鲽（倪娜等，2011）的研究中，发现性类固醇激素分泌的变化规律与卵泡发生、发育、成熟和排出的周期基本一致。

三、卵黄发生期间促性腺激素分泌规律

硬骨鱼类存在两种促性腺激素（GtH Ⅰ 和 GtH Ⅱ），分别与四足类动物的促滤泡激素（follicle-stimulating hormone，FSH）和促黄体激素（luteinizing hormonene，LH）相对应。FSH 主要是在鱼类性腺发育的早期，刺激性腺分泌 E₂ 和 T 等性类固醇激素，调节性腺的发育和配子的生成，而 LH 主要是刺激性腺产生黄体酮，促使卵母细胞和精子的最后成熟并刺激排精和排卵（Anderson et al，2011）。因此，GtH 对性类固醇激素的分泌具有重要的调控作用（Watts et al，2003；Lubzens et al，2010；李远友等，2004）。因此，掌握银鲳 FSH 与 LH 的分泌规律，对于进一步揭示卵黄发生过程中性类固醇激素的生成机制具有重要意义。

银鲳卵黄发生过程中血浆 FSH 与 LH 含量的变化规律见图 2-13（Peng et al，2015）。在卵黄发生中期银鲳血浆 FSH 含量达到最高值，在卵黄发生后期血浆 FSH 含量稍有回落，但仍高于卵黄发生前期。卵黄发生后期 FO 与 SO 饲料组血浆 FSH 含量较卵黄发生中期显著性降低（$P<0.05$）。在卵黄发生前期，4组饲料组间血浆 FSH 含量并未有显著差异。在卵黄发生中期与后期，FO 与 FSO 饲料组血浆 FSH 含量明显高于 SFO 与 SO 饲料组。在整个卵黄发生过程中，FO 与 FSO 饲料组间血浆 FSH 含量并未有显著性差异。银鲳血浆 LH 含量在卵黄发生后期达到最高值，且显著性高于卵黄发生前期与中期（$P<0.05$），血浆 LH 含量在卵黄发生前期与中期间并未呈现出显著性差异，尽管在卵黄发生中期

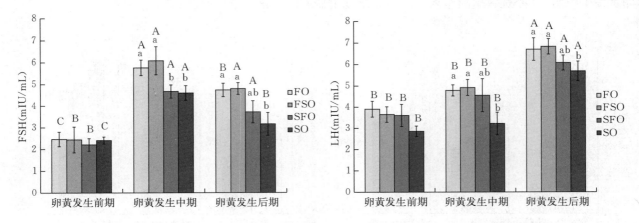

图 2-13　卵黄发生期间血浆 FSH 与 LH 的含量及饲料中 n-3 LC-PUFA 对其的影响

(Peng et al，2015)

不同小写字母表示在同一卵黄发生期内不同饲料组间具有显著性差异（$P<0.05$）；不同大写字母表示在相同饲料组内不同卵黄发生时期间具有显著性差异（$P<0.05$）

血浆 LH 含量表现出一定的升高趋势。在卵黄发生前期，4 组饲料组间血浆 LH 含量并未有明显差异。在卵黄发中期与后期，FO 与 FSO 饲料组血浆 LH 含量均显著性高于 SO 饲料组（$P<0.05$），然而 FO、FSO 及 SFO 饲料组间血浆 LH 含量并无显著性差异。

性类固醇激素的产生受下丘脑-垂体-性腺轴（HPG）的调节。外源营养因子之所以能够调节机体性类固醇激素的分泌，在于其影响了机体 HPG 轴的内分泌功能，进而改变了机体内各激素间的动态平衡。

鱼类性腺的发育、分化与成熟受到生殖内分泌因子（性激素及其受体等）和外源因子（环境因子、营养素等）的双重影响（温海深等，2001）。外源因子和体内的生殖内分泌因子直接或间接作用于 HPG 轴，下丘脑分泌促性腺激素释放激素（GnRH），使脑垂体分泌促性腺激素（GtH）并作用于性腺，促使性腺分泌性类固醇激素，性类固醇激素与相应受体结合，促进性腺发育成熟与排出卵子或精子（温海深等，2001；Pankhurst et al，2011）。已有的研究表明，在卵巢发育过程中，鱼体内由 HPG 轴所分泌的各种促性腺激素之间以及性类固醇激素 E_2 和 T 之间均处于一种动态的平衡之中，相互之间亦存在正负反馈调节作用（舒虎等，2005；Park et al，2007；Moore et al，2012）。

四、性类固醇激素生成关键调控基因的表达及其序列分析

已有资料证实，雌激素受体（ERα）与性腺型芳香化酶（Cyp19α1α）在调控性类固醇激素分泌方面具有非常重要的生理作用。脊椎动物生殖内分泌研究证实，类固醇激素功能的发挥必须与其相应的特异性受体结合（Anderson et al，2011），因此，激素受体的表达情况直接影响着相应激素所具有的生理效应。雌激素的生物合成需要许多酶的参与，而其中芳香化酶是催化雄激素向雌激素转化的一个关键酶和限速酶（洪万树等，2000）。生物体内芳香化酶的活性和分布能反映雌激素的生物合成状况（洪万树等，2000；李广丽等，2005），因此 Cyp19α1α 对调节整个性类固醇激素的平衡具有重要意义。

图 2-14 示银鲳卵黄发生期间卵巢 *Cyp19α1α* 基因表达量及饲料中 n-3 LC-PUFA 对其的影响（Peng et al，2015）。在卵黄发生中期与后期卵巢 *Cyp19α1α* 基因表达量较卵黄发生前期均呈现出显著性的升高趋势（$P<0.05$）。除 SO 饲料组外，卵巢 *Cyp19α1α* 基因表达量在卵黄发生中期与后期间并未有明显差异。在卵黄发生后期，FO 与 FSO 饲料组卵巢 *Cyp19α1α* 基因表达量相比较卵黄发中期表现出降低趋势，但 SFO 与 SO 饲料组表现出升高趋势。在卵黄发生前期与后期，不同饲料组间卵巢 *Cyp19α1α* 基因表达量并未有显著性差异，但在卵黄发生中期，FO 与 FSO 饲料组卵巢 *Cyp19α1α* 基因表达量显著高于 SO 饲料组（$P<0.05$）。

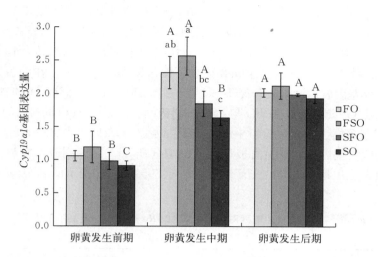

图 2-14　卵黄发生期间卵巢 *Cyp19α1α* 基因表达量及饲料中 n-3 LC-PUFA 对其的影响

(Peng et al，2015)

不同小写字母表示在同一卵黄发生期内不同饲料组间具有显著性差异（*P*＜0.05）；不同大写字母表示在相同饲料组内不同卵黄发生时期间具有显著性差异（*P*＜0.05）

目前，有关营养素与性类固醇激素生成调控基因表达间的相关研究报道并不多，上述研究表明，外源 n-3 LC-PUFA 可通过调控 *Cyp19α1α* 基因的表达量，进而影响银鲳卵黄发生期间性类固醇激素的分泌。卵巢芳香化酶的活性随着卵巢的发育而增强。它通过催化雄激素转化为雌激素，促使肝脏合成卵黄蛋白原，保证卵母细胞的卵黄生成和积累，从而使卵子的发育正常进行。

图 2-15 示银鲳卵黄发生期间肝脏与卵巢 *ERα* 基因表达量及饲料中 n-3 LC-PUFA 对其的影响（Peng et al，2015；彭士明等，2016）。卵黄发生中期与后期肝脏 *ERα* 基因表达量与卵黄发生前期相比呈现显著性的升高（*P*＜0.05），但是除了 SO 饲料组外，卵黄发生后期肝脏 *ERα* 基因表达量虽有升高趋势，但与卵黄发生中期并无显著性差异。在卵黄发生前期，各饲料组间肝脏 *ERα* 基因表达量无显著性差异。在卵黄发生中期，FO 与 FSO 饲料组肝脏 *ERα* 基因表达量均显著高于 SFO 与 SO 饲料组（*P*＜0.05），但 FO 与 FSO 饲料组间、SFO 与 SO 饲料组间并无显著性差异。在卵黄发生后期，FO 与 FSO 饲料组肝脏 *ERα* 基因表达量均显著高于 SO 饲料组（*P*＜0.05），但 FO 与 FSO 饲料组间、FSO 与

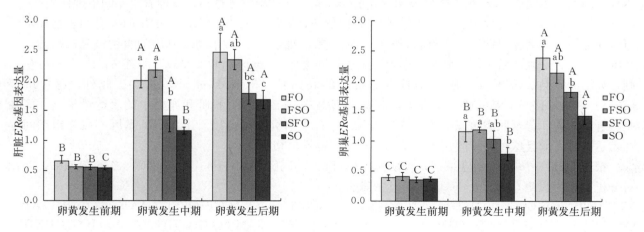

图 2-15　卵黄发生期间肝脏与卵巢 *ERα* 基因表达量及饲料中 n-3 LC-PUFA 对其的影响

(Peng et al，2015)

不同小写字母表示在同一卵黄发生期内不同饲料组间具有显著性差异（*P*＜0.05）；不同大写字母表示在相同饲料组内不同卵黄发生时期间具有显著性差异（*P*＜0.05）

SFO 饲料组间、SFO 与 SO 饲料组间均无显著性差异。卵巢 $ER\alpha$ 基因表达量在整个卵黄发生过程中一直呈现显著性升高趋势（$P<0.05$）。在卵黄发生前期，饲料中 n‑3 LC‑PUFA 对卵巢 $ER\alpha$ 基因表达量并无显著性影响。在卵黄发生中期，FO 与 FSO 饲料组卵巢 $ER\alpha$ 基因表达量均显著高于 SO 饲料组（$P<0.05$），但 FO、FSO 与 SFO 饲料三组间并无显著性差异（$P>0.05$）。在卵黄发生后期，FO、FSO 与 SFO 饲料组卵巢 $ER\alpha$ 基因表达量均显著高于 SO 饲料组（$P<0.05$），同时 FO 饲料组 $ER\alpha$ 基因表达量也显著高于 SFO 饲料组（$P<0.05$），但 FO 与 FSO 饲料组间、FSO 与 SFO 饲料组间均无显著性差异。

表 2‑6 示饲料与卵黄发生时期对组织中 $ER\alpha$ 基因表达量的双因素方差分析结果。饲料与卵黄发生时期均对银鲳组织中 $ER\alpha$ 基因表达量具有极显著的影响（$P<0.01$）。同时，实验饲料与卵黄发生时期两者对肝脏 $ER\alpha$ 基因表达量具有显著的交互作用（$P<0.05$），对卵巢 $ER\alpha$ 基因表达量的交互作用则达到极显著（$P<0.01$）。

表 2‑6　饲料与卵黄发生时期对银鲳组织中 $ER\alpha$ 基因表达量影响的双因素分析

（彭士明等，2016）

$ER\alpha$ 基因表达量	饲料		发生时期		饲料×发生时期	
	F 值	P 值	F 值	P 值	F 值	P 值
肝脏 $ER\alpha$ 基因表达量	18.84	0.00**	167.85	0.00**	4.15	0.02*
卵巢 $ER\alpha$ 基因表达量	22.13	0.00**	434.46	0.00**	7.61	0.00**

注：* $P<0.05$；** $P<0.01$。

雌激素受体 ER 是一种蛋白质分子，于靶细胞内与激素发生特异性结合形成激素—受体复合物，进而保障激素发挥其应有的生物学效应（徐永江等，2010；Anderson et al，2012）。研究证实，鱼类 3 种 ER 中，仅 $ER\alpha$ 具有雌激素效应（Greytak et al，2007）。研究结果显示，在卵黄发生中、后期（即卵巢 Ⅲ～Ⅳ期），银鲳肝脏与卵巢中 $ER\alpha$ 基因表达量显著升高，表明 $ER\alpha$ 在银鲳卵巢发育、成熟过程中具有至关重要的生理作用。鱼类在卵巢发育、成熟过程中需要积累大量的卵黄蛋白，用于胚胎及幼体早期发育阶段主要的营养来源，而此过程则需要 E_2 与 $ER\alpha$ 的介导。已有资料显示，卵泡分泌的 E_2 通过血液运输至肝脏并与肝细胞中的 $ER\alpha$ 结合，进而发挥其生物学效应，诱导肝脏合成卵黄蛋白原（Watts et al，2003；Lubzens et al，2010）。Pankhurst et al（2010）研究发现，卵巢组织中 E_2 的分泌及其与受体的结合如果受阻，将导致大西洋鲑卵子发育受阻、繁殖性能显著降低。赵梅琳等（2014）在对绿鳍马面鲀的研究中也发现，卵巢中 $ER\alpha$ 基因表达量在其发育、成熟过程中呈现逐渐升高的趋势，且在繁殖期达到最高值，表明 $ER\alpha$ 与鱼类生殖周期存在密切关联，在性腺发育过程中发挥着重要的生理作用。

银鲳在卵黄发生过程中肝脏中 $ER\alpha$ 基因表达量一直明显高于卵巢组织，表明 $ER\alpha$ 基因表达在不同组织间存在一定的差异性。在金鱼的研究中发现，雌、雄金鱼垂体中 $ER\alpha$ 基因的表达量是最高的，而在脑、性腺、肝脏、肌肉、心脏及肠道中的表达量则很低（Choi et al，2003）。而斑马鱼中的 $ER\alpha$ 基因则在大脑、垂体、肝脏及性腺中均具有非常高的表达量（Menuet et al，2002）。此外，赵梅琳等（2014）在对绿鳍马面鲀的研究中发现，雌鱼中 $ER\alpha$ 基因在垂体、心脏和卵巢中的表达量最高，而在脑、肝脏、胃、肾及肌肉组织中的表达量次之。由以上研究结果可以看出，$ER\alpha$ 基因不仅在组织间存在表达差异，而且这种组织间差异在不同鱼种之间也不尽相同。

银鲳 $Cyp19a1\alpha$ 基因的全系列，长度为 1 896 bp，编码区：76～1 637 bp，编码 521 个氨基酸，经比对分析确认为银鲳 $Cyp19a1\alpha$ 基因。基因序列如下：

TTTTCATCACTTGGGCTGGTCGTTCGTGGGTTCGTGCAGGCGTGAGAAGGTTGTTTTGAATCTGCCTTCTTATG
GATTTGATCTTGGCTTGTGAACAGGGCATGACTCCTGTCGGTTTGGACACCCTGGTGTCAGACATGGTCTCCGT
GTCCCAGAATGCCACTGTAGCGAGATCGCCGGGCATTGCTGTGGCAACGGGGACTCTTCTTCTGCTTGTCGGTCT
GCTGCTGGTTCCTCGGAGCCACACAGACAAGAATACTGTACCAGGTCCTTCTTTCTTTATGGGTGTGGGCCCACT
TCTGTCATATTCAAGGTTTATCTGGACAGGTATAGGTGCAGCCAGTAACTATTACAATGAGAAATATGGAGAC
TTAGTCAGAGTCTGGATCAATGGAGAAGAGACTCTCGTAATCAGCAGGCATCAGCGGTGCACCATGTACTAAA

ACACGGACATTACGTTTCACGTTTTGGGAGCAAGCTGGGTCTCAGCTGTGTCGGCATGAATGAGAGAGGCATCA
TATTTAACAACAACGTTACTCTGTGGAGAAAGATGCGCACTTATTTCACCAAAGCCCTGACAGGTCCAGGGTTG
CAGCAGACGGTGGATGTTTGCGTCTCCTCCACACAGGCACACCTGGACGCCCTGAGGGGAGCTAACACAGACATA
ACAGCGAGTGACAGCTTGGGTCATGTGGATGTCCTCAGTCTGCTGCGCAGCACTGTGGTCGACATCTCCAACAGA
CTCTTCCTGGGCGTACCTCTCAATGAGAAGGAGCTGCTGCCGAAGATTAAAAAGTATTTTGACACATGGCAGTC
TGTGTTGATAAAACCAGACGTCTACTTCAAGTTTGACTGGATTCACCAGAGGCACAACACAGCAGCCCAGGAGC
TACAAAATGCCATAGAGATCCTTGTTGACCAGAAGAGGAAAGCTATGGAGCAGGCAGACAAACTGGACAACAT
CAACTTCACTGCAGAGCTCATATTTGCACAGAACCACGGTGAACTGTCTGCTGAGAACGTGAGGCAGTGTGTGT
TGGAGATGGTGATCGCAGCACCCGACACTCTCTCCATCAGCCTCTTCTTCATGCTGCTGCTCCTCAAAGAGAATC
CAGATGTGGAGCTGCAGCTGCTGCAGGAGCTGGACACCGTTATAGGTGACAGGCCGATTCAGAACGTGGAACTC
CAGAAGCTGCAGGTGCTGGAGAGCTTCATCAACGAATGCTTGCGCTTCCACCCTGTGGTGGATTTCACCATGCGC
CGCGCCATAACTGATGACATCATTGATGGATACAGGGTCCCGAAGGGCACAAATATCATCCTGAACACCGGCCG
CATGCACCGGACAGAGTTCTTCTGCAAACCCAATGAATTCAGTCTGAAAAACTTTGAAAAAAATGCTCCTCGCC
GTTACTTCCAGGCATTTGGCTCGGGCCCTCGTGCCTGCGTTGGCAAACACATCGCCATGGTCATGATGAAATCCA
TCCTGGTGACGTTGCTCTACCAGTACTCTGTTTGCCTGCATGAGGACCTGACTCTGGGCTGCCTCCCACAGACCA
ATAACCTCACCCAGCAGCCCGTGGAGGCCAACATATCACCGTGAGATTCTTACCAAGAAAGAGAGGCAGCTGG
TAAACACTGAGACCTATTTATTTGTTGTTGCCTTTATGTGTTACTAAACATTTAGACAGAATATATATATATA
TACATACATGTAAATACATATATATGATCTTCATAACCGTTTAAATAATCTGTACAAAGTTATACATTTTATA
TTATATATATGTATTAAAACTGTATTTCTACTTAACTTTTATGCATGATGAGAAATGTAAGTTGCATTAAAAT
ATGTTAATAAATGGCTGTGCAAACATAAAAAAAAAAAAAAAAAAAA

　　Cyp19α1α 基因编码的氨基酸序列如下：

MDLILACEQGMTPVGLDTLVSDMVSVSQNATVARSPGIAVATGTLLLLVGLLLVAWSHTDKNTVPGPSFFMGVGPL
LSYSRFIWTGIGAASNYYNEKYGDLVRVWINGEETLVISRASAVHHVLKHGHYVSRFGSKLGLSCVGMNERGIIFNN
NVTLWRKMRTYFTKALTGPGLQQTVDVCVSSTQAHLDALRGANTDITASDSLGHVDVLSLLRSTVVDISNRLFLGV
PLNEKELLPKIKKYFDTWQSVLIKPDVYFKFDWIHQRHNTAAQELQNAIEILVDQKRKAMEQADKLDNINFTAELIF
AQNHGELSAENVRQCVLEMVIAAPDTLSISLFFMLLLLKENPDVELQLLQELDTVIGDRPIQNVELQKLQVLESFINE
CLRFHPVVDFTMRRAITDDIIDGYRVPKGTNIILNTGRMHRTEFFCKPNEFSLKNFEKNAPRRYFQAFGSGPRACVGK
HIAMVMMKSILVTLLYQYSVCLHEDLTLGCLPQTNNLTQQPVEAEHITVRFLPRKRGSW

　　银鲳 *ERα* 基因的全系列，长度为 2 619 bp，编码 629 个氨基酸，经比对分析确认为银鲳 *ERα* 基因。
基因序列如下：

AGAGTCAGAGAGATGAGAGGCGAGCAGAGAGGGAGAGAGAAGACTCAAACAGTCCCGTATCACACAGCAGATA
TGAGAGTGATTCATGTGTAAGAGGCAGAGCCCAGCGCAGAGCAGGCAGTCTTGCGGACCAGTACTCAGACCCAG
GATCAGCCCAGCCTTCTCAGAGCTGGAGACCCTCTCCTCACCTCGTCTCTCGCCTGCACCGCGTGCCTCCCTCAGT
GACATGTACCCCGAAGAGAGCCGGGGATCTGGAGGGGTAGCCACTGTGGACTTCCTGGAGGGGACGTACGATTA
TGCCACCCCCACCCCAGCCCCAACTCCTCTCTACAGCCACTCCACCCCTGGCTACTACTCTACTCCTCTGGACGCCC
ACGGACCACCCTCAGATGGCAGCCTTCAGTCTCTGGGCAGTGGGCCTACTAGTCCTCTTGTGTTTGTGCCCTCCA
GCCCACGGCTCAGCCCCTTTATGCATCTGCCCAGCCATCACTGTCTGGAAACCACCTCAACACCCCATCACTGTCT
GGAAACCACCTCAACACCCATCTACAGGTCCAGTGTGCCATCCAGTCAGCCGCCGGTATCCAGAGAGGACCAGTG
TGGCACCAGTGATGAGTCATACATAGTGGGGGAGTCAGAGGCTGGAGACCGCGGGTTTGAGATGGCCAAAGAA
ACGCGTTTCTGTGCCGTATGCAGCGACTATGCCTCTGGGTACCACTACGGGGTGTGGTCCTGCGAAGGCTGCAAA
GCCTTCTTCAAGAGGAGCATCCAGGGTCACAATGACTATATGTGCCCAGCAACCAATCAGTGTACTATTGACAG
GAATCGGAGGAAGAGCTGCCAGGCTTGCCGTCTTAGGAAGTGTTATGAAGTGGGCATGATGAAAGGAGGTGTG
CGCAAAGAGCGTGGTCGTGTTTTGCGGCGTGACAAACGATGGACTGGCACCAGAGAAAAGTCCACAAAGAAGCT
GGAGCACAGAACAGTGCCCCCTCAGGATGGGAGGAAACACAGCAGCAGTGCTGGCGGAGAAAAATCATTGGTA
GCTGGCATGCCTCCTGATCAGGTGCTCCATTTGCTCCAGGGTGCCGAGCCCCCAATATTATGTTCCCGTCAGAAG
CTGAACCGACCCTACACTGAGGTCACCATGATGACCCTGCTCACCAGCATGGCCGACAAGGAGCTGGTCCACATG
ATCGCCTGGGCCAAGAAGCTTCCAGGTTTCCTGCAGCTCTCGCTCCATGACCAGGTGCAGCTGCTGGAGAGCTCG

TGGCTGGAGGTGCTGATGATTGGACTCATCTGGAGATCCATCCACTGCCCCGGAAAACTCATCTTCGCTCAGGAC
CTCATACTGGATAGGAATGAGGGCGACTGTGTAGAGGGTATGGCTGAGATCTTTGACATGCTGCTGGCCACCAC
TTCTCGTTTCCGCATGCTGAAACTCAAACCTGAGGAGTTTGTCTGCCTCAAAGCTATCATCTTGCTCAACTCTGG
TGCCTTCGCTTTCTGCACCGGCACAATGGAGCCCTACATGACAGCGCGGCAGTGCAGAACATGCTGGACACCAT
CACAGATGCTCTCATACATTATATCAGCCAATCAGGGGGCTCAGCCCAGCAGCAGTCGAGACGGCAGGCCCAGCT
GCTCCTTCTGCTCTCTCACATCAGGCACATGAGCAACAAAGGCATGGAGCACCTCTACAGCATGAAGTGCAAGA
ACAAAGTGCCTCTGTACGACCCGCTGCTGGAGATGCTGGACGCTCACCGCCTCCACCATCCAGTCAGGCCCACTCA
GTTCTGGTCCCAAGCTGACAGAGATCCTCCCTCCACCACCAGCAACAGCAGCAGCAGCTCCTCCTCCTCAGTGGGC
TCCAGTTCAGGACCCCGAGGCAGCCATGAGAGCCTGAGTAGAGCCCCCCAAGTTCCAGGCGTCCTGCAGTACGGA
GGGTCCCGCTCTGACTGCACCCATATCTTATGAGACGGAGCACAAGCAACACCTGAAGGTCTTATTCATGTCAG
AAGTCATTTTTATGGATGATGTGTGTGTAGTTTAGCTGTTTAAGTAGAAATGATTCCAGCAGCAGCAGCAGGA
ATTTACGCACTTCAATCTGAGCTTAAATGCAGTTAATCTTCTCCGCTGCCTTTCATATCTGTGGTTTTTAGTCA
GCTTTACAGTAACGGCTTGTTATTTCCAAAACTGCAGGTGTTAAGTCATATCGTGGCACTTTGTTAGCTACAGT
AATTTGAAATGAGGAGCAGCTAATTTTTCTTTTTATTCGCCTTGACCAAAGTGCACTTCCTCTTGGGTTTAAGG
GGCTATTGGGCATTATTTTCACTTTTACATTTAAAAGGATGATTGCACACTAATACATGTTAAAATTGGTTCA
AATGAATATGTAATTTATTTTGTGTGAAAATTGCCAGGTGAAGACAAAATGTCAGGTATCATGTTTTATGCGC
GCACACTGTTTCAAAGAAAAGAAAGTAATCGATTATGAAGAGACCAGCGTCTGAGGATATATCTATTGTGCTG
TTGAATTTTAAACGGCTACAAATTACATGATCAAATCCTACAGGACTGATTACATAATAAAGGAAGTCAAGCT
GTAAAAAAAAAAAAAAAAA

ER α 基因编码的氨基酸序列如下：

MCKRQSPAQSRQSCGPVLRPRISPAFSELETLSSPRLSPAPRASLSDMYPEESRGSGGVATVDFLEGTYDYATPTPAPT
PLYSHSTPGYYSTPLDAHGPPSDGSLQSLGSGPTSPLVFVPSSPRLSPFMHLPSHHCLETTSTPHHCLETTSTPIYRSS
VPSSQPPVSREDQCGTSDESYIVGESEAGDRGFEMAKETRFCAVCSDYASGYHYGVWSCEGCKAFFKRSIQGHNDYM
CPATNQCTIDRNRRKSCQACRLRKCYEVGMMKGGVRKERGRVLRRDKRWTGTREKSTKKLEHRTVPPQDGRKHSS
SAGGEKSLVAGMPPDQVLHLLQGAEPPILCSRQKLNRPYTEVTMMTLLTSMADKELVHMIAWAKKLPGFLQLSLH
DQVQLLESSWLEVLMIGLIWRSIHCPGKLIFAQDLILDRNEGDCVEGMAEIFDMLLATTSRFRMLKLKPEEFVCLKAIILLNSG
AFAFCTGTMEPLHDSAAVQNMLDTITDALIHYISQSGGSAQQQSRRQAQLLLLLSHIRHMSNKGMEHLYSMKCKNKVPLY
DPLLEMLDAHRLHHPVRPTQFWSQADRDPPSTTSNSSSSSSSSVGSSSGPRGSHESLSRAPQVPGVLQYGGSRSDCTHIL

第五节　性腺发育过程中主要营养素积累特点

　　鱼类性腺发育成熟的过程是一个机体营养素快速积累的过程，亲鱼的营养贮备是影响鱼类苗种培育成效的重要因素之一。已有研究表明，亲鱼营养贮备的好坏，不但影响到其繁殖力，还影响到卵子和精子的质量，进一步影响到受精率、孵化率和幼体培育的成功率（Izquierdo et al，2001；Watanabe et al，2003）。因此，揭示鱼类在性腺发育过程中主要营养素的积累特点，有助于指导在人工养殖条件下有效开展营养强化，以最终提高鱼类的繁殖性能。

　　有关亲鱼营养需求的研究，大多集中在蛋白与脂类这两大营养素方面，蛋白是鱼类最重要的营养物质之一，亲鱼饲料中的蛋白水平和氨基酸组成也会影响到鱼类的繁殖性能。Watanabe et al（1984）的研究发现投饲低蛋白高能量的饲料会降低虹鳟的繁殖性能。Tandler et al（1995）认为，给金头鲷的亲鱼投喂必需氨基酸平衡的饲料可促进其卵巢卵黄蛋白的合成。Cerdá et al（1994）报道降低饵料的蛋白水平会降低舌齿鲈卵子的活力。Chong et al（2004）的研究也表明降低饲料中的蛋白水平，会降低剑尾鱼亲鱼的鱼苗繁殖量。有关脂类营养（特别是必需脂肪酸）与海水鱼类繁殖性能间关系的研究一直是近些年来水产动物营养与饲料学研究的重点内容之一。目前已有的关于必需脂肪酸影响海水鱼类亲体繁殖性能的研究报道主要集中在对繁殖力、精卵质量、受精率、孵化率及仔鱼质量等几个方面（Montero et al，2005）。Furuita et al（2000）在对牙鲆的研究中发现，随着饲料中 LC - PUFA（长链多不饱和脂肪酸）含量的增加，牙鲆的繁殖性能明显得到改善，仔鱼畸形率显著降低，3日龄仔鱼成活率显著升高。Mazorra et al（2003）在对大西洋庸鲽的研究报道中也指出，饲料中的脂类，特别是LC-PUFA，与卵子质量、产卵力以及受精成功率关系极为密切。

因此，了解银鲳亲鱼性腺发育过程中氨基酸、脂肪酸的变化，有助于更好地理解银鲳亲鱼营养生理和亲鱼性腺发育过程中对氨基酸与脂肪酸的需求，不但具有重要的理论意义，还对科学配制亲鱼饲料、大规模人工培育优质亲鱼、提高人工育苗效率等具有重要的实践指导意义。

一、氨基酸组成及其随性腺发育的变化

野生银鲳亲鱼不同组织中的牛磺酸含量存在显著差异（图2-16）。肌肉组织中的牛磺酸含量最低，极显著低于肝脏和性腺组织（$P<0.01$）。肝脏组织中牛磺酸含量普遍较高，但在雄性亲鱼的Ⅴ期精巢组织中，牛磺酸含量最高，每克精巢组织中高达27.8 mg，极显著高于雌性亲鱼卵巢组织的牛磺酸含量（$P<0.01$）。雌性亲鱼在卵巢从Ⅲ期发育到Ⅴ期的过程中，肌肉和卵巢中的牛磺酸含量无显著变化，但肝脏的牛磺酸含量在Ⅲ期时显著高于Ⅳ和Ⅴ期（$P<0.05$）。

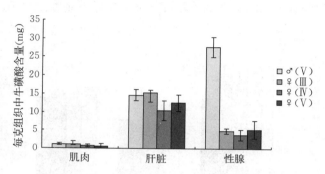

图2-16　银鲳亲鱼不同组织中的牛磺酸含量
（黄旭雄等，2009）

牛磺酸是一种含硫的非蛋白结构氨基酸，以游离氨基酸的形式普遍存在于动物体内各组织，是调节机体正常生理机能的重要生物活性物质之一。牛磺酸重要的生理作用主要表现在可以促进神经系统的发育，调节渗透压，参与脂肪代谢，调节钙离子的转运，增强细胞膜抗氧化、抗自由基损伤及抗病毒损伤的能力等（唐毅等，1991；温宝书等，1995；李建华等，2007），同时牛磺酸也会影响动物的繁殖性能和免疫机能（何天培等，1994；王俊萍等，2005；李建华等，2007）。无论是雄性还是雌性银鲳亲鱼，其肝脏中的牛磺酸含量整体都比较高。这与肝脏在营养物质的代谢过程中所处的重要地位及牛磺酸的生理作用有关。从食物中消化吸收的各种营养物质，主要在肝脏中进行贮存和转化。肝脏是鱼类营养物质特别是脂类、蛋白和糖类的合成、分解和转运的重要场所（王义强等，1990），而牛磺酸对脂肪和糖类的代谢调节发挥着重要的生理作用（王俊萍等，2005）。杨建成等（2007）对雄性大鼠的研究表明：牛磺酸可明显促进雄性大鼠促卵泡生成素、促黄体生成素和睾酮的分泌，促进雄性大鼠精子的生成和成熟。促卵泡生成素对雄性动物的作用是可刺激曲细精管上皮和次级精母细胞的发育，在促黄体生成素和雄激素的协同作用下使精子发育成熟，刺激曲细精管内足细胞包裹的精细胞的释放。促黄体生成素对雄性动物的作用是刺激雄性动物睾丸间质细胞，促进睾酮生成，在促卵泡生成素和睾酮的协同作用下，促进精子充分成熟（王建辰，1993）。体外培养大鼠睾丸间质细胞的实验也表明，牛磺酸对睾丸间质细胞分泌睾酮有显著的促进作用（冯颖等，2006；杨建成等，2007）。Ⅴ期银鲳精巢中牛磺酸含量最高，比各期卵巢的牛磺酸量都高，推测牛磺酸对雄性银鲳亲鱼的精子生成和成熟也有作用。

银鲳Ⅴ期雄性亲鱼的总氨基酸含量在不同组织中存在极显著差异（$P<0.01$）。肌肉组织含量最高，其次是精巢组织，肝脏中氨基酸总量最低（图2-17）。卵巢处于Ⅲ和Ⅳ期发育阶段的银鲳亲鱼，其总氨基酸含量均表现为在肌

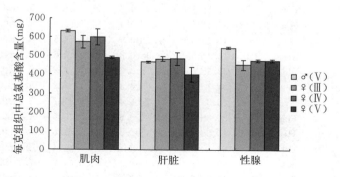

图2-17　银鲳亲鱼不同组织中的总氨基酸含量
（不包括牛磺酸）
（黄旭雄等，2009）

肉组织中极显著高于肝脏和性腺组织（$P<0.01$）。卵巢处于Ⅴ期发育阶段时，亲鱼肌肉和卵巢中的总氨基酸含量无显著差异，但两者均显著高于肝脏组织的总氨基酸含量（$P<0.05$）（图2-17）。

银鲳亲鱼不同组织中的总必需氨基酸含量的差异规律与组织间总氨基酸含量的差异规律相似（图2-18）。但总必需氨基酸占总氨基酸的百分含量在不同组织间有不同的变化（图2-19）。Ⅴ期雄性亲鱼各组织间必需氨基酸的百分含量无显著差异。卵巢处于Ⅲ期发育阶段的亲鱼，肌肉和肝脏中必需氨基酸的百分含量无显著差异，但两者均显著低于卵巢组织必需氨基酸的百分含量（$P<0.05$）。卵巢处于Ⅳ期发育阶段的银鲳亲鱼，必需氨基酸的百分含量在肌肉中显著低于肝脏中，肝脏中显著低于卵巢中（$P<0.05$）。卵巢处于Ⅴ期发育阶段的银鲳亲鱼，其卵巢中的必需氨基酸百分含量相对较高，但与肌肉和肝脏组织的必需氨基酸百分含量差异不显著。

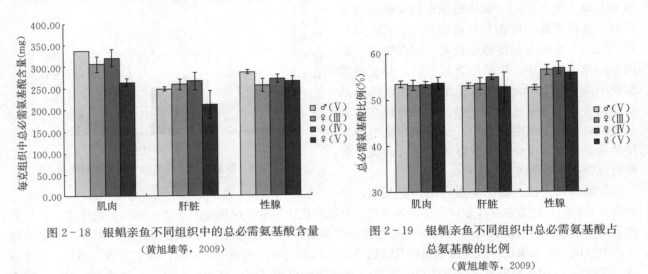

图2-18　银鲳亲鱼不同组织中的总必需氨基酸含量
（黄旭雄等，2009）

图2-19　银鲳亲鱼不同组织中总必需氨基酸占
总氨基酸的比例
（黄旭雄等，2009）

表2-7为不同性腺发育阶段银鲳肌肉组织中总氨基酸的含量和组成。在总氨基酸的含量上，雄

表2-7　不同性腺发育阶段银鲳每克肌肉总氨基酸含量（mg）及组成（%）

（黄旭雄等，2009）

氨基酸	♂（Ⅴ）		♀（Ⅲ）		♀（Ⅳ）		♀（Ⅴ）	
	含量	组成	含量	组成	含量	组成	含量	组成
Asp	68.1±1.8	10.8±0.2	60.2±5.7	10.5±0.5	62.3±5.7	10.4±0.4	50.1±1.2	10.2±0.2
Thr	27.6±4.1	4.4±0.6	25.9±1.0	4.5±0.3	25.8±2.1	4.3±0.4	21.9±0.8	4.5±0.2
Ser	22.0±7.2	3.5±1.1	21.1±2.9	3.7±0.5	21.0±4.4	3.5±0.8	16.8±3.4	3.4±0.7
Glu	91.90±1.5	14.6±0.4	82.5±3.6	14.4±0.3	87.6±8.1	14.6±0.5	70.4±1.8	14.3±0.5
Gly	31.1±3.6	4.9±0.6	29.3±3.6	5.1±0.5	29.7±3.2	4.9±0.6	23.8±3.1	4.8±0.6
Ala	38.6±2.6	6.1±0.4	35.5±2.9	6.2±0.5	37.9±2.8	6.3±0.4	29.3±0.4	6.0±0.1
Val	45.0±5.9	7.1±0.9	39.8±3.6	6.9±0.8	42.7±6.8	7.1±1.0	37.0±5.1	7.5±1.1
Met	18.3±5.1	2.9±0.8	17.9±4.6	3.1±0.8	18.7±3.8	3.1±0.6	15.1±4.9	3.1±1.0
Ile	32.3±3.7	5.1±0.7	28.7±4.8	5.0±0.7	30.5±4.3	5.1±0.6	24.8±4.4	5.0±0.9
Leu	54.3±4.4	8.6±0.8	51.1±3.2	8.9±0.7	53.2±3.7	8.8±0.6	43.2±2.2	8.8±0.4
Tyr	26.3±3.1	4.2±0.4	21.9±1.7	3.8±0.2	23.5±1.9	3.9±0.2	18.3±1.2	3.7±0.3
Phe	30.0±3.8	4.8±0.6	25.5±2.5	4.4±0.4	27.3±2.6	4.5±0.3	21.3±2.3	4.3±0.5
His	15.2±3.4	2.4±0.5	14.1±1.8	2.5±0.3	15.1±2.4	2.52±0.40	10.8±1.1	2.2±0.2
Lys	68.7±1.9	10.9±0.4	61.0±3.4	10.6±0.6	64.3±4.9	10.7±0.4	54.8±2.7	11.1±0.4
Arg	45.7±3.0	7.2±0.6	41.9±4.7	7.3±0.4	43.1±3.4	7.2±0.4	34.4±3.9	7.0±0.7
Pro	16.2±2.0	2.6±0.4	18.9±3.3	3.3±0.5	19.2±3.5	3.17±0.42	19.9±2.0	4.1±0.4
ΣEAA*	337.1±0.9	53.4±0.7	305.6±17.3	53.3±0.7	320.6±20.6	53.2±1.1	263.3±8.9	53.5±1.3
合计**	631.4±6.8	100	575.0±33.3	100	601.9±42.3	100	491.8±4.5	100

注：＊ΣEAA包括9种氨基酸（Thr，Val，Met，Leu，Ile，Phe，His，Lys，Arg），Trp在水解过程中被破坏；＊＊总氨基酸中不含牛磺酸。

性Ⅴ期亲鱼肌肉总氨基酸含量最高，每克肌肉中总氨基酸含量高达 631.4 mg，极显著高于雌性Ⅴ期亲鱼肌肉总氨基酸含量（每克肌肉中总氨基酸含量为 491.8 mg）（$P<0.01$）。卵巢发育处于Ⅲ期和Ⅳ期的亲鱼肌肉总氨基酸含量极显著地高于Ⅴ期亲鱼肌肉总氨基酸含量（$P<0.01$）。但在总氨基酸的组成上，不同性别和不同性腺发育阶段的银鲳亲鱼肌肉氨基酸组成无显著变化，肌肉必需氨基酸的百分含量在 53.2%～53.5%，肌肉中含量比较高的氨基酸分别为 Glu、Lys、Asp、Leu 和 Arg，而 Pro、His、Met 的含量相对较低。

表 2-8 为不同性腺发育阶段银鲳肝脏组织中总氨基酸的含量和组成。对于总氨基酸含量，卵巢发育处于Ⅲ期和Ⅳ期的亲鱼肝脏中总氨基酸含量显著高于Ⅴ期亲鱼肝脏总氨基酸含量（$P<0.05$）。在总氨基酸的组成上，雄性亲鱼肝脏中含量比较高的氨基酸依次分别为 Glu＞Asp＞Lys＞Val＞Leu。不同卵巢发育阶段的银鲳亲鱼的肝脏氨基酸组成无显著变化，雌鱼肝脏中含量比较高的氨基酸依次分别为 Glu＞Lys＞Asp＞Leu＞Val；而 His、Met 和 Pro 的含量在肝脏中相对较低。

表 2-8 不同性腺发育阶段银鲳每克肝脏总氨基酸含量（mg）及组成（%）

（黄旭雄等，2009）

氨基酸	♂（Ⅴ）		♀（Ⅲ）		♀（Ⅳ）		♀（Ⅴ）	
	含量	组成	含量	组成	含量	组成	含量	组成
Asp	44.3±4.0	9.5±0.3	45.6±3.6	9.4±0.7	45.9±4.1	9.5±0.3	39.2±2.1	9.8±0.4
Thr	22.6±2.3	4.8±0.3	23.0±1.1	4.8±0.2	22.8±1.4	4.7±0.3	19.5±2.1	4.9±1.0
Ser	20.0±2.0	4.3±0.7	17.7±3.9	3.6±0.8	18.3±3.1	3.8±0.6	16.6±4.8	4.2±1.6
Glu	61.5±6.1	13.1±0.7	63.8±1.5	13.2±0.4	62.2±1.3	12.9±0.7	51.6±4.5	12.9±0.1
Gly	24.8±2.5	5.3±0.4	27.7±2.0	5.7±0.5	26.2±2.3	5.4±0.4	23.7±6.6	5.9±1.1
Ala	30.9±3.1	6.6±0.3	30.8±1.3	6.4±0.2	30.4±2.7	6.3±0.2	27.4±0.4	6.9±0.6
Val	42.2±4.2	9.0±1.3	39.0±3.5	8.1±0.3	40.7±6.9	8.4±1.2	31.4±1.1	7.8±0.5
Met	10.0±1.0	2.1±0.4	11.5±3.2	2.4±0.6	12.5±3.4	2.6±0.6	10.9±4.3	2.7±0.8
Ile	18.9±1.8	4.0±0.4	22.0±4.0	4.6±0.8	24.2±4.0	5.0±0.7	17.2±7.6	4.2±1.5
Leu	39.7±3.5	8.5±0.5	43.9±1.9	9.1±0.3	44.4±3.5	9.2±0.7	34.9±8.4	8.6±1.3
Tyr	18.6±1.8	4.0±0.4	18.5±1.4	3.8±0.3	19.3±2.9	4.0±0.4	15.3±1.2	3.8±0.7
Phe	25.5±2.5	5.5±0.6	25.5±1.5	5.3±0.3	25.6±2.2	5.3±0.2	19.0±2.9	4.7±0.8
His	13.3±1.3	2.8±0.2	12.0±1.6	2.5±0.3	12.7±1.8	2.6±0.2	9.9±0.8	2.5±0.0
Lys	43.7±3.7	9.3±0.4	46.1±2.4	9.5±0.4	47.7±5.1	9.8±0.4	39.7±4.2	9.9±0.1
Arg	32.0±3.2	6.8±0.4	35.5±3.2	7.3±0.5	35.7±3.1	7.4±0.5	29.4±5.8	7.3±0.7
Pro	20.0±1.8	4.3±0.5	21.4±2.8	4.4±0.7	16.5±1.3	3.4±0.3	15.6±2.1	3.9±0.9
ΣEAA*	247.9±24.5	53.0±5.5	258.6±12.1	53.4±1.3	266.3±19.8	54.9±0.6	211.8±33.0	52.6±3.2
合计**	468.0±40.2	100.0	484.0±11.8	100.0	485.2±32.6	100.0	401.1±38.4	100

注：＊ΣEAA 包括 9 种氨基酸（Thr，Val，Met，Leu，Ile，Phe，His，Lys，Arg），Trp 在水解过程中被破坏；＊＊总氨基酸中不含牛磺酸。

表 2-9 为不同性腺发育阶段银鲳性腺组织中总氨基酸的含量和组成。在总氨基酸的含量方面，Ⅴ期精巢中总氨基酸含量最高，每克精巢组织中达到 544.8 mg。卵巢发育处于Ⅲ到Ⅴ期的亲鱼，其卵巢中总氨基酸含量无显著变化，但表现出总氨基酸含量随卵巢发育而递增的趋势。在总氨基酸的组成上，精巢中必需氨基酸的组成占 52.5%，含量高的氨基酸为 Glu、Asp、Lys、Arg 和 Val。卵巢中必需氨基酸的组成占 55.7%，含量高的氨基酸为 Glu、Lys、Leu、Val 和 Asp。

表 2-9　不同性腺发育阶段银鲳每克性腺中总氨基酸含量（mg）及组成（%）

（黄旭雄等，2009）

氨基酸	♂（V）		♀（Ⅲ）		♀（Ⅳ）		♀（V）	
	含量	组成	含量	组成	含量	组成	含量	组成
Asp	53.8±5.4	9.9±0.3	37.0±2.7	8.2±0.2	37.4±0.6	7.9±0.2	38.3±0.5	8.0±0.0
Thr	26.3±2.6	4.8±0.4	19.9±2.0	4.4±0.4	21.6±1.5	4.6±0.4	22.9±1.6	4.8±0.4
Ser	22.0±2.1	4.0±0.8	18.4±4.0	4.1±0.9	20.6±3.0	4.3±0.7	21.5±4.0	4.5±0.9
Glu	73.3±7.3	13.5±0.3	54.2±3.9	12.0±0.3	56.6±1.1	11.9±0.3	58.5±0.2	12.3±0.2
Gly	29.5±3.0	5.4±0.2	16.3±1.8	3.6±0.3	16.0±1.1	3.4±0.2	17.5±1.7	3.7±0.3
Ala	34.6±3.3	6.4±0.2	34.9±2.1	7.7±0.2	37.7±1.1	7.9±0.3	36.8±0.2	7.7±0.1
Val	47.0±4.7	8.6±1.4	40.1±5.9	8.9±1.4	43.4±5.3	9.1±1.2	42.8±6.8	9.0±1.6
Met	10.7±1.0	2.0±0.6	11.6±3.6	2.6±0.7	12.1±3.3	2.5±0.7	11.8±3.0	2.5±0.6
Ile	21.0±1.8	3.9±0.8	27.8±4.1	6.1±0.9	29.4±3.8	6.2±0.7	28.1±4.1	5.9±0.8
Leu	42.6±4.7	7.8±1.2	42.5±5.7	9.4±1.1	43.7±5.1	9.2±1.0	42.6±6.6	8.9±1.3
Tyr	24.8±3.0	4.5±0.5	18.7±3.1	4.1±0.6	20.7±1.3	4.4±0.3	20.4±1.4	4.3±0.4
Phe	22.7±2.1	4.2±0.2	19.4±1.3	4.3±0.4	20.7±1.4	4.3±0.3	20.5±0.9	4.3±0.1
His	13.6±0.6	2.5±0.2	13.1±1.0	2.9±0.2	13.9±1.1	2.9±0.3	14.6±0.4	3.1±0.1
Lys	52.4±5.2	9.6±0.5	44.2±2.9	9.8±0.5	47.1±2.2	9.9±0.5	45.2±1.2	9.5±0.5
Arg	50.0±3.5	9.2±0.5	36.9±2.8	8.1±0.3	38.2±2.9	8.0±0.5	37.0±3.5	7.8±0.6
Pro	20.6±2.1	3.8±0.2	18.1±1.9	4.0±0.2	17.0±1.2	3.6±0.2	18.5±0.1	3.9±0.1
ΣEAA*	286.3±15.4	52.5±1.2	255.5±15.2	56.4±1.1	270.0±9.6	56.7±1.3	265.5±10.4	55.7±1.4
合计**	544.8±26.7	100.0	453.2±26.5	100.0	476.0±6.0	100.0	476.7±6.7	100.0

注：*ΣEAA 包括 9 种氨基酸（Thr，Val，Met，Leu，Ile，Phe，His，Lys，Arg），Trp 在水解过程中被破坏；**总氨基酸中不含牛磺酸。

在性腺游离氨基酸的含量和组成上，不同性别和不同发育阶段的差异明显（表 2-10）。在游离氨

表 2-10　不同性腺发育阶段银鲳每克性腺中游离氨基酸含量（mg）及组成（%）

（黄旭雄等，2009）

氨基酸	♂（V）		♀（Ⅲ）		♀（Ⅳ～V）		♀（V）	
	含量	组成	含量	组成	含量	组成	含量	组成
Asp	1.4±0.1	3.9±0.1	0.9±0.1	5.1±0.2	2.5±0.2	6.0±0.1	1.6±0.2	5.4±0.2
Thr	2.2±0.2	5.8±0.5	1.1±0.3	6.2±1.0	2.9±0.2	7.0±0.1	1.8±0.2	6.2±0.7
Ser	1.4±0.1	3.8±0.3	0.6±0.1	3.4±0.2	2.6±0.5	6.2±0.9	1.6±0.1	5.2±0.5
Glu	5.4±0.5	14.4±1.1	1.6±0.1	9.1±1.8	2.8±0.3	6.8±0.2	2.7±0.3	9.1±0.7
Gly	1.6±0.2	4.4±0.4	0.5±0.1	2.9±0.2	0.8±0.1	1.9±0.2	0.7±0.1	2.3±0.2
Ala	6.0±0.6	16.2±1.5	0.8±0.1	4.8±0.2	2.2±0.2	5.3±0.5	1.7±0.2	5.9±0.4
Val	3.6±0.4	9.6±0.9	1.6±1.2	9.0±5.9	4.2±0.5	10.1±1.8	3.4±0.3	11.4±1.0
Met	0.6±0.1	1.6±0.1	0.4±0.1	2.1±0.4	1.0±0.0	2.4±0.1	0.7±0.1	2.2±0.2
Ile	0.5±0.1	1.4±0.1	0.5±0.1	2.8±0.2	2.2±0.3	5.4±0.4	1.4±0.1	4.8±0.4
Leu	2.3±0.1	6.2±0.5	2.5±0.1	14.1±2.3	4.5±0.2	10.8±0.4	3.7±0.4	12.6±1.1
Tyr	1.0±0.1	2.6±0.2	0.7±0.3	4.1±1.1	1.6±0.3	3.9±0.5	1.1±0.1	3.6±0.2
Phe	1.2±0.1	3.1±0.2	1.8±0.1	10.0±2.6	2.1±0.4	4.9±0.7	1.8±0.1	6.2±0.5
His	0.3±0.0	0.9±0.1	0.5±0.1	2.8±0.1	1.2±0.0	2.9±0.1	0.6±0.1	2.1±0.1

（续）

氨基酸	♂（V）		♀（Ⅲ）		♀（Ⅳ～V）		♀（V）	
	含量	组成	含量	组成	含量	组成	含量	组成
Lys	1.6±0.2	4.4±0.3	1.3±0.0	7.5±0.9	3.9±0.4	9.4±0.4	2.6±0.3	8.8±0.6
Trp	5.1±0.5	13.7±1.2	0.7±0.1	3.9±1.1	1.3±0.3	3.0±0.9	0.8±0.1	2.8±0.1
Arg	1.9±0.2	5.1±0.5	2.2±0.4	12.3±0.7	4.6±0.4	11.1±0.3	2.6±0.3	8.7±0.7
Pro	1.1±0.1	2.9±0.2	0.0±0.0	0.0±0.0	1.1±0.1	2.7±0.4	0.8±0.1	2.6±0.1
Cys	0.0±0.0	0.0±0.0	0.0±0.0	0.0±0.0	0.1±0.2	0.3±0.4	0.0±0.0	0.0±0.0
ΣEAA	14.2±1.4	38.1±3.5	13.1±1.7	66.7±2.6	26.5±1.5	63.9±0.5	18.7±1.9	63.0±1.1
合计	37.2±3.6	100.0	17.7±1.9	100.0	41.5±2.7	100.0	29.6±2.5	100.0

注：表中总氨基酸量不包含牛磺酸。

基酸的含量上，V期精巢中游离氨基酸含量仅为每克精巢组织 37.2 mg，其中必需氨基酸的组成仅占 38.1%，含量高的氨基酸依次为 Ala＞Glu＞Trp＞Val＞Leu。Ⅲ期卵巢的游离氨基酸含量仅为每克卵巢组织 17.7 mg，显著低于Ⅳ和V期卵巢的游离氨基酸水平。在卵巢的发育过程中，游离氨基酸的组成也略有变化，Ⅲ期卵巢中游离氨基酸中含量依次为 Leu＞Arg＞Phe＞Glu＞Val；Ⅳ期卵巢中游离氨基酸中含量依次为 Arg＞Leu＞Val＞Lys＞Thr；V期卵巢中游离氨基酸中含量依次为 Leu＞Val＞Glu＞Lys＞Arg。随着卵巢从Ⅲ期发育到V期，游离氨基酸中必需氨基酸的比例从 66.7% 降低为 63%。

对银鲳亲鱼总氨基酸含量的分析表明，卵巢发育为Ⅲ和Ⅳ期的亲鱼，各组织中总氨基酸的含量大小顺序为肌肉＞肝脏＞卵巢；而卵巢发育为V期的亲鱼，各组织中总氨基酸的含量大小顺序为肌肉＞卵巢＞肝脏。此外，在卵巢从Ⅲ期发育到V期的过程中，肌肉的总氨基酸含量有显著的下降。这与银鲳亲鱼在繁殖季节的生活习性有关。银鲳在产卵期内一般不摄食，空胃率达 95% 以上（郑元甲等，2003）。一般来说，饥饿胁迫下鱼类将首先动用脂肪作为能源物质，而随着饥饿时间的进一步延长，鱼体会有一定比例的蛋白质被作为能量消耗（Josson et al, 1998；Bergo et al, 1998）。肝脏总氨基酸含量在卵巢发育到V期时显著下降，这与肝脏在卵巢发育过程中的生理作用有关。卵巢中卵黄蛋白的形成，主要是在雌激素的作用下，先在肝脏内合成卵黄蛋白原，然后释放到血液，作为卵黄的前体被卵母细胞吸收（麦贤杰等，2005）。银鲳亲鱼在繁殖季节，一方面，正常的生理活动要耗能，另一方面，促进卵巢的进一步发育也需要大量的营养物质。在不摄食的状态下，只能动用体内组织（主要是肌肉和肝脏）贮存的营养物质，导致了卵巢发育到V期银鲳肌肉和肝脏总氨基酸含量显著下降。在卵巢从Ⅲ期发育到V期的过程中，卵巢的氨基酸含量略有上升，但各期的差异不显著，表明银鲳亲鱼在性腺发育到Ⅲ期时，尽管卵内营养物质的积累并未完全完成，但卵内氨基酸早于其他营养物质，已基本完成了积累。

对V期雄性亲鱼和V期雌性亲鱼总氨基酸含量的比较则发现，无论是肌肉、还是肝脏组织，雄性亲鱼都比雌性亲鱼高。造成这种差异的原因可能有两方面：一是雌雄亲鱼在发育过程中往性腺转移的营养物质的量的差异，即雌性亲鱼在发育过程中需要在卵巢积累更多的营养物质，而雄性亲鱼往精巢中转移的营养物质相对较少；二是在繁殖过程中银鲳雌性亲鱼比雄性亲鱼耗能更多，而V期的精巢比V期的卵巢含有更高的氨基酸，这种现象则与精子和卵子的生化组成有关，即与精子相比，卵子中含有大量的脂类物质。

从总氨基酸百分组成看，不同性别及发育阶段的肌肉组织的氨基酸组成较为恒定，反映了物种氨基酸组成的保守性（黄旭雄等，2000）。不同发育阶段的卵巢氨基酸的组成无显著差异。雄性亲鱼和雌性亲鱼的肝脏总氨基酸组成略有差异，但精巢和卵巢的氨基酸组成则有显著的差异。这也表明，在氨基酸组成上，肌肉相对肝脏和性腺而言具有更高的保守性。

刚产出的海水鱼类的卵子中总氨基酸的含量占干物质的 40%～60%（Fyhn, 1989；Rønnestad et al, 1996；Rønnestad et al, 1999），这些氨基酸包括蛋白质中的氨基酸、其他大分子中的氨基酸和游离氨基酸。银鲳Ⅴ期卵巢的氨基酸总量占卵巢干物质的47.7%。Thorsen et al（1993）报道海水鱼类浮性卵中游离氨基酸占总氨基酸的比例可以达到50%以上，但在海水鱼类沉性卵中游离氨基酸仅占总氨基酸量的2%～5%（Dabrowski et al，1985；Thorsen et al，1993）。在游离氨基酸的组成上，尽管Thorsen et al（1993）及 Rønnestad et al（1993）认为海水鱼类浮性卵中的游离氨基酸组成具有明显的相似性（含量高的氨基酸为亮氨酸、缬氨酸、异亮氨酸、丙氨酸和丝氨酸等中性氨基酸），但某些鱼类的游离氨基酸仍然存在一些变化（Rønnestad et al，1999）。银鲳在正常海水中属于产浮性卵的海水鱼类，然而银鲳Ⅴ期卵巢的游离氨基酸占总氨基酸的比例远低于5%，这与产沉性卵的海水鱼类的鱼卵相接近。银鲳Ⅴ期卵巢中含量高的游离氨基酸依次为 Leu＞Val＞Glu＞Lys＞Arg。其原因一方面可能与银鲳Ⅴ期卵巢中含有未成熟卵及其他组织有关，另一方面是否与鱼的种类特异性也有关系，仍需进一步的研究证实。

二、脂肪酸组成及其随性腺发育的变化

通过对自然海域野生银鲳不同发育时期各组织中总脂肪及脂肪酸组成的分析发现，银鲳亲体不同组织中的总脂肪含量具有显著性差异（表2-11）。卵巢组织中总脂肪含量均显著高于精巢、肝脏及肌肉组织。相比较其他组织，精巢组织中的总脂肪含量则较低。个体间不同组织总脂肪含量的变异系数表明，卵巢与精巢中的总脂肪含量相对稳定，而肝脏与肌肉中的总脂肪含量差异则较大。随着性腺的发育成熟，组织中的总脂肪含量均表现出明显的变化（图2-20）。对于雌性银鲳亲本，Ⅳ期与Ⅴ期肌肉组织中总脂

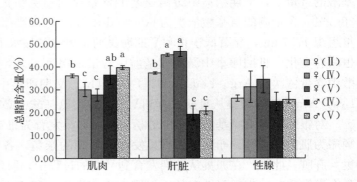

图2-20　野生银鲳性腺发育不同时期组织中总脂肪含量

（Huang et al，2010）

肪含量均显著低于Ⅲ期肌肉组织，而Ⅳ期与Ⅴ期卵巢组织中总脂肪含量则明显高于Ⅲ期卵巢组织。随着卵巢的发育，肝脏中总脂肪含量呈现出逐渐升高的趋势，尽管这一趋势并未有统计学差异。对于雄性银鲳亲本，在精巢发育Ⅳ期与Ⅴ期，各组织总脂肪含量均呈现出显著性差异。

表2-11　野生银鲳亲体不同组织总脂肪含量

（Huang et al，2010）

组　织	卵　巢	精　巢	肝　脏	肌　肉
总脂肪含量（%）	41.85±6.70 a (19)	18.54±3.35 c (10)	27.80±7.12 b (29)	32.31±9.91 b (29)
变异系数	0.17	0.18	0.26	0.31

注：括号中为检测样品数量，同一行不同后标字母表示有显著性差异。

表2-12示自然海域银鲳亲体不同组织中的脂肪酸组成。由表可知，对于雌性银鲳，在卵巢、肝脏与肌肉中分别检测到36、27、34种脂肪酸。卵巢中主要脂肪酸为 C18：1n9＞DHA＞C16：4n3＞C16：0＞EPA＞C16：1。肝脏中主要脂肪酸为 C16：0＞C18：1n9＞C18：0＞C16：1＞C14：0＞DHA，肌肉中主要脂肪酸为 C18：1n9＞C16：0＞DHA＞C16：1＞C18：0＞C14：0。卵巢中 C16：4n3、EPA 和 DHA 含量均分别显著高于肝脏与肌肉组织中相应的脂肪酸含量。而卵巢中 C14：0、C16：0、C18：0 和 C18：1n9 的含量则显著性低于肝脏与肌肉组织。卵巢中 ARA 的含量显著高于肝脏组织中的 ARA 含量。肝脏中 SFA 含量明显高于肌肉与卵巢组织中的 SFA 含量，同时肝脏与肌肉中 MUFA 含量也明显高于卵巢中的含量。然而，卵巢中 PUFA 与 HUFA 含量则显著高于肌肉与肝脏中的相应含量。

表 2 - 12 野生银鲳亲体不同组织脂肪酸组成（％，占总脂肪酸比例）

（Huang et al，2010）

脂肪酸	雌 性			雄 性		
	卵巢	肝脏	肌肉	精巢	肝脏	肌肉
C14：00	2.55±0.32c	5.10±0.83a	4.44±0.61ab	1.20±0.34d	5.20±1.48ab	3.88±0.51b
C14：01	0.11±0.04	0.17±0.04	0.18±0.06	—	0.23±0.10	0.19±0.11
C15：00	0.34±0.09b	0.96±0.23a	0.82±0.13a	0.43±0.14b	0.79±0.27a	0.66±0.15a
C15：01	1.78±0.29a	0.18±0.14b	0.12±0.10b	0.27±0.11b	0.18±0.08b	0.10±0.07b
C16：00	12.65±1.35 d	36.42±3.45a	24.07±0.73c	23.93±2.51c	30.14±1.86b	23.90±0.91c
C16：01	5.34±0.66a	6.98±1.06a	6.62±0.72a	2.09±0.46b	7.24±1.84a	6.22±0.54a
C16：02	1.27±0.24b	1.53±0.31ab	2.22±0.31a	1.11±0.19b	2.40±0.79ab	2.02±0.30a
C17：00	0.29±0.05 d	1.01±0.22a	0.75±0.12ab	0.46±0.08c	0.75±0.20ab	0.64±0.09b
C17：01	0.37±0.07b	0.55±0.11a	0.56±0.10a	0.24±0.10b	0.47±0.11ab	0.46±0.10ab
C16：4n3	13.14±1.36a	0.38±0.15bc	0.26±0.06c	1.12±0.80bc	0.39±0.24bc	0.25±0.09c
C17：02	1.49±0.36	—	—	—	—	—
C18：00	3.30±0.43c	7.50±1.52a	5.48±0.44b	7.98±1.07a	8.24±1.51a	6.34±0.76ab
C18：1n9	16.91±1.94b	23.26±4.77a	26.35±3.90a	8.78±1.71c	25.54±6.18a	29.51±3.76a
C18：1n7	2.77±0.36a	3.02±0.54a	1.70±0.35b	2.34±0.40b	3.18±0.40a	2.43±2.51ab
C18：2n9	0.28±0.05	0.20±0.04	0.21±0.05	0.11±0.04	0.19±0.06	0.18±0.04
C18：2n6	0.42±0.08	0.21±0.08	0.46±0.09	0.23±0.07	0.27±0.05	0.42±0.13
C18：3n9	0.17±0.03	0.11±0.06	0.22±0.07	—	0.12±0.03	0.17±0.05
C18：3n6	0.11±0.06	0.25±0.09	0.27±0.06	0.28±0.08	0.23±0.07	0.23±0.04
C18：3n3	0.31±0.10a	—	0.35±0.08a	0.14±0.05b	—	0.32±0.09a
C18：4n6	2.50±0.23a	—	0.27±0.11b	—	—	0.23±0.10b
C18：4n3	1.72±0.29	—	—	—	—	—
C18：5n3	0.61±0.16	—	—	—	—	—
C20：00	0.14±0.14b	0.20±0.11b	0.44±0.06a	0.42±0.10ab	0.30±0.06ab	0.45±0.08a
C20：1n9	1.64±0.40a	1.67±0.51ab	2.31±0.52a	0.90±0.21b	2.12±0.56a	1.99±0.24a
C20：1n7	0.65±0.16b	0.69±0.30b	1.27±0.23a	0.60±0.16b	1.15±0.37a	1.22±0.18a
C20：2n6	0.18±0.06	0.18±0.13	0.22±0.04	0.34±0.14	0.23±0.06	0.19±0.04
C20：4n6	1.67±0.74ab	0.91±0.41b	1.42±0.46b	3.24±0.70a	1.07±1.47b	1.20±0.36b
C21：00	0.10±0.06	—	0.09±0.04	—	—	0.09±0.03
C20：4n3	0.49±0.11a	—	0.34±0.07a	0.19±0.14b	—	0.30±0.07b
C20：5n3	6.46±1.15a	1.33±0.61bc	3.37±0.76b	7.96±1.82a	1.24±1.26bc	2.71±0.79bc
C22：00	—	—	0.18±0.04	—	—	0.17±0.04
C22：01	1.28±0.50b	1.54±0.56b	3.35±0.98a	0.93±0.31b	2.89±1.15ab	2.65±0.64a
C22：2n6	0.24±0.04	—	0.15±0.04	—	—	0.13±0.03
C22：3n6	0.33±0.13	—	0.64±0.22	0.49±0.14	—	0.57±0.16
C22：4n6	0.74±0.37bc	0.21±0.15c	0.71±0.16b	1.88±0.61a	0.23±0.22c	0.64±0.09b
C22：5n3	2.02±0.39a	0.40±0.30b	1.67±0.34a	2.54±1.36a	0.46±0.31b	1.63±0.34a
C22：6n3	15.46±1.11b	4.98±1.92c	8.38±1.39c	29.84±2.53a	4.75±2.86c	7.80±1.04c
SFA	19.37±1.86c	51.18±5.17a	36.27±0.85b	34.43±3.20b	45.43±2.53a	36.12±1.32b

（续）

脂肪酸	雌　性			雄　性		
	卵巢	肝脏	肌肉	精巢	肝脏	肌肉
MUFA	30.85±1.66b	38.07±4.44a	42.44±2.80a	16.15±2.51c	43.00±8.12a	44.75±2.98a
PUFA	49.62±2.15a	10.76±3.49c	21.28±2.66b	49.46±4.22a	11.57±6.69c	19.13±2.68b
HUFA	26.84±1.55b	7.83±3.11d	15.89±2.26c	45.65±4.49a	7.75±6.06d	14.29±2.25c
n-6 PUFA	6.19±1.38a	1.82±0.65b	4.21±0.93a	6.45±1.21a	2.02±1.73b	3.68±0.80ab
n-3 PUFA	40.20±1.79a	7.10±2.72c	14.43±2.16b	41.79±3.98a	6.84±4.44bc	13.07±2.06b
DHA/EPA	2.48±0.56	3.92±0.85	2.56±0.48	3.91±0.88	4.60±1.18	3.01±0.55
EPA/ARA	4.47±1.77a	1.59±0.59b	2.57±0.94ab	2.54±0.70ab	1.36±0.29b	2.33±0.64ab
DHA/ARA	10.57±3.56	6.03±2.05	6.54±2.45	9.66±2.41	6.25±1.96	6.89±1.80
n-3/n-6	6.75±1.28a	3.98±0.89b	3.56±0.80b	6.67±1.26a	3.61±0.58b	3.63±0.58b

注：同一行不同后标字母表示有显著性差异。

对于雄性银鲳亲本，在精巢、肝脏与肌肉组织中分别检测到28、27、34种脂肪酸。精巢中的主要脂肪酸为 DHA＞C16：0＞C18：1n9＞C18：0＞EPA＞ARA，肝脏中的主要脂肪酸为 C16：0＞C18：1n9＞C18：0＞C16：1＞C14：0＞DHA，肌肉中的主要脂肪酸为 C18：1n9＞C16：0＞DHA＞C18：0＞C16：1＞C14：0。精巢中 C16：4n3、ARA、EPA 和 DHA 含量均明显高于肝脏与肌肉中的相应脂肪酸的含量。然而，精巢中 C14：0、C16：1、C18：1n9、C20：1n9 和 C20：1n7 的含量则显著低于肝脏与肌肉中的相应脂肪酸含量。肝脏中 SFA 含量显著高于肌肉与精巢中的 SFA 含量。肌肉与肝脏中 MUFA 含量均显著高于精巢中的 MUFA 含量，精巢中 PUFA 和 HUFA 含量则明显高于肌肉与肝脏中的相应含量。

通过分析发现，含有高比例的 C16：4n3、DHA 与 EPA 是银鲳亲本卵巢与精巢中脂肪酸组成的一个显著特点。同时，卵巢与精巢组织相比较肝脏与肌肉组织而言，具有较高的 n-3PUFA 含量以及 n-3/n-6 比值。

对于雌性银鲳亲本而言，随着卵巢的发育，卵巢中大部分主要脂肪酸的含量均相对比较稳定，仅有 C16：1 的含量在卵巢发育Ⅲ期至Ⅴ期的过程中出现明显的下降趋势（表2-13）。卵巢中 C16：4n3、C18：1n9、C20：5n3 和 C22：6n3 的含量变化范围分别为 12.87%～13.45%、15.54%～17.45%、6.20%～6.85% 和 14.71%～15.86%。对于雄性银鲳亲本而言，精巢中脂肪酸除了 C16：4n3 之外，Ⅳ 期与Ⅴ期之间各脂肪酸的含量并未有显著性的差异。

表2-13　性腺发育不同时期野生银鲳性腺组织中脂肪酸组成（%，占总脂肪酸比例）

（Huang et al，2010）

脂肪酸	卵巢♀（Ⅲ）	卵巢♀（Ⅳ）	卵巢♀（Ⅴ）	精巢♂（Ⅳ）	精巢♂（Ⅴ）
C14：0	2.71±0.30a	2.54±0.28a	2.50±0.35a	1.15±0.33b	1.22±0.51b
C14：1	0.15±0.06	0.11±0.03	0.10±0.02	—	—
C15：0	0.42±0.16	0.35±0.06	0.29±0.04	0.43±0.14	0.39±0.07
C15：1	1.97±0.21a	1.83±0.36a	1.68±0.23a	0.27±0.11b	0.22±0.01b
C16：0	11.70±1.15b	12.61±1.12b	12.96±1.50b	23.71±2.56a	24.95±1.29a
C16：1	6.11±0.18a	5.36±0.73ab	5.08±0.54b	2.06±0.47c	1.99±0.51c
C16：2	1.39±0.34	1.27±0.32	1.23±0.17	1.10±0.20	0.95±0.20
C17：0	0.26±0.03b	0.27±0.04b	0.30±0.04b	0.44±0.06a	0.46±0.17ab

（续）

脂肪酸	卵巢♀（Ⅲ）	卵巢♀（Ⅳ）	卵巢♀（Ⅴ）	精巢♂（Ⅳ）	精巢♂（Ⅴ）
C17：1	0.39±0.12a	0.36±0.05a	0.37±0.07a	0.23±0.11ab	0.19±0.06b
C16：4n3	13.40±1.63a	13.45±1.07a	12.87±1.51a	1.18±0.81b	0.55±0.01c
C17：2	1.87±0.24	1.52±0.33	1.35±0.34	—	—
C18：0	3.06±0.68b	3.11±0.11b	3.48±0.41b	7.86±1.06a	9.38±0.50a
C18：1n9	15.54±1.09a	16.69±2.88a	17.45±1.28a	8.54±1.62b	9.53±2.01b
C18：1n7	2.94±0.11	2.69±0.30	2.75±0.44	2.32±0.41	2.40±0.11
C18：2n9	0.26±0.04a	0.26±0.033a	0.30±0.05a	0.11±0.03b	0.09±0.02b
C18：2n6	0.47±0.04a	0.40±0.08a	0.42±0.07a	0.22±0.06b	0.20±0.08b
C18：3n9	0.19±0.03	0.17±0.02	0.16±0.03	—	—
C18：3n6	0.15±0.03b	0.10±0.07b	0.10±0.05b	0.28±0.08a	0.21±0.04a
C18：3n3	0.38±0.07a	0.27±0.08a	0.30±0.10a	0.14±0.05b	0.14±0.07b
C18：4n6	2.53±0.25	2.50±0.25	2.48±0.23	—	—
C18：4n3	1.80±0.28	1.72±0.29	1.68±0.31	—	—
C18：5n3	0.69±0.16	0.55±0.07	0.61±0.19	—	—
C20：0	0.11±0.06b	0.08±0.03b	0.18±0.18b	0.42±0.10ab	0.39±0.01a
C20：1n9	1.57±0.21a	1.73±0.49a	1.61±0.39a	0.87±0.21b	1.05±0.08b
C20：1n7	0.48±0.11	0.67±0.08	0.69±0.18	0.60±0.16	0.60±0.01
C20：2n6	0.16±0.07b	0.16±0.03b	0.19±0.06ab	0.34±0.14a	0.40±0.20a
C20：4n6	2.11±0.65ab	1.53±0.57b	1.62±0.86b	3.29±0.71a	2.74±0.01a
C21：0	0.10±0.06	0.07±0.01	0.11±0.06	—	—
C20：4n3	0.58±0.02a	0.44±0.06a	0.49±0.12a	0.19±0.14b	0.10±0.05b
C20：5n3	6.85±1.04	6.69±1.42	6.20±1.04	8.18±1.78	8.03±2.96
C22：1	1.14±0.15	1.41±0.62	1.23±0.51	0.90±0.31	1.06±0.18
C22：2n6	0.27±0.03	0.24±0.05	0.22±0.03	—	—
C22：3n6	0.39±0.09	0.29±0.10	0.33±0.14	0.49±0.14	0.43±0.09
C22：4n6	0.88±0.25b	0.69±0.21b	0.71±0.46b	1.97±0.55a	1.18±0.30a
C22：5n3	2.10±0.13	2.07±0.51	1.95±0.38	2.62±1.41	2.09±0.35
C22：6n3	14.71±0.42b	15.15±0.79b	15.86±1.28b	29.97±2.64a	29.11±0.64a
SFA	18.39±1.87b	19.06±1.27b	19.84±2.14b	34.04±3.13a	36.82±1.54a
MUFA	30.33±1.12a	30.87±2.21a	30.99±1.55a	15.81±2.41b	17.05±2.94b
PUFA	51.27±1.52	49.56±2.01	49.15±2.31	50.14±3.84	46.29±4.23
HUFA	27.25±1.21b	26.59±1.87b	26.85±1.55b	46.24±4.32a	43.27±4.19a
n-6 PUFA	7.00±0.62	5.94±0.99	6.10±1.70	6.62±1.14	5.20±0.46
n-3 PUFA	40.53±2.20	40.38±1.89	39.99±1.79	42.29±3.85	40.04±3.99
DHA/EPA	2.18±0.34b	2.34±0.48b	2.64±0.62ab	3.81±0.87a	3.87±1.34ab
EPA/ARA	3.45±1.12	4.84±2.16	4.53±1.70	2.57±0.72	2.92±1.08
DHA/ARA	7.33±1.81	10.87±3.25	11.35±3.80	9.57±2.53	10.59±0.27
n-3/n-6	5.83±0.77	6.96±1.26	6.89±1.37	6.56±1.28	7.69±0.08

注：同一行不同后标字母表示有显著性差异。

　　研究已证实，鱼体组织中的营养素组成与其摄入食物的营养组成密切相关。也正是因为如此，通过分析自然海域银鲳性腺发育过程中的营养素积累特点，可在一定程度上了解其对某些关键营养素的生理需求。Wassef et al（2012）在对真鲷的研究中发现，各实验组性腺组织中 DHA 含量均高于对应的实验饲料中的 DHA 含量，但是 EPA 和 ARA 的含量则无类似的情况，该研究结果表明了 DHA 更大程度上选择性地保留在真鲷性腺组织中，揭示 DHA 作为一种必需脂肪酸其在真鲷性腺发育成熟过程中潜在的生理作用要明显大于 EPA 和 ARA。在对狼鲈的研究报道中也得到了相似的结果（Mourente et al，2005）。然而，由于不同鱼种对 DHA、EPA 和 ARA 的需求量存在差异，因此，这种现象是否在海水鱼类中普遍存在，还需要更进一步的研究分析。

　　表 2-14 示性腺发育不同时期银鲳肝脏组织中的脂肪酸的组成及变化。对于雌性银鲳而言，Ⅲ期肝脏中 C16：0 和 C18：0 含量均显著高于 V 期肝脏中相应脂肪酸的含量。然而，随着卵巢从Ⅲ期发育至 V 期，肝脏中 C18：1n9 含量呈现出显著升高的趋势。相比较卵巢Ⅳ期与 V 期时肝脏中的 SFA 与 MUFA 含量，卵巢发育Ⅲ期时肝脏中具有高 SFA 含量、低 MUFA 含量的特点。尽管肝脏中 DHA 与 ARA 含量在卵巢发育Ⅲ期至 V 期过程中并未有显著性的变化，但 DHA/ARA 比值却随着卵巢的发育呈现出升高的趋势。对于雄性银鲳而言，在精巢从Ⅳ期发育至 V 期过程中，肝脏中的脂肪酸组成并未有显著性的变化。

表 2-14　性腺发育不同时期野生银鲳肝脏组织中脂肪酸组成（%，占总脂肪酸比例）

（Huang et al，2010）

脂肪酸	肝脏♀（Ⅲ）	肝脏♀（Ⅳ）	肝脏♀（V）	肝脏♂（Ⅳ）	肝脏♂（V）
C14：0	5.83±0.99	5.01±0.86	4.92±0.71	5.09±1.53	5.10±1.47
C14：1	0.21±0.05	0.16±0.03	0.15±0.03	0.22±0.09	0.22±0.15
C15：0	1.16±0.02a	0.78±0.25b	0.99±0.18ab	0.76±0.27ab	0.82±0.28ab
C15：1	0.19±0.01	0.17±0.10	0.17±0.18	0.17±0.07	0.16±0.09
C16：0	39.80±1.75a	37.42±1.43ab	34.79±3.81b	30.36±1.82bc	29.17±1.44c
C16：1	6.94±0.41	6.92±0.95	7.03±1.30	7.27±1.95	8.38±2.05
C16：2	1.47±0.27	1.50±0.33	1.56±0.34	2.45±0.81	2.33±0.65
C17：0	1.09±0.06	0.97±0.26	1.00±0.22	0.74±0.21	1.01±0.34
C17：1	0.47±0.05	0.53±0.07	0.58±0.13	0.46±0.11	0.44±0.12
C16：4n3	0.49±0.05	0.33±0.11	0.38±0.17	0.33±0.15	0.51±0.58
C18：0	9.08±1.01a	7.69±1.51ab	6.90±1.35b	8.21±1.60ab	8.22±0.35ab
C18：1n9	17.78±3.21b	23.82±5.86a	24.56±3.45a	25.43±6.54a	27.188±1.02a
C18：1n7	3.42±0.27	2.92±0.39	2.94±0.63	3.21±0.39	3.00±0.24
C18：2n9	0.18±0.01	0.17±0.03	0.21±0.03	0.17±0.04	0.26±0.06
C18：2n6	0.25±0.01	0.23±0.04	0.31±0.09	0.25±0.03	0.32±0.07
C18：3n9	0.10±0.04	0.10±0.05	0.12±0.07	0.12±0.02	0.12±0.02
C18：3n6	0.32±0.05	0.22±0.10	0.23±0.07	0.21±0.05	0.29±0.12
C20：0	0.18±0.05	0.22±0.09	0.19±0.13	0.30±0.06	0.23±0.05
C20：1n9	1.93±0.76	1.86±0.52	1.48±0.37	2.13±0.58	1.91±0.06
C20：1n7	0.60±0.17	0.68±0.08	0.72±0.40	1.17±0.38	0.93±0.11
C20：2n6	0.13±0.01b	0.13±0.03b	0.22±0.17ab	0.23±0.05a	0.21±0.01a
C20：4n6	1.07±0.67	0.68±0.25	0.99±0.39	1.08±1.55	0.71±0.29
C20：5n3	1.21±0.57	1.19±0.55	1.44±0.68	1.24±1.34	0.99±0.33
C22：1	1.47±0.94b	1.67±0.49b	1.47±0.51b	2.89±1.22ab	2.66±0.27a

（续）

脂肪酸	肝脏♀（Ⅲ）	肝脏♀（Ⅳ）	肝脏♀（Ⅴ）	肝脏♂（Ⅳ）	肝脏♂（Ⅴ）
C22：4n6	0.17±0.12	0.13±0.03	0.25±0.18	0.23±0.23	0.12±0.03
C22：5n3	0.27±0.15	0.31±0.12	0.49±0.38	0.44±0.32	0.46±0.11
C22：6n3	4.09±2.30	4.07±0.88	5.79±2.05	4.72±3.03	4.14±1.17
SFA	57.16±3.03a	52.12±3.26ab	48.81±5.17b	45.49±2.67b	44.57±0.37b
MUFA	33.04±2.01b	38.76±4.66a	39.14±4.05a	42.98±8.61a	44.92±2.49a
PUFA	9.79±4.00	9.10±1.63	12.03±3.91	11.52±7.09	10.50±2.12
HUFA	6.82±3.71	6.40±1.60	8.98±3.40	7.73±6.42	6.44±1.95
n-6 PUFA	1.96±0.80	1.41±0.34	2.02±0.69	2.02±1.83	1.66±0.53
n-3 PUFA	6.06±2.88	5.91±1.49	8.11±3.04	6.74±4.69	6.11±2.20
DHA/EPA	3.47±0.96	3.76±1.14	4.13±0.62	4.65±1.23	4.19±0.20
EPA/ARA	1.21±0.49	1.80±0.57	1.58±0.60	1.36±0.30	1.42±0.13
DHA/ARA	3.88±0.29b	6.69±2.54a	6.27±1.70a	6.35±2.05ab	5.98±0.83b
n-3/n-6	3.03±0.36	4.28±0.87	4.09±0.86	3.59±0.60	3.64±0.15

注：同一行不同后标字母表示有显著性差异。

　　表2-15示性腺发育不同时期银鲳肌肉组织中的脂肪酸组成及其变化。对于雌性银鲳而言，卵巢Ⅲ期时肌肉中C18：0的含量显著低于卵巢Ⅴ期时肌肉中的含量。随着卵巢从Ⅲ期发育至Ⅴ期，肌肉中C16：4n3的含量显著降低。肌肉中其他脂肪酸在卵巢从Ⅲ期发育至Ⅴ期并未有显著性的变化。对于雄性银鲳而言，肌肉中C16：0与SFA含量随着精巢从Ⅳ期发育至Ⅴ期，均呈现出显著升高的趋势，而其他脂肪酸在精巢从Ⅳ期发育至Ⅴ期并未呈现出显著性的变化。

表2-15　性腺发育不同时期野生银鲳肌肉组织中脂肪酸组成（%，占总脂肪酸比例）

（Huang et al，2010）

脂肪酸	肌肉♀（Ⅲ）	肌肉♀（Ⅳ）	肌肉♀（Ⅴ）	肌肉♂（Ⅳ）	肌肉♂（Ⅴ）
C14：0	4.85±0.81	4.37±0.76	4.36±0.44	3.87±0.53	3.81±0.09
C14：1	0.21±0.03	0.18±0.03	0.16±0.06	0.18±0.11	0.16±0.09
C15：0	0.85±0.03	0.78±0.14	0.83±0.14	0.65±0.15	0.62±0.13
C15：1	0.11±0.01	0.07±0.02	0.14±0.13	0.09±0.07	0.07±0.03
C16：0	24.40±0.54a	24.35±0.62a	23.80±0.78a	24.05±0.83a	22.66±0.09b
C16：1	7.20±0.51a	6.37±0.76ab	6.59±0.69ab	6.24±0.56ab	5.93±0.04b
C16：2	2.34±0.42	2.23±0.37	2.17±0.26	2.05±0.29	1.68±0.13
C17：0	0.71±0.09	0.74±0.15	0.76±0.11	0.63±0.09	0.62±0.12
C17：1	0.57±0.07	0.54±0.12	0.56±0.10	0.45±0.09	0.45±0.16
C16：4n3	0.33±0.02a	0.24±0.08ab	0.25±0.03b	0.25±0.09ab	0.20±0.04b
C18：0	5.00±0.06c	5.58±0.52b	5.56±0.38b	6.32±0.80ab	6.65±0.30a
C18：1n9	24.87±4.12ab	27.96±5.90ab	25.82±2.12b	29.63±3.97ab	28.43±0.02a
C18：1n7	2.05±0.49	1.55±0.36	1.67±0.25	2.39±2.65	2.33±0.54
C18：2n9	0.19±0.04	0.18±0.04	0.22±0.06	0.18±0.03	0.20±0.01
C18：2n6	0.54±0.10	0.41±0.08	0.46±0.08	0.40±0.11	0.48±0.17
C18：3n9	0.16±0.05	0.19±0.04	0.24±0.05	0.15±0.02	0.21±0.09
C18：3n6	0.28±0.03	0.25±0.05	0.27±0.06	0.22±0.04	0.22±0.06

（续）

脂肪酸	肌肉♀（Ⅲ）	肌肉♀（Ⅳ）	肌肉♀（Ⅴ）	肌肉♂（Ⅳ）	肌肉♂（Ⅴ）
C18：3n3	0.38±0.08	0.30±0.07	0.36±0.07	0.30±0.07	0.36±0.14
C18：4n6	0.29±0.08b	0.21±0.10b	0.29±0.11b	0.21±0.08b	0.36±0.03a
C20：0	0.39±0.05	0.45±0.06	0.44±0.05	0.44±0.08	0.36±0.05
C20：1n9	2.60±0.35	2.40±0.63	2.15±0.48	1.97±0.24	2.23±0.20
C20：1n7	1.07±0.17	1.23±0.26	1.34±0.19	1.24±0.17	1.07±0.08
C20：2n6	0.21±0.01	0.20±0.06	0.22±0.02	0.19±0.04	0.22±0.02
C20：3n6	0.11±0.10	0.05±0.051	0.05±0.02	0.05±0.02	0.04±0.01
C20：3n3	0.04±0.00	0.06±0.01	0.06±0.03	0.05±0.02	0.06±0.01
C20：4n6	1.64±0.03a	1.22±0.54ab	1.47±0.46ab	1.16±0.36b	1.38±0.21ab
C21：0	0.07±0.03	0.08±0.02	0.10±0.05	0.08±0.02	0.10±0.02
C20：4n3	0.32±0.03	0.29±0.07	0.37±0.06	0.28±0.06	0.36±0.04
C20：5n3	3.49±0.76	2.95±0.96	3.58±0.58	2.69±0.83	3.63±1.06
C22：0	0.18±0.03	0.18±0.04	0.17±0.04	0.17±0.03	0.13±0.04
C22：1	3.12±1.72	3.34±0.83	3.41±0.91	2.59±0.65	3.44±0.41
C22：2n6	0.14±0.01	0.12±0.05	0.15±0.04	0.13±0.04	0.16±0.03
C22：3n6	0.68±0.24	0.59±0.25	0.66±0.21	0.54±0.14	0.63±0.21
C22：4n6	0.72±0.23	0.70±0.17	0.70±0.15	0.65±0.07	0.56±0.08
C22：5n3	1.83±0.58	1.59±0.37	1.66±0.26	1.60±0.35	1.78±0.10
C22：6n3	7.91±0.90	7.87±1.83	8.81±1.16	7.77±1.10	8.25±0.22
SFA	36.47±1.067a	36.55±0.88a	36.04±0.80a	36.24±1.34a	34.98±0.08b
MUFA	41.86±2.28ab	43.68±4.43ab	41.87±1.43b	44.80±3.15ab	44.14±0.18a
PUFA	21.65±1.85	19.75±3.96	22.08±1.54	18.95±2.78	20.86±0.27
HUFA	15.92±1.55	14.66±3.30	16.60±1.40	14.18±2.35	15.98±1.01
n-6 PUFA	4.64±0.47	3.79±1.24	4.32±0.79	3.58±0.79	4.08±0.54
n-3 PUFA	14.31±1.34	13.33±3.14	15.12±1.44	12.96±2.15	14.67±0.93
DHA/EPA	2.30±0.31	2.78±0.60	2.50±0.42	3.03±0.58	2.36±0.63
EPA/ARA	2.11±0.41	2.67±1.13	2.65±0.95	2.38±0.66	2.72±1.19
DHA/ARA	4.79±0.43	7.43±3.32	6.52±2.07	7.07±1.81	6.06±1.10
n-3/n-6	3.10±0.44	3.71±1.07	3.60±0.70	3.68±0.59	3.64±0.71

注：同一行不同后标字母表示有显著性差异。

已有的研究证实，DHA是鱼类性腺及仔鱼机体内磷酸甘油酯特别是磷脂酰乙醇胺和磷脂酰胆碱的重要组成部分，因此，组织中DHA含量的多少直接影响鱼类的繁殖性能（Montero et al，2005）；EPA也是一种影响鱼类繁殖力的重要脂肪酸，在鱼类代谢过程中起着至关重要的作用，主要体现在其在维持细胞膜的完整性方面具有重要的调控作用，同时，EPA也作为一些环氧合酶的底物，以及一些前列腺素类化合物的前体物（Montero et al，2005）；ARA是鱼类性腺组织分泌产生类二十烷酸的主要前体物，因此，机体ARA的含量同样直接影响鱼类的繁殖性能（Bell et al，2003）。银鲳在性成熟过程中，其性腺组织中会积累较高含量的长链多不饱和脂肪酸，这进一步印证了长链多不饱和脂肪酸在海水鱼类生殖繁育过程中起着至关重要的生理作用（Perez et al，2007）。

第三章

银鲳发育生物学

第一节　胚胎发育及仔稚幼鱼形态变化

关于银鲳胚胎及胚后发育形态特征的观察描述，最早见于日本学者水户敏等（1967）的研究报道，其对日本濑户内海的银鲳进行了人工授精实验，并对胚胎和前期仔鱼的发育进行了观察。赵传絪等（1985）对东海海区的银鲳也进行了人工授精及胚胎发育的描述。然而，由于银鲳极易脱鳞，离水即死，常规方法无法获得亲本或苗种资源，捕捞野生亲本在海上进行人工授精获得的受精卵，受船上条件设备和运输时间的限制，很难获得完整的胚胎发育图片，因此，先前的研究中关于形态特征的描述都较为粗略，并缺少图片支持，仔稚鱼的形态描述更是少见报道。直至2010年，中国水产科学研究院东海水产研究所在国内首次成功实现了银鲳的全人工繁育，银鲳胚胎发育及其仔稚幼鱼的形态特征才得以被完整记录（施兆鸿等，2011）。

一、胚胎发育

银鲳受精卵为圆球形，端黄卵，无色透明，油球1个。对30个受精卵进行测量，卵径（1.417±0.063）mm，油球径（0.575±0.031）mm。胚胎发育过程见表3-1。卵子受精后原生质向动物极集中

表3-1　银鲳的胚胎发育[（20±0.5）℃]

（施兆鸿等，2011）

发育期	发育时间	发育特征	图
胚盘隆起	20 min	原生质集中于动物极，形成帽状细胞	彩图1（1）
2细胞期	40 min	第1次分裂	彩图1（2）
4细胞期	55 min	第2次分裂	彩图1（3）
8细胞期	1 h 05 min	第3次分裂	彩图1（4）
16细胞期	1 h 15 min	第4次分裂	彩图1（5）
32细胞期	1 h 40 min	第5次分裂	彩图1（6）
64细胞期	2 h	第6次分裂	彩图1（7）
多细胞期	2 h 30 min	分裂后期，细胞越分越小	彩图1（8）
桑葚期	3 h 05 min	形成桑葚状多细胞体	彩图1（9）
高囊胚期	5 h 45 min	胚胎分裂成高帽状，分裂细胞较大	彩图1（10）
低囊胚期	7 h 50 min	胚层变扁，分裂细胞变小	彩图1（11）
原肠早期	10 h	囊胚层边缘增厚，下包卵黄约1/3	彩图1（12）
原肠中期	13 h 30 min	囊胚下包卵黄约1/2，出现胚盾	彩图1（13）
原肠末期	15 h 30 min	囊胚下包卵黄约2/3，出现胚体雏形	彩图1（14）
眼囊期	16 h 30 min	胚体头部出现肾状眼囊	彩图1（15）

（续）

发育期	发育时间	发育特征	图
卵黄栓形成	17 h	囊胚下包卵黄约 5/6，形成卵黄栓	彩图 1 (16)
胚孔封闭期	18 h	胚孔封闭，克氏泡出现	彩图 1 (17)
色素形成期	20 h	胚体背部出现色素，尾芽隆起	彩图 1 (18)
尾芽期	23 h 30 min	克氏泡消失，尾芽游离，胚体下包 2/3，听囊形成	彩图 1 (19)
心跳期	26 h	胚体包 3/5，心脏跳动	彩图 1 (20)
耳石形成期	30 h	听囊内出现两个耳石	彩图 1 (21)
孵化期	34 h	胚体绕卵黄 4/5，胚体颤动	彩图 1 (22)
脱膜孵出	36 h	仔鱼破膜而出	彩图 1 (23)

并逐渐隆起，胚盘形成［彩图 1 (1)］；约 20 min 胚盘中央产生一分裂沟，胚盘分裂成 2 个大小相等的细胞进入 2 细胞期［彩图 1 (2)］；与第一次卵裂相隔 25 min 发生第二次分裂，与第一次分裂成直角相交，形成 4 个大小相似的细胞［彩图 1 (3)］；10 min 后发生第三次分裂，有两个分裂面，位于第一次分裂沟的两侧，形成 8 个大小相似的细胞［彩图 1 (4)］；第四次分裂，也有两个分裂面，位于第二次分裂面两侧，形成 16 个细胞［彩图 1 (5)］；第五次分裂，有四个分裂面都与第一次平行形成 32 个细胞［彩图 1 (6)］；第六次分裂，形成 64 个大小相似的细胞［彩图 1 (7)］；随着细胞不断分裂，体积越来越小，由于经裂和纬裂同时进行，细胞多层排列，受精后 2 h 30 min 进入多细胞期［彩图 1 (8)］；受精后 3 h 胚盘分裂成桑葚状［彩图 1 (9)］。

受精后 5 h 45 min，胚盘处细胞堆积成帽状囊胚，进入高囊胚期［彩图 1 (10)］；随着细胞不断分裂，隆起的帽状囊胚层逐渐降低，细胞团向扁平方向发展，边缘细胞开始向植物极下包，7 h 50 min 进入低囊胚期［彩图 1 (11)］。

随后，细胞团继续向植物极下包卵黄囊，胚盘边缘增厚形成胚环，受精后 10 h 进入原肠早期［彩图 1 (12)］；受精后 13 h 30 min，部分细胞继续下包，下包达卵黄囊 1/2 处，出现胚盾，进入原肠中期［彩图 1 (13)］；15 h 30 min 囊胚下包卵黄囊达 2/3，出现胚体雏形，进入原肠末期［彩图 1 (14)］。

受精后 16 h 30 min，胚层细胞下包达 4/5 时，胚环明显缩小，植物极的卵黄大部分被包围，胚体中央加厚，形成神经板，中间形成神经管，在显微镜下呈明亮的管状形态。胚体的头部出现一对椭圆形的突起，即眼囊出现［彩图 1 (15)］；受精后 17 h，胚体中部中胚层细胞不断分化，即将形成体节，胚层细胞下包达 5/6 时，卵黄栓形成［彩图 1 (16)］；受精后 18 h，胚孔完全封闭，克氏泡出现［彩图 1 (17)］；受精后 20 h，胚体背部和油球上出现点状黑色素细胞，尾芽隆起，肌节 28 对左右［彩图 1 (18)］；受精后约 23 h 30 min，胚体在卵膜内围绕卵黄 2/3，听囊形成，克氏泡消失，尾芽游离［彩图 1 (19)］；受精后 26 h，胚体围绕卵黄 3/5，胚体黑色素变浓，油球上出现星状黑色素，心脏开始搏动［彩图 1 (20)］；受精后 30 h，听囊内出现两个耳石，尾部出现颤动，肌节明显，约 33 对［彩图 1 (21)］；受精后 34 h，胚体绕卵黄 4/5，心脏有节律地持续跳动，胚体在卵膜内不断颤动［彩图 1 (22)］。受精后 36 h，尾部率先挣破卵膜孵出［彩图 1 (23)］。

二、仔稚幼鱼发育

前期仔鱼：从孵化后至卵黄消失的这段时期，银鲳的前期仔鱼通常为在人工育苗条件下［(20±0.5)℃］从初孵到 3 日龄的仔鱼。此阶段色素分布于仔鱼体表两侧，约占全长的 4/5，全长 1/5 的尾端未见色素［彩图 2 (1～5)］；视觉器官中视网膜色素发育十分明显，逐日加深；肌节数为［13＋(21～22)］对［彩图 2 (1)］；由表 3-2 中可见，此期间卵黄呈指数级被吸收，3 d 仔鱼卵黄仅剩部分痕迹，而油球被利用较少，且由原来的球形变成长椭圆形［彩图 2 (5)］；从初孵仔鱼到 2 d 仔鱼每天全长逐渐增长，而 3 d 仔鱼全长较 2 d 仔鱼几乎没有增长；2 d 仔鱼头部开始离开卵黄囊［彩图 2 (4)］；胸鳍最早发育，消化器官也不断完善，体视解剖镜下可见 3 d 仔鱼消化道和肝脏以及胸鳍鳍条。随着发育生长，

表 3-2　银鲳前期仔鱼发育 [（20±0.5）℃]

（施兆鸿等，2011）

发育阶段	仔鱼全长（mm）	仔鱼体高（mm）	卵黄囊体积（mm³）	油球体积（mm³）
初孵仔鱼	3.639±0.138	1.476±0.044	0.488±0.154	0.097±0.024
1d仔鱼	3.925±0.237	1.045±0.083	0.033±0.020	0.083±0.025
2d仔鱼	4.367±0.197	0.931±0.064	0.008±0.001	0.007±0.001
3d仔鱼	4.324±0.212	0.907±0.038	0.000±0.000	0.006±0.001

虽然口部形成，下颌能缓慢活动，但肛门未打通，仍不能摄食，主要以卵黄囊为营养物质。此阶段以卵黄囊逐渐被吸收变小为主要形态特征。

后期仔鱼：人工育苗条件下 [（20±0.5）℃] 从 4 d 到 13 d 为后期仔鱼期。在体视显微镜下观察，5 d 仔鱼卵黄囊消失。油球至 6 d 时才被完全吸收。7 d 仔鱼消化道贯通、开口摄食，油球被逐渐利用吸收，消化道弯曲增多，并伴随着胸鳍增大，此时全长（4.854±0.292）mm，体高（1.055±0.118）mm [彩图 2（6）]。13 d 时全长达（5.586±0.479）mm（包括鳍膜），体高达（1.068±0.087）mm（包括鳍膜）。在体视显微镜下，肝脏体积逐渐增大，明显分为两叶，呈粉红色，胰脏黑色并往小肠处延伸；幽门盲囊指状分支已增加到几十根，食道、胃和肠的管腔皱褶明显增多和加深；胃弯曲呈 U 形；肠道弯曲增加；侧囊体积增大，侧囊内壁背腹的纵隔明显，纵隔两侧的肌肉壁上柱状乳突硬度增加。此阶段的主要特征是鱼体腹两侧星状黑色素及金黄色斑点明显，背鳍和臀鳍鳍条原基出现。

稚鱼：此阶段也是外部形态变化最大的时期，体外色素逐渐加深，但仅分布于身体前部，约为全长的 3/5，尾部末端向前的 2/5 未见色素分布，吻端色素呈黑色。稚鱼前期胸鳍的发育最快，胸鳍可达到全长的 1/2，呈圆形，胸鳍上也布满色素 [彩图 2（7、8）]。在水中由于尾部观察不清，仅见一对胸鳍和色素集中的体腔部分，形似企鹅行走状。稚鱼后期鳍膜分化完成，趋于成体形态且鳞片开始出现，吻端色素开始逐渐消退。

稚鱼期不仅是外部形态变化最大的阶段，也是内部消化器官发育生长的重要时期。内部消化器官进一步完善，肝脏呈左大右小两叶，幽门盲囊数量也成倍增加。随着发育进程，15 d 时脊索末端向上屈曲，全长（6.375±0.458）mm，体高（1.586±0.156）mm [彩图 2（7）]。25 d 尾下骨出现并且尾下骨末端与体轴倾斜，全长（8.839±1.888）mm，体高（2.828±0.484）mm [彩图 2（8）]。到 35 d 时尾下骨与体轴垂直，全长（16.000±1.409）mm，体高（5.402±0.680）mm [彩图 2（9）]。45 d 时体高增高明显，全长（25.560±3.870）mm，体高（11.157±1.277）mm [彩图 2（10）]。

幼鱼：尾鳍出现明显的凹形，但未达到成鱼的叉状深度，胸鳍长度增加呈船桨状，鳞片基本形成。此阶段体高增加明显，体呈卵圆形。50 d 时全长为（30.300±4.620）mm，体高达（12.950±1.012）mm [彩图 2（11）]。60 d 时全长为（41.000±3.300）mm，体高达（19.750±1.620）mm，胸鳍前端呈尖形，尾鳍上下两侧生长加快形成深叉状，体型与成鱼相似，鳞片完全长成 [彩图 2（12）]。

国内外对海水鱼类仔稚幼鱼的划分不尽相同，赵传絪等（1985）认为仔鱼期指初孵仔鱼到冠状幼鳍出现及背、臀鳍鳍条原基出现；稚鱼期以背、臀鳍鳍条形成，鳞片基本形成为准；幼鱼期则鳞片完全形成、各鳍条形状基本具有成鱼的外形特征。Muneo（1988）则认为仔鱼期指卵黄囊消失至各鳍鳍条已成定数的阶段，稚鱼期指各鳍鳍条定数后至变态发育完成的时期，各种特征与成鱼基本相同。Kendall et al（1984）将仔鱼细分成卵黄囊仔鱼、前屈曲期仔鱼、屈曲期仔鱼和后屈曲期仔鱼，主要以卵黄囊、脊索末端及尾下骨的变化来区别，而稚鱼期以鳍发育完成、趋于成体形态或鳞片开始生长为标志。Kendall et al（1984）的划分方法与其他学者的区别在于仔鱼期是到完整的鳍条形成及鳞片开始出现，稚鱼期时即各鳍鳍条、鳍棘发育完全，同时鳞片开始生长（钟俊生等，2005；2007）。国内借鉴 Kendall 等划分方法的学者认为：仔稚鱼鳍的发育、体型和运动能力的变化以及摄食能力的提高均和脊索后端的弯曲和尾下骨的出现紧密相关（钟俊生等，2005）。

施兆鸿等（2011）的研究报道中指出，银鲳仔稚幼鱼的划分应把外部形态特征和器官的发育相结合，消化器官的发生发育也应作为划分的重要指标。鱼类早期的发育阶段，除外部形态特征变化外，体内的各器官也不断地发生并逐渐完善。比如，卵黄囊被吸收的同时，消化系统也在不断地发生，对外源性食物的利用吸收随不同发育阶段而异。通过对仔稚幼鱼的划分能更好地说明鱼类前期发育阶段的特征。银鲳仔稚鱼发育可划分为 4 个阶段：前期仔鱼期、后期仔鱼期、稚鱼期和幼鱼期，各时期的转变也是苗种培育过程中比较容易出现死亡的时期：前期仔鱼阶段部分仔鱼虽能孵出，但始终漂浮于水面上，可能是受精卵质量不佳导致发育终止而死亡；后期仔鱼是内源性营养逐步过渡到混合型营养，再到完全的外源性营养，环境因子或饵料不适均会造成仔鱼大批夭折（高露姣等，2007）。银鲳稚鱼期不仅形态会发生很大的变化，需要大量的营养物质，还会在消化道中产生气泡（施兆鸿等，2007），原因可能有两个，其一可能是饵料不适在消化道中滞留时间过长发酵产生气泡，其二可能是吞咽气泡所致。这也是稚鱼期特有的现象。因此将银鲳的前期发育划分为 4 个时期对其苗种培育、生态因子的适应机制、营养需求等方面的研究均具有重要的意义。

鲳属鱼类在国内共有 5 个种（刘静等，2002），根据已有的报道，仅灰鲳和银鲳有胚胎发育研究。灰鲳的卵径 1.150～1.315 mm，油球径 0.368～0.395 mm（罗海忠等，2007）。施兆鸿等（2009）在 2005—2008 年在舟山海域捕获银鲳亲本进行人工授精并培育苗种，其卵径（1.368±0.082）mm，油球径（0.550±0.031）mm；而施兆鸿等（2011）的研究报道中银鲳子一代卵径（1.417±0.063）mm，油球径（0.575±0.031）mm。子一代银鲳卵径与自然海域中获得的成熟卵径之间差异并不显著，而与灰鲳相比，银鲳卵径和油球径都明显大。在仔鱼阶段，银鲳与灰鲳色素分布也有差异。在前期仔鱼发育阶段，灰鲳在肛后部位，即尾部中央侧面段星状黑色素明显集中，在体视解剖镜下比银鲳更深（罗海忠等，2007）。银鲳的初孵仔鱼肌节数为 [13＋（21～22）] 对，而灰鲳初孵仔鱼的肌节数（16＋22）对（赵传绸等，1985）。银鲳脊索向上屈曲发生在 15 日龄，而采用自然海域中采埔野生银鲳亲通过人授精所获得的仔鱼，其向上屈曲是在 13～14 日龄（施兆鸿等，2007），而灰鲳脊索向上屈曲则发生在 10 日龄前后（罗海忠等，2007），可能是种间差异所致，但培育温度的不同也是两者产生差异的主要原因之一（银鲳培育温度为 18～20 ℃，灰鲳培育温度为 28～29 ℃）。

第二节 消化系统的发生

消化系统的发育状况对于鱼类仔鱼的生存和生长至关重要。仔鱼初次开口摄食时，尽管其在一定程度上已经具备捕获食物的能力，但消化系统仍需经过一段时间的发育，其功能才能够健全（Govoni et al，1986；Segner et al，1994；高露姣等，2007）。大多数硬骨鱼类消化系统的发育可以分为三个阶段：第一阶段是卵黄阶段（内源性营养阶段），这一阶段的仔鱼主要是依靠卵黄囊和油球提供能量；第二阶段是后卵黄阶段（混合营养阶段），从开口摄食到胃腺形成之前，这一阶段仔鱼的消化系统缺乏足够的消化能力，主要是靠胞饮及细胞内消化和吸收来获取能量；第三阶段是外源性营养阶段，这一阶段胃腺已经形成，此时进入稚鱼期，其消化器官发育完全，基本具备成鱼消化器官的构造与机能（Buddington，1985）。尽管消化系统的发育模式大致相同，但是不同鱼的发育阶段特征及持续时间因种类不同而异。了解鱼类消化系统的早期发育特征，有助于了解鱼类的消化生理和掌握养殖鱼类仔稚鱼开口饵料投喂的确切时间，是提高仔鱼培育成活率的关键。

一、消化系统的形态学特征

在水温 22～24 ℃和盐度 25～28 培育条件下，初孵仔鱼（出膜后 6 h）全长（3.762±0.018）mm，消化器官尚处于未分化状态。孵出 1 d 仔鱼平均全长（4.344±0.018）mm，鱼体腹面为 1 个透明的圆茄形大卵黄囊，占据身体的大部分，平均体积为（0.350±0.008）mm³，卵黄囊靠后部位含有一近圆形的油球，体积（0.049±0.000）mm³ [图 3-1（1）]，消化管为一简单的直形盲管，管腔狭窄，口和肛

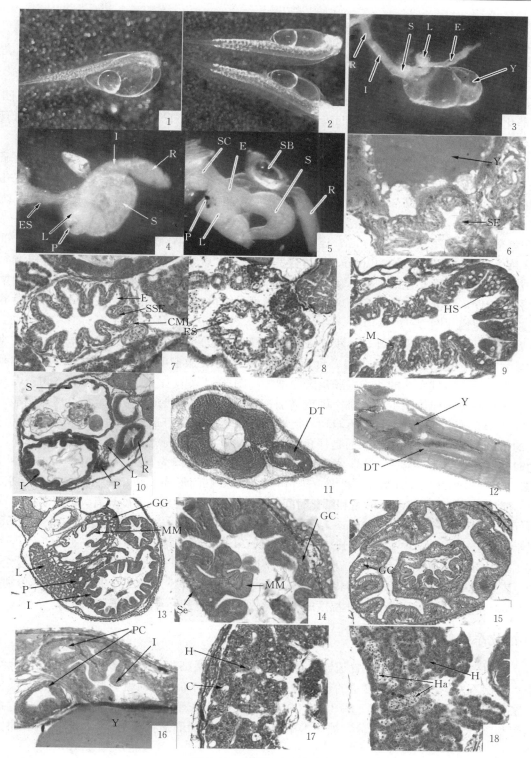

图 3-1 银鲳仔鱼消化系统

1.1 d 仔鱼活体（×10）　　2.2 d 仔鱼活体（×10）　　3.3 d 仔鱼消化道解剖图（×10）　　4.7 d 仔鱼消化道解剖图（×10）
5.12 d 仔鱼消化道解剖图（×10）　　6.5 d 仔鱼食道横切（×40）　　7.12 d 仔鱼食道横切（×40）　　8.5 d 仔鱼出现侧囊（×40）
9.12 d 仔鱼侧囊横切（×40）　　10.5 d 仔鱼消化道横切，示胃，肠，肝脏和胰脏（×40）　　11.1 d 仔鱼原始消化道（×10）
12.2 d 仔鱼纵切，示盲管状消化道（×15）　　13.12 d 仔鱼消化道横切，示胃、肠、肝脏和胰脏（×40）　　14.12 d 仔鱼小肠横切（×40）
15.12 d 仔鱼直肠横切，示黏膜上皮中含有丰富的杯状细胞（×40）　　16.5 d 仔鱼消化道横切，示幽门盲囊和小肠（×40）
17.7 d 仔鱼肝脏（×60）　　18.12 d 仔鱼肝脏（×40）

（高露姣等，2007）

门尚未与外界接通。

2 d 仔鱼全长（4.538±0.047）mm，卵黄囊吸收变小，呈长瓜形，体积减小为（0.205±0.005）mm³，腹腔面与油球交界处出现凹陷，油球变为椭圆形，体积略有缩小 [图 3-1（2）]，消化道在外形上与 1 d 时没有明显差别。

3 d 仔鱼全长（4.833±0.102）mm，卵黄囊体积缩小到（0.085±0.008）mm³，并明显凹陷形成两部分；消化系统分化加快，在卵黄囊凹陷部位出现 2～3 个弯曲，已初步分化出食道、胃、肠和肝脏，肠管也变粗 [图 3-1（3）]；口部形成，下颌能够缓慢活动，但还不能摄食，肛门未打通。

4 d 仔鱼口部机械地张合，有时能摄入轮虫和小球藻；卵黄囊因卵黄物质的吸收而进一步缩小，油球体积为（0.033±0.003）mm³；消化道弯曲度增大，食道、胃和肠的区分明显，肠管末端肛孔与外界相通，肛门形成，部分仔鱼胃、肠出现黄色和褐色物质，肠中代谢产物排出体外，此时消化系统各器官初步形成。

5 d 仔鱼全长（5.479±0.104）mm，还可见卵黄囊和油球，但体积明显缩小。

7 d 仔鱼全长（5.878±0.033）mm，卵黄囊完全消失，油球还有少量痕迹；肝脏体积增大，并在其前端下方出现胰脏雏形；仔细观察，在食道靠前部位可见侧囊，外观呈长椭圆形，侧囊肌肉壁上有许多长柱状乳突；仔鱼主动摄食轮虫和小球藻，胃、肠可见绿色小球藻及轮虫，表明从内源性营养向外源性营养过渡基本完成 [图 3-1（4）]。

12 d 后仔鱼肝脏明显分为两叶，体积增大，呈粉红色，黑色的胰脏体积也略有增大，并往小肠处延伸；幽门盲囊指状分支已增加到几十根，食道、胃和肠的管腔皱褶明显增多和加深；胃弯曲呈 U 形，解剖发现幽门部没有特别发达的肌肉；肠道弯曲增加 [图 3-1（5）]；侧囊体积增大，侧囊内壁背腹的纵隔明显，纵隔两侧的肌肉壁上柱状乳突硬度增加；鱼体腹两侧星状黑色素及金黄色斑点明显。

银鲳仔鱼于 3 d 口部形成，上下颌能动，但肛门于 4 d 向外界打通，仔鱼开始摄食。仔鱼发育中，口与肛门的形成及其与外界环境的相通是仔鱼即将开口摄食的重要标志之一（朱成德，1986），不同鱼类出现的时间与顺序也不一致。例如，棱鲻孵化后 3 d 的仔鱼肛门先与外界相通，4 d 口与外界相通，5 d 开始摄取食物（何大仁等，1982）；斜带石斑鱼孵化后 4 d 肛门形成，并开口摄食（吴金英等，2003）。这与仔鱼的遗传特性，卵的大小、质量和孵化时间以及外界条件（特别是温度）有关（殷名称，1991）。

初孵仔鱼全长（3.762±0.018）mm，1 d 仔鱼全长为（4.213±0.018）mm，比张仁斋等（1985）报道的初孵银鲳仔鱼全长 2.75～3.10 mm 更长。同时观察到 5 d 仔鱼卵黄囊和油球尚存在 [图 3-1（6）]，直至 7 d，卵黄和油球才完全被吸收，而张仁斋等（1985）报道孵化后 5 d 的仔鱼，卵黄囊和油球已全部消失。银鲳卵径范围为 1.411～1.502 mm、油球径为 0.546 mm，与张仁斋等（1985）报道的相近（分别是 1.2～1.6 mm、0.53～0.59 mm），可能是孵化温度的不同导致仔鱼发育和卵黄囊吸收速度不同。

二、消化系统的组织学特征

食道：3 d 仔鱼组织切片中可见食道雏形，黏膜上皮为单层细胞，核圆形位于底部，细胞游离面没有纹状缘；肌层不发达。5 d 仔鱼食道的黏膜上皮呈鳞状，相对 3 d 排列更为紧密，黏膜下层和肌肉层不发达，浆膜层为疏松的结缔组织 [图 3-1（6）]。12 d 仔鱼食道黏膜上皮为复层鳞状上皮，细胞排列进一步紧密和整齐，游离面有纹状缘，被苏木精染为深蓝色的圆形细胞核明显，黏膜下层和肌肉层略有增厚 [图 3-1（7）]。

侧囊：侧囊为鲳亚目鱼类的特有结构（孟庆闻等，1987），位于食道前段部位。组织切片显示，5 d 仔鱼已出现侧囊结构，其肌肉壁上有许多长柱状乳突，其横切面似花朵，每一乳突长有许多细小的针状刺，胶质化不明显，组织切片显示为空泡状，乳突的基底均埋于很薄的肌肉和结缔组织中 [图 3-1（8）]。7 d 仔鱼侧囊肌肉增厚，乳突上的小刺增多。随着发育，12 d 仔鱼侧囊体积明显增大，结构趋于成熟，乳突和针状刺胶质化愈加明显 [图 3-1（9）]。

侧囊是鲳亚目鱼类的特有结构，鲳亚目各科的食道侧囊形态与构造是其分类依据之一（孟庆闻等，

1987）。银鲳的食道侧囊很发达，外观呈长椭圆形，侧囊内壁背腹各有一纵隔，纵隔两侧的肌肉壁上有许多长柱状乳突，每一乳突上长有许多细小的针状角质刺，每一刺上又长有许多次级小刺，乳突的基底均埋于肉质中，由基底向外可长出4～6条呈放射状的骨质脚根（孟庆闻等，1987）。从银鲳仔鱼的发育可见，其侧囊结构出现时间较早，并随着发育，内壁上的乳突及其小刺的角质化逐渐明显，12 d 仔鱼侧囊内发现的轮虫残骸较模糊，说明其碾磨功能迅速增强。

胃：相对于其他消化器官，胃的发育较慢。观察出膜5 d 仔鱼胃部切片，胃腔膨大但胃壁薄，分为黏膜层、黏膜下层、肌层和浆膜层。黏膜上皮由单层矮柱状细胞组成，排列还不够紧密，细胞核位于细胞基部，单层柱状细胞下方开始出现管状腺细胞，但数量不多，HE 染色为深蓝色；黏膜下层、肌层以及浆膜层都很薄；胃腔内可见食物被消化后的残体［图 3-1（10）］。12 d 仔鱼胃褶皱增多，柱状细胞高度增加，胃腺细胞数量增多，体积增大，黏膜下层和肌层仍不发达［图 3-1（13）］。

肠和幽门盲囊：1 d 仔鱼具有原始、简单的消化管，呈直管状，肠腔狭窄，消化管由单层未分化的细胞组成，2 d 仔鱼消化管外形上与1 d 差别不大［图 3-1（11、12）］。出膜3 d 仔鱼，肠道已分化出小肠和直肠。小肠出现较浅的横向褶皱，黏膜层为单层柱状上皮，未见黏液细胞，黏膜下层和肌肉层很薄，浆膜层也只依稀可见；直肠的褶皱为纵向。5 d 仔鱼小肠褶皱增多、加深，柱状细胞出现纹状缘，黏膜下层和肌肉层也有所增厚［图 3-1（10）］。随着由内源性营养向外源性营养转化成功，仔鱼消化和吸收功能也随之增强，12 d 仔鱼肠黏膜褶皱明显增多，柱状细胞排列紧密，核大，位于细胞基底部，黏膜上皮游离面纹状缘发达，黏膜下层和肌肉层有所增厚，但相对黏膜层来说仍较薄［图 3-1（13、14）］，直肠的黏膜上皮细胞排列紧密，散布很多杯状细胞［图 3-1（15）］。5 d 仔鱼在胃与小肠交界部位的周围出现幽门盲囊，开始为少量管状突出物，黏膜层上皮也为单层柱状上皮，黏膜下层和肌肉层不明显，结构与3 d 仔鱼小肠相似［图 3-1（16）］。此后幽门盲囊的数量不断增多。

银鲳仔鱼胃与肠的黏膜层发育速度较快，而黏膜下层和肌肉层发育速度相对较慢。如出膜后12 d，银鲳仔鱼的小肠黏膜褶皱非常多，柱状上皮细胞高度增加，微绒毛发达，但黏膜下层和肌肉层相对较薄；胃壁结构仍主要由柱状上皮和胃腺细胞组成，黏膜下层和肌肉层也很薄弱［图 3-1（13）］。由此可见，12 d 仔鱼已具初步的消化功能，但消化道的收缩或蠕动能力较弱。

消化腺：出膜3 d 仔鱼出现肝脏雏形，在卵黄囊的周围、肠前端外围间充质细胞分化形成肝细胞团，染色较浅，细胞界限不清；5 d 仔鱼肝细胞排列较松散，肝细胞核大，呈蓝色［图 3-1（10）］。7 d 仔鱼肝细胞迅速分裂，数量明显增加，排列趋于紧密，肝血窦出现，血窦的体积小，但数量多，另外细胞间仍有许多空隙，肝细胞染色加深［图 3-1（17）］。12 d 肝脏已开始分为左右两叶，肝细胞更紧密、细小，肝血窦减少，出现丰富的血细胞，结构已似幼鱼［图 3-1（13、18）］。银鲳的胰腺是和肝脏相互分开的一个独立的消化腺，它的发生晚于肝脏。5 d 仔鱼的卵黄囊背部、肝脏下方出现染色紫蓝的胰细胞团［图 3-1（10）］。7 d 仔鱼胰细胞分化发育较快，数量明显增加，胰细胞呈圆形、长形或不规则形，细胞核圆形，核膜和细胞界线明显，染色加深。10 d 仔鱼胰岛基本出现，胰腺细胞排列趋于紧密，胰细胞间出现血细胞；12 d 仔鱼胰脏体积增大，并向胃、小肠的背面和腹面延伸［图 3-1（13）］。

仔稚鱼期是养殖鱼类发育的关键阶段，这一阶段对饵料的摄取及消化吸收直接影响苗种的成活率和生长速度。而该时期消化系统的形成、发育和不断完善是鱼体从外界摄取营养和生长的基础。4～6 d 银鲳仔鱼是混合营养期，也是卵黄囊和消化道迅速变化的时期，前者被吸收变小，后者快速发育，可以认为这一时期是仔鱼将卵黄储存的营养物质和从外界摄取的食物用于消化道结构完善的关键时期。如果消化道发育迟缓或营养不良，就不能实现从内源性营养向外源性营养转变。此阶段仔鱼的死亡，很可能是因为仔鱼消化系统的结构和功能尚不完善，外界摄取的食物无法正常消化而堵塞消化道；也可能与内源因子，如卵的质量（取决于种的遗传特性，或决定于雌体经历的环境压力及所产卵的营养成分等）有关（殷名称，1996）。6～12 d 银鲳仔鱼发育继续进行，但速率趋于平缓，仔鱼的消化系统逐步完善，这一时期的死亡，是由于适口饵料供应不充足，或者营养不够所造成的饥饿性死亡。

因此，在银鲳仔鱼培育生产过程中，要特别保证第4～12 d 有充足的适口饵料（营养充分、饵料密度和大小适合），通过加强管理，使仔鱼安全度过内源营养向混合营养以及由混合向外源营养转变的两个"危险期"，从而达到提高其成活率的目的。

第三节　仔稚幼鱼摄食与生长特性

银鲳是当前国内新开发的一种海水养殖鱼类，尽管针对其繁殖生物学的研究国内早在 20 世纪 80 年代就有相关报道（赵传纲等，1985；龚启祥等，1989），但银鲳特有的生物学习性，决定了其人工繁育难度大，截至 2000 年，未见有银鲳人工育苗成功的相关科技文献报道。施兆鸿等（2007）报道了人工育苗条件下银鲳仔稚幼鱼的摄食与生长特性，这是国内关于银鲳人工育苗获得成功的首次科技文献报道。

鱼类早期发育阶段是其生活史中的关键时期之一，掌握鱼类早期发育阶段及其幼鱼初期阶段的生长规律，有助于提高苗种阶段的生长率和成活率，也对制订早期培育策略具有重要的指导意义。

一、摄食特性

1. 摄食率、饱食率和胃肠充塞度

人工育苗条件下，水温 19.0～20.0 ℃时，银鲳仔鱼 3 d 起陆续开口摄食。仔鱼 4 d 时，1/3 的个体达到饱食程度，1/3 的个体未达到饱食程度，1/3 的个体仍未开口摄食。5 d 和 6 d 仔鱼摄食率达 90%，胃肠充塞度达 3～4 级的个体比例占 60%。7～12 d 仔鱼摄食率 90%～100%，饱食率 50%～80%。随着鱼苗的生长，游泳能力和摄食能力不断增强，13～40 d 稚鱼摄食率 100%，饱食率 60%～88%。进入 41 d 幼鱼期以后摄食率 100%，饱食率仍保持在 60%～70%（表 3-3）。

表 3-3　银鲳仔稚幼鱼的摄食率、饱食率和胃肠充塞度

（施兆鸿等，2007）

日龄（d）	测定尾数	摄食率（%）	饱食率（%）	胃肠充塞度（级）					
				0	1	2	3	4	5
3	10	50	0	5	4	1	0	0	0
4	10	70	30	3	2	2	3	0	0
5	10	90	60	1	1	2	4	2	0
6	10	90	60	1	0	2	2	4	0
7	10	90	50	1	1	3	2	3	0
8	10	90	60	1	0	1	2	4	0
9	10	100	70	0	1	2	4	2	1
10	10	100	70	0	0	3	3	3	0
11	10	100	80	0	1	1	4	4	0
12	8	100	75	0	0	2	3	3	0
13	9	100	67	0	1	2	3	3	0
14	8	100	88	0	0	1	4	3	0
15	8	100	75	0	0	2	2	4	0
25	10	100	60	0	0	3	3	3	0
30	8	100	75	0	0	2	2	3	1
35	8	100	63	0	1	2	2	3	0
40	8	100	75	0	1	1	2	3	1
45	10	100	70	0	1	2	2	4	1
50	8	100	63	0	3	2	2	1	

2. 饱食时间和消化时间

通过观测 5 d、25 d、40 d 仔稚鱼的饱食时间和消化时间，发现在水温 20.4~23.5 ℃的条件下，5 d 仔鱼从空胃到饱食约需 1 h 30 min，达到饱食的全部个体的饱食时间则为 2 h 10 min；25 d 稚鱼出现饱食个体时间和全部个体饱食时间分别为 1 h 50 min 和 3 h 10 min；40 d 稚鱼出现饱食个体时间和全部个体饱食时间为 1 h 50 min 和 2 h 50 min（表 3-4）。以轮虫为饵料的饱食的 5 d 仔鱼经 1 h 10 min 有个体出现空胃，2 h 全部个体排空；以卤虫无节幼体为饵料的 25 d 和 40 d 仔鱼出现空胃个体时间分别为 2 h 30 min 和 4 h，全部个体排空则分别为 5 h 20 min 和 6 h 30 min（表 3-5）。在水温 20.4~23.5 ℃条件下，银鲳仔稚鱼随鱼体生长发育，饱食时间变化不大，消化时间显著延长。

表 3-4 银鲳仔稚鱼的饱食时间

（施兆鸿等，2007）

日龄（d）	平均全长（mm）	发育阶段	饵料种类	出现饱食个体时间（min）	全部个体饱食时间（min）	水温（℃）	胃肠充塞度（级）
5	4.722±0.222	仔鱼	轮虫	90	130	20.4	3~4
25	12.100±0.810	稚鱼	卤虫无节幼体	110	190	21.0	3~4
40	36.438±4.460	稚鱼	卤虫无节幼体	110	170	23.5	3~4

表 3-5 银鲳仔稚鱼的消化时间

（施兆鸿等，2007）

日龄（d）	平均全长（mm）	发育阶段	饵料种类	出现空胃个体时间（min）	全部个体空胃时间（min）	水温（℃）
5	4.722±0.222	仔鱼	轮虫	70	120	20.4
25	12.100±0.810	稚鱼	卤虫无节幼体	150	320	21.0
40	36.438±4.460	稚鱼	卤虫无节幼体	240	390	23.5

3. 摄食节律

分别对孵化后 5 d 仔鱼、25 d 稚鱼和 45 d 幼鱼的昼夜摄食节律进行观察（图 3-2），结果表明：5 d 仔鱼日平均胃肠充塞度为 1.733，摄食高峰出现在白天，白天摄食量占全天的 65.6%，晚上也有摄食，占全天摄食量的 34.4%；25 d 稚鱼日平均胃肠充塞度为 2.417，比仔鱼期摄食量明显提高，摄食主要集中在白天，白天摄食量达全天的 65.9%；45 d 幼鱼日平均胃肠充塞度为 2.567，摄食量和稚鱼期差异不大，摄食也集中在白天，白天摄食量与稚鱼期接近，占全天摄食量的 65.2%。

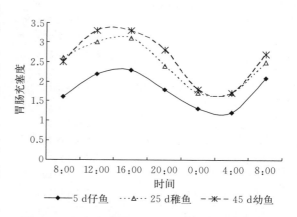

图 3-2 银鲳仔稚幼鱼不同时段摄食饵料的强度

（施兆鸿等，2007）

侧囊是银鲳消化系统中特有的构造，具有将食物碾磨并改变食物原有形状的功能。侧囊的发生在 5 d 仔鱼时就已有雏形，12 d 仔鱼的侧囊已具备一定的碾磨功能（高露姣，2007）。镜检 12 d 银鲳仔鱼前期的肠胃，还能分辨出轮虫的形状，45 d 幼鱼胃中的食物经侧囊碾磨后基本看不清食物的原来形状，这给摄食特性的研究带来一定的困难。采用胃肠充塞度指标研究银鲳仔稚幼鱼的摄食节律，能较好地反映银鲳仔稚幼鱼各阶段的摄食节律。摄食节律不仅与银鲳仔稚幼鱼的不同发育阶段、体质状况、饥饿程度、游动能力等鱼体自身的生理特性有关，还与饵料生物的密度、种类、游动能力、外形、颜色等因素有关，同时摄食者与被摄食者又受光照、水温等环境因子的影响。尽管银鲳稚鱼和幼鱼摄食的消化时间分别需要 2 h 30 min~5 h 20 min 和 4 h~6 h 30 min，但在

20:00、0:00、4:00 的检查中，胃肠充塞度仍达到 1.7～2.8，可以确定稚鱼、幼鱼期的鱼苗夜间仍在摄食。因此，推测银鲳稚鱼、幼鱼摄食强度与光照关系密切。有关光照强度与仔稚幼鱼的摄食关系还有待进一步研究。

银鲳消化系统的另一特点是幽门盲囊多，成鱼可达 500～600 个（刘静等，2002），肠道长度较长。5 d 仔鱼的全部个体饱食时间 2 h 10 min 和全部个体消化时间 1 h 30 min，与其他种类相比差别不大，如半滑舌鳎 5 d 仔鱼的全部个体饱食时间和消化时间分别是 2 h 和 1 h（Dadzie et al，2000）。而银鲳 25 d 稚鱼的全部个体饱食时间和消化时间分别达到 3 h 10 min 和 5 h 20 min，40 d 稚鱼则更长，分别为 2 h 50 min 和 6 h 30 min，和半滑舌鳎 26 d 和 38 d 稚鱼饱食时间和排空时间同为 1 h 和 4 h 相比，都有明显延长。银鲳消化时间延长可能是由于银鲳的消化道较长，幽门盲囊多，食物在消化道中滞留时间相对延长所致，而半滑舌鳎的消化道短而粗，从空胃到肠胃中充满食物和排空所需时间都较短。

二、生长特性

1. 仔稚幼鱼的特征和划分

对银鲳初孵仔鱼至 50 d 的幼鱼生长情况进行了测定（表 3-6）。经观察，在水温 19.0～24.0 ℃的条件下，12 d 时全长达（5.810±0.222）mm（包括鳍膜），肛前长（2.640±0.088）mm，体高达（1.339±0.158）mm（包括鳍膜）；40 d 时全长（36.438±4.460）mm，叉长（26.000±1.195）mm，肛前长（8.063±0.980）mm，体高（9.500±0.964）mm，此阶段体高增加明显；50 d 时全长为（59.125±3.137）mm，叉长（32.000±2.204）mm，肛前长为（10.375±0.744）mm，体高达（15.000±1.512）mm。

表 3-6　银鲳仔稚幼鱼生长测定的部分结果（19.0～24.0 ℃）

（施兆鸿等，2007）

日龄（d）	测定尾数	全长（mm）	体高（mm）	肛前长（mm）	水温（℃）
初孵	10	3.800±0.056	1.012±0.026	—	19.0
1	10	4.449±0.056	1.019±0.027	—	19.8
2	10	4.705±0.148	1.100±0.189	2.203±0.069	20.0
3	10	4.810±0.380	1.155±0.085	2.229±0.085	19.5
4	10	4.766±0.327	1.162±0.114	2.383±0.071	20.2
5	10	4.722±0.329	1.081±0.130	2.317±0.188	20.4
6	10	5.119±0.167	1.184±0.149	2.523±0.163	20.2
7	10	5.207±0.103	1.191±0.047	2.523±0.050	20.4
8	10	5.222±0.211	1.206±0.071	2.538±0.106	20.6
9	10	5.384±0.158	1.265±0.090	2.552±0.115	21.5
10	10	5.428±0.254	1.287±0.116	2.574±0.115	21.2
11	10	5.457±0.202	1.317±0.171	2.596±0.098	21.0
12	10	5.810±0.222	1.339±0.158	2.640±0.088	21.7
13	10	6.075±0.231	1.412±0.006	2.714±0.188	21.6
14	10	6.164±0.235	1.486±0.002	2.788±0.127	21.6
15	10	7.061±0.410	1.751±0.018	3.222±0.129	22.0
16	10	8.238±0.747	2.354±0.563	3.692±0.389	22.0
17	10	8.944±0.950	2.883±0.631	3.781±0.231	21.4
18	10	9.473±0.655	3.199±0.144	3.986±0.245	21.4
19	10	9.782±0.406	3.472±0.210	4.163±0.416	21.2
20	10	9.944±0.581	3.648±0.228	4.310±0.455	21.0
21	10	10.268±0.331	3.928±0.171	4.575±0.321	21.0
22	10	10.249±0.473	4.457±0.260	4.663±0.326	21.0

（续）

日龄（d）	测定尾数	全长（mm）	体高（mm）	肛前长（mm）	水温（℃）
23	10	10.885±0.683	4.545±0.419	4.751±0.241	21.0
24	10	11.371±0.669	4.472±0.355	4.869±0.350	21.0
25	10	12.100±0.810	4.500±0.408	4.800±0.538	21.0
30	8	19.125±1.706	6.688±0.458	6.750±0.463	22.0
35	8	27.375±3.739	8.063±0.320	7.875±0.641	22.5
40	8	36.438±4.460	9.500±0.964	8.063±0.980	23.5
45	50	44.620±3.674	12.530±1.390	9.360±0.485	23.5
50	8	59.125±3.137	15.000±1.512	10.375±0.744	24.5

人工育苗条件下，在最适范围内，培育水温越高，银鲳发育至幼鱼期所用时间越短，一般情况下，水温在 20℃左右，银鲳发育至幼鱼所需时间为 50 d 左右，水温低于 20℃，所需时间会有所延长，高于 20℃，则所需时间会缩短。施兆鸿等（2007）的研究中，由于培育水温变化幅度较大，且大部分时间水温高于 20℃，培育后期水温将近 24℃，在 41 d 时多数个体已达到幼鱼阶段。

银鲳早期发育阶段的器官发生，如消化系统、循环系统、呼吸系统等，都集中在仔鱼期内，也是受卵子质量影响最大的时期。而稚鱼期除了受各器官的功能完善影响外，还受外界环境条件的影响。到了幼鱼期则相对比较稳定。因此仔稚幼鱼的划分对苗种的人工培育有现实意义。将 45 d 幼鱼的可量性状做生长差异分析，全长、肛前长和体高等性状最大值分别是最小值的 1.378 倍、1.253 倍和 1.550 倍。从各性状独立看，差异显著，但银鲳体形有别于其他如纺锤形或平扁形体型的鱼类。另外银鲳 45 d 幼鱼的口较小，上颌不能活动，这就限制了其吞咽撕咬较大体积食物的能力。

2. 特定生长率

从初孵仔鱼到 50 d 的全长特定生长率为 5.489%，肛前长特定生长率为 3.228%，体高特定生长率为 5.371%。仔稚幼鱼期各阶段的特定生长率见表 3-7。

表 3-7 银鲳不同发育阶段的特定生长率

（施兆鸿等，2007）

发育阶段	日龄（d）	全长特定生长率（%）	肛前长特定生长率（%）	体高特定生长率（%）	水温（℃）
仔鱼阶段	0～12	3.860	2.011	2.000	19.0～21.5
稚鱼阶段	13～40	6.800	4.135	7.031	21.0～23.5
幼鱼早期阶段	41～50	5.378	2.801	5.753	23.5～24.0

3. 幼鱼生长的差异

将 45 d 的幼鱼 50 尾测其全长、肛前长和体高，全长范围 37.0～51.0 mm，平均 44.62 mm，标准差 3.674，变异系数 13.496%，最大与最小全长相差 1.378 倍；肛前长范围 8.5～10.5 mm，平均 9.36 mm，标准差 0.485，变异系数 0.235%，最大与最小肛前长相差 1.235 倍；体高范围 10.0～15.5 mm，平均 12.53 mm，标准差 1.390，变异系数 1.933%，最大与最小体高相差 1.550 倍。

4. 生长特性的回归分析

做全长、肛前长和体高与日龄的回归分析，根据显著性意义（P 值）以及相关指数（R^2）的大小（表示回归方程可靠程度的高低）来选择最佳方程。全长、肛前长、体高与日龄（图 3-3）所选用的方程均达到极显著水平（$P<0.001$），全长与日龄选用三次曲线方程 $y=b_0+b_1x+b_2x^2+b_3x^3$ 为最优方程，相关指数（R^2）为 0.996；肛前长与日龄、体高与日龄选用二次曲线方程 $y=b_0+b_1x+b_2x^2$ 为最佳方程（表 3-8），相关指数（R^2）分别为 0.978 和 0.990。

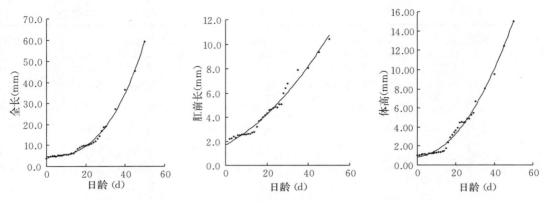

图 3-3　银鲴全长、肛前长、体高与日龄的关系（19.0～24.0 ℃）

（施兆鸿等，2007）

表 3-8　银鲴仔稚幼鱼生长特性的回归分析

（施兆鸿等，2007）

项目	方程式	F 值	R² 值	P 值
全长与日龄的回归方程	$y=4.623\,3-0.035\,2x-0.008\,8x^2+0.000\,3x^3$	2 775.18	0.996	0.000
肛前长与日龄的回归方程	$y=1.692\,9+0.092\,7x+0.001\,8x^2$	664.45	0.978	0.000
体高与日龄的回归方程	$y=0.842\,4+0.016\,8x+0.005\,3x^2$	1 572.68	0.990	0.000

在仔稚幼鱼的生长过程中，仔鱼阶段主要是以长度增长为主，肛前长和体高的增长相对较慢，这一阶段鱼体型由蝌蚪状逐渐变成体纵长的体型；稚鱼阶段体长和体高增长加快，全长基本达到仔鱼阶段的 2 倍，但体高增长的速率更快，达到仔鱼阶段的 3.5 倍，并逐渐显现出体纵高的侧扁状体型；幼鱼前期阶段体高增长和体长增长的速率比较接近，此阶段的增长速率介于仔鱼和稚鱼的增长速率，这一阶段各可量性状的生长速率符合银鲴特有的卵圆侧扁状体型的生长方式。

第四节　第一次性周期内的生长及性腺发育特点

近些年来，随着水环境的不断恶化及捕捞压力的增加，野生银鲴的种质资源状况堪忧。正是因为如此，银鲴的人工养殖才得以被业界重视。但截至目前，人工养殖银鲴的生长及繁殖性能与自然海域野生银鲴相比，仍有不少差距。掌握人工养殖条件下银鲴在第一次性周期内的生长及性腺发育特点，有助于改善人工养殖配套技术，并最终提高养殖银鲴的生长性能及繁殖力。

一、第一次性周期内的生长特点

人工养殖条件下银鲴在第一个性周期内的生长情况见图 3-4。由图可知，1～2 月龄（2010 年 5—6 月），此时银鲴幼鱼叉长为 3.11～4.68 cm；3～4 月龄（2010 年 7—8 月），银鲴幼鱼叉长为 5.53～6.73 cm；6 月龄（2010 年 10 月），银鲴叉长为（8.70±0.60）cm；12 月龄（2011 年 4 月），银鲴叉长为（12.38±0.77）cm。5—9 月是银鲴快速生长阶段，10 月以后生长速度放缓，这主要与人工养殖条件下的水温降低有关。

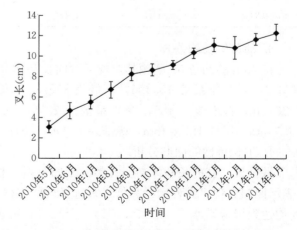

图 3-4　人工养殖条件下银鲴第一次性周期内的生长规律

（孙鹏等，2012）

近些年来，人工养殖条件下银鲳的生长性能得到了明显的改善，相比较孙鹏等（2012）所报道的生长速度已有很大提升，但整体而言，人工养殖条件下银鲳的生长速度仍不及自然海域野生银鲳的生长速度。因此，目前仍需要进一步对银鲳的强化培育技术展开攻关。

二、性腺发育特点

1. 卵巢发育特点

对不同月龄的银鲳性腺进行外形观察和切片镜检。银鲳的性腺与多数海水鱼类不同，其前后端倒置，呈反转的 L 形，泄殖孔在下面一侧的中间位置。雌性个体的卵巢是一对延长的囊状结构，左右对称，位于腹腔后部；肾脏下端与泄殖孔之间。卵巢的颜色随着卵巢发育阶段的不同而变化，从浅灰色到黄色和橙黄色。在孵化后第 3 个月左右，幼鱼腹腔中可以肉眼分辨出卵巢和精巢。卵巢在早期发育阶段致密坚硬，呈棒状，而成熟后质地松软，饱满；轻轻挤压鱼的腹部，可以见到透明的卵子从泄殖孔流出。

1～2 月龄（2010 年 5—6 月）：银鲳幼鱼叉长为 3.11～4.68 cm，其卵巢尚未发育到 I 期，此时卵巢呈透明丝线状，浅灰色，其外有一层结缔组织包被，肉眼难以辨别雌雄。切片观察发现，卵巢中以卵原细胞为主，呈束状排列；细胞质着色较浅，而细胞核较大，染色较深［图 3-5（A、B）］。卵原细胞直径为

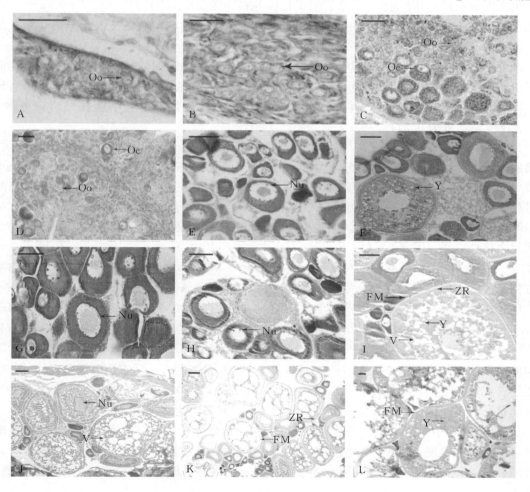

图 3-5 银鲳卵巢周期性发育组织学（标尺＝50 μm）

A.1 月龄银鲳卵巢 B.2 月龄银鲳卵巢 C.3 月龄银鲳卵巢 D.4 月龄银鲳卵巢 E.5 月龄银鲳卵巢 F.6 月龄银鲳卵巢
G.7 月龄银鲳卵巢 H.8 月龄银鲳卵巢 I.9 月龄银鲳卵巢 J.10 月龄银鲳卵巢 K.11 月龄银鲳卵巢 L.12 月龄银鲳卵巢
FM：滤泡膜 Nu：核仁 Oc：卵母细胞 Oo：卵原细胞 V：滤泡 Y：卵黄 ZR：放射带

（孙鹏等，2012）

10.15～17.48 μm，核径为 4.67～9.23 μm。随着发育的进行，卵原细胞逐渐增多，体积逐渐变大。

3～4 月龄（2010 年 7—8 月）：银鲳幼鱼叉长为 5.53～6.73 cm，卵巢发育至 I 期，此时卵巢稍微变大，呈细线状。卵巢中存在较多卵原细胞，并开始出现第 I 时相卵母细胞。此时，卵巢腔已经变得比较明显，卵母细胞的细胞质被深染成紫色，细胞直径为 32.56～58.72 μm，核径为 14.56～28.87 μm ［图 3-5（C、D）］。

5 月龄（2010 年 9 月）：银鲳卵巢已经发育至 II 期，此时卵巢呈棒状，浅灰色，肉眼尚看不到卵粒。卵巢中主要以第 II 时相卵母细胞为主，同时还存在少量卵原细胞 ［图 3-5（E）］。此时的卵母细胞进入小生长时期，形状不规则，多呈椭圆形和梨形；细胞质强嗜碱性，被深染成蓝紫色；核仁 5～14 个，分散于细胞核的边缘。卵母细胞直径为 50.43～128.46 μm。

6 月龄（2010 年 10 月）：银鲳幼鱼叉长为（8.70±0.60）cm，卵巢发育进入 III 期。卵巢呈黄色和橙黄色，体积明显变大，卵巢外膜上的血管开始变得明显。卵巢中的卵粒清晰可见，但是尚未分离脱落。卵巢中以第 III 时相卵母细胞为主，同时存在着第 II 时相卵母细胞。卵巢成熟系数为 0.98%～1.71%。与第 II 时相卵母细胞相比，第 III 时相卵母细胞体积明显增大，细胞直径为 140.56～268.13 μm，多呈椭圆形和圆形；卵母细胞外周出现两层滤泡膜，并出现放射带；细胞质中含有较多的液泡，并出现卵黄颗粒；核仁 18～28 个，沿着核膜分布 ［图 3-5（F）］。

7～8 月龄（2010 年 11—12 月）：银鲳卵巢处于 II 期。此段时期，卵巢又退化至第 II 期。其组织学特征与 5 月龄的卵巢基本相似 ［图 3-5（G、H）］。

9 月龄（2011 年 1 月）：银鲳卵巢重新进入 III 期。其解剖学和组织学特征与 6 月龄时期相似。卵巢中以第 III 时相卵母细胞为主，由小生长期转入大生长期。此时，细胞质嗜碱性减弱，由蓝紫色转变为浅紫红色；卵黄颗粒被染成红黑色，并向细胞质外周扩散；而核仁仍沿着细胞核膜边缘分散 ［图 3-5（I）］。性腺成熟系数为 0.51%～0.89%。

10～11 月龄（2011 年 2—3 月）：银鲳卵巢进入 IV 期。此时，卵巢组织呈浅黄色，体积明显增大，卵巢外膜的血管发达，卵粒饱满，易分离脱落。此时用力挤压鱼腹部，可以挤出未成熟的卵细胞。性腺成熟系数为 2.2%～4.8%。该时期的卵巢以第 IV 时相卵母细胞为主，同时还存在着第 II 时相卵母细胞和第 III 时相卵母细胞。第 IV 时相卵母细胞多为近圆球形，体积显著增大，直径为 338.12～632.56 μm；核仁数量减少并消失，核膜呈波纹状。细胞质中的油滴已经逐渐融合成较大的油球，卵黄颗粒大量积累直至充满整个核外空间 ［图 3-5（J、K）］。

12 月龄（2011 年 4 月）：银鲳幼鱼叉长为（12.38±0.77）cm，卵巢进入 V 期。此时，卵巢呈浅黄色，发育到最大，占据腹腔的大部分体积。卵巢松软，有弹性，挤压鱼腹部可见透明的成熟卵子从泄殖孔流出。性腺成熟系数为 5.7%～8.9%。此时期，卵巢中以第 V 时相卵母细胞和第 IV 时相卵母细胞为主，同时还存在第 III 时相卵母细胞。第 V 时相卵母细胞直径为 680.68～975.43 μm ［图 3-5（L）］。

2. 精巢发育特点

银鲳的精巢为双叶状结构，左右对称，其前端位于泄殖孔的附近，后端由腹膜包裹，并与腹腔侧壁和肾脏相连。在发育早期，精巢为透明细线状，性成熟后的繁殖季节呈白色块状，轻轻挤压腹部会有白色精液从泄殖孔流出。银鲳的精巢发育也可以分为 5 期，且发育也为不完全同步型。

1～2 月龄（2010 年 5—6 月）：银鲳精巢处于 I 期。精巢为浅灰色，呈透明的细线状，肉眼尚不能辨认雌雄。切片观察发现，精巢中的精原细胞处于增殖期，其数量不断增多。精原细胞较大，直径为 8.35～12.16 μm，呈束状排列，构成精小叶结构 ［图 3-6（A、B）］。细胞质呈弱嗜碱性，染色较浅，细胞核较小。

3～4 月龄（2010 年 7—8 月）：银鲳精巢处于 II 期。精巢为灰白色，呈细线状。精巢小叶中的精原细胞大量增殖，并聚集成束；此外，还存在较多的初级精母细胞，其较精原细胞小，呈强嗜碱性 ［图 3-6（C、D）］。

5 月龄（2010 年 9 月）：银鲳精巢进入 III 期。精巢呈浅白色的长条状。体积进一步增大，精小叶出

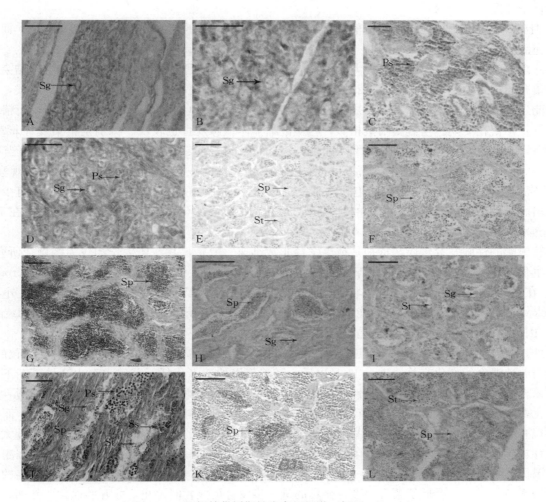

图 3-6　银鲳精巢周期性发育组织学（标尺＝50 μm）

A. 1 月龄银鲳精巢　B. 2 月龄银鲳精巢　C. 3 月龄银鲳精巢　D. 4 月龄银鲳精巢　E. 5 月龄银鲳精巢　F. 6 月龄银鲳精巢

G. 7 月龄银鲳精巢　H. 8 月龄银鲳精巢　I. 9 月龄银鲳精巢　J. 10 月龄银鲳精巢　K. 11 月龄银鲳精巢　L. 12 月龄银鲳精巢

Ps：初级精母细胞　　Sg：精原细胞　　Sp：精子　　Ss：次级精母细胞　　St：精子细胞

（孙鹏等，2012）

现管腔。精巢处于精母细胞生长阶段，其中主要为初级精母细胞，其次为次级精母细胞，同时还存在少量的精原细胞［图 3-6（E）］。

6 月龄（2010 年 10 月）：银鲳精巢发育至Ⅳ期。精巢组织呈灰白色条块状，其表面可见到血管分布。此时期精巢体积进一步增大，精小叶中以初级精母细胞、次级精母细胞和精子细胞为主，同时还有少量的精原细胞和精子［图 3-6（F）］。同种类型的细胞往往成堆排列，精子细胞因强嗜碱性而被深染成紫红色。精巢性腺成熟系数为 0.89％～0.96％。

7 月龄（2010 年 11 月）：银鲳精巢发育到Ⅴ期。精巢呈乳白色块状，血管变得明显。精巢体积变得非常肥厚而柔软。轻轻挤压鱼腹部会有乳白色精液流出。此时期，精巢主要为精子细胞和成熟精子。精巢成熟系数为 0.99％～1.42％。组织学观察发现，精小叶的腔内充满大量的成熟精子［图 3-6（G）］。

8～10 月龄（2010 年 12 月至 2011 年 2 月）：银鲳精巢退化至Ⅲ期。精巢组织体积变小，精子数量变少［图 3-6（H、I、J）］。其组织学特征与 5 月龄时期相似，除了少数精原细胞外，大多数为初级精母细胞和少量次级精母细胞。

11 月龄（2011 年 3 月）：银鲳精巢重新进入Ⅳ期。部分精子细胞开始变态，精小叶中出现少量完成变态的精子［图 3-6（K）］。

12 月龄（2011 年 4 月）：银鲳精巢进入Ⅴ期。随着繁殖季节的到来，精巢又重新发育至Ⅴ期，精巢小叶内充满大量的成熟的精子［图 3-6（L）］。性腺成熟系数为 1.35%～2.51%。

不同鱼类的性腺发育速度差异较大。例如，西伯利亚鲟在 7 月龄的时候，性腺才刚分化结束，其精巢和卵巢开始进入Ⅰ期（田美平等，2010）；而蓝太阳鱼的性腺发育较快，在 7～8 月龄的时候，精巢和卵巢均能发育成熟（曹运长等，2008）。在越冬的时期，蓝太阳鱼的卵巢退化至Ⅱ～Ⅲ期，而精巢并不退化，一直停留在Ⅴ期。与蓝太阳鱼相似，养殖银鲳个体性腺发育也较快。特别是精巢发育非常迅速，7 月龄的个体就能达到性成熟。在 5 月龄的时候，雄性个体的精巢可以发育至Ⅲ期，此时正值当年 9 月；在进入 10 月之后，精巢可以继续发育到Ⅳ期；而在 11 月的时候甚至能达到Ⅴ期。解剖学观察发现，7 月龄的银鲳精巢组织已经变得较为饱满，血管变得明显，并且轻轻挤压腹部时，部分个体有少量白色精液流出。雌性个体的卵巢在 5 月龄的时候也已经进入Ⅱ期；在 6 月龄的时候发育至Ⅲ期；在 7～8 月龄时，养殖银鲳的卵巢退化到Ⅱ期。

尽管银鲳的性腺发育较快，特别是精巢发育非常迅速。但是，其前期生长却较为缓慢。研究认为，鱼类的生长与多种因素相关，而性腺发育被认为是影响个体生长的重要因素之一（Lodeiros et al，2000）。在适当的环境条件下，鱼体将调节自身的能量消耗，以用于生长、繁育或者抵抗外界压力（Schreck et al，2001）。而当较多的能量用于性腺发育时，势必导致生长受到影响（Dziewulska et al，2005）。因此，推测性腺发育较快也是影响银鲳早期生长速度的一个重要因素。

此外，根据孙鹏等（2012）的报道，银鲳的卵巢与精巢的发育均存在一个发育之后又退化的过程，这可能与养殖温度的变化有关。进入 11 月以后，随着气温的逐渐降低，养殖水温也开始不断下降。推测低于繁育温度的养殖水温是导致其性腺退化的主要因素。与银鲳有所不同，蓝太阳鱼的精巢在越冬期并不退化，推测不同鱼类的精巢发育存在差异。在 7～8 月龄时养殖银鲳的卵巢退化至Ⅱ期，而该月并没有发现有卵巢进一步发育至Ⅳ期或Ⅴ期的情况。这与银鲳精巢的发育规律稍有不同，也与蓝太阳鱼卵巢的发育规律存在差别。考虑到蓝太阳鱼在实验取样时较银鲳早一个月（即从 4 月开始），推测在 7 月龄时水温仍然较高，有利于性腺的进一步发育；而在养殖银鲳中，7 月龄的时候已经到了当年的 11 月，气温开始逐渐下降，水温低于繁育温度，卵巢的进一步发育可能暂时停止，并开始退化。然而，由于孙鹏等（2012）的研究取样数量有限，上述情况的发生概率与确切原因还需进一步的验证分析。

第四章

银鲳人工繁育技术

第一节 人工繁育技术研究概况

某种特定的鱼类，均有其独特的生物学特性与生理特点，因此，其人工繁育技术方法必然有物种的特异性。银鲳独特的生物学特性，即体态呈菱形、侧扁且无鳔（持续游动性强、难定居栖息），口小、下位口且下颌固定（主动摄食能力差），体被易脱落的弱圆鳞（粉鳞）、应激性反应强（离水即死），决定了其全人工繁育技术难度非常大。国内最早且有科技文献报道可循的开展银鲳繁育生物学研究的鱼类学家是中国水产科学研究院东海水产研究所赵传絪研究员，其在 20 世纪 80 年代，首次针对东海海区鲳的鱼卵与仔鱼形态进行了研究报道（赵传絪等，1985），堪称国内鲳繁育生物学研究的开拓者与先行者。然而，由于银鲳人工繁育技术难度大，虽有不少学者在 20 世纪末针对银鲳的人工繁育技术研究开展了诸多尝试，但截至 2000 年，银鲳人工繁育技术一直未有突破性进展，也未见有相关的科技文献报道。随着野生银鲳种质资源的衰退（个体小型化及性早熟现象日趋明显）以及对银鲳本身市场需求量的不断增加，自 21 世纪初起，国内外对银鲳人工繁育技术的关注程度也越来越高，相关的研究报道也陆续出现（Dadzie et al，1998，2000；Almatar et al，2000，2004；Al-Abdul-Elah et al，2001；施兆鸿等，2005，2006，2007）。

一、亲鱼及受精卵的获取

水产养殖新物种的研发，其起步阶段不外乎通过以下几个途径，一是直接捕获亲本进行暂养；二是捕获野生性成熟的亲鱼开展人工授精；三是直接捕获幼苗进行驯养培育。由于银鲳鳞片容易脱落、应激反应强，死亡率高，暂养十分困难，直接从海上捕捞野生亲鱼进行人工催产、繁殖基本无法实现。因此，银鲳亲鱼获得的途径主要有：①从海上直接捕获野生性成熟的亲鱼；②将人工子一代苗种或捕获的野生银鲳稚幼鱼经过驯化、养殖、培育成亲鱼。从已有的研究报道来看，科威特和中国从事银鲳繁殖的科研人员都是首先从海上捕获野生成熟的亲鱼（彩图 3），再通过人工授精来获取受精卵。

目前，尽管银鲳尚未达到规模化养殖推广的程度，但国内外均已实现了银鲳的人工养殖（施兆鸿等，2007；James et al，2008），而在此之前，银鲳受精卵的获得基本依赖海上捕获性成熟亲鱼进行人工授精来实现。现阶段，随着银鲳人工养殖技术的不断完善，国内外均可实现银鲳在人工养殖条件下自然产卵或通过人工催产而获得受精卵（James et al，2008；施兆鸿等，2011）。

二、人工授精及孵化

对于不同的鱼类而言，其人工授精的方式方法具有种的特异性。研究证实，人工授精方法对银鲳的受精率和孵化率具有明显的影响。施兆鸿等（2009）采用干法、半干法和湿法进行了银鲳人工授精实验，比较了这 3 种授精方法对受精率和孵化率的影响。结果发现以干法授精后间隔 3 min、5 min 水洗及半干法授精效果最好，平均受精率为 18.50%～33.50%，最高为 40%，孵化率为 43.83%～51.0%，最高为 66%。当然，海捕银鲳亲鱼的精卵质量也是决定受精率和孵化率的关键因子之一。Al-Abdul-Elah et al（2001）1998 年及 1999 年在海上直接捕获亲鱼而获得的质量较好的受精卵的比例分别为

24.18%和 12.73%，孵化率分别为 23.6% 和 12.7%。银鲳属于分批产卵类型，用流刺网或张网作业捕获成熟亲鱼时，亲鱼在网具上滞留、挣扎，导致成熟的精子和卵子大量流失，而被挤出的卵子往往混杂着还未成熟的卵，最终导致受精率和孵化率都偏低。对于海捕银鲳亲鱼，选择合适的网具和缩短成熟亲鱼滞留网具上的时间，能有效增加高质量精卵的获取，有助于提高受精率和孵化率。

银鲳受精卵孵化及胚胎发育进程与不同海区温度、盐度等环境因子有极大关系。在一定范围内，随温度升高，受精卵的孵化时间逐渐缩短。科威特海域银鲳受精卵在温度 29~30 ℃、盐度 35~40 条件下，15 h 孵化出膜（Almatar et al，2000；Al - Abdul - Elah et al，2001）；在日本濑户内海，温度 25.2~26.4 ℃ 条件下，24 h 孵化出膜（Mito et al，1967）；在中国的舟山渔场，温度 18~20 ℃、盐度 26~28 条件下，36~44 h 孵化出膜（施兆鸿等，2007）。盐度对受精卵的孵化也有较大的影响，Al - Abdul - Elah et al（2001）研究发现科威特海域银鲳的受精卵在盐度 35 以下基本不能孵化，而中国舟山渔场银鲳的孵化盐度却在 26~28。银鲳的胚胎发育进程与其他海水鱼类类似，施兆鸿等（2011）对人工养殖银鲳的胚胎发育进程进行了详细描述。

三、仔稚幼鱼的生长发育及培育技术

初孵仔鱼开口时间与培育温度有着极大的关系。温度 30 ℃ 时，科威特海域银鲳仔鱼在出膜后第 2 天就可以开口摄食（Almatar et al，2000）；在温度 22~24 ℃ 下，中国舟山渔场银鲳仔鱼在出膜后第 3 天起陆续开口摄食（施兆鸿等，2007；高露姣等，2007）。同样，银鲳仔稚幼鱼的形态、器官发育等也受培育温度的影响，Almatar et al（2000）、施兆鸿等（2007；2010）及高露姣等（2007）对此进行了详细的研究与描述。

初孵仔鱼的开口饵料和苗种培育阶段所用的繁殖饵料是影响育苗成活率的主要因素之一。目前，常用的银鲳仔鱼开口饵料为轮虫和微藻（等鞭金藻、小球藻和微绿藻等），如果单独投喂微藻，银鲳仔鱼不能存活（Al - Abdul - Elah et al，2001；施兆鸿等，2007）。因银鲳仔鱼对 ω - 3 多不饱和脂肪酸的需求量较高，所以一般用经过营养强化的轮虫来投喂银鲳仔鱼，可明显提高其成活率（Al - Abdul - Elah et al，2001）。Almatar et al（2007）研究发现，银鲳稚鱼的生长对饲料蛋白的要求较高，一般粗蛋白含量要求在 50% 左右，粗脂肪的含量要求在 20% 左右。Cruz et al（2000）对室内养殖条件下银鲳幼鱼的摄食行为进行了初步研究，研究表明投喂干饲料组的银鲳幼鱼在特定生长率、食物转化率方面均比投喂湿糊状饲料组的银鲳幼鱼效果好；然而在成活率方面，投喂湿饲料组的结果更加理想。在银鲳仔稚幼鱼的摄食特性方面，施兆鸿等（2007）做过详细的研究和描述。

目前，国内在银鲳人工繁育技术方面已积累了诸多的研究成果，包括人工养殖银鲳性腺发育调控技术、人工催产技术、人工授精孵化技术、营养强化技术等（施兆鸿等，2009；施兆鸿等，2011），并于 2010 年首次实现了银鲳的全人工繁育（施兆鸿等，2011）。

四、研究展望

银鲳人工养殖子代苗种的获得（施兆鸿等，2011）增加了人们开发利用这一具有发展潜力鱼种的信心。但在银鲳的方面基础繁殖生物学，如生殖系统的发生、精卵质量评价、受精生物学、个体早期发育生物学等，还需进一步深入研究。这些研究不仅能奠定银鲳繁育生物学的理论基础，而且对于其人工繁育技术具有很强的指导作用。另外，应加强银鲳仔稚幼鱼营养需求的研究，筛选培育出适合仔稚鱼的生物饵料，研制和开发出幼鱼及成鱼的配合饲料。亲本培育方面，应从人工子一代苗种出发，强化银鲳人工亲本培育研究，从环境因子、营养等角度探索亲本培育的最适条件，最终提高人工养殖亲本的质量。

第二节 性腺发育调控技术

近些年来，由于过度捕捞与海域水环境恶化，银鲳的种质资源已明显出现衰退迹象。因此，开展银

鲳人工繁育研究不仅有利于保护当前的种质资源状况，对于促进我国渔业养殖的多元化发展同样具有重要的经济和社会意义。近几年来，国内外科研人员已陆续攻克了银鲳的人工育苗及养殖瓶颈（Almatar et al，2000，2004；施兆鸿等，2007，2011），但是实现稳定的规模化繁育目前仍较为困难。制约银鲳规模化繁育的因素有很多，其中银鲳性腺同步发育较差且其调控技术仍不完善是主要的限制因素之一。鱼类常规促性腺成熟的方法主要是通过注射激素类药物，利用性激素药物加快鱼类的性腺发育，使之同步排卵、排精。然而，由于银鲳自身的生存习性，其应激性胁迫反应强，常规的注射方法易导致亲鱼死亡、受伤。鉴于此，中国水产科学研究院东海水产研究所对此开展了大量的研究工作，通过改进养殖配套设施与优化营养、环境因子来促进银鲳性腺的同步发育，结合发育后期的人工催产，综合效果较为理想。

一、银鲳性腺发育调控技术细节

1. 亲鱼池规格及水位控制
亲鱼池为圆形，池底为锅底形，中央排水；亲鱼池内径不小于 6 m，深度不小于 1.5 m，池内水位控制不低于 0.8 m，水位在 1.2～1.3 m 最为理想。

2. 水温控制
进入越冬期后，亲鱼的性腺发育进入一个快速积累的过程，温度过低影响性腺的发育。因此，越冬期间，当水温低于 17 ℃时，通过加温控制水温维持在 17～19 ℃。

3. 光照控制
银鲳偏喜较暗的光照条件，亲鱼培育期间，控制光照强度在白天不高于 700 lx。

4. 饲料营养组成
亲鱼培育期间，营养需求较高，饲料中蛋白含量控制在 42%～45%，其中，鱼粉的添加比例不小于 40%；饲料中脂肪含量控制在 12%～15%，其中，海鱼油的添加比例不小于 8%；饲料中维生素 E 的含量控制在每千克饲料 300～400 mg。

5. 亲鱼池水体流速控制
由于自然海区内，银鲳喜不停地旋转游动，一定的水流刺激有利于模拟自然海区的生存条件，更有利于亲鱼的性腺发育。亲鱼池底放置水泵，通过水管将水泵的出水口放置于贴近池壁的水面上方，出水口与水面的垂直距离控制在 15～20 cm；水泵的功率 200～250 W、最大扬程 6 m、最大流量 7 000 L/h。

上述加温方式为锅炉加温预热水；控制光照强度方法为在池子上方铺设遮阳网；水泵出水口方向与水平面呈 30°。

该技术方法与注射催产技术相比，通过生境改善提高亲鱼的培育质量，减少注射等行为所带来的应激性胁迫，提高亲鱼的成活率，促进性腺的同步发育。通过营养强化，可最大限度满足性腺发育所需的营养物质，加速性腺的发育成熟，提高性腺发育的质量。

二、实施案例

2010 年 11 月至 2011 年 3 月于中国水产科学研究院东海水产研究所合作科研基地利用本技术方法，进行了亲鱼培育实验。

亲鱼池规格：圆形，内径 6 m，深度 1.5 m，池底为锅底形，中央排污，水位保持在 85 cm。

水温控制：整个实验阶段通过锅炉加热方式，保持水温在（18±0.5）℃。

光照控制：实验期间，当亲鱼池水体表面光照强度大于 700 lx 时，通过在池子上方铺设遮阳网的方式，控制光照强度在 600～650 lx。

饲料组成：蛋白含量为 44%，其中，鱼粉的添加比例为 45%；脂肪含量为 13%，其中，海鱼油的添加比例为 8%；每千克饲料中维生素 E 的添加量为 400 mg。

亲鱼池内水体流速：亲鱼池底放置水泵，通过水管将水泵的出水口放置于贴近池壁的水面上方。实验所用水泵功率为 200 W，最大扬程 5.5 m，最大流量 6 800 L/h，出水口与水体表面呈 30°，出水口与水体表面的垂直高度为 20 cm。

该实验结束后，按照雌雄 1∶1 的比例，随机从每个亲鱼池中挑选 10 尾亲鱼解剖观察，结果如下：实验期间亲鱼的平均成活率在 85% 以上；性腺质量明显得到改善，雌雄性腺指数均比常规饲养方式所得亲鱼的性腺指数提高近 20%；雌性亲鱼中性腺发育至Ⅳ期的所占比例为 55.7%、雄性亲鱼中发育至Ⅳ期的所占比例为 73.3%，获得了比较好的同步性，且比常规饲养方法性成熟提前近 1 个月。通过本技术方案，加速了银鲳的性腺发育，明显提高了性腺发育质量，且性腺发育获得相对较好的同步性。

第三节　人工催产、授精与孵化技术

在水产养殖领域，人工催产的目的在于使养殖鱼类同步排卵、排精，按照人为需求随时获得批量的受精卵。人工催产的方法因鱼的种类不同，养殖的具体细节也会有所不同。此外，人工授精与孵化技术在不同鱼类种类间也有所差异。本节重点梳理了银鲳人工催产、授精与孵化技术。

一、人工催产技术

1. 技术细节

（1）亲鱼的选择　按照雌雄比例为 2∶1 组合。

（2）外源催产药物的制备　用生理盐水配制绒毛膜促性腺激素（HCG）、促黄体生成素释放激素类似物（LRH - A）及地欧酮（DOM）的混合注射液。

（3）银鲳亲鱼的防应激保护　催产前经 100 mg/L MS222 适度麻醉，催产后产卵池中加入 3～5 mg/L 的高稳维生素 C。

（4）注射方法　采用两次注射法，第一针注射剂量为全部注射剂量的 20%，第二针注射剂量为剩余剂量，两次注射间隔 12 h。

通过以上技术方案，实现了银鲳亲鱼的人工催产，催产后亲鱼成活率 100%，催产成功率达 90% 以上。

2. 实施案例

2011 年在中国水产科学研究院东海水产研究所合作科研基地利用该催产方法进行了两次银鲳的人工催产实验，均取得了较好的实验效果。实施步骤如下：

（1）亲鱼的选择　选择健康银鲳亲鱼，雌性银鲳亲鱼体质量不小于 250 g，雄性亲鱼体质量不小于 150 g，雌雄按照 2∶1 的组合方式进行配组。

（2）外源催产药物的制备　利用生理盐水配制催产用混合注射液，每 1 mL 混合注射液中含有绒毛膜促性腺激素 200 IU、促黄体生成素释放激素类似物 1.5 mg 及地欧酮 0.5 mg。

（3）银鲳亲鱼的防应激保护　催产前，银鲳亲鱼经 100 mg/L MS222 麻醉，麻醉时间不宜超过 1 min；催产后，产卵池中加入 3～5 mg/L 的高稳维生素 C。

（4）注射方法　采用两针注射的方法，雌性亲鱼注射剂量按照每千克体重 5 mL 混合注射液注射，雄性减半，第一针剂量为总剂量的 20%，第二针为剩余剂量，注射部位为胸鳍基部（彩图 4）。

第一次催产实验：选择 10 组银鲳亲鱼（雌雄比例 2∶1）于产卵池中，保持产卵池水位在 70 cm，水温 18～19 ℃，3 mg/L 高稳维生素 C，亲鱼经 100 mg/L MS222 麻醉 0.5～1 min 后进行催产。结果表明，顺利产卵的有 9 组，催产率为 90%，催产后亲鱼成活率为 100%，获得受精卵 2.3 万粒。

第二次催产实验：选择 20 组银鲳亲鱼（雌雄比例 2∶1）于产卵池中，保持产卵池水位在 80 cm，水温 18～19 ℃，5 mg/L 高稳维生素 C，亲鱼经 100 mg/L MS222 麻醉 0.5～1 min 后进行催产。结果表明，顺利产卵的有 19 组，催产率为 95%，催产后亲鱼成活率为 100%，获得受精卵

3.7 万粒。

二、人工授精与孵化技术

1. 技术细节

（1）亲鱼挑选　通过人工催产获得性腺发育至 V 期的雌鱼和雄鱼，通过卵径的测量和卵子的排列顺序来判别性腺发育程度，通过精液黏稠度和颜色来判别精子活力。

（2）授精方法　雌雄比例为 1∶1，采用干法授精，5～10 min 后用过滤海水漂洗受精卵，至多余精液和污物洗净为止。

（3）孵化方法　受精卵放入孵化桶中停气 20 min，排底部死卵后继续孵化，孵化水温 14～18 ℃，盐度 28～33，溶解氧大于 6 mg/L，光照低于 500 lx，微充气，每 6 h 换 30%海水，28～36 h 孵化出初孵仔鱼。

银鲳性腺发育属分批多次产卵型鱼类，每次获得的成熟卵子不多；精液一旦遇海水激活后，存活时间很短，第一次成熟分裂到第二次成熟分裂之间的时间间隔很短；人工授精过程中避免太阳直射，紫外线对受精卵有很大的杀伤力。

2. 实施案例

2006 年，实验用银鲳亲鱼 80 尾，通过测量卵径达到 1.3 mm 以上，并且卵子的排列顺序整齐有序；精液黏稠度未结块且颜色呈乳白色，判别雌雄亲鱼性腺发育程度达到成熟可用。

银鲳亲鱼雌雄比例为 1∶1，采用干法授精，5～10 min 后用过滤海水漂洗受精卵，洗净多余精液和污物，获得受精卵 23 万粒，受精率达到 33%。然后，将受精卵放入孵化桶中停气 20 min，排底部死卵后继续孵化，孵化水温 14～18 ℃，盐度 28～33，溶解氧大于 6 mg/L，光照低于 500 lx，微充气，每 6 h 换 30%海水。28～36 h 孵化得到初孵仔鱼 16.5 万尾，孵化率达到 72%。

第四节　苗种人工培育技术

银鲳苗种（彩图 5）人工培育方法，是把银鲳初孵仔鱼在人为设定的环境条件下，通过高密度培育，使初孵仔鱼达到叉长大于 2 cm 以上幼鱼的人工培育方法。其特征是根据银鲳的生态习性和生理特性，控制育苗水的盐度、水温、光照、水流、充气量以及换水量，银鲳仔稚幼鱼饵料系列为轮虫—卤虫—微囊配合饵料—桡足类—自制鱼肉糜。经 45～50 d 培养，达到叉长大于 2 cm的幼鱼。

一、技术细节

1. 苗池准备

育苗池为 15～36 m³，池中注入过滤海水，水深 1 m，环境条件控制在盐度 28～34、水温 18～24 ℃、水表层光照 500～2 000 lx、水中溶解氧大于 5 mg/L，微充气，充气头密度为 0.4～0.6 个/m²，按 5 mg/L 在水中投放 EDTA 二钠。

2. 密度控制

初孵仔鱼放苗密度为 1.5 万～2 万尾/m³，从孵化桶中移入育苗池中要连水带鱼一起捞出。

3. 换水方法

育苗前 5 d 每天加新鲜海水 10 cm 或换水 20～30 cm，保持水位在 1.3 m。6～25 日龄每天换水50%，26 日龄至育苗结束每天上午、下午各换水一次，日换水量 100%～140%。

4. 银鲳仔稚幼鱼饵料系列

轮虫—卤虫—微囊配合饵料—桡足类—自制鱼肉糜。轮虫投喂密度 15～20 个/mL；卤虫投喂密度3～7 个/mL；桡足类 1～3 个/mL；微囊配合饵料按 3 h/次，投喂时控制水中配饵密度为 5～10 粒/mL，并逐渐驯化使银鲳稚幼鱼集中摄食率达 80% 以上；自制鱼肉糜每天投喂 2～4 次，以投喂后 1 h 不剩残饵为准。轮虫、卤虫及桡足类等生物饵料在投喂过程中，可采用投饵筐，其结构组成见图 4-1。圆柱形网兜开口处固定一个顶端不锈钢圈，圆柱形网兜圆柱部分的网目为 100～200 目，底部的网目为 300 目，圆柱形网兜的高度为 80 cm。顶端不锈钢圈的直径为 50 cm。顶端不锈钢圈固定于"井"字形 PVC 管架内口上，底端不锈钢圈置于圆柱形网兜的底部，底端不锈钢圈的直径略小于顶端不锈钢圈。"井"字形 PVC 管架两侧各固定一块浮板，圆柱形网兜内放置一个充气石。

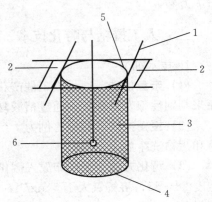

图 4-1 银鲳仔稚鱼培育用投饵筐
1. 管架 2. 浮板 3. 圆柱形网兜
4. 底端不锈钢圈 5. 顶端不锈钢圈 6. 充气石

投饵筐使用时先根据仔稚鱼的培育时期选择适宜的圆柱形网兜，然后将整个装置放于培育池内，将所投喂的饵料缓慢倒入圆柱形网兜内，5～10 min 后开通充气石，此时死饵料已基本沉积于圆柱形网兜的网底，而活饵料则会穿过网兜进入培育池内，待网兜内活饵料不多时，再将整个装置取出，清理底部死饵料即可。

5. 池底吸污频率

初孵仔鱼 3 日龄起隔天吸污，20 日龄起每天吸污。

6. 苗种分池

银鲳鱼苗全长达到 1.5 cm 时及时分池，分池操作要求连苗带水一起捞出。分池后培苗密度 3 000～5 000 尾/m³，并在池中加入水流导向板以增强水流。银鲳人工育苗用分苗筐（图 4-2）。分苗筐由扁竹条圈、圆柱形不锈钢网片、不锈钢圈、圆形不锈钢网片、浮子组成。圆柱形不锈钢网片开口的一端连接扁竹条圈。扁竹条圈的厚度为 3～5 cm，直径 70 cm。圆柱形不锈钢网片开口的另一端焊接不锈钢圈。不锈钢圈的直径为 70 cm。不锈钢圈内焊接圆形不锈钢网片。圆柱形不锈钢网片和圆形不锈钢网片的钢筋直径为 0.1 mm，网眼为竖的长方形网格，网格大小依据银鲳苗的宽度和高度而定。扁竹条圈外围均匀分布有数个浮子。

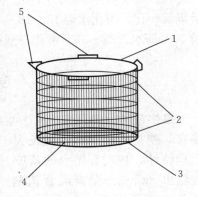

图 4-2 银鲳人工育苗用分苗筐
1. 扁竹条圈 2. 圆柱形不锈钢网片
3. 不锈钢圈 4. 圆形不锈钢网片 5. 浮子

分苗筐在使用时先将分苗池内注入新鲜海水，再将整个装置放入分苗池内，然后将所培育的银鲳苗带水一起用盆缓慢移入分苗筐内，待小规格的银鲳苗全部游出分苗筐后，将分苗筐内大规格的银鲳苗带水一起用盆慢慢移入另一新的分苗池内，分苗结束后取出分苗筐即可。

以上各步骤中关键之处：育苗后期水中必须保证充足的溶解氧和一定的水流量；分池及换池必须连水带鱼一起操作，即使幼鱼期后也不能离水操作。

二、实施案例

2006 年，采用本技术方法将银鲳初孵仔鱼放入 24 m² 的水泥池中，放苗密度为 1.5 万～2 万尾/m³（初孵仔鱼）。池中注入过滤海水，水深 1 m，环境条件控制在盐度 28～34、水温 18～24 ℃、水表层光照 500～2 000 lx、水中溶解氧大于 5 mg/L、微充气，充气头密度为 0.4～0.6 个/m²，按 5 mg/L 在水中投放 EDTA 二钠。

育苗操作同技术细节。经过 40～50 d 的育苗，共育出 7.1 万尾的银鲳幼鱼，育成率平均 17%，最高达到 26%。

第五节 优质受精卵挑选及仔鱼营养强化技术

在水产育苗过程中，受精卵往往需要经过分筛处理，将死卵以及质量不好的受精卵清除掉。目前，人工养殖银鲳一年内可达性成熟，但不足之处在于雌雄性腺发育同步性较差，因此导致受精卵的质量参差不齐，最终致使育苗成活率比较低。因而，在银鲳人工育苗过程中，受精卵必须要经过分筛处理，剔除质量不佳的受精卵，方能保障后续的育苗成活率。

在海水鱼类人工苗种培育过程中，仔鱼的营养供给状态（特别是海水鱼类幼体正常生长发育过程中所必需的高度不饱和脂肪酸的水平）是影响种苗生长速度和成活率的主要因素之一。不同的海水鱼幼体及同种海水鱼的不同发育阶段幼体对饵料中的高度不饱和脂肪酸的需求量是不同的。大菱鲆仔鱼早期发育中 DHA：EPA：ARA 的最佳比例为 1.8：1.0：0.12。鲈仔稚鱼的饲料中 DHA：EPA 的最佳比例大约为 2：1，并且 EPA：ARA 的最佳配比大约为 1：1。黑线鳕幼体饵料的 DHA：EPA：ARA 最佳比例为 10：1：1。牙鲆仔稚鱼实验微粒饲料中 EPA 与 ARA 的最佳比例为 2：1。金头鲷幼体的饵料轮虫体内 DHA：EPA 的比例为 2.31：1 时，仔鱼的生长速度最快。由此可知，不同海水鱼类幼体对饵料中 DHA、EPA、ARA 的比例的需求存在差异。针对不同的养殖鱼类，选择脂肪酸组成合适的高度不饱和脂肪酸强化剂是必要的。

一、受精卵挑选装置及方法

1. 技术细节

(1) 银鲳受精卵挑选装置 包括玻璃钢桶、筛绢网和水泵（图 4-3），两根木棍通过固定绳平行固定于玻璃钢桶口上；大号不锈钢圈和小号不锈钢圈之间通过筛绢网连接在一起，做成一个上口大、下口小的筛绢网柱，筛绢网柱内靠近顶水流一侧设置一个气石；大号不锈钢圈固定在两根平行木棍上面；玻璃钢底部固定一个水泵；水管的一端连接水泵另一端固定在玻璃钢桶的口端；玻璃钢桶的口端设置一处 20 目阻挡网，玻璃钢桶的底部安装有排水阀门。

玻璃钢桶，口端直径 1.0～1.2 m，容积 900 L，底部为圆锥形。大号不锈钢圈直径为 40 cm，小号不锈钢圈直径为 20 cm，两者间的垂直高度为 50 cm。筛绢网的目数为 12 目（孔径 1.4 mm）。水泵扬程 2 m，水管的出水口端浸于水面以下，与水面呈 30°。

(2) 受精卵挑选方法 采用上述受精卵挑选装置，挑选包括以下步骤：①往玻璃钢内注满新鲜海水，开启水泵，使玻璃钢桶内水体一直处于缓慢旋转状态；②气石通气，再将收集的受精卵放入筛绢网柱内；③半小时后将筛绢网柱内的受精卵统一收集起来移入孵化池内，并将阻挡网上及玻璃钢桶底部滞留的受精卵清除。

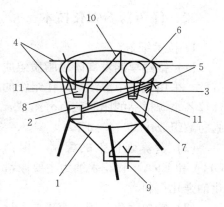

图 4-3 银鲳受精卵挑选装置
1. 玻璃钢桶 2. 水泵 3. 水管
4. 平行排列木棍 5. 固定绳 6. 大号不锈钢圈
7. 小号不锈钢圈 8. 筛绢网 9. 排水阀门
10. 20 目阻挡网 11. 气石

2. 实施案例

2014 年 5 月 5 日至 6 月 20 日，在中国水产科学研究院东海水产研究所科研基地进行了银鲳受精卵挑选实验。

(1) 优质银鲳受精卵的确定 银鲳受精卵为浮性，沉性及不透明的卵均为死卵，2014 年 5 月 5 日获得一批银鲳受精卵，剔除死卵后，将受精卵按照卵径大小分为 3 组，即大于 1.5 mm 组、1.4～1.5 mm 组及小于 1.4 mm 组，每组三重复，每重复选用 100 粒受精卵，实验于 20 L 白色水桶中进行，实验水温 18 ℃，盐度 26。

表 4-1 示各实验组孵化率、畸形率及 3 日龄仔鱼成活率情况。由表 4-1 可以看出，大于 1.5 mm 组与 1.4～1.5 mm 组受精卵孵化率、畸形率及 3 日龄仔鱼成活率均明显高于小于 1.4 mm 组。由此可以得出，浮性、颗粒饱满、透明且卵径不小于 1.4 mm 的银鲳受精卵为优质受精卵。

表 4-1　不同处理组受精卵育苗情况

卵径大小	孵化率（%）	畸形率（%）	3 日龄仔鱼成活率（%）
大于 1.5 mm	100±0.00[a]	8.12±1.24[a]	100[a]
1.4～1.5 mm	95.33±2.15[a]	10.33±2.38[a]	100[a]
小于 1.4 mm	30.27±5.21[b]	70.58±9.11[b]	20.15±3.62[b]

注：同一列不同上标字母表示有显著性差异（$P<0.05$）。

（2）受精卵的挑选及孵化培育实验　取所获得的部分银鲳受精卵通过本装置进行挑选，将玻璃钢桶排水阀门关闭，然后往玻璃钢内注满新鲜海水，开启水泵，使玻璃钢桶内水体一直处于缓慢旋转状态，气石通气，再将收集的受精卵放入筛绢网柱内。由于银鲳受精卵为浮性卵，沉底的卵多为死卵，直接沉到玻璃钢桶底部，可通过排水阀门排掉。浮性卵中卵径小于 1.4 mm 的受精卵会通过玻璃钢桶内水流以及气石中气流的推动作用慢慢漂移出筛绢网柱，滞留在阻挡网处，30 min 后最终留在筛绢网柱内的卵多为质量较好的受精卵，分筛结束后将筛绢网柱内的受精卵统一收集起来移入孵化池内，最后将玻璃钢桶内的海水排掉。

从本装置挑选出的银鲳受精卵中随机挑选 900 粒进行孵化实验，分为三组，每组 300 粒。实验得出其平均孵化率为 92.33%，平均畸形率为 13.74%，3 日龄仔鱼平均成活率达 98.77%。

二、仔鱼营养强化技术

1. 技术细节

（1）银鲳早期发育阶段脂质组成分析　分别采集自然海区成熟银鲳亲鱼的性腺组织和自然海区银鲳苗种，采用氯仿甲醇法测定体组织的脂肪含量，采用气相色谱仪，以脂肪酸标准品为参照，用归一化法计算各来源样品的脂肪酸百分组成，并分析不同来样样品的差异。得出银鲳性腺脂含量为 9.98%，体脂肪酸组成中 DHA：EPA：ARA＝3.0：1.0：0.19。

（2）营养强化剂的配制　根据步骤（1）的测定结果，以墨鱼肝油、精制鱼油、多烯康（富含 DHA 和 EPA）和花生油为主要原料，按不同的比例混合制成 3 种含不同 DHA、EPA、ARA 比例的乳化油强化饵料。

（3）轮虫强化　用含有不同 DHA、EPA、ARA 比例的乳化油按 0.25 g/L、0.35 g/L 和 0.45 g/L 的剂量分别强化褶皱臂尾轮虫 12 h，轮虫的密度为 500 个/mL，统计轮虫强化的成活率并测定轮虫的脂肪含量和脂肪酸组成。

（4）仔鱼营养强化培育方法　银鲳仔鱼培育密度为 3 万尾/m³，在光照 1 000～5 000lx、水温 20～24 ℃的条件下，将各组强化后的轮虫分别投喂银鲳 3～12 日龄仔鱼，白天每 4 h 投一次强化好的轮虫，每次轮虫投喂密度 5～15 个/mL，其他管理条件相同。在仔鱼 13 日龄时测定不同强化饵料培养的银鲳仔鱼的成活率和体长增长，并分析不同强化饵料培养的银鲳仔鱼的体脂肪和脂肪酸组成。

（5）最佳强化剂的确定　根据强化轮虫的成活率、脂肪酸组成及强化轮虫喂养的银鲳仔鱼的成活率、体增长和脂肪酸组成，确定 3～12 日龄银鲳仔鱼最佳强化饵料由墨鱼肝油、精制鱼油和多烯康按一定的比例调配而成，调配后强化饵料的 DHA：EPA：ARA 比例为 2.5：1：0.2，养殖 3～12 日龄银鲳仔鱼的效果最佳。

采用本技术方法配制的 DHA：EPA：ARA＝2.5：1：0.2 的强化饵料，按 0.25～0.35 g/L 的用量强化轮虫 12 h 后，投喂 3～12 日龄银鲳仔鱼，在相同的育苗条件下，银鲳仔鱼的生长速度提高 2.6%，存活率提高 10% 以上。

2. 实施案例

2007 年在浙江省舟山市华兴育苗场，对银鲳进行苗种培育，共两池鱼苗。强化饵料由墨鱼肝油、精制鱼油和多烯康按一定的比例调配而成，调配后强化饵料的 DHA：EPA：ARA 比例为 2.5：1：0.2。实验期间，一个水泥池中的银鲳苗在第 4～12 d 连续投喂饵料强化（DHA：EPA：ARA＝2.5：1：0.2)过的轮虫（实验池），另一池（对照池）银鲳苗投喂经普通海水鱼苗强化饵料强化的轮虫。在投喂培育 13 d 后对两个池中的仔鱼随机抽样各 50 尾进行生长检查，实验组仔鱼全长为 5.95 mm，对照池则为 5.80 mm。实验池与对照池相比，生长速度提高 2.6%。13 d 后对两个池中仔鱼存活数进行估算，每池平均抽样 6 次，每次各取 20 L 水体，计算其中的仔鱼数量，实验池中平均 301 尾，对照池只有 273 尾，实验池与对照池相比，存活率提高 10.3%。

第六节　仔稚鱼流水与滴投培育技术

鱼类仔稚鱼培育期间，常规的保持水质的方法主要是通过排污管直接虹吸或者是通过池底排污口进行排污。由于银鲳仔稚鱼极易因应激性胁迫致死，或者由于池底生物膜破坏导致水质变坏而死亡，因此，常规的保持水质稳定的方法很难保障银鲳仔稚鱼的培育成活率。采用仔稚鱼流水培育方法，可大大减少换水等操作所带来的应激性胁迫，且更有利于保障培育池内良好的水质条件，并最终可提高仔稚鱼培育的成活率。此外，在银鲳仔稚鱼培育过程中，日常的投喂操作也是影响银鲳仔稚鱼培育成活率的关键因子之一。通常情况下，在鱼类苗种培育过程中，轮虫等活饵料的日常投喂操作均为一次性投喂到苗池之中。这通常会造成以下几种不良后果，一是饵料容易过量造成浪费；二是活饵料在苗池中的时间长后营养流失严重，被摄食后易导致苗种营养不足；三是易导致苗池底部死饵料的堆积，从而破坏苗池中的水质条件，最终影响苗种的成活率。采用银鲳仔稚鱼滴投培育方法，可有效降低仔稚鱼的应激反应，保障所摄入活饵料的营养价值及苗池水质的稳定，从而最终提高仔稚鱼的成活率。

一、仔稚鱼流水培育方法

1. 技术细节

如图 4-4 所示，仔稚鱼培育池旁边架起一个蓄水桶，蓄水桶底部的高度高出仔鱼培育池的高度；先在蓄水桶中加入沙滤海水，仔鱼用 2 根或 2 根以上的充气管连接蓄水桶与培育池，稚鱼用 4 根或 4 根以上的充气管连接蓄水桶与培育池，每根充气管的两端分别连接一个气石；蓄水桶的一端，气石放置蓄水桶的底部；培育池的一端，气石放置于培育池内充气气石正上方的水面处，气石正好浸入培育池内水

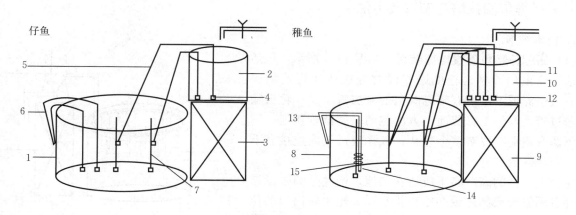

图 4-4　银鲳仔稚鱼流水培育装置

1. 培育池　2. 蓄水桶　3. 支架　4. 气石　5. 气管（加水）　6. 气管（排水）　7. 充气管（连接气石）　8. 培育池
9. 支架　10. 蓄水桶　11. 气管（加水）　12. 气石　13. 排水管　14. 石坠　15. 小孔

体，往培育池内补给新鲜的海水；仔鱼培育池内同样利用2根或2根以上的充气管向外排水，充气管的一端连接一个气石，气石放置于培育池的底部；充气管的另一端放置于培育池外，无需连接气石，出水口位置固定于培育池壁外侧；稚鱼培育池内利用1根或多根水管向外排水，水管置于培育池内的一端封死，并捆绑石坠，在距离封口处10～15 cm内均匀打上直径为1～1.5 mm的小孔，置于培育池内的水管端口与培育池内的充气气管捆绑在一起，水管的封口处置于充气气石的气口处，水管的另一端放置于培育池外。

2. 实施案例

实施案例1：

银鲳仔鱼的流水培育：从仔鱼开口至后期仔鱼阶段进行流水培育方法实验，为期15 d，仔鱼培育池（水体4 m³）旁边架起一个蓄水桶，蓄水桶底部的高度高于仔鱼培育池的高度；先在蓄水桶中加入沙滤海水，用2根充气管连接蓄水桶与培育池，每根充气管的两端分别连接一个大号气石，气石直径4.0 cm、长度连气口5.8 cm、不连气口4.0 cm；蓄水桶的一端，气石放置蓄水桶的底部；培育池的一端，气石放置于培育池内充气气石正上方的水面处，以整个气石正好浸入培育池内水体为宜。通过此种缓冲力极小的虹吸方式往培育池内补给新鲜的海水。培育池内同样利用2根充气管向外排水，充气管的一端连接一个大号气石，气石直径4.0 cm、长度连气口5.8 cm、不连气口4.0 cm，气石放置于培育池的底部；充气管的另一端放置于培育池外，无需连接气石，端口即出水口位置固定于培育池壁外侧的80 cm水位处，以控制培育池内水位的高度在80 cm。实验结果表明，仔鱼平均成活率达95%以上，比对照组（即常规换水方法培育）的成活率提高20%以上。

实施案例2：

银鲳稚鱼的流水培育：以银鲳稚鱼为研究对象，实验为期25 d，稚鱼培育池（水体4 m³）旁边架起一个蓄水桶，蓄水桶底部的高度高于稚鱼培育池的高度；先在蓄水桶中加入沙滤海水，用4根充气管连接蓄水桶与培育池，连接蓄水桶的一端，每根充气管连接一个大号气石，气石直径4.0 cm、长度连气口5.8 cm、不连气口4.0 cm，气石放置蓄水桶的底部；培育池的一端，充气管无需连接气石，出水端口直接放置于培育池内充气气石正上方的水面处，以出水端口正好浸入培育池内水体为宜。通过此种缓冲力极小的虹吸方式往培育池内补给新鲜的海水。稚鱼培育池内利用2根内径为1 cm的水管向外排水，水管置于培育池内的一端封死，并捆绑两个石坠，在距离封口处12 cm内均匀打上一些直径为1 mm的小孔，置于培育池内的水管与培育池内的充气气管捆绑在一起，水管的封口处置于充气气石的气口处，水管的另一端放置于培育池外，端口即出水口位置固定于培育池壁外侧80 cm水位的位置，以控制培育池内水位在80 cm。实验结果表明，银鲳稚鱼的平均成活率达均在70%以上，比对照组（即常规换水方法培育）的成活率提高25%以上。

二、仔稚鱼滴投培育装置及方法

1. 技术细节

（1）银鲳仔稚鱼滴投培育装置 如图4-5所示，包括育苗池和轮虫培养桶，轮虫培养桶放置在所述育苗池一边；轮虫培养桶下端设有带有阀门的轮虫输出口；轮虫输出口通过管道与位于育苗池上方内侧的一圈圆管相连；圆管的下侧管壁上布置有多个气孔；气孔通过气阀连接有下垂至育苗池内的气管。

轮虫培养桶的高度高于所述育苗池，桶底呈圆锥形结构，并且圆锥形底部还设有中央排水口。轮虫输出口的位置高出圆锥形底部5 cm。轮虫培养桶桶内有充气气石，气管的长度以气管下端接触所述育苗池内的水面为标准长度。

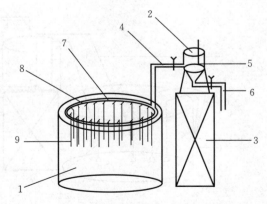

图4-5 银鲳仔稚鱼滴投培育装置
1. 育苗池 2. 轮虫培养桶 3. 支架 4. 管道
5. 充气气石 6. 排水管 7. 圆管 8. 气阀 9. 气管

（2）银鲳仔稚鱼滴投培育方法 采用上述的培育装置，包括以下步骤：①在轮虫培养桶内采用小球藻进行轮虫强化培育；②每天固定时间内将气管上的气阀打开，然后将轮虫输出口处的阀门打开，通过调节使得轮虫的滴投速度控制在匀速滴入但不成水流的程度；③过了固定时间关闭轮虫输出口处的阀门，并将轮虫培养桶内底部死亡的轮虫及时排掉，补充新培养的小球藻。

2. 实施案例

2012年5—6月，在中国水产科学研究院东海水产研究所合作科研基地进行了银鲳仔稚鱼的滴投培育实验。培育3日龄银鲳苗种至25日龄。培育开始前先在轮虫培养桶内采用小球藻进行轮虫的强化培育。实验过程中，每天7：00—16：00，先将PVC圆管上面的所有气阀小幅度打开，然后将轮虫输出口处的阀门慢慢打开，通过调节，使得轮虫的滴投速度控制在匀速滴入但不成水流的程度，16：00关闭轮虫输出口的阀门。同时，将轮虫强化培养桶内底部死亡的轮虫及时排掉，并及时补充小球藻。实验结束后，银鲳仔稚鱼的培育成活率比传统方法提高了近20%，饵料使用量降低了近25%，育苗池底部死饵料等污物明显减少。

第七节 生物饵料向颗粒饲料转换技术

当前，在银鲳人工育苗环节，仔稚鱼培育成活率相对偏低，是限制银鲳规模化产业推广的主要因素之一。银鲳仔稚鱼培育成活率低的原因主要有两个，一是内源性营养向外源性营养的过渡不理想；二是生物饵料向颗粒饲料的过渡不理想。内源性营养向外源性营养过渡不理想的原因主要是受精卵的质量欠佳，这个问题的解决需要从亲体强化培育的角度入手。而生物饵料向颗粒饲料的过渡不理想，这个问题的解决则需要通过建立银鲳仔稚鱼生物饵料向颗粒饲料的有效转换技术来实现。

一、技术细节

1. 10～14日龄

根据仔稚鱼口裂宽度（图4-6）确定最佳的颗粒饲料投喂时间起点，颗粒饲料投喂时间起点为仔稚鱼10日龄，于轮虫活饵料中混合占活饵料湿重2%的开口配合饲料，每天向苗池中加入消毒后过滤的海水5 cm深度，不排水，苗池中轮虫的密度保持在15个/mL以上。

2. 15～25日龄

开口配合饲料的添加比例在技术细节1的基础上提高0.5倍，占活饵料湿重的3%，苗池中轮虫的密度保持在15个/mL以上。

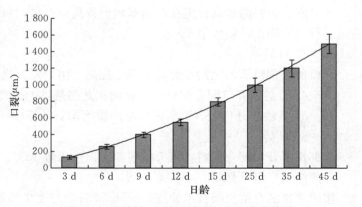

图4-6 银鲳仔稚鱼口裂随日龄的变化趋势

3. 26～35日龄

开口配合饲料的添加比例在技术细节2的基础上再提高1倍，占活饵料湿重的6%。

4. 36～45日龄

开口配合饲料的添加比例在技术细节3的基础上再提高2倍，占活饵料湿重的18%。

5. 46～55日龄

开口配合饲料的添加比例占日常所摄入饵料质量比的50%。

6. 56～60日龄

全部投喂开口配合饲料。

上述技术细节 1 和 2 每天进行两次投喂；技术细节 2 和 3 每天对苗池底进行吸污处理，操作时先停止供气，再进行吸污，换水量为 5%；技术细节 4~6 每天对苗池进行换水操作，换水量为 10%~15%，苗池底进行吸污处理；技术细节 3 每天分 3 次进行投喂，每次采用少量多次的方式进行投喂；技术细节 4 每天分 4 次进行投喂，每次采用少量多次的方式进行投喂；技术细节 5 和 6 每天分 6 次进行投喂，每次采用少量多次的方式进行投喂。

该技术方法的有利之处在于：①结合仔稚鱼口裂大小确定最佳的开口配合饲料及驯化起始时间；②逐步过渡，且后期投喂频率增加，显著提高了生物饵料向颗粒饲料的过渡效率以及苗种对饲料的消化吸收；③避免了育苗池内过多死饵料的堆积，保障了育苗池内的水质条件，提高了培育成活率。

二、实施案例

培育 3 日龄银鲳苗种至 60 日龄。设置处理组与对照组，设三组重复，对照组按照常规的投喂技术进行处理，实验于 6 个 20 m³ 水体的圆形水泥池中进行，水池深 1.8 m，育苗水体起始水位高度为 80 cm。每个水泥池放置 1 万粒受精卵。

1. 实验过程

实验组（三组重复）：

10~14 日龄：

通过对不同日龄仔稚鱼口裂宽度进行测量，统计出自开口后随日龄增加口裂宽度的变化曲线（图 4-6），10 日龄时仔鱼口裂达到 400 μm 以上，口高度（按照口裂二分之一计算）可达 200 μm，目前市场上的仔稚鱼开口颗粒料最小直径在 200 μm，因此，选定 10 日龄为最佳的颗粒饲料投喂时间点。

10 日龄仔稚鱼开始于轮虫活饵料中混合占活饵料湿重 2%（质量比）的开口配合饲料，苗池中轮虫的密度保持在 15 个/mL 以上，每天投喂 2 次，且每天于苗池中加入消毒过滤后的海水（深度 5 cm），不排水。

15~25 日龄：

开口配合饲料的添加比例在此前基础上提高 0.5 倍，每天投喂 2 次，每天进行池底吸污处理，停气后再进行吸污操作，换水量 5%。

26~35 日龄：

开口配合饲料添加比例在此前基础上提高 1 倍，每天投喂 3 次，换水量 5%。

36~45 日龄：开口配合饲料添加比例在此前基础上提高 2 倍，每天投喂 4 次，换水量 10%。

46~55 日龄：开口配合饲料占日常所摄入饵料的 50%（质量比），每天投喂 6 次，换水量 10%。

56~60 日龄：

全部投喂开口配合饲料，每天投喂 6 次，换水量 15%。

对照组（三组重复）：

按照常规的育苗投喂技术处理，即从 36 日龄起逐步添加颗粒饲料进行投喂。

2. 实验结果

由表 4-2 可以看出，15 日龄仔稚鱼中开始摄食开口配合饲料的尾数占比 10% 以上，26 日龄时达到 20% 以上，36 日龄时达到 35%，46 日龄时达到 50% 以上。56 日龄时基本全部仔稚鱼开始摄食开口配合饲料，表明本技术方法可有效提高转饵效率。

表 4-2 不同日龄阶段银鲳仔稚幼鱼摄食颗粒饲料的数量比例

日龄（d）	15	26	36	46	56
对照组（%）	—	—	0	28.54±3.01	39.62±3.69
实验组（%）	10.15±1.12	22.36±2.08	35.77±3.26	52.16±4.87	98.75±1.02

由表 4-3 可以看出，处理组显著提高了银鲳仔稚鱼的培育成活率，出苗率达 25％以上，显著高于对照组。畸形率方面，处理组与对照组无显著性差异。

表 4-3　银鲳育苗出苗率及幼体畸形率

单位：%

	出苗率	畸形率
对照组	12.24±2.36	8.05±2.02
实验组	25.67±4.69	7.33±1.25

第八节　人工育苗主要操作步骤简述

一、育苗前的准备

1. 网捞

300 目、250 目、200 目、100 目等洗料袋各数个。

2. 捞受精卵网布

1 块 80～100 目的筛绢 6 m 或类似的浮游生物网 1 个。

3. 丰年虫孵化桶与饵料台

丰年虫孵化桶 2～3 个，饵料台数个（彩图 6）。

4. 虾片

2～3 kg。

5. 藻粉

1～2 罐（500 克/罐）。

6. 卤虫

优质卤虫卵 1 箱（12 罐）。

7. 药品

EDTA 二钠、聚维酮碘、土霉素、盐酸环丙沙星、复方新诺明等。

8. 充气头的布置及育苗池的消毒

充气头按 1～1.5 个/m² 安装（安装前须将气头及气管用水煮沸后冷却）；育苗池（彩图 7）用 50 mg/L 漂白粉浸泡 6 h 以上，用过滤海水冲洗干净后再进水 80 cm（水位高度）备用。

9. 育苗池安装流水装置

进水口安装"亅"形管。

10. 苗池用水要求

早期育苗用水均要经消毒处理。

二、受精卵孵化

1. 孵化方式

采用丰年虫孵化桶进行孵化，将孵化桶清洗干净、消毒后备用。

2. 水位要求

将经消毒处理过的过滤海水加入孵化桶内，水面距桶口 20 cm 左右。

3. 放卵密度

1 个孵化桶内孵化 100～200 g 受精卵（受精卵先用聚维酮碘 50 mg/L 漂洗 5～10 min，或用双氧水 0.1 mg/L 漂洗 5～10 min）。

4. 气石气量要求

充气量至水体上下翻滚即可。

5. 移池操作

在即将孵化出膜前停气 2~3 min，排去底下死卵后沿壁小心加入经消毒处理过的过滤海水，水面至桶口 10 cm 左右，用塑料桶小心移入育苗池中。

三、育苗操作

育苗池布受精卵当天先加入 EDTA 二钠 5 mg/L、土霉素 1 mg/L，将轮虫（经 200 目以下过滤）按 15~20 个/mL 接种于育苗池内，然后投入虾片 1~2 mg/L、藻粉 1 mg/L、EM 菌 2 mg/L（虾片及藻粉用 300 目料袋搓洗）。孵化第 3 天仔鱼开口后，添加轮虫（经 200 目以下过滤）至 15~20 个/mL 并保持。

饵料投喂情况如下：①200 目以下轮虫投喂 3 d，保持轮虫密度 15~20 个/mL；虾片 1~2 mg/L、藻粉 0.5 mg/L、微囊 0.5 mg/L、EM 菌 2 mg/L（上午、下午各投喂 1 次）。②150 目以下轮虫投喂 3 d，保持轮虫密度 15~20 个/mL；虾片 1~2 mg/L、藻粉 0.5 mg/L、微囊 0.5 mg/L、EM 菌 2 mg/L（上午、下午各投喂 1 次）。③100 目以下轮虫投喂 3 d，保持轮虫密度 15~20 个/mL；虾片 1~2 mg/L、藻粉 0.5 mg/L、微囊 0.5 mg/L、EM 菌 2 mg/L（上午、下午各投喂 1 次）。④保持轮虫密度 15~20 个/mL 及丰年虫无节幼体 0.1~0.2 个/mL，投喂 3 d。⑤保持轮虫密度 10~15 个/mL 及丰年虫无节幼体 0.3 个/mL，投喂 3 d。⑥保持轮虫密度 10 个/mL 及丰年虫无节幼体 0.5 个/mL，投喂 10 d。⑦保持丰年虫无节幼体 0.2~0.3 个/mL；视情况加入鱼糜或虾糜。

四、换水操作

1. 仔鱼开口后第 5 天（即孵化后第 8 天）

每天向育苗池内缓慢加入经消毒后的过滤海水 5 cm。

2. 仔鱼开口后第 15 天

开始换水，日换水量 10%，每 3~5 d 递增 10%的换水量。

3. 第 15~20 天后

开始进行池底吸污，每日 1 次。先停气后小心吸取池底污物，吸完后即加入虾片及 EM 菌，然后缓慢加入经消毒后的过滤海水。

第五章

银鲳环境生理学

第一节　银鲳对温度变化的生理响应

温度是鱼类生存的重要环境因子之一，其主要通过影响鱼类新陈代谢的反应速率来调控其能量收支、基础代谢、生长发育、酶活水平、抗病能力等等。水温在不同深度、盐度、流动状态及空间格局中表现千变万化，因此，鱼类也在不断的进化过程中形成了一系列适应环境温度变化的生理响应机制。

一、消化酶及血清生化指标的变化

1. 肠道消化酶

(1) 淀粉酶　低温胁迫后，22 ℃实验组银鲳幼鱼肠道淀粉酶活力随着时间的延长，出现了缓慢下降的趋势，48 h下降至最低点，且与实验初始时有显著差异（$P<0.05$）；而32 ℃实验组则出现了波动，在24 h出现了最高值，48 h又恢复到初始活力。在24 h，32 ℃实验组与其余两处理组酶活力呈显著差异（$P<0.05$）（图5-1）。

在对条石鲷（罗奇等，2010）和黑鲷（梅景良等，2004）的研究中同样发现，随着温度的升高，条石鲷和黑鲷的肠道内淀粉酶活力均呈现先升高后降低的趋势。银鲳幼鱼在高温胁迫后肠道内淀粉酶活力变化同样如此，这说明高温胁迫破坏了银鲳幼鱼淀粉酶的结构，导致其变性失活；低温组（22 ℃）中淀粉酶活力随时间延长出现下降的趋势，表明低温胁迫在一定程度上抑制了淀粉酶的活力。

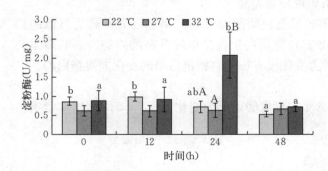

图5-1　急性温度胁迫对银鲳幼鱼肠道淀粉酶活力的影响
不同大写字母表示同一时间点中存在显著差异（$P<0.05$），
不同小写字母表示同一温度组中存在显著差异（$P<0.05$）
（施兆鸿等，2016）

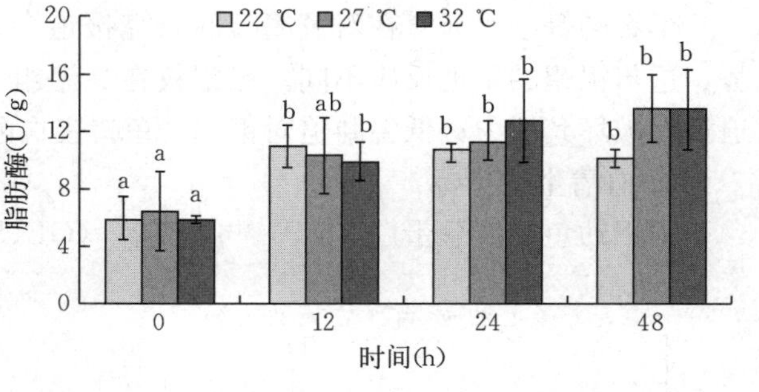

图5-2　急性温度胁迫对银鲳幼鱼肠道脂肪酶活力的影响
不同大写字母表示同一时间点中存在显著差异（$P<0.05$），
不同小写字母表示同一温度组中存在显著差异（$P<0.05$）
（施兆鸿等，2016）

(2) 脂肪酶　急性温度胁迫后，高温（32 ℃）和低温（22 ℃）的两个实验组脂肪酶活力出现相同的变化趋势（图5-2），其酶活力在12 h均显著上升，与实验初始时差异显著（$P<0.05$），对照组（27 ℃）亦出现相同的变化趋势，其最高值出现在48 h。在同一时间，不同处理组均未出现显著性差异（$P>0.05$）。

在罗奇等（2010）对条石鲷的研究报道中，脂肪酶活力随温度升高而下降，这与银鲳的生理反应相反。此外，在梅景良等（2004）对黑鲷的研究中，脂肪酶活力呈现先升高后降低的趋势，也与银鲳的生理反应有所不同，原因可能是实验条件不同，也可能是种间差异。脂肪酶是脂质代谢中比较重要的酶类，它能够水解脂肪为甘油一酯、甘油二酯和游离脂肪酸（杨汉博等，2007），最终产物是脂肪酸和甘油，为鱼体提供能量和必需脂肪酸。银鲳脂肪酶活力变化在高温胁迫和低温胁迫时一样，都呈现持续升高的现象，说明温度胁迫并没有破坏银鲳幼鱼脂肪酶的活力，脂肪酶含量继续增加使得脂肪被水解，进而为银鲳幼鱼提供能量和必需脂肪酸。

（3）胃蛋白酶 急性低温胁迫对胃蛋白酶活力在 48 h 内未见显著变化（$P>0.05$），如图 5-3 所示。而在急性高温胁迫（32 ℃）后随时间的延长，胃蛋白酶活力上升，第 24 h 时与实验初始时有显著性差异（$P<0.05$）。在同一时间，不同处理组未出现显著差异（$P>0.05$）。

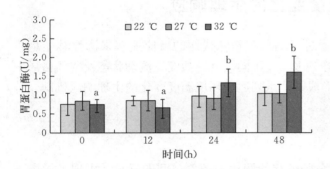

图 5-3　急性温度胁迫对银鲳幼鱼肠道胃蛋白酶活力的影响
不同大写字母表示同一时间点中存在显著差异（$P<0.05$），
不同小写字母表示同一温度组中存在显著差异（$P<0.05$）
（施兆鸿等，2016）

图 5-4　急性温度胁迫对银鲳幼鱼肠道胰蛋白酶活力的影响
不同大写字母表示同一时间点中存在显著差异（$P<0.05$），
不同小写字母表示同一温度组中存在显著差异（$P<0.05$）
（施兆鸿等，2016）

（4）胰蛋白酶 急性温度胁迫后，22 ℃实验组在不同时间点之间差异不显著（$P>0.05$），见图 5-4。32 ℃实验组出现上升趋势，24 h 上升至最大值（$P<0.05$）。对照组（27 ℃）胰蛋白酶活力也随时间延长，出现上升趋势，48 h 上升到最大值（$P<0.05$）。不同处理组在同一时间亦差异显著（$P<0.05$），在 24 h 和 48 h，32 ℃实验组与其余两处理组出现显著差异。

李希国等（2006）在对黄鳍鲷的研究报道中指出，胃蛋白酶随温度的升高呈现先升高后降低的趋势，这与银鲳的生理反应不同。银鲳仅在高温组（32 ℃）胃蛋白酶含量出现升高的趋势，表明高温胁迫没有破坏其活力；低温胁迫对银鲳幼鱼胃蛋白酶活力变化没有影响。胰蛋白酶的变化同胃蛋白酶。

2. 血清生化指标

银鲳幼鱼血清总蛋白（TP）与葡萄糖（GLU）含量在温度胁迫下的变化见图 5-5。22 ℃实验组出

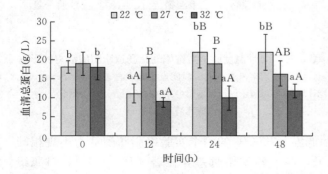
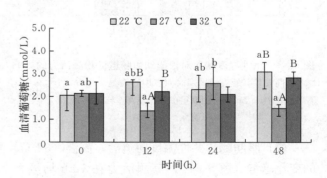

图 5-5　急性温度胁迫对银鲳幼鱼血清总蛋白、葡萄糖含量的影响
不同大写字母表示同一时间点中存在显著差异（$P<0.05$），不同小写字母表示同一温度组中存在显著差异（$P<0.05$）
（施兆鸿等，2016）

现波动，12 h 降低到最低值（$P<0.05$），24 h 恢复到初始值，48 h 仍维持初始值。32 ℃ 实验组血清总蛋白活力随时间延长下降，12 h 下降到最低值（$P<0.05$），随后维持最低值。低温（22 ℃）胁迫与高温（32 ℃）胁迫处理组之间在 24 h 和 48 h 有显著差异（$P<0.05$）。急性温度胁迫后，22 ℃ 实验组血清中 GLU 含量缓慢上升，48 h 上升到最大值（$P<0.05$）；32 ℃ 实验组含量未出现显著差异（$P>0.05$）。在 12 h 和 48 h，对照组（27 ℃）均与实验组出现显著差异（$P<0.05$）。

陈超等（2012）在对七带石斑鱼的研究报道中得出，TP 随温度胁迫时间的延长，含量逐渐下降，这与银鲳在高温组的生理反应相同。TP 是机体蛋白质的重要来源之一，提供机体所需能量，并修补受损组织。TP 含量的高低，在一定程度上反映了机体对蛋白质的消化吸收和利用的程度及代谢能力的强弱（黄金凤等，2013）。银鲳在高温组（32 ℃）出现含量的变化，其原因可能是银鲳幼鱼在受到高温胁迫后，肝脏合成蛋白的能力下降，TP 含量随之下降。TP 的含量不仅与鱼类摄食的饲料蛋白质及内源蛋白质的分解有关，还受外界环境因子的制约，因此，其含量的多少还可以反映鱼体的健康状况及对周围环境的适应能力（黄金凤等，2013）。银鲳幼鱼刚刚受到低温胁迫后，肝脏合成蛋白的能力下降，TP 含量随之下降，随后又上升，可能是因为银鲳幼鱼适应这个温度之后，肝脏合成蛋白能力恢复，TP 含量也随之恢复到初始含量。

GLU 是鱼体的主要能源物质。一般认为在低温胁迫的早期，鱼体以血糖代谢增加为主，即体内的糖元转化为 GLU，使得 GLU 含量增加，加快糖的分解代谢（陈超等，2012），产生热量以增强御寒能力。机体在代谢产热过程中，糖被大量消耗，机体和脏器组织的抗寒能力下降（邵同先等，2002）。随着低温胁迫的加强或胁迫时间的延长，机体将大量的 GLU 分解成三磷酸腺苷提供能量，又使 GLU 浓度下降。银鲳在温度胁迫下，血清 GLU 的变化规律与上述规律相吻合，GLU 的含量在一直升高。随着低温胁迫时间的延长，银鲳幼鱼产生不适反应，血清中 GLU 含量激增。胁迫后，肾上腺髓质释放的肾上腺素量增加，使得肝脏糖原异生作用增强，促使糖原分解成 GLU 进入血液，导致血糖升高（Tort et al，1996）。银鲳血清 GLU 在高温胁迫后，含量有所上升，但差异不显著。

图 5-6 示急性温度胁迫对银鲳幼鱼血清乳酸（LD）、皮质醇（COR）含量的影响。急性温度胁迫下，22 ℃ 实验组银鲳幼鱼血清乳酸含量出现波动，12 h 缓慢上升，24 h 又恢复到初始值，48 h 达到峰值（$P<0.05$）；32 ℃ 实验组在 12 h 降低到谷值（$P<0.05$），48 h 又恢复到初始值；对照组在 24 h 达到峰值，48 h 恢复到初值。不同处理组在实验开始后均与对照组之间出现显著性差异（$P<0.05$）。22 ℃ 实验组血清皮质醇含量在急性温度胁迫后出现缓慢上升趋势，48 h 上升到最大值（$P<0.05$）；32 ℃ 实验组先上升后下降的变化趋势，在 24 h 上升到最大值，48 h 又下降，下降到最小值，且低于初始值（$P<0.05$）；对照组在不同时间其含量亦出现显著差异，在 12 h 下降到最小值，24 h 上升到最大值，且最大值大于初始值，48 h 下降到最小值（$P<0.05$）。不同处理组在同一时间亦差异显著（$P<0.05$），在 12 h 实验组与对照组差异显著；在 48 h，22 ℃ 实验组与其余两处理组差异显著（$P<0.05$）。

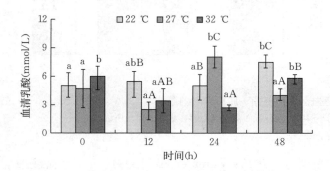
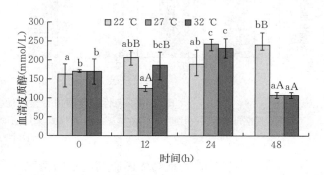

图 5-6　急性温度胁迫对银鲳幼鱼血清乳酸、皮质醇含量的影响

不同大写字母表示同一时间点中存在显著差异（$P<0.05$），不同小写字母表示同一温度组中存在显著差异（$P<0.05$）

（施兆鸿等，2016）

GLU 随着血液循环被送到各个器官分解产生热量，在这一过程中会产生水、二氧化碳和丙酮酸，产生的丙酮酸将和氢结合，然后生成 LD。如果鱼体的能量代谢正常，就不会产生 LD 堆积，LD 将被血液带至肝脏，进一步分解为水和二氧化碳，产生热量，消除疲劳。过多的 LD 将使弱碱性的体液呈现酸性，影响细胞吸收营养和氧气，削弱细胞的正常功能。银鲳在低温（22 ℃）胁迫实验组 LD 含量持续上升，说明低温胁迫造成了 LD 堆积，影响银鲳幼鱼体细胞正常功能；而高温（32 ℃）组出现了 LD 含量先下降后上升的趋势。推测可能在胁迫前期银鲳幼鱼为适应环境，LD 被血液带到肝脏，进一步分解为水和二氧化碳，产生热量，维持细胞正常生理功能；随着胁迫时间的延长出现 LD 堆积现象，银鲳幼鱼细胞生理功能被破坏，影响鱼体健康。

COR 是一项反映鱼类应激反应强弱的重要指标。当鱼类处于急性应激状态下时，鱼体的 COR 含量在几个小时之内急剧升高。鱼类由于急性温度胁迫而处在应激状态，通过下丘脑—垂体—肾间组织产生皮质醇等类固醇，释放到血液中（Vijayan et al，1990）。COR 含量在短期内的升高可促进体蛋白分解，加速脂肪的氧化，促进糖类的合成等，从而使机体获得足够的能量来抵御温度胁迫。但是，COR 水平过高或长期持续在较高的水平，则会对鱼体造成负面影响（Gregory et al，1999）。在急性低温胁迫下，鱼体 COR 含量会显著升高（强俊等，2012；刘波等，2011），低温胁迫组银鲳生理反应与上述观点一致。而何杰等（2014）研究发现，随着温度的降低，4 种不同品系的罗非鱼 COR 水平均呈现先上升后下降的趋势，与银鲳的生理反应不同。通常情况下，应激鱼类血清 COR 水平开始呈上升趋势，随着时间的延长而逐渐下降，显示出鱼体对新环境进行了适应（何杰等，2013）。高温组银鲳得出了与之相同的结论，说明随着时间的延长，银鲳幼鱼逐步适应了新的环境温度。COR 还是鱼类调节代谢系统的重要激素，有研究表明，COR 参与肝脏代谢的调节，使得机体各组织对 GLU 的利用率降低（王晶晶等，2011）。

急性温度胁迫对银鲳血清甘油三酯（TG）与肌酐（CREA）含量的影响见图 5-7。急性温度胁迫后，22 ℃实验组银鲳幼鱼的血清 TG 含量出现波浪式变化，在 24 h 出现峰值，随后 48 h 下降到初始值（$P < 0.05$）；32 ℃实验组出现下降，在 24 h 下降到最低值，与实验初始的差异显著（$P < 0.05$）。22 ℃实验组在 12 h 和 24 h 与对照组（27 ℃）之间差异显著；32 ℃实验组在 48 h 与对照组之间差异显著（$P < 0.05$）。22 ℃实验组 CREA 出现先下降后上升、再下降的趋势，且各取样点之间呈显著性差异（$P < 0.05$），32 ℃实验组出现上升，48 h 上升到最大值（$P < 0.05$）；在 12 h，22 ℃实验组与其余两处理组差异显著，在 48 h，32 ℃实验组与其余两处理组差异显著（$P < 0.05$）。

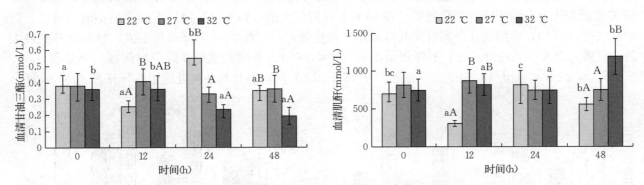

图 5-7　急性温度胁迫对银鲳幼鱼血清甘油三酯、肌酐含量的影响

不同大写字母表示同一时间点中存在显著差异（$P < 0.05$），不同小写字母表示同一温度组中存在显著差异（$P < 0.05$）

（施兆鸿等，2016）

TG 的含量反映了动物体内脂肪沉积的情况（位莹莹等，2013；Coma et al，1995），TG 在血液中均由脂蛋白载运，是动物细胞贮脂的主要形式和细胞膜的重要组分（Coma et al，1995）。常玉梅等（2006）认为，低温对肝脏的损伤阻碍了 TG 通过肠肝循环途径进入肝脏被重吸收，致使血清中 TG 的含量有所下降（冀德伟等，2009），高温胁迫组银鲳生理反应与之相同。冀德伟等（2009）研究发现，

低温胁迫后大黄鱼血清 TG 含量出现先下降后升高的趋势，而银鲳的生理反应则是 TG 含量先下降后升高，之后在 48 h 又出现下降的趋势，说明肝脏损伤比较严重，使得银鲳幼鱼出现两次 TG 含量下降。

CREA 是肌肉组织中储能物质肌酸代谢的终产物，鱼类 CREA 经过肾小球滤过而排出体外，因此鱼体内 CREA 的含量是反映肾和鳃的排泄功能的重要标志（位莹莹等，2013；冀德伟等，2009）。银鲳在低温胁迫后，CREA 含量先下降后上升再下降，这是因为胁迫前期银鲳幼鱼通过排泄 CREA 来维持体内正常的新陈代谢，随着胁迫时间的延长，银鲳幼鱼的肾脏和鳃出现一定的损伤，使得 CREA 大量积累；最后银鲳幼鱼适应了新的环境，CREA 含量又恢复到初始数值。这符合冀德伟等（2009）提出的观点：低温对鱼肾脏和鳃造成损伤，进而鱼体对 CREA 的滤过或排泄功能弱化导致鱼体血清 CREA 水平升高。高温组银鲳幼鱼血清 CREA 含量一直呈现上升趋势，说明高温胁迫已经对银鲳幼鱼造成了不可逆的损害，导致其鳃和肾脏的滤过或排泄功能减弱。

上述结果表明，急性温度胁迫会对银鲳幼鱼的肝脏、消化系统及排泄器官造成一定的损伤，因此，在实际生产和集约化养殖过程中，应尽量避免急性温度胁迫或减少急性温度胁迫的时间，以降低银鲳幼鱼的应激反应。

二、代谢酶、离子酶活力及血清离子浓度的变化

1. 代谢酶

急性温度胁迫下，银鲳肝脏谷丙转氨酶（GPT）的活力仅在 32 ℃实验组有变化，呈波浪式下降，在 48 h 下降到最小值（$P < 0.05$）；48 h 32 ℃实验组与对照组（27 ℃）差异显著（$P < 0.05$）（图 5 - 8）；22 ℃和 32 ℃实验组银鲳幼鱼血清 GPT 活力变化相反，前者呈上升趋势，后者则呈下降趋势，且分别在 48 h 和 12 h 达到最大值和最小值（$P < 0.05$）。在 12 h，24 h 和 48 h，实验组 GPT 与对照组出现显著性差异（$P < 0.05$）（图 5 - 8）。

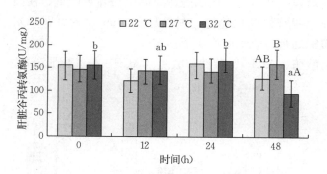 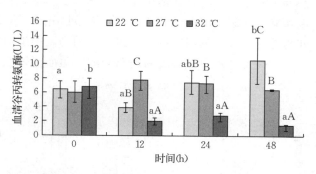

图 5 - 8 急性温度胁迫对银鲳幼鱼肝脏和血清谷丙转氨酶活力的影响

不同小写字母表示同一实验组不同时间的差异显著（$P < 0.05$），不同大写字母表示同一时间段内不同实验组之间差异显著（$P < 0.05$）

（高权新等，2016）

急性温度胁迫下，22 ℃实验组血清 GOT 的活力呈先下降后上升趋势，而 32 ℃实验组则先下降后上升，再下降，两个实验组均在 24 h 升高到最大值；12 h 实验组与对照组（27 ℃）差异显著（$P < 0.05$）；48 h 32 ℃实验组与其余两组差异显著（$P < 0.05$）（图 5 - 9）。血清 GOT 仅在 32 ℃实验组有变化，呈先下降后上升趋势；在 12 h 下降到最小值，48 h 上升至最大值（$P < 0.05$）；12 h 和 24 h 32 ℃实验组均与对照组（27 ℃）差异显著（$P < 0.05$）（图 5 - 9）。

现有的资料已证实，水温可以影响鱼类的生长、营养的消化吸收、鱼体成分、肝脏内的代谢酶类活力等（Moreira et al，2008；黄国强等，2012）。鱼类为适应环境温度的变化，会对鱼体代谢酶类的活力进行调整（Couto et al，2008）。转氨酶与动物体内蛋白质代谢、糖代谢及脂代谢有关，其活力大小通常被认为是肝脏功能正常与否的标志（曾端等，2008；Song et al，2014；Han et al，2014）。GPT 和 GOT 是广泛存在于动物线粒体中的重要氨基酸转氨酶，其中 GPT 主要分布于肝脏，而 GOT 则主要分

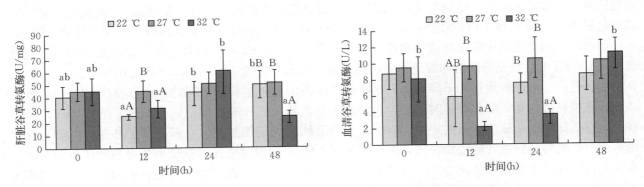

图 5-9　急性温度胁迫对银鲳幼鱼肝脏和血清谷草转氨酶活力的影响
不同小写字母表示同一实验组不同时间的差异显著（P<0.05），不同大写字母表示同一时间段内不同实验组之间差异显著（P<0.05）
（高权新等，2016）

布于心肌细胞（刘含亮等，2012）。在通常情况下，由于细胞膜的屏障作用，不易逸出，血液中这2种酶的浓度很低（杜强等，2011）。但是当鱼体受到外界刺激时，肝脏和心肌细胞受损，细胞膜的通透性增加，大量的 GPT 和 GOT 渗入血液中，导致这2种酶在血液中的浓度增加，而在肝脏和心肌细胞中的浓度减少（杜强等，2014）。低温组（22 ℃）银鲳 GPT 在肝脏中浓度没有变化，而在血清中浓度升高；在高温组（32 ℃）实验中，肝脏和血清的变化相同，均出现下降趋势。因此，GPT 并未出现与理论相符的变化趋势，这可能是急性温度胁迫使银鲳幼鱼产生了应激反应，使得细胞膜通透性加大，肝脏受损。同时，银鲳在低温胁迫下血清及肝脏中 GPT 的变化规律与 Kumar et al（2013）、刘波等（2011）的研究报道也不同，究其原因，可能种间差异。GOT 在银鲳低温组肝脏出现先下降后上升的趋势，但差异不显著，而在其血清中没有变化，说明低温胁迫对银鲳幼鱼的心肌细胞造成的损伤并不严重；在高温实验组，胁迫时间达到48 h 时，GOT 出现了与理论相符的变化趋势，并且与 Kumar et al（2013）、桂丹等（2008）的研究结果一致，说明高温胁迫对银鲳幼鱼心肌细胞产生了损害。

图 5-10 示急性温度胁迫对银鲳幼鱼血清碱性磷酸酶（AKP）、酸性磷酸酶（ACP）与乳酸脱氢酶

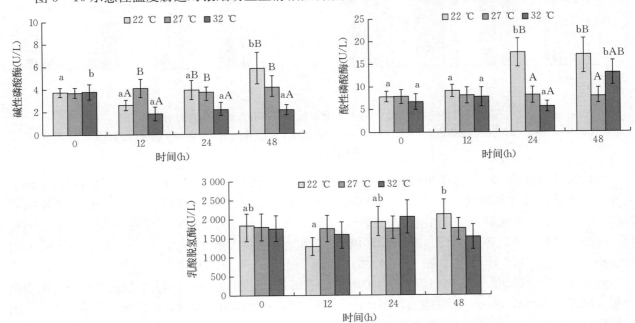

图 5-10　急性温度胁迫对银鲳幼鱼血清碱性磷酸酶、酸性磷酸酶与乳酸脱氢酶活力的影响
不同小写字母表示同一实验组不同时间的差异显著（P<0.05），不同大写字母表示同一时间段内不同实验组之间差异显著（P<0.05）
（高权新等，2016）

（LDH）活力的影响。急性温度胁迫后，22 ℃实验组随时间延长，血清 AKP 活力逐渐升高，在 48 h 升高至最大值；32 ℃实验组则呈下降趋势，在 12 h 就下降至最小值。12 h，实验组与对照组（27 ℃）差异显著（$P<0.05$）；在 24 h 和 48 h，32 ℃实验组与对照组出现显著性差异（$P<0.05$）。急性温度胁迫后血清中 ACP 在实验组中均呈现上升趋势，22 ℃实验组在 24 h 达到峰值，32 ℃实验组在 48 h 达到峰值（$P<0.05$）。24 h 和 48 h 22 ℃实验组与对照组出现显著性差异（$P<0.05$）（图 5-10）。急性温度胁迫下血清 LDH 在 22 ℃实验组出现波浪式变化，即先下降后上升，在 12 h 下降到谷值，在 48 h 又达到峰值，且高于初始值（$P<0.05$）；32 ℃实验组 LDH 活力不随时间的变化而变化（$P>0.05$）（图 5-10）。

AKP 和 ACP 是两种重要的代谢调控酶，广泛分布于动植物及微生物体内，在动物代谢过程中有着不可替代的作用。这 2 种酶类是非特异性磷酸水解酶，能催化磷酸单酯的水解，打开磷酸酯键，释放磷酸离子（徐奇友等，2007），促使磷酸基团的转移反应，这对动物的生存具有重要意义（刘波等，2011）。此外，AKP 和 ACP 在机体生长代谢、保持内环境稳定以及维持机体健康方面亦具有重要的作用，且其功能作用受到生长阶段、营养状况、疾病及环境变化的影响（徐奇友等，2008；Ren et al，2015；Yang et al，2015）。AKP 是一种膜结合蛋白，可维持体内适宜的钙磷比例（孟晓林等，2007）。银鲳 AKP 在低温组（22 ℃）出现上升趋势，这可能是在低温胁迫下，银鲳幼鱼增加了脂类代谢水平，而 AKP 与肠内脂质代谢有关，因此血清中 AKP 浓度增加；在高温组（32 ℃），银鲳 AKP 浓度下降，可能是在高温胁迫下，皮质醇促进脂肪降解，因此 AKP 浓度下降。ACP 在实验组均出现上升趋势，说明在急性温度胁迫下，银鲳肝脏等组织细胞膜通透性增加，这促使 ACP 从组织中渗透到血清。

LDH 同 GOT 一样，分布于心肌细胞中，在医学上亦将 GOT 和 LDH 称为"心肌酶"（崔杰峰等，2000）。银鲳 LDH 在低温组呈现浓度上升的趋势，可能是低温胁迫刺激了银鲳幼鱼的心肌细胞，使心肌收缩力加强，血液循环速度加快（朱文彬等，2013），代谢能力增强，细胞膜通透性加大，最终导致血清中 LDH 浓度上升。高温组未产生变化，结合 GOT 的变化趋势，说明急性温度胁迫对银鲳幼鱼心肌细胞产生了影响。LDH 在高温组没有出现变化，可能与实验过程中的饥饿处理以及与外界其他环境因素有关。

2. 离子酶

急性温度胁迫下，22 ℃实验组银鲳幼鱼鳃的 Na^+/K^+-ATP 酶随着时间的推移，未出现显著变化（$P>0.05$）；32 ℃实验组随着时间的延长，出现下降趋势，48 h 下降到最小值（$P<0.05$）；对照组（27 ℃）也出现了缓慢下降的趋势，且也在 48 h 下降到最小值（$P<0.05$）；12 h 和 48 h 2 个实验组差异显著（$P<0.05$）（图 5-11）。肾脏 Na^+/K^+-ATP 酶在 32 ℃实验组随着时间的延长，未出现显著性变化（$P>0.05$）；22 ℃实验组随着时间的推移，出现先升高后降低的趋势，在 24 h 升高到最大值，48 h 有所回落，但大于初始值（$P<0.05$）（图 5-11）。

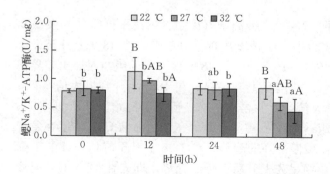
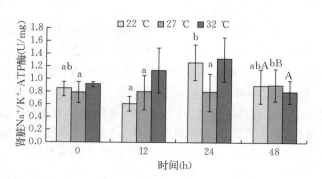

图 5-11 急性温度胁迫对银鲳幼鱼鳃和肾脏 Na^+/K^+-ATP 酶活力的影响

不同小写字母表示同一实验组不同时间的差异显著（$P<0.05$），不同大写字母表示同一时间段内不同实验组之间差异显著（$P<0.05$）

（高权新等，2016）

鳃 $Ca^{2+}/Mg^{2+}-ATP$ 酶在 22 ℃实验组和 32 ℃实验组均出现先下降后升高的趋势，前者在在 12 h

下降到谷值，24 h回升，但小于初始值（$P<0.05$），而后者则在24 h下降到谷值，48 h回升，且小于初始值（$P<0.05$）；对照组（27 ℃）出现下降趋势，48 h下降到最小值（$P<0.05$）；48 h 22 ℃实验组和对照组出现显著性差异（$P<0.05$）（图5-12）。肾脏Ca^{2+}/Mg^{2+}-ATP酶在22 ℃和32 ℃实验组均出现先升高后下降趋势，且均在24 h升高到峰值，在48 h下降至最低值（$P<0.05$）；24 h和48 h实验组和对照组差异显著（$P<0.05$）（图5-12）。

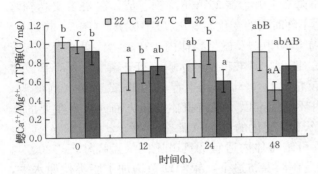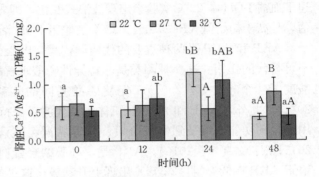

图5-12 急性温度胁迫对银鲳幼鱼鳃和肾脏Ca^{2+}/Mg^{2+}-ATP酶活力的影响

不同小写字母表示同一实验组不同时间的差异显著（$P<0.05$），不同大写字母表示同一时间段内不同实验组之间差异显著（$P<0.05$）

（高权新等，2016）

在众多的环境因素中，除了盐度以外，外界环境温度也可以影响海水鱼类的渗透压平衡及细胞膜的通透性（Ostrowski et al，2011）。ATP酶是一类分布广泛的膜结合蛋白。鳃和肾脏是硬骨鱼类中负责执行ATP酶调控的两大重要器官。ATP酶不仅参与生物体的物质转运（张琴星等，2013）、能量代谢及氧化磷酸化等生理生化过程，而且还可与细胞膜上磷脂结合，从而影响细胞膜的其他功能（孙鹏等，2014）。因此ATP酶活力也是一项评价环境胁迫下鱼体机能的生物学指标。ATP酶活力的下降，将影响鱼体的生理功能，因为这能引起细胞膜结构的破坏（徐奇友等，2008），损害线粒体膜及质膜，影响生物体自身正常的代谢活动（Lin et al，2004）。Na^+/K^+-ATP酶在离子转运过程中发挥着重要作用，其可通过主动跨膜转运细胞内外的Na^+与K^+，从而维持细胞内外的离子平衡（周勇等，2009）。实验结果表明，银鲳鳃内的Na^+/K^+-ATP酶在低温组（22 ℃）没有变化，高温组（32 ℃）则出现下降趋势；Ca^{2+}/Mg^{2+}-ATP酶在2个实验组进行至48 h时，均出现降低趋势，这与Kong et al（2012）的实验结果有相似之处。急性温度胁迫损伤了银鲳幼鱼的鳃，并导致其代谢紊乱。在肾脏中，2种ATP酶的活力在高温胁迫和低温胁迫下皆发生了较大的改变，且两者之间存在差异，这证明急性温度胁迫损害了银鲳幼鱼的肾脏，致使其代谢活动发生紊乱，将严重危害银鲳幼鱼的健康。

3. 血清离子浓度

图5-13示急性温度胁迫对银鲳幼鱼血清钠离子（Na^+）、钾离子（K^+）、钙离子（Ca^{2+}）及氯离子（Cl^-）浓度的影响。急性温度胁迫条件下22 ℃实验组Na^+浓度出现上升趋势，在48 h上升至最大值（$P<0.05$）；32 ℃实验组Na^+浓度未出现显著性差异（$P>0.05$）；48 h 22 ℃实验组与对照组差异显著（$P<0.05$）。急性温度胁迫下，22 ℃实验组血清K^+浓度呈上升趋势，在48 h上升到最大值（$P<0.05$）；32 ℃实验组则先上升后下降，24 h上升到最大值，48 h再次下降，但高于初始值（$P<0.05$）；12 h两个实验组差异显著；48 h 22 ℃实验组与对照组（27 ℃）差异显著。三个组血清Ca^{2+}浓度在急性温度胁迫后均有变化；22 ℃实验组出现缓慢上升后再缓慢下降的趋势，在12 h上升至峰值，48 h下降至谷值，且两者之间差异显著（$P<0.05$）；32 ℃实验组呈先上升后下降的趋势，即先在12 h上升至峰值，而后微降（$P<0.05$）；12 h实验组与对照组出现显著性差异（$P<0.05$）。血清Cl^-在22 ℃实验组出现缓慢上升趋势，48 h上升到最大值（$P<0.05$）；32 ℃实验组出现波浪式变化，即先缓慢下降，再急速上升，最后又下降，且在24 h上升到最大值，48 h又回落，但大于初始值（$P<0.05$）；48 h 22 ℃实验组与对照组差异显著（$P<0.05$）。

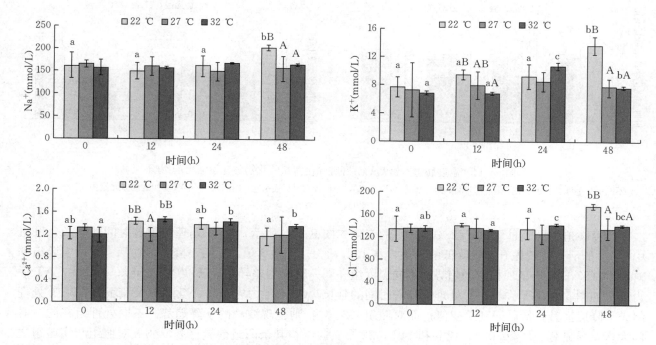

图 5 - 13　急性温度胁迫对银鲳幼鱼血清钠离子、钾离子、钙离子及氯离子浓度的影响

不同小写字母表示同一实验组不同时间的差异显著（$P<0.05$），不同大写字母表示同一时间段内不同实验组之间差异显著（$P<0.05$）

（高权新等，2016）

血清离子是维持细胞新陈代谢、酸碱平衡以及调节体液渗透压的重要因子（朱文彬等，2013；蔡星媛等，2015）。硬骨鱼类 Na^+ 的浓度与 pH 呈负相关，其浓度的变化可导致鱼类体液酸碱度发生改变，并且可诱发鱼类死亡。K^+ 失衡可使细胞膜破裂，并可能导致细胞死亡（朱文彬等，2013）；Cl^- 浓度往往随着 Na^+ 和 K^+ 的变化而变化（陈超等，2012）。低温组（22 ℃）银鲳 Na^+、K^+ 和 Cl^- 的浓度均呈上升趋势，这与冀德伟等（2009）的研究报道不同（其研究显示 K^+ 浓度下降，而 Na^+ 和 Cl^- 浓度升高）；陈超等（2012）研究了低温胁迫对七带石斑鱼幼鱼血清生化指标的影响，发现各离子成分均未有显著变化，这亦与银鲳的生理反应不同；究其原因，可能是银鲳幼鱼细胞膜的渗透压调节功能下降，细胞膜通透性增加，从而使得细胞内液流入血液中，引起离子浓度的变化（刘康等，2014）。Ca^{2+} 浓度呈现先上升后下降的趋势，可能是低温胁迫初期，细胞膜通透性增加；因此 Ca^{2+} 浓度在血清中增加；但是随着时间的延长，银鲳幼鱼机体代谢能力降低，肌肉的兴奋性下降，所以 Ca^{2+} 浓度下降。在高温组（32 ℃），四种血清离子的变化各不相同，这说明高温胁迫后，银鲳幼鱼的肝脏、肾脏、心肌和鳃等组织都出现了不同程度损伤，阻碍了机体的正常新陈代谢，最终导致体液内环境稳态被破坏，细胞膜通透性增加，使得血清中四种离子出现了不同程度的变化。

三、抗氧化能力及免疫力的变化

1. 抗氧化能力

温度胁迫下肝脏超氧化物歧化酶（SOD）活力的变化如图 5 - 14 所示，仅在 22 ℃ 处理组出现先升后降的趋势，其余组各时间点之间均无显著性差异（$P>0.05$）。不同实验组在同一时间差异也不显著（$P>0.05$）。在低温（22 ℃）胁迫 12 h 后血清 SOD 与各实验组间有显著性差异（$P<0.05$）；高温胁迫（32 ℃）下，血清 SOD 随着时间的延长，活力逐渐增加；在对照组（27 ℃）中，血清 SOD 含量呈现先上升后下降，然后再回升的趋势，在 12 h 和 48 h 的活力显著高于起始值（$P<0.05$）。并且血清 SOD 在 12 h 各个温度组间差异显著，48 h 时 22 ℃ 处理组与其他两组差异显著（$P<0.05$）。

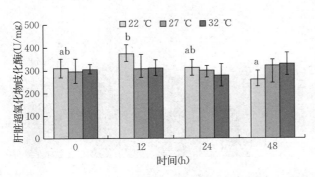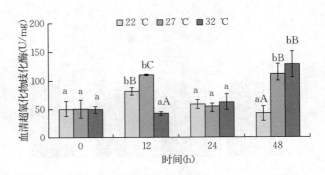

图 5-14　温度胁迫对银鲳幼鱼肝脏和血清超氧化物歧化酶活力的影响

不同小写字母表示同一实验组不同时间的差异显著（$P<0.05$），不同大写字母表示同一时间段内不同实验组之间差异显著（$P<0.05$）

（谢明媚等，2015）

　　温度胁迫下肝脏过氧化氢酶（CAT）的变化如图 5-15 所示，22 ℃处理组随着时间的延长，肝脏中 CAT 的活力呈现先升高后降低的趋势，在 12 h 活力达到最大值，之后下降到最初活力。两实验组和对照组（27 ℃）均呈现相似的趋势。不同温度组在同一时间均差异不显著（$P>0.05$）。血清中 CAT 活力变化如图 5-15 所示，22 ℃处理组随着时间的延长，CAT 活力先升高，至 48 h 又稍下降，32 ℃处理组先下降后上升，最后回到最初值；而对照组（27 ℃）则呈现波动的下降趋势。不同处理组在同一时间大多差异显著（$P<0.05$），12 h 和 24 h，22 ℃实验组与其余两组差异显著，48 h 对照组与实验组之间有显著性差异（$P<0.05$）。

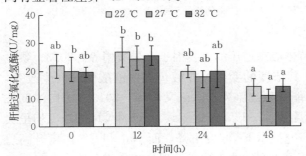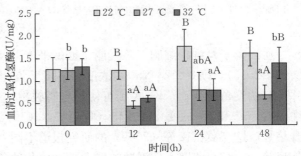

图 5-15　温度胁迫对银鲳幼鱼肝脏和血清过氧化氢酶活力的影响

不同小写字母表示同一实验组不同时间的差异显著（$P<0.05$），不同大写字母表示同一时间段内不同实验组之间差异显著（$P<0.05$）

（谢明媚等，2015）

　　温度胁迫下肝脏谷胱甘肽过氧化物酶（GSH-PX）活力的变化如图 5-16 所示，温度胁迫对 27 ℃和 32 ℃处理组的影响均不显著（$P>0.05$），只有在 22 ℃处理组出现了波动。随着时间的延长，肝脏中

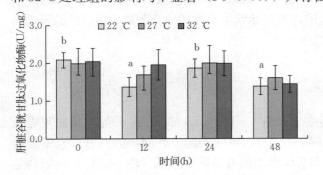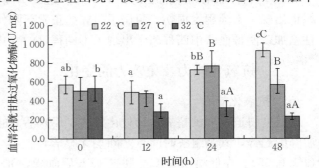

图 5-16　温度胁迫对银鲳幼鱼肝脏和血清谷胱甘肽过氧化物酶活力的影响

不同小写字母表示同一实验组不同时间的差异显著（$P<0.05$），不同大写字母表示同一时间段内不同实验组之间差异显著（$P<0.05$）

（谢明媚等，2015）

GSH-PX 的活力先下降后上升，随后又下降。血清中 GSH-PX 的活力变化显著，如图 5-16 所示，22 ℃处理组随时间延长，活力显著上升；32 ℃处理组则相反，其活力与温度呈负相关，随着时间至 12 h，血清中 GSH-PX 的活力显著下降，但随着时间继续延长，GSH-PX 活力保持基本稳定；对照组（27 ℃）的活力开始呈现上升趋势，当时间到达 24 h 时，活力出现峰值，之后活力下降，但差异不明显（$P>0.05$）。不同处理组在 24 h 和 48 h 血清中 GSH-PX 的活力差异显著（$P<0.05$）；在 24 h 时，32 ℃处理组与其他组差异显著（$P<0.05$）；而到 48 h 时，各组之间差异均显著（$P<0.05$）。

温度胁迫下肝脏总抗氧化能力（T-AOC）的变化如图 5-17 所示，22 ℃处理组随着时间的延长，总抗氧化能力呈现出波动并在 48 h 出现峰值。32 ℃处理组 T-AOC 与温度呈负相关，随着时间的推移，GSH-PX 逐渐下降。对照组仅在 12 h 与其他时间出现显著性差异（$P<0.05$）。32 ℃组与其他两组在 48 h 出现显著性差异（$P<0.05$）。血清中 T-AOC 的变化显著（$P<0.05$），如图 5-17 所示，32 ℃处理组和对照组（27 ℃）均随着时间的延长，T-AOC 总体下降；而 22 ℃处理组 T-AOC 随时间变化不明显。在 12 h、24 h、48 h，不同组均出现了显著性差异（$P<0.05$）。

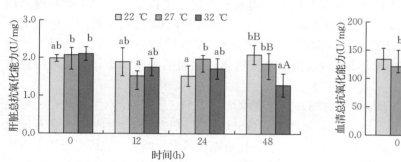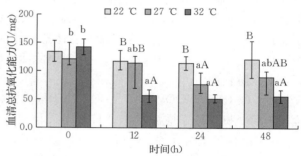

图 5-17　温度胁迫对银鲳幼鱼肝脏和血清总抗氧化能力的影响

不同小写字母表示同一实验组不同时间的差异显著（$P<0.05$），不同大写字母表示同一时间段内不同实验组之间差异显著（$P<0.05$）

（谢明媚等，2015）

温度胁迫下肝脏丙二醛（MDA）含量的变化如图 5-18 所示，22 ℃处理组随着时间的延长，肝脏 MDA 含量显著下降，24 h 下降到最低值，随后维持最低值。32 ℃处理组 MDA 含量则随时间的延长出现先下降后上升的趋势。对照组（27 ℃）随时间延长，MDA 含量出现下降趋势，但变化不显著（$P>0.05$）。血清中 MDA 含量变化如图 5-18 所示，22 ℃处理组随时间延长出现先下降后上升的趋势，32 ℃处理组则出现含量下降趋势，12 h 下降到谷值，随后维持谷值不变。对照组（27 ℃）变化不显著（$P>0.05$）。不同组在同一时间也出现差异，在肝脏中，12 h 时 32 ℃处理组与其余两组出现显著性差异（$P<0.05$）；48 h 时 22 ℃处理组与其余两组出现显著性差异（$P<0.05$）；而 24 h 时 3 个组之间均呈显著性差异（$P<0.05$）。在血清中，24 h 和 48 h 时 32 ℃处理组均与其余两组出现显著性差异（$P<0.05$）。

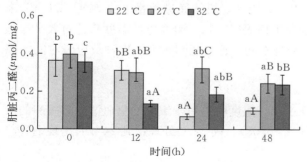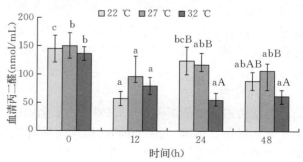

图 5-18　温度胁迫对银鲳幼鱼肝脏和血清丙二醛含量的影响

不同小写字母表示同一实验组不同时间的差异显著（$P<0.05$），不同大写字母表示同一时间段内不同实验组之间差异显著（$P<0.05$）

（谢明媚等，2015）

温度胁迫会引起鱼体的应激反应，应激反应多与活性氧自由基的过量生成有关（尹飞等，2011）。当然，鱼体在正常的新陈代谢下也会产生自由基（Raida et al，2007），通常情况下，自由基处在动态平衡中，当温度胁迫之后，自由基就会大量生成，过量的自由基会对机体产生一定的损伤。生物体在长期的进化过程中形成了一套完整的抗氧化体系来清除体内过多的活性氧自由基（丰程程等，2013）。SOD 和 CAT 是存在于生物体内的非常重要的抗氧化防御性功能酶（乔秋实等，2011），研究表明，在温度胁迫下生物体可通过调节抗氧化酶活性来增强其清除活性氧自由基的能力。银鲳低温组 SOD 和 CAT 在肝脏和血清中均出现了先升高后降低的趋势，这与强俊等（2012）研究急性温度应激对吉富品系尼罗罗非鱼幼鱼生化指标和肝脏 HSP70 mRNA 表达的影响的结果相似，表明急性低温胁迫使得银鲳机体自由基迅速增加并作用于细胞和组织，使得细胞和组织出现损伤；SOD 大量产生来应对过量的自由基，所以 SOD 先升高，随着与过量的自由基反应，导致 SOD 含量下降，最后降到最初含量值。这说明机体通过自身调节功能，最终达到了新的平衡的状态。由于机体产生的大量自由基在 SOD 的作用下生成 H_2O_2 和氧分子，CAT 与 H_2O_2 反应生成 H_2O，因此 CAT 的含量跟着 SOD 一起变化。但银鲳高温组 CAT 在血清和肝脏中的变化却截然相反，这说明高温胁迫对肝脏造成了损伤，鱼体细胞膜通透性加大，导致组织中 CAT 含量下降，而血液中 CAT 含量上升。银鲳对照组 CAT 在血清和肝脏中也出现了变化，这表明在实验过程中可能对鱼体造成了应激反应。SOD、CAT 在生物体的抗氧化防御系统中占有重要地位（乔秋实等，2011），通过清除活性氧自由基来使机体达到新的平衡状态，从而维持机体正常的新陈代谢。

GSH-PX 同 SOD、CAT 一样，属于抗氧化物酶，其在清除细胞中 H_2O_2 方面与 CAT 相似，在温度胁迫后，机体处于应激状态，且产生大量活性氧自由基，GSH-PX 则以 GSH 为底物，进而催化 H_2O_2 和氢过氧化物降解。随后，H_2O_2 被降解为水，而氢过氧化物则被降解为醇类。银鲳肝脏中 GSH-PX 仅在低温组出现波动变化，这与宋志明等（2015）研究低温胁迫对点篮子鱼幼鱼肝脏抗氧化酶活性及丙二醛含量的影响的结论不同，原因可能是银鲳 CAT 的活力在 24 h 不足以清除过多的活性氧自由基及 H_2O_2，机体调动 GSH-PX 参与抗氧化的调节，48 h 时在 SOD、CAT、GSH-PX 共同作用下，清除了机体过多的自由基和 H_2O_2，使得银鲳幼鱼的新陈代谢达到了新的动态平衡。在血清中，低温组 GSH-PX 呈现升高趋势，表明低温胁迫已启动了 GSH-PX 参与抗氧化防御系统；而高温组出现下降趋势，表明银鲳幼鱼在高温胁迫后 SOD 与 CAT 足以清除过多的自由基和 H_2O_2。

T-AOC 也属于抗氧化酶，在银鲳肝脏和血清中，各处理组均出现 T-AOC 含量下降趋势，这说明，温度胁迫对银鲳幼鱼造成了应激反应。因此，抗氧化物质减少以抵抗氧化反应带来的损伤，这与冯广朋等（2012）研究温度对中华鲟幼鱼代谢酶和抗氧化酶活性的影响的结果相似。

MDA 是细胞膜脂过氧化作用的产物之一，它的产生能加剧膜的损伤（王伟等，2012）。因此，MDA 产生数量的多少能够代表膜脂过氧化的程度，也可间接反映组织细胞受自由基攻击的严重程度，进而检测其抗氧化能力的强弱。低温组银鲳肝脏和血清中 MDA 均在 12 h 出现下降趋势，而 SOD 与 CAT 在 12 h 上升，这说明低温胁迫对机体造成了氧化损伤，因此，机体通过大量生成 SOD 和 CAT 来抵抗过量的自由基；高温组亦是出现了相同的趋势。这与王伟等（2012）研究急性温度胁迫对太平洋鳕仔稚鱼成活率、生理生化指标的影响结果中 MDA 变化趋势不同，这可能与鱼类的物种及应激时间、温度等不同有关。

2. 免疫力

温度胁迫下血清溶菌酶（LZM）的变化如图 5-19 所示，温度胁迫对于银鲳幼鱼血清中溶菌酶的活力变化无显著性影响，各处理组之间均无显著性差异（$P>0.05$）。仅 22 ℃处理组到 24 h 时出现上升趋势，但与其他组差异不显著（$P>0.05$）。

温度胁迫下血清免疫球蛋白 M（IgM）的变化如图 5-19 所示，22 ℃处理组随着时间的延长，血清 IgM 出现先升高后降低，然后又升高的趋势；32 ℃处理组则出现先降后升的趋势，12 h 降低到最低值，之后随着时间的推移上升，48 h 的含量高于起始含量值；对照组（27 ℃）含量则不随时间的变化而变

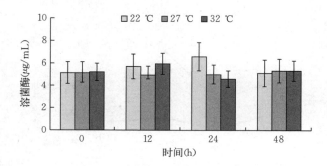
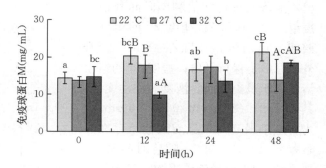

图 5-19　温度胁迫对银鲳幼鱼血清溶菌酶活力与免疫球蛋白 M 含量的影响

不同小写字母表示同一实验组不同时间的差异显著（$P<0.05$），不同大写字母表示同一时间段内不同实验组之间差异显著（$P<0.05$）

（谢明媚等，2015）

化，差异不显著（$P>0.05$）。不同实验组在同一时间出现显著差异（$P<0.05$）。12 h 32 ℃处理组与其余两组差异显著（$P<0.05$）。48 h 时 22 ℃处理组与对照组（27 ℃）差异显著（$P<0.05$）。

LZM 是非常重要的免疫因子，它能水解革兰氏阳性菌细胞壁中 N-乙酰胞壁酸之间的 B-1,4 糖苷键（王吉桥等，2009），从而破坏细胞壁中的肽聚糖，使细菌细胞崩解。鱼体受到急性应激时，肝受损，血清中 LZM 活力会显著上升（何杰等，2014）。银鲳在各个实验组间的差异均不显著，这与孙学亮等（2010）研究急性温度胁迫对半滑舌鳎血液指标的影响中的结果不同：温度胁迫后，半滑舌鳎血清中 LZM 含量升高，形成了一种保护机制。这可能与鱼的物种有关，也可能是胁迫时间短，在急性应激条件下，银鲳幼鱼肝脏损伤小，故血清中 LZM 水平增加不明显。

IgM 是硬骨鱼体内一种重要免疫球蛋白（何杰等，2013）。因此 IgM 的含量的多少，通常被认为是评价鱼体免疫应答反应的重要指标。银鲳在低温处理组银鲳血清中 IgM 先升后降的变化趋势与何杰等（2014）研究低温胁迫对罗非鱼血清 IgM 影响结果不同：当水温由 26 ℃降到 20 ℃时，罗非鱼血清 IgM 水平上升。Klesius（1990）发现，温度变化对斑点叉尾鲴血清 IgM 水平无影响。银鲳在高温处理组的结果则反之，随着时间的延长，IgM 含量先降低后升高，与 Domingueza et al（2004）对尼罗罗非鱼进行高温胁迫实验结果有差异：随着温度升高，尼罗罗非鱼 IgM 含量下降。而侯亚义等（2001）在对虹鳟研究报道中发现，随着温度的升高，IgM 的含量升高。上述研究结果的不同，可能是与鱼类的物种不同有关。

综上所述，在急性温度胁迫下，银鲳幼鱼的消化、代谢系统、血液循环系统、渗透压调节能力、抗氧化能力及免疫力等方面均受到了不同程度的损伤，因此在实际生产操作中，应尽量避免急性温度胁迫，或降低胁迫的时间和频率等，以保证银鲳幼鱼的健康生长。

第二节　银鲳对盐度变化的生理响应

在海水养殖中，盐度对鱼类胚胎发育、仔稚幼鱼的生长和存活均起到至关重要的作用。盐度通过影响鱼类机体的渗透调节耗能、关键营养素组成、消化酶和抗氧化酶的活力大小、免疫相关因子含量等指标，进而影响机体对渗透压的调节、食物的消化吸收和对病害的抵抗能力，并最终影响鱼类的生长和存活。因此，盐度对鱼类组织生理生化的影响，一直以来是该领域的热点研究内容之一。本节主要从银鲳渗透压调节、组织抗氧化能力以及消化酶活力等层面揭示其在应对盐度变化过程中的生理响应。

一、渗透压及其调节因子的变化

1. 血清渗透压

不同盐度条件下银鲳幼鱼血清渗透压随时间变化情况如图 5-20 所示。盐度 14 的组血清渗透压 0～24 h 显著减小（$P<0.05$），而后基本保持稳定，其中 24 h 的（270.7 ± 11.0）mOsm/kg 为该实验最低

值，显著低于初始值和同时间其他盐度组（$P<0.05$）；盐度 25 的组（对照组）血清渗透压除在 48 h 有跃升外，总体上保持平稳；盐度 36 的组血清渗透压呈上升而后恢复的波动变化，其 48 h 的（379.3 ± 20.8）mOsm/kg 为各组中最高点，且与其他组存在显著差异（$P<0.05$）。随着时间延长，盐度 36 的组血清渗透压始终高于盐度 14 的组和对照组，且都显著高于盐度 14 的组（$P<0.05$）；盐度 25 的组（对照组）始终处于中间位置，并显著高于盐度 14 的组（$P<0.05$），在 8 h 和 48 h 时显著低于盐度 36 的组（$P<0.05$）；盐度 14 的组一直显著低于其他盐度组（$P<0.05$）。

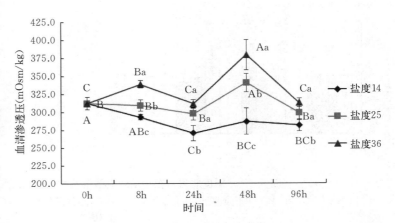

图 5-20　盐度对银鲳幼鱼血清渗透压的影响

不同大写字母表示同一盐度组中存在显著差异（$P<0.05$），不同小写字母表示同一时间点中存在显著差异（$P<0.05$）

（施兆鸿等，2013）

　　硬骨鱼类在对盐度适应过程中，血清渗透压会与盐度呈正相关的变化，随即刺激渗透压调节机制运行，将渗透压变化控制在一定范围内，然后逐渐恢复（田相利等，2011）。例如，褐牙鲆、军曹鱼和半滑舌鳎幼鱼血清渗透压随盐度降低而出现不同程度的下降，并有波动变化，6 d 后趋于稳定（潘鲁青等，2006；徐力文等，2007；田相利等，2011）。银鲳幼鱼血清渗透压变化也和盐度呈正相关，并出现波动变化，96 h 时各盐度组血清渗透压均有恢复正常的趋势，与上述海水鱼类结果类似。盐度胁迫下，银鲳幼鱼血清渗透压变化范围为 271～379 mOsm/kg，而河海洄游鱼类俄罗斯鲟渗透压变化范围为 248～354 mOsm/kg（屈亮等，2010），海水广盐性鱼类军曹鱼为 293～399 mOsm/kg（徐力文等，2007），银鲳是河口洄游性鱼类，因此，血清渗透压变化介于两者之间。

2. 鳃离子调节酶

　　随时间的延长，不同盐度下 Na^+/K^+-ATP 酶（NKA）活力变化如图 5-21 所示。盐度 14 的组 NKA 活力变化呈上升后恢复的波浪形，在 8 h 与 48 h 时出现两个峰值，且峰值显著高于其他值（$P<0.05$），其中 48 h 为各组中最高；盐度 25 的组 NKA 活力在 24 h 时达到最高值，然后回落，峰值与谷值存在显著差异（$P<0.05$）；盐度 36 的组 NKA 活力呈上升趋势，24 h、48 h 和 96 h 值显著高于初始值（$P<0.05$）。各个时间点中，8 h 与 48 h 时 14 盐度组出现峰值，且显著高于其他盐度组（$P<0.05$），盐度 25 与 36 的组的峰值点分别也显著高于此时的最低值（$P<0.05$）。

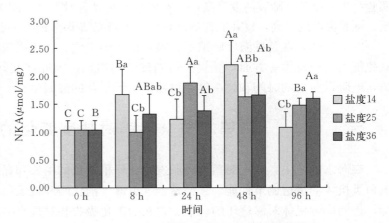

图 5-21　盐度对银鲳幼鱼鳃 NKA 活力的影响

不同大写字母表示同一盐度组中存在显著差异（$P<0.05$），不同小写字母表示同一时间点中存在显著差异（$P<0.05$）

（张晨捷等，2013）

　　Eddie et al（2002）和 Lin et al（2006）认为广盐性硬骨鱼类可分为"高渗环境高 NKA 活性"和"低渗环境高 NKA 活性"两种类型，以区分不同盐度条件下海水硬骨鱼类 NKA 活力的变化情况。"高渗环境高 NKA 活性"鱼类，例如大菱鲆（Albert et al，2003）、金头鲷（Juan et al，2002）、茉莉花鳉

（Yang et al，2009）、大西洋鳕（Larsen et al，2012）以及漠斑牙鲆（Christian et al，2008），这些鱼类鳃 NKA 活力或 NKAα 基因表达与环境盐度呈正相关。而"低渗环境高 NKA 活性"鱼类相关报道如：鲻幼鱼 NKA 活力在盐度 33 时最低（于娜等，2011）；条石鲷 NKA 活力在盐度 8 和 38 时都高于盐度 28 时（孙鹏等，2010）；大底鳉幼鱼鳃 NKA 基因表达最高点出现在盐度 0.5，最低点在盐度 12（Joshua et al，2012）；赤鲷仔鱼的 NKA mRNA 表达在盐度 24 时显著强于盐度 34 时（Andrew et al，2011）。

银鲳幼鱼鳃 NKA 活力在三种盐度下总体呈先上升后恢复的变化，其最高点为盐度 14、48 h 时，而高盐度组（盐度 36）NKA 活性上升则较为平缓。尹飞等（2011）研究显示，在盐度 20、盐度 15 的低盐度胁迫下，银鲳幼鱼鳃 NKA 活力变化与此相同，而且盐度 20、盐度 15 出现各组的最高、次高值。因此，银鲳可能属于"低渗环境高 NKA 活性"鱼类。对照组银鲳在 24 h 时也出现了较高峰值，NKA 活力与 GH、PRL 的关联式中均包含此点，一方面 PRL 浓度在此时为最低值，可能导致 NKA 活力增高；另一方面，稳定盐度下幼鱼渗透压调节可能存在着波动周期。

随着时间推移，不同盐度下银鲳幼鱼鳃泡膜质子泵（V - H⁺ - ATPase，VHA）活力变化情况如图 5 - 22 所示。盐度 14 的组 VHA 活力呈现上升后回落的变化趋势，在 48 h 时出现峰值，且是各组中的最高值，与其他值差异显著（P＜0.05）；盐度 25 的对照组 VHA 活力变化不显著（P＞0.05），基本上保持平稳；盐度 36 的组 VHA 活力变化呈下降而后恢复的趋势，8 h 出现谷值且为该实验最低值，8 h、24 h 和 48 h 的值显著低于 96 h 的值（P＜0.05）。在各时间点中，盐度 14 的组 VHA 活力始终最大，在 8 h 和 48 h 时显著高于其他组（P＜0.05），24 h 时盐度 36 的组 VHA 活力显著低于盐度 14 的组（P＜0.05）。

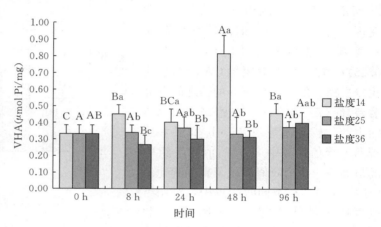

图 5 - 22　盐度对银鲳幼鱼鳃 VHA 活力的影响
不同大写字母表示同一盐度组中存在显著差异（P＜0.05），不同小写字母表示相同时间内存在显著差异（P＜0.05）
（施兆鸿等，2013）

在硬骨鱼类渗透压调节中，VHA 是仅次于 NKA 的主要离子调节酶，在低渗环境中其作用尤为重要（Shigehisa et al，2003；Hwang et al，2007；Masahiro et al，2009）。Huang et al（2010）研究显示，去离子水和盐度 10 的水体中培养的金曼龙 VHA 蛋白表达量显著高于淡水对照组，VHA 活力则是去离子水组显著高于淡水和盐度 10 的组。尖吻鲈淡水适应时 VHA 蛋白表达显著高于海水，且淡水中 H⁺ 转运效率最高（Weakleyd et al，2012）。银鲳幼鱼鳃 VHA 活力在盐度 14 的条件下显著高于对照组和盐度 36 的组，结果与上述研究报道相符，说明 VHA 在银鲳对低渗环境的适应中具有重要作用。

随时间推移，不同盐度下银鲳幼鱼鳃 Ca²⁺ - ATP 酶活力变化情况参见图 5 -23。盐度 14 的组 Ca²⁺ - ATP 酶活

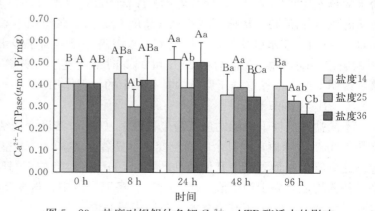

图 5 - 23　盐度对银鲳幼鱼鳃 Ca²⁺ - ATP 酶活力的影响
不同大写字母表示同一盐度组中存在显著差异（P＜0.05），不同小写字母表示相同时间内存在显著差异（P＜0.05）
（施兆鸿等，2013）

力先上升后回落，峰值出现于 24 h，显著高于初始值和 48 h、96 h 的值（$P<0.05$），且是各组中的最高值；盐度 25 的对照组 Ca^{2+}-ATP 酶活力呈波动变化，但各值间没有显著差异（$P>0.05$）；盐度 36 的组 Ca^{2+}-ATP 酶活力呈先上升后下降的变化，在 24 h 出现最高点，96 h 为最低点，两者间有显著差异（$P<0.05$）。各时间点中，8 h 和 24 h 时盐度 14 的组和盐度 36 的组 Ca^{2+}-ATP 酶活力显著高于对照组（$P<0.05$）；48 h 和 96 h 时对照组与高、低盐度组间没有显著差异（$P>0.05$）。

Ca^{2+}-ATP 酶是另一种重要的离子调节酶，为 Na^+ 和 Ca^{2+} 交换提供动力。Ca^{2+} 对维持渗透压调节的离子流和细胞离子浓度有重要影响（Tsai et al，1998）。氯细胞中 NKA 对离子的调控机制也涉及细胞对 Ca^{2+} 的吸收（Masahiro et al，2009）。盐度变化时，银鲳幼鱼鳃 Ca^{2+}-ATP 酶活力都出现显著增强，而盐度 14 比盐度 36 的变化趋势更明显。

随着时间变化，不同盐度下银鲳幼鱼鳃碳酸酐酶（CA）活力情况如图 5-24 所示。盐度 14 的组 CA 活力呈波动变化，在 24 h 和 96 h 时出现两个峰值，且两者显著高于其他时间点（$P<0.05$）；盐度 25 的对照组 CA 活力变化比较平稳，仅 8 h 和 96 h 的值之间有显著差异（$P<0.05$）；盐度 36 的组 CA 活力变化较为显著，在 24 h 和 96 h 出现两个峰值，其中 24 h 的值为各组中的最高值，两个峰值都显著高于其他值（$P<0.05$）。在不同时间点中，对照组一直处于最低位置，在 8 h、24 h 和 96 h 时，三个盐度组互相间都存在显著差异（$P<0.05$）。

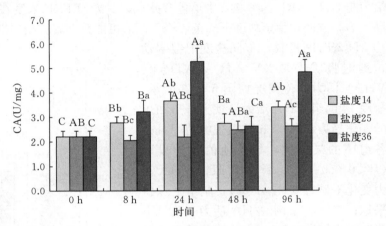

图 5-24　盐度对银鲳幼鱼鳃 CA 活力的影响
不同大写字母表示同一盐度组中存在显著差异（$P<0.05$），不同小写字母表示同一时间点中存在显著差异（$P<0.05$）
（施兆鸿等，2013）

渗透压调节中的 HCO_3^- 和 H^+ 是由 CA 水解细胞中的碳酸产生，HCO_3^- 可与 Cl^- 发生交换，也可与 Na^+ 共同转运，而 H^+ 可与 Na^+ 交换，其运转机制可能由 VHA 和 CA 共同驱动（higehisa et al，2003；Hwang et al，2007）。无论在淡水还是海水中，CA 在硬骨鱼类渗透压调节中都具有重要作用（Sattin et al，2010）。Zimmer et al（2012）将胎花鳉从淡水转入海水中驯化，其鳃 CA 活力出现显著增高。适应淡水、半咸水、海水或高盐水的莫桑比克罗非鱼，其对应鳃的 CA 活力随盐度增高而显著增强（Kültz et al，1992）。将海湾豹蟾鱼从海水（盐度 35）转移至高盐水（盐度 60）后，各组织中 CA 蛋白表达和活力都有显著增强（Sattin et al，2010）。海水驯化的舌齿鲈鳃 CA 基因表达显著高于淡水（Boutet et al，2006）。盐度 14 和盐度 36 的组银鲳幼鱼鳃 CA 活力在 24 h 和 96 h 时都出现了显著增强，而盐度 36 的组 CA 活力增强更为显著，说明 CA 在银鲳渗透压调节中具有一定的生理作用。

3. 渗透压调节激素

不同盐度条件下银鲳幼鱼血清生长激素（GH）浓度变化情况如图 5-25 所示。盐度 14 的组 GH 浓度在 48 h 出现峰值，而其余时间点变化不显著（$P>0.05$）；盐度 25 的组 GH 浓度呈波动上升趋势，在 96 h 达到峰值，显著高于其他值（$P<0.05$）；盐度 36 的组 GH 浓度在 8 h 即出现峰值，并保持较高水平，各值均显著高于初始值（$P<0.05$）。各时间点中，盐度 36 的组都为最高值，且与其他组均存在显著差异（$P<0.05$），其中 8 h 值为各组中最高值。

不同盐度条件下银鲳幼鱼血清胰岛素样生长因子 I（IGF-I）浓度变化情况见图 5-26。盐度 14 的组 IGF-I 浓度呈上升后恢复的变化，峰值出现在 24 h，8 h 和 24 h 时的值显著高于其他值（$P<0.05$），且 24 h 时的值为各组最高值；盐度 25 的组 IGF-I 浓度呈波动上升趋势，最高值出现在 96 h，

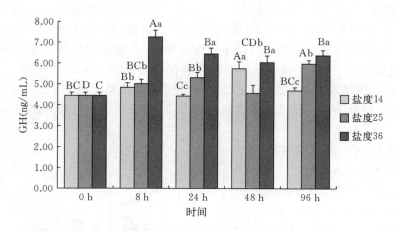

图 5 - 25　盐度对银鲳幼鱼血清 GH 浓度的影响

不同大写字母表示盐度组中存在显著差异（$P<0.05$），不同小写字母表示时间组中存在显著差异（$P<0.05$）

（张晨捷等，2013）

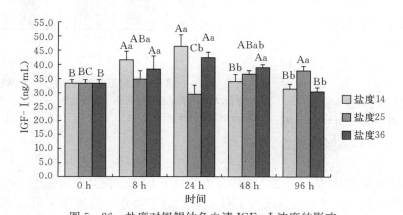

图 5 - 26　盐度对银鲳幼鱼血清 IGF - I 浓度的影响

不同大写字母表示盐度组中存在显著差异（$P<0.05$），不同小写字母表示时间组中存在显著差异（$P<0.05$）

（张晨捷等，2013）

与初始值有显著差异（$P<0.05$）；盐度 36 的组 IGF - I 浓度上升后恢复，峰值为 24 h，峰值显著高于 0 h 和 96 h 值（$P<0.05$）。随着时间延长，低盐度（14）和高盐度（36）组 IGF - I 浓度都呈上升后恢复变化，8 h 与 24 h 时显著高于对照（25）组（$P<0.05$），48 h 后低盐度组 IGF - I 浓度下降较多，96 h 时对照组 IGF - I 浓度显著高于低盐度和高盐度组。

GH 和 IGF - I 内分泌体系对于鲑科鱼类的幼鱼在海水适应方面有着十分重要的作用，具有增加氯细胞数量和体积，增强 NKA 活力的作用（Takashi et al，2012；Takahiro et al，2012；Anja et al，2006）。其他鱼类，例如，在平鲷的离体培养实验中，GH 和 IGF - I 处理都能使鳃 NKAα 和 β 亚基转录产物以及 NKA 活力显著增加（Eddie et al，2005）；GH 能增加条纹石鮨鳃的 NKA 活力（Madsen et al，1996）；对高环境的适应也可以促进金头鲷、欧洲鳗鲡、尼罗罗非鱼和斑点叉尾鮰等鱼类的 GH 分泌（Juan et al，2002；Breves et al，2010；Katherine et al，2003）；另外，高盐度可以诱导巴南牙鲆 *GH* 和 *IGF* - I mRNA 的表达量增加（Karina et al，2009）。银鲳幼鱼盐度 36 的组的血清 GH 浓度一直保持着较高水平，与上述情况大致相同；对照组 25 与盐度 14 的组也分别出现了一个峰值，盐度 14 的峰值可能与低盐度促进渗透压调节有关，而对照组峰值则可能是正常生长时生长激素浓度的波动。Breves et al（2010）也发现淡水与半咸水培养的莫桑比克罗非鱼血清 GH 浓度差异不大，而从半咸水转移到淡水或海水中，GH 浓度都会略微下降。

盐度 14 的组和盐度 36 的组银鲳血清 IGF-Ⅰ浓度都呈现先上升后恢复的变化。这与 Karl et al (2010) 研究发现淡水或海水转换都能提高霍氏萨罗罗非鱼鳃 IGF-Ⅰ mRNA 表达的结果类似。而 Christian et al (2008) 研究显示，漠斑牙鲆淡水适应时 IGF-Ⅰ血清浓度及肝脏中 IGF-Ⅰ mRNA 表达的增加比海水适应时更显著。Riley et al (2003) 开展的莫桑比克罗非鱼淡水适应实验也出现了血清 GH 与 IGF-Ⅰ浓度增加的情况。Sameh et al (2007) 研究发现莫桑比克罗非鱼淡水适应时血清 IGF-Ⅰ浓度增加，海水适应时肝脏 IGF-Ⅰ mRNA 表达增加。说明 IGF-Ⅰ对低盐度适应的渗透压调节可能也具有调控作用。

不同盐度下银鲳幼鱼血清催乳素 (PRL) 浓度变化情况参见图 5-27。盐度 14 的组 PRL 浓度呈上升后恢复的变化，峰值出现在 24 h 且是各组最高值，8 h 和 24 h 显著高于其他值（$P<$ 0.05）；盐度 25 的组 PRL 浓度呈波动起伏，8 h、48 h 和 96 h 值显著高于 0 h 和 24 h 值（$P<0.05$）；盐度 36 的组与对照组（25）变化趋势类似，8 h、24 h 和 96 h 值显著高于 0 h 和 48 h 值（$P<0.05$）。在不同时间点中，盐度 14 的组都是最高值，其中 8 h、24 h 和 48 h 时显著高于其他盐度组（$P<$ 0.05）；盐度的 25 组的变化快于盐度 36 的组，两组在 24 h 和 48 h 时有显著差异（$P<0.05$）。

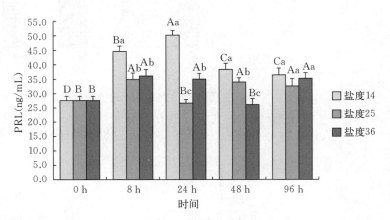

图 5-27　盐度对银鲳幼鱼血清 PRL 浓度的影响

不同大写字母表示盐度组中存在显著差异（$P<0.05$），不同小写字母表示时间组中存在显著差异（$P<0.05$）

（张晨捷等，2013）

低渗透压环境能刺激 PRL 基因表达、垂体合成并分泌 PRL，使其在血浆中浓度增加，并降低鳃氯细胞对体内离子的排除作用。对金头鲷注射 PRL，无论处于海水（盐度 40）还是微咸水（盐度 5）条件下，都能显著降低其 NKA 活性（Juan et al，2002）。圆斑星鲽在低盐度环境下脑垂体 PRL 细胞体积显著增大（Toshihiro et al，2004）。淡水与半咸水中生存的萨罗罗非鱼 PRL mRNA 表达显著高于海水和高盐水（Tine et al，2007）。莫桑比克罗非鱼淡水适应可以增加血清 PRL 浓度和垂体 PRL mRNA 表达（Riley et al，2003；Sameh et al，2007）。

盐度 14 的组的银鲳幼鱼血清 PRL 浓度始终为各盐度组中最高，且在 8 h、24 h 和 48 h 时显著高于其他盐度组，与上述情况基本类似。另外，Tomy et al (2009) 将黑鲷从海水转入淡水，PRL mRNA 表达显著增强，而从淡水转移至海水，其表达也略有提高。银鲳血清 PRL 浓度在对照组（25）和盐度 36 的组也略有起伏波动，与之相似。

4. 血清渗透压与离子调节酶的相关性

血清渗透压与 VHA 活力的相关性参见图 5-28。血清渗透压与 VHA 活力的相关性公式为：$Y=-2.131X+1.059$，X 为血清渗透压，Y 为 VHA 活力，可靠性 $R^2=0.212$，R（Pearson correlation）$=-0.462$，P（2-tailed）$=0.003<0.01$，可见两者呈极显著的负相关性。其中，低盐度适应（盐度 25 至 14）时，血清渗透压与 VHA 活力相关性检验：R（Pearson correlation）$=-0.392$，P（2-tailed）$=0.043<0.05$，呈显著负相关；高盐度适应（盐度 25 至 36）时，相关性检验：R（Pearson correlation）$=-0.370$，P（2-tailed）$=0.057>0.05$，相关性不显著。

血清渗透压与 CA 活力的相关性如图 5-28 所示。低盐度适应（盐度 25 至 14）时，血清渗透压与 CA 活力的相关性公式为：$Y=-16.42X+7.584$，X 为血清渗透压，Y 为 CA 活力，可靠性 $R^2=0.421$，R（Pearson correlation）$=-0.649$，P（2-tailed）$=0.00025<0.01$，两者呈极显著负相关。

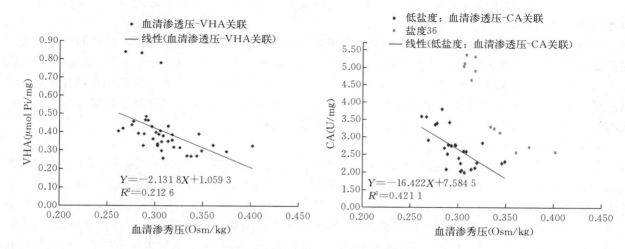

图5-28 银鲳幼鱼血清渗透压调节与离子调节酶活力的相关性

盐度14和盐度25的组血清渗透压与鳃CA活力的相关性

（施兆鸿等，2013）

而高盐度适应（盐度25至36）时，血清渗透压与CA活力的相关性检验：R（Pearson correlation）= -0.090，P（2-tailed）$=0.656>0.05$，两者相关性不成立。另外，两个指标的总体相关性（$R=$ -0.126，$P=0.446>0.05$）也不成立。

分析实验数据，未得出血清渗透压与 $Ca^{2+}-ATP$酶活力的相关性（$P=0.215>$ 0.05），其中低盐度适应 $R=-0.280$，$P=0.158>0.05$；高盐度适应 $R=0.091$，$P=0.652>0.05$。低盐度组（14）血清渗透压与 $Ca^{2+}-ATP$酶活力随时间变化的趋势见图5-29。在盐度14的组中，血清渗透压先下降而后恢复平稳，谷值出现于24h，$Ca^{2+}-ATP$酶活力则是先上升而后下降，峰值也出现于24h，从图可知，两者的变化趋势基本相反。

为适应不同盐度环境，硬骨鱼类具有高效的渗透压、离子调控机制，以维持体内水分及液体动态平衡。根据外部环境的

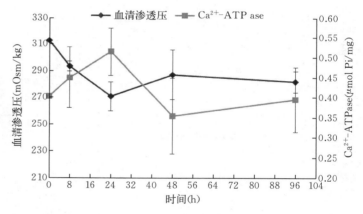

图5-29 银鲳幼鱼14盐度组血清渗透压与 $Ca^{2+}-ATP$酶活力对比

（施兆鸿等，2013）

盐度，其渗透压调节分为两种截然不同的模式：高渗和低渗调节（Hwang et al，2007）。血清渗透压代表着硬骨鱼类内部渗透压情况，在外界盐度变化时，起初血清渗透压会随之迅速升高或降低，然后逐渐向初始状态恢复，整个生理过程受渗透压调节机制的影响（Handeland et al，2003）。

银鲳幼鱼血清渗透压与鳃VHA活力呈极显著负相关，其中低盐度适应（盐度25至14）的相关性要优于高盐度适应（盐度25至36）。对斑马鱼胚胎发育的研究发现，离子运输细胞按转运因子划分，可包括 $H^+-ATPase-rich$、$Na^+/K^+-ATPase-rich$ 等型，其中 $H^+-ATPase-rich$ 型富含VHA，在低渗环境下具有吸收 Na^+ 的能力（Masahiro et al，2009；Hwang et al，2013）。银鲳VHA的相关结果与之相符。$Na^+/K^+-ATPase-rich$ 型细胞中有20%～30%具有 Ca^{2+} 通道的表达，显示 Ca^{2+} 的转运在渗透压调节中也具有一定地位（Hwang et al，2013）。银鲳在高盐度或低盐度适应时血清渗透压与 $Ca^{2+}-ATP$酶的相关性并不显著，但 $Ca^{2+}-ATP$酶活力在盐度改变时都出现了增强，盐度14时血清渗

透压与 Ca^{2+} - ATP 酶的变化呈基本相反趋势，说明 Ca^{2+} - ATP 酶在高渗和低渗调节中都发挥作用，且两者的调节机制不同。

另外，低渗环境下，硬骨鱼类需要从水体中摄入 Na^+ 并排出 H^+，同时摄入 Cl^- 排出 HCO_3^-，此过程需要 CA 与 VHA 协同驱动；高渗环境下，对于 Na^+ 的排出，Na^+/HCO_3^- 共转运子也起到一定作用，其动力则来源于 CA 和 NKA（Hwang et al，2007，2013）。银鲳 CA 活力与血清渗透压在低盐度适应时呈极显著负相关，高盐度适应时相关性不成立。可见当盐度降低，银鲳血清渗透压下降时 CA 活力会随之增强，而盐度升高时，影响 CA 活力变化的因素则较为复杂。

5. NKA 与渗透压调节激素间的关联分析

NKA 活力与 GH 浓度的相关性如图 5 - 30 所示。低盐度适应时（盐度 14 的组与盐度 25 的对照组），NKA 活力与 GH 浓度相关性公式为 $Y=0.770X+3.759$，X 为 NKA 活力，Y 为 GH 浓度，可靠性 $R^2=0.469$，R（Pearson correlation）$=0.685$，P（1 - tailed）$=1.1\times10^{-4}<0.01$，可见两者呈极显著的正相关性（$P<0.01$）。其中对照组在 96 h 时 GH 浓度偏高，未计算在内；若将该值计算在内，R（Pearson correlation）$=0.535$，P（1 - tailed）$=0.002$，$R^2=0.286$，依然极显著相关，但可靠性较低。高盐度适应时（盐度 36 的组与盐度 25 的对照组），NKA 活力与 GH 浓度相关性检验：R（Pearson Correlation）$=0.180$，P（1 - tailed）$=0.184>0.05$，两者相关性不成立。

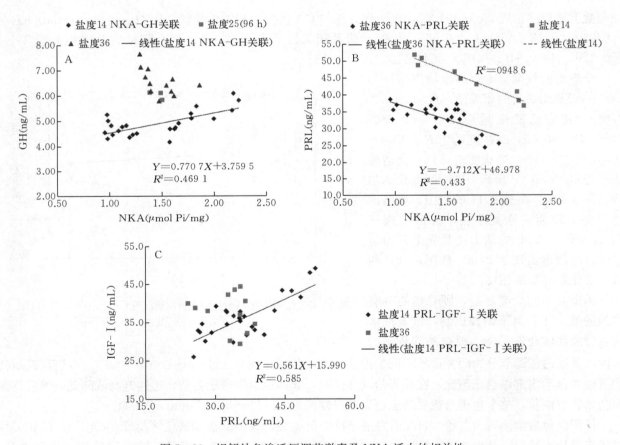

图 5 - 30　银鲳幼鱼渗透压调节激素及 NKA 活力的相关性

A. 盐度 14 的组与盐度 25 的组鳃 NKA 活力与血清 GH 浓度的相关性　B. 盐度 36 的组和盐度 25 的组鳃 NKA 活力与血清 PRL 浓度的相关性　C. 盐度 14 的组和盐度 25 的组血清 PRL 与 IGF - I 浓度的相关性

（张晨捷等，2013）

NKA 活力与 PRL 浓度的关联如图 5 - 30 所示。高盐度适应时（盐度 36 的组和盐度 25 的对照组），两者相关性方程为 $Y=-9.712X+46.978$，X 为 NKA 活力，Y 为 PRL 浓度，可靠性 $R^2=0.433$，R

（Pearson correlation）$=-0.658$，P（1 - tailed）$=1.9\times10^{-4}<0.01$，两者呈极显著负相关（$P<0.01$），其中也包括盐度 14 的组（96 h）。低盐度适应时（盐度 14 的组和盐度 25 的对照组），NKA 活力与 PRL 浓度相关性检验：R（Pearson correlation）$=-0.205$，P（1 - tailed）$=0.168>0.05$，两者相关性不成立。

另外，分析得出了 PRL 与 IGF-I 浓度的相关性（图 5 - 30）。低盐度适应时（盐度 14 的组和盐度 25 的对照组），两者相关性公式为 $Y=0.561X+15.990$，X 为 PRL 浓度，Y 为 IGF-I 浓度，可靠性 $R^2=0.585$，R（Pearson correlation）$=0.765$，P（1 - tailed）$=1.7\times10^{-6}<0.01$，可见两者呈极显著正相关（$P<0.01$）。高盐度适应时（盐度 36 的组与盐度 25 的对照组），PRL 与 IGF-I 浓度相关性检验：R（Pearson correlation）$=0.173$，P（1 - tailed）$=0.194>0.05$，两者相关性不成立。而将所有盐度点进行相关性检验：R（Pearson correlation）$=0.519$，P（1 - tailed）$=3.6\times10^{-4}<0.01$，依然呈极显著相关，其可靠性 $R^2=0.269$。

IGF-I 是介导 GH 作用的重要媒介，但分析数据后得出，血清 IGF-I 与 GH 浓度（低盐适应 $R=-0.208$，$P=0.149$；高盐适应 $R=0.345$，$P=0.078$）、血清 IGF-I 浓度与 NKA 活力（低盐适应 $R=-0.126$，$P=0.265$；高盐适应 $R=-0.189$，$P=0.173$）的相关性很低（$P>0.05$），盐度 36 的组的三者变化趋势对比见图 5 - 31。36 盐度组，GH 的波峰出现于 8 h，比 IGF-I 的 24 h 略早。NKA 活力与 IGF-I 浓度在 0 h 至 24 h 时变化趋势基本一致，IGF-I 浓度在 24 h 到达波峰后下降，NKA 活力则到 48 h 后略微下降。

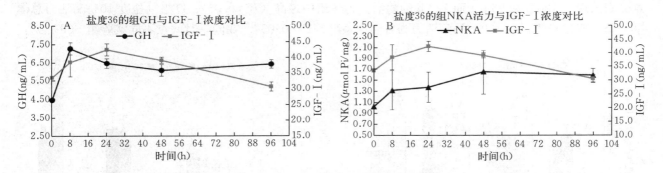

图 5 - 31　银鲳幼鱼盐度 36 的组 IGF-I 浓度与 GH 浓度、NKA 活力对比
A. 血清 GH 与 IGF-I 浓度变化曲线对比　B. 鳃 NKA 活力与血清 IGF-I 浓度变化曲线对比
（张晨捷等，2013）

已知硬骨鱼类至少存在两种氯细胞，即海水型 α 氯细胞和淡水型 β 氯细胞，从超微结构上看，这两种氯细胞应该是同种氯细胞在不同阶段的变型，但功能上差异极大（Shigehisa et al，2003）。盐度变化促使激素分泌，而后与下游受体结合后，对氯细胞及其胞内各种通道蛋白和 ATP 酶的状态产生调控作用。在向高盐度或低盐度适应时，硬骨鱼类应是有不同的激素调控机制进行渗透压调节。另外，各种渗透压调节激素间还存在相互作用，如 GH 和 IGF-I 有介导补充关系，GH 与 PRL 则有拮抗作用（Riley et al，2003，Eddie et al，2009）。

在盐度 14 和盐度 25 时，银鲳血清 GH 与 NKA 活力呈显著正相关，但盐度 25 在 96 h 时除外，此时盐度 25 的组 GH 浓度处于峰值，可能为正常生长的波动。盐度 36 的组 GH 浓度一直处于高位，最低值 48 h 与对照组 96 h 相近，可见两者关联性中 GH 浓度存在最高阈值，超过此阈值，GH 浓度增高对 NKA 活力影响降低。

Tine et al（2007）对西非不同水体中萨罗罗非鱼的调查发现，垂体 PRL mRNA 表达与环境盐度呈显著负相关。Jeanette et al（2007）将莫桑比克罗非鱼置于不同盐度水体中，发现鳃 NKA 活性与血清渗透压呈显著正相关，而血清渗透压又与环境盐度呈显著正相关。银鲳幼鱼盐度 36 的组和盐度 25 的组血清 PRL 浓度与 NKA 活力呈极显著负相关，与上述研究有类似之处。盐度 14 的组和盐度 25 的组银鲳血清 PRL 与 IGF-I 浓度间有极显著正相关，由此推测 PRL 与 IGF-I 有一定拮抗作用，盐度 14 的组银鲳 IGF-I 浓度在初期显著增高，使血清 PRL 与 NKA 活性关联性改变。盐度 14 的组初期银鲳血清 PRL 浓度与 NKA 活力在 PRL 浓度更高的位置几乎呈线性排列，且与关联趋势线近似平行，因此推测 IGF-I 浓度增高导致 PRL 需在更高浓度下对 NKA 产生作用，在 96 h 时 IGF-I 浓度最低，PRL 在 96 h 又包含于关联中。银鲳血清 PRL 与 IGF-I 浓度整体呈极显著正相关，但是在高盐度时，两者相关性并不成立，究其原因，IGF-I 是典型高盐度调节激素，盐度 36 的组在 24 h 时呈现峰值，而 PRL 为最重要的低盐度调节激素，高盐度对其影响较小，不出现峰值。

Takahiro et al（2012）对马苏大麻哈鱼幼鱼入海变态的研究发现，血清 IGF-I 浓度与鳃 NKA 活力呈极显著正相关。Riley et al（2003）发现不同盐度下，莫桑比克罗非鱼生长激素与 IGF-I mRNA 表达都与体重有显著相关性，但未得出两者间的关联性。对于银鲳 IGF-I 与生长激素、NKA 的关联性，根据盐度 36 时三者的变化趋势，似乎它们在时间上存在着某种关联，但尚待进一步研究确定。

二、低盐度胁迫下抗氧化酶活力的变化

1. SOD 活力变化

随着盐度的逐步下降和处理时间的不断延长，肝脏 SOD 的活力变化见图 5-32。同一实验组不同时间点 SOD 活力情况：A 组（对照，盐度 25）各时间点的酶活力变化不显著（$P > 0.05$）；B 组（盐度 20）酶活力呈逐步下降的趋势（$P > 0.05$）；C 组（盐度 15）酶活力呈波动变化的趋势，最高点和最低点分别出现于 120 h 和 96 h，而 120 h 的酶活力为各组中最高（$P > 0.05$）；D 组（盐度 10）酶活力总体呈下降的变化趋势，在 120 h 的酶活力为各组中最低（$P < 0.05$）。在同一时间点不同实验组 SOD 活力

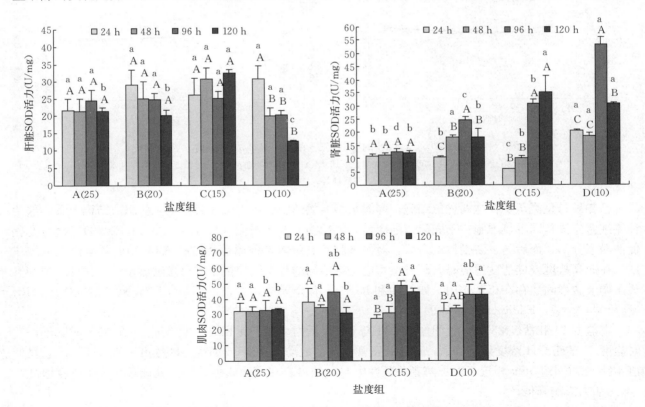

图 5-32　不同盐度对银鲳幼鱼肝脏、肾脏与肌肉 SOD 活力的影响

不同小写字母表示同一时间点不同盐度之间存在显著性差异（$P < 0.05$）；不同大写字母表示同一盐度不同时间点间存在显著性差异（$P < 0.05$）

（尹飞等，2011）

情况：随着盐度的降低，24 h 和 120 h 酶活力呈不规则变化趋势，两者的最高点分别出现于 D 组（$P>$ 0.05）和 C 组（$P<0.05$）；48 h 和 96 h 酶活力均呈先升后降的变化趋势（$P>0.05$），且两者酶活力的最高点和最低点均分别出现于 C 组和 D 组。

肾脏 SOD 活力变化见图 5-32。同一实验组不同时间点 SOD 活力情况：A 组（对照，盐度 25）各时间点的酶活力变化不显著（$P>0.05$）；B 组（盐度 20）酶活力呈先升后降的趋势，最高点和最低点分别出现于 96 h 和 24 h（$P<0.05$）；C 组（盐度 15）酶活力呈逐步升高的趋势（$P<0.05$）；D 组（盐度 10）酶活力呈波动变化趋势，酶活力的最大值出现于 96 h（$P<0.05$）。在同一时间点不同实验组 SOD 活力情况：随着盐度的降低，24 h 和 48 h 酶活力呈不规则变化趋势，但其中最大值均出现于 D 组（$P<0.05$）；96 h 酶活力呈逐步升高的趋势（$P<0.05$），且其中 D 组酶活力为各组中最高（$P<0.05$）；而 120 h 酶活力呈先升后降的变化趋势，酶活力最高值出现在 96 h（$P<0.05$）。

肌肉 SOD 的活力变化见图 5-32。同一实验组不同时间点 SOD 活力情况：A 组和 B 组中，各时间点的酶活力变化不显著（$P>0.05$）；在 C 组和 D 组中，随时间的推移，酶活力均呈先升后降的变化趋势，最高值和最低值均分别出现于 96 h 和 24 h（$P<0.05$）。同一时间点不同实验组 SOD 活力情况：随着盐度的降低，除 96 h 酶活力呈先升后降的变化趋势外，其余 3 个时间点均呈波动变化趋势，但 24 h 和 48 h 酶活力的最大值均出现于 B 组（$P>0.05$），而 96 h 和 120 h 酶活力的最大值均出现于 C 组（$P<0.05$）。

2. CAT 活力变化

随着盐度的逐步下降和处理时间的不断延长，肝脏 CAT 的活力变化见图 5-33。同一实验组不同

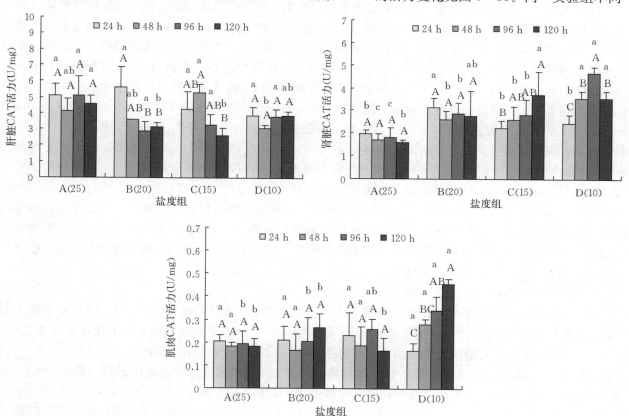

图 5-33　不同盐度对银鲳幼鱼肝脏、肾脏与肌肉 CAT 活力的影响

不同小写字母表示同一时间点不同盐度之间存在显著性差异（$P<0.05$）；不同大写字母表示同一盐度不同时间点间存在显著性差异（$P<0.05$）

（尹飞等，2011）

时间点 CAT 活力情况：A 组（对照，盐度 25）各时间点的酶活力变化不显著（$P>0.05$）；B 组（盐度 20）（$P<0.05$）和 D 组（盐度 10）（$P>0.05$）酶活力均呈先降后升的变化趋势，但两者酶活力的最高点（24 h，24 h）和最低点（96 h，48 h）却有所异同，B 组 24 h 的酶活力为各组中最高；而 C 组（盐度 15）酶活力呈现先升后降的趋势，最高点和最低点分别出现于 48 h 和 120 h，其中 120 h 的酶活力为各组中最低（$P<0.05$）。在同一时间点不同实验组 CAT 活力情况：随着盐度的降低，24 h 的酶活力呈先升后降的变化趋势（$P>0.05$）；48 h 的酶活力呈波动变化趋势（$P<0.05$）；而 96 h（$P<0.05$）和 120 h（$P<0.05$）的酶活力均呈先降后升的变化趋势，两者酶活力的最高点均出现于 A 组，最低点分别出现于 B 组、C 组。

肾脏 CAT 的活力变化见图 5 - 33。同一实验组不同时间点 CAT 活力情况：A 组和 B 组中，各时间点的酶活力变化不显著（$P>0.05$）；C 组酶活力呈逐步升高的趋势（$P<0.05$）；D 组酶活力呈先升后降的趋势，其中最高值和最低值分别出现于 96 h 和 24 h（$P<0.05$）。在同一时间点不同实验组 CAT 活力情况：随着盐度的降低，24 h 和 96 h 的酶活力呈波动变化趋势（$P<0.05$），其中 96 h 的 D 组酶活力为各组中最高；48 h 酶活力呈逐步升高的趋势（$P<0.05$）；而 120 h 酶活力呈先升后降的变化趋势，最高值出现于 C 组（$P<0.05$）。

肌肉 CAT 的活力变化见图 5 - 33。同一实验组不同时间点 CAT 活力情况：A 组、B 组和 C 组中，各时间点的酶活力变化不显著（$P>0.05$）；D 组酶活力呈逐步升高的变化趋势（$P<0.05$）。在同一时间点不同实验组 CAT 活力情况：随着盐度的降低，各时间点酶活力的变化趋势不一致，但除 24 h 外其余 3 组酶活力的最大值均出现于 D 组（$P<0.05$）。

SOD 和 CAT 在清除自由基方面起着非常重要的作用，尤其对机体细胞损伤后的氧化过程和吞噬作用具有极强的防御功能（张克烽等，2007）。随着盐度的下降，银鲳幼鱼肝脏中 SOD 的活力总体表现出先升后降的趋势；而 CAT 的活力除在盐度 20 的组 24 h 和盐度 15 的组 48 h 略有上升外，其他各时间点的酶活力均低于对照组。通常情况下，较高的酶活力表示机体中存在大量的自由基有待清除（Andersen et al，1998；Ross et al，2001）。SOD 和 CAT 活力的升高表明低盐度胁迫致使银鲳幼鱼中的自由基已经累积到了一个相当高的程度，如果不能及时清除，将会给机体造成非常大的氧化损伤（Winston et al，1991）。因此，机体为了保持自身的动态稳定和防止氧化应激，在进化过程中形成了自身的抗氧化防御机制。在一定程度的低盐胁迫下，鱼体中 SOD 和 CAT 活力的升高可以有效降低机体所受到的伤害。但在盐度 10 时，除 24 h 时 SOD 的活力仍然上升外，其余各时间点 SOD 和 CAT 活力均低于对照组。赵峰等（2008）在对施氏鲟的研究中表明，盐度对不同组织中的 SOD 和 CAT 活力具有一定的抑制作用，但组织中 SOD 和 CAT 活力会随着驯养时间的延长出现不同程度的恢复，可能与施氏鲟渗透压调节适应过程有关。据此推测，一定程度的低盐刺激对银鲳上述 2 种酶具有激活作用，以便抵御过多氧自由基对机体造成的损害。但当超出一定承受范围后，酶活力被显著抑制，这可能也是导致实验幼鱼最终死亡的原因之一（尹飞等，2010）。

3. GPX 活力变化

随着盐度的逐步下降和处理时间的不断延长，肝脏 GPX 的活力变化见图 5 - 34。同一实验组不同时间点 GPX 活力情况：A 组（对照，盐度 25）和 B 组（盐度 20）各时间点的酶活力变化不显著（$P>0.05$）；C 组（盐度 15）酶活力呈波动变化的趋势，其中 120 h 的酶活力为各组中最低（$P<0.05$）；而 D 组（盐度 10）酶活力则呈逐步升高的变化趋势，其中 120 h 的酶活力为各组中最高（$P>0.05$）。在同一时间点不同实验组 GPX 活力情况：随着盐度的降低，除 120 h 酶活力在 C 组出现下降以外（$P<0.05$），24 h（$P>0.05$）、48 h（$P<0.05$）和 96 h（$P<0.05$）的酶活力均呈现逐步升高的变化趋势。

肾脏 GPX 的活力变化见图 5 - 34。同一实验组不同时间点 GPX 活力情况：A 组各时间点的酶活力变化不显著（$P>0.05$）；B 组和 D 组中酶活力均呈先降后升的变化趋势，且这两组酶活力的最低点均出现于 96 h（$P<0.05$）；而 C 组酶活力呈先升后降的趋势，其中最高点和最低点分别出现于 48 h 和 120 h（$P<0.05$）。在同一时间点不同实验组 GPX 活力情况：随着盐度的降低，24 h 酶活力呈逐步下降

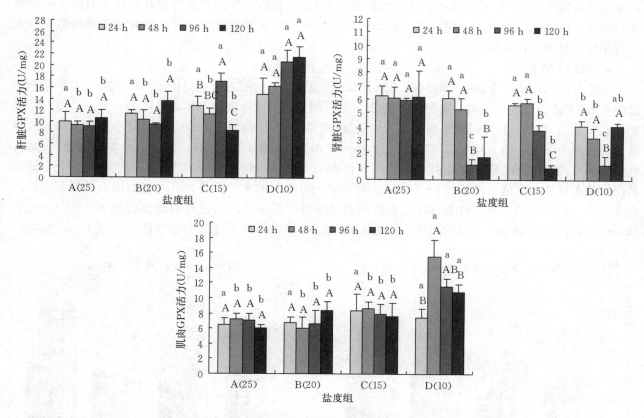

图 5-34　不同盐度对银鲳幼鱼肝脏、肾脏与肌肉 GPX 活力的影响

不同小写字母表示同一时间点不同盐度之间存在显著性差异（$P<0.05$）；不同大写字母表示同一盐度不同时间点间存在显著性差异（$P<0.05$）

（尹飞等，2011）

的变化趋势（$P<0.05$）；48 h 和 96 h 酶活力呈波动变化趋势，且这两个时间点的最高点均出现于 A 组（$P<0.05$）；而 120 h 酶活力呈先降后升的变化趋势，其中酶活力最高点和最低点分别出现于 A 组和 C组（$P<0.05$）。

　　肌肉 GPX 的活力变化见图 5-34。同一实验组不同时间点 GPX 活力情况：A 组、B 组和 C 组中，各时间点的酶活力变化不显著（$P>0.05$）；D 组酶活力呈先升后降的变化趋势，其中最高点和最低点分别出现于 48 h 和 24 h（$P<0.05$）。在同一时间点不同实验组 GPX 活力情况：除 24 h 外，其余 3 个时间点酶活力的最大值均出现于 D 组（$P<0.05$）。

　　GPX 与 CAT 一样，也具有消除细胞中过氧化氢的能力（Dandapat et al，2003）。在氧化应激情况下，GPX 以 GSH 为底物催化过氧化氢和氢过氧化物降解。其中过氧化氢降解为水，而氢过氧化物则被降解为醇类物质（张克烽等，2007；Doyen et al，2008；De Zoysa et al，2009）。随着盐度的降低，银鲳肝脏中 GPX 活力表现出升高的趋势。尤其在低盐度情况下，该特征与 SOD 和 CAT 活力的变化趋势呈现互补。这与 Wang et al（2008）在斑节对虾中的研究结果相似，该研究显示在低盐度情况下，经过不同时间处理后，两个发育阶段幼虾肌肉中 CAT 与 GPX 活力之间表现出两种截然相反的变化趋势。推测 GPX 与 CAT 在清除过氧化氢的过程中发挥着相互补充的作用，同时也产生了一定的竞争。但也有人认为 GPX 是抵御过氧化物、超氧阴离子和过氧化氢的第一道防线（Doyen et al，2008）。盐度变化在造成严重的氧化应激的同时，也诱导了 GPX 活力及其表达水平的上升（Liu et al，2007；Choi et al，2008）。杨健等（2007）在对军曹鱼的研究中还发现，低盐胁迫显著增加了幼鱼的耗氧率，此时产生的过多的活性氧自由基诱导了 GPX 等酶活力的上升。银鲳在低盐度胁迫情况下 GPX 被显著激活，且在保护银鲳幼鱼肾脏免受 H_2O_2 的毒性伤害方面要强于 CAT 所发挥的作用。这与对其肾脏和肌肉的研究结果相反（Yin et al，2011）。这进一步证明，抗氧化酶在应对水体盐度变化时，被激活或抑制具有一定的时序性和组织器官特异性。

4. GST 活力变化

随着盐度的逐步下降和处理时间的不断延长，肝脏 GST 的活力变化见图 5-35。同一实验组不同时间点 GST 活力情况：A 组（对照，盐度 25）各时间点的酶活力变化不显著（$P>0.05$）；B 组（盐度 20）和 C 组（盐度 15）各时间点的酶活力均呈逐步下降的变化趋势（$P<0.05$），其中 B 组 120 h 的酶活力为各组中最低，而 C 组 24 h 的酶活力为各组中最高；D 组（盐度 10）酶活力呈波动变化的趋势，其中酶活力的最高点和最低点分别出现于 96 h 和 24 h（$P<0.05$）。在同一时间点不同实验组 GST 活力情况：随着盐度的降低，24 h 和 48 h 的酶活力均呈先升后降的变化趋势，且两者酶活力的最高点均出现在 C 组（$P<0.05$）；96 h 酶活力除在 B 组略有回落外，整体表现出升高的变化趋势（$P>0.05$）；而120 h 酶活力呈现"波动"变化的趋势，最高点和最低点分别出现于 C 组和 B 组（$P<0.05$）。

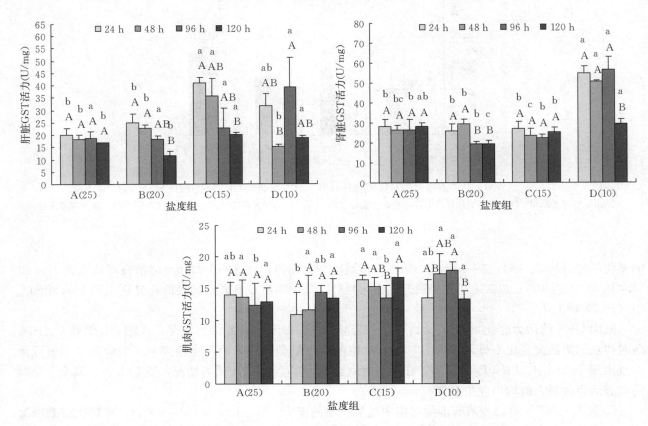

图 5-35 不同盐度对银鲳幼鱼肝脏、肾脏与肌肉 GST 活力的影响

不同小写字母表示同一时间点不同盐度之间存在显著性差异（$P<0.05$）；不同大写字母表示同一盐度不同时间点间存在显著性差异（$P<0.05$）

（尹飞等，2011）

肾脏 GST 的活力变化见图 5-35。同一实验组不同时间点 GST 活力情况：实验组（B 组、C 组和 D 组）与对照组（A 组）各时间点的酶活力的变化趋势不一致。其中 A 组、C 组各时间点间差异不显著（$P>0.05$）；B 组 24 h 和 48 h 的酶活力显著高于 96 h 和 120 h（$P<0.05$）；D 组 24 h、48 h 和 96 h 的酶活力均显著高于 120 h（$P<0.05$）。在同一时间点不同实验组 GST 活力情况，D 组 24 h、48 h 和 96 h 的酶活力均显著高于其他 3 组相对应时间点（$P<0.05$）；但随着时间的推移，D 组 120 h 的酶活力出现显著降低，且与对照组之间已没有显著性差异（$P>0.05$）。

肌肉 GST 的活力变化见图 5-35。同一实验组不同时间点 GST 活力情况：A 组和 B 组中，各时间点的酶活力变化不显著（$P>0.05$）；C 组酶活力呈先降后升的变化趋势，其中最高点和最低点分别出现于 120 h 和 96 h（$P<0.05$）；D 组酶活力呈先升后降的变化趋势，其中最高点和最低点分别出现于 96 h 和 120 h（$P<0.05$）。在同一时间点不同实验组 GST 活力情况：随着时间的推移，各时间点酶活力的变化趋势不一致，且在各组中只有 D 组 96 h 的酶活力显著高于对照组（$P<0.05$）。

GST 隶属于生物界中广泛存在的解毒酶家族，它由一族通过将 GSH 与亲电的生物内源或异源物质相偶联以解毒的蛋白质组成（Salinas et al，1999）。经过不同盐度处理，银鲳幼鱼肝脏中 GST 活力总体表现出先升后降的趋势。有研究显示，GST 通过催化亲脂性外源物与还原性 GSH 结合（Salinas et al，1999），从而抑制脂质过氧化产物、脂质氢过氧化物及其衍生物的活力（Choi et al，2008）。众所周知，在细胞分化和器官形成期间，多不饱和脂肪酸在生物膜形成方面具有非常重要的作用（Dandapat et al，2003），但组织中的脂类物质和多不饱和脂肪酸又是脂质过氧化的关键因素，此外鱼类组织和饵料中所含有的丰富的多不饱和脂肪酸显著增加了机体受过氧化攻击的风险（Sargent et al，1999）。而银鲳幼鱼机体也富含多不饱和脂肪酸（施兆鸿等，2008），因此在低盐度胁迫情况下，机体中的脂质易被氧化，此时 GST 活力升高则旨在应对脂质氧化物对机体的胁迫。另外，当盐度下降到 10，在 120 h 时，酶活力则出现回落。这与 Choi et al（2008）的研究结果相似，该研究显示当盐度下降到 4 时，褐牙鲆 *GST* mRNA 表达水平上升，说明 GST 开始清除活性氧分子，但当盐度进一步降低到 0 时，酶的表达水平反而下降，该作者认为这是由细胞受损所致，同时其抵御氧化胁迫的能力也显著降低。同理，银鲳 GST 下降的原因是机体对低盐度的耐受性已达到极限，推测此时肝脏细胞已受到损害，因而逐渐丧失了继续消除氧化脂质物的能力。

5. GR 活力变化

随着盐度的逐步下降和处理时间的不断延长，肝脏 GR 的活力变化见图 5-36。同一实验组不同时

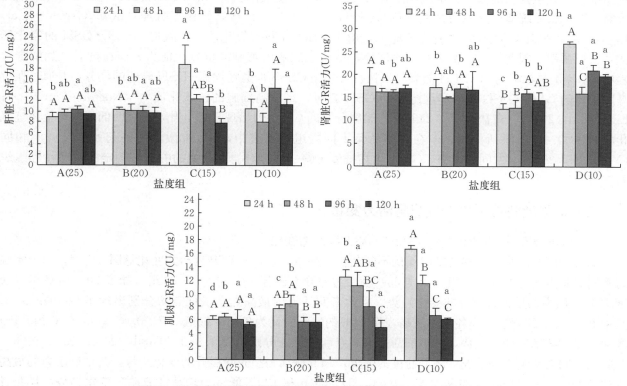

图 5-36　不同盐度对银鲳幼鱼肝脏、肾脏与肌肉 GR 活力的影响

不同小写字母表示同一时间点不同盐度之间存在显著性差异（$P<0.05$）；不同大写字母表示同一盐度不同时间点间存在显著性差异（$P<0.05$）

（尹飞等，2011）

间点 GR 活力情况：A 组（对照，盐度 25）和 B 组（盐度 20）中，各时间点酶活力差异不显著（$P>$ 0.05）；C 组（盐度 15）酶活力呈逐步下降的变化趋势，其中 24 h 的酶活力为各组中最高，而 120 h 的酶活力却为各组中最低（$P<0.05$）；D 组（盐度 10）各时间点间酶活力呈波动变化趋势，其中最高点和最低点分别出现于 96 h 和 48 h（$P>0.05$）。在同一时间点不同实验组 GR 活力情况：随着盐度的降低，24 h 和 48 h 的酶活力均呈先升后降的变化趋势，且两者酶活力的最高点均出现在 C 组（$P<0.05$）；96 h 酶活力除在 B 组略有回落外，整体表现出升高的变化趋势（$P>0.05$）；而 120 h 酶活力呈现波动变化的趋势，其中酶活力最高点和最低点分别出现于 D 组和 C 组（$P<0.05$）。

肾脏 GR 的活力变化见图 5-36。同一实验组不同时间点 GR 活力情况：A 组和 B 组中，各时间点酶活力差异不显著（$P>0.05$）；C 组酶活力呈先升后降的变化趋势，其中最高点和最低点分别出现于 96 h 和 24 h（$P<0.05$），D 组各时间点间酶活力呈波动变化趋势，其中最高点和最低点分别出现于 24 h 和 48 h（$P<0.05$），且 24 h 酶活力为各组中最高。在同一时间点不同实验组 GR 活力情况：在 D 组中除 48 h 的酶活力稍低于对照组外（$P>0.05$），其他 3 个时间点的酶活力均高于其他 3 组相对应的时间点（$P<0.05$）。

肌肉 GR 的活力变化见图 5-36。同一实验组不同时间点 GR 活力情况：A 组各时间点的酶活力变化不显著（$P>0.05$）；B 组酶活力呈先升后降的变化趋势，其中最高点和最低点分别出现于 48 h 和 120 h（$P<0.05$）；C 组和 D 组均表现出逐步下降的变化趋势（$P<0.05$）。在同一时间点不同实验组 GR 活力情况：随着盐度的降低，24 h 和 48 h 的酶活力均呈逐步升高的变化趋势（$P<0.05$），且 D 组中 24 h 的酶活力为各组中最高；但从 96 h 至 120 h，随 B 组、C 组和 D 组酶活力的下降，各组间已没有显著性差异（$P>0.05$）。

谷胱甘肽（GSH）是细胞中一种重要的三肽，广泛分布于细菌、动物和植物等有机体中。在抗氧化系统中，其主要功能是保护细胞免受 ROS 过量释放所造成的伤害（Seo et al，2006）。GSH 除通过为抗氧化防护酶系统提供还原自由基来间接还原过氧化物外，也可以直接消除羟自由基（Noctor et al，1998）。因此在消除 ROS 的抗氧化反应中，由于 GSH 不断被氧化消耗，致使 GSSG（GSH 的氧化形式）大量累积。因此 GSSG 能否被再次还原，极大地影响着细胞的抗氧化能力。而在抗氧化的解毒过程中，GR 正是在辅酶 NADPH 的参与下执行着催化 GSSG 向其还原态-GSH 转变的任务，并通过保持高度稳定的 GSH/GSSG 比率和细胞中的 GSH 含量，来提高细胞的抗氧化能力（Noctor et al，1998；Lima et al，2007）。在盐度 15、24 h 时，银鲳肝脏的 GR 活力出现显著上升，这表明低盐度对上述抗氧化酶产生了一定的激活作用。但在银鲳幼鱼不同的组织器官中，GR 被激活时的起始盐度并不相同（Yin et al，2011）。这同时说明，GR 与上述抗氧化酶一样，对盐度改变的响应有一定的时序性和组织器官特异性。

三、低盐度胁迫下离子调节酶活力变化

1. 鳃 Na$^+$/K$^+$-ATP 和 Ca^{2+}/Mg^{2+}-ATP 酶活力变化

随着盐度的逐步下降和处理时间的不断延长，鳃 Na$^+$/K$^+$-ATP 酶活力变化见图 5-37。同一实验组不同时间点之间情况：A 组（盐度 25）酶活力差异不显著（$P>0.05$）；B 组（盐度 20）和 C 组（盐度 15）酶活力均呈先升后降的变化趋势，且两者酶活力的最高点和最低点均分别出现于 96 h 和 24 h，其中 B 组 96 h 的酶活力为各组中最高，而 24 h 的酶活力又为各组中最低（$P<0.05$）；D 组（盐度 10）酶活力呈"波动"变化趋势，其中酶活力最高点和最低点分别出现于 96 h 和 48 h（$P>0.05$）。在同一时间点不同实验组之间情况：随着盐度的降低，24 h 酶活力呈先降后升的变化趋势，其中酶活力的最高点和最低点分别出现在 D 组和 B 组（$P<0.05$）；48 h 和 120 h 酶活力均呈"波动"变化趋势，且两者酶活力最高点均出现于 D 组，最低点分别出现于 A 组和 C 组（$P>0.05$）；而 96 h 酶活力呈先升后降的变化趋势，其中酶活力最高点和最低点分别出现于 B 组和 A 组（$P<0.05$）。

鳃 Ca^{2+}/Mg^{2+}-ATP 酶活力变化见图 5-37。同一实验组不同时间点之间情况：A 组酶活力差异不

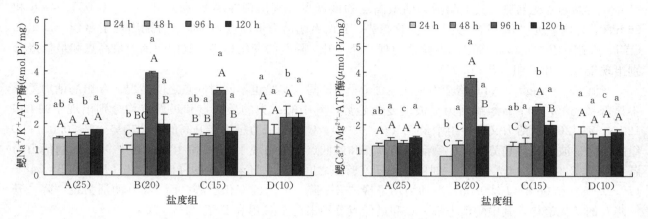

图 5-37　不同盐度对银鲳幼鱼鳃 Na^+/K^+-ATP 和 Ca^{2+}/Mg^{2+}-ATP 酶活力的影响

不同小写字母表示同一时间点不同盐度之间存在显著性差异（$P<0.05$）；不同大写字母表示同一盐度不同时间点间存在显著性差异（$P<0.05$）

（尹飞等，2011）

显著（$P>0.05$）；B 组和 C 组酶活力均呈先升后降的变化趋势，且两者酶活力的最高点和最低点均分别出现于 96 h 和 24 h，其中 B 组 96 h 酶活力为各组中最高，而 24 h 酶活力又为各组中最低（$P<0.05$）；D 组酶活力呈先降后升的变化趋势，其中酶活力最高点和最低点分别出现于 120 h 和 48 h（$P>0.05$）。在同一时间点不同实验组之间情况：随着盐度的降低，24 h（$P<0.05$）和 48 h（$P>0.05$）的酶活力均呈先降后升的变化趋势，且两者酶活力的最高点和最低点均分别出现于 D 组和 B 组；而 96 h（$P<0.05$）和 120 h（$P>0.05$）酶活力均呈先升后降的变化趋势，而两者酶活力最高点分别出现于 B 组和 C 组，最低点均出现于 A 组。

2. 肾脏 Na^+/K^+-ATP 和 Ca^{2+}/Mg^{2+}-ATP 酶活力变化

随着盐度的逐步下降和处理时间的不断延长，肾脏 Na^+/K^+-ATP 酶活力变化见图 5-38。同一实验组不同时间点之间情况：A 组（对照，盐度 25）酶活力差异不显著（$P>0.05$）；B 组（盐度 20）酶活力呈先升后降的变化趋势，其中酶活力的最高点和最低点均分别出现于 96 h 和 120 h（$P<0.05$）；C 组（盐度 15）酶活力呈逐步升高的变化趋势，其中 120 h 的酶活力为各组中最高，而 24 h 酶活力又为各组中最低（$P<0.05$）；D 组（盐度 10）酶活力呈波动变化趋势，其中酶活力最高点和最低点分别出现于 96 h 和 48 h（$P<0.05$）。在同一时间点不同实验组之间情况：随着盐度的降低，24 h 酶活力

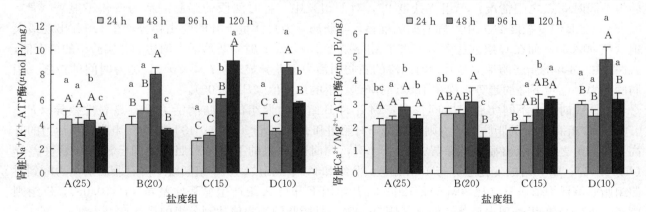

图 5-38　不同盐度对银鲳幼鱼肾脏 Na^+/K^+-ATP 和 Ca^{2+}/Mg^{2+}-ATP 酶酶活力的影响

不同小写字母表示同一时间点不同盐度之间存在显著性差异（$P<0.05$）；不同大写字母表示同一盐度不同时间点间存在显著性差异（$P<0.05$）

（尹飞等，2011）

呈先降后升的变化趋势，其中酶活力的最高点和最低点分别出现在 A 组和 C 组（$P>0.05$）；48 h 和 96 h 酶活力均呈现"升—降—升"的变化趋势，且两者酶活力最高点和最低点分别出现于 B 组、D 组和 C 组、A 组（$P<0.05$）；而 120 h 酶活力现"降—升—降"的变化趋势，其中酶活力最高点和最低点分别出现于 C 组和 B 组（$P<0.05$）。

肾脏 Ca^{2+}/Mg^{2+}- ATP 酶活力变化见图 5 - 38。同一实验组不同时间点之间情况：A 组酶活力差异不显著（$P>0.05$）；B 组酶活力呈波动变化趋势，其中酶活力的最高点和最低点均分别出现于 96 h 和 120 h，而 120 h 酶活力又为各组中最低（$P<0.05$）；C 组酶活力呈逐步升高的变化趋势（$P<0.05$）；D 组酶活力呈波动变化趋势，其中酶活力最高点和最低点分别出现于 96 h 和 48 h，其中 96 h 的酶活力为各组中最高（$P<0.05$）。在同一时间点不同实验组之间情况：随着盐度的降低，24 h（$P<0.05$）、48 h（$P>0.05$）和 96 h（$P<0.05$）酶活力均呈现"升—降—升"的变化趋势；而 120 h 酶活力现"降—升—降"的变化趋势，其中酶活力最高点和最低点分别出现于 C 组和 B 组（$P<0.05$）。

ATP 酶是机体中离子调控的重要蛋白酶。鳃和肾脏是硬骨鱼中负责执行离子调控的两大重要器官（Lin et al，2004）。在高渗的海水中，硬骨鱼体细胞在不断丧失水分的同时也摄入了大量的盐分。为了维持细胞胞质膜中离子的通透性，保持细胞内环境中各种离子浓度的相对稳定以及细胞内环境与体外环境的渗透压平衡，鱼类通过大量饮入海水来补偿细胞中损失的水分。与此同时，在 ATP 酶的作用下，大部分单价离子通过鳃上的泌氯细胞而被排出，而肾脏可以释放一定量的二价离子（Lin et al，2004）。而当盐度发生改变时，机体经过长期进化和适应而产生的这种动态平衡将出现异常（Choi et al，2008）。为了再次建立起新的平衡，鳃和肾脏中的 ATP 酶将被调动。赵峰等（2006）对施氏鲟的研究显示，当盐度升高时，鳃中 Na^+/K^+- ATP 酶活力显著高于对照组。孙鹏等（2010）的研究显示，当盐度降低时，条石鲷鳃组织中 Na^+/K^+- ATP 酶活力在前 6 h 出现增高。随着盐度的下降，银鲳幼鱼鳃和肾脏中 Na^+/K^+- ATP 酶和 Ca^{2+}/Mg^{2+}- ATP 酶的活力总体上均表现出先升后降的趋势。而在 Lin et al（2004）对黑青斑河鲀的研究中，当盐度发生改变时，Na^+/K^+- ATP 酶在鳃和肾脏中的表达情况却正好相反，推测这归因于两种器官行使的功能不同。银鲳幼鱼鳃和肾脏 ATP 酶上升的起始盐度和时间出现差异，同时肾脏中 ATP 酶的活力高于鳃。当盐度降到 10，处理时间延长到 120 h 时，ATP 酶活力再次下降到一个相对低的水平，这与抗氧化酶所表现出的情况相似。

四、低盐度胁迫下消化酶活力变化

1. 脂肪酶

随着盐度的逐步下降和处理时间的不断延长，银鲳幼体肠道脂肪酶的活力变化见图 5 - 39。同一实验组不同时间点之间情况：A 组（盐度 25，对照组）中，各时间段的脂肪酶活力变化不显著（$P>0.05$）；在 B 组（盐度 20）中，随时间的推移，脂肪酶活力总体呈上升的变化趋势，在 120 h 出现最大值（$P>0.05$）；而在 C 组（盐度 15）和 D 组（盐度 10），24 h 时脂肪酶活力均达到各实验组的最大值，且两组中 24 h 的脂肪酶活力与其他时间段的脂肪酶活力值差异显著（$P<0.05$），随着时间的推移，脂肪酶活力呈逐步下降的趋势，均在 120 h 时降到各组的最低值（$P>0.05$）。

在同一时间点不同实验组之间情况：24 h 时 B 组与对照组的脂肪酶活力没有显著性差异（$P>0.05$），C 组和 D 组的脂肪酶活力则显著高于对照组和 B 组（$P<0.05$）；48 h 时随 B 组脂肪酶活力的升高与对照组之间显示出显著性差异（$P<0.05$），同时随 D 组的下降与对照组之间已没有显著性差异（$P>0.05$）；96 h 时的变化趋势与 48 h 相似，B 组和 C 组小幅波动，D 组断续下降且脂肪酶活力降到对照组脂肪酶活力值以下（$P>0.05$）；120 h 时 B 组因上升与 A 组产生显著性差异（$P<0.05$），D 组则因持续下降与 A 组表现出显著性差异（$P<0.05$），且脂肪酶活力值达到各组中最低点。

随着盐度的逐步降低及处理时间的延长，银鲳幼体肠道脂肪酶活力表现出先升后降的变化趋势。宋波澜等（2007）在对军曹鱼的研究中也到了相似的结果。研究显示，盐度对军曹鱼幼鱼不同组织器官的脂肪酶影响显著，在较低的盐度下（盐度 15～25）脂肪酶活力均处于较活跃状态，当盐度由 25 逐渐降

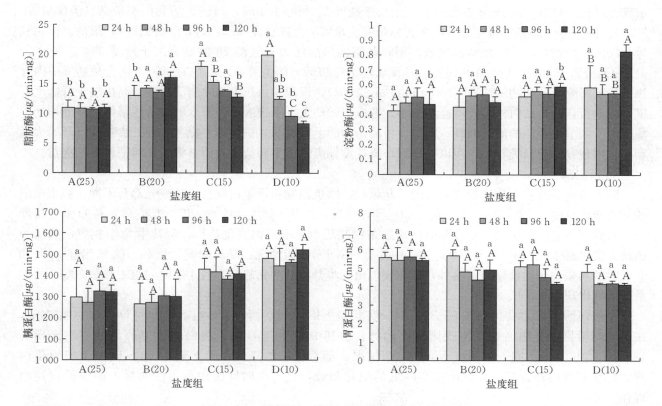

图 5-39　不同盐度对银鲳幼鱼消化酶活力的影响

不同小写字母表示同一时间点不同盐度之间存在显著性差异（$P<0.05$）；不同大写字母表示同一盐度不同时间点间存在显著性差异（$P<0.05$）

（尹飞等，2010）

低到 10 时，肠道脂肪酶活力也呈现先升高后降低的趋势，这可能与该发育阶段的最适盐度相符。而李希国等（2006）对黄鳍鲷的研究结果表明，脂肪酶的活力在盐度为 25 时最高，在盐度 20～30 时消化酶活力的平均值要明显高于盐度 5～15 时的平均值。庄平等（2008）的研究显示，施氏鲟的幽门盲囊、十二指肠、胃和肝脏中脂肪酶的活力在淡水中最高，在盐度 25 时最低，说明盐度对以上消化器官中的脂肪酶具有抑制作用；瓣肠中脂肪酶活力在盐度 10 以下最高，说明一定的盐度对瓣肠中脂肪酶具有激活作用，但盐度过高则会抑制酶的活力。银鲳幼鱼肠道脂肪酶活力在盐度 20 时最高，之后在盐度 10 时显著降低。推测一定程度的淡化刺激，对脂肪酶活力产生激活作用，以便应对环境变化时机体用于调节渗透压时造成的营养和能量消耗。但当超出一定承受范围后，脂肪酶活力被显著抑制，而此时所需要的能量供应将由其他营养物质补充。

2. 淀粉酶

淀粉酶活力随着盐度的逐步下降和处理时间的不断延长变化见图 5-39。实验 B 组（盐度 20）和 C 组（盐度 15）与对照 A 组（盐度 25）之间在各时间段淀粉酶活力呈不规则变化趋势且均不显著（$P>0.05$）；随着时间的推移，C 组和 D 组（盐度 10）淀粉酶活力的最大值均出现于 120 h；D 组中 120 h 所测得的淀粉酶活力，不论与同组中不同时间段相比，还是与同时间段不同实验组相比，均有显著性差异（$P<0.05$）。

银鲳幼鱼肠道具有淀粉酶活力，且酶活力随暂养盐度的升高而上升。这表明银鲳幼鱼肠道对淀粉具有一定的消化能力。据研究，鱼类淀粉酶主要由（肝）胰脏分泌，而胰液的出口处位于肠，有些鱼类的肠道中也可以产生淀粉酶，这也是红鳍笛鲷肠道中淀粉酶活力显著高于消化道其他部位的主要原因（汤保贵等，2004）。但将红鳍笛鲷暂养于不同盐度下研究发现，在盐度 20～30 范围内，淀粉酶活力较高，盐度 25 时达顶峰，并因此推断红鳍笛鲷生长于盐度 25 的海水中时，对淀粉的利用率最高（汤保贵等，2004）。陈刚等（2005）研究显示，军曹鱼肠道淀粉酶活力在盐度 28 时（自然水体盐度）最高。田相利等（2008）研究显示，在相同温度条件下，肠道淀粉酶活力在盐度 26 时显著高于盐度 30，其中水的 pH 和无机离子对酶产生的作用可能是盐度影响消化酶活力的主要原因。也有研究者认为是肠道中内含物的盐度影响了消化酶的活力（Moutou et al，2004）。银鲳幼鱼肠道消化酶活力的升高出现于低盐度环境下，分析认为，此时外界环境盐度减小，造成银鲳幼鱼吞咽进入体内海水的渗透压降低，从而增加了肠道用于调节渗透压的能量消耗。此时淀粉酶活力的上升表明，机体需要摄入额外的食物或已开始大量利用体内现存的淀粉类物质，用以补充因环境盐度偏离最适生理盐度时调整渗透压所消耗掉的能量。

3. 蛋白酶

随着盐度的逐步下降和处理时间的不断延长，胰蛋白酶和胃蛋白酶活力的变化趋势不同。胰蛋白酶的活力变化见图 5-39。同一实验组不同时间点情况：B 组（盐度 20）、C 组（盐度 15）和 D 组（盐度 10）与对照 A 组（盐度 25），在各时间段胰蛋白酶活力呈不规则变化趋势，但其中 D 组胰蛋白酶活力的最大值出现于 120 h（$P > 0.05$）。同一时间点不同实验组情况：随着时间的推移，除 C 组在 24 h 和 96 h 时的胰蛋白酶活性略有回落外，整体表现出逐步升高的变化趋势，且 4 个时间组中胰蛋白酶活力的最高点均出现在 120 h。

胃蛋白酶的活力变化见图 5-39。同一实验组不同时间点情况：B 组、C 组和 D 组与对照 A 组，在各时间段胃蛋白酶活力呈不规则变化趋势，但其中 C 组和 D 组胃蛋白酶活力的最低值均出现于 120 h（$P > 0.05$）。同一时间点不同实验组情况：随着盐度的降低，除 B 组中 48 h 和 96 h 时胃蛋白酶活性略有升高外，整体表现出逐步降低的变化趋势，且 4 个时间组中胃蛋白酶活力的最低点均出现在 120 h。

经过不同盐度处理，银鲳幼鱼胰蛋白酶与胃蛋白酶活力随着盐度的逐步降低及处理时间的延长，出现两种截然不同的变化趋势。其中，胰蛋白酶活力呈上升趋势，胃蛋白酶呈下降趋势，但两者的变化均不显著。胰蛋白酶是主要的肠蛋白酶（Lemieux et al，1999），其活力的改变对食物的消化和吸收具有极大的影响（Moutou et al，2004）。银鲳幼鱼肠道胰蛋白酶活力明显高于胃蛋白酶，推测其原因可能有两点：①该发育阶段银鲳对蛋白的消化主要以胰蛋白酶为主；②pH 影响了酶的活力。倪寿文等（1993）比较研究了草鱼、鲤、鲢、鳙和尼罗罗非鱼肝胰脏和肠蛋白酶的活力及其在肠内的分布状况，认为蛋白酶活力强度与食性有一定关系，但不甚明显，而与比肠长（肠长/体长）呈明显的负相关。田相利等（2008）研究显示，各消化道蛋白酶活力在盐度为 26 时显著高于其他盐度组。Tsuzuki et al（2007）研究显示，76 日龄小锯盖鱼在盐度 15 的海水中饲养 50 d 后的碱性蛋白酶活力显著高于其他组，同时对食物的转化率也最高，这说明其对蛋白等具有高效的消化和营养吸收的能力，此时其用于渗透压调节的能量消耗也大大减小，从而生长力增强。银鲳幼鱼胰蛋白酶活力在 120 h、盐度为 10 时最高，其原因可能是此时幼鱼的摄食量已经大大降低，从而造成外源摄入的营养和能量显著减少，而胰蛋白酶活力却表现出轻微的上升，这可能预示机体将要调动自身组织的蛋白储备用于弥补能量的损失。但由于此时银鲳幼鱼的盐度耐受性有限，在蛋白被完全利用之前能量的消耗已接近极限，这也可能是最低盐度组银鲳幼鱼出现大量死亡的重要原因。

第三节　银鲳对铜离子胁迫的生理响应

重金属污染是近年渔业环境污染的公害之一，对水生生态系统造成了不同程度的损害。研究重金属污染对鱼类的胁迫效应对于健康养殖及渔业水域环境保护具有重要意义。重金属被鱼摄取后会在其脑组织、鳃、肾脏及肝脏等组织器官中富集，并对鱼类产生生理生化、分子等毒性作用，影响其生长发育、繁殖和代谢，甚至可引起死亡。因此，深入研究重金属胁迫对鱼类毒害作用的机制，确定重金属暴露浓度与响应指标间的剂量-效应关系及其影响因素，揭示重金属胁迫下鱼类氧化胁迫发生的信号调控机制，可为鱼类健康养殖提供重要的科学依据。本节主要梳理低盐条件下铜离子对银鲳鳃离子调节酶和肝脏抗氧化功能的影响。

一、离子调节酶的活力变化

1. 鳃 Na^+/K^+-ATP酶

盐度逐步降低及不同硫酸铜浓度环境下，银鲳幼鱼鳃 Na^+/K^+-ATP酶（NKA）活力变化情况如图5-40所示。盐度从24逐步降低到12，NKA活力呈上升后下降的变化，盐度24与其他盐度存在显著差异（$P<0.05$）。盐度12条件下，硫酸铜胁迫实验组NKA活力都有所下降，其中硫酸铜0 mg/L的组NKA活力下降较少，属于低盐度适应后恢复；随着硫酸铜浓度增高NKA活力下降更明显，24 h时硫酸铜0 mg/L和0.1 mg/L的组显著高于0.3 mg/L和0.5 mg/L的组（$P<0.05$）；72 h时0 mg/L的组显著高于0.1 mg/L的组，而0.1 mg/L的组又显著高于0.3 mg/L与0.5 mg/L的组（$P<0.05$）；144 h时仅0 mg/L的组显著高于0.3 mg/L与0.5 mg/L的组（$P<0.05$）。在盐度24条件下，硫酸铜0.5 mg/L的组NKA活力在24 h出现显著增强，之后显著减弱，在72 h和144 h时显著低于对照组和低盐度0 mg/L的组（$P<0.05$），而与低盐度0.3 mg/L和0.5 mg/L的组差异不显著（$P>0.05$）。

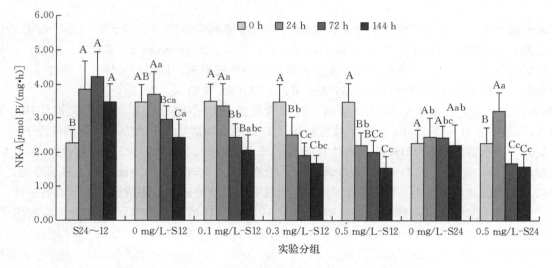

图5-40 低盐度与硫酸铜对银鲳幼鱼鳃NKA活力的影响

不同大写字母表示相同实验组中存在显著差异（$P<0.05$），不同小写字母表示同一时间不同实验组中存在显著差异（$P<0.05$）

（张晨捷等，2014）

2. 鳃 $V-H^+$-ATP酶

银鲳幼鱼鳃泡膜质子泵（$V-H^+$-ATP酶，VHA）活力在盐度降低以及不同硫酸铜浓度环境下的变化情况参见图5-41。在盐度从24逐步降低到12的过程中，VHA活力逐渐增强，盐度24、20和16的组间存在显著差异（$P<0.05$），盐度12的组VHA活力有所回落但与盐度16的组差异不显著（$P>0.05$）。在低盐度硫酸铜实验中，VHA活力都出现显著下降，其变化趋势随硫酸铜浓度而出现不同情况，0 mg/L浓度下VHA活力随时间推移而呈波动恢复，24 h与144 h显著低于0 h（$P<0.05$）；0.1 mg/L与0 mg/L的组浓度变化趋势类似，但0.1 mg/L的组VHA活力下降幅度更大，0 h显著高于其他时间点（$P<0.05$）；0.3 mg/L与0.5 mg/L的组的变化趋势相似，在72 h时出现显著下降，且显著低于0 mg/L和0.1 mg/L组（$P<0.05$）；144 h时，0.3 mg/L和0.5 mg/L的组有所回升，与其他组差异不显著（$P>0.05$）。盐度24、0.5 mg/L硫酸铜浓度下，VHA活力在24 h显著升高，而后逐步降低，144 h为实验最低值。

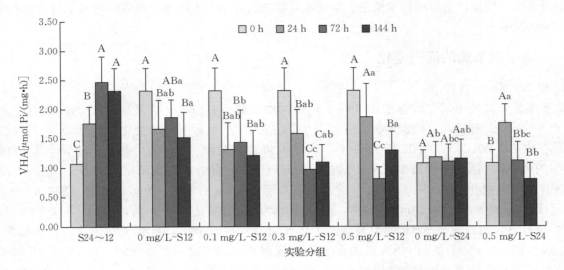

图 5-41　低盐度与硫酸铜对银鲳幼鱼鳃 VHA 活力的影响

不同大写字母表示相同实验组中存在显著差异（$P<0.05$），不同小写字母表示同一时间不同实验组中存在显著差异（$P<0.05$）

（张晨捷等，2014）

铜离子是水中离子的重要组成部分，在鱼体内作为维持细胞结构的必需元素以及一些酶的辅助因子，并可抑制鳃部细菌和寄生虫生长（Monteiro et al，2009；Sampaio et al，2012）。然而，过量的铜离子会破坏细胞蛋白结构，干扰机体离子调节，破坏体内酸碱平衡，从而对鱼体产生毒性作用，当环境盐度改变时，其影响则更为剧烈（Blanchard et al，2006；Shaw et al，2012）。

NKA 与 VHA 作为重要的离子调节酶，对硬骨鱼类适应不同盐度环境具有关键作用。尹飞等（2011）研究显示，在盐度 20 和 15 的低盐度胁迫下，银鲳幼鱼鳃 NKA 活力有明显的先上升后恢复的趋势。尖吻鲈淡水适应时，VHA 蛋白表达显著高于海水适应时，且淡水中 H⁺ 转运效率最高（Weakleyd et al，2012）。当盐度从 24 向 12 逐步降低时，银鲳 NKA 与 VHA 活力都出现了显著增强，与上述情况类似，说明低盐度适应时，NKA 与 VHA 会增强活力以维持体内外渗透压及离子流的平衡。

水中的铜离子能够通过某种机制抑制鳃中 NKA，如镶嵌转运亚基的基团或竞争性抑制离子通道，从而导致体内离子组分的失衡（Eyckmans et al，2010）。水体中 400 μg/L 浓度的 Cu^{2+} 能使细鳞肥脂鲤和尼罗罗非鱼鳃 NKA 活力显著降低（Monteiro et al，2005；Sampaio et al，2012）。而 20 μg/L 浓度的 Cu^{2+} 就能使虹鳟鳃 NKA 活力在 10 d 内降低 6 倍，鲤和银鲫则要 50 μg/L 浓度的 Cu^{2+} 才能显著降低其鳃 NKA 活力（Eyckmans et al，2010；Shaw et al，2012）。120 μg/L 浓度的 Cu^{2+} 能使淡水中底鳉鳃 NKA 活力显著降低，而对海水中底鳉鳃 NKA 活力影响不显著（Blanchard et al，2006）。硫酸铜对银鲳幼鱼鳃 NKA 的抑制情况见图 5-42。低盐度 12 时 NKA 活力随硫酸铜浓度增加而减弱，而盐度 24、0.5 mg/L 硫酸铜组 NKA 活力在 24 h 时跃升后陡然降低，并显著低于对照组；相对于盐度 24，低盐度 0.5 mg/L 与 0 mg/L 硫酸铜组差距更为明显，144 h 时 0 mg/L 组 NKA 活力是 0.5 mg/L 组的 1.57 倍。说明水中铜离子达到一定浓度后会对银鲳幼鱼鳃 NKA 产生抑制作用，在盐度降低时其效果更为显著。

VHA 参与鱼类鳃部的 Na⁺、H⁺ 以及酸碱平衡的调节并提供能量，水中铜离子可能通过抑制 Na⁺、Cl⁻、HCO_3^- 的交换而影响 VHA 的功能（Shigehisa et al，2003；Blanchard et al，2006）。在虹鳟鳃 mitochondria-rich 细胞 Na⁺ 吸收作用的抑制实验中，VHA 特异性抑制剂 Bafilomycin A1 和铜离子都能显著抑制 Na⁺ 吸收率（Goss et al，2011）。20 μg/L 浓度的 Cu^{2+} 能使淡水与海水中培养的胎花鳉鳃 VHA 活力都显著降低而后跃升，且淡水胎花鳉 VHA 活力变化幅度更大，但两者的抑制作用都不显著（Zimmer et al，2012）。硫酸铜对银鲳幼鱼鳃 VHA 的抑制情况见图 5-42。低盐度（12）条件下，

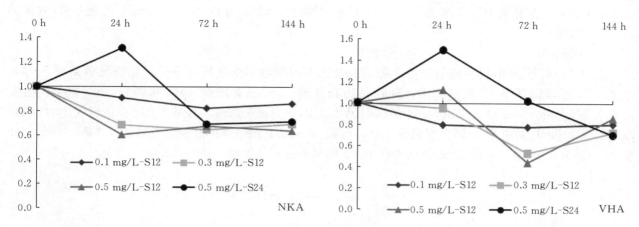

图 5 - 42　硫酸铜对银鲳幼鱼鳃 NKA 与 VHA 活力的抑制

图中点表示不同硫酸铜浓度组与对应盐度 0 mg/L 组 NKA 或 VHA 活力比值

（张晨捷等，2014）

VHA 活力仅硫酸铜浓度为 0.3 mg/L 与 0.5 mg/L 的组在 72 h 时出现显著抑制，而盐度 24、0.5 mg/L 硫酸铜 VHA 活力先增高而后降低，144 h 时各硫酸铜组的抑制率差距不明显。可见铜离子对 VHA 作用机制要比 NKA 更为复杂，铜离子可能是通过干扰鳃部离子交换（如 Na^+ 的吸收）来影响 VHA，可能包括刺激和抑制等不同过程。另外，由于高、低渗透压调节机制的不同，铜离子在低盐水体中对 NKA 与 VHA 的抑制作用更强。

二、抗氧化能力的变化

1. 肝脏还原型谷胱甘肽（GSH）

盐度逐步降低及不同硫酸铜浓度环境下，银鲳幼鱼肝脏 GSH 含量变化情况如图 5 - 43 所示。盐度从 24 逐步降低到 12 时，肝脏 GSH 含量在盐度 20 时出现显著跃升（$P < 0.05$），而后降低。盐度 12 硫酸铜胁迫开始后，24 h 时 0 mg/L 和 0.1 mg/L 的组 GSH 含量有所上升，而 0.3 mg/L 和 0.5 mg/L 的组含量持续下降，其中 0.3 mg/L 的组显著低于其他组（$P < 0.05$）；72 h 时 0.3 mg/L 和 0.5 mg/L 的组 GSH 含量出现显著跃升，两者显著高于其他组（$P < 0.05$）；144 h 时 0 mg/L 和 0.1 mg/L 的组 GSH 含

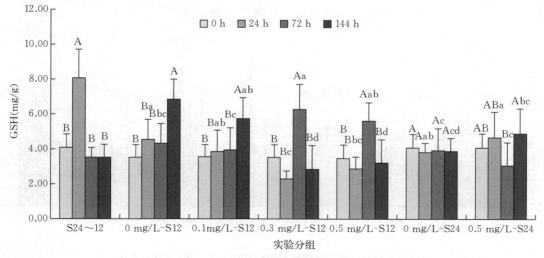

图 5 - 43　低盐度与硫酸铜对银鲳幼鱼肝脏 GSH 含量的影响

不同大写字母表示相同实验组中存在显著差异（$P < 0.05$），不同小写字母表示同一时间不同实验组中存在显著差异（$P < 0.05$）

（张晨捷等，2014）

量显著上升，并显著高于除盐度24、0.5 mg/L的组外的其他组。盐度24、0.5 mg/L的组GSH含量随时间呈波动变化。

2. 肝脏SOD活力

银鲳幼鱼肝脏SOD活力随盐度逐步降低以及在不同硫酸铜浓度环境下的变化情况参见图5-44。盐度从24逐步降低至12的过程中，SOD活力在盐度20时显著增强（$P<0.05$），随后恢复。盐度12条件下，0.1 mg/L和0.5 mg/L的组SOD活力在24 h时显著增强，并显著高于其他组（$P<0.05$）；72 h时0.3 mg/L的组SOD活力有显著跃升，与除0.5 mg/L的组外的其他组差异显著（$P<0.05$）。盐度24条件下，0.5 mg/L的组SOD活力在144 h时显著强于其他组（$P<0.05$）。

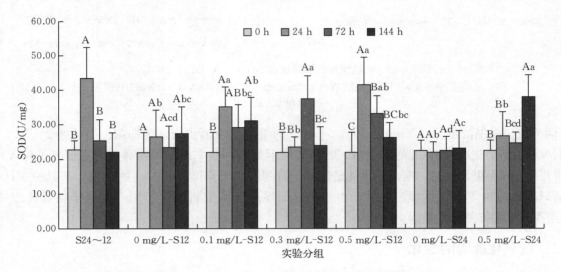

图5-44　低盐度与硫酸铜对银鲳幼鱼肝脏SOD活力的影响

不同大写字母表示相同实验组中存在显著差异（$P<0.05$），不同小写字母表示同一时间不同实验组中存在显著差异（$P<0.05$）

（张晨捷等，2014）

3. 肝脏CAT活力

盐度逐步降低及不同硫酸铜浓度环境下，银鲳幼鱼肝脏CAT活力变化情况如图5-45所示。从盐

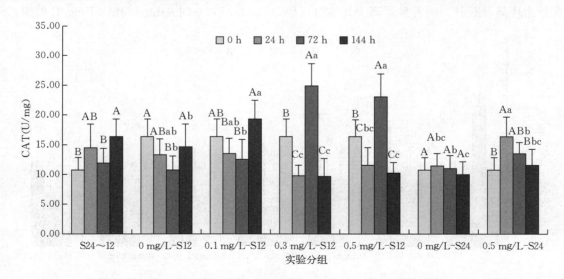

图5-45　低盐度与硫酸铜对银鲳幼鱼肝脏CAT活力的影响

不同大写字母表示相同实验组中存在显著差异（$P<0.05$），不同小写字母表示同一时间不同实验组中存在显著差异（$P<0.05$）

（张晨捷等，2014）

度 24 逐步降低至 12 的过程中，肝脏 CAT 活力呈波动上升，盐度 12 的组显著高于盐度 24 和 16 的组。盐度 12 条件下，硫酸铜 0 mg/L 与 0.1 mg/L 的组变化情况相似，依然保持波动幅度较小的变化，但 0.1 mg/L 的组 CAT 活力在 144 h 时显著增强（$P<0.05$）；0.3 mg/L 和 0.5 mg/L 的组 CAT 活力在 24 h 出现回落，与盐度 24 的对照组差异不显著（$P>0.05$），在 72 h 时又出现跃升，并显著高于其他组（$P<0.05$）。盐度 24 条件下，硫酸铜 0.5 mg/L 的组 CAT 活力有所增强，而后逐渐恢复，24 h 显著高于初始值和 144 h 时的值（$P<0.05$）。

GSH、SOD 和 CAT 是鱼类肝脏中抗氧化系统重要的组成部分。GSH 参与物质代谢和转运，能与有害物质结合，降低其毒性，对各种外源（如重金属）和内源性的物质（如活性氧）对细胞的损害都有防御作用（惠天朝等，2001）。银鲳在盐度降低时，GSH 含量陡然上升，而后显著降低，在低浓度硫酸铜条件下，GSH 含量平稳后，再显著增高；而硫酸铜 0.3 mg/L 与 0.5 mg/L 环境下，GSH 含量则出现显著的降低与升高波动。正常环境下，肝脏内 GSH 和氧化型谷胱甘肽（GSSG）呈动态平衡，其中 GSH 为主要形态（惠天朝等，2001；王辅明等，2009）。盐度降低及硫酸铜浓度增高迫使鱼体消耗更多 GSH，破坏氧化还原平衡，因此 GSH 含量在上升后显著降低。外界刺激越强则需要调动更多物质储备以生产 GSH，而这个过程不可能长时间持续。

SOD 与 CAT 能有效清除体内的超氧阴离子自由基（O^{2-}）、游离氧（O）、羟自由基（—OH）和 H_2O_2 等活性氧物质（鲁双庆等，2002）。低浓度 Cu^{2+} 能使中华鲟和花鲈肝脏 SOD 与 CAT 活力增强而后降低，而高浓度 Cu^{2+} 则能直接抑制 SOD 和 CAT 活力（姚志峰等，2010；朱友芳等，2011）。盐度降低以及硫酸铜浓度增加时，银鲳 SOD 活力呈上升后下降的变化趋势，CAT 活力出现波动变化。说明在盐度下降以及铜离子等条件胁迫下，银鲳幼鱼可通过增强 SOD 与 CAT 活力清除代谢积累的氧化自由基；但胁迫过于强烈，过量氧化自由基得不到及时清除，最终会对鱼体造成损伤。

由于张晨捷等（2014）的实验中有三次取样，所以银鲳幼鱼死亡率以非取样死亡率表示，其总死亡率为 22.8%，各组死亡差异情况见表 5-1，结果显示仅盐度 12 条件下，硫酸铜 0.3 mg/L 与 0.5 mg/L 的组与对照组有显著差异。根据离子调节酶、抗氧化系统以及死亡情况判断银鲳幼鱼能够适应盐度 12 或 0.5 mg/L 硫酸铜浓度，但在低盐度水体中加入 0.3 mg/L 硫酸铜会对银鲳幼鱼的存活造成不利影响。

表 5-1　银鲳幼鱼 144 h 非取样死亡率

（张晨捷等，2014）

硫酸铜浓度（mg/L）	盐　度	
	12	24
0	15.0 ± 8.7^c	16.7 ± 2.9^c
0.1	16.7 ± 5.8^c	—
0.3	30.0 ± 5.0^{ab}	—
0.5	36.7 ± 2.9^a	21.7 ± 5.8^{bc}

注：非取样死亡率单位为%（每桶死亡数×100%/总数），其中死亡数不包括取样数；不同小写字母表示存在显著差异（$P<0.05$）。

综上所述，在低盐度海域开展银鲳养殖，银鲳对硫酸铜有一定的抗性，但在盐度降低等环境变化时，应当密切注意水体中铜等重金属浓度。离子调节酶 NKA 和 VHA，以及抗氧化指标 GSH、SOD 和 CAT 的变化情况可以作为银鲳养殖评价的参考依据。

第四节　银鲳对运输胁迫的生理响应

活鱼运输是水产养殖产业链中的一个重要环节，因此，运输胁迫在水产养殖领域较为常见。运输过程中水体环境因子改变、拥挤及颠簸等人为因素的影响，均会导致鱼类产生应激反应。在运输过程中，鱼体的应激反应实则是机体在众多胁迫因子（水质变化、拥挤、颠簸等）刺激下的一种氧化应激反应。

其机理为在运输胁迫下，机体通过氧化应激反应进行多层次的应激性调节和信号传导，以消除体内产生过多的氧自由基，避免氧化损伤。因此，深入开展鱼类在运输胁迫下机体自身的调节机制研究，并研究探索最佳的运输条件，才能最大程度降低鱼类在运输过程中的应激性反应，保障水产养殖业的健康、持续发展，实现经济效益最大化。

一、运输胁迫下银鲳机体应激性指标的变化

1. 运输胁迫下银鲳幼鱼的成活率

在12 h的运输过程中，除了最高密度组（16 g/L）在运输12 h后的成活率为91.25%之外，其他各密度组在各个时间点的成活率均为100%（表5-2）。

表5-2　运输胁迫下银鲳的成活率（%）

（彭士明等，2011）

运输密度（g/L）	运输时间			
	2 h	4 h	8 h	12 h
4	100.00±0.00	100.00±0.00	100.00±0.00	100.00±0.00
8	100.00±0.00	100.00±0.00	100.00±0.00	100.00±0.00
16	100.00±0.00	100.00±0.00	100.00±0.00	91.25±1.77

2. 运输胁迫下血清皮质醇、血糖及乳酸含量的变化

运输胁迫下银鲳血清皮质醇含量的变化见图5-46。由图可以看出，运输胁迫导致皮质醇含量显著

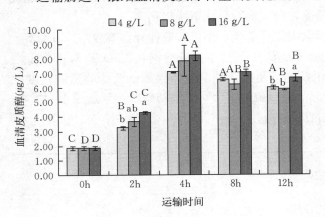
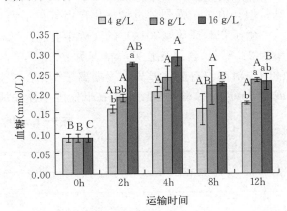

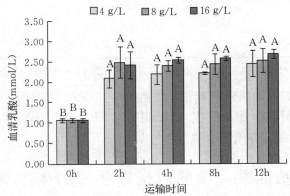

图5-46　运输胁迫对银鲳血清皮质醇、血糖及乳酸含量的影响

同一时间不同密度组上方不同小写字母表示有显著性差异（$P<0.05$）；同一密度不同时间组上方不同的大写字母表示有显著性差异（$P<0.05$）

（彭士明等，2011）

升高（$P < 0.05$）。三个运输密度组在运输 4 h 后，血清皮质醇含量均达到最高值，且均分别显著高于运输 2 h 后各自的皮质醇含量（$P < 0.05$）。然而，随着运输时间的进一步加长，皮质醇含量呈现出不同程度的降低趋势，其中 8 g/L 与 16 g/L 两个密度组的皮质醇含量表现为显著性降低（$P < 0.05$），而 4 g/L 密度组的皮质醇含量虽有所降低，但不具有显著性（$P > 0.05$）。运输 2 h 后，运输密度的增加，显著提高了皮质醇的含量。而在运输 4 h 和 8 h 后，各运输密度组间皮质醇含量则无显著性差异（$P > 0.05$）。运输 12 h 后，皮质醇含量虽较运输 4 h 后有所降低，但仍显著高于实验初的水平，且此时 16 g/L 密度组的皮质醇含量均显著高于 4 g/L 和 8 g/L 密度组（$P < 0.05$）。

　　运输胁迫导致血糖与乳酸含量显著升高（$P < 0.05$）（图 5 - 46）。血糖含量随着运输密度的增加基本呈升高的趋势。在运输 2 h 后，16 g/L 密度组血糖含量显著高于 4 g/L 和 8 g/L 密度组。但在运输 4 h 和 8 h 后，尽管血糖含量随着密度增加逐渐升高，但各密度组间并无显著性差异（$P > 0.05$）。在运输 12 h 后，8 g/L 密度组血糖含量明显高于 4 g/L 密度组，但与 16 g/L 密度组间并无显著性差异。在运输过程中（2~12 h），4 g/L 和 8 g/L 密度组的血糖含量随着运输时间的增加呈现波浪式的变化，但各时间点间并无显著性差异。16 g/L 密度组血糖含量在运输 4 h 后达到最大值，随着运输时间的增加，血糖含量显著降低。运输过程中（2~12 h），血清乳酸含量一直保持较高的水平，但各密度组间以及不同时间点间均无显著性差异（$P > 0.05$）。

　　通过生理学指标分析鱼类的应激性反应是检测养殖鱼类健康状况的有效方法。同时，对于建立某些应激性操作（如鱼类运输）方面适宜的操作规范，同样具有至关重要的作用。银鲳在运输 12 h 后最高运输密度组（16 g/L）出现鱼死亡的情况，而较低运输密度组（4 g/L 和 8 g/L）的成活率均为 100%。由此可以推断，在运输 12 h 的情况下，银鲳幼鱼可以承受 4 g/L、8 g/L 的运输密度所带来的应激反应。皮质醇的含量变化是检测应激性反应重要的指示指标之一（Kubokawa et al，1999；Iversen et al，2005；Lays et al，2009）。运输胁迫导致银鲳幼鱼血清皮质醇含量显著升高，而关于胁迫致使皮质醇含量升高的现象在许多硬骨鱼类中已有许多报道（Urbinati et al，2004；Lays et al，2009；Trushenski et al，2010）。众所周知，较高的密度通常会使鱼类产生应激胁迫（Skjervold et al，2001），银鲳在整个运输过程中，高运输密度组（16 g/L）血清皮质醇含量均高于 4 g/L、8 g/L 密度组，且在运输 12 h 后，16 g/L 密度组的皮质醇含量显著高于两个低密度组。由此表明，较高的运输密度会导致银鲳的应激反应程度增加，这也是最高运输密度组（16 g/L）在运输 12 h 后出现死亡的原因。目前，以皮质醇为检测指标，分析评估由运输以及密度所导致的应激反应，在一些鱼类上面已有许多报道。Gomes et al（2003）在对大盖巨脂鲤的研究发现，较高的运输密度会导致较高的死亡率和血浆皮质醇含量。Congleton et al（2000）在对大鳞大麻哈鱼的研究中同样发现，当运输密度达到最大时，皮质醇含量明显升高。然而，已有的研究表明，尽管运输会不同程度地导致鱼体产生应激反应，但不同种类的鱼体在应激胁迫下的生理反应存在着种间差异（Barton et al，2003）。此外，在运输过程中，除了运输密度之外，运输容器的大小同样也是导致鱼体产生应激反应的主要因子之一（Gomes et al，2003）。彭士明等（2011）的研究中所用银鲳在运输之前，饲养于水体为 20 m³ 的圆形水泥池中，而运输时所用容器较小，水体体积仅为 25 L，较小的活动空间导致银鲳容易碰撞擦伤，进而导致其应激性反应程度增加。

　　血糖作为机体的主要功能物质，在体内的含量一般情况下均相对稳定。然而，研究表明，应激反应可导致鱼类血糖含量明显升高，出现高血糖症（Kubokawa et al，1999；Urbinati et al，2004；Iversen et al，2005）。运输胁迫导致银鲳血糖含量显著升高，且在整个运输实验过程中，血糖含量均维持在一个较高的水平，这与对大西洋鲑（Iversen et al，2005）的研究结果相一致。对于应激作用下血糖升高的现象，已有的研究表明，应激导致血液中儿茶酚胺浓度升高，后者可直接作用于肝脏，致使肝脏糖元分解，最终导致血糖浓度的升高（Axelrod et al，1984）。此外，一些研究也表明，急性应激作用下，血糖浓度随着皮质类固醇含量的升高而升高（Vijayan et al，1997；Lays et al，2009）。运输胁迫过程中，银鲳皮质醇含量升高的同时也伴随着血糖含量的升高。而应激作用下血糖含量的升高，其用途可能主要在于提供能量以保障鱼体能够经受住所承受的应激胁迫（Mommsen et al，1999）。

乳酸主要是肌肉在供氧不足的情况下通过糖酵解产生。水体中溶解氧含量低、血液循环缓慢以及剧烈的物理运动都可导致机体乳酸含量的升高（Olsen et al，1995）。由于在银鲳整个运输过程中持续充氧，水体中溶解氧含量相对较高。因此，运输过程中银鲳血清与肌肉组织中乳酸含量的升高，主要可能是运输过程中剧烈的物理运动所致。在剧烈物理运动的情况下，糖酵解的发生，其主要目的可能在于迅速提供能量（Iversen et al，2005）。Schreck et al（1995）在对大鳞大麻哈鱼以及 Iversen et al（2005）在对大西洋鲑的研究中同样发现，运输胁迫均会导致鱼体组织中乳酸含量的升高。然而，Acerete et al（2004）在对河鲈的研究中却发现，运输胁迫并未导致血液中乳酸含量的明显升高，其原因可能是实验条件不同以及种间差异。

3. 运输胁迫下肌肉糖元、乳酸以及肝脏糖元含量的变化

图 5-47 示运输胁迫下肌肉乳酸含量的变化，由图可以看出，运输胁迫导致肌肉乳酸含量显著升高（$P<0.05$），且随着运输时间的增加，肌肉乳酸含量呈现逐渐升高的趋势，但在运输的 2~12 h 内，运输密度与运输时间的增加并未显著影响肌肉乳酸的含量（$P>0.05$）。运输胁迫导致肌肉与肝脏糖元含量明显降低（图 5-47）。运输 2 h 后肌肉糖元含量最低，且显著低于实验初的水平，但在运输 4~12 h 后，肌肉糖元含量虽仍较实验初的水平低，但已与实验初的水平无显著性差异（$P>0.05$）。相同运输时间内，不同密度组间肌肉糖元含量均无显著性差异（$P>0.05$）。肝脏糖元含量随着运输时间的增加呈波浪式变动，且在运输 4 h、8 h 以及 12 h 后，各密度组间均无显著性差异（$P>0.05$），但在整个运输胁迫过程中，肝脏糖元含量（除了密度 16 g/L 运输 8 h 后）均显著低于实验初的水平（$P<0.05$）。

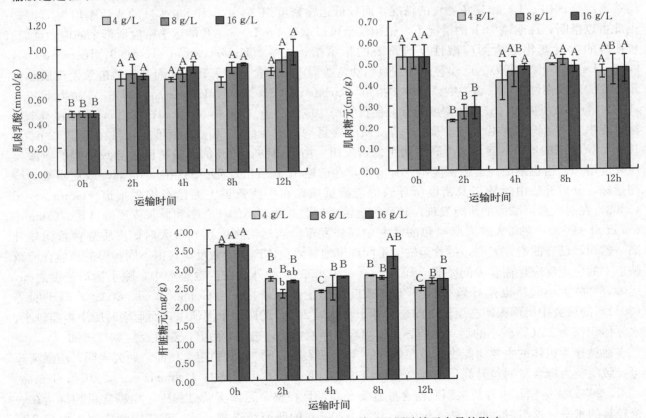

图 5-47 运输胁迫对银鲳肌肉乳酸、糖元及肝脏糖元含量的影响

同一时间不同密度组上方不同小写字母表示有显著性差异（$P<0.05$）；同一密度不同时间组上方不同的大写字母表示有显著性差异（$P<0.05$）

（彭士明等，2011）

研究结果显示，运输胁迫导致银鲳肌肉与肝脏中糖元含量明显降低。然而，两个组织中糖元含量的降低程度则并不相同。肌肉组织仅在运输 2 h 后，其糖元含量显著低于运输前水平，随后的 4~12 h 内，

肌肉糖元含量虽仍低于运输前水平，但与运输前并无显著性差异。而肝脏组织中糖元含量在运输 2～12 h 内，除了 16 g/L 运输 8 h 后的糖元含量之外，其余各时间点的糖元含量均显著低于运输前水平。由此表明，在应激胁迫过程中，肝脏糖元在能量供给方面要高于肌肉糖元。Barcellos et al（2010）在对克林雷氏鲇的研究中同样发现，在饥饿胁迫过程中肌肉糖元含量基本保持不变，而肝脏糖元含量明显降低。产生此种情况，可能是糖元主要存储于肝脏中，而肌肉中含量较低，且肌肉的糖元动员可能主要与肌肉活动有关，而非应激因子本身（Navarro et al，1995）。但也有相反的情况，Navarro et al（1992）在对河鳟的研究中发现，8 d 的饥饿胁迫导致其肌肉糖元含量显著降低，而对于产生此种差异的原因，还有待研究分析。

综上可知，运输胁迫导致银鲳血清皮质醇、血糖及乳酸含量明显升高，较高的运输密度会导致银鲳应激反应程度的增加；在小水体开放式运输的情况下，规格为 10 g 左右的银鲳幼鱼，在温度 24 ℃左右时，其运输密度不宜超过 16 g/L；在运输胁迫下，银鲳血糖含量的升高主要源于肝脏糖元的动员。

二、银鲳幼鱼的适宜打包运输条件

1. 低密度 8 h 运输实验

运输密度为 5 g/L 的处理组在三组运输温度（15 ℃、20 ℃、25 ℃）条件下经过 8 h 的运输，其成活率均为100%（图 5 - 48）。10 g/L 的处理组在运输温度 25 ℃条件下经过 8 h 的运输，成活率有所降低，但与 5 g/L 处理组相比较，并无显著性差异。然而，20 g/L 的处理组在25 ℃运输温度下，其成活率显著降低。

在运输过程中，运输袋内会注入一定量的纯氧，因此，经过 8 h 的运输后，运输水体内的溶解氧含量仍然比较高，在 11.89～21.04 mg/L（表 5 - 3）。由表 5 - 3 可知，运输水体内溶解氧的含量随着运输密度与温度的升高呈现出降低的趋势。运输水体 pH 由运输前的 8.17 降至6.91～7.49。尽管运输水体 pH 随着运输密度的增加呈现降低的趋势，但各处理组间并未有显著性的差异。总氨氮含量在不同运输温度下随着运输密度的增加显著升高（P＜0.05）。运输密度 20 g/L、温度 25 ℃处理组其总氨氮含量最高，为 7.05 mg/L；运输密度 5 g/L、温度 15 ℃处理组其总氨氮含量最底，为 1.50 mg/L。在 10 g/L 与 20 g/L 的运输密度下，运输水体中总氨氮含量随着温度的降低显著降低（P＜0.05）。在 25 ℃运输条件下，运输水体中非离子氨含量在较高的运输密

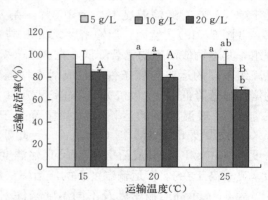

图 5 - 48　在低密度运输及不同温度条件下银鲳的运输成活率

相同温度条件下，不同小写字母表示有显著性差异（P＜0.05）；相同运输密度条件下，不同大写字母表示有显著性差异（P＜0.05）

（Peng et al，2012）

表 5 - 3　低运输密度及不同温度条件下 8 h 后水体中溶解氧、pH、总氨氮及非离子氨含量

（Peng et al，2012）

指　　标	运输温度（℃）	运输密度（g/L）		
		5	10	20
溶解氧（mg/L）	15	21.04±0.04[aA]	19.86±1.20[abA]	17.78±0.52[b]
	20	17.21±0.49[B]	16.64±0.08[B]	15.17±1.02
	25	16.15±0.57[B]	15.20±0.17[B]	11.89±2.52
pH	15	7.46±0.13	7.28±0.23	7.04±0.18
	20	7.49±0.13	7.24±0.26	7.03±0.13
	25	7.25±0.15	7.12±0.28	6.91±0.01

（续）

指　标	运输温度（℃）	运输密度（g/L）		
		5	10	20
总氨氮（mg/L）	15	1.50±0.55^b	2.49±0.09^{bB}	5.27±0.28^{aB}
	20	1.89±0.26^c	3.27±0.28^{bA}	5.97±0.38^{aAB}
	25	2.09±0.40^c	3.50±0.02^{bA}	7.05±0.23^{aA}
非离子氨（ug/L）	15	10.42±1.95^B	11.53±1.85^B	13.52±2.04^C
	20	19.78±1.17^A	20.52±2.71^A	20.98±0.02^B
	25	17.31±2.49^{bA}	24.26±0.67^{aA}	27.31±0.01^{aA}

注：同一列不同大写字母，同一行不同小写字母间均表示有显著性差异（$P<0.05$）。

度下显著增加，然而非离子氨含量在不同温度处理组间变化并不明显，仅在最高运输温度下，其含量随着运输密度的增加表现出升高趋势。

2. 高密度 4 h 运输实验

经过 4 h 的运输，运输密度 20 g/L 的处理组成活率在 15 ℃与 20 ℃运输温度下均为 100%，在 25 ℃时超过 95%（图 5-49）。然而，运输密度 30 g/L 与 40 g/L 的处理组，其运输成活率均显著降低，在 36%~75% 范围内。在三组不同的运输温度条件下，成活率均随着运输密度的增加显著降低（$P<0.05$）。运输密度为 30 g/L 时，其在 15 ℃运输温度下的运输成活率显著高于在 20 ℃与 25 ℃运输温度下的成活率（$P<0.05$）。此外，最高运输密度组（40 g/L），其成活率在 15 ℃运输温度下的运输成活率显著高于在 25 ℃运输温度下的成活率（$P<0.05$）。

表 5-4 示高运输密度及不同温度条件下 4 h 后水体中溶解氧、pH、总氨氮及非离子氨含量。在三组运输温度条件下，运输水体内溶解氧的含量均随着运输密度的增加显著降低。当运输密度为 20 g/L 时，运输温度的降低可显著降低运输过程中银鲳的耗氧量。然而，当运输密度为 30 g/L 与 40 g/L 时，运输水体中溶解氧的含量在

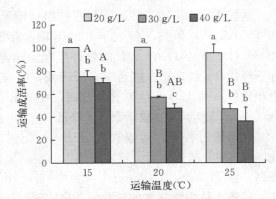

图 5-49　在高密度运输及不同温度条件下银鲳的运输成活率

注：相同温度条件下，不同小写字母表示有显著性差异（$P<0.05$）；相同运输密度条件下，不同大写字母表示有显著性差异（$P<0.05$）

（Peng et al，2012）

不同运输温度间并无显著性差异。当运输密度为 20 g/L 与 30 g/L 时，运输水体 pH 在不同运输温度间无显著性差异。但是，当运输温度为 40 g/L 时，运输水体 pH 随着运输温度的升高显著降低。运输水体中总氨氮的含量在三组运输温度下，均随着运输密度的增加显著升高。在相同的运输密度下，运输水

表 5-4　高运输密度及不同温度条件下 4 h 后水体中溶解氧、pH、总氨氮及非离子氨含量

（Peng et al，2012）

指　标	运输温度（℃）	运输密度（g/L）		
		20	30	40
溶解氧（mg/L）	15	18.14±1.07^{aA}	13.48±1.05^{ab}	11.62±1.32^b
	20	15.92±0.63^{aAB}	10.25±0.18^b	8.77±0.59^b
	25	15.05±0.28^{aB}	10.12±0.94^b	8.13±0.36^b
pH	15	7.12±0.12	7.00±0.00	7.13±0.04^A
	20	7.02±0.11	6.95±0.07	7.03±0.04^{AB}
	25	7.03±0.25	6.90±0.14	7.00±0.00^B

（续）

指　标	运输温度（℃）	运输密度（g/L）		
		20	30	40
总氨氮（mg/L）	15	4.78 ± 0.74^{b}	7.13 ± 0.89^{ab}	8.27 ± 0.89^{a}
	20	4.85 ± 0.49^{b}	7.16 ± 1.05^{ab}	8.67 ± 0.47^{a}
	25	5.61 ± 0.72^{b}	7.78 ± 0.45^{ab}	9.18 ± 0.67^{a}
非离子氨（ug/L）	15	14.66 ± 0.47^{bB}	16.14 ± 2.02^{bC}	24.88 ± 0.66^{aB}
	20	16.73 ± 2.62^{bB}	20.83 ± 0.30^{bB}	30.13 ± 0.83^{aB}
	25	29.52 ± 1.22^{bA}	29.95 ± 0.81^{bA}	43.69 ± 3.20^{aA}

注：同一列不同大写字母，同一行不同小写字母间均表示有显著性差异（$P<0.05$）。

体中总氨氮含量在不同运输温度间并未有显著差异，尽管总氨氮含量随着温度的升高呈现出一定的升高趋势。运输水体中非离子氨的含量随着运输密度的增加及运输温度的升高均呈现出显著升高的趋势。

在水产养殖行业，苗种的运输及销售是其中非常重要的一个环节。通常情况下，运输方式大多有三种模式，即车运、空运及船运。对于不同种类的鱼而言，由于各自具有不同的生物学习性，其适宜的运输条件也略有不同。对于银鲳，8 h 的运输过程中，想要获得 100% 的运输成活率，在运输温度为 15～25 ℃时，运输密度最好控制在 5 g/L 左右；4 h 的运输过程中，要得到 100% 的运输成活率，其较为适宜的运输密度应为 20 g/L，适宜的运输温度应在 15～20 ℃。在进行 8 h 的运输过程中，从运输成活率与运输成本的角度考虑，银鲳幼鱼适宜的运输密度应为 10 g/L 左右，运输温度应在 15～20 ℃，其运输成活率可控制在 90% 以上。对于不同的鱼而言，适宜的运输密度存在种间差异，同时，鱼的大小及水质情况均会影响鱼的运输密度（Berka，1986；Kaiser et al，1998）。Golombieski et al（2003）的报道中指出，对于银鲴（5～10 cm）而言，在 15～25 ℃的运输温度条件下，较低的运输密度（50～87 g/L）在经过 24 h 的运输后，其成活率均为 100%。Estudillo et al（2003）研究发现，对于 45～60 d 的石斑鱼鱼苗而言，100 尾/L 在 23 ℃的运输温度下，8 h 后鱼苗出现死亡情况，死亡率在 2.3%～5%。Ayson et al（1990）在对篮子鱼（47 d）的研究中发现，100 尾/L 在 28 ℃的运输温度下经过 8 h 后，其成活率仍未达到 100%，但当运输密度在 200～400 尾/L 时，其成活率显著降低。银鲳运输密度为 20 g/L 时，4 h 运输成活率显著高于 8 h 的运输成活率，这也表明了运输成活率与密度、水温密切相关。

在鱼类运输过程中，水温是一项非常重要的影响因子（Berka，1986）。温度的降低可降低鱼的代谢率，从而降低其在运输过程中的耗氧量，换言之，温度越低，其耗氧量越低（Harmon，2009）。对于银鲳，在水温 15～25 ℃时，随着水温与运输密度的增加，运输水体中溶解氧含量显著降低。同时，在最高运输密度及温度条件下，银鲳的运输成活是最低的。因此，溶解氧的降低是导致银鲳在运输胁迫后死亡的重要因子之一。此外，运输水体 pH 的降低，原因在于银鲳呼吸代谢过程中二氧化碳的排放，致使水体中 H^+ 与 HCO_3^- 浓度增加（Boyd，1982）。

运输水体中氨氮含量的增加同样是导致运输过程中鱼死亡的主要因子之一（Fivelstad et al，1993）。在运输过程中，运输胁迫导致鱼体应激性反应增强，机体代谢水平明显升高，从而导致鱼体排放过多的代谢物，如氨氮和二氧化碳（Tomasso，1994）。随着运输密度的增加，银鲳 4 h 运输成活率随着运输密度的增加显著降低。通过分析运输水体中的总氨氮及非离子氨的含量发现，运输密度的增加显著提高了运输水体中的氨氮及非离子氨的含量，这样进一步证实了氨氮的增加是导致银鲳在运输过程中死亡的主要因子之一。分析已有的研究报道，氨氮对于鱼类产生毒性效应的剂量范围在不同鱼种间差异较大，且与水温、pH 及溶解氧含量密切相关（Hargreaves，2001）。例如，舌齿鲈 NH_3 的 96 h 半致死浓度为 1.7 mg/L，金头鲷与大菱鲆的半致死浓度在 2.5～2.6 mg/L（Person - Le Ruyet，1995）。而真鲷持续暴露于 0.025 mg/L NH_3 的水体中，便会出现死亡率的增加（Pavlidis，2003）。对于银鲳，通过运输实验分析得出，水体中 NH_3 的含量超过 0.03 mg/L 可能会导致其较高的死亡率。此外，运输水体中总氨氮及非离子氨的含量均随着运输温度的增加明显升高，表明在银鲳运输过程中降低运输温度有利于降低银鲳的氨氮排泄率，从而降低运输水体中的氨氮含量。Emerson et al（1975）发现，水温的升高会导致水体中非离子氨含量的增加。

综上所述，对于银鲳苗种，在进行打包运输的情况下，基于成活率的考虑，比较理想的运输温度应控制在 15 ℃左右，运输密度不宜超过 20 g/L；常温条件下（25 ℃），20 g/L 的运输密度不宜超过 8 h。

第五节　银鲳对不同养殖密度的生理响应

水产养殖密度是现代集约化养殖生产过程中十分重要的生产管理要素，合理的养殖密度对于提高养殖收益具有重要意义。密度过小会导致养殖水体浪费，养殖收益过低，而密度过高则导致鱼类长期处于应激胁迫之中，影响鱼类的正常生长，增大养殖管理风险。养殖密度作为一种环境胁迫因子，能够引起鱼类的应激反应，进而改变鱼类机体内的生理状况，使养殖鱼类生长率和成活率降低，增大鱼病发生的概率，且易导致养殖鱼类个体间差异增大。因此，养殖密度对鱼类生长及生理机能的影响研究，可为现代集约化健康养殖提供重要的参考依据。

一、养殖密度对银鲳幼鱼生长的影响

四组不同养殖密度（D1：5 尾/m³；D2：10 尾/m³；D3：15 尾/m³；D4：25 尾/m³）对银鲳幼鱼 [（5.33±0.07）g] 生长的影响见表 5-5。由表可以看出，实验开始时各密度组间银鲳的平均初始体重无显著性差异，而 60 d 养殖实验结束后，在低于 15 尾/m³（D3 组）的密度范围内，随着密度的升高，银鲳的平均体重与特定生长率均明显呈升高趋势，表明在此密度范围内，银鲳的生长与养殖密度呈正相关关系。但在 D4 组 25 尾/m³ 的养殖密度下，银鲳的生长情况出现降低的趋势，主要表现在实验结束时的平均体重与特定生长率均显著低于 D3 组，但与 D2 组间无显著性差异。对于实验期间的各处理组的饲料系数，以 D3 组最低，为 1.43，但与 D2、D4 组间并无显著性差异。整个实验期间，各处理组的成活率均高于97%，且各组间无显著性差异。此外，各处理组间的肝体指数也未发现有显著性的差异，均介于 2.26～2.39。

表 5-5　养殖密度对银鲳幼鱼生长的影响

（彭士明等，2010）

组	放养密度（尾/m³）	初重（g）	末重（g）	特定生长率（%）	肝体指数（%）	饲料系数	成活率（%）
D1	5	5.20±0.16	16.38±0.88[c]	1.91±0.04[c]	2.26±0.24	1.58±0.03[a]	99.44±0.56
D2	10	5.39±0.04	20.10±0.19[b]	2.19±0.03[b]	2.26±0.26	1.51±0.06[ab]	98.75±0.63
D3	15	5.45±0.05	23.29±0.51[a]	2.42±0.03[a]	2.39±0.15	1.43±0.03[b]	97.92±0.42
D4	25	5.27±0.04	19.36±0.66[b]	2.17±0.04[b]	2.35±0.32	1.48±0.02[ab]	97.75±0.25

注：同一列不同上标字母（a，b，c）代表有显著性差异（$P<0.05$）。特定生长率=100×（ln 末重－ln 初重）/实验天数；肝体指数=100×肝脏重/鱼体重；饲料系数=投饲量/鱼体增重量。

目前，银鲳作为一种新兴的海水养殖对象，国内有关其养殖生物学方面的研究报道非常少，彭士明等（2010）研究分析了室内不同养殖密度对银鲳幼鱼的生长及其组织生化指标的影响。众所周知，养殖密度与鱼类生长之间关系密切，但即使是同一种鱼，两者间的关系也并非是一律呈正相关或者负相关关系。例如，Baker et al（1990）在对红点鲑的研究中发现，当养殖密度低于 40 kg/m³ 时，随着养殖密度的提高，红点鲑的生长与养殖密度之间呈正相关关系，而当养殖密度高于 50 kg/m³ 时，红点鲑的生长明显受到抑制。此外，也有一些研究发现，某些鱼类只有在较低的密度下才能获得较好的生长效果，随着养殖密度的提高，其增重率均明显降低，如大西洋庸鲽（Bjørnsson，1994）、加州鲈（Petit et al，2001）。银鲳在放养密度低于 15 尾/m³ 时，随着养殖密度的升高，银鲳幼鱼的特定增长率呈升高趋势，表明在较低的密度范围内银鲳的生长与放养密度间呈正相关关系。然而，当放养密度达到 25 尾/m³ 时，银鲳的生长表现出一定的降低趋势，其原因可能是密度升高导致个体的活动空间受到限制，继而间接导

致个体的生长受到抑制，最终导致生长效果降低（Baker et al，1990）。马爱军等（2005）在对大菱鲆的研究中也同样发现，在低密度养殖范围内，大菱鲆幼鱼生长与密度呈正相关，但当种群达到较高密度时，生长与密度则呈负相关。放养密度为 25 尾/m³ 的处理组，银鲳体重和特定生长率均明显低于放养密度为 15 尾/m³ 的处理组，但与放养密度为 10 尾/m³ 的处理组相比并无显著性差异。然而，由于彭士明等（2010）的实验中并未设置再高的放养密度，因此，其适宜放养密度的上限是否是 25 尾/m³ 还需要进一步探讨。通过对银鲳的养殖实验发现，各处理组的饲料系数均偏高，均高于 1.4，原因在于目前尚无专门针对银鲳的配合饲料，且银鲳营养需要的研究也不充分。彭士明等（2010）实验过程中采用的饲料为"鱼宝"牌开口料、鱼肉糜和桡足类的混合料，可能是饲料的营养组成尚未达到银鲳的最佳需求，最终导致养殖过程中饲料系数明显偏高。Rowland et al（2006）在对澳洲银鲈以及 Schram et al（2006）在对欧洲鳗的研究中发现，养殖密度同样可显著影响鱼的成活率，高密度可导致鱼体高死亡率。而各密度组银鲳幼鱼的成活率均较高，且各组间无显著性差异，由此可推断，15～25 尾/m³ 的密度范围可能均在银鲳能承受的密度范围之内。此外，通过近几年笔者的实际养殖生产经验发现，养殖水体的大小在一定程度上也可影响银鲳的养殖密度及其成活率。较大的养殖水体不仅为鱼类提供了较大的活动空间，而且也有利于保持水质参数的稳定。彭士明等（2010）实验用的养殖水体为 20 m³，较大的养殖水体可获得银鲳较高的成活率。Hosfeld et al（2009）在对大西洋鲑的研究中发现，只要保持适宜的流水速度、水质参数及投喂率，养殖密度从 21 kg/m³ 升高到 86 kg/m³，均不会对大西洋鲑产生负面影响。Person‑Le Ruyet et al（2008）在对虹鳟的报道中指出，在进行养殖密度与鱼类健康的关系研究中，水质参数与饲养环境是至为重要的两个因子。

二、养殖密度对银鲳组织糖元与乳酸含量的影响

图 5‑50 示养殖密度对银鲳组织糖元与乳酸含量的影响。从图 5‑50 中可以看出，随着养殖密度的

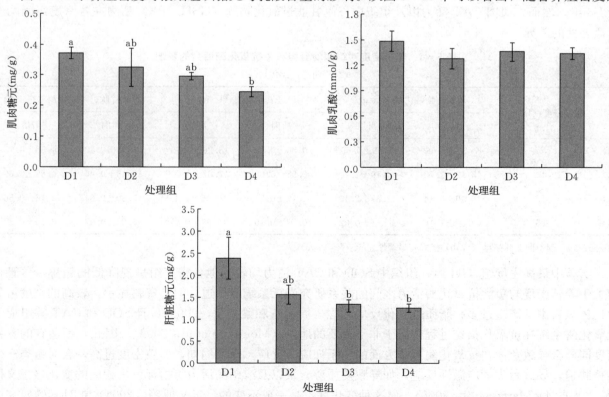

图 5‑50　养殖密度对银鲳幼鱼肌肉糖元、肌肉乳酸和肝脏糖元含量的影响

各处理组间不同标示字母（a，b）代表有显著性差异（$P<0.05$）

（彭士明等，2010）

升高，肌肉糖元含量明显降低，统计分析的结果显示，D1（5 尾/m³）组肌肉糖元含量（每克组织中含有 0.37 mg）显著高于 D4（25 尾/m³）组肌肉糖元含量（每克组织中含有 0.24 mg）（$P<0.05$），但 D2（10 尾/m³）、D3（15 尾/m³）与 D4 组间肌肉糖元含量并无显著性差异（$P>0.05$）。肌肉乳酸含量的分析结果显示，经过 60 d 养殖实验后，各养殖密度组间肌肉乳酸含量无显著性差异（$P>0.05$），其含量范围在 1.2～1.5 mmol/g。对不同密度组间肝脏糖元含量的分析结果显示，养殖密度可显著影响肝脏糖元含量（$P<0.05$），随着养殖密度的升高，肝脏糖元含量明显降低，D1 组肝脏糖元含量为 2.39 mg/g 组织，均显著高于 D3（每克组织中含有 1.31 mg）和 D4（每克组织中含有 1.26 mg）组（$P<0.05$）。

在集约型养殖过程中，养殖密度一直以来被认为是一项关键性的管理因子，原因在于它是一个潜在的慢性胁迫因子，可导致养殖鱼类生理生化指标及其行为学的变化（Ellis et al，2002）。已有的研究已证实，不适宜的养殖密度可导致养殖鱼类生长缓慢、行为异常以及免疫力降低等（Ellis et al，2002；Iguchi et al，2003；Kristiansen et al，2004；Schram et al，2006）。随着养殖密度的提高，银鲳肝脏与肌肉中糖元含量呈显著降低的趋势说明，伴随着养殖密度的提高，银鲳所需消耗的能量明显增加，因此导致肝脏与肌肉中糖元的分解，以供其所需要的能量。Herrera et al（2009）在对鳕的研究中也得到了相似的研究结果。

三、养殖密度对银鲳抗氧化能力的影响

养殖密度对银鲳组织中抗氧化酶活力的影响见表 5-6。由表可以看出，在 D1（5 尾/m³）至 D3（15 尾/m³）密度范围内，养殖密度对肌肉与肝脏中超氧化物歧化酶（SOD）和过氧化氢酶（CAT）活力均未有显著性影响（$P>0.05$）。但在该实验中的最高密度组（D4 组，25 尾/m³），肌肉与肝脏中 SOD 活力以及肝脏中 CAT 活力均较其他各组呈现出降低的趋势。统计分析的结果显示，D4 组肌肉与肝脏 SOD 活力均显著低于 D2（10 尾/m³）和 D3 组（$P<0.05$），此外，D4 组肝脏 CAT 活力显著性低于 D3 组。然而，肌肉 CAT 活力以及组织中谷胱甘肽过氧化物酶（GSH-PX）活力在各密度组间均未有显著性的差异。

表 5-6　养殖密度对银鲳幼鱼组织中抗氧化酶活力的影响

（彭士明等，2010）

组	放养密度（尾/m³）	超氧化物歧化酶（U/mg）		过氧化氢酶（U/mg）		谷胱甘肽过氧化物酶（U/mg）	
		肌肉	肝脏	肌肉	肝脏	肌肉	肝脏
D1	5	47.39±1.66[ab]	40.68±0.69[ab]	0.80±0.15	18.26±0.55[ab]	5.45±0.80	4.50±0.75
D2	10	48.82±1.72[a]	44.19±2.77[a]	0.98±0.08	17.87±0.70[ab]	5.13±0.80	4.89±0.60
D3	15	48.49±0.44[a]	42.82±2.16[a]	1.11±0.21	19.45±1.45[a]	5.80±0.64	4.16±0.56
D4	25	43.09±1.16[b]	35.11±0.82[b]	0.73±0.10	16.24±0.17[b]	5.07±0.97	3.75±0.57

注：同一列不同上标字母（a，b）代表有显著性差异（$P<0.05$）。

实验中最高密度组（D4 组）组织中 SOD 和 CAT 活力均较其他各密度组呈现降低的趋势。尽管目前关于养殖密度与鱼类抗氧化酶活力之间的关系研究尚无系统的报道，但有资料显示，较高的密度可导致机体氧自由基产生过多，脂质过氧化反应增强（周显青和梁洪蒙，2003）；且 SOD 和 CAT 等组成的抗氧化酶系统在抗氧化损伤过程中居于非常重要的地位（Mourente et al，2002）。因此，不适宜的养殖密度同样会导致鱼体在抗氧化酶系统方面的一系列应激反应。众所周知，养殖密度过高，会对鱼类产生拥挤胁迫，导致鱼类的应激性反应，如导致皮质醇含量以及溶菌酶活力等指标发生相应的变化（王文博等，2004；Di Marco et al，2008），但这种变化并不是一成不变的。王文博等（2004）在对鲫的研究中发现，拥挤胁迫后，鲫皮质醇含量和溶菌酶的活力均发生了变化，但这种变化与胁迫因子之间在短期内成正相关关系，而长期胁迫则表现为负相关关系。由此可推断，最高密度组（D4 组）银鲳 SOD 和

CAT 活力降低可能是由于较长时间胁迫（60 d）的结果。但由于并未设置更高的养殖密度，所以 D4 组 SOD 和 CAT 活力的降低是否是由于长期胁迫所致，尚需进一步的研究分析。其他生化指标的结果，如组织中乳酸含量、GSH - PX 活力在各密度组间并无显著性的差异，在一定程度上也可表明，实验中所设的养殖密度范围在整个实验周期内可能并未导致银鲳机体产生比较严重的胁迫负反应。

四、养殖密度对银鲳消化酶活力的影响

图 5 - 51 示饲养密度对银鲳消化酶活力的影响。由图 5 - 51 可以看出，尽管在 D2（10 尾/m³）、D3（15 尾/m³）和 D4（25 尾/m³）密度组银鲳胃蛋白酶活力稍高于 D1（5 尾/m³）最低密度组，但不同密度组间胃蛋白酶活力并无显著性差异（$P > 0.05$）。不同密度组间银鲳幼鱼胰蛋白酶与脂肪酶活力的变化规律相似。胰蛋白酶与脂肪酶活力均在 D3 组达到最高值，且均显著高于其他各密度组（$P < 0.05$）。D4 组的胰蛋白酶与脂肪酶活力均显著高于 D2 和 D1 组（$P < 0.05$），但 D1 与 D2 组间银鲳幼鱼胰蛋白酶与脂肪酶活力均无显著性差异（$P > 0.05$）。较高密度组（D3 和 D4 组）的淀粉酶活力显著高于较低密度组（D1 和 D2 组）（$P < 0.05$）。但在较高密度组间，以及较低密度组间，银鲳幼鱼的淀粉酶活力并无显著性差异（$P > 0.05$）。

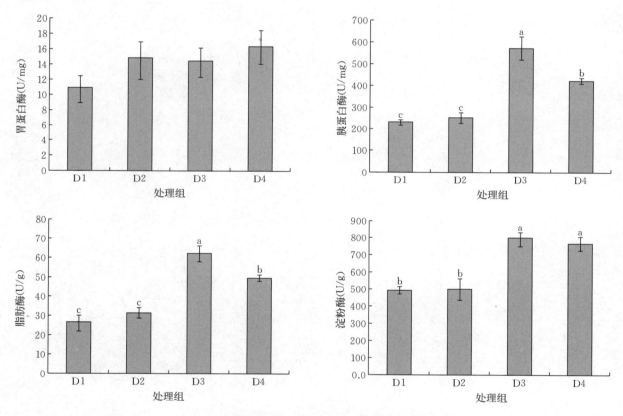

图 5 - 51　饲养密度对银鲳幼鱼消化酶活力的影响

各处理组间不同标示字母代表有显著性差异（$P < 0.05$）

（彭士明等，2013）

已有的研究表明，消化酶活力的检测与分析可以直接反映鱼体的消化生理状况（Pedersen et al，1990；Kuzmina et al，1996；Lundstedt et al，2004）。尽管银鲳胃蛋白酶活力在各个密度组间无显著性差异，但胰蛋白酶、脂肪酶以及淀粉酶活力随着饲养密度的增加均呈现先升高后降低的趋势。由此表明，在适宜的密度范围内，银鲳幼鱼会表现出较好的消化生理状态，这也从侧面揭示了银鲳在相应密度范围内具有较高生长速度的原因。结合银鲳幼鱼增重率的实验结果进行分析，最高密度组

（D4 组）的增重率虽然显著高于 D1 组，但与 D2 组并无显著性差异。然而，消化酶活力的结果分析则显示，D4 组的胰蛋白酶、脂肪酶以及淀粉酶活力均显著高于 D2 组。其原因可能在于，较高的饲养密度对银鲳具有一定的胁迫性影响，鱼体需要额外消耗一定的能量来抵御由于密度胁迫所导致的生理性反应，这在一定程度上增加了鱼体的能量消化。进而推测，D4 组消化酶活力保持在较高水平可能是鱼体自我保护的一种机制，但是由于实验中并未设置更高的饲养密度，因此确切的原因仍有待于进一步的研究分析。

综上所述，基于生长性能、抗氧化能力及消化酶活力的分析，银鲳幼鱼阶段工厂化养殖条件下，其养殖密度不宜过高，在综合考虑养殖成本的情况下，20～25 尾/m³ 的养殖密度较为适宜。

第六章

银鲳营养与饲料学研究

第一节　银鲳主要营养素组成特点

银鲳肉质鲜美，深受人们的喜爱，其蛋白质含量丰富，且必需氨基酸占总氨基酸的比例在 40% 以上，是一种高品质的蛋白源。同时，银鲳脂肪含量高，富含高度不饱和脂肪酸，具有极高的营养价值。本节主要对已有关于银鲳营养素组成的研究报道进行了梳理，由于不同研究报道的采样时间、地点以及鱼体规格不同，其结果数据略有不同，但可以较为全面地反映出银鲳主要营养素组成的特点。通过分析鱼体的营养素组成，不仅可以推测其所摄食的营养水平，还可揭示其自身的生理状况，并可为后续开展其相关营养学与饲料学的研究提供重要的理论依据。

一、野生银鲳肌肉营养素组成及其不同群体间的差异

1. 一般营养成分

河北黄骅、江苏连云港、浙江舟山、广东惠来 4 个野生群体银鲳（79.5～81.4 g）肌肉中水分、粗蛋白、粗脂肪和粗灰分的测定结果见表 6-1。河北黄骅群体银鲳的粗蛋白含量最低，与江苏连云港及广东惠来群体间无显著性差异（$P>0.05$），但与浙江舟山群体差异显著（$P<0.05$）；粗脂肪含量以浙江舟山群体银鲳为最高，但 4 个群体间差异不显著（$P>0.05$）；4 个群体间的粗灰分含量差异不显著（$P>0.05$）；水分含量以浙江舟山银鲳的最低，河北黄骅群体最高，差异显著（$P<0.05$）。

表 6-1　4 个野生群体银鲳肌肉的一般营养成分（%，湿重）

（赵峰等，2009）

营养成分	群体			
	河北黄骅	江苏连云港	浙江舟山	广东惠来
水分	74.58±0.52[a]	73.39±1.75[ab]	72.02±0.43[b]	74.10±0.45[a]
粗蛋白	19.95±0.04[a]	21.33±0.21[ab]	22.08±0.24[b]	20.91±1.42[ab]
粗脂肪	4.86±1.12[a]	4.63±0.46[a]	4.92±1.02[a]	4.33±0.55[a]
粗灰分	0.79±0.29[a]	0.80±0.08[a]	0.88±0.27[a]	0.79±0.15[a]

注：同一行数据有相同字母上标表示无显著差异（$P>0.05$），n=5。

2. 氨基酸组成与营养评价

表 6-2 显示，除广东惠来群体银鲳肌肉中的胱氨酸（Cys）检测过程中被破坏未测定外，其余 3 个群体都检测出了 18 种常见氨基酸。江苏连云港群体银鲳肌肉的氨基酸总量最高，占肌肉样品干重的 65.14%，其次是浙江舟山群体（64.31%）、广东惠来群体（61.93%），最低的是河北黄骅群体（60.32%），4 个群体间氨基酸总量差异显著（$P<0.05$）。8 种必需氨基酸的含量与氨基酸总量类似，以江苏连云港群体银鲳肌肉中含量最高，其次是浙江舟山群体、广东惠来群体，最低的是河北黄骅群体；4 个群体银鲳肌肉的必需氨基酸含量也呈现显著性差异（$P<0.05$）。4 个群体银鲳肌肉的鲜味氨基酸含量也呈现一定的差异，江苏连云港和浙江舟山群体间无显著性差异（$P>0.05$），但均显著（$P<0.05$）高于广东惠来和河北黄骅群体。

表 6-2　4 个野生群体银鲳肌肉氨基酸组成及含量（%，干重）

（赵峰等，2009）

氨基酸	群　体			
	河北黄骅	江苏连云港	浙江舟山	广东惠来
丝氨酸	1.89 ± 0.01^a	2.26 ± 0.02^b	2.14 ± 0.01^c	2.72 ± 0.04^d
酪氨酸	2.34 ± 0.01^a	2.53 ± 0.01^b	2.41 ± 0.00^a	2.87 ± 0.08^c
胱氨酸	0.62 ± 0.02^a	0.72 ± 0.03^b	0.69 ± 0.01^b	—
脯氨酸	2.24 ± 0.03^a	2.42 ± 0.05^b	2.62 ± 0.03^c	1.63 ± 0.01^d
*天冬氨酸	6.19 ± 0.03^a	6.66 ± 0.05^b	6.51 ± 0.01^c	5.99 ± 0.05^d
*谷氨酸	9.56 ± 0.04^a	10.45 ± 0.06^b	9.87 ± 0.00^c	9.44 ± 0.02^d
*甘氨酸	2.79 ± 0.01^a	3.02 ± 0.01^b	3.61 ± 0.00^c	3.29 ± 0.02^d
*丙氨酸	3.75 ± 0.02^a	4.03 ± 0.01^b	4.19 ± 0.00^c	3.89 ± 0.01^d
组氨酸	1.48 ± 0.00^a	1.52 ± 0.01^{ab}	1.58 ± 0.00^c	1.55 ± 0.05^{bc}
精氨酸	3.98 ± 0.03^a	4.21 ± 0.03^b	4.26 ± 0.02^b	4.69 ± 0.08^c
☆甲硫氨酸	1.72 ± 0.01^a	1.77 ± 0.01^b	1.73 ± 0.01^a	1.81 ± 0.01^c
☆苯丙氨酸	2.57 ± 0.03^a	2.72 ± 0.01^b	2.69 ± 0.01^b	2.30 ± 0.07^c
☆异亮氨酸	3.17 ± 0.02^a	3.36 ± 0.02^b	3.28 ± 0.01^c	3.54 ± 0.02^d
☆亮氨酸	5.27 ± 0.03^a	5.65 ± 0.03^b	5.45 ± 0.01^c	5.05 ± 0.01^d
☆赖氨酸	6.24 ± 0.04^a	6.84 ± 0.03^b	6.42 ± 0.00^c	5.96 ± 0.05^c
☆苏氨酸	2.38 ± 0.00^a	2.71 ± 0.02^b	2.60 ± 0.01^c	2.96 ± 0.04^d
☆缬氨酸	3.42 ± 0.02^a	3.57 ± 0.01^b	3.56 ± 0.00^b	3.75 ± 0.04^b
☆色氨酸	0.71 ± 0.00^a	0.70 ± 0.01^a	0.70 ± 0.00^a	0.49 ± 0.09^b
氨基酸总量	60.32 ± 0.17^a	65.14 ± 0.14^b	64.31 ± 0.02^c	61.93 ± 0.20^d
必需氨基酸总量	25.47 ± 0.06^a	27.32 ± 0.11^b	26.42 ± 0.07^c	25.87 ± 0.10^d
鲜味氨基酸总量	22.29 ± 0.04^a	24.17 ± 0.06^b	24.18 ± 0.02^b	22.60 ± 0.05^c

注：*鲜味氨基酸；☆必需氨基酸；广东惠来群体的胱氨酸被破坏，未检测；有相同字母上标表示无显著差异（$P>0.05$）。

表 6-3 为根据 FAO 评分模式和以鸡蛋白必需氨基酸含量作标准，所获得的 4 个群体银鲳肌肉的氨基酸评分（AAS）、化学评分（CS）和必需氨基酸指数（EAAI，以全鸡蛋蛋白作参考）。从 AAS 来看，

表 6-3　4 个野生群体银鲳肌肉必需氨基酸组成评价

（赵峰等，2009）

必需氨基酸	河北黄骅		江苏连云港		浙江舟山		广东惠来	
	AAS	CS	AAS	CS	AAS	CS	AAS	CS
异亮氨酸	1.01	0.76	1.05	0.79	1.04	0.78	1.09	0.83
亮氨酸	0.95	0.79	1.00	0.82	0.98	0.81	0.89	0.73
赖氨酸	1.46	1.13	1.57	1.21	1.50	1.15	1.36	1.05
苏氨酸	0.76	0.65	0.85	0.72	0.82	0.70	0.92	0.79
缬氨酸	0.88	0.66	0.90	0.68	0.91	0.69	0.94	0.71
色氨酸	0.94	0.57	0.91	0.55	0.93	0.56	0.64	0.39
甲硫氨酸+胱氨酸	0.85	0.48	0.88	0.50	0.87	0.50	0.64	0.36
苯丙氨酸+酪氨酸	1.03	0.69	1.08	0.73	1.06	0.71	1.05	0.71
必需氨基酸指数	69.63		72.74		71.79		65.78	

银鲳 4 个野生群体肌肉的限制性氨基酸略有差别，河北黄骅群体、江苏连云港群体和浙江舟山群体银鲳肌肉中均以苏氨酸最低，其次是甲硫氨酸＋胱氨酸，而广东惠来群体银鲳肌肉中却以色氨酸和甲硫氨酸＋胱氨酸为最低；从 CS 来看，4 个群体肌肉中限制性氨基酸一致，均以甲硫氨酸＋胱氨酸最低，其次是色氨酸。4 个群体中以江苏连云港群体银鲳肌肉的 EAAI 最高（72.74），其次是浙江舟山群体（71.79）、河北黄骅群体（69.63），最低的是广东惠来群体（65.78）。

3. 脂肪酸组成与含量

4 个野生群体银鲳肌肉中脂肪酸组成略有差异（表 6-4），其中，河北黄骅群体肌肉中含有 18 种，江苏连云港和浙江舟山群体肌肉中含有 19 种，而广东惠来群体肌肉中仅含有 17 种。脂肪酸组成包括饱和脂肪酸（SFA）7 种（广东惠来群体肌肉中 6 种），单不饱和脂肪酸（MUFA）5 种，多不饱和脂肪酸（PUFA）7 种（其中河北黄骅、广东惠来群体肌肉中分别含有 6 种）。河北黄骅群体银鲳肌肉中的总饱和脂肪酸含量最低，其次是浙江舟山和江苏连云港群体，以广东惠来群体银鲳肌肉中含量最高；单不饱和脂肪酸总量以河北黄骅群体银鲳肌肉中含量最高，其次是广东惠来和浙江舟山群体，以江苏连云港群体银鲳肌肉中含量最低；而多不饱和脂肪酸总量以江苏连云港群体银鲳肌肉中含量最高，浙江舟山和河北黄骅群体次之，以广东惠来群体最低。多不饱和脂肪酸中具有重要生理功能的二十二碳六烯酸（C22：6）和二十碳五烯酸（C20：5）（即 DHA 和 EPA）的总含量，也在江苏连云港群体银鲳肌肉中最高，达 13.34％，在浙江舟山和河北黄骅群体银鲳肌肉中比较接近，以广东惠来群体最低。

表 6-4　4 个野生群体银鲳肌肉脂肪酸组成及含量（％，占总脂肪酸比例）

（赵峰等，2009）

脂肪酸	群体			
	河北黄骅	江苏连云港	浙江舟山	广东惠来
C14：0	4.67 ± 0.01^a	4.93 ± 0.02^b	5.49 ± 0.12^c	4.50 ± 0.03^d
C15：0	0.74 ± 0.01^a	0.78 ± 0.00^b	0.84 ± 0.00^c	0.48 ± 0.00^d
C16：0	25.38 ± 0.32^a	25.57 ± 0.28^a	25.59 ± 0.27^a	29.91 ± 0.03^b
C17：0	2.39 ± 0.03^a	2.57 ± 0.08^b	2.71 ± 0.07^c	2.09 ± 0.03^d
C18：0	5.99 ± 0.05^a	6.96 ± 0.01^b	6.40 ± 0.02^c	6.29 ± 0.03^d
C21：0	0.56 ± 0.01^a	0.89 ± 0.02^b	0.67 ± 0.01^c	—
C23：0	0.48 ± 0.01^a	0.60 ± 0.02^b	0.49 ± 0.01^a	0.19 ± 0.01^c
ΣSFA	40.21 ± 0.29^a	42.30 ± 0.33^b	42.19 ± 0.17^b	43.46 ± 0.08^c
C16：1	6.48 ± 0.11^a	4.98 ± 0.11^b	5.91 ± 0.10^c	3.99 ± 0.03^d
C17：1	0.87 ± 0.00^a	0.66 ± 0.02^b	0.88 ± 0.01^a	0.53 ± 0.01^c
C18：1	32.44 ± 0.14^a	25.27 ± 0.15^b	28.78 ± 0.18^c	36.50 ± 0.08^d
C20：1	2.58 ± 0.14^a	2.45 ± 0.05^a	2.53 ± 0.05^a	1.80 ± 0.01^b
C24：1	1.48 ± 0.07^a	1.38 ± 0.05^a	1.17 ± 0.07^b	0.45 ± 0.02^c
ΣMUFA	43.85 ± 0.14^a	34.74 ± 0.04^b	39.27 ± 0.05^c	43.27 ± 0.10^d
C18：2	0.82 ± 0.01^a	1.39 ± 0.02^b	1.00 ± 0.05^c	0.56 ± 0.02^d
C18：3	0.65 ± 0.03^a	1.12 ± 0.04^b	0.91 ± 0.03^c	0.79 ± 0.02^d
C20：2	0.18 ± 0.02^a	0.27 ± 0.02^b	0.25 ± 0.01^c	—
C20：3	—	4.31 ± 0.13^b	3.12 ± 0.12^c	0.97 ± 0.01^c
C20：4	3.30 ± 0.01^a	2.65 ± 0.00^b	2.28 ± 0.00^c	1.15 ± 0.01^d
C20：5（EPA）	3.71 ± 0.04^a	4.06 ± 0.06^b	3.48 ± 0.02^c	2.54 ± 0.01^d
C22：6（DHA）	7.26 ± 0.17^a	9.28 ± 0.00^b	7.41 ± 0.01^a	7.01 ± 0.19^c
EPA＋DHA	10.96 ± 0.21^a	13.34 ± 0.05^b	10.89 ± 0.04^a	9.55 ± 0.21^c
ΣPUFA	15.91 ± 0.43^a	23.08 ± 0.29^b	18.45 ± 0.18^c	13.03 ± 0.18^d

注：—未检出；有相同字母上标表示无显著差异（$P>0.05$）。

4. 基于氨基酸和脂肪酸含量的 4 个野生银鲳群体的聚类分析

图 6-1 是利用 4 个野生银鲳群体肌肉中氨基酸和脂肪酸含量进行聚类分析所得到的树形图。由图 6-1（a）可见，银鲳 4 个野生群体最终聚为 3 个类群，江苏连云港与浙江舟山群体首先聚为一类，然后与河北黄骅群体聚为一类，最后与广东惠来群体聚为一类，这表明 4 个野生银鲳群体以江苏连云港和浙江舟山群体银鲳肌肉间氨基酸差异最小，相似性程度最高，广东惠来群体与其他 3 个群体间的差异最大。图 6-1（b）显示，河北黄骅与浙江舟山群体先聚为一类，然后与江苏连云港群体聚在一起，最后与广东惠来群体聚在一起。这表明 4 个野生银鲳群体以河北黄骅和浙江舟山群体银鲳肌肉间脂肪酸差异最小，广东惠来群体与其他 3 个群体间差异最大。

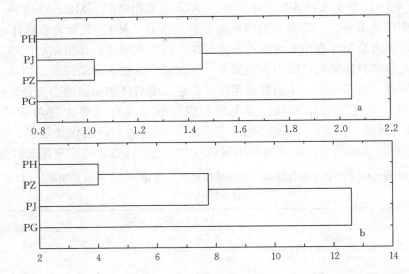

图 6-1　基于氨基酸（a）和脂肪酸（b）含量的银鲳 4 个野生群体的聚类树形图

PH. 河北黄骅群体　PJ. 江苏连云港群体　PZ. 浙江舟山群体　PG. 广东惠来群体

注：图中标尺代表欧氏距离

（赵峰等，2009）

食物营养价值的评价可以用多项指标来衡量，其中最重要的是蛋白质和氨基酸的组成和含量，尤其是必需氨基酸含量高低和构成比例。4 个野生群体银鲳肌肉中必需氨基酸和非必需氨基酸的比值均在 0.7 左右，必需氨基酸占氨基酸总量的百分比都大于 41%，超过了世界卫生组织提出的必需氨基酸和非必需氨基酸比值 0.6 以上，必需氨基酸占氨基酸总量 40% 左右的标准。说明 4 个野生群体银鲳的必需氨基酸含量丰富，且比例合理。其中，江苏连云港和浙江舟山群体银鲳在 AAS、CS 及 EAAI 方面更为突出，且在鲜味氨基酸含量上也优于另外 2 群体，表明江苏连云港和浙江舟山群体的银鲳无论在营养价值，还是鲜美和可口程度上均优于河北黄骅和广东惠来群体。

从对银鲳 4 个野生群体肌肉的营养成分分析可以看出，尽管属于同一鱼种，但在不同群体间在肌肉蛋白质及氨基酸含量上存在着一定的差别。虽然肌肉脂肪含量在 4 个群体间无显著性差异，但脂肪酸的组成和含量也不尽一致。有研究表明，鱼类肉质的遗传变异很低（Gjedrem et al，1983），所以遗传变异的可能性不大。鱼类肌肉蛋白及脂肪含量的差异受个体大小、生长速度和生长阶段的影响（Shearer，1994；尹洪滨等，2004）。水产动物肌肉氨基酸与脂肪酸组成与含量的不同，除了受到遗传因素的影响外，主要与动物自身的生长发育、栖息环境、饵料种类与组成等密切相关（张强，1997；Alasslvar et al，2002；潘沙芳等，2006）。赵峰等（2009）的研究中，样本的采集涉及 4 个海区，包括渤海（河北黄骅）、黄海（江苏连云港）、东海（浙江舟山）及南海（广东惠来），纬度跨度达 15°，每个海区的自然环境（如温度、盐度等）不同、饵料生物的组成及其含量也存在着较大的差异。有研究表明，生活在寒冷水域的鱼类往往肌肉中含有较多的多不饱和脂肪酸，以满足机体在低温条件下的生理需求（Celik et al，2005）。由此可见，栖息环境的差异可导致不同群体间在营养成分组成上的变化。不同海域的水温和饵料生物组成差异是导致不同银鲳群体营养成分差异的主要因素。

二、野生银鲳与翎鲳肌肉必需氨基酸组成模式的比较分析

1. 银鲳与翎鲳肌肉中氨基酸的组成

银鲳与翎鲳肌肉中水分含量分别为 76.88%、77.79%（表 6-5）。肌肉氨基酸的组成如表 6-6 所示，共检测出 17 种氨基酸，银鲳与翎鲳肌肉中氨基酸均以谷氨酸含量最高，色氨酸含量最低。必需氨基酸中，银鲳与翎鲳肌肉中均以赖氨酸含量最高。银鲳与翎鲳肌肉中四种呈味氨基酸的含量由高到低的循序均依次为谷氨酸、天冬氨酸、丙氨酸与甘氨酸。银鲳与翎鲳肌肉中除甘氨酸含量在两者间被检测出有显著性差异（$P<0.05$）外，其他各种氨基酸的含量均未检测出显著性差异（$P>0.05$）。从变异程度的角度来看，两种鱼仅有蛋氨酸、酪氨酸含量的变异系数超过 5%。结果表明，银鲳与翎鲳肌肉氨基酸组成基本相近，两者氨基酸组成的检测结果可间接反映两者所摄食饵料中的氨基酸组成。由此推测，银鲳与翎鲳的摄食习性可能非常相近，对养殖生产过程中饲料的合理配制具有重要的实际指导意义。

表 6-5　银鲳与翎鲳平均体重、叉长及肌肉组织中的水分含量

（彭士明等，2010）

指标	银鲳	翎鲳
体重（g）	73.22±1.34	85.43±1.53
叉长（cm）	13.28±0.15	13.43±0.20
肌肉水分含量（%）	76.88±1.16	77.79±1.57

表 6-6　银鲳与翎鲳肌肉氨基酸的组成及含量

（彭士明等，2010）

氨基酸种类	银鲳（g）	翎鲳（g）	平均值（g）	变异系数（%）
天冬氨酸 Asp**	1.92±0.10	1.81±0.01	1.87	3.87
谷氨酸 Glu**	2.91±0.15	2.77±0.04	2.84	3.46
甘氨酸 Gly**	0.87±0.00[a]	0.92±0.00[b]	0.90	4.62
丙氨酸 Ala**	1.15±0.04	1.09±0.00	1.12	3.31
丝氨酸 Ser	0.58±0.04	0.55±0.00	0.57	4.06
酪氨酸 Tyr	0.71±0.04	0.66±0.01	0.68	5.33
脯氨酸 Pro	0.63±0.00	0.64±0.00	0.63	1.23
缬氨酸 Val*	1.02±0.04	0.98±0.01	1.00	3.07
蛋氨酸 Met*	0.53±0.05	0.43±0.09	0.48	15.24
异亮氨酸 Ile*	0.96±0.05	0.90±0.01	0.93	4.71
亮氨酸 Leu*	1.61±0.08	1.52±0.01	1.56	3.98
苏氨酸 Thr*	0.74±0.04	0.72±0.00	0.73	1.90
苯丙氨酸 Phe*	0.76±0.03	0.72±0.00	0.74	4.49
组氨酸 His*	0.44±0.02	0.43±0.00	0.43	1.39
赖氨酸 Lys*	1.90±0.10	1.79±0.01	1.84	4.23
精氨酸 Arg*	1.20±0.05	1.15±0.00	1.18	2.70
色氨酸 Trp*	0.17±0.01	0.18±0.02	0.17	2.05

注：表中数据为每 100 g 肌肉（湿）氨基酸的含量；* 必需氨基酸，** 呈味氨基酸；两组数据间不同上标字母代表有显著性差异。

银鲳与翎鲳肌肉氨基酸的组成特点见表6-7。T-检验表明，两者间氨基酸总量、必需氨基酸总量、呈味氨基酸总量、必需氨基酸总量占氨基酸总量的比值以及呈味氨基酸总量占氨基酸总量的比值均无显著性的差异（$P>0.05$）。在对营养成分分析过程中，蛋白质的评价取决于氨基酸的组成以及必需氨基酸的含量，该实验结果显示，银鲳与翎鲳肌肉中必需氨基酸总量与呈味氨基酸总量占总氨基酸量的比值均分别高于50%与37%，世界卫生组织规定理想蛋白源的氨基酸组成为EAA/TAA在40%左右，说明银鲳与翎鲳的蛋白质营养价值较高，均是高品质的食用蛋白源。

表6-7 银鲳与翎鲳肌肉氨基酸的组成特点

（彭士明等，2010）

氨基酸指标	银鲳	翎鲳	平均值	变异系数（%）
氨基酸总量	18.08±0.83	17.25±0.02	17.66	3.32
必需氨基酸总量	9.32±0.46	8.80±0.08	9.06	4.07
呈味氨基酸总量	6.84±0.29	6.60±0.05	6.72	2.47
必需氨基酸总量/氨基酸总量	51.56±0.17	51.02±0.37	51.29	0.74
呈味氨基酸总量/氨基酸总量	37.84±0.16	38.29±0.33	38.06	0.84

注：氨基酸总量、必需氨基酸总量、呈味氨基酸总量为每100 g肌肉的含量（g），必需氨基酸总量/氨基酸总量及呈味氨基酸总量/氨基酸总量的单位均为%。

2. 银鲳与翎鲳肌肉中必需氨基酸的组成模式

以含量最低的色氨酸含量作分母，其他必需氨基酸含量作分子，求得10种必需氨基酸间的比值（表6-8）。由表6-8可以看出，银鲳与翎鲳肌肉必需氨基酸的组成比例比较接近，两者间无显著性差异（$P>0.05$）。已有资料证实，鱼体肌肉中氨基酸的组成比例可以反映其食物来源中的氨基酸组成比例（李爱杰，1996），氨基酸特别是动物体本身不能合成的必需氨基酸，对动物的正常生长十分重要。饲料中缺乏某种氨基酸，会影响动物对其他氨基酸的利用，抑制动物生长，所以饲料中的必需氨基酸的量要保证满足动物机体的需要量；然而，饲料中的氨基酸量也并非越多越好，氨基酸过量则会增强机体代谢能的损失，抑制动物体生长，甚至引起动物中毒。这就要求动物饲料中各种必需氨基酸的含量与组成要在一个适当的范围内，即通常所说的氨基酸平衡（李爱杰，1996）。当饲料中所含的各种必需氨基酸的比例（或模式）与饲养对象对各种氨基酸需要量的比例（或模式）相吻合时，即达到了所谓的氨基酸平衡，饲养对象方能获得良好的生长效果。

表6-8 银鲳与翎鲳肌肉必需氨基酸的组成模式

（彭士明等，2010）

必需氨基酸	银鲳	翎鲳
缬氨酸 Val	6.02±0.10	5.64±0.52
蛋氨酸 Met	3.12±0.13	2.42±0.30
异亮氨酸 Ile	5.66±0.06	5.18±0.47
亮氨酸 Leu	9.45±0.09	8.74±0.78
苏氨酸 Thr	4.33±0.04	4.12±0.34
苯丙氨酸 Phe	4.50±0.11	4.13±0.37
组氨酸 His	2.56±0.02	2.46±0.22
赖氨酸 Lys	11.15±0.07	10.28±0.93
精氨酸 Arg	7.06±0.14	6.65±0.57
色氨酸 Trp	1.00	1.00

注：表中数据是以色氨酸含量为分母，其他氨基酸含量为分子求得。

　　银鲳与翎鲳肌肉中必需氨基酸的组成比例均明显高于大黄鱼肌肉中的各必需氨基酸的比值（郑斌等，2003）。由于肌肉中必需氨基酸的组成模式可以在一定程度上指导饲料中各种必需氨基酸的适当配比，动物体对蛋白质的需求实际上就是对必需氨基酸的需求，只有氨基酸平衡才能保证蛋白质被有效地利用（萝莉等，2003；王家林等，2006）。因此，银鲳与翎鲳肌肉中必需氨基酸的组成比例对银鲳与翎鲳适宜饲料的配制具有重要的理论指导意义。

　　银鲳与翎鲳肌肉的必需氨基酸组成模式非常相近，推断两者对蛋白质营养的生理需求大致相同；依据肌肉中各必需氨基酸的组成比例可指导银鲳与翎鲳适宜饲料的配制，提高其饲养效果。

三、野生银鲳亲鱼不同组织脂肪含量及脂肪酸组成

1. 野生银鲳亲鱼不同组织的脂肪含量

　　共采集银鲳亲鱼（240～420 g）样本 29 尾，其中雌鱼 19 尾，雄鱼 10 尾。其性腺发育阶段以 Ⅳ 期为主。不同组织的脂肪含量差异显著（表 6-9），卵巢的脂肪含量极显著高于其他组织，平均脂肪含量为 41.85%，精巢含脂量最低，为 18.54%；肝脏和肌肉的平均脂肪含量分别为 27.80% 和 32.31%。从变异系数可知，不同亲鱼卵巢和精巢组织中脂肪含量变异较小，而肌肉和肝脏的总脂含量在不同亲鱼之间差异较大。

表 6-9　野生银鲳亲鱼不同组织的脂肪含量

（李伟微，2008）

组织	卵巢	精巢	肝脏	肌肉
脂肪含量（%）	41.85 ± 6.70^{A}	18.54 ± 3.35^{C}	27.80 ± 7.12^{Ba}	32.31 ± 9.91^{Ba}
变异系数（%）	0.17	0.18	0.26	0.31

注：表中同一行数字上标有不同小写字母表示差异显著（$P < 0.05$），不同大写字母表示差异极显著（$P < 0.01$）。

2. 野生银鲳亲鱼不同组织的脂肪酸组成

　　野生银鲳亲鱼不同组织的脂肪酸组成见表 6-10。卵巢中最主要的脂肪酸是 C18：1n9，含量为 16.91%，其次分别是 DHA（C22：6n3，15.46%）和 C16：4n3（13.14%），EPA（C20：5n3）和花生四烯酸（C20：4n6，ARA）的含量分别是 6.46% 和 1.67%。C16：4n3、C18：4n6 和 C18：4n3 占总脂肪酸的百分含量在卵巢中极显著地高于其他组织。

表 6-10　野生银鲳亲鱼不同组织的脂肪酸组成（%，占总脂肪酸含量）

（李伟微，2008）

脂肪酸	卵巢	肌肉	肝脏	精巢
C14：0	2.553 ± 0.319^{Bc}	4.247 ± 0.626^{Ab}	5.134 ± 1.072^{Aa}	1.200 ± 0.343^{Cd}
C14：1	0.113 ± 0.039^{Bb}	0.183 ± 0.076^{Aa}	0.190 ± 0.073^{Aa}	nd
C15：0	0.336 ± 0.087^{Bb}	0.765 ± 0.157^{Aa}	0.900 ± 0.252^{Aa}	0.433 ± 0.137^{Bb}
C15：1	1.778 ± 0.286^{A}	0.110 ± 0.090^{Cbc}	0.179 ± 0.120^{BCab}	0.267 ± 0.112^{Ba}
C16：0	12.653 ± 1.353^{Cb}	24.014 ± 0.784^{Ba}	34.251 ± 4.239^{A}	23.931 ± 2.510^{Ba}
C16：1	5.339 ± 0.664^{Bb}	6.482 ± 0.678^{Aa}	7.073 ± 1.351^{Aa}	2.090 ± 0.456^{Cc}
C16：2	1.274 ± 0.244^{Cb}	2.154 ± 0.317^{ABa}	1.829 ± 0.665^{Ba}	1.107 ± 0.194^{Cb}
C17：0	0.289 ± 0.046^{Cd}	0.710 ± 0.121^{Ab}	0.9212 ± 0.242^{Aa}	0.461 ± 0.078^{Bc}
C17：1	0.373 ± 0.073^{Bb}	0.525 ± 0.110^{Aa}	0.525 ± 0.116^{Aa}	0.236 ± 0.103^{Cc}
C16：4n3	13.140 ± 1.360^{Aa}	0.259 ± 0.068^{Cc}	0.386 ± 0.180^{Cc}	1.124 ± 0.798^{Bb}
C17：2	1.492 ± 0.363	nd	nd	nd

（续）

脂肪酸	卵巢	肌肉	肝脏	精巢
C18：0	3.298±0.425^{Dc}	5.776±0.693^{Cb}	7.754±1.532^{Ba}	7.982±1.066^{ABa}
C18：1n9	16.913±1.938^{Bb}	27.439±4.085^{Aa}	24.047±5.301^{Aa}	8.783±1.708^{Cc}
C18：1n7	2.768±0.364^{Abb}	1.949±1.492^{Cc}	3.071±0.492^{ABab}	2.341±0.396^{BCbc}
C18：2n9	0.282±0.052^{A}	0.198±0.049^{Ba}	0.193±0.047^{Ba}	0.114±0.036^{C}
C18：2n6	0.422±0.077^{Aa}	0.449±0.106^{Aa}	0.276±0.073^{Bb}	0.225±0.067^{Bb}
C18：3n9	0.172±0.031^{Aa}	0.201±0.066^{Aa}	0.115±0.053^{Bb}	nd
C18：3n6	0.111±0.061^{Bc}	0.258±0.054^{Aab}	0.240±0.080^{Ab}	0.279±0.081^{Aab}
C18：3n3	0.310±0.098^{Aa}	0.340±0.082^{Aa}	nd	0.136±0.052^{Bb}
C18：4n6	2.502±0.230^{A}	0.257±0.105^{B}	nd	nd
C18：4n3	1.717±0.292	nd	nd	nd
C18：5n3	0.609±0.161	nd	nd	nd
C20：0	0.139±0.142^{Cc}	0.442±0.066^{Aa}	0.237±0.105^{Bb}	0.422±0.101^{Aa}
C20：1n9	1.644±0.396^{ABbc}	2.195±0.467^{Aa}	1.826±0.557^{ABab}	0.896±0.212^{Cd}
C20：1n7	0.652±0.161^{Bbc}	1.250±0.211^{Aa}	0.851±0.388^{Bb}	0.603±0.159^{Bbc}
C20：2n6	0.181±0.058^{Bb}	0.210±0.043^{Bb}	0.198±0.114^{Bb}	0.338±0.136^{Aa}
C20：3n6	nd	0.0610±0.049	nd	nd
C20：3n3	nd	0.058±0.024	nd	nd
C20：4n6	1.674±0.744^{Bbc}	1.347±0.433^{Bb}	0.963±0.900^{Bc}	3.242±0.700^{Aa}
C21：0	0.103±0.055^{a}	0.091±0.038^{a}	nd	nd
C20：4n3	0.492±0.106^{A}	0.326±0.075^{B}	nd	0.185±0.140^{C}
C20：5n3	6.460±1.147^{ABb}	3.144±0.820^{C}	1.300±0.868^{D}	7.961±1.823^{Aa}
C22：0	nd	0.176±0.037	nd	nd
C22：1	1.277±0.501^{BCb}	3.106±0.929^{A}	2.006±1.028^{Ba}	0.932±0.314^{Cb}
C22：2n6	0.237±0.042^{A}	0.141±0.039^{B}	nd	nd
C22：3n6	0.333±0.125^{Bb}	0.617±0.202^{Aa}	nd	0.487±0.142^{ABa}
C22：4n6	0.735±0.365^{Ba}	0.683±0.144^{Ba}	0.213±0.173^{Cb}	1.877±0.613^{A}
C22：5n3	2.018±0.394^{ABab}	1.656±0.337^{Bb}	0.422±0.300^{Cc}	2.544±1.355^{Aa}
C22：6n3	15.459±1.109^{B}	8.180±1.290^{C}	4.902±2.239^{D}	29.839±2.527^{A}
SFA	19.371±1.863^{C}	36.221±1.015^{Ba}	49.197±5.194^{A}	34.430±3.198^{Ba}
MUFA	30.854±1.660^{B}	43.239±3.020^{Aa}	39.767±6.293^{Aa}	16.148±2.505^{C}
PUFA	49.617±2.152^{Aa}	20.538±2.820^{B}	11.037±4.728^{C}	49.459±4.220^{Aa}
LC-PUFA	26.838±1.549^{B}	15.336±2.343^{C}	7.800±4.242^{D}	45.648±4.485^{A}
n-6PUFA	6.194±1.383^{Aa}	4.024±0.910^{B}	1.890±1.117^{C}	6.449±1.211^{Aa}
n-3PUFA	40.204±1.791^{Aa}	13.962±2.186^{C}	7.010±3.333^{B}	41.790±3.975^{Aa}
DHA/EPA	2.478±0.555^{Bb}	2.716±0.543^{Bb}	4.150±1.012^{Aa}	3.912±0.881^{Aa}
EPA/ARA	4.465±1.767^{A}	2.490±0.842^{BCa}	1.513±0.510^{BCb}	2.535±0.696^{Bb}
DHA/ARA	10.567±3.558^{Aa}	6.659±2.223^{BCb}	6.110±1.989^{Cb}	9.659±2.408^{ABa}
n-3/n-6	6.750±1.277^{Aa}	3.585±0.719^{Bb}	3.854±0.803^{Bb}	6.673±1.257^{Aa}

注：表中数值以 M±SD 表示，同一行中上标不同大写字母表示差异极显著（$P<0.01$），上标不同小写字母表示差异显著（$P<0.05$），nd 表示未检出。

精巢中最主要的脂肪酸是 DHA，占总量的 29.84％，其次分别是 C16：0（23.93％）和 C18：1n9（8.78％），ARA 和 EPA 的含量分别是 3.24％和 7.96％，分别极显著高于在其他组织中的含量。

肝脏中最主要的脂肪酸是 C16：0，占总量的 34.25％，且极显著高于其他组织；其次分别是 C18：1n9（24.05％）和 C18：0（7.75％），ARA、EPA、DHA 的含量分别是 0.96％、1.30％和 4.90％。

肌肉中最主要的脂肪酸为 C18：1n9，占总量的 27.44％，其次分别是 C16：0（24.01％）和 DHA（8.18％），ARA 和 EPA 的含量分别是 1.35％和 3.14％。

卵巢和精巢组织中多不饱和脂肪酸（PUFA）的组成比例很高，分别占总脂肪酸的 49.62％和 49.46％，两者均极显著高于肝脏和肌肉组织中 PUFA 的百分含量。肝脏中饱和脂肪酸（SFA）比例很高，占总脂肪酸的 49.20％，极显著高于其他组织。而肌肉中单不饱和脂肪酸（MUFA）占总脂肪酸的 43.24％，与肝脏组织差异不显著，但极显著高于卵巢和精巢组织。n-3/n-6 在卵巢和精巢组织中较相近，分别为 6.75 和 6.67，极显著高于肝脏（3.85）和肌肉（3.59）组织。

不同组织间的 DHA：EPA：ARA 也有较大差异，在卵巢、精巢、肝脏和肌肉中分别为 2.48：1：0.22、3.91：1：0.39、4.15：1：0.66 和 2.72：1：0.40。

脂类包括真脂肪和类脂质的固醇类、磷脂类。每克脂肪可产生热量 37 673 J 左右，是水产动物重要的能量来源。另外，脂类是脂溶性维生素的溶剂，为机体吸收维生素 A、维生素 D、维生素 E、维生素 K 提供媒介物。一些脂类还是机体的重要组成部分，是构成生物体的必需要素（Kanazawa et al，1979）。上述这批银鲳亲鱼的卵巢大多为 Ⅳ 期，卵母细胞为大量卵黄所充塞（王义强等，1990），造成卵巢脂肪含量较高。银鲳亲鱼卵巢的脂肪含量始终维持在一定的水平，但肝脏和肌肉的脂肪含量在性腺发育同一时期的不同亲鱼间变化较大，一方面暗示了脂肪在卵巢发育及随后的胚胎发育中的重要性，另一方面也表明处于繁殖季节的银鲳雌亲鱼，其营养和能量的供给优先保障卵巢发育的需要。肝脏是脂肪合成与转化的主要场所。在亲鱼的性腺发育过程中，除肝脏和脂肪组织外，在卵黄形成期，卵巢组织中也有脂肪合成（麦贤杰等，2005）。卵巢中检测到的脂肪酸种类最多，共 36 种，这反映出卵巢内脂肪酸代谢作用相对活跃，且对 PUFA 具有选择性积累。海水鱼一般不能合成 22 碳以上的脂肪酸，或合成量极少，要依靠从饵料中直接获得（Bessonart et al，1999），脂肪酸营养与卵巢的发育密切相关，且进一步影响随后的胚胎及仔稚鱼的发育与存活。卵巢中 22 碳以上的脂肪酸百分含量之和最高，说明雌亲鱼对这些脂肪酸有意蓄积或在代谢过程中进行选择性保留，这也暗示了这些脂肪酸对胚胎、仔稚鱼发育的重要性。卵巢中的 DHA：EPA：ARA 为 2.48：1.00：0.22，与 Cejas et al（2003）研究发现异带重牙鲷中 DHA：EPA：ARA 为 5.12：1：0.62 有较大差异，与 Sasaki et al（1989）报道产卵洄游途中的大麻哈鱼卵巢中 DHA：EPA：ARA 在总脂中为 2.20：1.00：0.07 较为接近。由于 DHA、EPA、ARA 之间普遍存在竞争关系（Mourente et al，1993；Sargent et al，1999），只有在合适的比例下才能有利于亲鱼的生长和性腺的发育。不同鱼种亲鱼间的差异反映了其对脂肪酸营养需求的区别，也与其饵料、繁殖习性、经纬度和海区有关。

C16：4n3 占卵巢总脂肪酸组成的 13.14％，极显著地高于肌肉中的 0.26％、肝脏中的 0.39％和精巢中的 1.12％。根据海水鱼脂肪酸合成代谢的特点，C16：4n3 在碳链延长酶的作用下、C18：3n3 在 δ6 去饱和酶的作用下可转化为 C18：4n3，而 C18：4n3 可以继续碳链延长为 C20：4n3（Mourente，1996）。目前普遍认为 EPA、DHA 是海水鱼的必需脂肪酸，不能通过其他脂肪酸合成得来，或合成量极少不足以满足其需要（Watanabe et al，1983；Koven et al，1990；Bell et al，1995；Argent et al，1997）。但 Ghioni（1999）通过同位素的方法发现虹鳟和大菱鲆 δ5 去饱和酶较为活跃，相当比例的 C20：4n3 都转化为 EPA，但 EPA 通过碳链延长和 δ4 去饱和酶的作用到 DHA 的转化率较低。银鲳亲鱼卵巢内 EPA 含量极显著地高于除精巢外的其他组织，同时发现 C22：5n3 含量也相对较高。银鲳亲鱼卵巢大量蓄积 C16：4n3，推测一方面与包括 EPA、DHA 在内的 n-3 LC-PUFA 的合成有关，另一方面与 n-3 LC-PUFA β-氧化的代谢产物有关。

精巢中的 DHA 含量极显著地高于其他组织，这种现象在香鱼中也被发现（Jeong et al，2002），而

Tinoco（1982）研究发现雄性哺乳动物生殖器官中的 DHA 含量高于其他组织，Surai et al（1999，2000）研究发现公鸭通过碳链延长和去饱和作用把 C18：3n3（ALA）转化为 DHA，并运输到精巢中的效率比其他鸟类都高，而且公鸭和母鸭体内 PUFA 的代谢途径截然不同。精巢中较高含量的 DHA，一方面可能与精子密度与活力有关（Nissen et al，1983），DHA 被运输到精巢中，而精巢在脂肪酸利用的过程中对 DHA 进行选择性地保留；另一方面，其合成与代谢的途径也可能与其他组织不同，其碳链延长酶和诸如 δ4、δ6 位的去饱和酶的活性可能更强，从而使精巢中 ALA 到 DHA 的转化率高于其他组织（Jeong et al，2002）。

ARA 是包括前列腺素在内的很多类二十烷酸的主要前体物质，类二十烷酸对动物的排卵、受精卵的孵化和胚胎免疫系统的发育有重要影响（Smith，1989），而前列腺素在精液中含量最高，银鲳亲鱼精巢中的 ARA 含量极显著地高于其他组织也证明了这一点。近年来，随着对 ARA 研究的不断深入，普遍认为 ARA 也是海水鱼类的必需脂肪酸。但 Li et al（2005）对 4 组花尾胡椒鲷亲鱼投喂无 ARA、C18：3n3 含量极低的处理组饲料一段时间后，在性腺、肌肉、肝脏中都检测到一定量的 ARA。Vassallo（2001）对虹鳟的研究表明，在 C18：3n3 缺乏的情况下，C18：2n6 可以更活跃地转化为 ARA。Sargent（1999）研究表明虹鳟和大菱鲆能在 δ6 去饱和酶的作用下将相当比例的 C18：2n6 转化为 C18：3n6，C18：3n6 碳链延长为 C20：3n6，然后在 δ5 去饱和酶的作用下继续转化为 ARA。银鲳亲鱼 20 碳以下的 n−6 系列脂肪酸占总脂肪酸的含量在卵巢中为 3.22%、肌肉中为 1.24%、肝脏中为 0.71%、精巢中为 0.84%，普遍偏低。

肝脏是脂肪酸合成与分解的主要脏器，能分泌胆盐促进脂肪乳化、活化脂肪酶，肝细胞能摄取磷脂、胆固醇和中性脂等，并对脂肪酸进行一系列分解与合成作用（张海涛等，2004）。由于脂肪酸合成首先生成 C16：0（沈同等，1990），而银鲳亲鱼肝脏中 C16：0 是含量最高的脂肪酸，且极显著地高于其他组织，应该与肝脏的脂肪酸合成作用有关。很多鱼类在性成熟阶段摄食量下降，因而在性腺发育的后期要依靠动员和重新分配内源贮藏的营养物质维持生理需要，这种现象在肌肉中尤其明显。银鲳亲鱼肌肉中的 C18：1n9 含量极显著高于其他组织，C20：1n9 显著高于除肝脏外的其他组织，C16：0 含量也较高。而这些脂肪酸恰恰被认为是最容易被利用以提供能量的，这类脂肪酸的积累可能是为性腺发育后期的氧化供能做准备。

四、野生与养殖银鲳幼鱼氨基酸含量的比较

采集野生与养殖银鲳幼鱼（12~18 g），解剖去除消化道后测定氨基酸组成。表 6−11 列出了银鲳

表 6−11 野生与养殖银鲳每 100 g 鱼体干物质中氨基酸的含量

（彭士明等，2008）

氨基酸种类	野生（g）	养殖（g）	标准差	平均值（g）	变异系数（%）
天冬氨酸 Asp**	5.46	5.16	0.21	5.31	3.99
谷氨酸 Glu**	8.10	7.67	0.30	7.88	3.84
甘氨酸 Gly**	3.99	4.12	0.09	4.06	2.28
丙氨酸 Ala**	3.78	3.59	0.13	3.68	3.65
丝氨酸 Ser	1.85	1.56	0.21	1.71	12.11
酪氨酸 Tyr	2.12	1.88	0.17	2.00	8.34
脯氨酸 Pro	2.58	3.02	0.31	2.80	11.16
缬氨酸 Val*	3.59	3.21	0.27	3.40	8.03
蛋氨酸 Met*	2.02	1.83	0.14	1.92	7.17
异亮氨酸 Ile*	2.76	2.49	0.19	2.63	7.22
亮氨酸 Leu*	4.89	4.52	0.26	4.70	5.56

（续）

氨基酸种类	野生（g）	养殖（g）	标准差	平均值（g）	变异系数（%）
苏氨酸 Thr*	2.29	2.14	0.10	2.21	4.71
苯丙氨酸 Phe*	2.59	2.32	0.19	2.46	7.81
组氨酸 His*	1.30	1.36	0.04	1.33	3.13
赖氨酸 Lys*	6.12	5.39	0.52	5.76	8.95
精氨酸 Arg*	4.48	3.90	0.41	4.19	9.73

注：色氨酸在测定中被破坏，未测定，＊必需氨基酸，＊＊呈味氨基酸。

鱼体氨基酸的含量，共检测出 16 种氨基酸。由表 6-11 可以看出，野生与养殖银鲳鱼体中均以谷氨酸含量最高，每 100 g 鱼体干物质中谷氨酸的含量分别为 8.10 g、7.67 g，组氨酸含量最低，分别为 1.30 g、1.36 g，而野生与养殖银鲳必需氨基酸中均以赖氨酸含量最高，每 100 g 鱼体干物质中赖氨酸的含量分别为 6.12 g、5.39 g。4 种呈味氨基酸的含量在野生与养殖银鲳鱼体中由高到低的顺序均为谷氨酸＞天冬氨酸＞甘氨酸＞丙氨酸。养殖银鲳与野生银鲳相比，除脯氨酸含量明显高于野生银鲳外（变异系数为 11.16%），丝氨酸、酪氨酸、缬氨酸、蛋氨酸、亮氨酸、异亮氨酸、苯丙氨酸、赖氨酸及精氨酸含量均低于野生银鲳（变异系数均大于 5%），且养殖银鲳鱼体中除组氨酸外的其余 8 种必需氨基酸的含量均较野生银鲳低。

表 6-12 列出了野生与养殖银鲳鱼体氨基酸的组成特征。由表 6-12 可以看出，野生银鲳每 100 g 鱼体干物质中氨基酸总量、必需氨基酸总量与呈味氨基酸总量依次为 57.92 g、30.04 g 与 21.33 g。养殖银鲳每 100 g 鱼体干物质中氨基酸总量、必需氨基酸总量与呈味氨基酸总量依次为 54.17 g、27.16 g 与 20.54 g。养殖银鲳与野生银鲳相比，其氨基酸总量与必需氨基酸总量均明显低于野生银鲳（变异系数分别为 4.74% 与 7.13%），而呈味氨基酸总量降低幅度较小，变异系数仅为 2.66%。由表 6-12 还可看出银鲳鱼体的必需氨基酸（EAA）与总氨基酸（TAA）的比值较高，野生与养殖银鲳的 EAA、TAA 分别为 51.87%、50.14%。此外，野生与养殖银鲳鱼体呈味氨基酸与总氨基酸的比值（DAA∶TAA）分别为 36.82%、37.92%。

表 6-12　野生与养殖银鲳鱼体氨基酸的组成特征

（彭士明等，2008）

氨基酸指标	野生	养殖	标准差	平均值	变异系数（%）
氨基酸总量	57.92	54.17	2.66	56.04	4.74
必需氨基酸总量	30.04	27.16	2.04	28.60	7.13
呈味氨基酸总量	21.33	20.54	0.56	20.93	2.66
必需氨基酸总量/氨基酸总量	51.87	50.14	1.22	51.01	2.39
呈味氨基酸总量/氨基酸总量	36.82	37.92	0.78	37.37	2.08

注：氨基酸总量、必需氨基酸总量、呈味氨基酸总量为每 100 g 肌肉的含量（g），必需氨基酸总量/氨基酸总量及呈味氨基酸总量/氨基酸总量的单位均为%。

蛋白质是生命的物质基础，是生物体的重要组成成分，同时也对酶和激素的组成起重要作用，是动物生长发育和维持生命必需的营养要素。对鱼类来说，组成蛋白质的必需氨基酸有 10 种：精氨酸、组氨酸、异亮氨酸、亮氨酸、赖氨酸、蛋氨酸、苯丙氨酸、苏氨酸、色氨酸和缬氨酸（李爱杰，1996）。上述实验因采用酸水解方法处理样品，色氨酸被破坏，因此共检测出 9 种必需氨基酸。养殖银鲳鱼体中，除组氨酸外，其余 8 种必需氨基酸含量均较野生银鲳有所降低，且其中有 7 种必需氨基酸（缬氨酸、蛋氨酸、亮氨酸、异亮氨酸、苯丙氨酸、赖氨酸及精氨酸）降低的幅度较为明显，变异系数均大于 5%。表明在饲养期间所用饵料的氨基酸组成并非银鲳所需的理想氨基酸模式。众所周知，当饲料中所含的各种氨基酸（主要是必需氨基酸）的比例或模式与养殖对象对各种氨基酸需要量的比例或模式相等时，即达到了氨基酸平衡，此时即为满足了养殖对象对蛋白质需要量的理想氨基酸模式，只有接近氨基酸平衡的日粮才能获得良好的饲养效果（季文娟，2000；刘长忠等，2001）。

养殖银鲳鱼体中非必需氨基酸的含量与野生银鲳相比，除甘氨酸与脯氨酸外，其余各种非必需氨基酸的含量均有所降低。已有资料证实，氨基酸平衡中同样不能忽视非必需氨基酸的价值，某些非必需氨基酸如胱氨酸、酪氨酸可由必需氨基酸转化而来，在饲料中有足够的非必需氨基酸可以减少必需氨基酸转化为非必需氨基酸的输出量（王渊源，1991；王家林等，2006）。王渊源（1991）在对斑点叉尾鮰的研究中发现，胱氨酸能够取代或节省 60%～100% 斑点叉尾鮰饲料中的蛋氨酸，酪氨酸能够替代 50% 的苯丙氨酸。由此可以推断，造成养殖银鲳鱼体非必需氨基酸与必需氨基酸含量降低的主要原因可能在于其饵料中的蛋白质含量过低或是其中的氨基酸组成不平衡。由于蛋白质在生物体内占有特殊的地位，鱼类的生长主要是靠蛋白质在体内的积累。因此，饲料中蛋白质含量过低，会导致鱼体生长缓慢，体重减轻，体质变弱；而蛋白质含量过高，既不经济，又加重鱼体代谢负担，鱼类将无法分解多余的蛋白质提供能量用于生长，结果会造成蛋白质的转换率下降（Adron et al，1976），因此开展不同规格银鲳饵料中适宜蛋白含量及氨基酸平衡模式的研究具有重要的生产意义。已有的资料表明，可用鱼体蛋白质中氨基酸的组成模式（特别是必需氨基酸配比）来确定同一阶段饵料中的必需氨基酸配比。比如，Ogino（1980）采用鱼体蛋白质中必需氨基酸量来推算鲤的必需氨基酸需求量所得结果与 Halver et al（1979）的方法测定结果一致。对野生银鲳鱼体中氨基酸组成与含量进行分析，其结果可以指导人工养殖银鲳适宜饵料的配制。

在营养成分中，蛋白质的评价取决于氨基酸的组成以及人体必需氨基酸的含量（范文洵等，1984）。实验结果显示，养殖与野生银鲳鱼体呈味氨基酸总量与总氨基酸的比值较高，均高于 36%。同时，养殖与野生银鲳鱼体必需氨基酸总量与氨基酸总量的比值（EAA：TAA）也较高，均高于 50%。世界卫生组织规定理想蛋白源的氨基酸组成为 EAA：TAA 在 40% 左右，实验结果说明银鲳蛋白质营养价值较高，是一种高品质的蛋白源。

五、野生与养殖银鲳稚鱼脂肪酸组成的比较

野生及人工养殖银鲳稚鱼的取样时间和规格见表 6-13。

表 6-13　野生及人工养殖银鲳稚鱼的取样时间和规格

（李伟微，2008）

来源	取样时间	体重范围（g）	平均体重（g）	叉长范围（cm）	平均叉长（cm）
人工养殖稚鱼	2006 年 6 月 22 日至 2006 年 7 月 25 日	0.9～3.6	2.1±0.8	2.5～4.2	3.2±0.5
野生稚鱼	2005 年 6 月 25 日至 2006 年 6 月 17 日	0.5～7.5	4.0±2.4	2.4～9.2	4.9±1.8

1. 去消化道野生和养殖银鲳稚鱼的脂肪酸组成

由表 6-14 可知，去消化道野生银鲳稚鱼体内含量最多的脂肪酸是 C16：0，占总脂肪酸的 31.9%，其次分别是 DHA（13.30%）、C18：1n9（11.30%）和 C18：0（10.70%）。去消化道养殖银鲳稚鱼体内含量最多的脂肪酸也是 C16：0，含量为 23.50%，其次分别是 C18：1n9（18.60%）、DHA（8.80%）和 C18：0（8.50%）。表明去消化道野生与养殖银鲳稚鱼的特征脂肪酸的种类相似，但在具体的脂肪酸组成上，两者有显著的差异。去消化道野生稚鱼的 DHA、C22：3n6、C18：0、C16：0、C16：2 和 C16：4n3 等脂肪酸含量极显著高于养殖稚鱼，而 EPA、C22：5n3、C18：2n6、C18：3n3、C18：1n9、C18：1n7 和 C16：1 等脂肪酸含量极显著低于养殖稚鱼。ARA 含量在去消化道的野生和养殖银鲳稚鱼中无显著差异。去消化道的野生银鲳稚鱼的 SFA 含量为 51.70%，极显著高于养殖稚鱼（38.00%）；而 MUFA 和 n-6PUFA 含量极显著低于去消化道的养殖稚鱼。PUFA、

表 6 - 14　去消化道野生与养殖银鲳稚鱼的脂肪酸组成（%，占总脂肪酸比例）

（李伟微，2008）

脂肪酸	野生稚鱼	养殖稚鱼
C14：0	5.2±1.4[a]	4.2±1.4[b]
C14：1	0.2±0.1[B]	0.4±0.2[A]
C15：0	1.3±0.3[A]	0.6±0.1[B]
C15：1	0.3±0.1[A]	0.2±0.1[B]
C16：0	31.9±2.1[A]	23.5±2.7[B]
C16：1	4.2±0.4[B]	6.9±1.3[A]
C16：2	2.5±0.6[A]	0.9±0.2[B]
C17：0	1.5±0.2[A]	0.7±0.2[B]
C17：1	0.4±0.0[B]	0.7±0.1[A]
C16：4n3	1.2±0.2[A]	0.3±0.1[B]
C18：0	10.7±0.5[A]	8.5±2.1[B]
C18：1n9	11.3±1.4[B]	18.6±2.4[A]
C18：1n7	2.2±0.2[B]	5.3±1.7[A]
C18：2n9	0.2±0.0[b]	0.2±0.1[a]
C18：2n6	0.5±0.1[B]	4.3±0.9[A]
C18：3n9	0.1±0.0[a]	0.1±0.0[a]
C18：3n6	0.5±0.1[A]	0.2±0.0[B]
C18：3n3	0.1±0.0[B]	1.3±0.3[A]
C18：4n6	0.1±0.0[B]	0.5±0.3[A]
C20：0	0.8±0.2[A]	0.3±0.0[B]
C20：1	1.9±0.4	1.8±0.4
C20：2n6	0.3±0.1[a]	0.2±0.0[a]
C20：4n6	1.6±0.6[a]	1.3±0.6[a]
C20：4n3	0.2±0.1[B]	0.6±0.1[A]
C20：5n3	2.9±0.6[B]	5.4±1.5[A]
C22：0	0.2±0.0[a]	0.2±0.0[b]
C22：1	2.1±0.9[A]	0.9±0.5[B]
C22：2n6	0.3±0.1[a]	0.4±0.2[a]
C22：3n6	1.0±0.4[A]	0.2±0.1[B]
C22：4n6	0.3±0.1[B]	0.1±0.1[B]
C22：5n3	0.7±0.2[B]	2.3±0.5[A]
C22：6n3	13.3±3.9[A]	8.8±2.1[B]
DHA/EPA	4.5±0.5[A]	1.7±0.6[B]
EPA/ARA	2.0±0.4[B]	4.8±1.7[A]
SFA	51.7±4.5[A]	38.0±4.3[B]
MUFA	22.5±2.5[B]	34.9±3.3[A]
PUFA	25.7±6.2[B]	27.2±3.9[A]
LC - PUFA	19.9±5.5[a]	18.7±3.2[a]
n - 3 PUFA	18.4±4.6[a]	18.7±3.1[a]
n - 6 PUFA	4.6±1.1[B]	7.3±1.1[A]
n - 3/n - 6	4.0±0.4[A]	2.6±0.3[B]

注：表中数值以 M±S 表示，同一行中上标不同大写字母表示差异极显著（$P < 0.01$），上标不同小写字母表示差异显著（$P < 0.05$），nd 表示未检出。下表同。

n-3PUFA 和 LC-PUFA 含量在两种来源的去消化道银鲳稚鱼中无显著差异。一些重要的脂肪酸组成比例在去消化道的野生和养殖银鲳稚鱼中也存在显著差异。去消化道野生稚鱼的 DHA：EPA 和 n-3/n-6 分别为 4.50 和 4.00，极显著高于养殖稚鱼的 1.7 和 2.6。而野生稚鱼的 EPA：ARA 仅为 2.00，极显著低于养殖稚鱼的 4.80。去消化道野生和养殖银鲳稚鱼体内的 SFA：MUFA：PUFA 分别为 2.29：1.00：1.14 和 1.09：1.00：0.78。

2. 野生和养殖银鲳稚鱼消化道的脂肪酸组成

由野生及养殖银鲳稚鱼的消化道（含食糜）的脂肪酸组成分析可知，其特征脂肪酸的种类与去消化道鱼体的脂肪酸种类相似，含量高的脂肪酸主要为 C16：0、C18：0、C18：1n9 和 DHA。但不同来源的银鲳消化道的脂肪酸组成也存在显著差异（表 6-15）。野生稚鱼的消化道中，DHA、C16：0 和 C16：4n3 等脂肪酸含量极显著高于养殖稚鱼消化道的水平，EPA 含量显著高于养殖稚鱼的消化道水平。ARA 含量在野生和养殖稚鱼的消化道中无显著差异。野生稚鱼消化道中 SFA 含量为 63.9%，极显著高于养殖稚鱼消化道水平。而养殖稚鱼消化道的 MUFA 含量极显著高于野生稚鱼消化道水平。LC-PUFA 和 n-3PUFA 的含量在野生稚鱼消化道中分别为 11.1% 和 11.0%，两者均极显著高于养殖稚鱼消化道水平。野生稚鱼消化道 PUFA 含量也显著高于养殖稚鱼消化道水平。尽管 DHA/EPA 和 EPA/ARA 在两种来源的银鲳消化道中无显著差异，但野生稚鱼消化道的 n-3/n-6 显著高于养殖稚鱼消化道。野生和养殖银鲳稚鱼消化道的 SFA：MUFA：PUFA 分别为 2.79：1.00：0.64 和 1.39：1.00：0.28。

表 6-15　野生与养殖银鲳稚鱼消化道的脂肪酸组成（%，占总脂肪酸比例）

（李伟微，2008）

脂肪酸	野生稚鱼	养殖稚鱼
C14：0	5.3±0.1[a]	5.5±1.7[a]
C14：1	0.3±0.1[a]	0.3±0.1[a]
C15：0	1.2±0.0[A]	0.7±0.1[B]
C15：1	0.3±0.0[A]	0.2±0.0[B]
C16：0	37.3±2.9[A]	29.8±1.9[B]
C16：1	4.10±2.4[B]	8.1±2.5[A]
C16：2	1.9±0.5[a]	1.1±0.5[a]
C17：0	1.9±0.2[A]	0.8±0.1[B]
C17：1	0.4±0.1[a]	0.6±0.3[a]
C16：4n3	1.3±0.2[A]	0.3±0.1[B]
C18：0	16.7±0.28[A]	14.5±1.7[B]
C18：1n9	11.4±0.8[B]	22.6±1.1[A]
C18：1n7	1.9±0.1[B]	4.4±0.2[A]
C18：2n9	0.1±0.0	0.2±0.1
C18：2n6	0.5±0.1[A]	2.1±0.8[B]
C18：3n9	nd	0.1±0.0
C18：3n6	0.7±0.0[A]	0.2±0.0[B]
C18：3n3	nd	0.3±0.2
C18：4n6	0.1±0.0[B]	0.6±0.0[A]
C20：0	1.1±0.8[A]	0.4±0.1[B]
C20：1	2.3±1.0[a]	2.0±0.7[a]
C20：2n6	0.3±0.1[a]	0.2±0.0[a]

（续）

脂肪酸	野生稚鱼	养殖稚鱼
C20：4n6	0.5±0.2a	0.5±0.2a
C20：4n3	0.1±0.0B	0.4±0.0A
C20：5n3	1.8±0.74a	08±0.1b
C22：0	0.3±0.1a	0.6±0.4a
C22：1	2.2±0.6a	1.4±0.9a
C22：2n6	0.1±0.0a	0.2±0.1a
C22：3n6	0.4±0.1a	0.3±0.1a
C22：4n6	0.6±0.3a	0.3±0.1a
C22：5n3	0.7±0.3a	0.4±0.1a
C22：6n3	7.0±2.0A	2.6±1.0B
DHA/EPA	4.1±0.6a	3.3±1.0a
EPA/ARA	3.9±0.6a	2.2±1.8a
SFA	63.9±2.8A	52.3±2.1B
MUFA	22.9±3.0B	37.5±5.4A
PUFA	14.7±1.4a	10.5±2.3b
LC－PUFA	11.1±3.4A	5.2±1.1B
n－3 PUFA	11.0±3.0A	4.8±1.1B
n－6 PUFA	3.0±0.6a	4.4±1.3a
n－3/n－6	3.7±1.4a	1.1±0.2b

　　由于海区采样条件的限制，并未对野生与人工养殖银鲳稚鱼的饲料脂肪酸组成进行分析，而比较分析了野生与人工养殖银鲳稚鱼消化道的脂肪酸组成，以期部分反映野生与人工养殖银鲳稚鱼饵料的脂肪酸组成差异。在去消化道鱼体和消化道（含食糜）的脂肪酸组成中，野生来源的银鲳 DHA 含量均极显著高于养殖来源的银鲳。表明人工养殖条件下提供的银鲳饵料的 DHA 水平与自然海区中银鲳天然饵料中的 DHA 水平存在巨大差异，进而影响到养殖稚鱼体内的 DHA 水平。有关鱼类饵料中高度不饱和脂肪酸的研究表明，海水硬骨鱼类需要 n－3 LC－PUFA，特别是 DHA 和 EPA（Bell et al，1985；Sargen et al，1995）。但在稚鱼发育期间，DHA 和 EPA 的作用不同，DHA 的作用和影响比 EPA 更为显著（Watanabe，1982）。DHA 对鱼脑和视网膜的发育有促进作用，在大西洋鳕、虹鳟等鱼的神经细胞膜和视细胞膜中含有丰富的 DHA（Bell et al，1989），同时发现在大菱鲆的发育过程中，其脑组织中 DHA 的含量也有显著地增加（Mourente et al，1991）。海水仔稚鱼饵料中缺乏 DHA，将直接影响细胞膜的色素沉着，导致仔稚鱼神经和视觉的发育不良（Bell et al，1995）。通过提高活饵料中的 DHA 含量，可以改善日本鲽、大菱鲆和庸鲽等鲆鲽类仔稚鱼的色素沉着，降低白花苗比例，改善生长性能（McEvoy et al，1998）。结合人工养殖条件下银鲳稚鱼的缓慢生长速度和高死亡率，推测饵料中 DHA 供应不足是影响人工养殖银鲳生长存活的重要因素之一。

　　近年来，随着对 ARA 研究的不断深入，普遍认为 ARA 也是海水鱼类的必需脂肪酸（Sargent et al，2002）。但 Li et al（2005）对 4 组花尾胡椒鲷亲鱼投喂无 ARA、18：3n3 含量极低的处理组饲料 56 d 后，在性腺、肌肉、肝脏中都检测到一定量的 ARA。Vassallo et al（2001）对虹鳟的研究表明，在 C18：3n3 缺乏的情况下，C18：2n6 可以更活跃地转化为 ARA。ARA 能够增强鱼苗的抗应激能力，同时，作为类二十烷酸的重要前体，参与多种生理活性物质如前列腺素、白细胞介素等的合成（Sargent et al，1997）。野生银鲳稚鱼消化道中 C18：2n6 含量极显著低于养殖稚鱼消化道，但野生稚鱼消化道未检测到 C18：3n3。野生稚鱼去消化道鱼体和消化道中的 ARA 水平与养殖鱼体及其消化道之间无显著差异。这种现象一方面可能与银鲳稚鱼将 C18：2n6 转化成 ARA 的能力有限有关，另一方面，可能暗示无论是在天然海区还是在人工养殖条件下，饵料中的 ARA 水平能够满足银鲳幼体生长的需要。

野生和养殖银鲳稚鱼的 C16：4n3 的水平也存在极显著的差异。无论是消化道还是去消化道鱼体，野生来源的银鲳 C16：4n3 含量都极显著高于养殖来源的银鲳。施兆鸿等（2008）发现灰鲳亲鱼卵巢组织比肝脏和肌肉组织含有更高的 C16：4n3 水平。类似的分布规律在银鲳亲鱼中也存在。C16：4n3 在亲鱼卵巢和鱼类幼体发育过程中的确切作用尚不清楚，可能与鱼体 PUFA 的代谢有关。

野生银鲳稚鱼消化道和去消化道全鱼的 SFA 水平均极显著高于养殖稚鱼消化道和去消化道全鱼的 SFA 含量。在室内人工养殖条件下，银鲳稚鱼有不停绕池游动的习性。而持续的运动必然需要消耗大量能量。从生物能量学的角度，脂肪相比蛋白质和糖类在氧化过程中具有更高的能效。LC - PUFA 特别是 DHA，一般不作为代谢能源，而脂肪酸中的 SFA 是最容易氧化以提供能量的（Sargent et al，2002），养殖稚鱼饵料和体内 SFA 的相对不足可能也是影响人工养殖银鲳稚鱼生长性能的因素之一。此外，无论是野生还是养殖稚鱼，去消化道鱼体中的 DHA、EPA 和 LC - PUFA 水平都较消化道中高，表明银鲳稚鱼具有选择性贮存或优先保留 DHA、EPA 等 LC - PUFA 的能力。

由于 DHA、EPA 和 ARA 等 LC - PUFA 对维持海水仔稚鱼的正常变态发育和正常的免疫应激功能有重要影响。因此给海水鱼类幼体提供合适的脂肪酸对提高苗种培育效率具有重要意义。同时，各种脂肪酸在机体内还存在相互竞争和转化，例如：DHA 和 EPA 对脂肪酸酯化为磷脂结构的酶存在竞争（Estevez et al，1990）；n - 3 PUFA 和 n - 6 PUFA 对脂肪酶转化过程中的碳链增长酶、脂肪酸氧化过程中的酰基转移酶和前列腺烷酸产生过程中的环加氧酶存在竞争作用（Izquierdo et al，2001）。在环氧酶和脂氧酶的作用下，ARA 与 EPA 存在竞争关系，由 ARA 产生的类二十烷酸的前体物质的活性高于 EPA 所产生的（Sargent et al，1994）。因此，各类脂肪酸之间的相对比例对海水仔稚鱼正常的发育、生长和存活同样具有重要的影响。Rodriguez（1997）报道轮虫体内 DHA 的含量高于 EPA 可提高金头鲷稚鱼的生长速度和成活率。随着轮虫体内 DHA/EPA 的提高，大菱鲆稚鱼神经和视觉的发育也更佳（Rainuzzo et al，1994）。此外，仔稚鱼生物膜中 DHA 与 EPA 比例的失衡可能会明显削弱仔稚鱼抗御外部压力的耐受性（Watanabe，1993）。不同海水鱼类仔稚鱼对高度不饱和脂肪酸的最适需求量及相互比例不尽相同。Sargent et al（1999）报道大菱鲆仔鱼早期发育中 DHA：EPA：ARA 的最适值为1.80：1.00：0.12，Bell et al（1995）报道黑线鳕幼体的最佳 DHA：EPA：ARA 的值为 10.00：1.00：1.00。刘镜恪等（2005）报道牙鲆仔稚鱼实验微粒饲料中 EPA 与 ARA 的最佳比例为 2：1。DHA/EPA、n - 3/n - 6 和 SFA/MUFA/PUFA 在野生和养殖银鲳稚鱼中也存在显著差异。而这些脂肪酸相互比例的差异或是影响养殖银鲳稚鱼生长性能的又一原因。

综上所述，与野生银鲳稚鱼的脂肪酸组成相比较，养殖银鲳稚鱼在脂肪酸组成上表现为 DHA 和 SFA 相对缺乏，DHA/EPA、n - 3/n - 6 和 SFA：MUFA：PUFA 等比例失调。这对于进一步改进人工银鲳稚鱼培育过程中饵料的营养组成，提高银鲳苗种培育成活率具有重要的指导意义。

六、养殖银鲳幼鱼体脂肪含量及脂肪酸组成的变化

分别在银鲳幼鱼的不同生长时间段取样，见表 6 - 16。每个时间段取三组样品，每组样品为 10～20 尾银鲳，解剖去除消化道后用于测定鱼体脂肪含量及脂肪酸组成。

表 6 - 16　不同生长时期银鲳的体重与叉长

（施兆鸿等，2008）

取样日期	2006 年 6 月 25 日	2006 年 7 月 15 日	2006 年 7 月 30 日	2006 年 8 月 20 日	2006 年 9 月 15 日
平均叉长（cm）	3.07±0.38	3.59±0.55	5.24±0.46	6.33±0.63	8.88±1.16
平均体重（g）	1.87±0.56	2.54±0.99	2.80±1.07	10.040±4.68	24.190±7.30

1. 养殖银鲳幼鱼不同生长时期体脂肪的含量

表 6-17 示养殖银鲳幼鱼在不同生长时期的体脂肪含量（％，干物质）。由表 6-17 可以看出，银鲳在进入幼鱼阶段后的初期（2016 年 6 月 25 日与 7 月 15 日）其体脂肪含量处于较低的水平，且均显著低于其余三次取样时间（2016 年 7 月 30 日、8 月 20 日与 9 月 15 日）时的鱼体脂肪含量（$P<0.05$）。随着人工饲养时间的延长，银鲳体脂肪含量逐渐升高。自 7 月 30 日之后鱼体脂肪含量一直维持在一个较为稳定的水平（$P>0.05$）。

表 6-17　养殖银鲳幼鱼不同生长时期的体脂肪含量（干物质）

（施兆鸿等，2008）

日期	2006 年 6 月 25 日	2006 年 7 月 15 日	2006 年 7 月 30 日	2006 年 8 月 20 日	2006 年 9 月 15 日
体脂肪含量（％）	9.99±0.77[a]	11.40±0.17[a]	23.98±2.71[b]	24.72±3.16[b]	25.85±5.88[b]

注：同一行不同的上标字母表示有显著性差异（$P<0.05$）。

脂类不仅是生物的能量储存库，而且是构成生物膜的重要物质，此外，脂类物质参与激素和维生素代谢，在机体内具有重要的生物学作用和生理学调控功能（Keembiyehetty et al，1998）。由于银鲳在稚鱼阶段所需能量较高，吸收的能量不但要维持身体的生长，而且也要提供给机体用于其各组织器官的完善。因此在稚鱼完成发育变态，进入幼鱼阶段的初期，其机体内脂肪含量处在一个较低的水平。随着幼鱼的生长，机体脂肪含量逐渐升高并最终维持在一个较为稳定的水平。已有的研究报道表明机体脂肪含量在一定程度上可以反映饵料中的脂肪水平（Keembiyehetty et al，1998；Robin et al，2003；Ai et al，2004）。此外，鱼类的体脂含量还随季节和温度的变化而变化（王武，2000）。由于饲养期间所用银鲳饵料的脂肪含量和养殖水温相对稳定，银鲳幼鱼体脂含量在取样的后期阶段一直处于一个较为稳定的水平。

2. 养殖银鲳幼鱼不同生长时期脂肪酸的组成

表 6-18 示养殖银鲳幼鱼在不同生长时期的体脂肪酸组成。鱼体脂肪酸的组成比例可在一定程度上反映饵料中的脂肪酸组成结构（Robin et al，2003）。在银鲳幼鱼阶段的初期，机体 SFA 的含量较低而 PUFA 与 LC-PUFA 的含量较高，而在饲养一段时间后机体 SFA 含量呈现升高的趋势，但 PUFA 与 LC-PUFA 的含量则表现出降低的趋势。推测一方面这与稚鱼期饵料中含有的高 LC-PUFA 和 PUFA 有关。研究表明，由于大多数海水鱼类缺乏 C20 延长酶和 δ5 去饱和酶，不能自身合成 LC-PUFA（ARA、EPA、DHA）（Sargent et al，1999），饵料中高含量的 LC-PUFA 和 PUFA 是海水鱼类仔稚鱼正常发育变态所必需的。另一方面，由于实验期间所用饵料为冰鲜梅童鱼与成鳗饵料等质量比的混合料，饵料中 PUFA 含量及 LC-PUFA 的含量可能低于银鲳适宜的需求量。饲养一段时间后银鲳幼鱼机体中 EPA 与 ARA 含量显著降低，而 DHA 的含量基本维持在一个较为稳定的水平，表明养殖银鲳所用饵料的 EPA 与 ARA 的含量并不能很好地满足鲳鱼机体的需求。

表 6-18　养殖银鲳不同生长时期体脂肪酸的组成（％，占总脂肪酸比例）

（施兆鸿等，2008）

脂肪酸	2006 年 6 月 25 日	2006 年 7 月 15 日	2006 年 7 月 30 日	2006 年 8 月 20 日	2006 年 9 月 15 日
C14：0	2.86±0.52[a]	3.12±0.33[a]	5.30±0.21[b]	5.15±0.10[b]	4.82±0.24[b]
C15：0	0.49±0.02[a]	0.58±0.01[b]	0.65±0.03[b]	0.57±0.01[b]	0.49±0.04[a]
C16：0	20.63±0.58[a]	25.27±0.62[c]	23.28±0.31[b]	23.31±0.20[b]	23.33±0.41[b]
C17：0	0.84±0.06[d]	0.72±0.01[c]	0.59±0.01[b]	0.52±0.01[b]	0.48±0.03[a]
C18：0	8.63±0.59[b]	11.23±0.62[c]	6.73±0.21[a]	6.83±0.10[a]	7.04±0.24[a]
C20：0	0.23±0.01[a]	0.32±0.02[c]	0.26±0.00[b]	0.26±0.00[b]	0.26±0.01[b]
C22：0	0.19±0.01	0.20±0.02	0.20±0.01	0.20±0.00	0.21±0.01

（续）

脂肪酸	2006年6月25日	2006年7月15日	2006年7月30日	2006年8月20日	2006年9月15日
C14：1	0.44 ± 0.05^c	0.28 ± 0.03^{ab}	0.37 ± 0.06^{bc}	0.25 ± 0.01^a	0.20 ± 0.03^a
C15：1	0.26 ± 0.03^d	0.16 ± 0.01^c	0.12 ± 0.01^b	0.10 ± 0.00^a	0.08 ± 0.01^a
C16：1	6.85 ± 0.14^b	5.15 ± 0.32^a	7.95 ± 0.20^c	7.70 ± 0.09^c	6.86 ± 0.20^b
C17：1	0.86 ± 0.05^c	0.63 ± 0.04^{ab}	0.71 ± 0.02^b	0.67 ± 0.01^{ab}	0.61 ± 0.04^a
C18：1n9	18.16 ± 1.04^{ab}	16.67 ± 0.51^a	20.19 ± 0.71^b	22.77 ± 0.37^c	25.36 ± 0.92^d
C18：1n7	7.67 ± 0.59^d	$5.19\pm.16^c$	3.95 ± 0.20^b	3.43 ± 0.07^{ab}	3.05 ± 0.27^a
C20：1	1.57 ± 0.23^a	1.42 ± 0.07^a	2.08 ± 0.06^b	2.19 ± 0.05^b	2.21 ± 0.10^b
C22：1	0.62 ± 0.21^a	0.48 ± 0.05^a	1.22 ± 0.10^c	0.96 ± 0.02^b	0.86 ± 0.03^b
C16：2	0.75 ± 0.08^a	1.06 ± 0.04^c	0.87 ± 0.02^{ab}	0.87 ± 0.02^{ab}	0.90 ± 0.05^b
C16：4n3	0.24 ± 0.04^c	0.28 ± 0.07^c	0.23 ± 0.01^{bc}	0.18 ± 0.00^{ab}	0.17 ± 0.01^a
C18：2n9	0.16 ± 0.02^a	0.16 ± 0.00^a	0.22 ± 0.02^b	0.16 ± 0.00^a	0.14 ± 0.00^a
C18：2n6	4.27 ± 0.21^{ab}	3.69 ± 0.36^a	5.00 ± 0.15^{bc}	5.32 ± 0.12^c	5.01 ± 0.25^{bc}
C18：3n9	0.10 ± 0.00^a	0.12 ± 0.02^{ab}	0.14 ± 0.01^{bc}	0.14 ± 0.00^c	0.12 ± 0.01^{ab}
C18：3n6	0.24 ± 0.03^b	0.18 ± 0.00^a	0.16 ± 0.01^a	0.17 ± 0.01^a	0.17 ± 0.02^a
C18：3n3	3.15 ± 0.60^b	0.56 ± 0.04^a	0.79 ± 0.02^a	0.67 ± 0.02^a	0.53 ± 0.03^a
C18：4n6	0.45 ± 0.07^b	0.20 ± 0.05^a	0.84 ± 0.05^c	0.70 ± 0.02^c	0.51 ± 0.04^b
C20：2n6	0.24 ± 0.01	0.25 ± 0.01	0.23 ± 0.01	0.24 ± 0.00	0.23 ± 0.01
C20：4n6	1.53 ± 0.12^b	1.96 ± 0.14^c	0.84 ± 0.06^a	0.84 ± 0.04^a	0.99 ± 0.10^a
C20：4n3	0.65 ± 0.03^b	0.66 ± 0.06^b	0.56 ± 0.02^a	0.54 ± 0.01^a	0.51 ± 0.02^a
C20：5n3	7.39 ± 0.42^c	4.73 ± 0.39^b	5.09 ± 0.20^b	4.35 ± 0.12^{ab}	3.91 ± 0.12^a
C22：2n6	0.42 ± 0.06^c	0.62 ± 0.12^d	0.22 ± 0.02^a	0.29 ± 0.01^{ab}	0.37 ± 0.02^{bc}
C22：3n6	0.18 ± 0.01^a	0.22 ± 0.03^{ab}	0.23 ± 0.02^{ab}	0.23 ± 0.01^{ab}	0.26 ± 0.02^b
C22：4n6	0.08 ± 0.01	0.08 ± 0.02	0.09 ± 0.03	0.10 ± 0.01	0.07 ± 0.01
C22：5n3	2.59 ± 0.23	2.25 ± 0.21	2.33 ± 0.12	2.49 ± 0.06	2.48 ± 0.07
C22：6n3	7.23 ± 0.86^a	11.54 ± 0.38^c	8.55 ± 0.29^b	7.80 ± 0.20^{ab}	7.78 ± 0.15^{ab}
DHA/EPA	1.01 ± 0.17^a	2.48 ± 0.12^d	1.69 ± 0.04^b	1.80 ± 0.03^{bc}	2.00 ± 0.06^c
EPA/ARA	4.86 ± 0.15^{bc}	2.48 ± 0.34^a	6.20 ± 0.27^d	5.35 ± 0.16^{cd}	4.18 ± 0.39^b
SFA	33.88 ± 0.92^a	41.46 ± 1.02^c	37.02 ± 0.49^b	36.84 ± 0.31^b	36.63 ± 0.28^b
MUFA	36.43 ± 1.01^b	29.98 ± 0.48^a	36.60 ± 0.57^b	38.06 ± 0.33^{bc}	39.23 ± 0.63^c
PUFA	29.69 ± 0.43^c	28.56 ± 1.25^{bc}	26.39 ± 0.79^{ab}	25.10 ± 0.49^a	24.14 ± 0.58^a
LC－PUFA	19.65 ± 0.67^{bc}	21.45 ± 0.94^c	17.68 ± 0.63^{ab}	16.36 ± 0.36^a	15.99 ± 0.30^a
n－3 PUFA	21.26 ± 0.46^c	20.02 ± 0.94^c	17.54 ± 0.56^b	16.03 ± 0.36^{ab}	15.37 ± 0.31^a
n－6 PUFA	7.42 ± 0.23	7.20 ± 0.33	7.61 ± 0.23	7.89 ± 0.16	7.61 ± 0.37
n－3/n－6	2.88 ± 0.13^c	2.78 ± 0.02^c	2.31 ± 0.03^b	2.03 ± 0.03^a	2.02 ± 0.10^a

注：同一行不同的上标字母表示有显著性差异（$P<0.05$）。

已有的资料表明，鱼类在面临营养素匮乏（如饥饿）时，会动用身体贮存的能量来维持正常的生命活动。在对脂肪酸含量的研究中发现，鱼类对其体内不同种类脂肪酸的利用顺序具有一定的规律，即首先利用饱和脂肪酸，然后利用低不饱和脂肪酸，最后是高度不饱和脂肪酸（谢小军等，1998）。Zamal et al（1995）在对非洲胡子鲇的研究中发现，其对脂肪酸的利用顺序依次为十四烷酸、十六碳烯酸、十八碳烯酸、二十碳五烯酸（EPA）、二十二碳六烯酸（DHA）。由此推断，银鲳机体 DHA 含量在饲养期间保持稳定的原因可能是 DHA 在银鲳的生理代谢及生物膜的构建中起着更为重要的作用，更具有保守性。

第二节　银鲳食性分析

鱼类从环境中摄取食物是其成长过程中不可或缺的一个重要环节。鱼类的食性与其品种、成长周期有着密切的关系。不同种类和同一种类不同生长阶段的鱼，其对食物的要求也不尽相同。在整个生长过程中，鱼类会随年龄、季节和栖息环境的不同而改变其食性。鱼类的食性大致可以分为植食性、肉食性和杂食性三种类型。了解鱼类的食性对于提高其增养殖生产具有重要的意义。当前，对鱼类食性的分析，大多采用两种方法，一是传统的胃含物的分析方法，二是碳氮稳定同位素技术。传统胃含物分析法比较直观，但存在许多缺陷，其需要大量的生物样品数量且要求研究者具备娴熟的生物种类识别能力，分析过程长，且存在生物偶食性和饵料消化吸收难易所带来的计算误差。稳定同位素技术所取样品是生物体的一部分或全部，反映生物长期生命活动的结果，可对生物的营养来源进行准确测定，能准确定位生物种群间的相互关系及整个生态系统的能量流动。胃含物分析法与稳定同位素技术结合使用能真实地反映生物的营养状况。

一、胃含物分析

解剖观察不同海区（渤海、东海、南海）的 600 尾银鲳，对其肠胃中的食物进行分类。所有观察到的食物共分成了六类，分别为仔稚鱼类、桡足类、除桡足类以外的甲壳类、藻类、双壳类、头足类（图 6-2）。胃含物中各类食物所占比例的计算方法如下：

某一类食物所占比例是以这种食物出现的次数占所有检测肠胃总数（600）的百分比（即出现频率）为分子，以所有种类食物各自的出现频率的总和为分母，所计算得出的百分比。

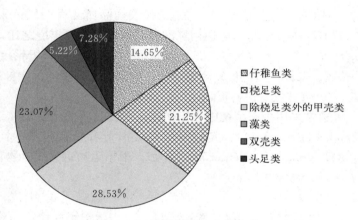

图 6-2　银鲳胃含物食物组成

银鲳胃含物食物组成中，仔稚鱼类占 14.65%、桡足类占 21.25%、除桡足类外的甲壳类占 28.53%、藻类占 23.07%、双壳类占 5.22%、头足类占 7.28%。由于胃含物分析方法反映的是银鲳瞬时的摄食情况，因此其食物的组成受季节、水域环境及饵料分布的影响。但从食物组成来看，仍可看出银鲳属于偏肉食性的鱼类。

Dadzie et al（2000）利用胃含物分析的方法对科威特水域银鲳的摄食习性进行了研究，其同样发现，银鲳摄食的饵料种类较多，但甲壳类的比例最高，桡足类及其卵的比例为 39%、非桡足类的甲壳类比例为 16%。其次为硅藻，所占比例为 21%，其他如双壳类 11%、鱼鳞 10%、鱼卵及仔鱼占 3%。在夏季，银鲳摄食饵料的种类要比冬季多很多。此外，银鲳摄食饵料的种类与其个体大小也有一定的关系。叉长 18.5～20.4 cm 的银鲳，其摄食饵料中桡足类、一些非桡足类的甲壳类以及双壳类出现的频率较高；而在 22.5～24.5 cm 的银鲳胃含物中，硅藻的出现频率明显升高。

众所周知，传统胃含物分析的方法比较直观，能够体现捕食者短时间内的摄食情况，但由于鱼类普遍存在偶食性现象，因此，传统的食性分析方法需要较大的样品量才能减少分析的误差，工作量较大（Beaudoin et al，1999）。此外，由于很难确定胃含物的消化吸收程度，特别是一些易被消化的食物，如小型的浮游生物与软体动物等，传统的食性分析方法往往要通过食物的消化吸收校正才能较为准确地反映捕食者的食性（Yoshioka et al，1994；蔡德陵等，2003）。

二、利用碳氮稳定同位素技术分析银鲳食性

1. 样品采集与处理

实验用银鲳及其可能摄食饵料的样品均于 2009 年 4—6 月取自舟山市虾峙岛附近海域。银鲳样品叉长范围为 8.0～15.0 cm，共计 50 尾。采用标准的浮游生物网现场采集银鲳可能摄食的饵料，同时用水平网和底拖网采集一些小型生物样品，如虾类、仔稚鱼、头足类等。采集的浮游动物按大于 1 000 μm，500～1 000 μm，150～500 μm 的粒径进行分级。浮游动物样品均放于经沉淀过滤过的海水中，在 4 ℃条件下进行 24 h 胃排空，处理完后即可冷冻保存。

对银鲳样品，取其背部肌肉。对虾类与仔稚鱼样品进行去头、去尾处理。对所有带壳小型浮游动物，用 1 mol/L 盐酸进行去无机碳处理。所有样品经冷冻干燥后用石英研钵充分研磨，研磨程度至少要过 80 目的筛子。

2. 稳定同位素分析

用 DELTA plus XP 型全自动在线操作质谱仪进行测定，测得样品的碳氮百分含量用‰表示，碳氮稳定同位素比值以国际通用的 δ 值形式表达。

$$\delta X = \left[(R_{sample} - R_{standard}) / R_{standard} \right] \times 1\,000$$

式中，X 是 ^{13}C 或 ^{15}N；R_{sample} 代表样品所测得的同位素比值，碳同位素是 $^{13}C/^{12}C$，氮的同位素是 $^{15}N/^{14}N$；$R_{standard}$ 是国际通用标准物的重轻同位素丰度之比，碳稳定同位素标准为箭石（PDB），氮同位素标准为大气氮（N_2）。碳氮稳定同位素比值的分析精度为 ±0.02‰，碳氮百分比浓度的精度均为 ±5‰。每种样品均重复测定 3 次，数据表示为平均值±标准差（SD）。

3. 营养级与饵料贡献比例的计算

通常采用生态系统中常年存在、食性简单的浮游动物或底栖动物等消费者作为基线生物（Vander Zanden et al，2001）。实验采用初级消费者栉孔扇贝的同位素比值为同位素基线值（Cabana et al，1996；Vender Zanden et al，2001）。根据生物对基线生物氮稳定同位素比值的相对值计算该生物的营养级，计算公式如下：

$$\lambda = (\delta^{15}N_{consumer} - \delta^{15}N_{baseline}) / \Delta\delta^{15}N + 2$$

式中，λ 为营养级位置；$\delta^{15}N_{consumer}$ 表示银鲳氮稳定同位素比值；$\delta^{15}N_{baseline}$ 为 0.432‰，表示栉孔扇贝氮稳定同位素平均比值；$\Delta\delta^{15}N$ 是一个营养级的氮同位素富集度，根据室内饲养条件下鱼与其饵料之间氮稳定同位素的差值，取 0.25‰（蔡德陵等，2005）。

采用 Phillips et al（2003）以质量守恒模型为基础编写的 IsoSource 软件计算饵料贡献比例。

4. 银鲳及其可能摄食饵料的稳定同位素比值

表 6-19 和表 6-20 示银鲳及其可能摄食饵料的碳氮稳定同位素比值。由表可以看出，银鲳平均碳稳定同位素比值（$\delta^{13}C$）为 -1.822‰，其变化范围为 -1.964‰～-1.746‰，最大差值达 0.218‰，平均氮稳定同位素比值（$\delta^{15}N$）为 0.816‰，其范围为 0.730‰～0.966‰，最大差值达 0.236‰。银鲳 $\delta^{13}C$ 和 $\delta^{15}N$ 值变化较大，表明银鲳可能摄食的饵料种类较多，碳和氮的来源均较为复杂。银鲳碳和氮百分含

表 6-19　东海区银鲳的碳氮稳定同位素比值和碳氮百分含量

（彭士明等，2011）

叉长（cm）	样品数	$\delta^{13}C$（‰）	C（%）	$\delta^{15}N$（‰）	N（%）
8.0～9.4	10	-1.964±0.063	44.63±1.19	0.752±0.044	13.78±0.55
9.5～10.9	10	-1.755±0.081	47.69±2.01	0.730±0.038	13.99±0.53
11.0～12.4	10	-1.801±0.053	47.30±0.97	0.833±0.062	13.26±0.77
12.5～13.9	10	-1.843±0.077	45.36±1.81	0.799±0.051	13.80±0.83
14.0～15.0	10	-1.746±0.029	46.68±1.35	0.966±0.059	12.81±0.61
均值		-1.822±0.089	46.33±1.30	0.816±0.093	13.53±0.48

量的范围分别为 44.63%～47.69%、12.81%～13.99%。8 种可能饵料的 $\delta^{13}C$ 值变化范围为 -1.733%～2.158%，差值为 0.425%，$\delta^{15}N$ 值变化范围为 0.389%～0.796%，差值为 0.407%（表 6-20）。

表 6-20　东海区银鲳可能饵料的碳氮稳定同位素比值

（彭士明等，2011）

种　　类	体长（cm）	$\delta^{13}C$（%）	$\delta^{15}N$（%）
仔稚鱼	0.9～3.5	-1.986 ± 0.088	0.796 ± 0.081
虾类[a]	0.5～2.5	-1.851 ± 0.069	0.778 ± 0.032
水母[b]	0.7～2.5	-1.895 ± 0.077	0.530 ± 0.036
箭虫[c]	0.8～2.0	-1.733 ± 0.091	0.654 ± 0.048
头足类[d]	1.0～3.0	-1.921 ± 0.098	0.713 ± 0.066
>1 000 μm 浮游动物	>1 000 μm	-1.991 ± 0.043	0.553 ± 0.034
500～1 000 μm 浮游动物	500～1 000 μm	-2.095 ± 0.059	0.453 ± 0.042
100～500 μm 浮游动物	100～500 μm	-2.158 ± 0.101	0.389 ± 0.033

注：a. 糠虾（*Mysis relicta* Loven）；宽额头甲磷虾（*Pseudeuphausia latifrons*）；b. 球型侧腕水母（*Pleurobrachia globosa*）；瓜水母（*Beroe cucumis*）；c. 肥胖箭虫（*Sagitta enflata*）；百陶箭虫（*Sagitta bedoti*）；d. 剑尖枪乌贼（*Loligo edulis*）；日本枪乌贼（*Loligo japonica*）。

在利用碳氮稳定同位素技术研究分析鱼类食性方面，已有诸多的研究报道。Bardonnet et al（2005）基于稳定同位素技术研究分析了欧洲鳗在河口迁移过程中的食物来源。李忠义等（2006）采用碳氮稳定同位素技术研究分析了长江口及其邻近水域虻鲉的食性。郭旭鹏等（2007）利用稳定同位素技术对黄海中南部鳀的食性进行了研究。本实验采用碳氮稳定同位素技术研究分析了东海海区银鲳的食性，对多种可能的摄食饵料的贡献率进行了定量研究，此方法弥补了传统胃含物分析方法的局限性，可更加真实地反映东海海区银鲳的食性。目前，碳氮稳定同位素技术已被广泛应用于食物网结构以及生物间营养关系的研究（蔡德陵等，2005；曾庆飞等，2008），同时，随着研究技术水平的不断进步，稳定同位素技术的研究层面亦不断深入，如近年在研究营养关系中针对单分子脂肪酸中碳稳定同位素的研究与应用（Pond et al，2008；Stowasser et al，2009）。

5. 银鲳的营养位置及食物组成

根据实验所得银鲳氮稳定同位素的比值以及营养级的计算公式，结算得出银鲳的营养级为 3.19～4.14，平均值为 3.54。依据消费者稳定同位素组成与其摄食饵料稳定同位素组成相一致的原则，判断银鲳的可能饵料包含本实验所分析的所有饵料种类，即箭虫、虾类、水母类、头足类、仔稚鱼、>1 000 μm 浮游动物、500～1 000 μm 浮游动物以及 100～500 μm 浮游动物（图 6-3）。

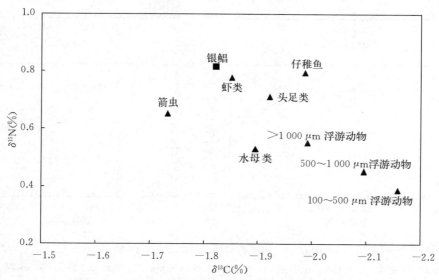

图 6-3　东海海区银鲳及及其可能饵料的 $\delta^{13}C$ 和 $\delta^{15}N$ 值

（彭士明等，2011）

  图 6 - 4 示以 IsoSource 软件计算得出的银鲳可能摄食饵料各自的贡献率。由图 6 - 4 可以看出，银鲳主要食物来源为箭虫，其贡献率为 24%～78%，平均贡献率为 57.00%。其他饵料的重要性依次为虾类、水母类、头足类、仔稚鱼、>1 000 μm 浮游动物、500～1 000 μm 浮游动物和 100～500 μm 浮游动物，其贡献率范围依次为 0～76%、0～54%、0～46%、0～34%、0～32%、0～24% 和 0～20%，平均

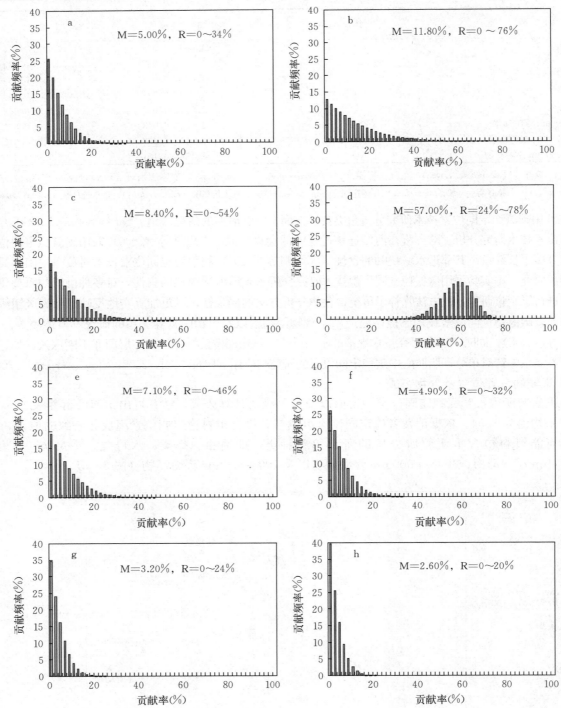

图 6 - 4 银鲳饵料的贡献频率及贡献率

a. 仔稚鱼 b. 虾类 c. 水母类 d. 箭虫 e. 头足类 f. >1 000 μm 浮游动物 g. 500～1 000 μm 浮游动物

h. 100～500 μm 浮游动物（M：平均值；R：变化范围）

（彭士明等，2011）

贡献率分别为 11.80%、8.40%、7.10%、5.00%、4.90%、3.20% 和 2.60%。

银鲳是一种广食性鱼类，食物来源包含箭虫、虾类、水母类、头足类以及浮游动物等。Dadzie et al（2000）通过胃含物分析的方法研究分析了科威特附近海域银鲳的食物组成，其研究结果显示，银鲳的食物来源广泛，包含诸多的食物类型，但甲壳类是其中的主要组成部分。而该研究结果显示，在所有分析的可能食物来源中，箭虫的食物贡献率是最高的，平均贡献率为 57%，在所有分析的可能饵料中，虾类与浮游动物均作为甲壳类计算，其总的平均贡献率为 22.50%。造成以上差异的原因可能是多方面的。一是方法上的差异，传统胃含物分析的方法只能反映银鲳最近的摄食情况，由于不同时期以及不同海区间饵料生物的丰度以及种类可能存在差异，其摄食的种类可能会随之有所变动。而银鲳稳定同位素的组成总是与其生存领域内的饵料的稳定同位素组成相一致，其反映的是银鲳在一段时间内的摄食情况。二是一些易被消化的食物很难利用传统胃含物分析的方法观测到，如一些无脊椎动物（箭虫、水母等）。三是鱼类的摄食在很大程度上依赖于其栖息环境中的食物组成，并且鱼类摄食存在明显的偶食性。

消费者营养位置的确定，可定量地计算在食物链内某一消费者经过新陈代谢消耗了多少生物量，同时，处于相同营养级的种属可以汇聚成一个营养群，其类似于营养级的功能类群，因此，确定生物的营养级有利于从营养结构的角度来划分海洋生物的功能群（蔡德陵等，2005）。蔡德陵等（2005）在对黄海、东海生态系统食物网连续营养谱的研究过程中得出，银鲳的营养级的位置在 1.63～3.63。彭士明等（2011）的研究结果显示，银鲳的营养级位置在 3.19～4.14，平均营养级为 3.54，与之前的研究有所差异。然而，判定两者之间营养位置是否一致，不能单纯比较所计算得出的营养级的结果，因为影响营养级位置的因素有很多，基线生物的选择以及一个营养级氮同位素富集度的界定标准均会导致营养级位置的计算结果产生差异。本研究结果与蔡德陵等（2005）所得出的研究结果有所差异的原因在于，两者之间虽然采用相同的氮同位素富集度（0.25%），但采用的基线生物不同。本研究采用栉孔扇贝作为基线生物，而蔡德陵等（2005）则采用紫贻贝为基线生物。当然，不同海域银鲳自身氮稳定同位素比值的差异同样是主要的影响因素之一。基线生物一般选择生态系统中常年存在、食性简单的浮游动物或底栖动物等消费者（Vander Zanden et al，2001）。李忠义等（2006）在对虾蛄的研究中以及郭旭鹏等（2007）在对鳀的研究中均采用了栉孔扇贝作为基线生物。

第三节　饲料组成对银鲳生长及生理生化指标的影响

饲料中营养素是否全面是影响养殖鱼类能否健康快速生长的关键因子之一，适宜的饲料组成有利于提升养殖生产力，提高养殖收益。银鲳是我国当前新开发的一种海水养殖对象，有关于其营养生理学的研究并不多，因此，目前市场上尚无银鲳养殖专用配合饲料。本节重点梳理了不同饲料组成对银鲳生长、消化、代谢、抗氧化及组织中主要营养素组成的影响。

一、饲料组成对银鲳生长性能及体组成的影响

共配有 4 种饲料，依次编号为饲料 1、饲料 2、饲料 3、饲料 4，其组成见表 6-21。实验于室内水

表 6-21　实验饲料的组成

（彭士明等，2010）

组　　成		饲料 1	饲料 2	饲料 3	饲料 4
饲料组分（g）	新鲜鱼肉糜（湿重）	100	75	37.5	25
	"鱼宝"牌饲料（干重）	0	25	25	25
	新鲜蛏子肉糜（湿重）	0	0	37.5	25
	桡足类（湿重）	0	0	0	25
营养组成（%，干物质）	蛋白	59.27	55.11	54.13	51.15
	脂肪	5.75	8.64	9.55	8.12
	灰分	5.46	9.10	9.56	12.23

泥池（4 m×4 m×1.5 m）中进行，养殖所用水体为 10 m³，每池放养 150 尾银鲳幼鱼（4.5～6.0 g），每组饲料各设三个重复，实验为期 9 周。每天投喂四次（7:00、11:00、15:00、18:00），饱食投喂。

1. 不同饲料对银鲳幼鱼增重率、饲料系数的影响

4 组饲料蛋白含量比较高，均高于 51%，但脂肪含量有明显差异，饲料 1 中的脂肪含量最低，而饲料 2、3 和 4 中的脂肪含量相近。实验结束后各饲料组银鲳幼鱼成活率均高于 92%，且各组间无显著性差异（$P>0.05$）。对各饲料组银鲳增重率的分析结果显示（图 6-5），不同饲料可显著影响银鲳幼鱼的生长（$P<0.05$）。单纯投喂新鲜鱼肉糜组（饲料 1）的增重率（182.04%）最小，且均显著低于其他三组（$P<0.05$）。饲料 2 组（新鲜鱼肉糜＋饲料）与饲料 3 组（新鲜鱼肉糜＋饲料＋蛏子肉糜）的增重率分别为 239.88%、232.80%，两组间无显著性差异（$P>0.05$），但均显著低于饲料 4 组（新鲜鱼肉糜＋饲料＋蛏子肉糜＋桡足类）的增重率（301.98%）（$P<0.05$）。各饲料组间饲料系数的分析结果显示（图 6-6），饲料 1 组的饲料系数最高，为 1.61，显著高于其他三组（$P<0.05$）。饲料 2、3、4 组饲料系数间无显著性差异（$P>0.05$），且以饲料 4 组的饲料系数最低，为 1.45，饲料 2、3 组的饲料系数分别为 1.50、1.51。

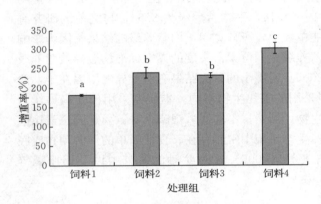

图 6-5　不同饲料对银鲳幼鱼增重率的影响
各处理组间不同标示字母代表有显著性差异（$P<0.05$）
（彭士明等，2010）

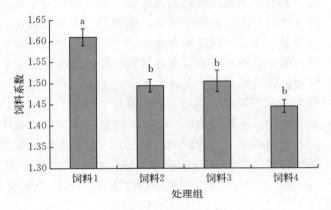

图 6-6　不同饲料对银鲳幼鱼饲料系数的影响
各处理组间不同标示字母代表有显著性差异（$P<0.05$）
（彭士明等，2010）

众所周知，饲料的营养是否全面直接关系养殖对象的生长效果（马爱军等，2003；王春芳等，2004；常青等，2009）。由于目前银鲳的人工养殖尚处于起步阶段，因此国内关于人工养殖条件下银鲳营养需求方面的研究报道非常少。从本实验的研究结果可以看出，实验结束时，单纯投喂新鲜鱼肉糜的饲料 1 组，其增重率显著低于其他各组，且饲料系数显著高于其他各组，由此表明，单纯的鱼肉糜其营养组成并不能满足银鲳幼鱼的营养需求。由于在饲料 2 组添加了配合饲料，在饲料 3 组添加了配合饲料和蛏子肉糜，使其营养组成较饲料 1 组更为全面，因此，饲料 2、3 组获得了相对于饲料 1 组更好的生长效果。但统计分析的结果显示，饲料 3 组与饲料 2 组的增重率并无显著性差异，这表明饲料中蛏子肉糜的添加并没有改善银鲳的生长效果。然而，从饲料 4 组的结果来看，饲料中桡足类的添加显著提高了银鲳的增重率。同时，尽管饲料 2、3、4 组饲料系数间无显著性差异，但以饲料 4 组的饲料系数最低。之前关于银鲳食性的研究表明，野生状态下银鲳的食物来源中，占主要组成部分的是桡足类（Dadzie et al，2000）。因此，这在一定程度上解释了饲料 4 组获得较高增重率、较低饲料系数的原因。从 4 组饲料的营养组成来分析，4 组饲料的蛋白水平均较高，均高于 51%，但脂肪水平存在明显差异，饲料 1 组的脂肪水平明显低于其他三组。由此也可推断，银鲳对脂肪的需求可能相对较高，这一点与鲑较为相似（Kaushik et al，1994；Cho et al，1995）。因此，单纯以鱼肉糜为饲料并不利于银鲳的生长，饲料中添加桡足类有利于促进人工养殖条件下银鲳的生长。

2. 不同饲料对银鲳幼鱼体组成的影响

4 组饲料对银鲳幼鱼体组成的影响见表 6 - 22。由表 6 - 22 可以看出，不同饲料组间银鲳幼鱼粗蛋白含量并未有显著性差异。然而，饲料 1 组银鲳水分含量高于其他 3 组，且饲料 1 组与饲料 2 组间银鲳水分含量具有显著性差异。饲料 1 组的灰分含量相比较其他 3 组饲料组偏低。4 组饲料组中，鱼体脂肪含量在饲料 1 组最低，且显著低于其他 3 组饲料组，但饲料 2、3 和 4 组间鱼体脂肪含量并无显著性差异。

表 6 - 22　不同饲料对银鲳幼鱼体组成的影响

(Peng et al, 2012)

单位：%

体组成	饲料 1	饲料 2	饲料 3	饲料 4
水分	72.02±0.11[b]	70.28±0.15[a]	70.74±0.55[ab]	70.61±0.50[ab]
粗蛋白	14.70±0.32	14.22±0.06	14.10±0.56	14.31±0.21
粗脂肪	5.35±0.25[a]	6.67±0.29[b]	6.95±0.11[b]	7.02±0.02[b]
粗灰分	4.93±0.04[a]	5.20±0.10[ab]	5.11±0.09[ab]	5.39±0.14[b]

注：同一行不同上标字母表示有显著性差异（$P < 0.05$）。

上述结果表明，饲料组成对银鲳幼鱼的体组成具有明显的影响。饲料 2、3 与 4 组中具有较高的脂肪含量，由此导致银鲳幼鱼粗脂肪含量相比较饲料 1 组明显升高，同时水分含量有所降低。已有研究表明，饲料中脂肪的含量可以明显影响养殖鱼类粗脂肪的含量，同时伴随鱼体水分含量的相应变化（Wang et al，2005；López et al，2009）。然而，也有研究报道指出，饲料中脂肪的含量不会影响鱼体的粗脂肪含量（McGoogan et al，1999；Peres et al，1999）。其原因可能在于不同研究报道中其研究对象、生长阶段以及饲料组成存在差异。在该研究中，银鲳鱼体脂肪的含量随着饲料中脂肪含量的升高呈现升高的趋势，说明实验用饲料中脂肪的含量应未达到银鲳最适的需求量。至于饲料 4 组银鲳粗灰分含量比较高的原因，应该是饲料 4 组中添加了桡足类。4 组饲料组中蛋白含量均高于 50%，且 4 组饲料组间鱼体粗蛋白含量并未有显著差异，这表明，实验用饲料中的蛋白含量可以满足银鲳幼鱼的正常生长。

二、不同饲料对银鲳幼鱼肝脏脂酶及抗氧化酶活力的影响

1. 不同饲料对银鲳幼鱼肝脏脂酶活力的影响

饲料 1 组脂蛋白脂酶、肝脂酶及总脂酶活力（分别为 0.41 U/mg、0.36 U/mg、0.77 U/mg）均较其他三组组低，且肝脂酶与总脂酶活力均显著低于其他三组（$P < 0.05$）。饲料 2、3、4 组间肝脏脂蛋白脂酶、肝脂酶和总脂酶活力均未有显著性差异（$P > 0.05$），但饲料 4 组脂蛋白脂酶和总脂酶的酶活力（分别为 0.62 U/mg、1.16 U/mg）均略高于饲料 2、3 组（表 6 - 23）。

表 6 - 23　不同饲料对银鲳肝脏脂酶活力的影响

(彭士明等，2010)

单位：U/mg

处理组	脂蛋白脂酶	肝脂酶	总脂酶
饲料 1	0.41±0.02[a]	0.36±0.04[a]	0.77±0.05[a]
饲料 2	0.50±0.02[ab]	0.54±0.05[b]	1.05±0.07[b]
饲料 3	0.51±0.03[ab]	0.60±0.05[b]	1.11±0.08[b]
饲料 4	0.62±0.06[b]	0.54±0.07[b]	1.16±0.12[b]

注：同一列不同上标字母表示有显著性差异（$P < 0.05$）。

肝脏是鱼类脂肪酸代谢的主要器官，脂蛋白脂酶与肝脂酶是脂肪分解代谢过程中两个关键酶，两者

合称总脂酶。脂蛋白脂酶被认为是脂类蓄积、代谢过程中的关键酶，其主要功能是水解极低密度脂蛋白和乳糜微粒中的甘油三酯，使之转变成小分子量的脂肪酸，以供各种组织贮存和利用（Nilsson-Ehle et al，1980）。肝脂酶主要在肝脏中合成，主要参与乳糜微粒残粒以及高密度脂蛋白的代谢（Santamarina-Fojo et al，1998）。本实验结果显示，饲料2、3、4组脂蛋白脂酶、肝脂酶以及总脂酶活力均明显高于饲料1组，表明饲料2、3、4组中的脂肪水平有利于银鲳肝脏中脂肪的分解代谢。目前关于饲料中脂肪组成与水产动物肝脂酶活力之间的研究报道较少，Tan et al（2009）在对黄颡鱼的研究中发现，饲料中亚麻油与亚油酸的比例会显著影响黄颡鱼肝脂酶的活力。梁旭方等在对真鲷的研究中发现，真鲷肝脏中脂蛋白脂酶基因存在营养诱导性表达，高脂食物是其中一个诱导表达因子，当真鲷摄食高脂饲料时，会诱导肝脏产生大量的脂蛋白脂酶，促进肝脏对脂肪酸的营养蓄积（梁旭方等，2003）。因此，本实验中饲料2、3、4组脂酶活力较高的原因，可能就在于这三组饲料含有较高的脂肪含量，诱导了银鲳肝脏中脂酶的大量产生。

2. 不同饲料对银鲳幼鱼肝脏抗氧化酶活力的影响

各组间肝脏SOD与GSH-PX活力均未有显著性差异（$P>0.05$），但两者的最低值均出现在饲料1组，最高值均出现在饲料4组（表6-24）。饲料1、2、3组间肝脏CAT活力未有显著性差异（$P>0.05$），但饲料1组CAT活力（17.56 U/mg）显著低于饲料4组的CAT活力（19.62 U/mg）（$P<0.05$）。尽管饲料4组肝脏CAT的活力均高于其他三组，但饲料2、3、4组间CAT活力并无显著性差异（$P>0.05$）。

表6-24 不同饲料对银鲳肝脏抗氧化酶活力的影响

（彭士明等，2010）

单位：U/mg

处理组	SOD	CAT	GSH-PX
饲料1	49.20±1.69	17.56±0.64[a]	4.38±1.15
饲料2	51.15±4.75	17.97±0.65[ab]	5.50±0.97
饲料3	50.88±3.10	18.11±0.40[ab]	5.15±0.73
饲料4	52.18±4.12	19.62±0.51[b]	5.79±0.93

注：同一列不同上标字母表示有显著性差异（$P<0.05$）。

关于不同饲料与抗氧化酶之间的关系研究已有不少报道，饲料中的营养组成可显著影响鱼体的抗氧化酶系统（Mourente et al，2002；林仕梅等，2007；Trenzado et al，2009；Jiang et al，2010）。本研究结果显示，各饲料组间SOD与GSH-PX活力并未有显著性差异，但饲料1组的SOD与GSH-PX活力均略低于饲料2、3、4组，饲料1组CAT活力同样低于其他各组，且显著性低于饲料4组。由此表明，单纯投喂新鲜鱼肉糜（饲料1）在一定程度上降低了鱼体的抗氧化能力。已有的研究资料表明，饲料中脂肪的含量，特别是高度不饱和脂肪（LC-PUFA）的含量可显著影响鱼体抗氧化酶的活力，Puangkaew et al（2005）、Trenzado et al（2009）在对虹鳟的研究中发现，饲料中较高的LC-PUFA可显著提高虹鳟抗氧化酶的活力。因此推断，饲料1中较低的脂肪含量可能是导致银鲳抗氧化酶活力较低的原因之一。饲料4组肝脏SOD、CAT、GSH-PX活力均高于其他三组，表明饲料中桡足类的添加一定程度上提高了鱼体的抗氧化能力，其原因同样可能在于桡足类中富含LC-PUFA。当然，影响鱼体抗氧化能力的因素有很多，其确切的原因尚需进一步研究探讨。

本实验的研究结果为银鲳人工配合饲料的研制提供了两点信息：①单纯利用鱼肉糜作为饲料不利于银鲳的生长；②饲料中添加桡足类有利于促进银鲳的生长，提高其肝脏中酯酶及抗氧化酶的活力。

三、不同饲料组成对银鲳幼鱼消化酶活力的影响

不同饲料组成对银鲳幼鱼消化酶活力的影响见表6-25。由表6-25可以看出，饲料2、3和4组胰

表 6-25　不同饲料组成对银鲳消化酶活力的影响

(Peng et al，2012)

消化酶	饲料 1	饲料 2	饲料 3	饲料 4
胰蛋白酶 （U/mg）	176.09±12.96[a]	222.84±12.08[b]	249.02±14.04[b]	233.63±6.54[b]
胃蛋白酶 （U/mg）	8.71±0.64[a]	11.83±0.95[ab]	14.85±1.06[b]	14.47±1.15[b]
脂肪酶 （U/g）	19.78±0.83[a]	23.18±0.73[b]	25.50±1.27[b]	25.13±1.00[b]
淀粉酶 （U/g）	534.78±81.06	596.06±59.61	600.95±35.98	569.08±41.99

注：同一列不同上标字母表示有显著性差异（$P<0.05$）。

蛋白酶与胃蛋白酶活力明显升高，且饲料 2、3、4 组胰蛋白活力显著高于饲料 1 组，饲料 3 和 4 组胃蛋白活力同样显著高于饲料 1 组。然而，饲料 2、3 和 4 组间，银鲳胰蛋白酶与胃蛋白酶活力均无显著性差异。饲料中较高的脂肪含量均在一定程度上提高了银鲳的脂肪酶活力，但饲料 2、3 和 4 组间脂肪酶活力并无显著性差异。对于淀粉酶活力，4 组饲料组间并无明显差异。

　　饲料组成及其投喂方式等因子均可影响养殖鱼类的消化酶活力（Kuzmina，1996）。鱼的种类、肠道结构以及其营养位等均可影响其对食物的消化生理反应。通常，在后期仔鱼阶段，饲料组成对鱼体消化酶活力的促进作用就已比较明显（Jones et al，1997）。鱼体的消化酶活力可有效反映其摄食状况（Pedersen et al，1990）。在该研究中，饲料 2、3 和 4 组蛋白酶活力升高的原因可能在于其饲料组成与饲料 1 组相比存在明显差异。商业配合饲料（"鱼宝"4 号料，林兼饲料，日本）的添加可能是主要的原因，其饲料蛋白源主要由墨鱼粉、鱼粉及植物蛋白组成。Brito et al（2000）研究发现，饲料中墨鱼粉的添加可有效提高对虾蛋白酶的活力。上述结果也进一步证实，饲料中不同成分的添加提高了银鲳的消化酶活力，从而进一步提高了其生长性能。

四、不同饲料组成对肌肉氨基酸与脂肪酸组成的影响

　　实验用 4 组饲料的氨基酸组成见表 6-26。表 6-27 示饲料组成对银鲳肌肉氨基酸组成的影响。由表 6-27 可知，实验用的 4 种饲料组成对银鲳肌肉氨基酸组成及含量均未产生显著性的影响。不同组间各种氨基酸含量、必需氨基酸总量以及氨基酸总量间均未有显著性差异（$P>0.05$）。

表 6-26　实验用 4 组饲料的氨基酸组成 （每 100 g 干物质所含氨基酸的克数）

(彭士明等，2012)

氨基酸组成	饲料 1	饲料 2	饲料 3	饲料 4
天冬氨酸	5.96	5.51	5.34	5.18
丝氨酸	2.26	1.99	1.88	1.76
谷氨酸	9.13	8.21	7.83	7.46
甘氨酸	3.11	2.98	2.95	2.91
丙氨酸	3.71	3.52	3.46	3.40
酪氨酸	2.18	2.12	2.11	2.10
脯氨酸	2.30	2.24	2.24	2.23
缬氨酸*	3.14	2.99	2.96	2.92
蛋氨酸*	1.83	1.70	1.65	1.60
异亮氨酸*	2.91	2.73	2.67	2.61
亮氨酸*	4.99	4.57	4.41	4.25
苯丙氨酸*	2.40	2.29	2.26	2.24

（续）

氨基酸组成	饲料 1	饲料 2	饲料 3	饲料 4
组氨酸*	1.73	1.64	1.61	1.58
赖氨酸*	5.67	4.96	4.65	4.35
精氨酸*	3.87	3.55	3.42	3.30
苏氨酸*	2.68	2.39	2.27	2.15
必需氨基酸	29.22	26.82	25.91	24.99
总氨基酸	57.87	53.38	51.71	50.04

注：* 必需氨基酸。

表 6 - 27　饲料组成对银鲳肌肉氨基酸组成的影响（每 100 g 干物质所含氨基酸的克数）

（彭士明等，2012）

氨基酸组成	饲料 1	饲料 2	饲料 3	饲料 4
天冬氨酸	7.22±0.40	7.62±0.01	7.19±0.58	7.32±0.29
丝氨酸	2.82±0.04	2.83±0.04	2.80±0.01	2.79±0.06
谷氨酸	11.85±0.23	11.49±0.03	11.55±0.12	11.67±0.14
甘氨酸	3.99±0.18	3.84±0.11	3.91±0.24	3.96±0.22
丙氨酸	4.67±0.12	4.45±0.26	4.68±0.05	4.25±0.45
酪氨酸	2.59±0.02	2.57±0.02	2.57±0.06	2.61±0.01
脯氨酸	2.61±0.10	2.64±0.05	2.62±0.11	2.65±0.14
缬氨酸*	4.48±0.05	4.38±0.18	4.54±0.04	4.64±0.08
蛋氨酸*	2.47±0.02	2.49±0.01	2.46±0.15	2.45±0.05
异亮氨酸*	3.62±0.11	3.74±0.01	3.71±0.11	3.78±0.04
亮氨酸*	6.33±0.33	6.69±0.01	6.30±0.50	6.87±0.18
苯丙氨酸*	3.44±0.02	3.40±0.03	3.44±0.01	3.41±0.01
组氨酸*	2.33±0.25	2.07±0.07	2.12±0.08	2.09±0.03
赖氨酸*	6.88±0.44	7.48±0.16	7.21±0.39	7.28±0.14
精氨酸*	4.93±0.02	5.13±0.26	5.08±0.22	5.18±0.30
苏氨酸*	3.23±0.18	3.43±0.03	3.33±0.10	3.45±0.02
必需氨基酸	37.70±0.88	38.80±0.02	38.18±0.90	39.16±0.51
总氨基酸	73.47±1.51	74.24±0.10	73.50±1.25	74.41±0.20

注：* 必需氨基酸。

　　实验用 4 组饲料的脂肪酸组成见表 6 - 28。饲料组成对银鲳肌肉脂肪酸组成的影响见表 6 - 29。由表 6 - 29 可以看出，饲料组成可显著影响银鲳肌肉脂肪酸的组成含量（$P < 0.05$）。饲料 4 组的单不饱和脂肪酸（MUFA）、多不饱和脂肪酸（PUFA）、高度不饱和脂肪酸（LC - PUFA）以及 n - 3 LC - PUFA 含量均显著高于饲料 1、2 和 3 组（$P < 0.05$）。饲料 2 和 3 组的 MUFA、LC - PUFA 及 n - 3 LC - PUFA 含量均显著高于饲料 1 组（$P < 0.05$），但饲料 2、3 组间并无显著性差异（$P > 0.05$）。饲料组成对银鲳肌肉饱和脂肪酸（SAF）含量并无显著性影响。

表 6 - 28　实验用 4 组饲料的脂肪酸组成（％，占总脂肪酸比例）

（彭士明等，2012）

脂肪酸	饲料 1	饲料 2	饲料 3	饲料 4
SAF	43.35	42.88	43.64	42.63
C16：1	6.49	7.19	7.53	7.88
C17：1	1.25	1.19	1.16	1.13
C18：1n9	22.33	19.74	19.45	15.16
C20：1n9	1.67	0.91	0.53	0.15
C24：1n9	1.35	0.74	0.44	0.13
MUFA	33.08	29.77	29.11	24.45
C18：2n6	3.49	5.41	5.36	5.32
C18：3n6	1.10	0.60	0.35	0.10
C18：3n3	0.42	0.82	1.01	1.21
C20：4n6	0.32	0.52	0.63	0.73
C20：5n3	5.05	6.11	6.64	9.17
C22：6n3	12.83	13.37	12.63	15.90
PUFA	23.22	26.82	26.63	32.43
n - 3 LC - PUFA	17.89	19.48	19.27	25.07

表 6 - 29　饲料组成对银鲳肌肉脂肪酸组成的影响（％，占总脂肪酸比例）

（彭士明等，2012）

脂肪酸	饲料 1	饲料 2	饲料 3	饲料 4
SAF	40.98±0.17	40.13±0.10	39.38±0.75	40.27±0.04
C16：1	4.61±0.02	4.96±0.05	5.71±0.56	5.70±0.29
C18：1n9	32.90±0.11[c]	26.87±0.90[b]	26.84±0.86[b]	18.93±1.07[a]
C20：1n9	1.75±0.54[b]	0.57±0.04[a]	1.93±0.05[b]	1.33±0.02[ab]
C24：1n9	1.07±0.04[b]	0.63±0.04[a]	0.63±0.02[a]	0.55±0.04[a]
MUFA	40.32±0.41[c]	33.02±0.96[b]	35.10±1.38[b]	26.50±1.37[a]
C18：2n6	1.83±0.25[a]	3.65±0.54[b]	3.69±0.10[b]	5.08±0.51[b]
C18：3n6	0.53±0.02[b]	0.46±0.04[ab]	0.41±0.02[a]	0.39±0.02[a]
C18：3n3	0.96±0.04[a]	0.89±0.09[a]	2.10±0.09[b]	2.27±0.25[b]
C20：3n3	0.48±0.02[a]	0.49±0.01[a]	0.81±0.02[b]	0.81±0.01[b]
C20：4n6	2.34±0.15	2.07±0.06	2.18±0.13	2.12±0.09
C20：5n3	2.90±0.19[a]	4.73±0.37[b]	4.73±0.31[b]	6.80±0.48[c]
C22：6n3	7.89±0.06[a]	12.07±1.06[b]	9.85±0.14[ab]	14.92±0.57[c]
PUFA	16.91±0.39[a]	24.34±0.10[b]	23.76±0.59[b]	32.39±1.71[c]
LC - PUFA	13.60±0.09[a]	19.35±0.76[b]	17.56±0.56[b]	24.65±0.96[c]
n - 3 LC - PUFA	11.26±0.23[a]	17.28±0.70[b]	15.38±0.43[b]	22.53±1.05[c]

　　已有的研究表明，通过分析鱼体的营养组成可以推测其所摄食的营养水平，并可揭示其自身的生理状况（刘兴旺等，2007）。本研究结果显示，4 个饲料组银鲳肌肉中氨基酸总量均高于 70％，且各种氨基酸含量在不同饲料组间均未有显著性差异。本实验所用的 4 组饲料其蛋白质含量均高于 50％，因而，

从机体氨基酸组成的结果可以推断，实验所用饲料的蛋白水平已满足银鲳的生长所需。

养殖鱼体中脂肪酸的组成及含量主要取决于其所摄取的脂肪水平与脂肪酸组成（Sargent et al，2002；Tocher，2003）。本实验结果显示，饲料 4 组银鲳肌肉中 MUFA 含量显著低于其他各组，但 PUFA、LC-PUFA 和 n-3 LC-PUFA 含量均显著高于其他各组，这与 4 组饲料中的脂肪酸组成一致，进一步印证了饲料中脂肪酸组成与含量对鱼体组织中脂肪酸组成与含量具有显著的影响。已有的资料证实，LC-PUFA 是海水鱼类的必需脂肪酸，其中既包括 n-3 系列即二十碳五烯酸（EPA）、二十二碳六烯酸（DHA），也包括 n-6 系列即花生四烯酸（ARA）（Sargent et al，1999，2002；Tocher，2003）。由本实验可知，随着饲料中 n-3 LC-PUFA 含量的增加，银鲳肌肉中 n-3 LC-PUFA（EPA+DHA）含量也明显升高。然而，银鲳肌肉中 ARA 的含量并未随着饲料中 ARA 含量的增加而呈现增加的趋势，并且肌肉中 ARA 含量在各饲料组间并无显著性差异。其原因可能在于银鲳对于 ARA 的需求量相对较低，饲料 1 中的 ARA 含量已足以满足银鲳的生长需求，但确切的原因尚需更深一层的研究分析。

由本实验结果可以得出，饲料组成的多样化使得饲料营养组成更为全面，可有效提高银鲳幼鱼的生长速度。此外，饲料中较高的 LC-PUFA 含量在促进银鲳生长方面同样具有至关重要的生理作用。

第四节　蛋白营养需求

蛋白质是鱼类有机体结构和功能必不可少的营养物质，在生命过程中起着重要的作用。它不仅是各组织器官可用于生长和修复的构成物质，也是酶、激素和抗体等生物活性物质的组成成分。饲料中蛋白质含量不足或氨基酸不平衡，则鱼类生长很快就会减慢或停止，体重下降。同时，饲料中过量的蛋白质不但会增加成本，还会导致氨排放增加，从而影响养殖鱼类的正常生长，并且导致养殖水环境恶化。蛋白质适宜需求量是指能够满足鱼类氨基酸需求并获得最大生长的最少饲料蛋白含量。饲料氨基酸组成、蛋白源消化率、能量水平以及鱼体规格、水温条件等都是影响鱼类蛋白质适宜需求量的主要因素。本节主要梳理目前关于银鲳蛋白质需求量方面的研究报道。

一、银鲳幼鱼蛋白质需求量

Hossain et al（2010）在实验室条件下，对科威特地区银鲳幼鱼（12～13 g）蛋白质的需求量进行了研究。实验共设 35%、40%、45%、50% 和 55% 五组等能等脂配合饲料，饲料配方及饲料组成分别见表 6-30、表 6-31。

表 6-30　实验用饲料原料配比

（Hossain et al，2010）

单位：%

饲料组成	饲料蛋白含量				
	35	40	45	50	55
鱼粉	52.20	59.70	67.10	74.60	82.00
鱼油	5.10	4.10	3.10	2.20	1.20
复合维生素	2.00	2.00	2.00	2.00	2.00
复合矿物质	2.00	2.00	2.00	2.00	2.00
益生菌	0.50	0.50	0.50	0.50	0.50
饲料黏合剂	1.50	1.50	1.50	1.50	1.50
糊精	31.50	25.00	17.90	12.00	5.50
α-纤维素	5.20	5.20	5.90	5.20	5.30
共计	100.00	100.00	100.00	100.00	100.00

表 6-31　实验用饲料营养成分组成

（Hossain et al，2010）

营养成分		饲料蛋白含量				
		35%	40%	45%	50%	55%
营养素组成	干物质（%）	91.3	91.4	91.5	91.8	91.7
	粗蛋白（%）	35.6	40.5	45.4	50.2	55.2
	粗脂肪（%）	11.9	12.1	12.2	12.1	11.9
	灰分（%）	10.6	10.8	11.9	13.2	14.1
	粗纤维素（%）	5.5	5.1	5.1	5.1	5.1
	能量（kJ/g）	19.4	19.7	19.8	19.9	20.0
	蛋白能量比（%）	18.3	20.5	22.9	25.2	27.7
必需氨基酸组成	精氨酸（%）	2.9	3.2	3.8	4.4	4.5
	组氨酸（%）	1.4	1.5	1.6	1.8	2.0
	亮氨酸（%）	4.3	4.8	5.2	6.1	6.5
	异亮氨酸（%）	1.2	1.4	1.5	1.5	1.6
	赖氨酸（%）	3.2	3.8	4.3	4.3	4.5
	蛋氨酸（%）	1.0	1.2	1.7	2.0	2.1
	胱氨酸（%）	0.3	0.3	0.3	0.4	0.4
	苯丙氨酸（%）	1.5	2.0	2.4	3.0	3.1
	酪氨酸（%）	1.1	1.2	1.7	1.8	1.9
	苏氨酸（%）	2.0	2.4	2.8	3.7	3.9
	缬氨酸（%）	1.7	2.0	2.2	2.4	2.6

1. 不同饲料蛋白水平对银鲳幼鱼生长性能的影响

由饲料的营养组成来看，饲料组间除了蛋白含量不同外，能量水平以及饲料脂肪含量基本一致。经过 6 周的饲养实验后，其生长结果见表 6-32。蛋白含量 45%、50% 与 55% 饲料组间银鲳增重率、特定

表 6-32　不同蛋白含量对银鲳幼鱼生长性能的影响

（Hossain et al，2010）

生长性能指标	饲料蛋白含量				
	35%	40%	45%	50%	55%
初体重（g）	12.4±0.1a	12.4±0.5a	12.5±0.4a	12.2±0.1a	12.4±0.3a
末体重（g）	23.2±1.2b	24.6±1.3ab	27.9±2.6a	29.0±2.0a	26.4±1.9ab
平均增重（g）	10.8±1.1c	12.2±0.9bc	15.4±2.3ab	16.8±1.9a	14.0±1.6abc
日增重量（g）	0.26±0.03c	0.29±0.03bc	0.36±0.06ab	0.40±0.05a	0.33±0.04abc
增重率（%）	86.7±8.6c	97.5±5.7bc	123.0±5.3ab	137.4±14.2a	112.6±9.9abc
特定生长率（%）	1.5±0.1c	1.6±0.1bc	1.9±0.2ab	2.1±0.1a	1.8±0.1ab
投饲量 [g/（kg·d）]	31.5±1.4b	30.2±1.5ab	29.5±2.5ab	28.9±0.9ab	28.0±1.0a
饲料系数	2.5±0.2a	2.2±0.1ab	1.9±0.2b	1.7±0.2b	2.0±0.2b
蛋白效率（%）	1.13±0.02a	1.12±0.03a	1.11±0.06a	1.07±0.04a	0.90±0.04b
蛋白质净利用率（%）	19.6±0.2c	21.00±0.3bc	21.2±1.4b	22.7±0.4a	17.5±0.2 d
成活率（%）	80.6±9.6a	86.1±4.8a	83.3±8.4a	88.9±4.8a	88.9±9.6a

注：同一行数值不同后标字母表示有显著性差异（$P < 0.05$）。

生长率并无显著性差异，但蛋白含量50％的饲料组，其增重率与特定生长显著高于蛋白含量为35％和40％的饲料组。在蛋白含量为35％～50％时，随着饲料蛋白含量的升高银鲳日增重量和增重率明显升高，然而，当蛋白含量升高到55％时，其日增重量以及增重量却呈现降低的趋势。蛋白含量为45％、50％和55％的饲料组间，银鲳日增重量同样无显著性差异。但蛋白含量为50％的饲料组，其日增重量显著高于蛋白含量为35％和40％的饲料组。除了蛋白含量为35％和55％的饲料组外，其他饲料组间的日投喂量并无显著性差异。5组饲料银鲳饲料系数在1.9～2.5，且在蛋白含量为40％、45％、50％和55％的饲料组间并无差异。但是最低蛋白含量饲料组（35％），其饲料系数显著高于蛋白含量为45％、50％和55％的饲料组。随着饲料中蛋白含量的增加，蛋白效率呈现逐渐降低的趋势，蛋白含量为55％的饲料组，其蛋白效率显著低于其他各饲料组。蛋白含量为50％的饲料组银鲳蛋白净利用率最高，且显著高于其他各饲料组。然而，40％和45％的饲料组间，以及35％和40％的饲料组间，银鲳蛋白净利用率均无显著性差异。当蛋白含量为55％时，银鲳蛋白净利用率最底，且显著低于其他各饲料组。各饲料组间银鲳成活率在80.6％～88.9％，且各饲料组间并无显著性差异。

基于银鲳增重率，通过折线模型分析得出，银鲳幼鱼适宜蛋白需求量为46.1％。然而，通过二次曲线回归分析得出，银鲳幼鱼最佳饲料蛋白水平为49.3％。关系式为：$Y = -0.246X^2 + 24.28X - 470.2$（$R^2 = 0.648$）。基于饲料系数的结果分析可知，在蛋白含量45％～55％时，饲料系数基本在1.9～2.0，显著低于蛋白含量为35％的饲料组。基于饲料系数，通过二次曲线回归分析得出，银鲳最佳饲料蛋白水平为49.5％，其关系式为：$Y = 0.0033X^2 - 0.3263X + 9.9638$（$R^2 = 0.7009$）。

一般情况下，随着饲料蛋白水平的升高，鱼类生长速度会逐渐提高，当饲料蛋白水平能够满足其需求时，鱼类生长则保持在一个稳定的水平。但也有研究者发现，饲料蛋白水平超过鱼类需求时，其生长性能则逐渐下降。从银鲳的生长情况来看，其属于后者。不同研究报道间差异的原因可能与鱼的种类及饲料能量水平的不同有关。此外，随着饲料蛋白水平的升高，蛋白利用率往往呈现先升高后降低的趋势。

2. 不同饲料蛋白水平对银鲳幼鱼体组成的影响

实验结束后，不同饲料组间银鲳幼鱼体组成的结果见表6-33。各饲料组银鲳幼鱼水分含量在76.6％～78.7％。在蛋白含量为45％、50％和55％的饲料组间，水分含量并无显著性差异。然而，蛋白含量为50％的饲料组，其水分含量显著低于蛋白含量为35％和40％的饲料组。各饲料组银鲳幼鱼蛋白含量在15.2％～17.1％，且蛋白含量为45％、50％和55％的饲料组间，以及蛋白含量为40％、45％和55％的饲料组间均无显著性差异。蛋白含量为50％的饲料组，银鲳幼鱼蛋白含量显著高于蛋白含量为35％和40％的饲料组。各饲料处理组银鲳幼鱼脂肪含量在3.5％～3.9％，同样，蛋白含量为45％、50％和55％的饲料组间，以及40％、45％和55％的饲料组间均无显著性差异。然而，蛋白含量为50％的饲料组银鲳幼鱼脂肪含量显著高于蛋白含量为35％和40％的饲料组。各饲料处理组间，银鲳幼鱼灰分含量在2.2％～2.4％。

表6-33 不同蛋白含量对银鲳幼鱼体组成的影响

（Hossain et al，2010）

单位：%

体组分	饲料蛋白含量				
	35	40	45	50	55
水分	78.7± 0.6a	78.0± 0.7ab	77.1± 0.5bc	76.6± 0.5c	77.1± 0.4bc
蛋白	15.2± 0.3c	16.0± 0.4bc	16.7± 0.4ab	17.1± 0.3a	16.6± 0.3ab
脂肪	3.5± 0.1b	3.5± 0.1b	3.9± 0.2ab	3.9± 0.2a	3.7± 0.1ab
灰分	2.4± 0.0a	2.2± 0.1c	2.3± 0.1abc	2.2± 0.1bc	2.4± 0.0ab

注：同一行数值不同后标字母表示有显著性差异（$P < 0.05$）。

通常情况下，随着饲料蛋白水平的升高，鱼体脂肪含量逐渐降低，而蛋白和水分含量则逐渐升高。但也有研究者发现，随着饲料中蛋白水平的升高，体组织蛋白水平变化不大。其原因可能是由于鱼类体组成受内源因子（规格、性别）和外源因子（饲料、环境）的双重影响，因此，鱼体组成通常不会被认为是判断饲料蛋白适宜水平的敏感指标。

综上所述，基于增重率、特定生长率、饲料系数以及蛋白利用率的分析，在实验室条件下，在饲料脂肪含量为 12% 的前提下，银鲳幼鱼的适宜蛋白需求量为 49%。需要特别说明的一点是，结合目前的研究报道，已基本确定科威特的银鲳与国内的银鲳并非同一物种，但两者均同属鲳属鱼类，这一点毋庸置疑。因此，根据 Hossain et al（2010）的研究报道，可大致推测国内银鲳幼鱼的蛋白需求量。

二、银鲳亲鱼蛋白质需求量

以人工培育的 1 龄雌性银鲳亲鱼（150 g 左右）为研究对象，共配制 3 组饲料，蛋白含量分别为 45%、50% 和 55%，饲料组成见表 6-34。

表 6-34　实验饲料的组成

项　　目	原料/营养成分	饲料蛋白含量		
		45%	50%	55%
组成（g/kg）	鱼粉[a]	500	620	720
	豆粕[a]	285	175	145
	面粉[a]	50	50	0
	鱼油	80	70	60
	大豆油	15	15	15
	硒酵母	10	10	10
	大豆卵磷脂	20	20	20
	复合维生素[b]	20	20	20
	复合矿物质[c]	20	20	20
常规成分（%）	粗蛋白	46.36	49.67	54.48
	粗脂肪	17.12	17.11	16.98
	灰分	10.43	9.98	10.12

注：a. 蛋白与脂肪含量（%）：鱼粉中蛋白 67%，脂肪 10%；豆粕中蛋白 43%，脂肪 1.9%；面粉中蛋白 12%，脂肪 1.6%。b. 硒含量 0.16%。c. 纯度 93%。

实验用 900 尾银鲳亲体（性腺发育 II 期）随机分入 9 个 20 m³ 的水泥池中，每个饲料组设 3 个重复。实验自 2015 年 10 月开始，于 2016 年 5 月结束。饲养期间，连续充气增氧，每天饱食投喂 2 次（9:00 和 17:00），日换水量为 30%。冬季采用加温措施保障实验水温不低 17 ℃，维持银鲳的基本摄食，整个实验期间水温变化范围为 16～23 ℃，盐度 25～28。

实验结束后，随机从每个池中取 5 尾鱼，称重后采集血清及性腺样品，以检测分析血清卵黄蛋白原（Vtg）、性类固醇激素含量以及性腺指数。每个池中挑选已发育成熟的亲本，检测其卵粒的大小。

饲料中高蛋白含量对银鲳血清 Vtg 及性类固醇激素含量的影响见表 6-35。由表 6-35 可以看出，饲料中高蛋白含量可有效提高血清中 Vtg 含量。随着饲料中蛋白含量的增加，血清 Vtg 含量均显著性升高。性类固醇激素的含量与血清 Vtg 含量的变化趋势大致相同，均随着饲料中蛋白含量的升高，表现出逐步升高的趋势。高蛋白饲料组（50% 与 55%）的 E_2 与 T 水平均显著高于蛋白含量 45% 的饲料组，但 50% 与 55% 的饲料组间则无显著性差异。

表6-35　饲料中高蛋白含量对银鲳血清 Vtg、E₂ 及 T 含量的影响

饲料蛋白含量（%）	45	50	55
Vtg（mg/mL）	47.21±4.53c	58.82±5.12b	67.14±5.87a
E₂（ng/L）	150.43±10.12b	187.65±12.35a	190.77±15.29a
T（nmol/L）	4.97±0.86b	6.85±0.99a	6.89±1.02a

饲料中高蛋白含量对银鲳性腺指数及卵粒大小的影响见表6-36。由表可知，饲料中较高的蛋白含量可显著提高银鲳的性腺发育，50%与55%的饲料组性腺指数与卵粒直径均显著高于45%饲料组，但50%与55%的饲料组间，性腺指数与卵粒直径，均无显著性差异。

表6-36　饲料中高蛋白含量对银鲳性腺指数及卵粒大小的影响

饲料蛋白含量（%）	45	50	55
性腺指数（%）	11.45±0.87b	13.96±0.97a	14.02±1.01a
卵粒直径（mm）	1.45±0.03b	1.55±0.06a	1.58±0.08a

综上所述，饲料蛋白含量与鱼类繁殖能力息息相关，饲料蛋白含量可显著影响卵细胞的发育和性成熟，适宜的蛋白含量可以提高鱼的产卵能力。在银鲳性腺发育成熟阶段，提高饲料中蛋白含量可有效促进银鲳的性腺发育，促进性腺中的营养积累，提高卵子质量。为有效提高银鲳性腺发育的质量，饲料中适宜的蛋白含量不宜低于50%。

第五节　脂肪酸营养生理

脂类是鱼类生长必不可少的营养因子。通过在饲料中添加脂类，可为鱼类提供生长发育所需的必需脂肪酸与能量，并有助于脂溶性维生素的吸收和体内运输。其中高度不饱和脂肪酸（LC-PUFA）对海水鱼类具有至关重要的生理作用，概括起来主要有两个方面：一是维持细胞膜结构和机能的完整性；二是构成统称为类二十烷的高生物活性旁分泌素的前体。关于 LC-PUFA 营养，特别是二十二碳六烯酸（DHA）与二十碳五烯酸（EPA）的研究早就被广泛关注。而后期研究发现，n-6 PUFA，特别是花生四烯酸（ARA）对海水鱼类同样具有重要的作用，对其营养生理的研究已是近几年来脂类营养研究中的主要内容之一。伴随着全球鱼粉、鱼油资源的紧缺及世界范围内对鱼粉、鱼油需求量的增加，寻求能够替代鱼粉与鱼油的原料作为蛋白源与脂肪源是当前水产养殖业亟待解决的主要问题。同时，随着生活生平的提高，人们对水产品品质的要求越来越高，因而，饲料中营养成分与水产品品质的关系研究也就自然会越来越得到营养学家的普遍重视。本节重点梳理银鲳幼鱼及成鱼脂肪酸营养生理的相关研究报道。

一、海水鱼脂类营养生理研究概况

脂类在鱼类营养中起着重要的作用，为机体提供生长所需的必需脂肪酸等营养物质，机体中的必需脂肪酸对维持细胞结构和功能的完整性至关重要，此外，脂类在能量供应方面还起着重要作用。现有关于海水鱼脂类营养的研究大多集中在海水鱼类必需脂肪酸、鱼油替代、脂类营养与水产品品质等几个方面。

1. 必需脂肪酸

有关海水鱼类必需脂肪酸（EFA）的研究结果已证实，n-3 系列高度不饱和脂肪酸（n-3 LC-PUFA）是海水鱼类 EFA，其中最为重要的是 EPA 和 DHA。EFA 对海水鱼类的生长、存活、发育具有重要的作用，因此，饲料中 EFA 的适宜添加量则显得尤为重要。n-6 LC-PUFA，由于其在海水鱼体组织的脂类组成中所占的比例很小，在海水鱼类营养中的重要作用常被忽视。然而后期的研究发现，n-6LC-PUFA，特别是ARA，也是一些海水鱼类的EFA（Castell et al，1994；Bessonart et al，1999）。

　　维持鱼类细胞膜结构和功能的完整性既需要DHA和EPA，也需要ARA。DHA、EPA、ARA对鱼类的生长发育具有重要的生理作用。Rodriguez et al（1994）用高含量的EPA活饵投喂金头鲷仔鱼，当活饵中n-3LC-PUFA水平为5.5%～5.9%（干重）时，仔鱼生长最好；而改变活饵中DHA、EPA含量，使DHA：EPA为1.3：1.0，此时所得出的使仔鱼生长最好的n-3LC-PUFA水平为1.5%（干重）（Rodriguez et al，1998）。这说明活饵中DHA与EPA比例影响海水鱼对n-3LC-PU-FA的需求量。而Ibeas et al（1996）报道，金头鲷幼鱼的最适饲料n-3LC-PUFA水平为1%（干重）。以上结果说明同种海水鱼在不同发育阶段对n-3LC-PUFA的需求量不同，其原因可能是仔稚鱼的生长需要更多的n-3LC-PUFA，并且海水仔稚鱼摄食富含磷脂的天然活体饵料，而海水幼鱼的脂质来源主要为甘油酯（Koven et al，1992）。然而，饵料中过量的n-3LC-PUFA会对海水鱼的生长产生不利影响。Brinkmeyer et al（1998）对红拟石首鱼仔鱼的研究发现，当饵料中n-3LC-PUFA超过5%（干重）时，生长受到抑制。同样，Kim et al（2004）对褐牙鲆幼鱼的研究发现，褐牙鲆幼鱼饵料的最适n-3LC-PUFA水平为0.8%～1.0%，饵料中n-3LC-PUFA水平超过1.6%时，褐牙鲆生长受到抑制。Bell（1985）在对大菱鲆的研究中发现，饵料中缺乏ARA会导致高死亡率和明显的病变。Castell et al（1994）报道，饵料中ARA水平由0.5%升高到1.0%（干重），大菱鲆幼鱼的成活率逐渐升高。Bessonart et al（1999）发现，在饵料中DHA与EPA比例较高的条件下，ARA更能有效地改善金头鲷仔鱼的成活率，但是饵料中过高的ARA含量则会起到负面的影响。已有的研究表明，DHA作为EFA的营养价值要优于EPA，单独添加DHA，仔鱼的生长和成活率要比单独添加EPA的效果好（Takeuchi et al，1996；Takeuchi et al，1997；Wu et al，2002）。此外，Om（2003）以强化了EPA与DHA的饲料投喂黑鲷幼鱼，结果发现，强化EPA与DHA可以减少脂肪细胞中脂肪积累，并降低肌肉中的脂肪含量，而肌肉、肝脏和脂肪细胞中的EPA与DHA含量显著升高；饥饿实验表明，通过强化EPA与DHA，机体对脂肪的分解供能要先于对体蛋白的分解供能。Om（2001）还发现，强化EPA与DHA可以提高黑鲷幼鱼抵抗缺氧的能力。然而，研究表明，DHA与EPA对海水鱼免疫系统的改善程度不尽相同，Wu et al（2002）报道DHA对点带石斑鱼细胞免疫反应的促进作用要优于EPA。Koven et al（2001，2003）在对金头鲷仔鱼的研究中发现，ARA可以提高金头鲷仔鱼的应激能力，但是饵料中过高的ARA含量则抑制金头鲷的生长，导致高死亡率（Koven et al，2001，2003）。

　　由于DHA、EPA、ARA之间具有化学相似性，导致在过量情况下它们及其前体物、产物之间在生化和生理反应上存在竞争性相互作用，因此，饵料中DHA、EPA、ARA之间恰当的比例关系应引起足够的重视。研究证明，高的DHA与EPA比值在提高海水仔稚鱼生长速度、应激抵抗力和着色方面起着重要作用（Sargent et al，1999）。研究发现，DHA与EPA在生物膜磷脂中非常重要，McEvoy et al（1998）报道，饵料中较高的EPA/ARA会改善庸鲽的色素沉着。Mourente et al（1999）报道，当卤虫体内EPA含量过高时，DHA/EPA下降，由于EPA能够竞争性抑制ARA生成类花生酸，所以鱼的生长效果较差。Sargent et al（1999）指出，三种LC-PUFA即DHA、EPA和ARA，其各自的含量及其三者之间的比例在海水仔稚鱼的营养生理方面有着至关重要的作用，并且不同海水鱼DHA、EPA和ARA适宜的比例不尽相同，大致在10：5：1。而在对黑线鳕仔鱼的研究中发现，只有在较高的ARA水平下，其对ARA才具有明显的结合能力，因而Castell et al（2001）建议黑线鳕仔鱼饲料中DHA、EPA与ARA的比例为40：5：4。以上表明，饵料中DHA、EPA、ARA的适宜比例对海水养殖鱼类的生长起着至关重要的作用。

　　海水仔稚鱼的生长效果和成活率会直接关系到海水鱼养殖业的发展，因而，现有资料大多主要是针对仔稚鱼的研究，而关于幼鱼与亲鱼阶段的研究报道很少。Ibeas et al（1997）报道，饵料中适宜的DHA与EPA比值会因鱼的不同发育阶段而发生改变，一般认为，海水仔稚鱼饵料中适宜DHA：EPA

为 2∶1，而金头鲷幼鱼在饵料中 DHA∶EPA 为 1∶2 时，生长效果最好；饵料中 DHA∶EPA 为 2∶1 时，生长效果却最不理想。因此，在海水鱼类养殖过程中，不仅要弄清海水鱼在不同发育阶段对 n-3 LC-PUFA、n-6 LC-PUFA 的需要量，而且也要弄清不同发育阶段饵料中适宜的 DHA∶EPA∶ARA。

2. 鱼油替代

一直以来，由于鱼油具有较高的可消化性、富含 n-3 LC-PUFA，因而是海水鱼类饲料的最佳脂肪源。近年来，由于海水鱼饲料的开发趋向于生产高能饲料（可节约蛋白质），饲料中脂肪含量相对被提高。同时，伴随着全球鱼油资源的紧缺及人类与其他动物对鱼油需求量的急剧增加（Tacon，2004），自 1995 年以来全球鱼油市场价格一直保持升高的趋势。

由于植物油资源较为丰富且其中不含有二氧芑与其他有机污染物，并在一定程度上可以满足鱼类的生长需求，所以植物油被认为是最具潜力的能部分替代鱼油的可选脂肪源。饲料中添加部分植物油导致饲料中脂肪酸组成及比例发生改变，影响鱼类代谢，进而影响鱼类的健康与抗应激能力。因为 ARA 与 EPA 是两种类二十烷，即前列腺素与白三烯的前体物，而两种类二十烷可以刺激巨噬细胞及其他白细胞消灭细菌，因此可以通过添加植物油弥补饲料中 n-3 及 n-6 脂肪酸的比例不协调，调节类二十烷的合成，进而改善养殖海水鱼类的健康。但是，由于单一植物油不能满足海水鱼类对 n-3 LC-PUFA 的需求，所以单一植物油完全替代鱼油则会导致鱼类生长受阻及营养型缺陷病的发生。Montero et al（2003）选用大豆油、油菜籽油与亚麻籽油三种植物油替代鱼油进行实验，结果表明：单一植物油替代 60% 鱼油，经过长期饲养后会导致金头鲷幼鱼抗应激能力下降以及产生免疫抑制，单一油菜籽油会影响头肾巨噬细胞活性，单一大豆油会影响血清替代途径补体活性，单一亚麻籽油会影响到金头鲷幼鱼的抗应激能力；单一植物油替代 80% 鱼油则会抑制金头鲷幼鱼的生长；而三种植物油混合油替代 60% 鱼油，经过饲养发现，对金头鲷幼鱼的生长及健康均没有产生负面影响，因此作者认为，在不影响金头鲷生长及健康的前提下，饲料中鱼油可以部分被植物油（特别是几种植物油的混合油）替代。用油菜籽油替代 0%、10%、25%、50%、100% 的鱼油，饲养大西洋鲑 16 周后，各组间增重率与饲料转化率无显著性差异，但是替代 50%、100% 的组鱼体 EPA 与 DHA 含量，以及 n-3 与 n-6 PUFA 比值显著降低，而后用全鱼油饲料再饲养 12 个周，替代 10%、25% 的组鱼体的 EPA 与 DHA 含量，以及 n-3 与 n-6 PUFA 比例可以恢复至用全鱼油饲养的效果，而替代 50%、100% 组鱼体亚油酸含量，以及 n-3 与 n-6 PUFA 比例在饲养 12 周后尚不能恢复至用全鱼油饲养的效果。由此得出，在不影响大西洋鲑生长及饲料转化率的条件下，油菜籽油可以部分替代饲料中的鱼油（Bell et al，2003）。同样，用大豆油与亚麻籽油替代鱼油饲养大菱鲆实验中也得到相似的结论，经过 13 周的饲养后，各组间饲料转化率、蛋白质效率及鱼体水分、粗蛋白与粗脂肪含量均无显著性差异，只是再经过 8 周的全鱼油饲料饲养之后，大豆油与亚麻籽油组的鱼体脂肪酸组成依然不能恢复至用全鱼油饲料饲养的效果（Regost et al，2003）。通过比较大豆油组、亚麻籽油组、全鱼油组大菱鲆品质的衡量参数得出，大豆油与亚麻籽油显著影响鱼肉的感官参数，特别是嗅觉、色泽与组织结构，但用全鱼油饲料再饲养两个月后，各组间原先的差异则会消失，因此，在大菱鲆收获前两个月内用全鱼油饲料饲养可以消除由于投喂植物油所导致的品质参数的改变（Regost et al，2003）。Figueiredo-Silva et al（2005）用大豆油替代鱼油投喂欧洲舌齿鲈，替代鱼油比例依次为 0%、25%、50%，结果显示，各组间末重、日生长指数、组织脂肪酸组成、肌肉硫代巴比妥酸值、血浆胆固醇与甘油三酯含量及肝脏的组织形态均无显著性差异，所有参数表明，在欧洲舌齿鲈饲料中大豆油可以替代 50% 的鱼油而不影响鱼体组织脂肪酸组成及肝脏的组织形态。Peng et al（2008）的研究结果同样表明，当饲料蛋白含量为 45%、脂肪含量为 15% 时，大豆油可替代黑鲷饲料中鱼油的 60%~80%，且不影响黑鲷的生长。

3. 脂类营养与水产品品质关系

目前对食品品质的研究已建立了比较完善的技术体系（King et al，2002）。产品品质包括一系列生物学及非生物学参数，如产品色泽、嗅觉、组织结构、营养学参数、食品安全性、贮藏能力及微生物学指标等。伴随着人们对食品安全的认识不断深入，人们对于当前水产品品质尤为关注。从营养学角度上来讲，饲料中营养组分对水产品品质的高低起着至关重要的作用，饲料质量及其中各营养组份的来源、可消化性及其配伍问题都会影响到水产品品质。目前，关于营养组分与水产品品质关系的研究中，脂类营养是当前研究的热点之一。饲料中脂肪含量与鱼体（特别是鱼肉）中脂肪沉积关系的研究是研究水产品品质的常用指标之一（Lie，2001），对于海水养殖鱼类，此方面的研究已有相当多的报道（Regost et al，2001；Ai et al，2004）。此外，组织脂肪酸组成也是衡量水产品品质的指标之一。鱼体组织脂肪酸组成的不同是体内复杂动力学反应的结果，尽管目前其具体的机理尚不明确，但影响组织脂肪酸组成的因子主要包括摄入脂肪酸的组成、体内脂肪酸氧化代谢率、脂肪酸碳链延长及去饱和反应、各脂肪酸之间的竞争等。对于养殖的海水鱼，其组织脂肪酸组成会因饲料脂肪酸组成的不同而发生改变。目前已有许多研究证明，饲料脂肪酸组成影响鱼体脂肪酸的组成结构（Lee et al，2003；Menoyo et al，2003；Kim et al，2004）。

利用高能饲料（脂肪含量30%左右）饲养大西洋鲑，且饲料中鱼油分别被油菜籽油、大豆油、亚麻籽油、棕榈油及家禽油替代至少50%，以全鱼油组为对照，饲养12个月后经分析得出，不同处理组间肌肉中脂肪酸组成存在差异，而各组间的生长指标、成活率、鱼肉组织结构及色泽参数则无显著性差异。因而，Rosenlund et al（2001）指出，在大西洋鲑高能饲料中鱼油被其他脂肪源替代50%～60%并不影响大西洋鲑的生长及其品质中的组织结构与色泽参数。但是，肌肉中脂肪酸组成对于鱼肉加工处理及感官参数的影响尚需进一步研究。Regost et al（2001）用10%、15%、20%、25%脂肪含量的饲料饲养大菱鲆，研究不同梯度脂肪含量对鱼体化学组成、肝脏脂肪生成及鱼肉品质的影响，结果表明，饲料脂肪含量显著影响体内脂肪积累及血浆胆固醇含量，10%与15%的组获得了最佳的生长效果，各组间鱼体水分、粗蛋白、粗灰分含量及肝脏主要脂肪合成酶（G6PD、ME、乙酰辅酶A羧化酶）均无显著性差异，饲料中脂肪含量对背部肌肉感官参数及腹部肌肉的风味有一定影响，对其他品质参数无明显的影响。冷熏处理分别以鱼油和大豆油为脂肪源饲养的大西洋鲑，以鱼油组饲养的鱼体的色泽较以大豆油组饲养的鱼体的色泽稍红，且色度值显著高于大豆油组，大豆油组的盐含量稍高于鱼油组，在贮藏过程中，大豆油组的鱼体体液流失（可能导致营养流失）明显高于鱼油组（Rora et al，2005）。分别以大豆油与鱼油为脂肪源饲养的大西洋鲑，大豆油组体内类胡萝卜素含量显著低于鱼油组（Regost et al，2004）。Morris et al（2005）报道，对于海水养殖鱼类大西洋鲑而言，可以通过在收获前一段时间内投喂低脂饲料来改善鱼体组成及品质，从而提高市场经济效益。

Lie（2001）报道指出，食品的营养价值取决于食品中的营养组分含量及其生物利用率，鱼类富含蛋白质，其脂肪中含有大量的 n-3 系列不饱和脂肪酸，同时鱼体还含有丰富的维生素（如 B 族维生素、维生素 A、维生素 D 等）、矿物质及其他微量元素，因此鱼类备受消费者青睐。当前的研究重点是通过营养学手段及其他合理措施改善养殖鱼类的品质，使其营养学参数达到或者接近野生群体的水平。

二、银鲳幼鱼脂肪酸营养生理

1. 不同脂肪水平对银鲳幼鱼生长及主要代谢酶活力的影响

实验对象为银鲳幼鱼（13.42±1.54）g，以鱼粉与豆粕为蛋白源，鱼油和大豆油等比例混合油为脂肪源，配制 5 组不同脂肪含量的饲料，分别为 8%、11%、14%、17%、20%。实验于圆形玻璃钢桶（直径 3 m，水深 1 m）中进行，每桶放 50 尾鱼，每组饲料 3 个重复，实验周期 9 周。实验期间每天饱食投喂 2 次（7:00、15:00），换水 1 次，换水量 25%，24 h 连续充氧，溶解氧大于 7 mg/L，水温25～27 ℃，盐度24～26。

脂肪含量 8%～14%时银鲳的增重率、特定生长率呈现逐渐升高的趋势，14%～20%时呈现逐渐下降趋势。增重率与特定生长率在脂肪含量 14%的饲料组时达到最大，且明显高于其他各组（$P<0.05$）（表 6-37）。饵料系数的变化规律与增重率、特定生长率相反，呈现先降低后升高的趋势，14%的饲料组最低，显著低于其他各组（$P<0.05$）。各组间成活率并无显著性差异。

表 6-37　饲料脂肪含量对银鲳生长性能的影响

脂肪含量（%）	增重率（%）	特定生长率	饲料系数	肝体指数	成活率（%）
8	196.51±20.01[c]	1.89±0.01[c]	2.70±0.12[a]	1.49±0.01	89.33
11	239.22±15.12[b]	2.08±0.01[b]	2.35±0.06[b]	1.82±0.02	85.24
14	281.21±13.72[a]	2.30±0.03[a]	1.78±0.16[c]	1.63±0.03	89.52
17	248.45±16.04[b]	2.17±0.03[b]	2.26±0.18[b]	1.51±0.05	88.38
20	200.54±14.04[c]	2.03±0.04[bc]	2.36±0.15[b]	1.57±0.03	87.95

注：同一列上的不同上标字母表示各组间具有显著性差异（$P<0.05$）。

经统计分析表明，增重率（Y）与饲料脂肪含量（X）的二次曲线回归方程为 $Y=-2.031X^2+57.46X-136.5$，$R^2=0.944$（图 6-7）。根据回归曲线得出增重率达到极值时饲料脂肪含量为 14.15%。

饲料脂肪含量对银鲳肠道脂肪酶活力具有显著影响（$P<0.05$）（表 6-38）。随着脂肪含量的增加，鱼体肠道脂肪酶活力呈现上升趋势，20% 的组脂肪酶活力最大，且明显高于其他各组（$P<0.05$）。银鲳肠道胃蛋白酶与淀粉酶活力在各组之间并没有显著差异（$P>0.05$）。

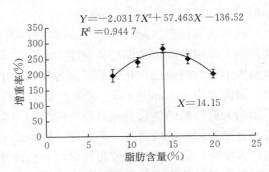

图 6-7　银鲳幼鱼增重率与饲料脂肪含量的回归分析

表 6-38　饲料脂肪含量对银鲳幼鱼肠道消化酶活力的影响

脂肪含量（%）	脂肪酶（U/mg）	胃蛋白酶（U/mg）	淀粉酶（U/mg）
8	125.87±8.99[c]	1.94±0.50	1.69±0.41
11	148.86±28.49[c]	1.44±0.22	1.16±0.41
14	157.79±12.73[bc]	1.97±0.72	1.09±0.24
17	194.72±19.69[ab]	1.89±0.61	1.59±0.25
20	209.32±29.09[a]	1.29±0.22	1.31±0.11

注：同一列不同上标字母表示有显著性差异（$P<0.05$）。

饲料脂肪含量对肝脏脂肪酸合成酶的活力有显著影响，在脂肪含量 8%～14% 范围内脂肪酸合成酶活力呈上升趋势，而在 14%～20% 范围内呈现下降趋势，14% 的组脂肪酸合成酶活力显著高于其他各组（$P<0.05$）（表 6-39）。随着饲料脂肪含量的增加，脂蛋白酯酶活力和肝酯酶活力均呈现上升趋势，但各组间没有显著差异（$P>0.05$）。

表 6-39　饲料脂肪含量对银鲳肝脏脂代谢酶活力的影响

脂肪含量（%）	脂蛋白酯酶（U/mg）	肝酯酶（U/mg）	脂肪酸合成酶（nmol/g）
8	0.68±0.02	0.65±0.10	0.06±0.01[b]
11	0.69±0.11	0.66±0.10	0.06±0.01[b]
14	0.74±0.01	0.76±0.11	0.11±0.01[a]
17	0.71±0.10	0.77±0.11	0.08±0.01[b]
20	0.70±0.21	0.79±0.11	0.05±0.01[b]

注：同一列不同上标字母表示有显著性差异（$P<0.05$）。

2. 不同脂肪酸组成对银鲳幼鱼生长与体组成的影响

实验对象为银鲳幼鱼 [(15.47±1.88) g]，以鱼粉与豆粕为蛋白源，鱼油和大豆油不同比例混合油为脂肪源，配制 5 组不同 n-3 LC-PUFA 含量的饲料，分别为每千克饲料中含 3.5 g、10.0 g、18.5 g、26.0 g 以及 37.0 g。脂肪含量控制在 13.5%～14.0%。实验于圆形玻璃钢桶（直径 3 m，水深 1 m）中进行，每桶放 40 尾鱼，每组饲料 3 个重复，实验周期 9 周。

不同 n-3 LC-PUFA 水平的饲料对银鲳的增重率、特定生长率以及饲料系数均有显著的影响（$P<0.05$）（表 6-40）。随着饲料中 n-3 LC-PUFA 含量的升高，银鲳的增重率以及特定生长率呈逐渐升高的趋势，n-3 LC-PUFA 含量 18.5 g/kg、26.0 g/kg 以及 37.0 g/kg 的组均显著高于 3.5 g/kg 和 10.0 g/kg 的组（$P<0.05$），但 18.5 g/kg、26.0 g/kg 以及 37.0 g/kg 的组之间差异不显著（$P>0.05$）。随着 n-3 LC-PUFA 含量的升高，银鲳的饲料系数则呈现逐渐下降的趋势，26.0 g/kg 的组和 37.0 g/kg 的组显著低于其他各组（$P<0.05$），但 26.0 g/kg 的组和 37.0 g/kg 的组之间没有显著差异（$P>0.05$）；肝体指数及成活率在各组之间差异不显著（$P>0.05$）。通过银鲳增重率与饲料中 n-3 LC-PUFA 含量的折线模型分析得出，银鲳适宜的 n-3 LC-PUFA 含量为 20.04 g/kg（图 6-8）。

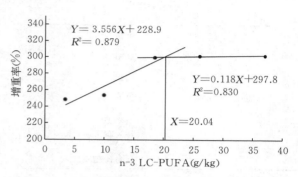

图 6-8　银鲳幼鱼增重率与饲料 n-3 LC-PUFA 含量折线方程分析

表 6-40　饲料 n-3 LC-PUFA 含量对银鲳幼鱼生长的影响

n-3 LC-PUFA (g/kg)	增重率（%）	特定生长率	饲料系数	肝体指数（%）
3.5	247.88±23.98[b]	1.53±0.03[c]	1.99±0.05[a]	2.43±0.21
10.0	253.12±22.57[b]	1.80±0.02[b]	2.16±0.09[a]	2.49±0.11
18.5	299.70±23.87[a]	2.15±0.03[a]	1.95±0.04[b]	2.41±0.01
26.0	301.50±20.08[a]	2.17±0.02[a]	1.53±0.05[c]	2.40±0.04
37.0	302.00±10.48[a]	2.17±0.01[a]	1.55±0.11[c]	2.49±0.05

注：同一列不同上标字母表示有显著性差异（$P<0.05$）。

饲料中不同含量的 n-3 LC-PUFA 对银鲳全鱼的粗脂肪、粗蛋白、水分以及灰分含量均没有显著的影响（$P>0.05$）（表 6-41）。

表 6-41　饲料 n-3 LC-PUFA 含量对银鲳体成分的影响

n-3 LC-PUFA (g/kg)	3.5	10.0	18.5	26.0	37.0
水分（%）	72.12±3.60	71.28±2.44	72.09±3.61	71.09±1.39	70.15±1.20
粗蛋白（%）	18.01±1.12	17.79±1.91	18.73±1.10	18.51±0.05	18.21±0.21
粗脂肪（%）	6.11±0.48	6.21±0.46	6.02±1.62	6.57±1.30	6.73±0.23
灰分（%）	5.33±0.31	5.22±0.21	5.34±0.31	5.56±0.29	5.36±0.32

3. 大豆油替代鱼油对银鲳幼鱼溶菌酶活力及抗氧化能力的影响

以人工培育的银鲳幼鱼 [体重（17.2±6.7）g，叉长（8.5±0.9）cm] 为实验对象，饲养实验周期 2 个月，整个实验期间水温变化范围为 24～29 ℃，盐度 24～27。

分别以 100% 鱼油（FO）、70% 鱼油和 30% 大豆油（FSO）、30% 鱼油和 70% 大豆油（SFO）、

100%大豆油（SO）为脂肪源配制等氮、等能、等脂的 4 组饲料，其饲料组成见表 6 - 42，脂肪酸组成见表 6 - 43。饲料蛋白含量在 50%左右，脂肪含量 16%。

表 6 - 42　实验饲料的组成

（张晨捷等，2017）

营养组成		饲料组			
		FO	FSO	SFO	SO
组成（g/kg）	鱼粉	610	610	610	610
	豆粕	160	160	160	160
	面粉	100	100	100	100
	鱼油	100	70	30	0
	大豆油	0	30	70	100
	复合维生素	20	20	20	20
	复合矿物质	10	10	10	10
常规成分（%）	粗蛋白	49.62	49.95	49.73	50.14
	粗脂肪	16.29	16.36	16.46	16.02
	灰分	10.43	9.98	10.12	10.01
	n - 3 LC - PUFA	5.18	4.01	3.02	2.22

表 6 - 43　饲料脂肪酸组成（%，占总脂肪酸比例）

（张晨捷等，2017）

脂肪酸	饲料组			
	FO	FSO	SFO	SO
饱和脂肪酸	29.10	28.86	27.01	25.06
单不饱和脂肪酸	28.94	28.19	28.08	27.36
C18：2n6	7.41	11.15	20.75	27.71
C18：3n6	0.18	0.24	0.28	0.30
C20：4n6	3.13	1.69	0.71	0.63
n - 6 PUFA	10.72	13.08	21.74	28.64
C18：3n3	1.23	1.94	2.94	3.62
C20：3n3	0.23	0.20	0.16	0.14
C20：5n3	14.92	12.06	8.65	5.97
C22：5n3	1.81	1.51	1.18	0.92
C22：6n3	12.82	10.75	8.34	6.82
n - 3 PUFA	31.00	26.45	21.27	17.46
n - 3/n - 6	2.89	2.02	0.98	0.61
Σ n - 3 LC - PUFAs	29.78	24.51	18.33	13.84

　　饲料中大豆油替代鱼油对银鲳幼鱼血清溶菌酶（LZM）含量影响如图 6 - 9 所示。SFO 组（n - 3 LC - PUFA，3.02%）LZM 含量最高：（50.98±6.79）U/mL；SO 组（n - 3 LC - PUFA，2.22%）最低：（35.29±11.77）U/mL。但各组间差异不显著（$P > 0.05$）。

　　LZM 是重要的非特异性免疫因子，主要来源于巨噬细胞，对外源物有破坏作用，可以反映鱼类机体对寄生虫、细菌以及病毒的抵抗能力（Becerril et al，2014；吕云云等，2015）。适当的饲料营养配比能提高 LZM 含量，增强免疫能力。例如，梁萌青等（2005）发现鳗鱼油作为脂肪源时，维生素 E 的添加能显著提高大菱鲆血清溶菌酶活力，而大豆油则没出现这个现象，提高 n-3 PUFA 含量对脂溶性维生素吸收利用有促进作用。杨鸢劼等（2008）发现在黄鳝饲料中添加不同比例的 PUFA，血清溶菌酶含量有不同程度的提高。

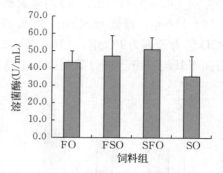

图 6-9　饲料中大豆油替代鱼油对银鲳幼鱼血清溶菌酶含量的影响
（张晨捷等，2017）

　　银鲳幼鱼血清 LZM 含量 SFO 组最高，而 SO 组最低，FSO 和 SFO 组相对较高，但各组差异并不显著。全鱼油组 LZM 含量不高，可能是过量的 n-3 LC-PUFA 降低了鱼类免疫器官表面病原识别受体及其接头蛋白的表达所致（Zuo et al，2012）。而豆油部分替代鱼油，对银鲳幼鱼免疫能力略有促进作用，完全使用豆油则会对免疫能力产生负面影响。另外，过量 n-3 LC-PU-FA 易发生过氧化反应，超氧阴离子会攻击免疫细胞膜，从而降低免疫性能（Gill et al，2010）。说明维持饲料一定的 n-3 与 n-6 配比，对增强银鲳免疫性能有促进作用。

　　如图 6-10 所示，银鲳幼鱼肌肉和肝脏的丙二醛（MDA）含量随饲料大豆油替代鱼油水平呈现不同变化趋势。肌肉 MDA 最高为 FSO 组（4.01%）：（1.88±0.28）nmol/mg；最低为 SO 组（2.22%）：（0.93±0.20）nmol/mg；FSO 和 SFO 组显著高于 FO 和 SO 组（$P<0.05$）。肝脏 MDA 最高为 FO 组（5.18%）：（4.37±0.59）nmol/mg；最低为 SFO 组（3.02%）：（1.48±0.28）nmol/mg；各组间均存在显著差异（$P<0.05$）。

　　生物体组织中脂类营养特别是 PUFA 的大量聚集必然会在一定程度上引发脂质过氧化的发生。PUFA 等脂类与氧化自由基反应时，会引发脂质过氧化，经分子内的环化、裂解等步骤作用，最终降解产生 MDA；MDA 和体内脂质、蛋白质、核酸等大分子进行交错联结反应，使鱼体清除自由基的能力降低，进而对机体造成伤害（王奇等，

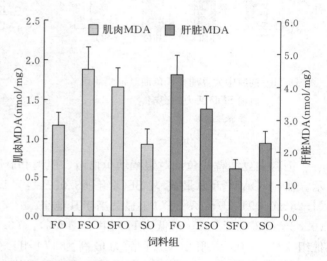

图 6-10　饲料中大豆油替代鱼油对银鲳幼鱼肌肉和
肝脏 MDA 含量的影响
不同字母表示指标间存在显著差异（$P<0.05$）
（张晨捷等，2017）

2010）。MDA 含量既可判定机体脂质过氧化程度，也可间接反映自由基产生侵害的程度、生物活性及其抗氧化能力的强弱（Viarengo et al，1995）。

　　研究发现，升高 n-3 LC-PUFA 水平会使矛鲷肝脏和血清中 MDA 含量和 CAT 活力增加。银鲳肌肉 MDA 含量在 FSO 和 SFO 组显著高于 FO 和 SO 组，肝脏 MDA 则是 FO 和 FSO 组显著较高。说明较高的饲料 n-3 LC-PUFA 含量会使银鲳不同组织中 MDA 含量上升。而 FO 组银鲳肌肉 MDA 含量较低，且肌肉 MDA 与 SOD、CAT 变化情况类似，推测与 FO 组肝脏 SOD、CAT 和 T-AOC 较高，导致转运出的 MDA 较少有关。另外，肝脏是鱼类脂类吸收、代谢的主要器官，由于营养不良导致肝脏脂类代谢紊乱，影响肝脏对脂类的吸收和转运（Mozanzadeh et al，2015）。Moldal et al（2014）发现植物油替代鱼油会对大西洋鲑的肠道产生不良影响，如肠壁变薄，黏膜褶皱变少，同样会影响脂肪酸的吸收。而饲料脂肪酸被吸收后，通过一些组织、器官的转运与代谢后，其脂肪酸组成对鱼类肝脏的影响比肌肉更显著（Peng et al，2014）。

　　饲料大豆油替代鱼油水平对银鲳幼鱼血清、肌肉和肝脏 SOD 活力的影响情况参见图 6-11、图 6-12。血清 SOD 活力最高为 SFO 组（3.02%）：（50.32±6.15）U/mL；最低为 SO 组（2.22%）：

（29.81±6.60）U/mL；SO 组显著低于其他组（$P<0.05$）。肌肉 SOD 活力最高为 SFO 组：（27.14±6.57）U/mg；最低为 SO 组：（14.67±4.59）U/mg；SFO 组显著高于 FO 和 SO 组（$P<0.05$）。肝脏 SOD 活力最高为 FO 组：（166.06±24.21）U/mg；最低为 SFO 组：（52.40±4.82）U/mg；FO 组显著高于其他三组，SFO 组显著低于其他三组（$P<0.05$）。

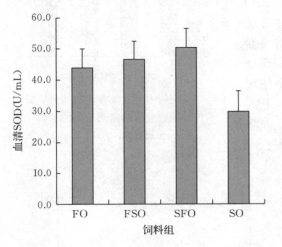

图 6-11　饲料中大豆油替代鱼油对银鲳幼鱼
血清 SOD 活力的影响
（张晨捷等，2017）

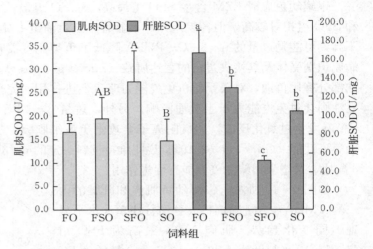

图 6-12　饲料中大豆油替代鱼油对银鲳幼鱼肌肉
和肝脏 SOD 活力的影响
不同字母表示指标间存在显著差异（$P<0.05$）
（张晨捷等，2017）

　　饲料大豆油替代鱼油对银鲳幼鱼血清、肌肉和肝脏 CAT 活力的影响情况如图 6-13 和图 6-14 所示。血清 CAT 活力最高为 SFO 组（3.02%）：（1.79±0.25）U/mL；最低为 FSO 组（4.01%）：（1.28±0.09）U/mL；SFO 组显著高于其他组（$P<0.05$）。肌肉 CAT 活力最高为 SFO 组（3.02%）：（0.88±0.23）U/mg；最低为 FO 组（5.18%）：（0.36±0.10）U/mg；SFO 组 CAT 活力显著高于其他组（$P<0.05$）。肝脏 CAT 活力最高为 FO 组：（1.57±0.52）U/mg；最低为 SO 组（2.22%）：（0.41±0.09）U/mg；FO 组 CAT 活力显著强于其他组（$P<0.05$）。

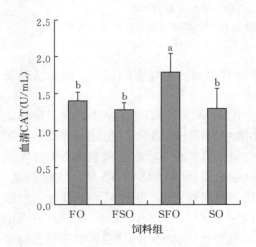

图 6-13　饲料中大豆油替代鱼油对银鲳幼鱼
血清 CAT 活力的影响
不同字母表示指标间存在显著差异（$P<0.05$）
（张晨捷等，2017）

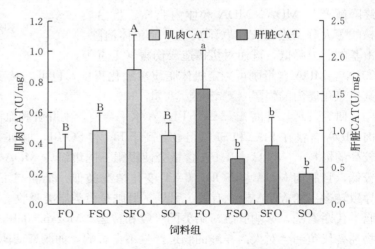

图 6-14　饲料中大豆油替代鱼油对银鲳幼鱼肌肉
和肝脏 CAT 活力的影响
不同字母表示指标间存在显著差异（$P<0.05$）
（张晨捷等，2017）

　　鱼类抗氧化防御系统分为酶促与非酶促两大部分，其中 SOD 和 CAT 是两个重要的抗氧化酶，SOD 与 CAT 能有效清除体内的超氧阴离子自由基（O^{2-}）、游离氧（O）、羟自由基（—OH）和 H_2O_2 等活性氧物质（鲁双庆等，2002；Kanak et al，2014）。Luo et al（2012）研究发现，适宜的饲料 LC-PUFA 含量可有效提高矛尾复鰕虎鱼 SOD 和 CAT 活力，但含量过高也会在一定程度上抑制 CAT 活力。Zuo et al（2015）发现适宜的 n-3/n-6（0.5）也可以提高大黄鱼肝脏 SOD 和 CAT 活力，而继续增加 n-3/n-6 则活力反而有所下降。

　　银鲳血清和肌肉 SOD 和 CAT 活力最高均为 SFO 组，而 SO 组活力较低。相对而言，肝脏 SOD 和 CAT 活力均是 FO 组显著最高。说明饲料中 n-3/n-6 过高会代谢更多如 MDA 等副产物，需要肝脏提高抗氧功能予以消除，同时消耗更多能量与营养储备，而 n-3/n-6 偏低又会抑制抗氧化酶活力。因此，适当的饲料鱼油添加量可以保持适宜的 n-3 和 n-6 配比，有助于银鲳幼鱼的健康养殖。

　　饲料大豆油替代鱼油对银鲳幼鱼血清、肌肉和肝脏总抗氧化能力（T-AOC）影响情况如图 6-15 和图 6-16 所示。血清 T-AOC 最高为 SO 组（2.22%）：（11.22±5.97）U/mL；最低为 FO 组（5.18%）：（3.37±1.17）U/mL；SO 组显著高于 FO 组（$P<0.05$）。肌肉 T-AOC 最高为 FSO 组（4.01%）：（0.78±0.30）U/mg；最低为 SO 组：（0.41±0.08）U/mg；各组间差异不显著（$P>0.05$）。肝脏 T-AOC 最高为 FO 组：（2.26±0.17）U/mg；最低为 SFO 组（3.02%）：（1.18±0.13）U/mg；FO 组显著高于 SFO 和 SO 组，SFO 组则显著低于其他组（$P<0.05$）。

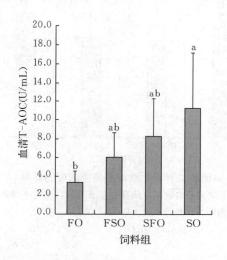

图 6-15　饲料中大豆油替代鱼油对银鲳幼鱼
血清 T-AOC 的影响
不同字母表示指标间存在显著差异（$P<0.05$）
（张晨捷等，2017）

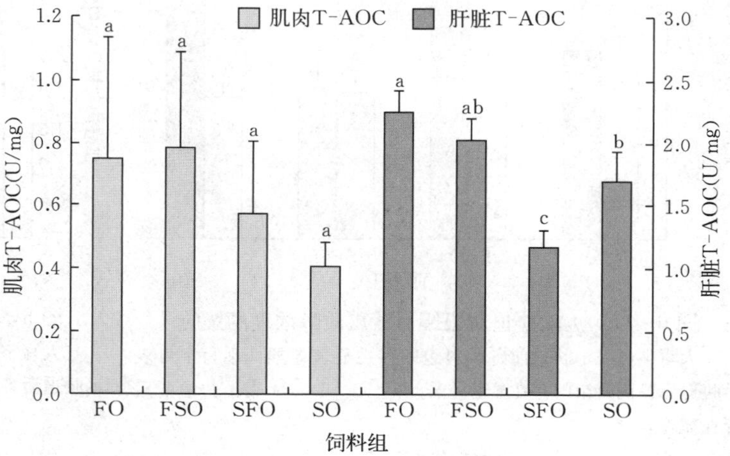

图 6-16　饲料中大豆油替代鱼油对银鲳幼鱼肌肉
和肝脏 T-AOC 的影响
不同字母表示指标间存在显著差异（$P<0.05$）
（张晨捷等，2017）

　　T-AOC 表示各种抗氧化大分子、抗氧化小分子和酶促体系的抗氧化能力总和，T-AOC 变化可以反映机体内自由基的代谢情况，对判断机体的健康状况及抗氧化防御能力具有重要意义（Martinez et al，2005）。Villasante et al（2015）利用饲料增加虹鳟肌肉和肝脏 n-3 LC-PUFA 含量，同时可以使血清 T-AOC 增强。适宜的饲料 n-3 LC-PUFA 含量可显著提高褐菖鲉机体的抗氧化能力（岳彦峰等，2013）。银鲳幼鱼肌肉和肝脏 T-AOC 均是 FO 和 FSO 组较高，说明较高的饲料 n-3 LC-PUFA 含量可增强抗氧化能力，而 SO 组血清中 T-AOC 较高，可能与体内 MDA 含量较低，非酶体系抗氧化能力消耗较小有关。

　　综上可知，FSO 和 SFO 组银鲳幼鱼机体状况较好，特别是 SFO 组 LZM 含量较高，肌肉和肝脏 MDA 含量不高，各抗氧化能力指标也较强。考虑到鱼粉中含有一定量鱼油，因此鱼油添加多于 SFO 组少于 FSO 组效果可能较好。此外，用大豆油替代鱼油使饲料 n-3 LC-PUFA 含量占总脂肪酸 18%～24%，且 n-3 与 n-6 比例相对均衡（n-3/n-6 为 1～2）时，不会对银鲳健康产生不良影响。

4. 大豆油替代鱼油对银鲳运输前后应激指标的影响

饲喂实验结束后（2个月），从每个水泥池取3尾鱼作为胁迫前样本（n＝9）。而后从每个水泥池取3尾进行4 h运输胁迫，将3尾鱼放入40 L塑料打包袋，加15 L新鲜海水并充满氧气，用橡皮筋扎住袋口密封，放入50 L泡沫箱，共12箱。用卡车运输4 h，以碎冰保持运输水温为22～24 ℃，4 h胁迫后，出现少量死亡，故每袋取2尾作为胁迫后样本（n＝6）。样品鱼随机选取，规格相近，平均体质量为（34.8±5.8）g，平均叉长为（10.9±1.1）cm。

4 h运输胁迫前后各饲料组银鲳血清皮质醇浓度变化情况如图6-17所示。运输胁迫前各饲料组血清皮质醇浓度差异不显著（$P>0.05$）。4 h运输胁迫后，各组血清皮质醇浓度都有所升高，其中SO组上升显著，并且显著高于SFO组（$P<0.05$）。实验中皮质醇最高值出现在胁迫后SO组：（20.45±3.31）ng/mL，最低值出现在胁迫前SO组：（10.81±1.75）ng/mL。

各饲料组银鲳血清葡萄糖浓度在运输胁迫前后的变化情况如图6-18所示。运输胁迫前各饲料组银鲳血清葡萄糖浓度差异不显著（$P>0.05$）。4 h运输胁迫后各饲料组血清葡萄糖浓度都出现了上升，但胁迫前后差异不显著，各饲料组间也不存在显著差异（$P>0.05$）。实验中血清葡萄糖最高值为胁迫后SO组：（3.37±0.44）mmol/L；最低值为胁迫前SFO组：（2.53±0.42）mmol/L。

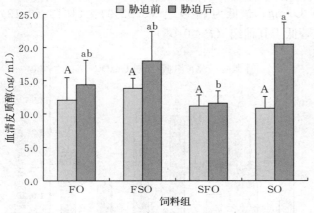

图6-17 运输胁迫对银鲳血清皮质醇浓度的影响

大写字母表示胁迫前各饲料组间存在显著差异，小写字母表示胁迫后各饲料组间存在显著差异（$P<0.05$），* 表示胁迫前后存在显著差异

（张晨捷等，2017）

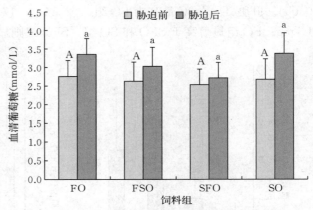

图6-18 运输胁迫对银鲳血清葡萄糖浓度的影响

大写字母表示胁迫前各饲料组间存在显著差异，小写字母表示胁迫后各饲料组间存在显著差异（$P<0.05$）

（张晨捷等，2017）

各饲料组银鲳血清乳酸浓度在运输胁迫前后的变化情况参见图6-19。运输胁迫前各饲料组血清乳酸浓度差异不显著（$P>0.05$）。4 h运输胁迫后，各饲料组乳酸浓度都出现显著增加（$P<0.05$），而各组间差异不显著（$P>0.05$）。实验中最高值为胁迫后FO组：（3.14±0.52）mmol/L；最低值为胁迫前SO组：（1.18±0.54）mmol/L。

4 h运输胁迫对银鲳血清和脑乙酰胆碱酯酶（AChE）活力的影响如图6-20和图6-21所示。胁迫前SFO组血清AChE活力显著高于其他组（$P<0.05$）。4 h运输胁迫后，FO、FSO和SFO组血清AChE活力出现了下降，其中FSO组下降显著（$P<0.05$）；而SO组

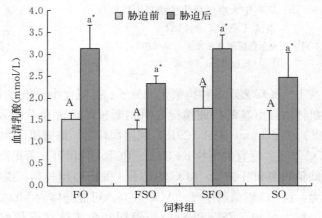

图6-19 运输胁迫对银鲳血清乳酸浓度的影响

大写字母表示胁迫前各饲料组间存在显著差异，小写字母表示胁迫后各饲料组间存在显著差异（$P<0.05$），* 表示胁迫前后存在显著差异

（张晨捷等，2017）

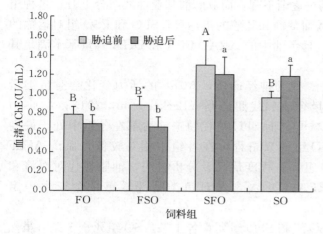

图 6-20 运输胁迫对银鲳血清 AChE 活力的影响

大写字母表示胁迫前各饲料组间存在显著差异，小写字母表示胁迫后各饲料组间存在显著差异（$P<0.05$），＊表示胁迫前后存在显著差异

（张晨捷等，2017）

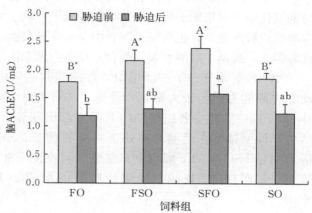

图 6-21 运输胁迫对银鲳脑部 AChE 活力的影响

大写字母表示胁迫前各饲料组间存在显著差异，小写字母表示胁迫后各饲料组间存在显著差异（$P<0.05$），＊表示胁迫前后存在显著差异

（张晨捷等，2017）

略有上升，但差异不显著（$P>0.05$），SFO 和 SO 组显著高于其他组（$P<0.05$）。血清 AChE 活力最高值为胁迫前 SFO 组：（1.30 ± 0.25）U/mL；最低值为胁迫后 FSO 组：（0.66 ± 0.10）U/mL。

胁迫前脑 AChE 活力 FSO 和 SFO 组显著高于 SO 和 FO 组（$P<0.05$）。4 h 运输胁迫后，各组脑 AChE 活力都出现了显著下降（$P<0.05$），下降后 SFO 组依然显著高于 FO 组（$P<0.05$）。脑 AChE 活力最高值为胁迫前 SFO 组：（2.39 ± 0.22）U/mg；最低值为胁迫后 FO 组：（1.19 ± 0.20）U/mg。

鱼类受外界胁迫刺激后，其下丘脑—垂体—肾间组织轴（HPI）会迅速释放促肾上腺皮质激素（ACTH），以促进头肾细胞皮质醇激素的合成与释放。杜浩等（2006）研究发现，皮质醇浓度的增加会诱发鱼体代谢速率加快，各组织对葡萄糖的利用率降低，并导致抗病、抗氧化及耐低氧能力下降。在运输胁迫后，鱼类体内皮质醇水平普遍会显著上升，例如虹鳟（Tacchi et al，2015）、大黄鱼（张伟等，2014）、革胡子鲇（Manuel et al，2014）、欧洲鳗鲡（Boerrigter et al，2015）和维多利亚野鲮（Oyoo-Okoth et al，2011）都在不同时间运输后出现血清皮质醇显著上升的情况。而有些鱼类反应较强烈，在2 h 运输后，长江刀鲚血清皮质醇升高 2.5 倍（徐钢春等，2015），翘嘴鲌全鱼皮质醇水平上升 2 倍（胡培培等，2014）。血糖作为机体的主要功能物质，鱼类体内血糖水平会随应激程度不同而改变。Iversen et al（2005）研究表明，应激反应可导致鱼类血糖含量明显升高，出现高血糖症，但维持高血糖水平，也有助于保障鱼体经受应激胁迫时的能量供给。乳酸主要是肌肉在供氧不足的情况下通过糖酵解产生，水体溶解氧含量低、血液循环缓慢以及剧烈的物理运动都可导致乳酸含量升高。运输胁迫后，虹鳟血清葡萄糖水平显著升高（Tacchi et al，2015），大黄鱼全鱼乳酸含量显著增加（张伟等，2014），而长江刀鲚血糖在2 h 运输后升高 2 倍（徐钢春等，2015）。维多利亚野鲮在淡水和低盐度（0～0.5）、高盐度（8～10）运输环境下血清葡萄糖显著上升（Oyoo-Okoth et al，2011）。欧洲鳗鲡血清葡萄糖略有上升，而乳酸显著下降。Boerrigter et al（2015）认为，乳酸转化为丙酮酸可提供能量，并可在鳃、肾和肝中作为能量源。

该实验中，不同饲料组血清皮质醇浓度都有所增加，其中 SO 组变化显著，升高了 1.89 倍，说明 SO 组的应激反应比较剧烈，而 SFO 组变化程度最小，应激反应相对较弱。而各组血清葡萄糖都略有增加，其中 SFO 组增加最少。植物油替代鱼油会对鱼类的消化道产生不良影响，如肠壁变薄、黏膜褶皱变少，会影响脂肪酸的吸收，从而影响鱼类抗应激能力（Moldal et al，2014）。虽然豆油替代鱼油后 n-

3/n-6逐渐下降，但ARA和EPA、DHA含量也随之逐渐下降，而亚麻酸和亚油酸组分上升，这种组分的变化应当对银鲳的脂类消化吸收造成了影响。从葡萄糖和乳酸的指标看，SFO和FSO组对运输的应激反应程度较低，也可能是饲料中鱼粉含量较高，且鱼油中的ARA、EPA和DHA含量基本满足其营养需求，提高亚麻酸和亚油酸含量反而有助于抗应激。

AChE主要分布于神经组织、红细胞和肌肉中。作为神经递质，AChE的活力变化会对鱼类运动和协调能力产生较大影响，并进一步作用于能量合成和代谢通路（Becker et al，2013；Assis et al，2014）。实验中各组脑AChE活力都出现显著减弱，而SFO组在胁迫前后都在各组中处于最高活力，说明银鲳在运输时都处于兴奋的状态，SFO组的兴奋程度在各组中相对较低，血清AChE活力则是FSO组的下降程度最显著，可推测FSO组兴奋程度最高。分析表明，油脂替代对血清和脑AChE都有显著影响，说明脂肪酸的组成如EPA、DHA含量对鱼类脑部敏感性会产生一定作用。

综上所述，4 h运输胁迫后FO组死亡2条，FSO组和SFO组死亡各1条，SO组死亡3条，虽然运输死亡差异不显著，但结合应激指标，发现SO组银鲳在运输后机体健康情况较差，应激反应较为剧烈，说明投喂过量添加大豆油的饲料不利于银鲳的机体健康和长途运输，而保持鱼油含量，适当添加大豆油效果较好。

三、海水鱼类亲体必需脂肪酸营养的研究概况

综合分析已有的研究报道，有关海水鱼类亲体脂肪酸营养的研究主要涵盖必需脂肪酸需求量、繁殖性能、机体脂肪酸存储及内分泌调控4个方面：

1. 海水鱼类亲体必需脂肪酸需求量

鱼类在不同发育阶段对营养素的需求会有所不同，在性腺发育成熟过程中，需要积累大量的营养素以保障所产生的配子质量，因此，鱼类在亲体阶段对营养素（特别是脂类营养）的需求量较幼体阶段要高一些。Fernandez-Palacios et al（1995）以产卵量、正常卵子所占比例以及仔鱼成活率为指标所得出的真鲷亲体n-3 LC-PUFA需求量为1.6%。在对牙鲆的研究中发现，饲料中n-3 LC-PUFA含量达到1.5%～2.0%即可满足其性腺发育所需（Furuita et al，2000）。上述两种鱼类亲体对n-3 LC-PUFA的需求量大致相似。然而，在对花尾胡椒鲷的研究中发现，其对饲料中n-3 LC-PUFA的最适需求量为2.40%～3.70%（Li et al，2005）。Zakeri et al（2011）利用鱼油、鱼油与葵花籽油等比例混合油、葵花籽油3种脂肪源研究分析饲料中不同n-3 LC-PUFA含量（依次为6.67%、4.26%和2.92%）对黄鳍鲷产卵繁殖的影响，结果显示，以鱼油为单独脂肪源，即n-3 LC-PUFA含量为6.67%时所得到的卵子与初孵仔鱼质量最佳。由此可以看出，不同鱼种间亲体对n-3 LC-PUFA的需求量存在较大差异。此外，已有的研究还指出，饲料中n-3 LC-PUFA含量并非越高越好，过高或者过低的n-3 LC-PUFA含量均会影响海水鱼类的正常繁殖，降低其繁殖性能。Li et al（2005）的研究报道中指出，饲料中n-3 LC-PUFA含量高于5.85%或低于1.12%均会显著降低花尾胡椒鲷的产卵量、卵子及仔鱼质量。同样，在牙鲆的研究中也得出，饲料中过高的n-3 LC-PUFA含量会显著降低其卵子质量，导致其繁殖性能降低（Furuita et al，2002）。除了针对n-3 LC-PUFA需求量的研究之外，有关海水鱼类n-6系列必需脂肪酸（主要是花生四烯酸）需求量的研究也有诸多报道，但主要集中在对仔鱼和幼鱼阶段的营养需求，针对亲体的ARA营养需求研究并不多，如Furuita et al（2003）在对牙鲆亲体的研究中发现，饲料中0.6%的ARA可有效提高其繁殖性能，但过高的ARA含量（1.2%）却会显著降低其卵子及仔鱼的质量。在对塞内加尔鳎亲体的研究中发现，在不同季度内饲料中ARA的适宜含量是有一定变化的，夏季与初秋季节饲料中ARA的适宜含量需控制在占总脂肪酸比例的3.9%，而冬季控制在2.2%即可，全年内饲料中ARA的平均适宜含量为占总脂肪酸比例的3.0%（Norambuena et al，2012）。Nguyen et al（2010）在对军曹鱼亲体适宜必需脂肪酸需求量的研究中得出，其饲料中n-3 LC-PUFA含量应不低于1.86%，同时，饲料中ARA的含量建议控制

在 0.15%～0.24%（干物质比），过高的饲料 ARA 含量（0.42%～0.60%）同样对其受精卵质量具有负面影响。由上述研究结论可知，不同海水鱼类亲体在其性腺发育成熟过程中，对必需脂肪酸（包含 n-3 和 n-6 LC-PUFA）的需求量不尽相同，同时，过量的必需脂肪酸也对亲体的正常繁殖具有负面影响。

2. 脂肪酸营养对海水鱼类繁殖性能的影响

有关脂肪酸营养（特别是必需脂肪酸）与海水鱼类繁殖性能间关系的研究一直是近些年来水产动物营养与饲料学研究的重点内容之一。目前已有的关于必需脂肪酸影响海水鱼类亲体繁殖性能的研究报道主要集中在繁殖力、精卵质量、受精率、孵化率及仔鱼质量等几个方面（Montero et al，2005）。Furuita et al（2000）在对牙鲆的研究中发现，随着饲料中 LC-PUFA 含量的增加，牙鲆的繁殖性能明显得到改善，仔鱼畸形率显著降低，3 日龄仔鱼成活率显著升高。Mazorra et al（2003）在对大西洋庸鲽的研究报道中也指出，饲料中的脂类，特别是 LC-PUFA 与卵子质量、产卵力以及受精成功率关系极为密切。同样，在日本鳗鲡（Furuita et al，2007）、真鲷（Fernandez-Palacios et al，1995）、花尾胡椒鲷（Li et al，2005）、塞内加尔鳎（Norambuena et al，2012）、黄鳍鲷（Zakeri et al，2011）以及军曹鱼（Nguyen et al，2010）等的报道中也得到了相似的研究结果。Sorbera et al（2001）在对狼鲈研究中发现，必需脂肪酸在狼鲈生殖系统发育过程中起着至关重要的作用，离体实验结果表明必需脂肪酸可刺激卵母细胞发育成熟，并可加强促性腺激素诱导卵母细胞发育成熟的生理效应。已有的研究证实，DHA 是鱼类性腺及仔鱼机体内磷酸甘油酯特别是磷脂酰乙醇胺和磷脂酰胆碱的重要组成部分，因此，组织中 DHA 含量的多少直接影响鱼类的繁殖性能（Montero et al，2005）。EPA 也是一种影响鱼类繁殖力的重要脂肪酸，在鱼类代谢过程中起着至关重要的作用，主要体现在其在维持细胞膜的完整性方面具有重要的调控作用，同时，EPA 也作为一些环氧合酶的底物，以及一些前列腺素类化合物的前体物（Montero et al，2005）。ARA 是鱼类性腺组织分泌产生类二十烷酸主要前体物，因此，机体 ARA 的含量同样直接影响鱼类的繁殖性能（Bell et al，2003）。此外，单斑重牙鲷在性成熟过程中，其性腺组织中会积累较高含量的 LC-PUFA（Perez et al，2007），这从另一层面印证了 LC-PUFA 在海水鱼类生殖繁育过程中起着至关重要的生理作用。由此可以推测，饲料中 LC-PUFA 含量可显著影响卵子发育质量及仔鱼成活率的原因之一可能是其可改变卵及仔鱼的营养组成，特别是其中必需脂肪酸的组成。然而，必需脂肪酸营养对海水鱼类繁殖性能的调控机理是非常复杂的，改变必需脂肪酸的营养组成仅仅是其中的一种调控方式。

3. 脂肪酸营养对机体脂肪酸存储的影响

已有的研究均表明，机体脂肪酸组成与饲料中的脂肪酸组成密切相关（Nguyen et al，2010；Zakeri et al，2011；Norambuena et al，2013）。Nguyen et al（2010）利用必需脂肪酸含量不同的 4 组饲料喂养军曹鱼亲体，结果发现，不同饲料组间所得卵中的脂肪酸组成存在明显差异，且其中各种脂肪酸含量的变化与饲料中的脂肪酸组成基本一致。同样，在对黄鳍鲷的研究中也发现，其卵、初孵仔鱼以及 3 日龄仔鱼的 n-3 LC-PUFA 含量均随着饲料中 n-3 LC-PUFA 含量的增加而增加（Zakeri et al，2011）。Norambuena et al（2013）研究分析了 ARA 含量不同的 6 组饲料对塞内加尔鳎亲体组织中脂肪酸组成的影响，结果表明，精巢、卵巢、肌肉及肝脏组织中的脂肪酸组成均与对应的实验饲料中的脂肪酸组成一致，各组织中 ARA 的含量均随着饲料中 ARA 含量的增加而增加。尽管机体中很多必需脂肪酸的积累量均会随着饲料中相应含量的升高而升高，但某些特定的脂肪酸则更大程度上选择性地存储于机体组织中。Wassef et al（2012）在对真鲷的研究中发现，各实验组性腺组织中 DHA 含量均高于对应的实验饲料中的 DHA 含量，但是 EPA 和 ARA 的含量则无类似的情况，该研究结果表明了 DHA 更大程度上选择性地保留在真鲷性腺组织中，揭示 DHA 作为一种必需脂肪酸其在真鲷性腺发育成熟过程中潜在的生理作用要明显大于 EPA 和 ARA。在对狼鲈的研究报道中也得到了相似的研究结果（Mourente et al，2005）。然而，由于不同鱼种对 DHA、EPA 和 ARA 的需求量存在差异，因此，这种现象是否在海水鱼类中普遍存在，还需要更进一步的研究分析。

4. 脂肪酸营养对海水鱼类机体内分泌激素的调控作用

鱼类性腺的发育、分化与成熟受到生殖内分泌因子（性激素及其受体等）和外源因子（环境因子、营养素等）的双重影响（温海深等，2001）。外源因子和体内的生殖内分泌因子直接或间接作用于下丘脑-垂体-性腺轴，下丘脑分泌促性腺激素释放激素（GnRH），使脑垂体分泌促性腺激素（GtH）并作用于性腺，促使性腺分泌性类固醇激素，性类固醇激素与相应受体结合，促进性腺发育成熟并排出卵子或精子（温海深等，2001；Pankhurst et al，2011）。发育中的卵泡分泌雌激素（主要为 E_2）是卵巢发育成熟过程中至关重要的一个环节（温海深等，2001）。E_2 通过血液运输至肝脏并与肝细胞细胞质中的 E_2 受体结合，从而发挥其生物学效应，诱导肝脏合成卵黄蛋白原（Vtg）（Watts et al，2003；Lubzens et al，2010）。鱼类的性腺发育是一个能量积累的过程，在性腺发育过程中，机体脂肪酸特别是其中的 LC-PUFA 通过代谢途径从脂肪组织被转运至肝脏，进而促进肝脏中 Vtg 的合成（Bransden et al，2007；Huynh et al，2007）。然而，肝脏中 Vtg 的合成不仅需要足量的 LC-PUFA，同时还需要在性类固醇激素的诱导之下方能完成（Watts et al，2003；Lubzens et al，2010）。因此，LC-PUFA、机体性类固醇激素水平是影响鱼类特别是海水鱼类卵黄发生、卵巢成熟的两个重要因素。已有研究表明，LC-PUFA 与海水鱼类机体性类固醇激素分泌水平也存在着某种程度的因果联系，即饲料中适宜的 LC-PUFA 水平可显著提高海水鱼类机体中性类固醇激素的分泌水平，进而加速其精卵的发生、成熟（李远友等，2004；Li et al，2005）。然而，目前关于 LC-PUFA 是如何影响海水鱼类性腺组织中性类固醇激素的分泌的，并未有详尽的研究报道。在大西洋鲑的研究中发现，如果 E_2 的分泌及其与受体的结合效应受阻，会导致成熟卵子绒毛膜发育畸形、繁殖力差以及较低的胚胎成活率（Pankhurst et al，2010）。因此，性类固醇激素在鱼类性腺发育过程中具有至关重要的生理作用。在斜带石斑鱼（赵会宏等，2003）、圆斑星鲽（徐永江等，2011）及条斑星鲽（倪娜等，2011）的研究中发现性类固醇激素分泌的变化规律与卵泡发生、发育、成熟和排出的周期基本一致。李远友等（2004）对花尾胡椒鲷亲鱼的研究中发现，在性腺快速发育和成熟时期，饲料中 n-3 LC-PUFA 不足或者过量均会导致血浆性类固醇激素 E_2 和睾酮（T）含量的降低，同时导致产卵量、受精率以及仔鱼成活率显著降低。同时，Mercure et al（1995）的研究也指出，一定剂量的 EPA 和 DHA 可明显抑制硬骨鱼类离体卵泡类固醇的产生。由于长链脂肪酸特别是 n-3 LC-PUFA 是 Vtg 和胚胎细胞生物膜的重要成分之一，而 Vtg 的合成则需要 E_2 的刺激，外源脂肪酸营养影响鱼类性腺发育成熟的直接原因可能在于改变了鱼体中性类固醇激素的分泌状况，进而阻碍了性腺的发育成熟。然而截至目前，国内外关于脂肪酸营养对鱼类性类固醇激素分泌的影响机理研究鲜有报道。但综合分析已有的研究报道发现，在性腺发育过程中，鱼体内由下丘脑—垂体—性腺轴（HPG）所分泌的各种激素之间以及性类固醇激素 E_2 和 T 之间均处于一种动态的平衡之中，相互之间亦存在正负反馈调节作用（温海深等，2001；舒虎等，2005；Park et al，2007；Pankhurst et al，2011；Moore et al，2012）。因此，探讨必需脂肪酸影响性类固醇激素分泌的生理机制需要从 HPG 轴所分泌激素之间的动态平衡入手。

综合分析以上研究资料，针对不同种类的海水经济养殖对象而言，为提高其繁殖性能，继续深入开展亲体培育阶段适宜必需脂肪酸需求量的研究仍是目前营养与饲料行业的核心内容。然而，要想从机理上弄清必需脂肪酸影响海水鱼类繁殖性能的原因，脂肪酸营养的生殖内分泌调控及其分子基础则是后续重点攻关的研究内容。

四、银鲳亲体脂肪酸营养生理

1. n-3 LC-PUFA 对银鲳卵黄发生期间性类固醇生成及血浆 Vtg 含量的影响

分别以 100% 鱼油（FO）、70% 鱼油和 30% 大豆油（FSO）、30% 鱼油和 70% 大豆油（SFO）、100% 大豆油（SO）为脂肪源配制等氮、等能、等脂的 4 组饲料，饲料组成与脂肪酸组成同前所述。实验用鱼为 1 龄雌性银鲳，随机分入 12 个 16 m^3 的水泥池中，每个饲料组设 3 个重复。饲养实验周期 185 d（卵黄发生周期）。

如图 6-22 所示，FO、FSO、SFO 及 SO 饲料组血浆卵泡刺激素（FSH）含量均在卵黄发生中期显著升高。FO 与 SO 饲料组 FSH 含量在卵黄发生后期出现显著降低。在卵黄发生前期，各饲料组间 FSH 含量无显著性差异。在卵黄发生中期与后期，FO 与 FSO 饲料组 FSH 含量均高于 SFO 与 SO 饲料组。然而，在卵黄发生中期，FO 与 FSO 饲料组间 FSH 含量并无显著性差异。各饲料组血浆黄体生成素（LH）含量在整个卵黄发生期内均呈现持续升高的趋势（图 6-22）。卵黄发生后期的 LH 含量均显著高于卵黄发生初期与中期，但卵黄发生前期与中间之间则并无显著性差异。在卵黄发生初期，各饲料组间 LH 含量无显著性差异，但在卵黄发生中期与后期，FO 与 FSO 饲料组 LH 含量均显著高于 SO 饲料组。FO、FSO 与 SFO 饲料组 LH 含量在卵黄发生中期与后期并无显著性差异。

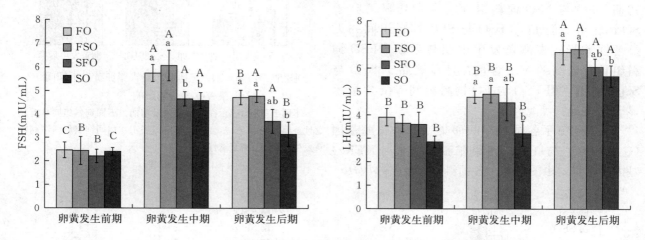

图 6-22　n-3 LC-PUFA 对银鲳卵黄发生期间血浆促性腺激素含量的影响

不同小写字母表示在同一卵黄发生期内不同饲料组间具有显著性差异（$P<0.05$）；不同大写字母表示在相同饲料组内不同卵黄发生时期间具有显著性差异（$P<0.05$）

(Peng et al, 2015)

各饲料组血浆 E_2 含量在整个卵黄发生期内均呈现持续升高的趋势，且各时期间均具有显著性差异（图 6-23）。在卵黄发生初期，FO 饲料组 E_2 含量显著高于 SO 饲料组，但 FO、FSO 以及 SFO 饲料组间并无显著差异。在卵黄发生中期与后期，FO 与 FSO 饲料组 E_2 含量显著高于 SFO 与 SO 饲料组，但 FO 与 SFO 饲料组间在卵黄发生后期并无显著性差异。卵黄发生后期血浆 T 含量均显著高于卵黄发生

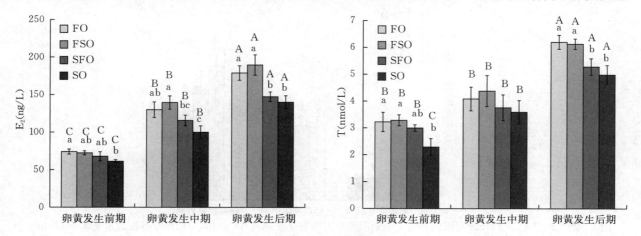

图 6-23　n-3 LC-PUFA 对银鲳卵黄发生期间血浆 E_2 和 T 含量的影响

不同小写字母表示在同一卵黄发生期内不同饲料组间具有显著性差异（$P<0.05$）；不同大写字母表示在相同饲料组内不同卵黄发生时期间具有显著性差异（$P<0.05$）

(Peng et al, 2015)

初期与中期，但卵黄发生初期与中期间并无显著性差异（图6-23）。除SO饲料组外，各饲料组T含量在卵黄发生初期与中期间均无显著性差异。在卵黄发生前期与后期，FO与FSO饲料组T含量均显著高于SO饲料组，但在卵黄发生中期，各饲料组T含量并无显著性差异。

各饲料组血浆Vtg含量在卵黄发生中期与后期均呈现显著性升高（图6-24）。在卵黄发生初期，FO与FSO饲料组Vtg含量均显著高于SO饲料组，但FO、FSO与SFO饲料组间并无显著性差异。在卵黄发生中期与后期，FSO饲料组具有最高的Vtg含量，且显著高于SFO与SO饲料组，但FSO与FO饲料组间Vtg含量无显著性差异。

图6-25示各饲料组间卵巢型芳香化酶基因（$Cyp19\alpha1\alpha$）与肝脏、卵巢雌激素受体α（$ER\alpha$）基因表达量。由图可知，各饲料组卵巢$Cyp19\alpha1\alpha$

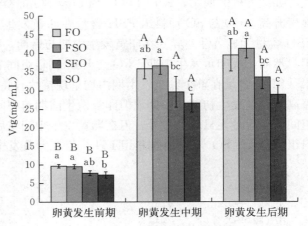

图6-24　n-3 LC-PUFA对银鲳卵黄发生期间血浆Vtg含量的影响

不同小写字母表示在同一卵黄发生期内不同饲料组间具有显著性差异（$P<0.05$）；不同大写字母表示在相同饲料组内不同卵黄发生时期间具有显著性差异（$P<0.05$）

(Peng et al, 2015)

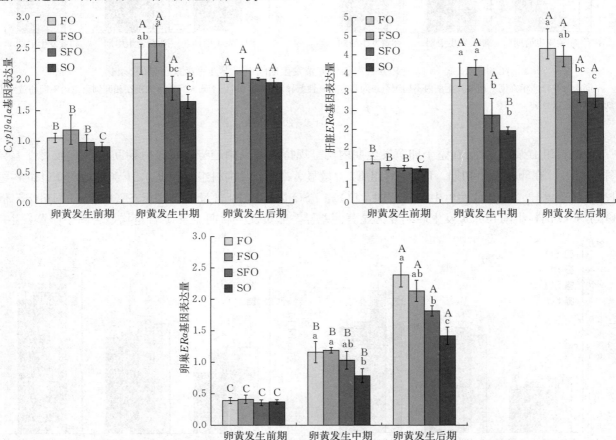

图6-25　n-3 LC-PUFA对银鲳卵黄发生期间卵巢型芳香化酶基因（$Cyp19\alpha1\alpha$）与卵巢雌激素受体α（$ER\alpha$）基因表达量的影响

不同小写字母表示在同一卵黄发生期内不同饲料组间具有显著性差异（$P<0.05$）；不同大写字母表示在相同饲料组内不同卵黄发生时期间具有显著性差异（$P<0.05$）

(Peng et al, 2015)

基因表达量在卵黄发生中期与后期显著增加，但卵黄发生中期与后期间，各饲料组 $Cyp19\alpha1\alpha$ 基因表达量并无显著性差异（SO 饲料组除外）。在卵黄发生后期，FO 与 FSO 饲料组 $Cyp19\alpha1\alpha$ 基因表达量呈现出降低的趋势，但 SFO 与 SO 饲料组则表现出升高的趋势，且只有 SO 饲料组呈现出显著性差异。在卵黄发生初期与后期，各饲料组间 $Cyp19\alpha1\alpha$ 基因表达量均无显著性差异，但在卵黄发生中期，FO 与 FSO 饲料组 $Cyp19\alpha1\alpha$ 基因表达量均显著性高于 SO 饲料组。

卵黄发生中期与后期肝脏 $ER\alpha$ 表达量与卵黄发生前期相比有显著性的升高（$P<0.05$），但是除了 SO 饲料组外，卵黄发生后期肝脏 $ER\alpha$ 表达量虽有升高趋势，但与卵黄发生中期间并无显著性差异（$P>0.05$）。在卵黄发生早期，各饲料组间肝脏 $ER\alpha$ 表达量无显著性差异（$P>0.05$）。在卵黄发生中期，FO 与 FSO 饲料组肝脏 $ER\alpha$ 表达量均显著高于 SFO 与 SO 饲料组（$P<0.05$），但 FO 与 FSO 饲料组间，以及 SFO 与 SO 饲料组间并无显著性差异（$P>0.05$）。在卵黄发生后期，FO 与 FSO 饲料组肝脏 $ER\alpha$ 表达量均显著高于 SO 饲料组（$P<0.05$），但 FO 与 FSO 饲料组间、FSO 与 SFO 饲料组间，以及 SFO 与 SO 饲料组间均无显著性差异（$P>0.05$）。

卵巢 $ER\alpha$ 基因表达量在整个卵黄发生过程中一直呈现显著性升高趋势（$P<0.05$）。在卵黄发生前期，饲料 n-3 LC-PUFA 对卵巢 $ER\alpha$ 基因表达量并无显著性影响（$P>0.05$）。在卵黄发生中期，FO 与 FSO 饲料组卵巢 $ER\alpha$ 基因表达量均显著高于 SO 饲料组（$P<0.05$），但 FO、FSO 与 SFO 饲料三组间并无显著性差异（$P>0.05$）。在卵黄发生后期，FO、FSO 与 SFO 饲料组卵巢 $ER\alpha$ 基因表达量显均著高于 SO 饲料组（$P<0.05$），同时 FO 饲料组 $ER\alpha$ 基因表达量也显著高于 SFO 饲料组（$P<0.05$），但 FO 与 FSO 饲料组间，以及 FSO 与 SFO 饲料组间均无显著性差异（$P>0.05$）。

表 6-44 示饲料与卵黄发生时期对组织中 $ER\alpha$ 基因表达量的双因素方差分析结果。由表可知，实验饲料与卵黄发生时期均对银鲳组织中 $ER\alpha$ 基因表达量具有极显著的影响（$P<0.01$）。同时，实验饲料与卵黄发生时期两者对肝脏 $ER\alpha$ 基因表达量具有显著的交互作用（$P<0.05$），对卵巢 $ER\alpha$ 基因表达量的交互作用则达到极显著（$P<0.01$）。

表 6-44　饲料与卵黄发生时期对组织中 $ER\alpha$ 表达量影响的双因素分析

（彭士明等，2016）

$ER\alpha$ 表达量	饲料		发生时期		饲料×发生时期	
	F 值	P 值	F 值	P 值	F 值	P 值
肝脏 $ER\alpha$ 表达量	18.84	0.00**	167.85	0.00**	4.15	0.02*
卵巢 $ER\alpha$ 表达量	22.13	0.00**	434.46	0.00**	7.61	0.00**

注：* $P<0.05$；** $P<0.01$。

ER 是一种蛋白质分子，于靶细胞内与激素发生特异性结合形成激素-受体复合物，进而保障激素发挥其应有的生物学效应（徐永江等，2010；Anderson et al，2012）。研究证实，鱼类 3 种 ER 中，仅 $ER\alpha$ 具有雌激素效应（Greytak et al，2007）。在卵黄发生中、后期（即卵巢Ⅲ~Ⅳ期），银鲳肝脏与卵巢中 $ER\alpha$ 基因表达量显著升高，表明 $ER\alpha$ 在银鲳卵巢发育、成熟过程中具有至关重要的生理作用。鱼类在卵巢发育、成熟过程中需要积累大量的卵黄蛋白，用作胚胎及幼体早期发育阶段主要的营养来源，而此过程则需要 E_2 与 $ER\alpha$ 的介导。已有资料显示，卵泡分泌的 E_2 通过血液运输至肝脏并与肝细胞中的 $ER\alpha$ 结合，进而发挥其生物学效应，诱导肝脏合成卵黄蛋白原（Watts et al，2003；Lubzens et al，2010）。这进一步揭示了银鲳肝脏 $ER\alpha$ 基因表达量在卵黄发生中、后期显著升高的原因。银鲳卵巢 $ER\alpha$ 基因表达量在卵黄发生中、后期显著升高的原因推测可能与其卵子的成熟密切相关。Pankhurst et al（2010）研究发现，卵巢组织中 E_2 的分泌及其与受体的结合如果受阻，将导致大西洋鲑卵子发育受阻、繁殖性能显著降低。赵梅琳等（2014）在对绿鳍马面鲀的研究中也发现，卵巢中 $ER\alpha$ 基因表达量在其发育、成熟过程中呈现逐渐升高的趋势，且在繁殖期达到最高值，表明 $ER\alpha$ 与鱼类生殖周期存在密切关联，在性腺发育过程中发挥着重要的生理作用。

饲料中较高的 n-3 LC-PUFA 可显著提高银鲳组织中 $ER\alpha$ 基因的表达量。徐永江等（2010）、方永强等（2001）研究均发现，在鱼类卵巢发育过程中，E_2 含量与 $ER\alpha$ 在卵细胞中的表达具有明显的一致性，这间接表明了 E_2 与 $ER\alpha$ 间具有一定程度的相互反馈调节机制。李惠云等（2008）使用一种环境雌激素（双酚A）诱导雌性鲫，发现环境雌激素可诱导其肝脏 $ER\alpha$ 基因表达与血清 E_2 含量同步明显升高。尽管目前尚未见有关饲料组成影响鱼类 $ER\alpha$ 基因表达的研究报道，但饲料组成影响鱼类性类固醇激素（如 E_2）分泌的研究已有一些报道。李远友等（2004）在对花尾胡椒鲷亲体的研究报道中指出，饲料中适宜的必需脂肪酸含量可显著提高鱼类机体内性类固醇激素的分泌，保障其卵子的发生及正常成熟，而饲料中必需脂肪酸含量不足则会导致机体 E_2 分泌水平的显著降低，严重影响其生殖性能。同样，在对施氏鲟成鱼的研究中也发现，饲料中添加 2% 的大豆卵磷脂可有效提高其血清 E_2 的质量浓度（张颖等，2010）。众所周知，肝脏合成卵黄蛋白原并转运至卵巢组织中以卵黄蛋白的形式存储，这是鱼类卵巢发育、成熟过程中的关键环节，这一环节的实现必须依靠 E_2 与 $ER\alpha$ 的介导，而脂类特别是 n-3 LC-PUFA 则是合成卵黄蛋白原的主要营养素之一。因此，可以推测 n-3 LC-PUFA、E_2 与 $ER\alpha$ 三者间势必存在一定的关联性。较高的 n-3 LC-PUFA 含量在卵黄快速发育时期显著提高了银鲳肝脏及卵巢中 $ER\alpha$ 基因的表达量，其原因可能与上述推测不无关系，但饲料中 n-3 LC-PUFA 影响 $ER\alpha$ 基因表达量的生理及分子机制仍需要进一步的研究探讨。

银鲳在卵黄发生过程中肝脏中 $ER\alpha$ 基因表达量一直明显高于卵巢组织，表明 $ER\alpha$ 基因表达在不同组织间存在一定的差异性。在金鱼的研究中发现，雌、雄金鱼其垂体中 $ER\alpha$ 基因的表达量是最高的，而在脑、性腺、肝脏、肌肉、心脏及肠道中的表达量则很低（Choi et al, 2003）。而斑马鱼中的 $ER\alpha$ 基因则在大脑、垂体、肝脏及性腺中均具有非常高的表达量（Menuet et al, 2002）。此外，赵梅琳等（2014）在对绿鳍马面鲀的研究中得出，雌鱼中 $ER\alpha$ 基因在垂体、心脏和卵巢中的表达量最高，而脑、肝脏、胃、肾及肌肉组织中的表达量次之。由此可以推断，$ER\alpha$ 基因不仅在组织间存在表达差异，而且这种组织间差异在不同种类之间也不尽相同。

综上所述可以得出，饲料中较高的 n-3 LC-PUFA 可有效提高银鲳血浆 E_2、T 含量，提高银鲳卵巢的发育质量；银鲳卵黄发生期间肝脏及卵巢中 $ER\alpha$ 基因表达量的变化与卵巢的发育、成熟过程密切相关，且饲料中较高的 n-3 LC-PUFA 含量（4%～5%）可明显提高其组织中的表达量。

2. n-3 LC-PUFA 对银鲳卵黄发生期间脂类代谢与卵巢脂肪酸组成的影响

肝脏脂蛋白酯酶（LPL）活力及其表达量变化见图 6-26。由图可知，在相同饲料组内，LPL 活力与表达量在卵黄发生中期与后期均显著性高于卵黄发生初期，但在卵黄发生中期与后期之间，则并未有显著性的差异。卵黄发生后期，肝脏 LPL 表达量相对于卵黄发生中期而言呈现出显著性的下降（SO 饲料组除外）。卵巢 LPL 活力及其表达量在卵黄发生过程中呈现出持续升高的趋势，但在卵黄发生中期与后期之间除了 FO 饲料组卵巢 LPL 活力之外，均未有显著性差异。在任何一个卵黄发生时期，FO 与 FSO 饲料组 LPL 活力及表达量均高于 SO 饲料组。在卵黄发生中期，FO 与 FSO 饲料组肝脏 LPL 活力显著性高于 SO 饲料组。在卵黄发生后期，FO、FSO 与 SFO 饲料组肝脏 LPL 活力均显著性高于 SO 饲料组，但是 FO、FSO 与 SFO 饲料组间并未有显著性差异。在卵黄发生后期，SO 饲料组肝脏 LPL 表达量均显著低于 FO 与 FSO 饲料组，但饲料组 FO、FSO 与 SFO 间则并未有显著性的差异。在卵黄发生初期与中期，各饲料组间卵巢 LPL 活力无显著性差异。在卵黄发后期，FO 饲料组卵巢 LPL 活力显著高于 SFO 与 SO 饲料组，但 FSO、SFO 与 SO 饲料组间无显著性差异。在整个卵黄发生期间，SO 饲料组卵巢 *LPL* 表达量均显著性低于 FO、FSO 与 SFO 饲料组，但后三者之

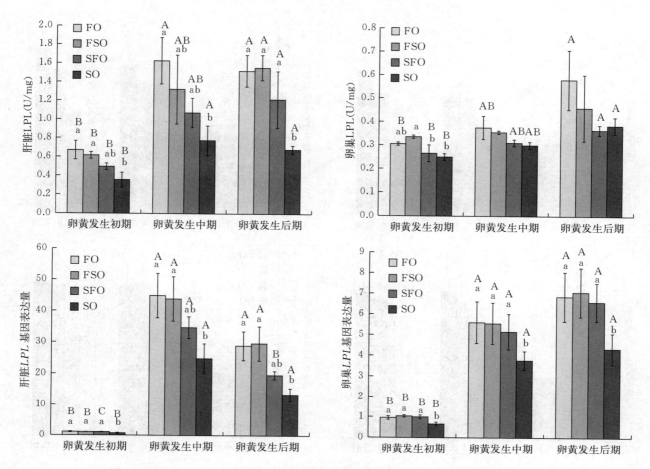

图 6-26　n-3 LC-PUFA 对银鲳卵黄发生期间 LPL 活力及其基因表达量的影响

不同小写字母表示在同一卵黄发生期内不同饲料组间具有显著性差异（$P<0.05$）；不同大写字母表示在相同饲料组内不同卵黄发生时期间具有显著性差异（$P<0.05$）

（Peng et al，2017）

间则无显著性差异。

　　脂肪酸合成酶（FAS）活力及表达量变化见图 6-27。在相同的饲料组内，卵黄发生中期与后期 FAS 活力及表达量均显著高于卵黄发生初期，但中期与后期之间并未有显著性差异。在任何一个卵黄发生时期，SFO 与 SO 饲料组 FAS 活力及表达量均高于 FO 与 FSO 饲料组。在卵黄发生中期与后期，SFO 与 SO 饲料组肝脏 FAS 活力显著高于 FO 饲料组，但 SFO 与 SO 饲料组间、SFO 与 FSO 饲料组间，以及 FO 与 FSO 饲料组间均未有显著性差异。在卵黄发生初期，SO 饲料组肝脏 FAS 表达量显著高于 FO 饲料组，但 FSO、SFO 与 SO 饲料组间并未有显著性差异。在卵黄发生中期与后期，SO 与 SFO 饲料组肝脏 FAS 表达量均显著高于 FO 与 FSO 饲料组，但 SO 与 SFO 饲料组间，FO 与 FSO 饲料组间则并未有显著性差异。在卵黄发生中期与后期，FO 与 FSO 饲料组卵巢 FAS 活力及表达量均显著低于 SFO 与 SO 饲料组，但 FO 与 FSO 饲料组间，SFO 与 SO 饲料组间均无显著性差异。

　　双因素方差分析结果见表 6-45，由表可知，卵黄发生时期与饲料均可显著影响肝脏 LPL 与 FAS 活力及其基因表达量，但并未表现出显著性的交互作用（肝脏 LPL 基因表达量除外）。发生时期与饲料同样显著影响卵巢 FAS 活力及基因表达量、LPL 活力，但均未表现出显著性的交互作用。卵巢 LPL 基因表达量仅在不同卵黄发生时期存在显著性差异。

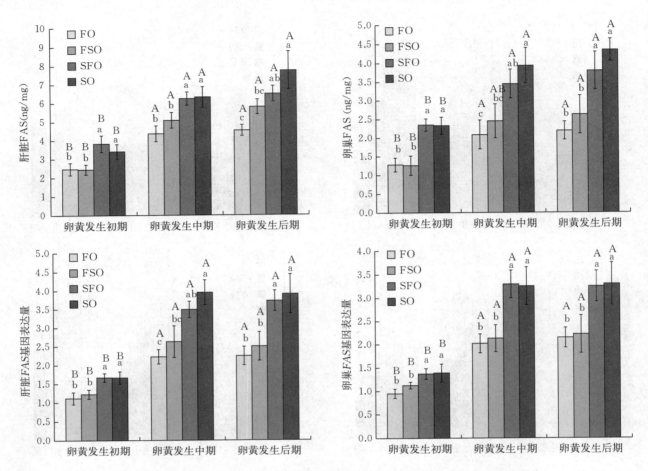

图 6 - 27　n - 3 LC - PUFA 对银鲳卵黄发生期间 FAS 活力及其基因表达量的影响

不同小写字母表示在同一卵黄发生期内不同饲料组间具有显著性差异（$P<0.05$）；不同大写字母表示在相同饲料组内不同卵黄发生时期间具有显著性差异（$P<0.05$）

(Peng et al，2017)

表 6 - 45　饲料与卵黄发生时期对组织脂代谢酶活力及其基因表达量的双因素分析

(Peng et al，2017)

项　　目		饲料		卵黄发生时期		饲料×时期	
		F 值	P 值	F 值	P 值	F 值	P 值
肝脏	LPL 活力	13.40	0.00**	32.10	0.00**	1.32	0.32
	FAS 活力	26.72	0.00**	107.51	0.00**	2.43	0.09
	LPL 基因表达量	14.18	0.00**	187.78	0.00**	3.49	0.03*
	FAS 基因表达量	30.67	0.00**	83.70	0.00**	1.90	0.16
卵巢	LPL 活力	4.89	0.02*	15.11	0.00**	1.03	0.45
	FAS 活力	28.41	0.00**	41.13	0.00**	1.02	0.46
	LPL 基因表达量	2.91	0.08	51.52	0.00**	0.52	0.78
	FAS 基因表达量	9.69	0.00**	37.01	0.00**	0.91	0.52

注：* $P<0.05$；** $P<0.01$。

卵黄发生后期银鲳卵巢脂肪酸的组成见表6-46。由表可知，单不饱和脂肪酸与多不饱和脂肪酸占了全部脂肪酸的90%以上。n-3/n-6以及ARA、EPA、DHA和n-3 LC-PUFA含量均随着饲料中n-3 LC-PUFA含量的升高而升高。SO饲料组卵巢DHA含量相比较FO饲料组降低了近56%。SO饲料组n-3 LC-PUFA含量相较FO饲料组低了57%，而FO饲料组C18：2n6含量相比较于SO饲料组降低了21%。

表6-46　n-3 LC-PUFA对银鲳卵巢组织脂肪酸组成的影响（%，占总脂肪酸比例）

（Peng et al，2017）

脂肪酸	饲料组			
	FO	FSO	SFO	SO
C14：0	1.6±0.1[a]	1.6±0.1[ab]	1.2±0.0[bc]	0.9±0.2[c]
C16：0	5.4±0.1[a]	4.6±0.1[b]	4.1±0.1[c]	3.1±0.1[d]
C18：0	0.9±0.0[a]	0.8±0.1[ab]	0.7±0.0[b]	0.6±0.1[c]
Σ Saturated	7.9±0.2[a]	7.0±0.1[b]	6.1±0.2[c]	4.5±0.3[d]
C16：1	8.7±0.1[a]	8.1±0.1[b]	7.2±0.1[c]	6.3±0.1[d]
C17：1	0.5±0.1	0.6±0.0	0.6±0.1	0.6±0.1
C18：1n9	35.7±0.3[a]	35.2±0.2[ab]	34.7±0.3[ab]	34.3±0.4[b]
C20：1n9	0.9±0.0	0.9±0.1	0.8±0.1	0.8±0.1
C22：1n9	0.2±0.0[a]	0.2±0.0[ab]	0.2±0.01[ab]	0.1±0.0[b]
C24：1n9	0.1±0.0	0.1±0.0	0.1±0.0	0.1±0.0
Σ MUFA	46.2±0.4[a]	45.1±0.3[ab]	43.6±0.4[bc]	42.3±0.5[c]
C18：2n6	5.8±0.1[d]	13.0±0.0[c]	19.4±0.2[b]	27.0±1.1[a]
C18：3n6	0.2±0.0	0.2±0.0	0.3±0.0	0.3±0.0
C20：3n6	0.16±0.01	0.16±0.00	0.15±0.11	0.14±0.11
C20：4n6	1.0±0.0[a]	0.9±0.0[b]	0.8±0.0[c]	0.6±0.0[d]
Σ n-6 PUFA	7.3±0.1[d]	14.3±0.0[c]	20.6±0.2[b]	28.0±1.1[a]
C18：3n3	1.2±0.1[c]	1.8±0.1[b]	2.5±0.1[a]	2.8±0.2[a]
C20：3n3	0.2±0.0	0.2±0.0	0.2±0.0	0.2±0.0
C20：5n3	10.4±0.1[a]	8.8±0.1[b]	7.2±0.0[c]	5.5±0.2[d]
C22：5n3	4.8±0.1[a]	4.3±0.1[b]	3.8±0.1[bc]	3.4±0.3[c]
C22：6n3	18.9±0.2[a]	15.5±0.2[b]	13.2±0.3[c]	10.5±0.7[d]
Σ n-3 PUFA	35.4±0.0[a]	30.6±0.1[b]	26.9±0.1[c]	22.4±0.8[d]
n-3/n-6	4.9±0.1[a]	2.1±0.0[b]	1.3±0.0[c]	0.8±0.1[d]
Σ n-3 LC-PUFA	34.2±0.2[a]	28.7±0.2[b]	24.4±0.2[c]	19.6±0.6[d]

注：同一行不同上标字母表示有显著性差异（$P<0.05$）。

综上所述，银鲳组织脂代谢酶活力及其基因表达量在卵黄发生中期显著升高，在银鲳卵黄发生期间，肝脏中脂代谢酶活力均显著高于卵巢组织中的酶活力。饲料中n-3 LC-PUFA含量对银鲳卵黄发生期间FAS活力具有明显的下行调控作用，而对LPL活力具有明显的上行调控作用。此外，卵巢组织中脂肪酸的组成与饲料中的脂肪酸组成密切相关。

3. 银鲳卵黄发生期间组织中抗氧化水平的变化及n-3 LC-PUFA对其的影响

图6-28示卵黄发生期间组织SOD活力的变化。由图可以看出，肝脏与卵巢SOD活力在整个卵黄发生过程中均呈现出逐渐升高的趋势，且卵黄发生后期SOD活力均显著高于卵黄发生前期（$P<0.05$）。卵黄发生中期肝脏SOD活力除SO饲料组外，与卵黄发生前期之间无显著性差异（$P>0.05$）。

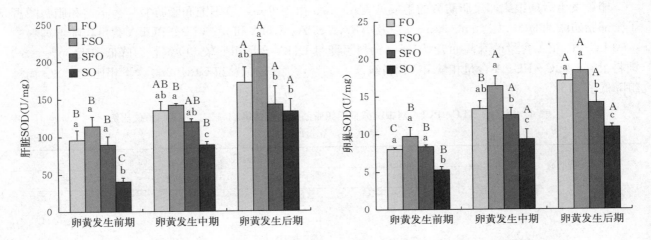

图 6-28　饲料 n-3 LC-PUFA 对银鲳卵黄发生期间组织中 SOD 活力的影响

不同小写字母表示在同一卵黄发生期内不同饲料组间具有显著性差异（$P<0.05$）；不同大写字母表示在相同饲料组内不同卵黄发生时期间具有显著性差异（$P<0.05$）

（彭士明等，2017）

而卵黄发生中期各饲料组卵巢 SOD 活力均显著高于卵黄发生前期（$P<0.05$）。在卵黄发生前期与中期，FO、FSO 与 SFO 饲料组肝脏 SOD 活力均显著高于 SO 饲料组（$P<0.05$），但 FO、FSO 与 SFO 饲料组间并无显著性差异（$P>0.05$）。在卵黄发生后期，FSO 饲料组肝脏 SOD 活力显著高于 SFO 与 SO 饲料组（$P<0.05$），但与 FO 饲料组间无显著性差异（$P>0.05$）。在卵黄发生的前期、中期及后期，FO、FSO 与 SFO 饲料组卵巢 SOD 活力均显著高于 SO 饲料组（$P<0.05$），但 FO 与 FSO 饲料组间未表现出显著性差异（$P>0.05$）。在卵黄发生前期，FO、FSO 与 SFO 饲料组间卵巢 SOD 活力无显著性差异（$P>0.05$），而在卵黄发生中期、后期，FSO 饲料组卵巢 SOD 活力均显著高于 SFO 饲料组（$P<0.05$）。

图 6-29 示卵黄发生期间组织 CAT 活力的变化。由图可以得出，在卵黄发生期间，肝脏与卵巢 CAT 活力均呈现逐渐升高的趋势，且在卵黄发生后期 CAT 活力均显著性高于卵黄发生前期（$P<0.05$）。各饲料组肝脏 CAT 活力在卵黄发生中期与前期之间均无显著性差异（$P>0.05$），但卵黄发生中期 FO 与 FSO 饲料组卵巢 CAT 活力则显著高于卵黄发生前期（$P<0.05$）。在卵黄发生前期，FSO

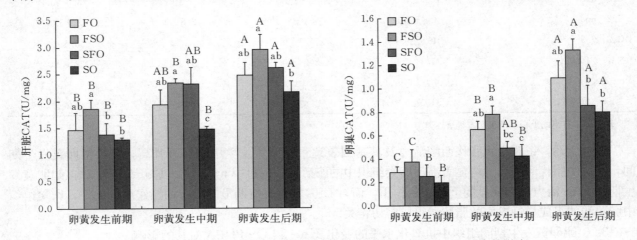

图 6-29　饲料 n-3 LC-PUFA 对银鲳卵黄发生期间组织中 CAT 活力的影响

不同小写字母表示在同一卵黄发生期内不同饲料组间具有显著性差异（$P<0.05$）；不同大写字母表示在相同饲料组内不同卵黄发生时期间具有显著性差异（$P<0.05$）

（彭士明等，2017）

饲料组肝脏 CAT 活力显著高于 SFO 与 SO 饲料组（$P<0.05$），但与 FO 饲料组并无显著性差异（$P>0.05$）。在卵黄发生中期与后期，FO、FSO 与 SFO 饲料组间肝脏 CAT 活力无显著性差异（$P>0.05$），且在卵黄发生中期 3 组饲料组肝脏 CAT 活力均显著高于 SO 饲料组（$P<0.05$）。卵巢 CAT 活力在卵黄发生前期各饲料组间无显著性差异（$P>0.05$），而在卵黄发生中期与后期 FSO 饲料组卵巢 CAT 活力均为最高值且均显著高于 SFO 与 SO 饲料组（$P<0.05$），但与 FO 饲料组间无显著性差异（$P>0.05$）。

图 6-30 示卵黄发生期间 T-AOC 水平的变化。由图可以看出，肝脏与卵巢组织 T-AOC 水平在卵黄发生过程中呈现逐渐升高的趋势，且在卵黄发生后期各饲料组 T-AOC 水平均显著高于卵黄发生前期（$P<0.05$）。尽管肝脏 T-AOC 水平在卵黄发生中期较前期有所升高，但并未表现出显著性差异（$P>0.05$）。而卵巢 T-AOC 水平（除 SFO 饲料组外）在卵黄发生中期相比较前期则表现出了显著性的升高趋势（$P<0.05$）。在卵黄发生前期与中期，各饲料组间肝脏 T-AOC 水平均未表现出显著性差异，但在卵黄发生后期，FO 与 FSO 饲料组肝脏 T-AOC 水平则显著高于 SFO 与 SO 饲料组（$P<0.05$）。卵巢 T-AOC 水平在卵黄发生前期各饲料组间也无显著性差异（$P>0.05$），而在卵黄发生中期与后期，FSO 饲料组卵巢 T-AOC 水平均显著性高于 SO 饲料组（$P<0.05$），但与 FO 饲料组并无显著性差异（$P>0.05$）。

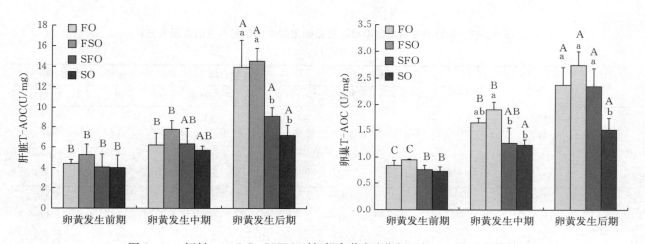

图 6-30　饲料 n-3 LC-PUFA 对银鲳卵黄发生期间组织 T-AOC 的影响

不同小写字母表示在同一卵黄发生期内不同饲料组间具有显著性差异（$P<0.05$）；不同大写字母表示在相同饲料组内不同卵黄发生时期间具有显著性差异（$P<0.05$）

（彭士明等，2017）

图 6-31 示卵黄发生期间 MDA 含量的变化。由图可以得出，组织中 MDA 含量在卵黄发生过程中均呈现逐步升高的趋势，且卵黄发生后期组织 MDA 含量均显著高于卵黄发生前期（$P<0.05$），但卵黄发生中期与前期间并未表现出显著性（$P>0.05$）。饲料中 n-3 LC-PUFA 含量越高，其对应的肝脏及卵巢组织中 MDA 的含量则越高。在卵黄发生前期，FO 饲料组肝脏 MDA 含量显著高于 FSO、SFO 及 SO 饲料组（$P<0.05$），但后 3 组饲料组间并未有显著性差异（$P>0.05$）。在卵黄发生中期，FO 与 FSO 饲料组肝脏 MDA 含量均显著高于 SO 饲料组（$P<0.05$），但 FO、FSO 及 SFO 组间则无显著性差异（$P>0.05$）。在卵黄发生后期，各饲料组间肝脏 MDA 含量均表现出显著性差异（$P<0.05$）。各饲料组卵巢 MDA 含量在卵黄发生前期均无显著性差异（$P>0.05$），而在卵黄发生中期与后期，FO 饲料组卵巢 MDA 含量则显著性高于 FSO、SFO 及 SO 饲料组（$P<0.05$），但 FSO、SFO 及 SO 饲料组间并未表现出显著性差异（$P>0.05$）。

实验饲料与卵黄发生期时期对银鲳组织中抗氧化水平的交互作用分析结果见表 6-47。由表可以得出，仅从单一因子而言，实验饲料与卵黄发生时期对肝脏及卵巢中 SOD 活力、CAT 活力、T-AOC 水

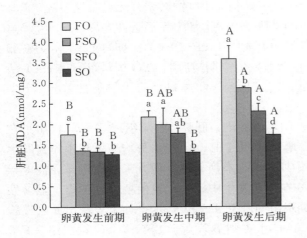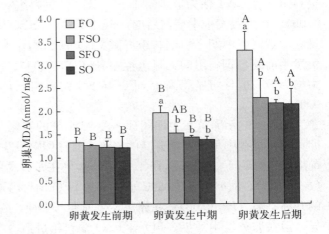

图 6 - 31 饲料 n - 3 LC - PUFA 对银鲳卵黄发生期间组织 MDA 含量的影响

不同小写字母表示在同一卵黄发生期内不同饲料组间具有显著性差异（$P<0.05$）；不同大写字母表示在相同饲料组内不同卵黄发生时期间具有显著性差异（$P<0.05$）

（彭士明等，2017）

表 6 - 47 饲料与卵黄发生期时期对银鲳组织中抗氧化水平的双因素分析

（彭士明等，2017）

组织	项目	饲料		发生期时期		饲料×发生期时期	
		F 值	P 值	F 值	P 值	F 值	P 值
肝	SOD	25.165	0.000**	63.536	0.000**	1.416	0.286
	CAT	11.893	0.001**	45.784	0.000**	1.013	0.461
	T - AOC	9.714	0.002**	59.899	0.000**	4.057	0.019*
	MDA	28.288	0.000**	69.468	0.000**	4.799	0.010*
卵巢	SOD	34.712	0.000**	89.717	0.000**	1.599	0.230
	CAT	15.430	0.000**	111.318	0.000**	1.490	0.262
	T - AOC	13.061	0.000**	98.475	0.000**	2.949	0.052
	MDA	6.115	0.009**	38.117	0.000**	1.605	0.228

注： * $P<0.05$； ** $P<0.01$。

平及 MDA 含量均具有极显著影响（$P<0.01$），但实验饲料与卵黄发生时期两者的交互作用则仅在肝脏 T - AOC 水平与 MDA 含量两个指标上表现出显著性（$P<0.05$）。

鱼类的卵黄发生是一个能量积累的过程，在此期间大量的营养素（如脂类等）经过在肝脏中的代谢与合成后，最终转运至卵巢中存储下来，以保障卵子的最终发育成熟。研究发现，鱼类在卵子发育成熟过程中，卵巢中会积累大量的脂肪酸营养，特别是多不饱和脂肪酸（Wassef et al，2012）。众所周知，组织中脂类营养特别是多不饱和脂肪酸的大量聚集必然会在一定程度上引发脂质过氧化的发生，因此，换言之，多不饱和脂肪酸的含量及不饱和程度决定了组织中可能发生的脂质过氧化程度（吉红等，2009；岳彦峰等，2013）。MDA 作为脂质过氧化反应最重要的产物之一，它的产生能加剧细胞膜的损伤，因此，MDA 含量的检测常被用于衡量组织中脂质过氧化程度以及细胞受损程度（Luo et al，2012）。银鲳卵黄发生过程中（即性腺快速发育阶段），肝脏与卵巢组织中 MDA 含量呈现逐渐升高的趋势，表明在性腺快速发育过程中其组织中脂质过氧化程度亦明显增加。张晓雁等（2013）在对中华鲟的研究中同样发现，性腺进入快速发育阶段时会引发血清 MDA 含量的升高。分析已有的研究报道发现，鱼类在其组织发生脂质过氧化的过程中，其机体会通过自身的抗氧化系统产生相应的抗氧化物质，用于抵消脂质过氧化产物对机体细胞的攻击（吉红等，2009；Luo et al，2012；岳彦峰等，2013）。鱼类的抗氧化系统主要由酶系统（SOD、CAT 等）和非酶系统（维生素、氨基酸等）组成，而 T - AOC 则可以综合反映这两者（吉红等，2009）。在银鲳卵黄发生过程中，组织中 SOD、CAT 活力以及 T - AOC 水平的变化趋势与 MDA 含量的变化趋势基本一致，即均呈现逐步升高的趋势。这表明，银鲳进入性腺快速发育阶段过程中，其组织抗氧化能力亦明显增强，以消除组织中随之而来的由于脂质过氧化所造成的细胞损伤，确保性腺的正常发育成熟。这可能是鱼类繁殖过程中的一种自我保护方式，具体的生理机制仍需要进一步的研究探讨。

银鲳肝组织中 SOD、CAT 活力及 T - AOC 水平均高于卵巢组织数倍，表明肝脏是消除机体自由基与过氧化物的主要组织器官。许治冲等（2012）在对松浦镜鲤的研究中同样发现，肝胰腺中的 SOD 与 CAT 活力均明显高于脾脏组织。这些研究结果进一步证明，肝脏作为鱼体最大的消化腺，不仅承担着各种营养素的合成与代谢功能，还承担着对外源性及内源性毒物解毒的功能。

LC - PUFA 可通过特定的生理代谢途径直接作用于机体抗氧化系统的组成因子，进而提高机体的抗氧化能力（Frenoux et al，2001）。饲料中较高的 n - 3 LC - PUFA 含量明显提高了银鲳卵黄发生期间组织中的抗氧化能力。岳彦峰等（2013）在对褐菖鲉的研究中得出，饲料中适宜的 n - 3 LC - PUFA 含量可显著提高其机体的抗氧化能力，但饲料中过高和过低的 n - 3 LC - PUFA 含量则均显著降低了机体的抗氧化能力。在对草鱼的研究中也发现，饲料中添加 LC - PUFA 可有效提高其总抗氧化能力（吉红等，2009）。同样，研究发现饲料中适宜的 LC - PUFA 含量可有效提高矛尾复鰕虎鱼的 SOD 与 CAT 活力，但过高的 LC - PUFA 含量则在一定程度上抑制 CAT 的活力（Luo et al，2012）。以上研究结果均证明，适量的 LC - PUFA 可在一定程度上提高鱼体的抗氧化能力。然而，在对许氏平鲉（Aminikhoei et al，2013）、细点牙鲷（Mourente et al，1999）以及真鲷（Mourente et al，2000）的研究中则发现，LC - PUFA 对鱼体组织中主要抗氧化酶活力的影响并不显著。分析上述研究结果间的差异，其原因可能有以下两点：一是实验所用饲料组成不同，二是 LC - PUFA 在改善鱼体抗氧化能力方面可能存在种间差异。LC - PUFA 由于其含有多个不饱和键，因而极易受到自由基的攻击，进而易诱发组织脂质过氧化反应的发生。随着饲料中 n - 3 LC - PUFA 含量的升高，银鲳组织中 MDA 含量也呈现出随之升高的趋势，这表明，饲料中较高的 n - 3 LC - PUFA 含量一定程度上提高了银鲳组织中脂质过氧化的程度。在对褐菖鲉（岳彦峰等，2013）及许氏平鲉（Luo et al，2012）的研究中也均得出，组织中 MDA 含量随着饲料中 LC - PUFA 含量的升高而升高。综合分析已有的研究报道，在鱼体健康的前提条件下，机体抗氧化与组织脂质过氧化之间实则处于一个动态平衡状态，适宜的 n - 3 LC - PUFA 含量虽然一定程度上诱发了组织脂质过氧化的发生，但同时也有效改善了鱼体的抗氧化能力，从而避免了机体的氧化损伤。然而，出现过量 n - 3 LC - PUFA 在一定程度上降低鱼体抗氧化能力的现象，可能是过量 n - 3 LC - PUFA 引发组织中脂质过氧化反应大幅度升高，并最终导致机体抗氧化与组织脂质过氧化之间平衡状态失调的结果。在卵黄发生中期、后期饲料中 n - 3 LC - PUFA 含量最高的饲料组（FO），其组织中的 SOD、CAT 活力以及 T - AOC 水平虽与饲料 n - 3 LC - PUFA 含量略低的饲料组（FSO）并无显著性差异，但却均低于后者，这在一定程度上表明，对于银鲳而言，饲料中 n - 3 LC - PUFA 含量也并非越高越好。FO 饲料组抗氧化能力略有降低可能跟组织中 MDA 含量的升高有关。此外，饲料中 n - 3 LC - PUFA 含量对银鲳肝脏与卵巢组织中 MDA 含量的影响不尽相同，卵巢中 MDA 含量受饲料中 n - 3 LC - PUFA 含量的影响程度要明显小于肝脏。众所周知，鱼类繁殖期间卵巢会存储大量的营养素（包括脂类）以保障卵子的发育、成熟，并繁衍后代。由此可以推测，鱼类卵巢在发育成熟过程中，可能存在某种特殊的自我保护机制，以避免存储于卵巢中的大量脂类营养发生脂质过氧化的连锁反应。

综上所述，在卵黄发生过程中，银鲳组织抗氧化水平相应逐步提升，饲料中适宜的 n - 3 LC - PU-FA 含量可有效提高组织的抗氧化水平，组织中 MDA 含量随饲料中 n - 3 LC - PUFA 含量的升高而升高，但卵巢中 MDA 含量受饲料中 n - 3 LC - PUFA 含量的影响程度要明显小于肝脏。双因素方差分析表明，实验饲料与卵黄发生时期对银鲳组织抗氧化水平均具有显著性影响，且两者对肝脏 T－AOC 水平与 MDA 含量存在显著性的交互作用。

第六节　维生素 C 营养生理

维生素 C（VC）是鱼类生长发育所必需的一种营养素，由于无法自身合成，鱼类必须通过外源摄入才能满足其生长所需（Fracalossi et al，2001）。饲料中 VC 的缺乏会导致鱼类生长受阻，然而，研究已证实 VC 并不参与鱼体内的能量代谢。因此，饲料中过多的 VC 并不能有效地促进鱼类的生长（Lim et al，2000；Ortuno et al，2001；Ai et al，2004，2006）。VC 作为一种水溶性的抗氧化剂，其在胶原蛋白的合成、铁离子代谢、血液学以及应激性胁迫反应中均具有重要的生理作用（Sato et al，1982；Sobhana et al，2002；冯伟等，2011；徐维娜等，2011）。目前，关于鱼类 VC 方面的研究报道，主要围绕需求量、免疫、抗病力及抗氧化能力等方面（Sobhana et al，2002；Chen et al，2004；Ai et al，2006；赵红霞等，2008），而值得注意的是，综合已有的针对 VC 影响鱼类抗氧化能力方面的研究报道，研究结论往往存在较大差异（赵红霞等，2008；胡斌等，2008；刘海燕等，2009；明建华等，2010）。同时，已有的研究资料表明，只有当饲料中 VC 含量远高于维持鱼体正常生长的最低需求量时，鱼体方能表现出较好的免疫、抗病力与抗胁迫能力（Sobhana et al，2002；Ortuno et al，2003；Chen et al，2004；Lin et al，2005）。然而，由于不同鱼类 VC 的需求量不同，VC 对不同鱼类生长、免疫、抗氧化能力及抗病力的影响效果也不尽相同。本节重点梳理有关银鲳 VC 营养生理方面的研究报道。

一、VC 对银鲳生长及抗应激能力的影响

以鱼粉和虾粉为蛋白源，鱼油为脂肪源配制基础饲料，其原料成分及营养组成见表 6－48。在基础饲料中依次分别添加 VC－2－多聚磷酸酯（活性成分 35%）0 mg/kg、1 000 mg/kg、2000 mg/kg，配制 VC 含量为 100 mg/kg（对照组）、450 mg/kg、800 mg/kg 的三组饲料，VC 实际含量分别为 104.21 mg/kg、455.33 mg/kg、800.54 mg/kg。饲养周期为 9 周，养殖实验结束后，随机从每桶中取 10 尾鱼进行 4 h 胁迫实验，并分析 VC 对银鲳抗应激能力的影响。

表 6－48　实验用基础饲料（对照组）的组成

（彭士明等，2013）

饲料组成（g/kg）	鱼粉	690
	虾粉	60
	鱼油	60
	羧甲基纤维素	15
	α－淀粉	135
	复合维生素	20
	复合矿物质	20
营养组成	粗蛋白（%）	46.53
	粗脂肪（%）	12.37
	灰分（%）	11.26
	维生素 C（mg/kg）	104.21

1. VC 对银鲳生长的影响

不同剂量 VC 对银鲳生长的影响见表 6－49。实验中各处理组间在摄食量方面均无显著性差异。经过 9 周的饲养实验，终末体重、肝指数以及成活率在各组间并没有表现出显著性的差异（$P>0.05$），但 450 mg/kg 和 800 mg/kg 的饲料组的增重率以及特定生长率与对照组相比高一些，但并无统计学差

表 6-49　不同 VC 含量对银鲳生长性能的影响

(Peng et al，2013)

项　　目	饲料组		
	100 mg/kg	450 mg/kg	800 mg/kg
初重（g）	6.2±0.2	6.2±0.1	6.3±0.3
末重（g）	23.8±1.0	25.0±1.3	24.7±1.9
增重率（%）	285.3±23.9	300.0±14.7	291.6±17.4
特定生长率	2.1±0.1	2.2±0.1	2.2±0.1
饲料系数	1.6±0.1	1.6±0.1	1.6±0.1
肝指数（%）	1.6±0.2	1.6±0.1	1.7±0.2
成活率（%）	92.2±1.9	94.4±3.9	96.7±3.3

异。饲料系数（FCR）尽管随着饲料中 VC 含量的增加呈现降低的趋势，但各组间同样无显著性差异（$P > 0.05$）。

饲料中较高的 VC 含量并不会促进银鲳的生长，这一点在其他硬骨鱼类中也有类似研究报道，也间接说明了 VC 并不参与鱼体的能量代谢（Lim et al，2000；Ortuno et al，2001）。然而，VC 能提高鱼体抗病力与抗胁迫能力在大多数鱼类中已得到证实（Sobhana et al，2002；Ortuno et al，2003；Chen et al，2004；Lin et al，2005）。

2. VC 营养强化后运输胁迫对皮质醇、血糖及乳酸含量的影响

胁迫导致各组血清皮质醇、血糖及乳酸含量显著升高（图 6-32）。对照组胁迫后血清皮质醇与血糖含量均显著高于其他两组（$P < 0.05$），但在 450 mg/kg 和 800 mg/kg 的饲料组间，胁迫后两者间血糖及皮质醇含量均无显著性差异（$P > 0.05$）。乳酸含量在胁迫后各饲料组均无显著性差异（$P > 0.05$）。较高的 VC 含量显著提高了受胁迫后银鲳的成活率，但在 450 mg/kg 和 800 mg/kg 的饲料组间成活率并无显著性差异（$P > 0.05$）（图 6-33）。

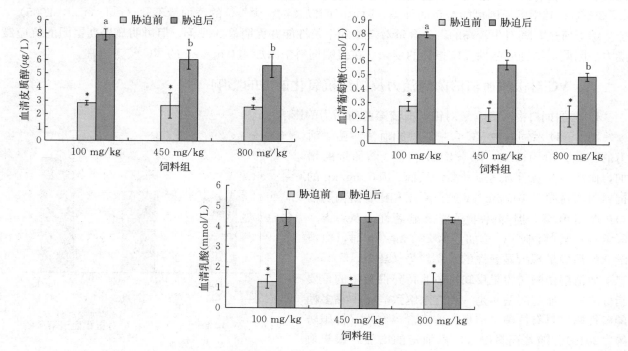

图 6-32　饲养 9 周后经 4 h 运输胁迫银鲳血清皮质醇、血糖及乳酸的含量

不同字母间表示有显著性差异（$P < 0.05$），*表示胁迫前后具有显著性差异

(Peng et al，2013)

急性胁迫条件下，鱼类血清中较高的皮质醇含量往往会持续数个小时，然而在慢性胁迫条件下，较高的皮质醇含量可能会维持数天至几周（Pickering et al，1989），然后随着时间的延长，慢慢恢复至较低的水平，表明鱼对新环境逐步适应（Pickering et al，1984）。4 h运输胁迫导致银鲳血清皮质醇含量显著升高，而饲料中较高的VC含量则可显著降低其皮质醇的含量。这表明，饲料中较高的VC含量可有效改善鱼体的抗应激能力，同时也证实了VC在皮质类固醇激素代谢中的重要作用。Kibatchi（1967）指出添加额外的VC可以有效阻止不饱和脂肪酸转换成胆固醇酯，而胆固醇酯是生成皮质醇的主要组分之一。这可能是饲料中较高VC可显著降低银鲳血清皮质醇含量的原因。然

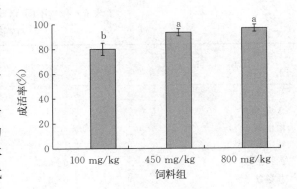

图6-33　饲养实验后4 h运输胁迫后的成活率
不同字母间表示有显著性差异（$P<0.05$）
（Peng et al，2013）

而，也有研究表明，VC与胁迫后皮质醇的含量并无明显的关联（Mulero et al，1999；Ortuno et al，2003）。不同研究报道间存在差异，可能与鱼的种类、应激因子、实验环境条件不同有关。运输胁迫后银鲳血清葡萄糖与乳酸含量的升高，是其为适应新的环境条件而进行的自身能量代谢调整，以便于可以有足够能量来应对环境的改变。血糖含量的升高是鱼类应激条件下的主要生理反应之一。已有的研究表明，拥挤（Skjervold et al，2001）、人为操作（Reubush et al，1996）以及盐度改变（De Boeck et al，2000）等都会明显提高鱼类肝脏中的糖异生。而饲料中较高的VC含量则可有效降低鱼类在胁迫条件下的糖异生（Trenzado et al，2008）。这也是饲料中较高的VC显著降低了银鲳在运输胁迫后血清中葡萄糖含量的原因。皮质醇、血糖被视为反应鱼类应激程度的重要生理指标（McDonald et al，1993；Henrique et al，1996），银鲳在运输胁迫后血清皮质醇与血糖含量均显著升高，两者表现出了明显的相关性。然而，也有研究报道认为，皮质醇与血糖之间并无明显的相关性（Ruane et al，2003；Trenzado et al，2008）。其中的原因可能是鱼的种类、胁迫时间以及饲料中VC的添加量不同（Belo et al，2005）。

综上所述，饲料中较高的VC含量对银鲳的生长性能并无明显的改善，但可明显提高银鲳的抗应激能力。因此，结合应激性反应指标的变化，在银鲳饲料中添加450 mg/kg的VC较为适宜。

二、VC对银鲳血清溶菌酶活力及组织抗氧化能力的影响

1. 增加饲料中VC含量对银鲳血清溶菌酶活力的影响

图6-34示饲料中VC含量对银鲳血清溶菌酶活力的影响。由图可知，随着饲料中VC添加量的增加，血清溶菌酶活力逐渐升高。然而，450 mg/kg的饲料组与对照组100 mg/kg的饲料组相比，溶菌酶活力虽略有升高，但却并未呈现出显著性差异（$P>0.05$）。当饲料中VC添加量为800 mg/kg时，血清溶菌酶活力呈现出显著性的升高趋势（$P<0.05$）。

血清溶菌酶活力是反映机体非特异性免疫的重要指标之一。血清溶菌酶是一种能水解致病菌中黏多糖的碱性酶，具有抗菌、消炎、抗病毒等作用（钟国防等，2010）。随着饲料中VC添加量的增加，银鲳血清溶菌酶活力呈现出逐渐升高的趋势，在最高VC添加量组（800 mg/kg）溶菌酶活力显著性升高。研究结果证实了之前已有研究报道中所得出的结论，即只

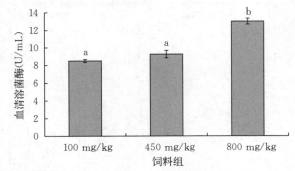

图6-34　增加饲料中VC含量对银鲳血清溶菌酶活力的影响
各处理组间不同标示字母表示差异显著（$P<0.05$）
（彭士明等，2013）

有当饲料中 VC 的含量较高时，其在提高鱼体免疫力方面的作用效果才能较好地体现出来（Sobhana et al，2002；Ortuno et al，2003；Chen et al，2004；Lin et al，2005）。在对花鲈（Ai et al，2004）和大黄鱼（Ai et al，2006）的研究中均发现，随着饲料中 VC 添加量的增加，其血清溶菌酶活力也随之升高，但仅在较高含量下方能呈现出显著性升高趋势。此外，研究已证实，VC 作为一种抗氧化剂与免疫增强剂，并不参与机体中的能量代谢（Lim et al，2000；Ortuno et al，2001），因此，饲料中过高的 VC 并不能有效提高鱼类的生长速度。也正因如此，维持不同鱼类正常生长所需的最低需求量才能被逐一定量。综合分析已有的研究报道发现，由于不同鱼类对 VC 的需求量不同（Ai et al，2004，2006；赵红霞等，2008），因此，从提高鱼体免疫力的角度来讲，不同鱼类其饲料中 VC 的适宜添加剂量也不尽相同。450 mg/kg 的饲料组血清溶菌酶活力虽比 100 mg/kg 的饲料组有所增强，但与 100 mg/kg 的饲料组并无显著性差异，当饲料 VC 含量达到 800 mg/kg 时银鲳的溶菌酶活力才得以显著性升高。Ai et al（2006）在对大黄鱼的研究中得出，饲料中 VC 含量达到 23.8 mg/kg 时可基本满足大黄鱼的生长需求，而当饲料中 VC 的含量达到 489.0 mg/kg 时，大黄鱼血清溶菌酶活力才表现出显著性升高趋势。

2. 增加饲料中 VC 含量对组织抗氧化能力的影响

饲料中 VC 含量对组织中 SOD 活力的影响见表 6 - 50。由表可见，饲料中较高含量的 VC 一定程度上提高了银鲳各组织中 SOD 的活力，但 VC 对不同组织中 SOD 活力的影响程度则有所不同。450 mg/kg 的饲料组血清 SOD 活力显著高于 100 mg/kg 的饲料组（$P<0.05$），然而，在肌肉与肝脏组织中，SOD 活力在 450 mg/kg 的饲料组与 100 mg/kg 的饲料组之间并无显著性差异（$P>0.05$）。血清与肌肉中 SOD 活力在 800 mg/kg 的饲料组与 450 mg/kg 的饲料组间均未有显著性差异（$P>0.05$），但在肝脏组织中，800 mg/kg 的饲料组的 SOD 活力显著高于 450 mg/kg 的饲料组（$P<0.05$）。

表 6 - 50　增加饲料中 VC 含量对组织中超氧化物歧化酶（SOD）活力的影响

（彭士明等，2013）

饲料组	超氧化物酶活力（SOD）		
	血清（U/mL）	肌肉（U/mg）	肝脏（U/mg）
100 mg/kg	78.25±6.41[a]	35.04±0.21[a]	371.24±18.47[a]
450 mg/kg	109.83±4.70[b]	38.37±2.12[ab]	434.76±12.93[a]
800 mg/kg	127.69±4.47[b]	41.30±0.68[b]	547.04±22.48[b]

注：同一列不同标示字母表示差异显著（$P<0.05$）。

不同处理组间组织中总抗氧化能力（T - AOC）的变化见表 6 - 51。由表可知，增加饲料中 VC 的含量均显著提高了银鲳各组织的 T - AOC。血清、肌肉及肝脏中 T - AOC 的变化趋势基本一致，450 mg/kg 的饲料组与 800 mg/kg 的饲料组的 T - AOC 均分别显著高于 100 mg/kg 的饲料组（$P<0.05$），但 800 mg/kg 的饲料组与 450 mg/kg 的饲料组间各组织中 T - AOC 均并表现出显著性差异（$P>0.05$）。

表 6 - 51　增加饲料中 VC 含量对组织中总抗氧化能力（T - AOC）的影响

（彭士明等，2013）

饲料组	总抗氧化能力（T - AOC）		
	血清（U/mL）	肌肉（U/mg）	肝脏（U/mg）
100 mg/kg	5.61±0.20[a]	0.32±0.03[a]	5.86±0.19[a]
450 mg/kg	8.08±0.65[b]	0.89±0.03[b]	8.58±0.18[b]
800 mg/kg	8.55±0.40[b]	0.95±0.03[b]	9.15±0.23[b]

注：同一列不同标示字母表示差异显著（$P<0.05$）。

VC 在体内的抗氧化作用不仅仅是可直接清除氧自由基，其在体内还可能通过其他间接途径发挥抗氧化作用。明建华等（2010）在对团头鲂的研究中发现，高含量 VC 可显著提高团头鲂肝脏 SOD 活力。该研究中也同样发现，最高含量组银鲳肝脏 SOD 活力显著升高。此外，该研究中高含量 VC 同样显著提高了组织中的 T‐AOC。由于 SOD 与 T‐AOC 是反映机体抗氧化能力的两个重要生理指标（苏慧等，2012）。因此可以得出结论，增加饲料中 VC 含量可显著提高银鲳机体的抗氧化能力。同样，赵红霞等（2008）在对军曹鱼的研究中也发现，较高的 VC 含量可显著提高军曹鱼机体的抗氧化能力。然而，从目前已有的关于 VC 与鱼类抗氧化方面的研究报道来分析，不同研究报道所得出的结论存在较大差异。例如，在对长吻鮠的研究中发现，高含量的 VC 显著降低了组织中的 SOD 活力（刘海燕等，2009）；而在对草鱼的研究中则发现，VC 对草鱼 SOD 活力并无显著性影响（胡斌等，2008）。上述研究结果间差异较大可能与鱼的种类、生长阶段、健康状况以及实验设计方法不同有关。

3. 饲料中 VC 含量对组织中 VC 与 MDA 含量的影响

饲料中 VC 含量可显著影响银鲳肌肉与肝脏中 VC 的积累量（图 6‐35），且组织中 VC 含量与饲料中 VC 量间存在明显的正相关关系。450 mg/kg 和 800 mg/kg 的饲料组肌肉与肝脏中 VC 的含量均显著高于对照组（$P<0.05$）。800 mg/kg 的饲料组肌肉与肝脏中 VC 的含量同样显著高于 450 mg/kg 的饲料组（$P<0.05$）。此外，实验结果显示，肝脏中 VC 的积累量显著高于肌肉中 VC 的积累量。

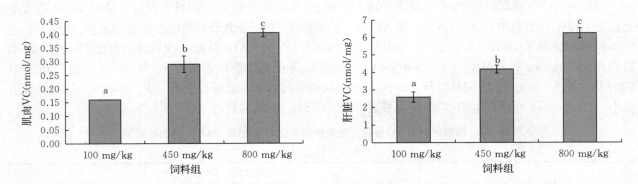

图 6‐35　不同 VC 含量对银鲳肌肉与肝脏组织中 VC 积累量的影响

各处理组间不同标示字母表示差异显著（$P<0.05$）

（彭士明等，2013）

图 6‐36 示不同处理组间肝脏与肌肉组织中丙二醛（MDA）含量的变化。由图可知，饲料中 VC 的含量的增加降低了组织中脂质过氧化产物 MDA 的含量，800 mg/kg 的饲料组肝脏与肌肉中 MDA 含量均分别显著低于 100 mg/kg 的饲料组（$P<0.05$）。然而，肝脏与肌肉中 MDA 含量在 800 mg/kg 的饲料与 450 mg/kg 的饲料组间、450 mg/kg 的饲料与 100 mg/kg 的饲料组间则均未表现出显著性差异（$P>0.05$）。

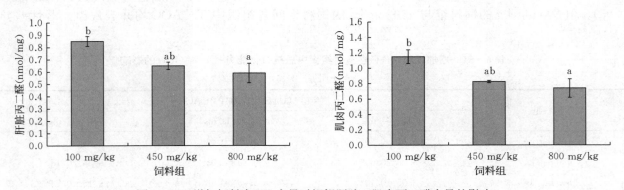

图 6‐36　增加饲料中 VC 含量对银鲳肝脏、肌肉丙二醛含量的影响

各处理组间不同标示字母表示差异显著（$P<0.05$）

（彭士明等，2013）

VC作为一种强抗氧化剂可通过还原作用消除有害自由基的毒性（葛颖华等，2007），因此，组织中VC的积累量在一定程度上也可以反映机体的抗氧化水平。该研究中发现，随着饲料中VC添加量的增加，银鲳组织中的VC含量均显著性升高。这与在斑点叉尾鮰（Lim et al，2000）、条石鲷（Wang et al，2003）以及点带石斑鱼（Lin et al，2005）的研究报道中所得到的结论相一致。以往在对花鲈（Ai et al，2004）、大黄鱼（Ai et al，2006）等的研究中发现，其组织中VC的积累量在达到一定量之后，会达到一种饱和状态，即不再随饲料中VC含量的增加而增加。而在该研究中随着饲料中VC含量的增加，银鲳组织中VC的积累量一直呈升高趋势，这表明该实验中VC的最高添加量仍在银鲳可消化吸收的剂量范围内。由于实验并未设置更高的添加量，因此，如需确定能够使得银鲳组织VC积累量达到饱和状态的饲料VC添加剂量，尚需进一步的研究分析。MDA是组织中脂质过氧化的最终产物，具有很强的细胞毒性，组织中MDA含量的高低可以反映组织中的脂质过氧化程度（Peng et al，2009；秦洁芳等，2011；黄志斐等，2012）。该研究中发现，随着饲料中VC添加量的增加，银鲳组织中MDA含量呈现明显的下降趋势。这表明，增加饲料中VC含量明显抑制了银鲳组织中的脂质过氧化反应，提高了组织的抗氧化能力。

综上分析，增加饲料中VC含量可明显提高银鲳血清溶菌酶活力与组织抗氧化能力，降低组织中的脂质过氧化反应。因此，在银鲳人工养殖过程中，适宜补充饲料中的VC含量（450 mg/kg）有利于提高银鲳的非特异性免疫水平及抗氧化能力，从而有利于其健康生长。

第七节　银鲳饲料学的初步研究

目前，水产养殖业正以惊人的速度在全球范围内迅猛发展，水产养殖产业对全球鱼类、甲壳类和软体动物供应的贡献持续增加，水产养殖的增长比其他所有动物饲养产业都更为持续和快速。伴随全球鱼粉与鱼油资源的紧缺，"以鱼养鱼"模式的水产养殖业已不能满足当前形势的需求，必将制约当前水产养殖业的发展步伐。因而，探索新型、经济的蛋白源与脂肪源替代鱼粉与鱼油，研制开发高效的人工配合饲料是适应当前发展步伐的必然举措。配制从仔鱼开口摄食直到养成的系列人工配合饲料是当前研究的核心内容。伴随着我国水产养殖业的迅猛发展，养殖水域环境恶化已成为当今人们不得不认真考虑的问题。如果饲料中添加的成分过量或者添加的物质不利于养殖鱼类的消化吸收，残留物质（如氮、磷）则会排泄到水体中污染环境水质。而环境恶化又是制约水产养殖业快速发展的重要因素，因此，提高配合饲料的消化利用率，并合理投喂，降低饲料浪费及氮磷排泄，最大限度地降低养殖区域自身污染是水产养殖业能够得以持续健康发展的必要条件。本节主要梳理有关银鲳饲料学方面的一些研究成果。

一、银鲳配合饲料制备

由于银鲳特有的生物学特征（体形侧扁而高，口小、亚前位，应激性反应强等），其对饲料的要求相对较高，即饲料营养须均衡且适口性与诱食性好，可增强银鲳抗应激能力，提高银鲳养殖成活率，在水中的稳定性好等。

1. 配合饲料组成

由以下质量百分比的原料组成：蒸汽鱼粉40%～50%、虾糠粉10%～15%、乌贼内脏粉3%～5%、豆粕10%～15%、花生粕3%～5%、高筋面粉12%～15%、海鱼油5%～8%、复合矿物质1%～2%和复合维生素1%～2%。配合饲料蛋白含量控制在45%～50%，脂肪含量控制在13%～15%。

蒸汽鱼粉、虾糠粉、乌贼内脏粉、豆粕、花生粕、高筋面粉、复合矿物质和复合维生素等上述原料充分粉碎后过80目的筛网，混合均匀后，通过常规膨化饲料生产流程进行制粒，制粒后，通过后喷涂技术喷涂海鱼油。实验室内可将所有原料混匀后，再与鱼油充分混匀，经实验室用饲料机制粒。

2. 实施案例

实施案例 1：

称取蒸汽鱼粉 45 kg、虾糠粉 10 kg、乌贼内脏粉 5 kg、豆粕 12 kg、花生粕 4 kg、高筋面粉 15 kg、复合矿物质 1 kg、复合维生素 1 kg。将上述原料充分粉碎后过 80 目的筛网，原料充分混合均匀后，充分混合海鱼油 7 kg，通过实验室用饲料机制粒，即可得到银鲳配合饲料。

进行了 3 个月的银鲳养殖实验，同时进行三组重复实验。实验结果表明，平均体质量为 20 g 的银鲳经 3 个月后生长至 75 g 左右，增重率在 270% 以上，饲料系数在 1.4～1.5，且养殖成活率达到 85% 以上。

实施案例 2：

称取蒸汽鱼粉 50 kg、虾糠粉 10 kg、乌贼内脏粉 3 kg、豆粕 10 kg、花生粕 5 kg、高筋面粉 12 kg、复合矿物质 2 kg、复合维生素 2 kg。将上述原料充分粉碎后过 80 目的筛网，原料充分混合均匀后，充分混合海鱼油 6 kg，通过实验室用饲料机制粒，即可得到银鲳配合饲料。

进行了 3 个月的银鲳养殖实验，同时进行三组重复实验。实验结果表明，平均体质量为 20 g 的银鲳经 3 个月后生长至 80 g 左右，增重率在 300% 左右，饲料系数在 1.3～1.4，且养殖成活率达到 90% 左右。

通过上述实施案例发现，此种配合饲料可以使银鲳获得较好的生长效果。但饲料系数偏高，可能与银鲳的游动习性有关。养殖条件下，银鲳日夜间集群持续游动、游动轨迹 90% 以上为圆周形，由此导致银鲳自身的能量消耗明显增加，因此需要摄入更多的能量。

二、银鲳饲料添加剂的研究

基于提升银鲳的消化吸收能力、饲料利用率及其机体免疫力的角度，研究开发了一种银鲳饲料添加剂。

1. 饲料添加剂成分组成及比例

添加剂由下列重量份的组分组成：新鲜水母 15～20 份，冰鲜桡足类 3～5 份，硅藻（角毛藻与新月菱形藻）浓缩液 3～5 份，丁酸梭菌粉剂 0.5～1 份，大豆卵磷脂 1～2 份，维生素 C 多聚磷酸酯 0.5～1 份，次粉 5～8 份。

桡足类主要为中华哲水蚤。硅藻浓缩液中硅藻含量为 60%～70%，其制作方法为先往硅藻培育池中 10 mg/L 的明矾，待硅藻全部沉底后，将上层水抽走，然后收集硅藻液，经棉麻布充分滤水后获得。硅藻中同时包含角毛藻与新月菱形藻（比例不固定），原因是角毛藻与新月菱形藻均为银鲳自然条件下的主要摄食硅藻种类。丁酸梭菌粉剂为活菌菌剂，有效菌数大于 20 亿株/g。次粉中的粗纤维含量不高于 4%。

水母、桡足类及硅藻均是银鲳野生条件下的主要摄食对象，饲料中添加这三类物质，不仅具有非常好的诱食效果，在完善配合饲料营养平衡方面同样具有至关重要的作用，可大大提高饲料利用率。

丁酸梭菌可调节水产动物肠道菌群平衡，促进动物肠道有益菌落的生长，拮抗和抑制肠道内有害菌增殖，提高饲料转化率。

大豆卵磷脂对水产动物具有促进生长、提高饲料转化率、促进脂质吸收和转运等营养功能。

维生素 C 多聚磷酸酯可有效提高水产动物的免疫力与抗氧化能力，提高养殖成活率。

2. 饲料添加剂的制备方法

按重量份数比称取相应的原料，首先将新鲜水母与冰鲜桡足类粉碎至 60 目后与硅藻浓缩液充分混合均匀，再与大豆卵磷脂进行充分乳化后于 60 ℃下进行干燥处理，所得固体混合物经粉碎至 60 目后再与丁酸梭菌粉剂、维生素 C 多聚磷酸酯及次粉进行充分混匀后，即得到银鲳专用饲料添加剂。

3. 实施案例

饲料添加剂的制备：按重量份比例称取，新鲜水母 18 份，冰鲜桡足类 4 份，硅藻（角毛藻与新月菱形藻）浓缩液 4 份，丁酸梭菌粉剂 0.8 份，大豆卵磷脂 1.5 份，维生素 C 多聚磷酸酯 0.8 份，次粉 6 份。

银鲳饲料：由鱼粉（比例 61%）、豆粕（16%）、面粉（10%）、鱼油（5%）、大豆油（5%）、复合维生素（2%）与复合矿物质（1%）组成，其蛋白含量 49%，脂肪含量为 15%。

实验设计：设对照组与实验组两个处理组，每个处理组设三组重复，实验组饲料中按照质量百分比添加 1% 的上述组分，对照组饲料中不添加，实验于 6 个 20 m³ 的室内水泥池中进行，每个水泥池中放置银鲳幼鱼 100 尾。实验用鱼为人工培育的银鲳幼鱼，体质量（25.38±2.12）g，饲养周期 2 个月。

分析指标：实验结束后，随机从每个池中取 10 尾鱼，称重后采集血清及肠道样品，统计分析各池中的增重率、特定生长率、饲料系数、成活率，检测分析血清溶菌酶活力、免疫球蛋白 M 含量和总抗氧化能力（T-AOC），以及肠道消化酶。

结果分析：表 6-52 示两种饲料对银鲳生长性能的影响。表 6-53 示两种饲料对银鲳免疫力及抗氧化能力的影响。表 6-54 示两种饲料对银鲳肠道消化酶活力的影响。

表 6-52　两种饲料对银鲳生长性能的影响

指　标	实验饲料	
	对照组	实验组
增重率（%）	247.18±21.23[b]	311.33±24.57[a]
特定生长率	2.01±0.14[b]	2.55±0.16[a]
饲料系数	1.48±0.13[a]	1.26±0.11[b]
成活率（%）	87.15±2.38[b]	95.27±2.55[a]

注：同一行不同上标字母表示组间具有显著性差异（$P<0.05$）。

表 6-53　两种饲料对银鲳免疫力及抗氧化能力的影响

指　标	实验饲料	
	对照组	实验组
溶菌酶（U/ml）	8.34±1.15[b]	12.57±2.03[a]
免疫球蛋白 M（μg/L）	11.28±1.09[b]	14.36±1.77[a]
总抗氧化能力（U/ml）	6.02±0.43[b]	8.77±0.65[a]

注：同一行不同上标字母表示组间具有显著性差异（$P<0.05$）。

表 6-54　两种饲料对银鲳消化酶活力的影响

消化酶	实验饲料	
	对照组	实验组
蛋白酶（U/mg）	180.23±15.67[b]	230.77±20.11[a]
脂肪酶（U/g）	20.51±1.68[b]	27.33±2.05[a]
淀粉酶（U/g）	407.84±39.76[b]	512.81±58.94[a]

注：同一行不同上标字母表示组间具有显著性差异（$P<0.05$）。

综上可知，饲料中添加饲料添加剂可显著提高银鲳的增重率及特定生长率，明显降低饲料系数，有效提高饲料利用率。同时，添加剂的使用提高了机体消化酶的活力，增强了机体的免疫力及抗氧化能力，从而提高了养殖成活率。

三、银鲳亲体营养强化饲料的研究

1. 银鲳亲体营养强化培育饲料组成

饲料以鱼粉与豆粕为主要蛋白源，鱼油与豆油为脂肪源进行配制，饲料蛋白含量 48%，脂肪含量

15%，n-3 LC-PUFA 含量 4%，海水鱼类复合多维与多矿的添加比例均为 2%；饲料中同时添加 0.5%～1.5% 的硒酵母与 1%～3% 的大豆卵磷脂；硒酵母中硒含量为 0.16%，大豆卵磷脂的纯度为 93%。

饲料中的鱼粉：蛋白 67%，脂肪 10%；豆粕：蛋白 43%，脂肪 1.9%；面粉：蛋白 12%，脂肪 1.6%。（每千克饲料）复合多维肌醇 400 mg，烟酸 150 mg，泛酸钙 44 mg，VB_2 20 mg，VB_6 12 mg，VK_3 10 mg，VB_1 10 mg，VA 7.3 mg，叶酸 5 mg，生物素 1 mg，VD_3 0.06 mg，VB_{12} 0.02 mg，VC 400 mg，VE 500 mg。（每千克饲料）复合多矿：每千克饲料含 KH_2PO_4，22 g；$FeSO_4 \cdot 7H_2O$，1.0 g；$ZnSO_4 \cdot 7H_2O$，0.13 g；$MnSO_4 \cdot 4H_2O$，52.8 mg；$CuSO_4 \cdot 5H_2O$，12 mg；$CoSO_4 \cdot 7H_2O$，2 mg；KI，2 mg。

硒是基于抗氧化酶的必需组分，能够有效清除脂质过氧化自由基中间产物，分解脂质过氧化物，降低机体组织中的脂质过氧化物损伤。卵磷脂参与肝脏中甘油三酯向肝外的转运，对水产动物具有促进生长、提高饲料转化率、促进脂质吸收和转运等营养功能。因此，增加饲料中与银鲳繁殖性能密切相关的营养素即长链多不饱和脂肪酸（LC-PUFA）的含量，可提高银鲳繁殖能力，同时，通过硒酵母与大豆卵磷脂的合理使用，一方面可大大降低由于饲料中过高的长链多不饱和脂肪酸给鱼体所带来的脂质过氧化压力，另一方面可增强亲体对饲料中脂类营养的消化吸收能力，大大提高营养强化的效果。

2. 实施案例

实验用鱼：人工培育的 1 龄雌性银鲳亲鱼。

饲料配制：实验共设 4 组饲料，分别为对照组、仅添加硒酵母组（硒组）、仅添加大豆卵磷脂组（卵磷脂组）、同时添加硒酵母与大豆卵磷脂组（硒＋卵磷脂组）。饲料组成见表 6-55。

表 6-55　实验饲料的组成

项　目		实验饲料			
		对照组	硒组	卵磷脂组	硒＋卵磷脂组
组成（g/kg）	鱼粉[a]	550	550	550	550
	豆粕[a]	240	240	240	240
	面粉[a]	70	60	50	40
	鱼油	80	80	80	80
	大豆油	20	20	20	20
	硒酵母[b]	0	10	0	10
	大豆卵磷脂[c]	0	0	20	20
	复合维生素[d]	20	20	20	20
	复合矿物质[e]	20	20	20	20
常规成分（%）	粗蛋白	48.01	47.89	47.97	47.69
	粗脂肪	15.47	15.35	15.49	15.52
	灰分	11.37	10.99	12.10	11.56
	n-3 LC-PUFA	4.03	4.02	4.05	4.07

注：a. 蛋白与脂肪含量，其中鱼粉：蛋白 67%，脂肪 10%；豆粕：蛋白 43%，脂肪 1.9%；面粉：蛋白 12%，脂肪 1.6%。

b. 硒含量 0.16%。

c. 纯度 93%。

d. 每千克饲料含肌醇 400 mg，烟酸 150 mg，泛酸钙 44 mg，VB_2 20 mg，VB_6 12 mg，VK_3 10 mg，VB_1 10 mg，VA 7.3 mg，叶酸 5 mg，生物素 1 mg，VD_3 0.06 mg，VB_{12} 0.02 mg，VC 400 mg，VE 500 mg。

e. 每千克饲料含 KH_2PO_4，22 g；$FeSO_4 \cdot 7H_2O$，1.0 g；$ZnSO_4 \cdot 7H_2O$，0.13 g；$MnSO_4 \cdot 4H_2O$，52.8 mg；$CuSO_4 \cdot 5H_2O$，12 mg；$CoSO_4 \cdot 7H_2O$，2 mg；KI，2 mg。

实验设计：600 尾银鲳亲体（性腺发育Ⅱ期）随机分入 12 个 20 m³ 的水泥池中，每个饲料组设 3 组重复。饲养实验自 2014 年 10 月开始，于 2015 年 5 月结束。饲养期间，连续充气增氧，每天饱食投喂 2 次（9:00 和 17:00），日换水量为 30%。冬季采用加温措施保证实验水温不低 17 ℃，维持银鲳的基本摄食。整个实验期间水温 16～23 ℃，盐度 25～28。

分析指标：实验结束后，随机从每个池中取 5 尾鱼，称重后采集血清、肠道及性腺样品，以检测分析血清丙二醛（MDA）、卵黄蛋白原（Vtg）含量、肠道消化酶活力以及性腺指数。每个池中挑选已发育成熟的亲本，检测其卵粒的大小。

结果分析：表 6-56 示不同饲料组银鲳亲体血清 MDA 与 Vtg 的含量。由表可以看出，饲料中添加硒酵母可显著降低血清 MDA 含量，但仅添加大豆卵磷脂对银鲳血清 MDA 含量并无显著性影响，硒组与硒＋卵磷脂组血清 MDA 含量均显著低于对照组与卵磷脂组，但前两组之间并无显著性差异。饲料中添加大豆卵磷脂可显著提高血清 Vtg 的含量，但仅添加硒酵母则对血清 Vtg 含量并无明显的影响。

表 6-56 不同饲料组银鲳亲体血清 MDA 与 Vtg 含量

指　标	实验饲料			
	对照组	硒组	卵磷脂组	硒＋卵磷脂组
MDA（nmol/mg）	2.98±0.27[a]	1.69±0.12[b]	2.99±0.32[a]	1.71±0.16[b]
Vtg（mg/mL）	41.29±3.56[b]	46.88±4.01[b]	55.65±4.85[a]	60.23±4.78[a]

注：同一行不同上标字母表示组间具有显著性差异（$P<0.05$）。

表 6-57 示不同饲料组银鲳亲体肠道消化酶的活力。由表可以看出，饲料中添加硒酵母或者大豆卵磷脂均可一定程度上提高银鲳肠道蛋白酶及脂肪酶的活力。四组饲料中以硒＋卵磷脂组的蛋白酶与脂肪酶活力最高，且均显著高于其他各组。但饲料中添加硒酵母或者大豆卵磷脂对银鲳肠道淀粉酶则无显著性影响。

表 6-57 不同饲料组银鲳亲体肠道消化酶活力

指　标	实验饲料			
	对照组	硒组	卵磷脂组	硒＋卵磷脂组
蛋白酶（U/mg）	228.29±20.33[c]	255.33±19.29[bc]	260.87±23.12[b]	310.26±21.11[a]
脂肪酶（U/g）	26.65±1.27[c]	31.89±2.31[b]	35.33±2.02[b]	39.09±2.59[a]
淀粉酶（U/g）	598.21±64.29	612.28±72.30	611.57±81.11	637.38±79.24

注：同一行不同上标字母表示组间具有显著性差异（$P<0.05$）。

表 6-58 示不同饲料组银鲳亲体性腺指数及卵粒直径的大小。由表可以看出，饲料中添加硒酵母或者大豆卵磷脂均可一定程度上提高银鲳亲体的性腺指数，但均未表现出显著性，而同时添加硒酵母和大豆卵磷脂则可显著提高银鲳亲体的性腺指数。饲料中添加大豆卵磷脂可有效增加银鲳亲体成熟卵子的卵粒直径。4 组饲料中硒＋卵磷脂组的性腺指数最高且卵粒直径最大，均显著高于其他各组。

表 6-58 不同饲料组银鲳亲体性腺指数及卵粒直径

指　标	实验饲料			
	对照组	硒组	卵磷脂组	硒＋卵磷脂组
性腺指数（%）	9.61±0.68[b]	10.96±0.82[b]	11.21±0.73[b]	13.87±0.88[a]
卵粒直径（mm）	1.40±0.03[c]	1.43±0.04[bc]	1.50±0.05[b]	1.56±0.04[a]

注：同一行不同上标字母表示组间具有显著性差异（$P<0.05$）。

综合分析表明，饲料中同时添加硒酵母与大豆卵磷脂既可有效降低机体中的脂质过氧化反应，又可明显提高机体对脂类营养的消化吸收，同时还能提高银鲳亲体的性腺发育指数，改善卵子的发育质量，提升其繁殖性能。

四、益生菌在银鲳饲料中的应用效果分析

益生菌可通过调节肠道微生物的组成结构，提高鱼类宿主的消化吸收和生长性能，并提高其免疫能力和抗病性（Nayak，2010；Xing et al，2014）。枯草芽孢杆菌、植物乳杆菌和丁酸梭菌是水产养殖业最常用的益生菌，且其在水产养殖中的作用效果也得到了充分的肯定（Ai et al，2011；Giri et al，2013）。下面主要介绍此三种益生菌在银鲳饲料中的应用效果。

投喂丁酸梭菌、植物乳杆菌和枯草芽孢杆菌对银鲳的末重、增重和特定生长率皆有显著的改善作用（表6-59）。显而易见，这些益生菌可改善银鲳的健康状况，而不会造成任何负面效果。因此，这些益生菌可用于银鲳的人工养殖。此外，这些益生菌的效果亦存在着差异，其中以枯草芽孢杆菌的效果最佳。大量研究表明，枯草芽孢杆菌作为益生菌在水产养殖中的优势非常明显（Ai et al，2011；Telli et al，2014；Zhang et al，2014）。因此，银鲳配合饲料中建议添加适量枯草芽孢杆菌。

表6-59 益生菌对银鲳幼鱼增重、特定生长率和成活率的影响

(Gao et al, 2016)

时间	指标	对照组	丁酸梭菌	植物乳杆菌	枯草芽孢杆菌
0~30 d	初始重（g）	4.99±0.08	5.07±0.09	5.14±0.04	4.98±0.05
	末重（g）	11.88±0.14a	13.48±0.34b	13.61±0.27bc	14.40±0.20c
	增重（g）	6.89±0.15a	8.41±0.42b	8.47±0.23b	9.42±0.25c
	特定生长率	2.89±0.06a	3.26±0.14b	3.25±0.04b	3.54±0.08b
	成活率（%）	0.97±0.02	0.98±0.02	0.95±0.00	0.98±0.02
0~60 d	初始重（g）	4.99±0.08	5.07±0.09	5.14±0.04	4.98±0.05
	末重（g）	19.4±0.52a	23.46±0.66b	22.35±0.36b	23.71±0.43b
	增重（g）	14.41±0.50a	18.39±0.72b	17.21±0.35b	18.73±0.47b
	特定生长率	2.26±0.05a	2.55±0.07b	2.45±0.03b	2.60±0.05b
	成活率（%）	0.95±0.03	0.95±0.03	0.93±0.02	0.97±0.02

注：同一行中数据中具有不同字母的表示差异显著（$P<0.05$）。

益生菌在宿主免疫应答反应中起着重要作用，因此通过投喂益生菌可以优化宿主的免疫功能。益生菌能够增强肠道内先天的和适应性免疫的功能，以保护宿主免受外界微生物的侵入。溶菌酶是一种阳离子酶，能裂解革兰氏阳性细菌，甚至能裂解一些革兰氏阴性菌肽聚糖层中的糖苷键，所以其在抑制致病菌、防治病害、增强抗病性等方面具有较大的作用（Alexander et al，1992）。丁酸梭菌、植物乳杆菌和枯草芽孢杆菌均能提高血清溶菌酶的活力，且溶菌酶的活力在不同的益生菌处理组间无显著差异（图6-37）。

益生菌处理组的血清SOD活力显著高于对照组（图6-37）。SOD是一种重要的抗氧化酶类，在几乎所有的活细胞中皆可被发现，其可以交替催化有毒超氧自由基，将其分解为普通分子氧或过氧化氢。

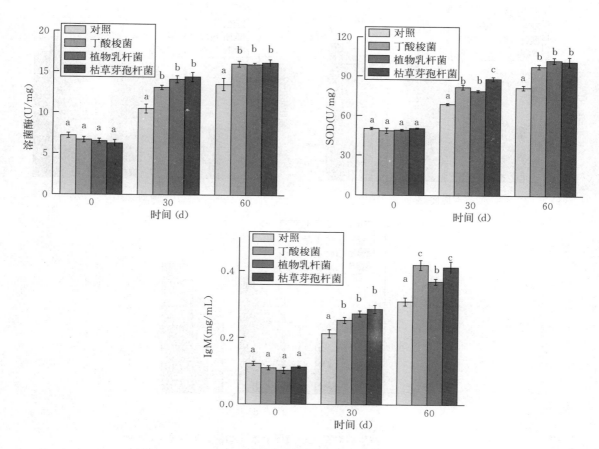

图 6-37　益生菌对银鲳幼鱼血清溶菌酶、SOD 活力及 IgM 含量的影响
同一时间段中的不同字母的表示差异显著（$P<0.05$）
（Gao et al，2016）

有研究报告指出，在饲料中添加益生菌可提高鱼类或虾体内 SOD 的活力（Tseng et al，2009；Sun et al，2010）。可以推测，SOD 活力的增加可有效降低有毒超氧阴离子的水平，或将其转化为单线态氧或过氧化氢，从而提高银鲳免疫活力细胞的杀菌能力。鱼类主要的抗体类型是高分子量的免疫球蛋白。IgM 是主要的免疫球蛋白，是目前血液循环系统中最主要的抗体。大量文献指出，在鱼类饲料中添加益生菌可以提高鱼类血液中免疫球蛋白的含量（Sun et al，2014）。投喂益生菌 30 d 后，银鲳血清 IgM 浓度显著高于对照组（图 6-37）。

益生菌能够提高消化酶活力，包括脂肪酶、蛋白酶和淀粉酶等，这可能是益生菌能够促进鱼和虾类生长的另一个重要原因（Zokaeifar et al，2012）。鱼类在食用益生菌后，其胃肠道内的益生菌还可产生外源消化酶，从而提高营养物质的消化率，并改善鱼类的健康状况（Zhang et al，2010）。益生菌可分泌多种消化酶，并帮助宿主充分地消化饲料，这有益于营养物质的消化和吸收（Zhang et al，2010）。益生菌处理组银鲳消化道中消化酶活力较高（图 6-38），且其生长性能皆优于对照组。通过提高消化酶的活力，从而提高饲料中的营养物质的利用率，可能是益生菌改善银鲳生长性能的主要原因之一。

综上所述，这 3 株益生菌皆可在银鲳生长性能、免疫应答和消化酶活力等方面发挥益生作用，均可用于银鲳人工配合饲料的配制；结合生长及生理指标的分析，3 株益生菌中，以枯草芽孢杆菌的益生效果最佳。

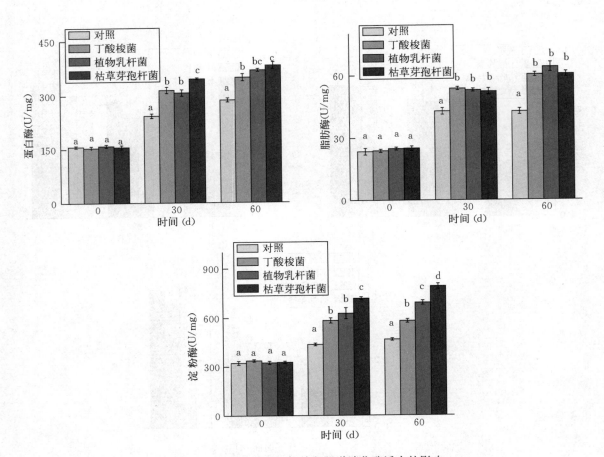

图 6-38　益生菌对银鲳幼鱼肠道消化酶活力的影响

同一时间段中的不同字母的表示差异显著（$P < 0.05$）

（Gao et al，2016）

第七章

银鲳消化道微生物的组成与分布

第一节　鱼类消化道菌群的作用及益生菌在水产养殖中的应用

消化道微生物在鱼类生长发育过程中起着非常重要的作用，其平衡状态关系到鱼类机体的健康。正常的微生物菌群可以帮助鱼类更好地消化吸收营养物质，同时还能调节鱼类的免疫功能，维持鱼类的机体健康。益生菌是指通过改善宿主肠道微生态平衡而对宿主动物发挥有益作用的活菌制剂。目前，益生菌已被广泛应用于水产养殖领域，并得到了普遍认可。作为新型饲料添加剂，益生菌提高了水产品的产量，带来了巨大的经济效益。本节重点概括鱼类消化道菌群的作用及益生菌在水产养殖中的应用情况。

一、鱼类消化道菌群的生理作用

针对鱼类消化道（主要为肠道）菌群的生理作用，杨彬彬等（2013）进行了较为详细的综述报道，其生理作用主要体现在营养功能、免疫调节功能以及抑制病原菌功能三个方面。

1. 营养功能

健康鱼类肠道内的微生物可以分泌消化酶，合成维生素等营养物质，在鱼类的营养、消化吸收等方面起着重要的作用。健康鱼类的肠道微生物可以分泌多种消化酶，如蛋白酶、磷酸酶、脂肪酶、淀粉酶、纤维素酶等。这些消化酶能够作为鱼类肠道内消化酶的一个重要来源，帮助鱼类更好地消化吸收某些营养物质。Ramirez et al（2003）在对漠斑牙鲆、眼斑星丽鱼和神仙鱼肠道的研究中发现，这三种鱼类肠道中分离得到的专性厌氧细菌能够分泌酸性磷酸酶、碱性磷酸酶、酯酶、糖苷酶等消化酶。Bairagi et al（2002）的研究表明，草鱼、鲤、罗非鱼等 9 种鱼类肠道中的一些好氧细菌也具有分泌消化酶的能力，分泌的消化酶种类主要有淀粉酶、脂肪酶、纤维素酶等。

鱼类肠道中的微生物还可以合成多种维生素，其中关于维生素 B 的报道较为多见（Nayak，2010）。在鱼类的肠道中，合成维生素 B 的主要为厌氧微生物（Limsuwan et al，1981）。在 Limsuwan et al（1981，1982）的实验中，给罗非鱼、斑点叉尾鮰饲喂缺少维生素 B_{12} 的饲料，不会对鱼类的生长产生很大的影响。不同鱼类肠道中的微生物合成维生素 B_{12} 的量有所不同，这与鱼类肠道中好氧菌群与厌氧菌群的比例大小有关。罗非鱼的肠道微生物产生维生素 B_{12} 的量多于斑点叉尾鮰，其原因是前者肠道微生物中的厌氧微生物的比例高于后者（Sugita et al，1990）。另外，研究发现肠道微生物还能产生脂肪酸供鱼体利用。Smith et al（2005）报道中指出，鱼类肠道中的厌氧菌群可以分泌挥发性脂肪酸，这种物质有助于鱼类对营养物质的消化吸收。

2. 免疫调节功能

肠道中的免疫系统，即肠相关淋巴组织，由淋巴小结、游离淋巴组织、浆细胞及黏膜上皮内淋巴细胞组成。肠相关淋巴组织能够阻止感染源物质进入肠道，对肠道的免疫起着重要的调节作用。肠道微生物在肠相关淋巴组织的发育成熟过程中起着十分重要的作用（Rhee et al，2004）。鱼类的肠相关淋巴组织主要包括淋巴细胞、浆细胞、嗜酸性粒细胞以及其他几种颗粒细胞（Zapata et al，2006）。研究表明，鱼类肠道内的微生物与鱼类肠道上皮细胞的增殖、成熟以及免疫功能密切相关（Rawls et al，2007）。Rawls et al（2004）利用分子生物学的方法研究发现，斑马鱼肠道中某些微生物的一些功能物质可以刺激肠道上皮细胞增殖，促进营养物质代谢，刺激斑马鱼自身免疫系统的应答反应。Panigrahi et al（2005）在虹鳟的饲料中添加不同处理方式的乳酸菌，结果显示，活的乳酸菌比热致死的乳酸菌能够更好地诱导巨噬细胞的吞噬活性和补体功能，并且使血浆免疫球蛋白水平呈现升高趋势。

Hansen et al（1992）在对 14 日龄的鲱进行实验时发现，幼鱼后肠中的上皮细胞可以通过内吞作用吞噬细菌。Olafsen et al（1992）同样发现，4～6 日龄的鳕和 10～12 日龄的鲱前肠中细菌类的抗原可以完全进入柱状上皮细胞。

3. 抑制病原菌功能

鱼类肠道内种类繁多的微生物在抑制病原微生物方面起到了非常重要的作用，可保护宿主鱼类免受病原微生物的侵害。

Sugita et al（1996）对从淡水鱼类肠道中分离出的 304 株细菌进行抗菌实验，结果显示其中 3.2% 的细菌表现出抗菌能力，尤其是嗜水气单胞菌属、假单胞杆菌属的几个菌株，它们可以抑制 7～12 个靶菌株。Sugita et al（1998）在随后的实验中，对从鱼类肠道中分离得到的 1 055 株细菌进行抗海洋弧菌的实验，结果表明 2.7% 的细菌具有抑制目标菌株的能力。Olsson et al（1991）的研究发现，大菱鲆肠道中能够抑制鳗弧菌的菌株占分离得到菌株总数的 28%。此外，有些种类的细菌具有广谱性的抑制作用，可以抑制多种病原微生物。肉杆菌属的细菌在鲑的肠道中比较常见，它能够抑制嗜水气单胞菌、杀鲑气单胞菌、嗜鳍黄杆菌、米氏链球菌等细菌（Robertson et al，2000）。

二、益生菌在水产养殖中的应用及研究进展

益生菌在动物的胃肠内具有强大的益生功能，能够抑制有害菌的生长，促进免疫系统的发育，提供营养成分，强化肠道黏膜屏障等（Vaughan et al，2002）。益生菌是促进人类健康的"多功能食品"，在畜牧业、渔业领域亦是预防和治疗疾病、促进动物生产性能的"多功能饲料添加剂"。近几年，益生菌被广泛用于促进水生动物的生产性能及预防和治疗疾病，已成为水产养殖业的研究和应用焦点。益生菌的推广应用可有效解决抗生素及其他药物的滥用带来的问题，并通过提高水生动物的生产性能和控制疾病等途径显著提高水产品的产量。以下从益生菌的益生机理、对仔鱼的益生作用、选择与应用要点、安全性和在海水鱼类养殖领域的研究和应用进展 5 个方面分别进行阐述。

1. 益生机理

（1）优化菌群结构 为了全面地理解益生菌的潜在益生特性，可将消化道作为一个相对独立的生态系统。水生动物的消化道是一个开放的系统，时刻与外界环境进行物质交换。相对于水生环境，消化道内拥有丰富的营养物质，所以更容易滋生细菌。益生菌在预防和控制水生动物传染性疾病方面扮演着重要角色。益生菌通过在肠道黏膜上黏附、定植、繁殖，与致病菌竞争黏附位点和营养物质，从而达到抑制致病菌的效果。大多益生菌可产生酸性物质，这些物质可以抑制致病菌的生长，使其不能成为消化道内的优势菌落（Ringo et al，2007）。现在益生菌主要用于抑制有害菌，优化菌群结构，使消化道内的微生态动态平衡，利于水生动物的健康。

（2）促进营养物质的消化和吸收 消化道内的益生菌可产生很多活性物质和营养成分，如酶类、氨基酸和维生素等，这些物质可作为饲料的补充，满足动物的营养需要。Bairagi et al（2002）从鱼的肠道内提取、培养了 9 种不同的细菌，发现这些细菌可产生多种消化酶类，这些消化酶可以促进饲料的消化和利用。

（3）强化免疫系统的功能 益生菌具有调控寄主免疫系统的功能，这是益生菌最重要的益生特性。早期的研究主要集中在提高鱼的生产性能及控制疾病方面，现在则转移到探究益生菌的免疫调节能力。体外实验及活体动物实验皆发现益生菌具有免疫调控功能（包括全身免疫和局部免疫），避免发生严重的炎症反应。益生菌可作用于鱼体肠道的单核细胞、吞噬细胞、粒细胞、NK 细胞，强化鱼体免疫系统的功能。饲喂益生菌可提高鱼的红细胞、粒细胞、巨噬细胞、淋巴细胞、T 细胞以及免疫球蛋白的数量，从而增强免疫能力，提高鱼体免疫耐受力（Picchietti et al，2007；Kumar et al，2008；Picchietti et al，2009）。益生菌还能够提高鱼的肠道黏膜溶菌酶、噬菌细胞以及白细胞的活力（Balcazar et al，2006）。此外，益生菌能够促进鱼体免疫器官的生长发育。所以益生菌可作为免疫激活剂投入生产使用。

（4）抗病毒作用　　益生菌有抗病毒的作用。在医疗方面，益生菌能够治疗人的病毒性感冒、轮状病毒腹泻甚至艾滋病及其并发病等（王占峰等，2010）；在水产养殖方面，益生菌能够增强鱼体对抗虹彩病毒的能力（Son et al，2009；Liu et al，2012）。益生菌对抗病毒的机制尚不明确，根据现有的报道有两种可能的机制：第一，通过特异和非特异机制干扰病毒周期；第二，通过结合肠道细胞表面的病毒受体抑制病毒的黏附。目前在水产养殖领域，有关益生菌治疗病毒感染的报道较少，但是随着养殖技术的进步以及益生菌的开发利用，益生菌必定会在防治水生动物病毒感染方面担当重要的角色。

（5）调节水质　　益生菌在水产业的应用价值要高于陆生动物，因为在水产养殖领域，益生菌除了能够促进营养物质的消化、吸收以及控制疾病外，还可作为改良水质的添加剂。益生菌可分解水中的有机物质，减少氮、磷含量，调节氨、亚硝酸盐以及硫化氢在水中的含量（Boyd et al，1990）。Dalmin et al（2001）发现益生菌可通过优化水质、减少水生环境的致病菌，提高水生动物的成活率和生产性能。

2. 对仔鱼的益生作用

孵化期的海洋卵黄囊仔鱼的肠道是直的，肠道内部呈无菌状态，肠道上皮纤毛细胞开始成形。在这个时期，鱼的嘴部一般是不能张开的，比如金赤鲷、塞内加尔鳎、舌齿鲈等（Dimitroglou et al，2011）。在鱼类的嘴张开后，肠道成了与外部环境联系的最重要的场所，是致病菌侵入的主要途径。在这个时期，仔鱼的免疫系统尚未发育完全，只能依靠先天性免疫系统进行有限的调节。但是益生菌可进入肠道，形成第一道对抗有害菌入侵的屏障。益生菌可通过竞争营养成分、黏附位点以及改善仔鱼的免疫耐受力等为寄主提供有效的保护（Olafsen et al，2001）。很多特定的微生物种系比如乳酸菌可通过产生代谢物质（如乳酸、过氧化氢、二氧化碳、抗菌肽/蛋白、有机酸、氨气、二乙酰等）抑制致病菌。不仅如此，益生菌和鱼类寄主可通过协同作用，形成健康而稳定的微生物群系，并合力维持这个微生物群系的动态平衡，使这个群系能够发挥出强大的益生作用。在仔鱼早期，肠道内的益生菌可诱导免疫系统的发育，激活寄主的免疫活力，提高仔鱼对微生物的免疫耐受力（Perez et al，2010）。早期形成的稳定的微生物群系，对仔鱼肠道的组织分化和发育、防治肠道疾病等方面具有十分重要的意义。

3. 选择与应用要点

（1）益生菌应用的基本要求　　具备益生特性的细菌可用于制备新型、有效、安全的微生态制剂，但是这些细菌必须具备某些特性（Kesarcodi - Watson et al，2008），这些特性包括对寄主没有任何危害；易被寄主"接纳"，通过动物采食进入肠道内，与寄主建立"互利共生"的关系；能够到达肠道特定的位点，并发挥有效的益生作用；不具有抗毒基因。

（2）益生菌的选择　　益生菌的选择是非常重要的，因为不合适的"益生菌"会在动物的肠道内对寄主造成意想不到的损害。作为益生菌，不管源于何地，都必须在动物的肠道内定植，这是首要条件。现在大部分用于水产养殖中的益生菌，最初是用于陆生动物养殖的。许多商用的益生菌在水产养殖方面的益生效果较差，可能是由于这些益生菌不是源于水生动物或者不适应水生动物的肠道，在肠道内不能维持菌群的规模。从成熟的水生动物的肠道内分离培养的益生菌，用于未成熟的水生动物，益生效果却极其显著。这是由于益生菌在其"源地"，可以更好地对抗致病菌，进入动物肠道后可以迅速地成为优势菌群，并长期定居肠道。Carnevali et al（2004）发现从金赤鲷肠道内提取的乳酸菌可以提高鱼苗的成活率，另外，寄主肠道细胞不会因为这些"土著细菌"的入住而发生不良反应。

（3）生态因子的调节　　生态因子对于微生物的生长是非常重要的，能够影响水生动物肠道的菌群结构和饲料的利用率（Pesce et al，2008）。水的硬度、溶解氧、温度、pH、渗透压以及机械性摩擦等皆会影响益生菌在水生动物肠道内的定植、繁殖。另外，鱼类致病菌，如嗜水气单胞菌、迟缓爱德华菌（Swain et al，2003）、副溶血弧菌（Cheng et al，2004）等皆对生长条件、水生环境有特殊要求。所以合理设计饲料配方、有效地控制内在生态因子（pH、水的活性、氧化还原能力、亚硝酸盐的浓度）和外在生态因子（温度、湿度），有助于益生菌发展成肠道的优势菌群，减少致病菌的感染。所以微生态制剂的合理运用对于水生动物的生长发育、疾病控制以及水质的改善等都有重要的意义。

（4）单一菌与复合菌的使用 益生菌饲料添加剂有单一菌和复合菌。复合菌的益生效果一般要优于单一菌。因为复合菌是多种细菌的有机结合，可通过协同合作发挥出更强的益生作用。在水产养殖领域，应用最多的益生菌是乳酸菌、枯草芽孢杆菌、双歧杆菌。这些益生菌的益生机理存在差异，分别具有不同的益生特性。益生菌的功能差异，与菌体成分的结构特点及生物活性有关。选择具有不同特性的益生菌制备复合菌，可以发挥这些益生菌的协同作用，具有更好的益生效果。Salinas et al（2008）发现，复合菌（枯草芽孢杆菌和德氏乳杆菌）可增加金赤鲷肠道黏膜的免疫球蛋白 M 细胞和 AG 细胞的数量，但是单独使用这两种菌却没有这种效果。

复合菌并不是几种细菌的随意组合。这些益生菌的益生作用必须存在互补，而且最好没有相同的黏附位点。益生菌的来源以及这些益生菌的亲缘关系，皆影响复合菌的使用效果。Choi et al（2008）发现使用同属于弧菌科的复合菌（Pdp 和 51M6），与单独使用这两种益生菌的效果相同；但是使用属于不同家族的复合菌（乳酸菌和枯草芽孢杆菌），却能够发挥出单一菌无法发挥出的益生效果。

（5）灭活菌的使用 现在的益生菌一般都是活菌制剂，需要生活在肠道而发挥作用。但是许多益生菌被灭活后仍具有与活菌相似的益生功能。这些灭活后的细菌不仅能够黏附到动物的肠道细胞上，而且能够调节寄主的免疫反应。体内和体外实验皆发现，灭活菌能够调节鱼的免疫反应，强化免疫功能，预防各种疾病。这是因为灭活菌的菌体成分（脂磷壁酸、肽聚糖、荚膜多糖等）在起作用。这些菌体成分可刺激肠道黏膜上皮细胞，强化寄主的免疫功能。Panigrahi et al（2005）则发现活菌具有比灭活菌更强的益生功能。

（6）益生菌的使用量 益生菌的饲喂量对养殖效果是至关重要的。合理的添加量不仅能促使益生菌在短时间内定植于肠道，而且会使益生菌发挥出应有的益生作用。体内、体外实验皆发现，益生菌的免疫调控能力随着添加量的改变而改变。益生菌的添加水平是根据益生菌改善生产性能和防治病害的最佳效果而选择的。在水产养殖领域，益生菌的添加量一般在 $10^6 \sim 10^9$ cfu/g，过高或过低均会影响益生菌的益生效果（Nikoskelainen et al，2001）。但是具体的添加水平，需要根据具体的鱼和益生菌进行实验研究确定。

（7）饲喂益生菌的持续时间 益生菌的饲喂持续时间是影响益生菌在肠道发挥益生作用的又一重要因素。在水产养殖中，益生菌合理的饲喂持续时间一般在 1～10 周。饲喂的最佳持续时间与饲养的鱼种、选择的益生菌有关。养殖相同的水生动物，不同的益生菌需要饲喂的持续时间不同；使用相同的益生菌，不同的水生动物亦需要不同的饲喂持续时间。饲喂益生菌的时间过长或过短都是不科学的。饲喂时间过长，会造成不必要的浪费（Salinas et al，2008）；而饲喂时间过短，会导致益生菌在鱼的肠道内的数量过少，而使益生菌不能发挥出有效的作用（Choi et al，2008）。当前益生菌的使用时间普遍偏长，所以需要对益生菌进行详细的研究，找出需要的最短饲喂持续时间，以减少成本。

（8）益生菌的使用方式 益生菌属于饲料添加剂，但是在水产养殖领域，国外的学者亦将益生菌称为"水添加剂"。许多益生菌可作为优化水质的"水添加剂"。益生菌的使用方式有多种，比如浸入水中、悬浮于水上以及直接饲喂。直接饲喂益生菌可使益生菌有效地定植在鱼的肠道中，所以能够更好地发挥其益生作用，而 Zhou et al（2010）直接将益生菌添加到水中，发现可改善金赤鲷的生产性能和免疫功能；制备的益生菌生物胶囊，可以悬浮于水上，对提高鱼苗的成活率有良好的效果。Picchietti et al（2007）发现将轮虫和卤虫作为载体，能够有效地帮助益生菌进入水生动物的肠道内定植、繁殖。

4. 安全性

也有学者对益生菌的安全性提出质疑，他们认为现在使用的益生菌可能拥有编码致病性、抗抗生素的基因，这些基因可通过水平基因转移从病原体获得（Capozzi et al，2009）。虽然现在没有这方面的确切报道，但是不能排除这种可能性。同时，现在使用的许多益生菌并没有被全面地认识，存有一定的安全隐患，所以推荐使用灭活菌，以免出现安全问题（Dimitroglou et al，2011）。为排除益生菌的这种潜在安全隐患，需要运用现代分子技术手段进行检测、分析。另外，乳酸菌是现在最常用的一类益生菌，已被广泛地应用于水产养殖领域，但是并不是所有的乳酸菌都是益生菌，研究发现许多病害的发生与乳酸乳球菌有关（Ringo et al，1998），所以益生菌的安全性需要被作为首要的鉴定指标。

5. 在海水鱼类养殖方面的研究与应用进展

（1）石斑鱼类养殖　石斑鱼是一类名贵的海水养殖品种，其肉质鲜美、营养丰富，市场价值极高。由于石斑鱼易受致病菌感染，所以死亡率较高。益生菌被应用于石斑鱼的海水养殖，效果极其显著。Son et al（2009）发现，乳酸菌不仅提高点带石斑鱼的生产性能，还能够强化免疫系统，增强对致病菌（链球菌）、病毒（虹彩病毒）的耐受能力。枯草芽孢杆菌亦有相同的益生作用，可以提高斜带石斑鱼的增重和饲料转化率，并且随着添加剂量的增多，效果更加明显；枯草芽孢杆菌能够提高吞噬细胞的活力、头肾白细胞超氧化物歧化酶的活力、血清溶菌酶的活力、血清补体活性等，从而提高免疫功能，增强对致病菌（链球菌）、病毒（虹彩病毒）的抵抗能力（Liu et al，2012）。此外，短小芽孢杆菌、克劳氏芽孢杆菌、酿酒酵母、嗜冷杆菌等（Sun et al，2010；Chiu et al，2010）皆发现可用于石斑鱼的海水养殖。

（2）金赤鲷养殖　金赤鲷是欧洲南部的重要养殖鱼类，但是过多的传染性疾病的发生使得这种鱼的养殖产量锐减，造成巨大的经济损失。近几年，益生菌作为抗生素的替代品被应用于金赤鲷养殖。Carnevali et al（2004）从金赤鲷的成鱼肠道中分离培养了食果糖乳杆菌，并将其和植物乳杆菌（非金赤鲷肠道细菌）混合后投喂金赤鲷，发现仔鱼早期植物乳杆菌的数量维持在较高的水平，但是随着鱼的生长，食果糖乳杆菌逐渐占据了优势，并且其益生作用要高于植物乳杆菌。饲喂的乳酸菌可显著降低金赤鲷的皮质醇、热应激蛋白的表达水平，提高对强酸的耐受能力等（Rollo et al，2006）。另外，饲喂乳酸菌还可提高金赤鲷的消化酶的活力，从而提高饲料的消化率，并能够降低鱼的死亡率，但是直接将乳酸菌加入池水中却没有这些效果（Suzer et al，2008）。现在，越来越多的细菌被发现可用于制备微生态制剂，促进金赤鲷的健康发育（Makridis et al，2005；Avella et al，2010）。

益生菌除了能够提高金赤鲷的成活率、生产性能、抗应激能力，还能够调节免疫功能、促进免疫系统的发育。Salinas et al（2005）发现两种乳酸菌皆可提高金赤鲷头肾白细胞的吞噬能力，强化免疫功能。两种菌混合使用的效果要比单一菌种更好，这可能是由于两种菌的益生途径不同，各自拥有不同的免疫调节机制。益生菌亦能够促进金赤鲷的免疫功能的发育。Chaves-Pozo et al（2005）发现益生菌可促进金赤鲷免疫系统的发育，且随着养殖时间的延长效果更加显著；在养殖后期（孵化后 99 d），金赤鲷的免疫功能显著高于前期（孵化后 28 d）。

（3）舌齿鲈养殖　Carnevali et al（2006）将从舌齿鲈成鱼肠道内提取的乳酸菌饲喂欧洲舌齿鲈幼鱼，发现这种乳酸菌能够有效地在舌齿鲈肠道内定植，并成为优势菌群，其数量与对照组比较有显著性提高；并且实验组与空白对照组相比，舌齿鲈的生产性能、饲料利用率皆有明显提高。Frouel et al（2008）亦发现乳酸菌可提高舌齿鲈的成活率、生产性能。不仅如此，早期饲喂乳酸菌还能增加 T 细胞和嗜酸性粒细胞的数量，而不会破坏肠道黏膜上皮；同时，IL-1β、IL-10、Cox-2、EGF-β 亦有所降低，这说明乳酸菌能够调控欧洲舌齿鲈的免疫系统。

（4）大黄鱼养殖　大黄鱼是我国重要的海水养殖鱼类。随着大黄鱼养殖规模的扩大，大黄鱼的病害日益增多。鉴于传统药物（抗生素等）的安全隐患，开发高效安全的新型免疫增强剂成为当务之急。研究者发现，向饲料中添加 1.36×10^7 cfu/g 的枯草芽孢杆菌可提高大黄鱼的增重率、饲料转化率，调节非特异性免疫反应，减少疾病的发生（Ai et al，2011）。王君娟等（2010）从大黄鱼肠道内分离培养的枯草芽孢杆菌的代谢产物既有较好的抑制病原弧菌的效果及较广的抗菌谱，又有较好的降解氨氮以及残余饲料（蛋白质和淀粉）的能力，推测其在海水养殖上具有潜在的应用价值。

（5）大菱鲆养殖　Gatesoupe et al（1994）最先将益生菌用于大菱鲆养殖，发现饲喂乳酸菌后，大菱鲆肠道内乳酸菌的数量显著增加；大菱鲆对致病弧菌的抵抗能力有所提高，成活率显著提高；益生菌的最佳使用剂量在 $1 \times 10^7 \sim 2 \times 10^7$ cfu/mL。由于大菱鲆仔鱼的成活率低，Huys et al（2001）分离培养了自然成长在大菱鲆肠道内的细菌，并分析了这些细菌对大菱鲆仔鱼成活率的影响；结果发现，有两种细菌可显著提高仔鱼的成活率，现已被推荐用于大菱鲆养殖。现在很多水产研究者将乳酸菌或者分离提取的益生菌（从寄主肠道内或者水生环境中分离提取）应用于大菱鲆养殖，皆发现益生菌具有优化肠道菌群结构、提高仔鱼的成活率、预防疾病、促进营养物质消化吸收的益生功能。

(6) 塞内加尔鳎的养殖 目前有关益生菌的研究，倾向于直接从鱼类的肠道内分离提取细菌，而后进行益生功能鉴定。Chabrillon et al（2005）从金赤鲷和塞内加尔鳎肠道中提取了 19 种细菌，发现一种交替单胞菌（Pdp11）可作为益生菌应用于塞内加尔鳎的养殖；Pdp11 可抑制哈维弧菌引发的疾病；体外实验发现这种细菌可抑制哈维氏弧菌的黏附，这可能是其提高塞内加尔鳎的成活率的主要益生机制。Saenz et al（2009）发现 Pdp11 和 Pdp13 可优化塞内加尔鳎的菌群结构，显著地提高肠道内消化酶的活力和鱼的生长速度，维持肠道上皮细胞的完整性，提高肠道上皮细胞的功能。

综上所述，随着人们对水产品需求的日益增多，寻求抗生素的替代品亦越来越迫切，益生菌具有广阔的应用前景。微生态制剂（益生菌、益生素、合生剂）的益生效果，吸引了业内人士的关注，翻开了水产养殖技术的新篇章。微生态制剂是化学药品和抗生素的理想替代品。现在越来越多的益生菌被用于水产养殖，通过改善水产动物的生产性能、防治疾病，大大提高了水产品的产量，带来了巨大的经济效益。但是益生菌的使用方式需要进一步的改善，比如，不同鱼种往往需要不同的益生菌、不同的使用量和不同的饲喂持续时间等。

第二节　银鲳消化道菌群结构及其产酶菌

肠道菌群结构是由多种菌组成的复杂的微生态系统，其是否平衡直接关系到机体健康及生长性能。一个良好的肠道菌群结构对鱼类的生长发育、抗病能力、免疫反应、消化吸收等起着重要作用（Ganguly et al，2010）。然而，无论是野生鱼类还是人工养殖鱼类，其肠道菌群结构的形成，除了与鱼类自身的食性类型有关外，还受水体环境、饵料生物的影响（Sugita et al，1983；Cahill，1990）。目前对肠道微生物的研究已成为国内外学者研究提高人类、畜禽和水产养殖动物抗病力、免疫力、消化吸收能力等的重要途径。肠道微生物最重要的功能之一是促进肠道对营养物质的消化吸收，提高饵料转化率，其发挥作用主要是通过增加消化酶的活性来实现的。鱼类可通过机体自身分泌的内源性消化酶和消化道微生物分泌的外源性酶将食物分解为肠道可吸收的小分子营养物质（Clements，1997；Ray et al，2012）。鱼类自身分泌的内源性消化酶与鱼本身的消化系统特性、发育阶段、食物组成等有关，而源于消化道微生物的外源性消化酶活性的提高也有助于促进营养物质消化，提高饵料转化率。将产酶菌株作为有益菌添加剂用于鱼类的饲料中以提高饵料转化率、降低养殖成本的研究已有报道。本节主要阐述野生和养殖银鲳胃、幽门盲囊、前肠、中肠、后肠菌群结构间的差异，以及对产酶菌株的鉴定分析。

一、野生与养殖银鲳消化道菌群结构的比较

基于 16 s rDNA 分析了野生和养殖银鲳胃、幽门盲囊、前肠、中肠、后肠的菌群结构，同时比较分析了两者间的差异。将提取的 DNA 作为模板，进行 PCR 扩增，获得的片段长度为 1 300 bp（图 7 - 1）。

经测序和分析得到一定长度的 16 s rRNA 基因片段，与 GenBank 中已登录的基因序列比对，寻找与该菌同源性最高的菌株。野生与养殖银鲳消化道各组织菌群结构对比分析见表 7 - 1 至表 7 - 5。

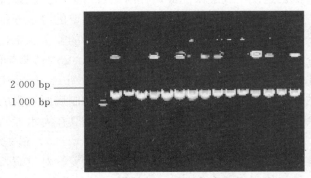

2 000 bp
1 000 bp

图 7 - 1　野生和养殖银鲳消化道内部分菌群
16 s rDNA 的 PCR 产物
（王建建等，2014）

表 7-1　野生与养殖银鲳胃菌群对比分析

（王建建等，2014）

实验编号	菌株	相似度（%）	NCBI 序列号	野生	养殖
H7	*Psychrobacter sanguinis* strain 92	99	HM212666.1	＋	－
W6/Z8	*Psychrobacter piscatorii* strain VSD503	99	KC534182.1	＋	－
WH13	*Psychrobacter nivimaris* strain Noryt4	99	KC462924.1	＋	－
WH24	*Psychrobacter sanguinis* strain K11 A2	99	JX501674.1	＋	－
WH27	*Psychrobacter fozii* strain Spedv2	99	KC462943.1	＋	－
WH14	*Psychrobacter nivimaris* strain D7084	99	FJ161365.1	＋	－
WHf	*Psychrobacter cryohalolentis* strain HWG-A17	99	JQ684240.1	＋	－
YH6	*Psychrobacter cibarius* strain JG-220	99	AY639872.1	＋	－
WH11	*Psychrobacter fozii* strain NF23	99	NR_025531.1	＋	－
WHb	*Psychrobacter nivimaris* strain CJ-S-NA3	99	HM584287.1	＋	－
YL3	*Acinetobacter bouvetii* strain 3-6	99	JX867754.1	－	＋
WL2	*Pseudomonas geniculata* strain PRRZ5	98	HQ678674.1	－	＋
Z4	*Micrococcus luteus* strain PCSB6	99	HM449702.1	－	＋
ww4	*Acinetobacter johnsonii* strain 261ZY15	99	KF831405.1	－	＋
W11	*Pseudomonas geniculata* strain XJUHX-18	99	EU239476.1	－	＋
WE	*Pseudochrobactrum saccharolyticum* strain ALK626	99	KC456591.1	－	＋
Wa	*Micrococcus luteus* strain BBN4B-01 d	99	FJ357615.1	－	＋
wg	*Micrococcus luteus* strain CJ-G-TSA7	99	HM584259.1	－	＋

注：＋表示存在；－表示不存在。

表 7-2　野生与养殖银鲳幽门盲囊菌群对比分析

（王建建等，2014）

实验编号	菌株	相似度（%）	NCBI 序列号	野生	养殖
Y9	*Pseudochrobactrum asaccharolyticum* strain ALK634	99	KC456599.1	＋	－
Y11	*Pseudochrobactrum asaccharolyticum* strain CCUG 46016	99	NR_042474.1	＋	－
W6	*Psychrobacter piscatorii* strain VSD503	99	KC534182.1	＋	－
YH18	*Psychrobacter cibarius* strain LMG 7085	99	HQ698586.1	＋	－
WH24	*Psychrobacter sanguinis* strain K11 A2	99	JX501674.1	＋	－
YH12	*Brochothrixther mosphacta* strain KSN1	99	KC346293.1	＋	－
WH27	*Psychrobacter fozii* strain Spedv2	99	KC462943.1	＋	－
YHb	*Psychrobacter cibarius* strain JG-220	99	AY639872.1	＋	－
WH11	*Psychrobacter fozii* strain NF23	99	NR_025531.1	＋	－
YH16	*Stenotrophomonas maltophilia* strain Y10	99	JX646629.1	＋	－
YYH7	*Planococcus rifietoensis* strain YJ-ST4	99	KF876867.1	＋	－
YYH5	*Pseudochrobactrum saccharolyticum* strain T-1	99	FJ493054.1	＋	－
ZZH1	*Pseudochrobactrum asaccharolyticum* strain ALK635	99	KC456600.1	＋	－
YYH4	*Psychrobacter maritimus* strain KOPRI_22337	99	EU000245.1	＋	－
HH2	*Psychrobacter pulmonis* strain C9 A2a	99	JX501673.1	＋	－
YL3	*Acinetobacter bouvetii* strain OAct422	99	KC514127.1	－	＋

（续）

实验编号	菌株	相似度（%）	NCBI 序列号	野生	养殖
YL4	*Acinetobacter bouvetii* strain ALK054	99	KC456561.1	—	＋
YL3	*Acinetobacter bouvetii* strain 3 − 6	99	JX867754.1	—	＋
YL1	*Acinetobacter johnsonii* strain Pa4	99	KF111695.1	—	＋
WL2	*Pseudomonas geniculata* strain PRRZ5	99	HQ678674.1	—	＋
YL5	*Acinetobacter johnsonii* strain zzx01	99	KJ009436.1	—	＋
YX14	*Paenibacillus typhae* strain xj7	99	NR_109462.1	—	＋
YX8	*Acinetobacter johnsonii* strain RK15	99	KC790277.1	—	＋
YX11	*Acinetobacter johnsonii* strain KLH − 34	99	HM854248.1	—	＋
HH2	*Pseudomonas putida* strain S − 1	99	KF640247.1	—	＋
YY3	*Pseudomonas putida* strain TCP2	99	JQ782510.1	—	＋
YY1	*Acinetobacter beijerinckii* strain MP17_2B	99	JN644620.1	—	＋
HH1	*Acinetobacter bouvetii* strain 7	100	JX867756.1	—	＋
YX2	*Acinetobacter johnsonii* strain CCNWQLS12	99	JX840377.1	—	＋

注：＋表示存在；—表示不存在。

表 7 − 3　野生和养殖银鲳前肠菌群对比分析

（王建建等，2014）

实验编号	菌株	相似度（%）	NCBI 序列号	野生	养殖
Y11	*Pseudochrobactrum asaccharolyticum* strain CCUG 46016	99	NR_042474.1	＋	—
YL3	*Acinetobacter bouvetii* strain 3 − 6	99	JX867754.1	—	＋
QL1	*Acinetobacter venetianus* strain IARI − CS − 50	99	JF343144.1	—	＋
Q2	*Staphylococcus epidermidis* strain 7 N − 3b	99	EU379311.1	—	＋
QQ1	*Acinetobacter johnsonii* strain AJ − G3	99	KC895498.1	—	＋
QX2	*Acinetobacter johnsonii* strain RN27	99	KC790286.1	—	＋
HH2	*Pseudomonas putida* strain S − 1	99	KF640247.1	—	＋
Q8	*Exiguobacterium acetylicum* strain VITWW1	99	KJ146070.1	—	＋
QQ5	*Psychrobacter faecalis* strain UCL − NF 1590	99	HQ698588.1	—	＋
Q1	*Lysinibacillus fusiformis* strain CW4（3）	98	JQ319535.1	—	＋

注：＋表示存在；—表示不存在。

表 7 − 4　野生与养殖银鲳中肠菌群对比分析

（王建建等，2014）

实验编号	菌株	相似度（%）	NCBI 序列号	野生	养殖
Y9	*Pseudochrobactrum asaccharolyticum* strain ALK634	99	KC456599.1	＋	—
H7	*Psychrobacter sanguinis* strain 92	99	HM212666.1	＋	—
WH24	*Psychrobacter sanguinis* strain K11 A2	99	JX501674.1	＋	—
ZH3	*Bacillus cereus* strain LH8	98	KC248215.1	＋	
ZH11	*Bacillus anthracis* strain TMPTTA CASMB 4	99	KF779074.1	＋	
ZH13	*Bacillus cereus* strain HN − Beihezhu1	99	JQ917438.1	＋	
ZZH1	*Pseudochrobactrum asaccharolyticum* strain ALK635	98	KC456600.1	＋	

（续）

实验编号	菌株	相似度（%）	NCBI 序列号	野生	养殖
ZH12	*Bacillus cereus* strain CP1	99	JX544748.1	+	—
ZH15	*Bacillus cereus* strain BC - 3	99	KF835392.1	+	—
YL4	*Acinetobacter bouvetii* strain ALK054	99	KC456561.1	—	+
YL3	*Acinetobacter bouvetii* strain 3 - 6	99	JX867754.1	—	+
Z4	*Micrococcus luteus* strain PCSB6	99	HM449702.1	—	+
ZX2	*Massilia alkalitolerans* strain Ka47	98	JF460770.1	—	+
QX2	*Acinetobacter johnsonii* strain RN27	99	KC790286.1	—	+
HH2	*Pseudomonas putida* strain S - 1	99	KF640247.1	—	+
ZZ4	*Exiguobacterium indicum* strain 13（BR43）	99	KF254737.1	—	+
Z11	*Psychrobacter celer* strain K - W15	99	JQ799068.1	—	+
Z8/W6	*Psychrobacter piscatorii* strain VSD503	99	KC534182.1	—	+
Z15	*Psychrobacter celer* strain U7	99	JF711008.1	—	+
ZX5	*Acinetobacter beijerinckii* strain ZRS	99	JQ839143.1	—	+

表 7 - 5　野生和养殖银鲳后肠菌群对比分析

（王建建等，2014）

实验编码	菌株	相似度（%）	NCBI 序列号	野生	养殖
H7	*Psychrobacter sanguinis* strain 92	99	HM212666.1	+	—
HH15	*Psychrobacter celer* strain Pb18	100	KF471505.1	+	—
WH13	*Psychrobacter nivimaris* strain Noryt4	99	KC462924.1	+	—
YH12	*Brochothrix thermosphacta* strain KSN1	99	KC346293.1	+	—
HH22	*Psychrobacter fulvigenes* strain KC 40	99	NR_041688.1	+	—
YHb	*Psychrobacter cibarius* strain JG - 220	99	AY639872.1	+	—
HH2	*Psychrobacter pulmonis* strain C9 A2a	99	JX501673.1	+	—
HH7	*Psychrobacter arcticus* strain 273 - 4	99	NR_075054.1	+	—
ZH4	*Bacillus cereus* strain OPP5 3 - 2	99	JQ308572.1	+	—
YL5	*Acinetobacter johnsonii* strain zzx01	99	KJ009436.1	—	+
HH3	*Bacillus thuringiensis* strainVITGS	98	KF017270.1	—	+
QX2	*Acinetobacter johnsonii* strain RN27	99	KC790286.1	—	+
HH2	*Pseudomonas putida* strain S - 1	99	KF640247.1	—	+
HH1	*Acinetobacter bouvetii* strain 7	99	JX867756.1	—	+

综合表 7 - 1 至表 7 - 5 可以看出，野生和养殖银鲳消化道各部分菌群有较大差异。从消化道各部位可培养细菌的多样性来看，野生银鲳幽门盲囊中细菌多样性最好，其次为胃、中肠及后肠，前肠最少，仅 1 株可培养细菌；养殖银鲳也是幽门盲囊中细菌多样性最好，随后依次为中肠、前肠、胃和后肠。野生银鲳和养殖银鲳消化道共有菌仅 *Psychrobacter piscatorii* strain VSD503（W6/Z8）1 株，但存在部位不同，野生银鲳存在于胃部（W6），养殖银鲳存在于中肠（Z8）。

表 7 - 6 示野生与养殖银鲳消化道各组织中菌群结构数量分布情况。从可培养细菌的分布来看，野生银鲳中嗜冷菌属（*Psychrobacter*）分布最广，分离的菌株也最多，仅前肠中未检出；其次是 *Pseudochrobactrum* 属，仅胃中未检出；养殖银鲳中不动杆菌属（*Acinetobacter*）和假单胞菌属（*Pseudo-*

monas）分布最广，整个消化道均有分布，且不动杆菌属在幽门盲囊中分离的菌株最多，而假单胞菌属在消化道各部分中分离的菌株数量都较均匀。

表 7-6　野生与养殖银鲳消化道各组织中菌群结构数量（菌株数）分布

（王建建等，2014）

菌　属	胃		幽门盲囊		前肠		中肠		后肠	
	野生	养殖	野生	养殖	野生	养殖	野生	养殖	野生	养殖
嗜冷菌属（*Psychrobacter*）	11	—	8	—	—	1	2	5	7	—
Pseudochrobactrum	—	1	4	—	1	—	2	—	1	—
环丝菌属（*Brochothrix*）	—	—	1	—	—	—	—	—	—	—
寡养单胞菌属（*Stenotrophomonas*）	—	—	1	—	—	—	—	—	—	—
动性球菌属（*Planococcus*）	—	—	1	—	—	—	—	—	—	—
类芽孢杆菌属（*Paenibacillus*）	—	—	1	1	—	—	—	—	—	—
芽孢杆菌属（*Bacillus*）	—	—	—	—	—	—	5	—	1	1
不动杆菌属（*Acinetobacter*）	—	2	—	10	—	4	—	4	—	3
假单胞菌属（*Pseudomonas*）	—	2	—	3	—	1	—	1	—	1
微球菌属（*Micrococcus*）	—	2	—	—	—	—	—	—	—	—
葡萄球菌属（*Staphylococcus*）	—	—	—	—	—	—	—	1	—	—
微小杆菌属（*Exiguobacterium*）	—	—	—	—	—	—	—	1	—	—
马赛菌属（*Massilia*）	—	—	—	—	—	—	—	1	—	—
Lysinibacillus	—	—	—	—	—	—	—	1	—	—
代夫特菌属（*Delftia*）	—	—	—	—	—	1	—	—	—	—
总计	11	7	16	14	1	10	9	13	9	5

王建建等（2014）对野生和养殖银鲳肠道菌群结构的研究报道，其实验结果本身存在一定的局限性。鱼类肠道中不仅存在好氧菌、兼性厌氧菌、厌氧菌还存在严格厌氧菌、不可培养菌（Asfie et al，2003），所以在银鲳肠道内仍然存在一部分现有实验中不能分离的菌。此外，实验条件的局限性也可能导致某些可培养菌不能正常生长，如 pH、温度、培养基等都有可能影响菌的正常成长。因此，野生和养殖银鲳肠道菌群结构的对比分析还需进一步实验验证。目前研究肠道菌群结构分析，FISH（荧光原位杂交）、核酸探针、随机扩增多肽 DNA、多重 PCR、脉冲凝胶电泳、DGGE（浓度梯度变性凝胶电泳）、TGGE（温度梯度变性凝胶电泳）、16 s rDNA、高通量测序技术等分子生物学手段使用最为普遍。其中较为准确的是高通量测序技术。

在野生和养殖银鲳消化道菌群结构对比分析中，两者菌群结构存在明显差异，而且消化道各部位的菌群结构也存在差异。Holben et al（2002）在对养殖型和野生型鲑的肠道菌群的研究中发现，由于不同的生存环境，两者的菌群结构也存在明显差异。野生和养殖银鲳消化道菌群结构的差异与饵料结构、水体环境等存在很大关系。野生银鲳世代生存于自然海域，对温度、盐度、pH 以及各营养物质有其相对应的适合性；养殖银鲳的生存环境主要靠人为控制来满足生长，但并不一定是最适环境条件，饵料生物无法做到自然海域中的相同。东海野生银鲳的主要饵料为箭虫、虾类、水母类、头足类、仔稚鱼和浮游动物等（彭士明等，2011），说明银鲳摄食种类广泛，饵料结构比较复杂。而养殖银鲳主要投喂人工配合饲料，饵料结构相对比较简单，这在很大程度上影响了消化道菌群结构。李可俊等（2007）在对长江口 8 种野生鱼类肠道菌群多样性的比较研究中发现，生活在不同水层的鱼类，其肠道菌群结构存在明显差异；生活在同水层但食性不同的鱼类，其肠道菌群结构也存在较大差异。可以推测鱼类的肠道菌群结构随饵料生物的组成会发生较大的变动。总体而言，通过对比分析野生和养殖银鲳肠道菌群结构，可为后续银鲳的健康养殖提供重要的理论支撑。

二、野生与养殖银鲳消化道内产酶菌的初步分析

野生银鲳消化道内可培养菌中有 16 株菌可产酶，其中 44％产蛋白酶，56％产淀粉酶，11％产脂肪酶，56％产纤维素酶（表 7-7）。其中，胃中产酶菌共 6 株，产两种以上酶的菌有 2 株，以产淀粉酶和纤维素酶的菌为主，仅一株菌产蛋白酶即 *Psychrobacter fozii* strain NF23，且产酶量丰富；幽门盲囊内产酶菌共 8 株，产两种以上酶的菌有 4 株，以产淀粉酶的菌为主，产纤维素酶的菌次之，产蛋白酶菌较少，仅 2 株，分别为 *Pseudochrobactrum asaccharolyticum* strain CCUG46016、*Psychrobacter fozii* strain NF23，且产蛋白酶量较其他两种消化酶多；前肠内产酶菌仅 1 株，即 *Pseudochrobactrum asaccharolyticum* strain CCUG46016，该菌既产蛋白酶、淀粉酶，又产纤维素酶，且产蛋白酶和纤维素酶量较淀粉酶多；中肠内产酶菌共 6 株，其中 3 株菌产两种以上酶，以产蛋白酶为主，淀粉酶和纤维素酶次之，仅 *Bacillus anthracis* strain TMPTTA CASMB 4 产脂肪酶，且产蛋白酶量较其他消化酶多。后肠内产酶菌共 2 株，其中 *Psychrobacter celer* strain Pb18 产四种消化酶。

表 7-7　野生银鲳消化道内产酶菌株

（王建建等，2014）

菌　　　株	存在部位	蛋白酶（R/r）	淀粉酶（R/r）	脂肪酶	纤维素酶（R/r）
Pseudochrobactrum asaccharolyticum strain ALK634	Y/Z	—	1.5/1.2	—	—
Pseudochrobactrum asaccharolyticum strain CCUG 46016	Y/Q	13/3	3/2.5	—	2/1
Psychrobacter piscatorii strain VSD503	W/Y	—	2/1.5	—	2/1.7
Psychrobacter celer strain Pb18	H	7/2	3/2.5	+	3/2.5
Psychrobacter cibarius strain LMG 7085	Y	—	—	—	2.5/1.8
Brochothrix thermosphacta strain KSN1	Y/H	—	3/1.5	—	2/1
Psychrobacter fozii strain Spedv2	W/Y	—	2.5/1.5	—	—
Psychrobacter nivimaris strain D7084	W	—	—	—	1/0.7
Psychrobacter cryohalolentis strain HWG - A17	W	—	—	—	1.2/1
Psychrobacter cibarius strain JG - 220	Y/W	—	2/1.5	—	—
Bacillus cereus strain LH8	Z	4/1	—	—	2.5/2
Psychrobacter fozii strain NF23	W/Y	12/3.5	2/1.5	—	2/1
Bacillus anthracis strain TMPTTA CASMB 4	Z	6/1.5	3/2.5	+	—
Bacillus cereus strain HN - Beihezhu1	Z	10/1.5	3/2.5	—	3/2.5
Bacillus cereus strain BC - 3	Z	6/1.5	—	—	—
Bacillus cereus strain OPP5 3 - 2	Z	5/2	—	—	—

注：W 代表胃；Y 代表幽门盲囊；Q 代表前肠；Z 代表中肠；H 代表后肠。R/r＝透明圈直径/菌圈直径；＋表示存在；—表示不存在或无数值。

相对于野生银鲳，养殖银鲳消化道中检测到 22 株分泌消化酶的细菌，主要以产蛋白酶和淀粉酶为主（表 7-8），其中 70％产蛋白酶，21％产淀粉酶，仅 *Bacillus thuringiensi* sstrain VITGS 产纤维素酶，无株菌产脂肪酶。其中胃内 4 株菌产消化酶，仅 *Micrococcus luteus* strain PCSB6 产淀粉酶，其他 3 株菌产蛋白酶，产酶量较平衡；幽门盲囊内产消化酶菌共 11 株，其中 *Pseudomonas putida* strain S - 1、*Acinetobacter beijerinckii* strain MP17 _ 2B 既产蛋白酶又产淀粉酶，且产酶量丰富，其他菌株仅产蛋白酶，产酶量一般；前肠内产消化酶菌共 7 株，其中 4 株菌既产蛋白酶又产淀粉酶，且产酶量丰富。中肠内产消化酶菌共 5 株，除了 *Pseudomonas putida* strain S - 1 以外，*Exiguobacterium indicum* strain 13（BR43）也产蛋白酶和淀粉酶，且产酶量丰富；后肠内产酶菌共 3 株，其中 *Bacillus thuringiensis* strain VITGS 既产蛋白酶、淀粉酶，又产纤维素酶，且产酶量较均衡。

表 7 - 8　养殖银鲳消化道内产酶菌株

（王建建等，2014）

菌株	存在部位	蛋白酶（R/r）	淀粉酶（R/r）	脂肪酶	纤维素酶（R/r）
Acinetobacter bouvetii strain OAct422	Y	5/2	—	—	—
Acinetobacter bouvetii strain ALK054	Y/Z	9/4	—	—	—
Acinetobacter bouvetii strain 3 - 6	Y/W/Z/Q	5/3	—	—	—
Acinetobacter johnsonii strain Pa4	Y	5/2	—	—	—
Acinetobacter venetianus strain IARI - CS - 50	Q	7/3	4/1.5	—	—
Pseudomonas geniculata strain PRRZ5	W/Y	4/2	—	—	—
Micrococcus luteus strain PCSB6	Z/W		2/1	—	—
Staphylococcus epidermidis strain 7N - 3b	Q	3/1	—	—	—
Acinetobacter johnsonii strain AJ - G3	Q	6/3	—	—	—
Bacillus thuringiensis strain VITGS	H	5/3.5	5/3	—	6/3
Paenibacillus typhae strain xj7	Y	5/3	—	—	—
Massilia alkalitolerans strain Ka47	Z	3/1	—	—	—
Pseudomonas putida strain S - 1	H/Z/Y/Q	3/1	5/1.5	—	—
Exiguobacterium acetylicum strain VITWW1	Q	3/1	5/1	—	—
Acinetobacter johnsonii strain 261ZY15	W	5/3	—	—	—
Pseudomonas putida strain TCP2	Y	5/3	—	—	—
Psychrobacter faecalis strain UCL - NF 1590	Q	4/1	4.5/1.5	—	—
Acinetobacter beijerinckii strain MP17 _ 2B	Y	2.5/1	5/1	—	—
Acinetobacter bouvetii strain 7	H/Y	3/2	—	—	—
Exiguobacterium indicum strain 13（BR43）	Z	2.5/1	4/2	—	—
Pseudomonas geniculata strain XJUHX - 18	W	4/3	—	—	—
Acinetobacter johnsonii strain CCNWQLS12	Y	6/4	—	—	—

注：W 代表胃；Y 代表幽门盲囊；Q 代表前肠；Z 代表中肠；H 代表后肠。R/r＝透明圈直径/菌圈直径；—表示不存在或无数值。

　　对比养殖和野生种群，养殖银鲳消化道菌群主要以产蛋白酶、淀粉酶为主，其中 *Bacillus thuringiensis* strain VITGS，既产淀粉酶，又产蛋白酶和纤维素酶，且产酶量都相对较少，但无产脂肪酶的菌株。相对于养殖银鲳，野生银鲳消化道产酶菌种类比较齐全，其中产三种酶以上的菌有 5 株，产酶量比较丰富且在不同的消化道中分布比较均匀。野生银鲳产酶菌主要为芽孢杆菌和嗜冷菌；养殖银鲳菌株比较丰富，除了芽孢杆菌、嗜冷菌，还有假单胞菌、不动杆菌、微小杆菌、微球菌、葡萄球菌等，但产酶种类不均衡。

　　不同的鱼类，不同消化道部位，不同的菌群结构其消化酶种类及活性都存在很大不同（Bitterlich et al，1985）。在以往的研究报道中大多只分析了鱼类整个肠道的菌群结构，并没有系统地分析消化道各部分菌群结构特征及其产酶菌的分离。王建建等（2014）分析了野生和养殖银鲳消化道各部分的菌群结构，还将其消化道各部分产酶菌进行了分离鉴定。在对消化道各部分产酶菌株的分离鉴定中，野生银鲳消化道菌群既产蛋白酶、淀粉酶，又产纤维素酶、脂肪酶。野生银鲳胃、幽门盲囊、前肠、中肠、后肠菌群皆能产生蛋白酶、淀粉酶、纤维素酶，除此之外，在中肠和后肠也分离出了产脂肪酶菌株。换言之，野生银鲳的胃、幽门盲囊、前肠、中肠、后肠都可对蛋白质、淀粉、纤维素进行分解，而脂肪的分解主要集中在中肠和后肠。相对于野生银鲳，养殖银鲳消化道中可培养菌群的产酶比较单一，主要以蛋白酶和淀粉酶为主，且只在后肠分离出了产纤维素酶的菌株，在整个消化道内未分离出产脂肪酶菌株。

这或许会在一定程度上影响养殖银鲳对脂肪的消化，并有可能是人工养殖银鲳生长较野生银鲳生长逊色的原因之一。

虽然养殖银鲳消化道菌群结构较野生种复杂，但产酶菌株却相对比较单一。在产酶菌分离鉴定实验中发现，养殖种群消化道内主要以产蛋白酶和淀粉酶为主，产纤维素酶的菌株很少，并未分离出产脂肪酶菌株。野生种消化道内不仅有丰富的产蛋白酶和淀粉酶的菌株，还有产脂肪酶和纤维素酶的菌株。众所周知，食物组成是影响消化道菌群的重要因素。菌群和食物在某种程度上是互相适应的结果。所以在银鲳饲料中适当添加一些产纤维素酶和产脂肪酶的菌株，以期通过优化养殖银鲳的消化道菌群结构来提高其饵料利用率。研究结果显示养殖银鲳消化道内产酶菌株比较单一，提示该研究报道中银鲳所用饲料尚不理想，需要针对饲料配方进行进一步优化。

第三节　银鲳消化道潜在益生菌产酶条件的分析

鱼类消化道是一个复杂的微生态系统，其内存在大量的细菌等微生物群落。受外界环境及饵料的影响，消化道内定植的菌群各有不同，同时菌群结构也会随鱼体发育状况和品种的不同发生较大的变化。这些定植在消化系统中的菌群能够分泌各种消化酶，可以协助消化腺分泌的消化酶来促进食物的消化吸收。研究环境因子对消化酶活力的影响，对了解肠道中产酶菌的性质和鱼类的消化吸收都具有重要意义。影响产酶菌产酶活力的重要因子有温度、pH、发酵时间等，国内外对鱼类消化道内产酶菌的研究已有一些报道。由于肠道中产酶菌所产的消化酶能提高鱼类的消化吸收功能，肠道中的菌群还具有增加免疫、提高抗病能力的作用，肠道菌群结构和产酶菌一直是该领域的研究热点。在对野生银鲳和养殖银鲳消化道菌群结构的对比分析中发现，野生和养殖种群整个消化道菌群结构存在较大差异，且同一种群消化道各部分之间菌群结构也存在较大差异（王建建等 2014）。可见，除了环境胁迫因子，消化道中产酶菌的产酶量不足也是导致鱼类饵料吸收率偏低、生长缓慢的重要因素。因此，掌握银鲳消化道菌群中产酶菌的产酶条件，将有利于调控银鲳对食物的消化吸收能力，对实际生产和饲料配制均有重要的意义。

一、温度与 pH 对产酶菌株产酶活力的影响

所用菌来自于野生银鲳消化道内分离的产两种以上消化酶、且产酶量较大的 5 株产酶菌株（王建建等，2014），分别是存在于幽门盲囊及前肠的 *Pseudochrobactrum asaccharolyticum* strain CCUG 46016（Y11 菌株）；存在于中肠的 *Bacillus anthracis* strain TMPTTA CASMB 4（ZH11 菌株）和 *Bacillus cereus* strain HN-Beihezhu1（ZH13 菌株）；存在于后肠的 *Psychrobacter celer* strain Pb18（HH15 菌株）；存在于胃及幽门盲囊的 *Psychrobacter fozii* strain NF23（WH11 菌株）。

1. 温度对 5 株产酶菌株产酶活力的影响

图 7-2 示温度对 5 株产酶菌株产酶活力的影响。由图可知，5 菌株在 25 ℃培养条件下所产的蛋白酶活力在 $[(15.77\pm0.13)\sim(37.12\pm0.06)]$ U/mL，随温度升高，蛋白酶活力均呈上升趋势，31 ℃时除 HH15 外，其他各菌株产的蛋白酶活力都达到或超过 25 ℃时酶活力的 2.4 倍。34～37 ℃时分别达到最高值，其中 Y11 在 37 ℃时达到（100.38 ± 0.12）U/mL。当温度达到 40 ℃时，5 菌株所产的蛋白酶活力都回落至 31 ℃时的水平。说明 5 菌株产的蛋白酶活力最适培养温度在 31～37 ℃。

WH11 和 ZH13 菌株在 25 ℃条件下产的淀粉酶活力较其他菌株高 54.4%～131.9%，达到（73.40 ± 0.92）U/mL，当温度升至 31 ℃以上时，酶活力都出现不同程度的下降。而 ZH11 和 Y11 菌株产的淀粉酶活力分别在 25～34 ℃和 25～37 ℃范围内与温度呈正比，Y11 菌株在 37 ℃时淀粉酶活力达到（78.24 ± 1.62）U/mL。HH15 菌株的产淀粉酶活力随温度变化呈抛物线变化，在 28 ℃培养条件下淀粉酶活力可以达到（77.80 ± 1.27）U/mL。不同菌株产的淀粉酶活力有各自的适应温度，但当培养温度超过 40 ℃时，酶活力都出现下降。

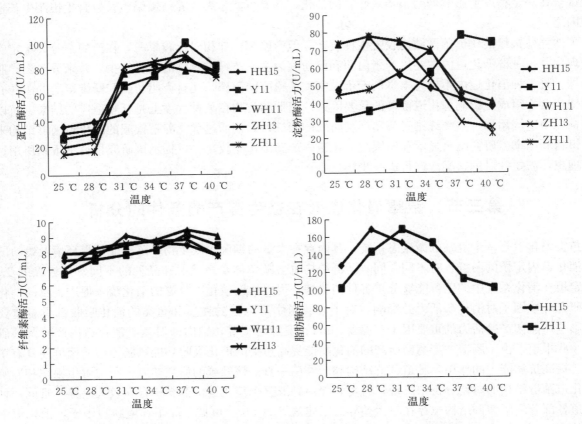

图 7-2　温度对银鲳消化道内 5 株产酶菌株产酶活力的影响

HH15：*Psychrobacter celer* strain Pb18　Y11：*Pseudochrobactrum asaccharolyticum* strain CCUG 46016

WH11：*Psychrobacter fozii* strain NF23　ZH13：*Bacillus cereus* strain HN–Beihezhul

ZH11：*Bacillus anthracis* strain TMPTTA CASMB 4

（王建建等，2015）

　　纤维素酶活力随温度上升均呈先升后降的变化趋势，除 HH15 菌株在 31 ℃时达到最高值外，其他 3 株产纤维素酶的菌的产酶活力均在 37 ℃时达到最大活力，随后下降。WH11 菌株产的纤维素酶活力在 37 ℃培养条件下最大（9.47±0.59）U/mL。31～37 ℃培养温度条件下，可有效提高纤维素酶活力。

　　5 菌株中只有 HH15 和 ZH11 菌株产脂肪酶，分别在 28 ℃和 31 ℃培养条件下酶活力达到最大，培养温度继续升高，酶活力下降明显。

　　2.pH 对 5 种产酶菌株产酶活力的影响

　　pH 对 5 种产酶菌株产酶活力的影响见图 7-3。由图可知，5 菌株产蛋白酶的活力随 pH 变化呈先升后降的趋势，HH15 和 WH11 菌株在 pH 为 7 时蛋白酶活力最高，pH 达到 9 时蛋白酶活力显著下降，仅有最高时的 53.5％和 57.7％；而 Y11、ZH13 和 ZH11 菌株则在 pH 为 8 时酶活力最高，随碱性增大酶活力虽有下降，但不及 HH15 和 WH11 菌株下降明显。

　　ZH11 菌株的淀粉酶活力受碱性影响更大，在 pH 为 6 时达到（63.74±0.78）U/mL，而当 pH 为 9 时淀粉酶活力仅有最高时的 10％。其他 4 菌株所产的淀粉酶活力均在 pH 中性时达到最高，并且在酸性条件下酶活力都较低 [（5.27±0.44）～（27.25±0.93）] U/mL，Y11 和 ZH13 菌株随碱性的增强下降不显著。

　　pH 对菌株产纤维素酶活力影响显著，酸性条件更有利于提高纤维素酶的活力，HH15、WH11 和 ZH13 菌株在 pH 5 的培养条件下其酶活力都在（9.97±0.88）U/mL 以上，Y11 菌株在 pH 达到 6 时

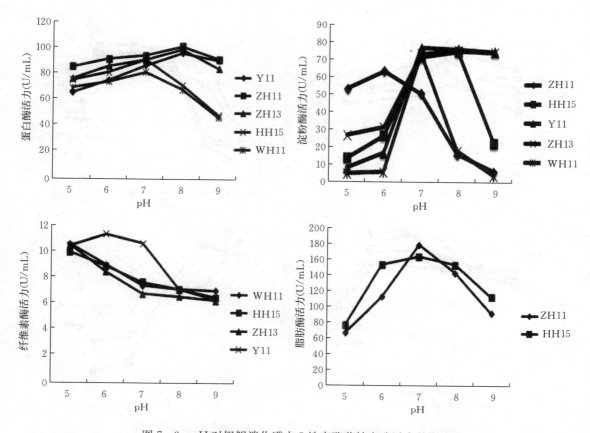

图7-3　pH对银鲳消化道内5株产酶菌株产酶活力的影响

HH15：*Psychrobacter celer* strain Pb18　Y11：*Pseudochrobactrum asaccharolyticum* strain CCUG 46016

WH11：*Psychrobacter fozii* strain NF23　ZH13：*Bacillus cereus* strain HN‐Beihezhu1

ZH1：*Bacillus anthracis* strain TMPTTA CASMB 4

（王建建等，2015）

酶活力最高（11.35±0.78）U/mL。当酸碱度达到中性时，除Y11菌株，其他各菌株产的纤维素酶活力只有pH 5时的70%左右。当pH达到9时，各菌株产的酶活力都跌至［（7.04±0.77）～（6.28±0.75）］U/mL。

在2株产脂肪酶的菌株中，脂肪酶活力均在pH为7时达到最高，酸性和碱性都会使酶活力下降，且随酸性和碱性的增强，酶活力显著下降。

二、发酵时间对5株产酶菌株产酶活力的影响

图7-4示发酵时间对5株产酶菌株产酶活力的影响。由图可知，除ZH11菌株外，其他4株产酶菌产蛋白酶的活力都在3 d发酵时间时达到最高；4～5 d蛋白酶活力都呈下降趋势。

淀粉酶活力明显随发酵时间的延长而升高，ZH11的拐点出现在2 d，ZH13的拐点出现在4 d，其他3株产酶菌则都出现在3 d。拐点出现时的淀粉酶活力与1 d的酶活力都达到2倍以上。

4株产酶菌的纤维素酶活力大致随发酵时间的延长呈上升趋势，各产酶菌有升有降，但变化都不大。都在4 d达到最大值。HH15和ZH13酶活力随发酵时间到4 d时上升最大，而后均有回落。WH11产的纤维素酶活力随发酵时间上升最缓慢。

2株产脂肪酶菌株所产的脂肪酶活力总体都随发酵时间的延长呈下降趋势。ZH11在2 d和4 d出现拐点，酶活力分别只有1 d的65%和30%。HH15在2 d出现上升，随后迅速回落，5 d时仅有最高的4%。

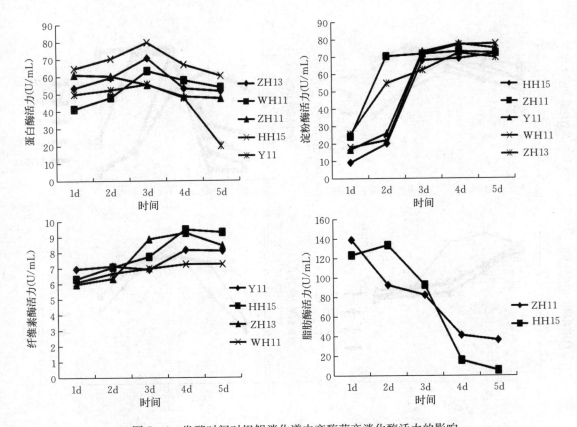

图 7-4　发酵时间对银鲳消化道内产酶菌产消化酶活力的影响

HH15：*Psychrobacter celer* strain Pb18　Y11：*Pseudochrobactrum asaccharolyticum* strain CCUG 46016
WH11：*Psychrobacter fozii* strain NF23　ZH13：*Bacillus cereus* strain HN-Beihezhu1
ZH11：*Bacillus anthracis* strain TMPTTA CASMB 4

（王建建等，2015）

由上可知，5 株产酶菌所产消化酶的活力受温度、pH 和发酵时间的影响显著。5 株产酶菌总体上当温度在 31～37 ℃、pH 7～8、发酵时间 3 d 的条件下，蛋白酶活力最大；5 株产淀粉酶的菌株在不同温度和 pH 条件下其酶活力各不相同，但都随发酵时间的延长而酶活力增大，3～5 d 达最大值；产纤维素酶的 4 菌株受环境影响总体变化不大，发酵温度在 31～37 ℃、酸性环境（pH 5）和发酵时间 4 d 的条件下最大；2 株产脂肪酶的菌株在 28～31 ℃、中性环境（pH 7）的条件下酶活力最大，但都随发酵时间而显著下降。

消化道中不同组织部位消化吸收的功能不同，其酸碱性也不同（Cynrino et al，2008），反映在不同组织中产酶菌在不同培养条件下的产酶活力大小也都有所不同。以蛋白酶为例，pH 对其影响有显著差异，存在于银鲳后肠（HH15）和存在于胃和幽门盲囊（WH11）的酶在中性条件下活力最高；而中肠和前肠中的其他 3 株产酶菌产的蛋白酶活力在碱性条件下与在酸性条件下差异并不显著。又如，产淀粉酶的菌株，其淀粉酶活力分别在不同的 pH 条件下达到最高值。对照菌株存在的组织可见，消化道中各组织均有分布产淀粉酶的菌株，这种现象可以解释为银鲳消化系统的各组织均能对碳水化合物进行消化。由上述研究结果可知，4 株产酶菌的纤维素酶活力都不高，这可能与银鲳的食性结构有关。有报道认为，食物类型可以引导消化酶类的分泌（Kolkovski et al，2001）。因此可以推测银鲳纤维素酶活力较低，可能是其所摄入的食物组成成分中纤维素含量低所致。

鱼类肠道中产酶菌的酶活力在不同培养条件下有很大的变化。Al-Harbi et al（2004）对奥尼罗非鱼研究中发现肠道中的细菌种类和数量在不同季节中有很大的变化。另有研究认为，大多数产酶菌的产酶能力随培养基中的碳源和氮源的增加而提高（Teodoro et al，2000；Ryan et al，2006）。这说明了外界环境温度和培养条件对酶活力影响显著。银鲳 5 株菌所产的蛋白酶均为中性偏碱性的酶，淀粉酶既有偏酸性的又有中性偏碱性，而纤维素酶和脂肪酶均为中性条件。这种现象说明了不同的菌株存在的部位不同，其实际对食物的酶解作用有很大不同。有研究发现，酶活力随碳源的增加而升高，而当碳源达到一定程度后，菌株生长会受到抑制，酶活力开始下降，并认为可能是由于培养基中碳氮比发生了改变，随着发酵的进行，引起了培养基 pH 的变化，出现了营养失衡的状态，从而影响了产酶能力（Mishra et al，2010）。王建建等（2015）实验所用的菌均为可培养菌，并且是参照常规的人工培养法培养的。这种方法在研究肠道菌群结构时存在一定的局限性（冯仰廉，2004）。因为，自然界中还有很多不可培养的菌，而其中绝大多数专性厌氧菌尚未得到鉴定和描述，并且人工环境条件下培养的菌与其在自然界中的形态和特征上有显著的差异。同时鱼类消化道的菌群还受饵料生物的影响（周志刚等，2007）。Amann et al（1995）认为水环境中可培养的细菌仅占总数的 1%。同样在鱼类消化道中也存在很大一部分不可培养菌（Sakata et al，1980）。因此，可以推测在消化系统中发挥作用的也可能是由那些不可培养的菌所产的消化酶。而菌群之间还存在着相互影响或制约，一类微生物群体的消长将会影响到另一类微生物的数量变化，进而影响到养殖鱼类对食物的消化吸收（林亮等，2005）。

　　鱼类肠道中普遍存在着产酶菌，这些产酶菌可为鱼类对食物的消化吸收提供有益的消化酶。王瑞旋等（2008）从军曹鱼肠道内分离出多株产蛋白酶、淀粉酶、纤维素酶、脂肪酶的菌株，其中有 8 株可产 3 种酶。这很可能与军曹鱼的食性及摄食强度有关，汤伏生等（1994）指出鱼类肠道菌的分布与宿主的食性密切相关。Bairagi et al（2002）从 9 种淡水鱼肠道内分别分离出不同的产酶菌株。这些研究都证明了鱼类肠道内不仅有内在的消化酶，而且还有细菌源消化酶。然而，鱼类消化道是一个复杂的微生态系统，产酶菌需定植在相应的部位，并且与摄入的食物也要有对应性。Bairagi et al（2004）在南亚野鲮的饲料中添加肠道内产蛋白酶和产淀粉酶的菌，结果鱼的生长、食物转化率及蛋白质利用效率均有提高且无死亡和发病现象。Stephen et al（2002）指出，肠道菌群数量与组成，和鱼种、栖息环境、摄饵频率、饵料属性以及鱼自身的生理状况等有密切关系。王建建等（2015）所测定的产酶菌的消化酶活力是在理想培养条件下进行的，与自然海域中鱼体本身肠道环境有一定的差距。但总体而言，这 5 种菌均有较好的热稳定性及 pH 稳定性，有望作为产酶益生菌应用于银鲳的养殖实践中。

银鲳养殖模式与技术

第一节　工厂化养殖技术

工厂化养殖是集约化养殖理念的主要呈现形式，主要分为陆基和海基两种模式，其中陆基工厂化养殖又包括集约化流水养殖和循环水养殖（刘宝良等，2015）。我国陆基工厂化水产养殖始于20世纪60年代，在工厂化育苗研究的基础上，逐步扩大至以名特优海水鱼类育苗和养殖为主；发展至90年代初，陆基工厂化养殖才开始步入规模化的经营之路，营运水平逐年取得新进展。近年来，随着产业转型升级压力的增大，企业对新型工厂化养殖技术的需求旺盛，推动了陆基工厂化养殖产业的快速发展。然而，由于科研支撑力度不足，该产业的技术在发展过程中凸显出诸多问题，未能得到有效解决，致使各养殖企业工厂化养殖的模式不一，缺乏关键技术标准，运营水平参差不齐，严重制约了产业的健康快速发展（刘宝良等，2015）。本节重点介绍我国鱼类工厂化养殖现状与发展趋势，以及银鲳工厂化养殖主要技术要点。

一、鱼类工厂化养殖现状及发展趋势

1. 我国工厂化养殖发展现状

20世纪70年代，在急需大幅提高产量的形势下，工厂化流水养殖和静水高密度养殖成为当时的热门发展方向，形成的技术首先在热电厂的温排水养鱼及冷流水虹鳟养殖上得到应用，在工厂化育苗上也取得了突破，并建立了一批实验性工厂化循环水养殖设施。80年代，国外的循环水养殖设施和技术开始进入我国。从20世纪90年代后期开始，以大菱鲆工厂化养殖为代表的海水工厂化养殖在北方地区得到了大力推广，对名贵水产品的生产起到了很大的推动作用。海水工厂化养殖从"设施大棚＋地下海水"起步，系统水平逐步提高。但发展至今，我国目前大多数的海水工厂化养鱼系统设施设备依然处于较低水平，只有一般的提水动力设备、充气泵、沉淀池、重力式无阀过滤池、调温池、养鱼车间和开放式流水管阀等。水处理设施设备严重缺乏，养殖废水直接排放入海。如此不完整、不规范的养殖模式，导致养殖动物体质虚弱，病害频发，不得不大量使用各种药物，从而导致养殖管理过程中对药物的严重依赖。由于缺乏足够长的停药期，最终造成养殖产品有毒有害物质含量超标，严重影响了水产品质量安全（陈军等，2009）。

21世纪以来，我国工厂化养殖的发展速度加快，特别是养殖品种的增加和水处理技术的创新带动了投资的增加。这一时期的养殖生产呈现以下特点（陈军等，2009）：

（1）养殖生产投入持续增加，部分地区产业化开始形成　民营企业投入到工厂化养殖中的人力、物力、资金、技术呈增长趋势，各地对工厂化养殖前景普遍看好，国家对发展工厂化养殖给予相关支持和一定的政策保障，发展力度总体趋强。

（2）养殖品种不断增加，养殖技术日趋成熟　随着渔业科技的发展和对国外优良养殖品种引进力度的加大，养殖品种的数量不断增加。工厂化养殖不再局限于少数名贵品种，普通淡水鱼也开始进入"工厂车间"进行养殖。不但单项技术（如水处理技术、零污染技术等）日趋完善，成套养殖技术也开始成熟。

（3）科技攻关与技术引进相结合成为重要技术支撑　为探索新的养殖模式，实现水的重复利用和污染零排放，国家通过不同的科技平台对工厂化养殖的关键技术进行科技攻关，取得了许多实用性成果。近年来国家倡导的健康养殖、无公害工厂化水产养殖，还促成了发达国家的先进技术和设备进入中国，

如臭氧杀菌消毒设备、沙滤器、蛋白质分离器、活性炭吸附器、增氧锥、生物滤器等，对工厂化养殖循环用水设施的更新和改造、促进养殖水循环使用率和提高养殖经济效益起了重要作用。

（4）养殖生产管理逐渐建立起完善的生产质量标准体系 我国加入 WTO 以来，国家对养殖产品实施追溯制，对工厂化养殖的全过程实行质量控制追踪，包括水质、饵料和药物等，而对工厂化养殖企业的要求则更高。因此以民营经济为主体的大中型养殖企业开始注重于建立完善的工厂化养殖质量控制体系 HACCP（hazard analysis and critical control point），在建立具有地方特色的高密度养殖设施系统的同时，注重养殖系统、产品质量标准体系的建立。

刘宝良等（2015）围绕我国海水鱼类陆基工厂化养殖的发展现状，分析了循环水养殖产区分布、发展趋势、技术模式、运营效率以及运营成本构成等关键问题，探讨了产业发展过程中凸显的主要问题，对产业发展机遇进行了展望。现阶段我国工厂化海水养殖品种已涵盖鱼类、贝类、棘皮动物、甲壳类等诸多品种，但规模化的养殖品种较少，其中陆基工厂化养殖大菱鲆 7.29 万吨，约占全国海水陆基工厂化养殖总产量的 41%。封闭循环水养殖技术是现阶段陆基工厂化养殖先进生产力的主要表现形式，与传统流水养殖方式相比，技术优势明显，但同时也面临着基础设施投入高、水处理工艺复杂、管理难度大等问题。因此，目前海水循环水养殖系统主要应用于附加值较高或者适合高密度养殖的经济种类。然而，水资源减少、环境污染加重以及养殖品种对水质、水温等条件的严格要求，均推动着循环水养殖工艺的推广进程。

目前，我国海水鱼类陆基工厂化循环水养殖形式主要有封闭循环和半循环两种。从实际生产运营的角度来说，一般将日均新水添加量低于养殖系统总水体 10%、水循环率每小时不低于 25%（循环量 6 次/d）的养殖系统简单定义为封闭循环水养殖系统，其运营规模约占海水鱼类循环水养殖总水体的 40%；将日均新水添加量高于养殖系统总水体 50%、水循环率每小时不低于 17%（循环量 4 次/d）的养殖系统简单定义为半循环水养殖系统，其运营规模约占海水鱼类循环水养殖总水体的 60%（刘宝良等，2015）。

根据刘宝良等（2015）的报道，从水处理技术方案区分，封闭循环水养殖系统主要包括两种模式。一是设备型循环水养殖系统。该系统的水处理环节主要由颗粒物及有机质去除系统、消毒系统、增氧系统、生物过滤系统、在线监测系统以及一部分安装的自动投喂系统等关键技术环节构成，其主要特点是关键水处理环节以模块化设备为主，多具备特定功能，对养殖水体特定物质去除或添加效率较高，可单独调节，系统整体可调控性较强，水处理系统所占养殖系统总体比例较小，提高了系统养殖生产利用率。但此类系统在保证设备造价经济性较好的前提下，仍存在运行稳定性有待加强、自动化程度不高、管理相对复杂等问题。二是设施型循环水养殖系统。该系统水处理技术环节类似于设备型系统，其主要特点是关键水处理环节以固定土建设施为主，部分水处理设备内置于设施中，独立运作的模块化设备较少，重视设施集成或取代相对独立的水处理设备。此类系统整体运行较为稳定，造价相对低廉，但局部环节调控难度较大，水处理系统所占养殖系统总体比例普遍较高。

半封闭循环水系统的应用，基于不同的养殖管理需求也分为两种，一种是设计初衷就定位于半封闭循环水养殖的养殖策略，另一种则是系统的设计工艺可满足封闭循环水养殖的要求，但鉴于控温和水质调控等方面存在压力而实施阶段性半循环水养殖策略。相较于封闭循环水养殖系统，半封闭循环水养殖系统水处理技术环节简单，基础造价相对低廉，管理维护亦相对方便。系统主要由颗粒物及有机质去除、消毒、增氧以及生物过滤等关键技术环节构成，部分系统无生物过滤，此类系统主要特点是较重视颗粒物的去除，该环节设施设备比封闭循环水系统繁琐，常采用多级物理过滤，对养殖水体颗粒物去除效果较好。生物过滤在此类系统中的作用被弱化，主要通过调节换水量来控制氨氮、亚硝酸氮等有害物质的含量，系统换水量及控温难度较大。

综上所述，工厂化循环水养殖是我国工厂化养殖的重点发展方向。

2. 我国对工厂化循环水养殖的迫切需求

循环水养殖模式是我国现代水产养殖业发展的必由之路，主要体现在以下几个方面（陈军等，

2009）：

（1）**传统的养殖方式不符合可持续发展的要求** 传统养殖方式如池塘养殖和网箱养殖，存在着占地面积大、适合养殖的地域有限、污染环境、易受地理气候条件影响、容易因自然灾害造成减产等劣势，其越来越严重的环境问题和产品安全性问题导致难以实现可持续发展。

（2）**我国水产养殖面临结构调整** 我国是一个淡水资源十分匮乏的国家，目前的养殖生产模式严重制约了水产养殖结构调整和生产方式转变。随着社会经济的发展，水产养殖业除了需要提供更多优质水产蛋白质，还需要实现产业的可持续发展，未来水产养殖业的发展必须适应社会发展的要求。

（3）**循环水养殖系统节水节地、环境友好** 全球水产养殖业在未来的十几年中，以环境友好的方式满足世界人口对于水产品需求的关键技术在于循环水养殖系统（RAS）技术。循环水养殖系统高效的经济模式使它在所有的养殖模式中，单位产量是最高的。与传统养殖方式相比，循环水养殖生产每单位水产品可以节约 50～100 倍的土地和 160～2600 倍的水，比传统养殖节约 90%～99% 的水和 99% 的土地，并且几乎不污染环境。由于养殖废水经过处理后排放，集约化养殖系统的大小不受环境条件限制。

（4）**工厂化循环水养殖是我国水产养殖的重要发展方向** 我国水产养殖的主要方式为池塘养殖、网箱养殖、大水面养殖、工厂化（设施化）养殖。现有的生产模式在水资源、土地（水域）资源、饲料资源的有效利用方面，以及在抵御环境影响和影响环境方面还存在着不同程度的问题，粗放型的增长方式已面临环境、政策、社会等多方面压力，迫切需要必要的转变。未来社会工业化的发展趋势以及世界先进养殖模式的发展水平预示，工厂化循环水养殖系统将是未来水产养殖的重要模式。

3. 工厂化循环水养殖发展中存在问题

工厂化养殖的发展，尤其是工厂化循环水养殖，客观上还受限于经济实力、产品市场、养殖品种、养殖规模、经济效益比等因素，主观上还受限于养殖者对先进养殖技术的掌握和利用。总体上讲，目前仅适合资金充足、技术力量雄厚的生产单位应用，还无法实现如池塘养殖一般的普及性与广泛性，发展中存在的问题与其发展的阶段密不可分（陈军等，2009）。

（1）**总体发展水平仍处于初级发展阶段** 目前我国平均每立方米养殖水体的产量为 7.4 kg（淡水为 8.2 kg、海水为 6.4 kg），全国范围循环水养殖发展力不足的特征仍较明显。目前工厂化养殖的方式大体上分为流水养殖、半封闭循环水养殖和全封闭循环水养殖三种形式。受水处理成本的制约，仍主要以流水养殖、半封闭循环水养殖为主，真正意义上的全工厂化循环水养殖工厂比例极少。流水养殖和半封闭养殖方式产量低、耗能大、效率低，与先进国家密集型的循环水养殖技术相比，无论在设备、工艺、产量和效益等方面都存在着相当大的差距，技术应用还属于工厂化养殖的初级阶段。从全国工厂化养殖单产数据可以看出，许多地区的工厂化养殖的状况是"人工养殖池＋厂房外壳"，设施、设备较少，单产较低。

（2）**区域发展极不平衡** 据相关统计，山东、浙江、福建、江苏等省在农村经济不断壮大的推动下，依托丰富的水域资源和科技优势，工厂化养殖快速发展；而一些经济欠发达地区则发展较慢，部分省市规模不足 5 000 m³，产出只有几十吨，全国有一半的省市，产量不足 1 000 t。每立方米产出率全国的平均水平不足 8 kg，许多地区只有 5 kg 以下。不同企业间、地区间产出效益也有较大差距。

（3）**养殖品种适宜性制约了发展** 我国水产养殖的主体是池塘养殖。尽管实施科技攻关的品种不断增加，但进入生产领域且养殖技术较为成熟的品种仍不多。为了保证和提高养殖生产的经济效益和竞争力，工厂化养殖企业只能选择生长周期短、多茬养殖、产品价格高、生长速度快、肉质鲜美、养殖技术相对成熟、市场相对稳定和科技附加值较高的名特优品种作为养殖对象。因此也造成养殖品种、方式、市场的雷同，市场竞争加剧制约了生产效益的提高。不仅是现有的生产企业感到资金回收压力较大，同时也难以吸引资金较为雄厚的企业涉入该领域。

（4）**管理水平还不能适应需要** 工厂化循环水养殖管理已脱离农业范畴，更多的是其工业属性。除了传统养殖专业以外，还应有设施工程、电器自控、环境工程，甚至还需要经济管理等专业技术的支撑，通过多专业分工协作，进行精细化管理，这已经不是传统养殖场管理水平所能达到的。目前，许多工厂化循环水养殖企业难以获得工业化生产方式所应有的效益，很重要的原因是管理跟不上。生产系统运行总是不稳定，循环水养殖的优势无从发挥。只有少数企业通过摸索，逐步探索并掌握了循环水养殖的特点，并取得了经济效益。

4. 工厂化养殖发展前景展望

循环水养殖代表了水产养殖业先进的生产力，也是未来渔业发展的重要方向。但由于循环水养殖系统基础造价较高，未来一段时间内，新增生产力中，控温流水养殖和循环水养殖两种方式仍将作为陆基工厂化养殖的主要形式出现，但循环水养殖所占的比例会不断增加。水产养殖业要实现健康可持续发展，大力构建工业化养殖模式是必由之路。近年来在国家政策的积极引导和大力支持下，以封闭循环水养殖模式为代表的现代工厂化养殖已迎来快速发展的机遇期，同时也将面临更多的创新挑战和业界对工厂化养殖提出的更高要求。围绕陆基工厂化养殖的未来发展，需要重点开展以下几个方面的研究工作（刘宝良等，2015）：①水产养殖业要继续秉持装备工程化、技术现代化、生产工厂化、管理工业化的"四化养殖"发展理念，重点提升和革新工厂化封闭循环水养殖技术；②结合我国国情和产业现状，积极借鉴国外先进经验，走自主创新之路，大力构建适用性强、可靠性高和经济性好的国产化养殖装备；③深入开展应用基础研究，努力构建产前、产中、产后三阶段的标准化技术管理体系，力争实现养殖生产规范化、标准化；④积极倡导养殖水体净化新技术、新思路的革新应用，努力实现水处理环节技术标准化，研究循环水养殖病害预警预防及生态防控策略，继续开展高密度养殖、营养调控、投喂策略、养殖污水资源化利用、新能源技术整合应用等一批关键技术与理论的研究，为建立自主创新的工业化养殖模式奠定坚实基础；⑤注重开展适于主要养殖品种的精准养殖工艺研究，以系统稳定可靠、养殖过程精准高效、产品优质健康为引导，建立特定品种标准化养殖生产技术管理体系，快速提升国内相关产业的综合竞争力；⑥结合我国产业现状，大力构建具有经济适用、管理方便、节水、节地、节能等特性的实用型循环水养殖模式，促进中小企业快速发展，从根本上改变我国传统水产养殖业的面貌。

二、银鲳工厂化养殖技术

1. 养殖设施要求

工厂化养殖条件下，养鱼池的结构应以养殖鱼类的游动习性为依据而设计。正常情况下，银鲳一刻不停地沿着圆形轨迹始终向同一方向游动，因此，车间内的养殖池应设置为圆形，直径 6 m 以上最佳，池深 2 m 为宜，可控水位 1.5 m，养殖时实际水位控制在 1.2~1.3 m 效果更好。为了在养殖过程中保持养殖用水的水质，方便池底污物的清除，养鱼池底应为四周略高的锅底形，中心处设有排水管口，管口安放防逃设备，排水管出口处设溢水口控制水位。进水口设在鱼池的上方，水流方向沿池壁切线方向，以便进水时池水能够转动，带动池中排泄物向中央集中，有利于残饵及粪便集中排出（彩图 8）。

银鲳亲鱼的培育，需要在专用的亲鱼产卵池中进行培育。由于银鲳极易受到外界刺激的惊吓，亲鱼池中受精卵的分离工作不宜采用人工捞网的形式进行收集。因此，采用如图 8-1 所示的亲鱼产卵池，有利于在收集受精卵的过程中，降低对银鲳亲鱼的人为刺激。银鲳亲鱼产卵池的圆形水泥池直径为 6 m，网袋采用 100 目网袋，受精卵排出口离圆形水泥池顶部的距离为 20 cm，排出口处捆绑网袋，悬置在缓冲水桶中。圆形水泥池的上方上设有进水管道，进水管道上端高出圆形水泥池顶端，并设有进水口，该进水管道延伸至圆形水泥池的底端。锅底形池底的底部中央位置设有池底排污口。收集受精卵时，将缓冲水桶中注

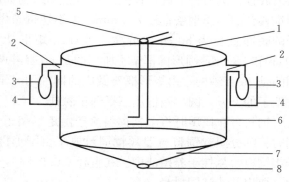

图 8-1　银鲳亲鱼产卵池

1. 圆形水泥池　2. 受精卵排出口　3. 网袋　4. 缓冲水桶
5. 进水口　6. 进水管道　7. 锅底形池底　8. 池底排污口

满海水，捆绑于受精卵排出口上的 100 目筛绢网袋放置于缓冲水桶中，通过进水管道从池底部往圆形水泥池中注入海水，具有浮性的银鲳受精卵从受精卵排出口缓慢聚集于 100 目筛绢网袋中。收集结束后，取下 100 目筛绢网袋收集受精卵即可，圆形水泥池中的水位可由池底排污口调整至适当水位。

由于银鲳特有的生物学习性，即集群游动、应激性反应强，因此对周围光照和声音极为敏感，稍有异常变化便会引起鱼群的异常反应，四处乱窜，甚至撞击池壁引起体表损伤。因此，较低的光照强度（700 lx 以下）和安静的环境是工厂化银鲳养殖成功的前提条件。

2. 水质要求

由于银鲳特殊的游动习性，其对水质、特别是溶解氧要求较一般的传统养殖品种要高，因此养殖水体溶解氧要求达到 6 mg/L 以上。养殖水温 17～32 ℃，最适生长水温 25～28 ℃；盐度 20～32，银鲳亲鱼强化培育阶段，其适宜盐度需求为 25～28；养殖用水 pH 7.5～8.2，氨氮浓度小于 0.1 mg/L，亚硝酸氮浓度小于 0.1 mg/L，非离子氨浓度小于 0.01 mg/L。

3. 苗种投放与放养密度

鱼苗投放前，养殖池需要经过彻底的消毒处理。彻底洗净池底和池壁后，用次氯酸钠溶液对池壁和池底进行消毒，隔天注入新鲜海水。

不同规格的银鲳，其适宜放养密度存在一定的差异。苗种阶段（体重小于 5 g），其放养密度可达到 35 尾/m³ 以上；10 g 左右的银鲳，其放养密度建议控制在 25～30 尾/m³；银鲳规格达到 20 g 以上时，其放养密度建议控制在 15～25 尾/m³；亲鱼培育阶段，建议放养密度控制在 10～15 尾/m³。

鱼苗在下池前，需要注意运输水体与养殖池水体的温度差，尽量保证两者之间的温度差不大于 2 ℃。

此外，鱼苗在下池前，还需要对鱼体进行消毒处理，以杀死体表携带的细菌和寄生虫。一般可用 1 mg/L 硫酸铜或者 25～30 mg/L 聚维酮碘（有效碘 1%）药浴 20～30 min。

4. 饲料投喂

银鲳为中上层鱼类，自然条件下主要以小型浮游动物为食。在实际生产操作过程中发现，银鲳一般不主动摄食沉于池底的食物。由于银鲳口小，且稍下位，因此，其配合饲料应以缓沉型配合饲料为宜。由于目前市场上尚无银鲳专用配合饲料，银鲳人工养殖所用饲料大多是在普通海水鱼配合饲料的基础上，经过改变饲料中蛋白、脂肪及其他一些微量营养素的含量后再使用。银鲳始终处于不停的圆周运动状态，能量消耗较大，其对饲料中蛋白与脂肪的需求量也较其他鱼类明显偏高。人工养殖条件下，银鲳饲料中蛋白含量不宜低于 45%（50% 左右更为理想），脂肪含量不宜低于 12%（13%～15% 较为适宜）。

工厂化条件下，银鲳投喂时间分早、中、晚三次为宜，每天的饲料投喂量为鱼体重的 4%～6%。由于目前尚无银鲳专用缓沉型配合饲料，其投喂方式建议将饲料做成湿软饲料或者软颗粒饲料后放置在饲料台上进行投喂。饲料台的结构如图 8-2 所示。银鲳饲料台的不锈钢条直径为 5 mm，由不锈钢条做成的圆形网框架子的底部直径为 80 cm，沿高为 8 cm，矩形架子的长宽分别为 30 cm 和 25 cm，圆形网框架子所用的是 60 目纱网，而矩形架子所用的是 20 目纱网。由矩形框架做成的网片用绳子垂直挂于圆形网框架子的上方，圆形网框用三根绳子悬挂。

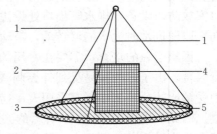

图 8-2 银鲳饲料台
1. 绳子　2. 矩形架子　3. 圆形网框架子
4. 20 目纱网　5. 60 目纱网

饲料台在使用时将湿软饲料涂于由矩形架子做成的网片之上，同时将部分湿软饲料与湿颗粒饲料放于由圆形网框中，然后用绳子将饲料台悬挂于养殖池中。在直径 6 m 的圆形养殖池中挂置 2 个饲料台为宜。一般情况下，投喂 1 h 后，取出并清洗饲料台。

5. 日常管理

银鲳的最佳生长温度为 25～28 ℃，为了提高银鲳的生长速度，在工厂化养殖过程中，使养殖水体的温度稳定在合适的范围是保障银鲳快速生长的重要前提（施兆鸿等，2009）。通过封闭环境控制温度，并且在冬季低温时使用锅炉加温，可以有效提高银鲳的生长速度。在养殖过程中，要避免温度的剧烈变化，在银鲳亲鱼强化培育阶段，水温的日变化幅度应控制在 1 ℃以内。

工厂化养殖条件下，养殖水体溶解氧含量要求达到 6 mg/L 以上。通常情况下，在养殖池内平均每5～6 m² 布置一个增氧气石，基本可满足水体中溶解氧的需求。由于银鲳对水体中氨态氮和亚硝酸盐均较为敏感，因此，为了保持养殖水体的水质，养殖过程中应进行换水操作，排出底水，注入新水。日换水量控制在 30%～50%，每天换水 1 次即可。养殖过程中，实际水位不应低于 80 cm，在条件允许的情况下，水位控制在 1.2～1.3 m，养殖效果更为理想。

此外，银鲳工厂化养殖条件下，还需要进行倒池，一般1～2 个月倒池一次。长时间不倒池，养殖池壁和池底易滋生细菌，容易诱发银鲳细菌性感染，影响养殖效果。由于银鲳应激性反应强，在倒池操作过程中，均需要带水操作。同时，由于银鲳到处乱窜，简单的排水后用抄网捕捞，难于捕到，长时间追逐捕捞往往会导致银鲳应激受损，影响成活率。因此，应先将养殖池水位降至 40～50 cm，然后通过捕获网具捕捞，如图 8-3 所示，长条状网衣为无结网，长度为 6～8 m，高度 80～100 cm，网目 1 cm。长条状网衣的顶端固定数个浮子，低端固定一条不锈钢链条。使用时两人各持一根支撑杆，由池的一端慢慢将装置放入池内，两人各自紧贴池壁沿两侧慢慢伸展该装置，直至将所有银鲳圈入该装置内，随后两人慢慢收紧该装置，

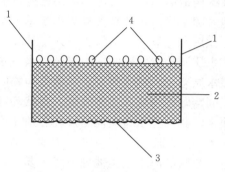

图 8-3　工厂化养殖银鲳捕获网具
1. 支撑杆　2. 长条状网衣　3. 不锈钢链条　4. 浮子

将银鲳慢慢收集在一个相对较小的一个圆形空间内再用水瓢慢慢进行捕获，带水操作。

6. 病害防治

在养殖过程中，必须坚持预防为主，防治结合的原则。勤观察、勤检查，严格日常管理操作，保持良好的水质环境，定时换水、清污，保持水质清新和溶解氧充足；保证投喂饲料的质量和数量，饲料中可额外补充维生素 C 以提高其抗应激能力，每千克饲料维生素 C 含量控制在 400 mg 以上为宜（彭士明等，2013）；定期倒池，严格控制养殖密度。

工厂化养殖条件下，主要的病害为气泡病、体表损伤后细菌感染出血以及刺激隐核虫病。针对气泡病（彩图 9）的病因，目前尚无系统全面的研究报道。针对细菌性体表感染的防治，采用 1～2 mg/L 盐酸土霉素或者聚维酮碘全池泼洒能够起到积极的防治作用（王建钢等，2010）。针对刺激隐核虫病，可以采用 0.3～0.5 mg/L 硫酸铜进行防治。

第二节　池塘养殖技术

我国海水养殖池塘面积广阔，主要分布于辽宁、河北、山东、江苏、浙江、福建、广东及海南等省。池塘养殖在我国水产养殖业中占有重要的地位。目前，我国的海水池塘养殖品种以对虾、海参和蟹类为主。海水鱼类池塘养殖的主要品种有鲈、鲅、河鲀、石斑鱼、鳗鲡、鲆鲽类等，与虾、蟹和海参相比，海水鱼类的池塘养殖规模相对较小，发展速度也相对较慢。本节主要介绍我国目前海水鱼类池塘养殖业发展现状，以及银鲳池塘养殖的主要技术要点。

一、我国海水鱼类池塘养殖现状

我国的海水鱼类池塘养殖经历了从粗放式到集约化养殖的历程，最早的海水鱼类池塘养殖为粗放式鱼堪养殖，也称港养，这种模式最早是在 20 世纪 60 年代末用于鲻和梭鱼类的养殖。80 年代后，随着海水鱼类苗种繁育技术的逐步提高，海水鱼类养殖步入快速发展时期。进入 90 年代后，海水鱼类池塘

养殖有了较快发展，以鲈、东方鲀及牙鲆等品种为养殖对象的池塘养殖得到了快速发展，其养殖方式和养殖技术也逐步提高，由传统的大水面粗放型养殖方式转换成中、小水面集约化养殖方式，养殖产量大大增加，池塘养殖产量由每亩*数十千克增加到了数百千克（柳学周等，2014）。

池塘养殖作为我国水产养殖的主要生产方式之一，属于开放式、粗放型的生产系统，与工厂化养殖相比，其设施化和机械化程度相对较低、技术含量少、装备水平差。整体而言，我国海水鱼类池塘养殖的设施仍处于早期发展阶段，存在一些亟待解决的问题。池塘养殖设施以"进水渠＋养殖池塘＋排水沟"模式为代表，大多呈矩形，依地形而建，纳水养殖，用完后排入自然海域。池塘水深一般 1.5～2.0 m，面积数亩至几十亩、上百亩，主要配套设备为增氧机、水泵等。目前，海水鱼类池塘养殖设施系统构造简易，造价低，应用普遍。受地域气候条件的影响，其对养殖品种的选择有局限性，有些南方地区的小型池用塑料大棚提高冬季水温。养殖生态环境主要依赖自然水体的自净能力以及池塘中藻类光合作用产生氧气，增氧机是人工补氧、改善水质的唯一装置。另外，投放生物制剂也是常用手段，但整体水质调控能力较弱。由于环境水域水质恶化，无优质水源保障，加上养殖生产盲目追求产量，导致养殖水质恶化，病害频发，只能靠药物防治病害。养殖过程中产生的以氨氮为主的污染物质以及以氮磷为主的富营养物质，或排放进入自然环境，或形成淤泥沉积一次性清出，对环境造成了一定的影响。总体而言，我国海水鱼类池塘设施养殖还处于较低的水平，养殖生产对自然环境的依赖度比较大，生产过程的人为控制度较小，机械化程度不高。

我国的海水鱼类池塘养殖主要有以下 4 种模式（柳学周等，2014）：

(1) 大水面粗放式池塘养殖　一般为使用面积为 100 亩左右的池塘，底质多为沙泥底，采取自然纳水、不投饵的生态型养殖方式，养殖密度和产量均较低。

(2) 集约化池塘养殖　这种模式是我国目前最常见的海水鱼类池塘养殖方式，多使用面积 10～15 亩的单体池塘，底质为沙泥或者岩礁，多设置在潮间带区域，具备自由纳潮换水和水质调控的功能。养殖过程中人工投喂饵料，养殖管理方便，养殖产量相对较高。

(3) 生态型池塘混合养殖　是一种生理生态互补型种类的混养模式。目前多以生态调控型的混养模式居多，如鱼参混养、鱼虾混养等，在我国各养殖区域具有一定的布局和规模。

(4) 工程化池塘养殖　是近年来新开发的一种高效池塘养殖模式，它具有池塘的工程化联体组合设置、标准化的设施设备条件，并通过对养殖用水进行回收净化处理再利用。池塘循环水养殖系统一般由养殖池塘、独立的进排水渠道、回水池、水质调控、增氧机、动力设备等组成，养殖过程中定期添加新鲜海水，形成半循环池塘养殖。池塘循环水养殖池的组合排列一般为串联形式。池塘串联进、排水的优点是水流量大，有利于水层交换，可以形成梯级养殖，充分利用资源，有利于养殖生物的生长和产量的提高。该模式具有养殖效率高、生态环保、产品安全等特点，是今后池塘养殖发展的方向。

目前，尽管我国池塘养殖技术和模式均取得了诸多跨越性的发展，但整体而言，池塘养殖业仍存在一系列问题，严重阻碍了池塘养殖业的可持续健康发展，主要体现在以下几个方面：

(1) 养殖生产基础条件标准低　许多地方的池塘由于开挖时间较早，缺乏科学的规划布局，建设标准较低，大部分池塘基础条件较差，设施、设备落后。鱼塘普遍水深过浅，面积大小参差不齐，塘基未建有保护设施、崩漏情况普遍严重，塘基基面宽度不足，没有独立的进、排水系统，缺乏规范、标准的路网、电网等，养殖的机械化、自动化程度低，难以满足水产养殖产业化、规范化的需要。由于缺乏水质处理和养殖条件控制设备，养殖生产在很大程度上依赖自然条件，直接影响到资源的有效利用和效益的提高。

(2) 养殖污染问题严重　近年来，一些养殖户缺乏科学的发展观，过度追求眼前经济效益，盲目提高养殖密度和产量，越来越多的养殖废物在养殖环境中累积，造成养殖环境恶化，从而导致养殖病害问题逐年增加，药物滥用情况严重。由于传统的水产养殖方式基本上都是开放型的，而我国还没有建立养

---

　　* 亩为我国非法定计量单位，1 亩≈667 m²，下同。

殖废水排放标准，大量养殖废水排放到周围环境中，对养殖周围环境也造成了很大的压力。一些养殖品种如加州鲈直接用小杂鱼作为饲料，资源浪费和环境污染的问题则更为突出。

（3）养殖病害问题严重　池塘养殖模式的不合理，尤其是盲目追求高产量的过度密养，加上产生连作障碍和养殖生态环境污染问题，导致养殖病害频繁发生，损失不断增大。

（4）产品质量安全问题突出　由于养殖模式与养殖产量的不相协调，导致养殖病害严重，同时由于缺少高效、低毒、针对性强的渔药产品，加上养殖生产者的质量意识不强，质量保障体系不够健全，养殖过程中滥用渔药和饲料中添加违禁成分的现象得不到有效遏制，造成水产品质量安全隐患增多，水产品药物残留事件屡有发生，直接威胁到消费者的食用安全。近年我国出口的水产品多次因药残问题受到欧盟、美国和日本等地区和国家的限制，影响了我国养殖水产品的国内外市场竞争力。

（5）饲料水平低下　我国水产动物营养与饲料研究滞后，水产饲料发展水平与水产养殖业的实际需要还存在着很大差距，与水产养殖大国的地位很不相称。一是配合饲料使用率偏低。人工配合饲料的普及率不足 1/3，相当一部分养殖仍直接投喂饲料原料，导致饲料报酬偏低，资源浪费严重，且对水域环境造成污染。同时，目前仍有很多池塘养殖直接投喂小杂鱼，造成严重的资源和环境问题，与资源节约型、环境友好型的养殖模式相去甚远。此外，配合饲料的科技含量不高。我国配合饲料的水平与挪威、日本、美国等渔业发达国家仍有差距，这些国家的配合饲料的饲料系数在 1.0 左右，而我国仅有部分品种配合饲料的饲料系数可以达到 1.3 左右。

（6）产业化、集约化程度不高　近年来，虽然有一些企业家携资金进入水产养殖业，创办水产养殖企业，但总体上来说，我国水产养殖业还是以家庭承包经营方式为主，产业化程度不高。这种千家万户分散经营的方式，加上加工、流通体系建设滞后，水产品产销环节衔接不够，养殖者在养殖品种选择上缺乏理性思考，一哄而起，盲目随从，使我国水产养殖业至今仍未发展成一个成熟的产业，产业整体素质不高。在我国的水产养殖中，又以集约化程度较低的池塘养殖占绝大部分。

（7）缺乏有效的监督管理　由于我国水产检验检测和质量监管体系建设滞后，加上水产养殖千家万户分散经营的特点，实施有效监督管理的难度较大，导致养殖生产发展缺少科学规划，一些品种在局部地区养殖密度过大，对养殖环境和产业自身都造成不利的影响；水产苗种和药物的生产和销售混乱，市场上以假充真、以劣充优的现象时有发生；滥用药物问题严重，不仅污染养殖环境，而且造成水产品安全质量问题，使消费者对某种水产品消费失去信心，导致整个产业的萎缩。

针对上述问题，为了保持池塘养殖业的可持续健康发展，应重点做好以下几方面的工作：

（1）进行池塘标准化改造　对基础条件落后、生产性能差的池塘进行大规模的改造，建设面积大小适中、水深达到最佳养殖性能、有独立进排水系统、路网电网规范的标准化池塘，开展池塘标准化建设改造工程，提高池塘的生产性能。

（2）加强良种选育工作　优良品种对养殖业起着十分重要的作用，在其他条件不变的情况下，使用优良品种可增加 20％～30％的产量。针对我国水产养殖品种绝大部分都是未经选育的野生品种，良种覆盖率偏低这一现状，大力开展主要养殖品种的选育与改良研究，获得生长快、抗病抗逆性强、生产性能和经济指标优越的优良品种，促进池塘养殖业的进一步发展。

（3）大力发展水产疫苗　目前一些渔业发达国家在水产养殖中已普遍采用水产疫苗，效果十分显著。针对我国水产养殖病害严重、药物滥用、产品质量安全隐患突出等问题，应加大绿色水产疫苗的研发与推广力度，在生产上逐渐以疫苗和免疫增强剂等生物安全制剂取代抗菌素和化学药物，促进水产养殖业的健康可持续发展。

（4）开展高效环保配合饲料的研究　政府主管部门应高度重视水产高效环保配合饲料的研究与开发，设立水产饲料研发专项基金，充分发挥水产科研院所和高校的积极性，大力开展水产动物营养与饲料方面的科技创新，鼓励、扶持大型饲料企业开展水产饲料研发，使我国水产饲料逐步达到发达国家的先进水平。

（5）开展新型渔用机械设施的研究 随着池塘养殖业的进一步发展，养殖的产业化程度将不断提高，对高效实用的渔用机械设备的需求越来越大。应加大力度开展适合不同养殖模式的机械设备的研究与开发，以满足池塘养殖业的产业化、现代化需要。

（6）加大监督管理力度 大力加强水产检验检测和质量监管体系建设，对水产养殖生产全过程实施有效的监督管理，特别是要以水产养殖生产的关键环节和要素为切入点，加大对苗种、饲料、药物的生产和经营的监管力度，保障水产养殖的可持续健康发展。

二、银鲳池塘养殖技术

1. 池塘要求及其消毒方法

养殖池塘场地选择以自然纳潮为主，底质以沙质或者泥沙质为宜，水源符合国家《渔业水质标准》（GB 11607）的要求，养殖水质符合《无公害食品 海水养殖用水质》（NY 5052—2001）的要求。池塘周边无工农业生产的废水和生活污水污染，水源充足，水体交换能力强，海水理化因子相对稳定。养殖池塘要配有完善的进、排水渠，进、排分离。海水盐度 20～32，pH 7.5～8.5，溶解氧含量在 6.0 mg/L以上。

池塘面积不宜过大，1～2 亩/塘即可，池塘呈矩形。池塘深度以 2.0～2.5 m 为宜，池塘养殖时实际水位控制在 1.8 m 左右为宜，水位过浅，水温及水质不稳定；水位过深，底层光线弱，不利于底栖生物的繁殖，易引发有机物缺氧分解，产生有毒物质，影响银鲳的正常生长。

池塘养过鱼以后，由于死亡的生物体、鱼粪便、残存饵料和有机肥料等不断沉积，加上泥沙混合，使池底形成一层较厚的淤泥。池塘中淤泥过多时，当天热、水温升高后，大量腐殖质经细菌作用，急剧氧化分解，消耗大量的氧，使池塘下层水中的氧消耗殆尽，造成缺氧状态。在缺氧条件下，厌氧性细菌大量繁殖，对腐殖质进行发酵作用，而产生大量的有机酸和硫化氢等有毒物质，使水质恶化、危害鱼类。另外，各种致病菌和寄生虫大量潜伏，杂鱼等也因注水而进入池内，这些都对养殖鱼类生长不利。因此，在海水鱼类的池塘养殖中，必须做好池塘清整工作。池塘消毒大多采用以下两种方法：

（1）生石灰清塘法 生石灰化水后成为强碱性的氢氧化钙，能杀灭杂鱼、水生昆虫和细菌等。在鱼池整修后，选择晴天，用石灰清塘消毒。池中要留有 4～6 cm 深的水层，使泼入的石灰浆能均匀分布。每亩用生石灰 50～75 kg，先在池底挖几个坑，坑的数量及其间距，以能泼洒到全池为限。先将生石灰放入小坑中，让其吸水溶化，不等冷却即向四周泼洒，要求全池泼到。次日用长柄泥耙将池底淤泥和石灰浆调和，以增强消毒除害作用。不能排干水的鱼池，可以带水清塘，平均水深 1 m 的池塘每亩用生石灰 125～150 kg。

（2）漂白粉清塘法 漂白粉遇水释放次氯酸，有很强的杀菌作用。鱼池清塘，每亩用量为 15 kg，药效消失快，清塘后 5 d 可放养。施用时先将漂白粉加水溶解，然后立即遍洒全池，使用漂白粉清塘时应注意，一是泼洒药液时，不宜使用金属容器盛装，以免腐蚀容器、降低药效；二是漂白粉含量达不到30％时，应适当增加用量，失效的漂白粉忌用；三是操作人员应戴好口罩、橡皮手套，施药时应站在上风处，以防中毒和腐蚀衣服。

2. 养殖设施要求

由于银鲳特殊的游动习性，且具有集群行为，其对水体中溶解氧的要求较高，因此在银鲳池塘养殖过程中需要配备增氧机，采用底增氧（底部微孔增氧）与水车式增氧机相结合的方式最佳。池塘每亩可布置 4～5 个底部增氧盘，水车式增氧机放置在池塘角落，目的是通过水车式增氧机增氧的同时，带动池内养殖水体流动。对于较大的池塘，可放置两个水车式增氧机，在池塘对角线的两端各放置一台，注意水体流向保持一致，可有效带动养殖池内水体的流动，增加增氧效果的同时，水体的流动符合银鲳的游动习性，有利于银鲳的生长。

由于银鲳集群行为明显，传统的池塘养殖方式经过多年的尝试，其养殖效果并不理想。目前采用的

方式是在池塘中铺设网箱进行银鲳养殖，养殖效果非常
理想。但是存在的问题是，网箱置于池塘中时间久了则
会附着太多藻类及其他有害生物，易堵塞网眼，因此需
要不定期进行换网操作。然而，由于银鲳应激性反应
强，传统的换网操作往往会导致银鲳的应激损伤，影响
养殖成活率。银鲳的池塘养殖，目前大多采用以下3种
模式：

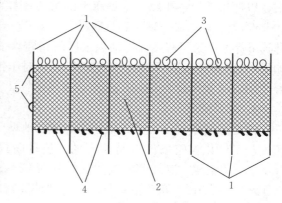

图8-4　银鲳池塘养殖用围网
1. 支撑杆　2. 网衣　3. 浮子　4. 石坠　5. 卡扣

（1）银鲳池塘养殖围网模式　如图8-4所示，七根
支撑杆均匀分布固定于一块长条状的网衣上，支撑杆的
高度为3.0 m。网衣的长度为18 m，宽度2 m（池塘水
位1.8 m），网目1 cm。网衣的两侧长边处一侧均匀分布
数个浮子，另一侧均匀分布数个石坠。最靠边的一根支
撑杆上固定有两个卡扣。该装置使用时将最两端的支撑
杆通过卡扣固定在一起，然后将围网排成一个六边形，固定浮子的一端在上方，固定石坠的一端在下
方，通过支撑杆扎根固定于池塘内后，将银鲳放入围网即可。换网操作时先将干净的围网紧贴需要更换
的围网的外侧固定好后，直接将需要更换的围网取出后再清洗即可。每亩可放置4～6组围网，由于银
鲳基本处于中上层，不会通过底部逃出围网。利用这种模式进行银鲳的池塘养殖，结构简单，操作方
便，便于定期进行换网操作，且可有效提降低银鲳的损伤率。

（2）池塘固定式银鲳养殖网具　如图8-5所示，六根圆
柱形立柱排成一个六边形，圆柱形立柱的直径10 cm，高度
2.5 m。每根圆柱形立柱上面纵向分布四列卡槽。网片固定于
不锈钢框架内，网片为无结网，网眼为1～2 cm。不锈钢框架
通过卡槽固定于两根圆柱形立柱之间，不锈钢框架的长度
3 m，高度2.0 m。该装置使用时先将六根圆柱形的立柱排成
一个边长为3 m的六边形，且竖立固定于池塘内，带有网片
的不锈钢框架通过卡槽分别固定于两根圆柱形立柱之间，组
成一个六边形的网箱进行银鲳的养殖。进行换网清洗时，先
将干净的网片通过备用卡槽固定于两根立柱之间，再将脏的
网片取出清洗即可。每亩可固定4～6只养殖网具。通过这种
模式进行银鲳的池塘养殖，生产操作方便，有利于简便、高
效地更换和清洗网衣，提高银鲳养殖的成活率。

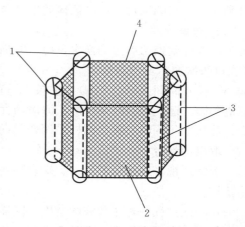

图8-5　池塘固定式银鲳养殖网具
1. 圆柱形立柱　2. 网片　3. 卡槽　4. 不锈钢框架

（3）铺设浮排挂置圆形网箱　这种模式基本是参照浅海
普通网箱的模式，不同之处是，浮排框架为6 m×6 m的结构，比浅海普通网箱要大，网箱规格为圆形。
圆形网箱的直径为2 m，深度2 m。这种模式的不足之处是在定期更换网箱时，费时费力，且易导致养
殖银鲳应激性损伤，影响养殖效果。

3. **水体消毒与肥水方法**

池塘消毒后，清洗1～2次，在银鲳放养前一周可以往池塘注水，进水时用60～80目筛绢网袋进行
过滤，水位可控制在1.8 m左右。池塘注水后，可用0.3～0.4 mg/L的溴氯海因全池泼洒，对养殖水
体进行消毒。

池塘养殖中大多采用投放微生物制剂、无机营养盐以及有机肥等培养有益浮游动物和藻类调节水
色。目前，常用的微生物制剂主要有光合细菌、枯草芽孢杆菌以及EM菌等，通常情况下，采用多种
微生物制剂搭配使用。对于银鲳而言，由于养殖方式的特殊性，其对池塘肥水的要求并不严格。一般而
言，如果要求池塘中含有丰富的浮游生物，每亩可用发酵鸡粪50 kg、尿素5 kg和过磷酸钙1 kg进行肥

水，以便培养浮游生物，池塘海水的透明度控制在 30～40 cm。当透明度大于 40 cm 时，每亩用 25～30 kg 鸡粪、尿素 2～3 kg 和过磷酸钙 1 kg 进行追肥。发酵鸡粪是鸡粪与生石灰按 5∶1 的比例混合后发酵 10 d 所得。为了有效保持池塘水质的稳定，养殖期间可配合使用 EM 菌（1～2 mg/L）来调节水质。如果单纯培养水色，用无机肥进行肥水，对于银鲳的养殖而言，也是可以的。通常将尿素和过磷酸钙混合使用，尿素用量为 5～15 g/m³，过磷酸钙 1.5～4 g/m³。

4. 放养密度

池塘养殖条件下，由于银鲳是养殖在池塘中的网箱中，因此，按照实际网箱中的水体来计，其放养密度与工厂化养殖条件下是相同的。苗种阶段（体重小于 5 g），其放养密度可达到 35 尾/m³ 以上；10 g 左右的银鲳，其放养密度建议控制在 25～30 尾/m³；规格达到 20 g 以上时，其放养密度建议控制在 15～25 尾/m³；亲鱼培育阶段，建议放养密度控制在 10～15 尾/m³。

此外，放养前对银鲳消毒处理可采用 1 mg/L 硫酸铜或者 25～30 mg/L 聚维酮碘（有效碘 1%）药浴 20～30 min。

5. 度夏与越冬

银鲳养殖所用池塘面积不宜过大的原因，主要是考虑在度夏与越冬期间辅助设施安装的可操作性。度夏期间，池塘上方需铺设遮阳膜顶棚，保障池塘水体的水温不高于 32 ℃（彩图 10）。越冬期间，池塘上方及四周包裹双层塑料保温大棚膜，同时辅助锅炉加温设备（彩图 11）。如果仅仅是考虑越冬期间保障银鲳的成活率，只要池塘水体的水温不低于 14 ℃ 即可；但如果要考虑在越冬期间提高银鲳的性腺发育质量，则池塘水体的水温建议保持在 18～19 ℃，在此温度区间内，银鲳可维持基本的摄食，从而有利于其性腺的发育，提高亲体的培育质量。

6. 养殖管理

池塘养殖银鲳需定期换水，由于银鲳所用饲料为高蛋白类饲料，极易污染水质，因此每星期要换水 2 次，每次换水量占总量的 20%～30%。高温季节，2～4 d 全池大换水 1 次，换水量占总量的 40%～50%，换水时间在早上 7:00 以前较为适宜。此外，由于银鲳喜较暗的环境，养殖网具上方最好加盖一层遮阳网，遮光的同时又可防止海鸟捕食。

养殖期间饲料的投喂同样采用挂置饲料台的方式。每天早、中、晚投喂 3 次，定时投喂，投喂 1 h 后，取出饲料台。

经常巡视，观察鱼的活动、摄食和增氧等情况，并做好记录，如有异常情况发生，及时采取必要的防治措施。

在养殖过程中对于鱼病的发生，同样坚持预防为主、防治结合的原则。目前，池塘养殖条件下，银鲳一般很少有病害发生，偶尔会出现的鱼病主要是鱼虱病。虫体寄生在体表及鳃上，肉眼可见。病鱼不安，狂游，或于水面作跳跃式快速游动。肉眼观察及结合镜检可确诊，其防治方法可采用 0.25～0.50 mg/L 的晶体敌百虫（晶体 90%）全池泼洒或者 1～2 mg/L 的粉剂敌百虫（粉剂 2.5%）全池泼洒。

第三节　网箱养殖技术

海水网箱养殖是目前我国海水养殖的重要产业之一。我国海水网箱养殖起步较晚，目前仍然以浅海内湾浮筏式网箱养殖为主。近年来，虽然从国外引进深水抗风浪网箱并加以国产化，但是许多技术还处在探索阶段。随着科学技术的发展，我国传统的网箱养殖逐渐向深水抗风浪网箱养殖发展，但是深水抗风浪网箱价格贵、技术要求较高、配套设施要求较完备，我国正处在对其技术引进、消化吸收改造的阶段，因而传统网箱在我国还占有较大的比例。据统计，2016 年海水养殖产业中，普通网箱的产量为 50.5 万 t，深水网箱的产量为 11.9 万 t。本节主要梳理我国海水网箱养殖的现状与发展趋势，以及银鲳网箱养殖技术要点。

一、海水鱼类网箱养殖现状及发展趋势

1. 发展现状

20 世纪 80 年代初，我国的海水鱼类网箱养殖基本上处于起步和技术积累阶段。随着多种海水养殖鱼类人工繁育、苗种培育及养成技术的日臻成熟，20 世纪 90 年代以后网箱养殖发展迅速。此后，由于围塘对虾病毒性疾病的暴发，围塘养殖经济效益下降，水产业投资方向和水产养殖结构的调整，使网箱养殖得以更进一步发展，成为我国海水鱼类养殖的主要方式。目前我国所采用的浅海养殖网箱基本上为方形浮式网箱，网箱结构一般由框架、浮力装置、网具、固定系统组成。网箱的框架绝大部分仍为板材，板宽 25～30 cm，板厚 6～8 cm，连接处用螺栓固定，制作方便，结构简单，投资省，但抗风浪能力差，只能设置于风浪相对平静、有屏障的内湾或港湾。当受强台风正面冲击时，即便是有屏障的内湾或港湾，网箱抗御强风暴的能力也较差。

我国于 1998 年引进 HDPE 深水抗风浪重力式网箱，2000 年以后，国产化大型深水抗风浪网箱的研发得到了中央与各级政府部门的大力支持。迄今，我国已基本解决了深水抗风浪网箱设备制造及养殖的关键技术，网箱类型主要有重力式网箱（包括浮式和升降式）、浮绳式网箱和蝶形潜式网箱。主要养殖鱼类品种有大黄鱼、鲈、美国红鱼、军曹鱼、卵形鲳鲹以及石斑鱼等 10 余种。2013 年 2 月，国务院常务会议讨论通过《关于促进海洋渔业持续健康发展的若干意见》，要求控制近海养殖密度，拓展海洋离岸养殖和集约化养殖，提高设施装备水平和组织化程度。为此，国内学者通过研究摸索，相继提出深远海与绿色网箱发展模式，开发大型深水网箱养殖品种与养殖技术，探索深远海巨型现代化养殖网箱、养殖工船和养殖平台等新养殖方式。利用深远海优质海水资源进行水产健康养殖，是提高我国养殖水产品质量、满足消费者需求、增强出口能力的重要途径。据统计，自 2015 年，我国深水网箱的年产量已突破 10 万 t，2015 年深水网箱养殖产量为 10.5 万 t，2016 年深水网箱养殖产量为 11.9 万 t。因此，进一步拓展深水网箱养殖是我国海水网箱养殖的重点发展方向。

2. 浅海普通网箱养殖中存在的主要问题

（1）网箱养殖缺乏宏观调控　我国目前的浅海普通网箱养殖大多缺乏宏观管理，整体发展无序且布局不合理，绝大多数网箱集中在沿海港湾内。针对海区养殖容量的研究非常薄弱，也未引起政府有关部门的足够重视，导致养殖海区环境富营养化问题严重。

（2）主要养殖鱼类出现种质退化　网箱养殖的海水鱼类多数是未经改良的品种，表现出生长不均匀、遗传力减弱、抗逆性差、性状严重退化等问题。

（3）养殖水环境恶化，病害日趋严重　主要养殖区的内湾正在受到外源性的工业废水、农药及生活污水等日益严重的污染。近年来，我国多地沿岸海区相继发生多次不同规模的赤潮，严重危害网箱养殖，赤潮的发生与水环境恶化有很大关系。网箱养殖的自身污染，长期养殖的残饵、鱼类排泄物沉淀造成养殖区底质逐渐老化、恶化，鱼病日趋严重，给养殖业造成巨大经济损失。

（4）饲料研究滞后，人工配合饲料推广力度不足　沿海网箱养殖使用的饲料，多数仍为冰鲜小杂鱼，人工配合饲料的使用比例非常低。其结果是严重了破坏海水鱼类资源，污染了养殖海区水质。一方面，饲料营养不均衡造成养殖鱼类体质弱、易患病，且导致饲料成本偏高、效益低。另一方面，许多养殖鱼类的人工配合饲料质量未能达到要求，配合饲料的效果尚不及冰鲜杂鱼，这也是网箱养殖过程中多数仍采用冰鲜小杂鱼的原因之一。

3. 深海网箱养殖业发展动态

深海网箱养殖是指在较深海域内，利用一般由网架、网衣、浮力装置和锚固装置等部分组成的网箱，运用投饵系统、水下监控系统、疾病防疫系统等配套措施，进行离岸养殖的一种海水养殖方式。深海网箱养殖具有拓展养殖空间、保护和改善海域养殖生态环境、提高生产效率和产品质量、促进渔民转业和增加收入等优点。

以挪威、美国、日本渔业为代表的大型深水网箱养殖历经 30 多年的发展，取得了极大的成功，引

领海洋养殖设施发展的潮流。其中，以挪威最具代表性。总结挪威深海网箱的发展，具有以下特点：

(1) 深海网箱大型化　挪威深海网箱的研发在世界网箱行业中处于领先位置。从 20 世纪 70 年代发展初期的周长为 40 m 的深海网箱到现在的周长为 80 m、120 m，最大网箱周长达 180 m，网深 40 m。目前挪威主要使用 60～120 m 周长的圆形 HDPE 深海网箱，抗风能力 12 级，抗浪 5 m，单箱养殖产量最高可达 200 t 以上，平均寿命 10 年以上。挪威深海网箱朝着大型和超大型方向发展，养殖环境和产品更加接近天然，对于环境保护和产品质量有保障。

(2) 配套设备日益完善　挪威深海网箱养殖的配套设备十分完善，这主要得益于政府的重视和支持。2015 年挪威鱼类养殖业产值 54 亿美元，每年约 4 亿美元用作资助海洋研究的经费，使得配套设施得以进步。挪威大型深海网箱一般配备自动投饵系统、鱼苗自动计数设备、水下监控系统、自动分级收鱼和自动收集死鱼设备等为一体的智能管理系统，配套设施的普遍应用将人力从养殖活动中逐渐解放出来，从事有关养殖管理和研发工作，逐步实现生产自动化、智能化。

(3) 注重环境保护和食品安全　在挪威的深海网箱养殖业发展中，逐步确立起来的人才培养机制和严格的管理制度，在很大程度上提高了挪威深海网箱养殖的产品质量，促进了海水养殖行业发展。从早期建立起来的养殖许可证制度到现在完善的法律体系，都给世界范围的深海网箱养殖业提供了先进而严格的规范借鉴。

(4) 重视饵料和防疫工作　经过 20 多年的发展，挪威深海网箱养殖的饵料经历了从高蛋白、高碳水化合物、低脂肪到现在的高脂肪、低蛋白、低碳水化合物的转变，能更高效地被鱼类所吸收，从而减少排泄对海域的污染。针对养殖中常见疾病（主要有鳗弧菌病、冷水弧菌病、疖疮病、鲑科鱼传染性胰坏死病）的疫苗已经研制出来，价格十分低廉，自动疫苗注射设备也已研发出，从而减少抗菌素的使用，既可防治疾病，又可保证产品质量。

结合其他国家深海网箱的发展动态分析，国外深水网箱养殖的发展主要体现在以下 3 个方面：

(1) 网箱容积日趋大型化，并向更深水域、开放性海域深入　挪威的 HDPE 网箱，最大容积逾 2 万 m³，单个网箱产量可达 250 t，大大降低了单位体积水域的养殖成本，苏格兰的鲑养殖网箱直径达 100 m，并连接成渔排。

(2) 抗风浪和抗变形能力增强　各国开发的深海网箱抗风能力 12 级，抗浪 5～10 m，抗水流能力也均超过 1 m/s。美国的蝶形网箱在流速大于 1 m/s 的水流中，其有效容积率仍可保持在 90% 以上。以色列开发的柔性网箱可设置在水深 60 m 的开放性海域，能抵御 15 m 波高的风浪。德国的 BECK-Fish 可移动下潜式圆柱形网箱能抵御 26 m 波高的风浪侵袭，通过下潜避免养殖鱼类受到波浪带来的应激压力。

(3) 新材料应用异军突起　近几年新开发的铜合金网箱，利用铜的天然抑菌性和抗腐蚀性，为鱼类养殖创造更洁净、更健康的生长条件。

我国大型深海网箱养殖出现于 20 世纪末，由海南省率先从挪威引进一批大型抗风浪深水网箱（HDPE 型）。在新时期背景下，随着"蓝色粮仓"建设这一重要战略举措的提出，深海网箱养殖作为拓展海水养殖空间的重要选择之一，其推广和发展意义更加突出。深海网箱养殖作为一种先进海水养殖方式，标志着我国的海水养殖向集约化方向发展。目前我国深海网箱养殖在技术、人才培养、相关支持和管理政策方面仍存在诸多不足。我国深海网箱发展存在的问题，主要体现在以下几个方面：

(1) 重视网箱研发，配套技术相对落后　由于较早将"深海抗风浪网箱的研制"项目列入国家高技术研究发展计划（国家"863 计划"），我国深海网箱的研发不断取得新成就，但是使用成本较高，普遍推广困难。挪威深海养殖网箱的箱体不断向大型化和超大型化发展，而目前中国深海网箱养殖中最常见的是周长为 60～80 m 的深海网箱。箱体越大，养殖环境就越接近自然，鱼苗得病率越低。相较而言，我国深海养殖网箱较小，不利于提高生产效益。深海网箱养殖是由网箱和相关配套设施构成的综合系统，配套设施的完善和进步可以直接提高养殖生产效率。大型养殖工船、自动投饵机、网箱监控装备、水质检测装备、疫苗注射机和真空捕鱼机等是国外常见的配套设备，养殖过程基本已完全实现自动化。

目前，我国深海养殖配套装备仅在一些深海网箱养殖基地进行实验与示范，并没有在全国深海网箱养殖中普遍推广。

（2）养殖规模小，产业链不完善　我国深海网箱养殖尚未形成一个完整的产业链，产业化水平不高。大型抗风浪深海网箱建设投资大，一般渔民难以负担，我国农业信贷制度严格，多为小额贷款，难以满足深海网箱规模化发展。深海网箱养殖产业中，从产前环节来看，鱼苗培育和饵料研发工作较落后，大型鱼苗基地数量不多，导致鱼苗质量参差不一，养殖从业人员缺少专业化培训教育，不利于深海网箱的规模化、标准化养殖。从产中环节来看，大型深海网箱养殖企业和合作社等经营主体发展滞后，产学研的模式没有发挥优势，对市场需求分析不足，造成养殖种类趋同，同时将商品推向市场，导致价格难以达到预期，生产效益低下。产后环节中，运输和加工产业发展滞后，深海网箱养殖场到消费市场距离较远，所以对交通等基础设施要求较高，目前政府对这方面的扶持力度还不够。另外海产品精深加工产业和海水养殖业的结合不能满足市场的需要。

（3）风险预警保障机制和养殖保险不完善　深海网箱养殖是高风险行业，受病害和台风等自然灾害影响大。目前，我国深海养殖产业风险预警和保障体系尚未建立，不光对风险反应处理能力滞后，在一定程度上也影响企业或渔民从事深海网箱养殖的积极性，不利于开展推广工作。由于风险性较高，保险业不愿意对海水养殖业开展商业性保险工作，一旦发生重大灾害，往往对养殖者造成巨大损失。

综上所述，我国在深海养殖网箱研发方面虽不断取得新成果，但与挪威等国家相比，我国深海网箱配套技术水平还有待提高，如水质监测、自动投饵、实时监控、自动捕鱼等设备和技术。深海网箱养殖对疾病和自然灾害的抵抗力较强，但是，一旦发生严重病灾或者自然灾害，其损失十分严重。因此，建立风险预警和保障机制同样是十分必要的。

二、银鲳网箱养殖技术

目前银鲳的网箱养殖基本是参照浅海普通网箱的模式，进行一定的升级改造后直接用于银鲳养殖。对于银鲳深海网箱的养殖，由于条件限制，目前仅对银鲳在深海网箱中养殖的可行性进行过前期论证，尚未开展具体的养殖实践。由于深海网箱规格大，水位深，更接近自然生态环境，因此，银鲳的深海网箱养殖应该是一种非常理想的养殖模式。遗憾的是，目前银鲳的饲料学研究及其配套投喂技术尚不能满足深海网箱养殖的需求。下面重点介绍普通网箱养殖模式下银鲳养殖的主要技术要点。

1. 养殖海区选择

（1）水质要求　选择水质清新，海水盐度相对较稳定（25～32），pH 7～9，雨季时受淡水影响较小，暴雨季节盐度不低于 15 的海区。银鲳的适宜盐度在 20 以上，在盐度低于 15 的条件下，鳃动频率明显升高。

（2）水流要求　海流的大小直接影响网箱内水体的交换，从而影响网箱内水体中溶解氧的含量。海区水流畅通但风浪不大，大潮期间，网箱中水体流速在 20 cm/s 左右为宜，如果流速较小，网箱中水体交换差，网箱在短时间内就会被附着生物堵塞。如果流速过大，虽然水体交换能力强，但容易导致投喂过程中饲料的损失，同时，流速过大，也会使鱼体本身耗能增加，影响银鲳的正常生长。此外，流速过大也易导致养殖网箱变形严重，箱内空间挤压严重，引发银鲳系列应激性反应，影响养殖成活率。

（3）水温要求　银鲳正常生长的水温 17～28 ℃，当水温低于 14 ℃或高于 32 ℃时摄食明显减弱，水温低于 4 ℃或高于 33 ℃时出现死亡。

（4）溶解氧要求　溶解氧在 6 mg/L 以上，低于 3 mg/ L 时，银鲳摄食量明显减少，长时间会导致窒息死亡。

（5）水深要求　养殖区水位在大潮线下水深 5 m 以上，使网底不与海底相触，底质最好为沙质或者泥沙质底。网箱区的水深，要求在退大潮时比网底还高 2 m 左右，使残饵、排泄物所污染的底质不因为出现低氧层而影响网箱内的正常水质。

（6）海区环境要求　选择未污染或污染较轻、自净能力较强海区养殖。海陆交通应方便，便于苗种、饵料及产品的运输。

2. 网箱规格与布局

网箱结构包括箱体、框架、浮体、沉子、网衣和固定装置。网箱为浮动式网箱。网衣采用无节网，不伤鱼体，网线采用 9～15 股为宜。网目的大小规格，根据鱼体的大小来确定，一般 1～4 cm 的网目规格基本可满足银鲳养殖网箱的需求。苗种阶段，网目采用 1 cm 的规格，鱼体规格较大时采用 2 cm 网目规格，成鱼阶段可选用 3～4 cm 网目规格。网箱的形状采用圆形为宜，直径 6 m 的情况下，养殖管理操作相对容易一些，有条件的也可采用直径 9 m 的圆形网箱。

由于网箱形状为圆形，其固定方法与传统方形网箱略有不同，网箱口的固定要依靠固定于框架结构中的圆形不锈钢圈（不锈钢内径 1 cm），如图 8-6 所示。浮排框架 4 个角先各固定 1 个切脚板，圆形不锈钢圈依靠 6 个固定点固定在框架中，圆形网箱口固定于圆形不锈钢圈上。

银鲳养殖用圆形网箱，网底所用的沉子与方形网箱所采用的底角外挂石袋的方式不同，而是采用网箱中内置沉子的方式。沉子的结构如图 8-7 所示，这种沉子可以采用两种方法来制作，简单的方法是利用 6～7 cm 的 PVC 管灌沙后通过接头拼接，也可采用不锈钢管（6 分管即可）进行焊接的方式来制作。

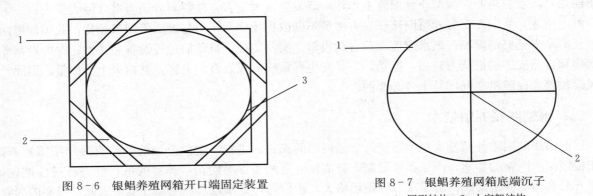

图 8-6　银鲳养殖网箱开口端固定装置　　　　图 8-7　银鲳养殖网箱底端沉子
1. 浮板框架　2. 切角板　3. 不锈钢圈　　　　1. 圆形结构　2. 十字架结构

养殖网箱根据海水流向及风浪大小进行排列，最好呈"品"字或者"田"字排列。过多的网箱排列在一起，往往会导致内部网箱水流过小，网衣上附着生物堆积过快，影响养殖效果。如果海区流速较大，可以采用挡流网降低潮水流速，挡流网可用 4 cm 镀锌管焊接加工成方形框架，面上缝 40 目单层筛绢网，垂直固定在渔排周边框架上。

3. 放养密度

网箱养殖模式下，由于水体交换能力强，放养密度比工厂化与池塘养殖模式要高一些。苗种阶段（体重小于 5 g），其放养密度可达到 50～60 尾/m³；10 g 左右的银鲳，其放养密度建议控制在 40～50 尾/m³；规格达到 20 g 以上时，其放养密度建议控制在 30～40 尾/m³；亲鱼培育阶段，建议放养密度控制在 15～20 尾/m³。

此外，放养前对银鲳消毒可采用 1 mg/L 硫酸铜或者 25～30 mg/L 聚维酮碘（有效碘 1%）药浴 20～30 min。

4. 日常管理

养殖期间饲料的投喂同样采用挂置饲料台的方式，每个网箱挂置 2 个饲料台。每天早、中、晚投喂 3 次，投喂 1 小时后，取出饲料台。

此外，由于银鲳喜较暗的环境，网箱上最好加盖一层遮阳网，遮光的同时又可防止海鸟捕食。

银鲳网箱养殖过程中，网箱上容易附生各种藻类，特别是在夏季，过多的附着生物会阻碍网箱内水体的交换。在养殖过程中，根据网衣的杂藻附着情况，定期清除网箱及浮子上的附着物，以保持网箱内外的水流畅通。同时要经常换洗网箱，一般每隔 30～40 d 换洗 1 次。

每天做好日常记录，记录水温、pH、盐度、饲料投喂情况、药物使用情况等。检查分为定期和不定期检查，定期检查每周至少 1 次。主要是检查网箱有无漏洞或破损，台风来临前，检查框架是否牢固，加固铁锚和缆绳，发现问题及时解决。需要注意的是，在检查过程中，尽量不要干扰鱼，以免引发银鲳的应激性损伤。

5. 病害防治

网箱养殖过程中，病害的防治依然是预防为主、治疗为辅。鱼种入箱前要经严格消毒，严防病鱼带入网箱；新鲜饵料要经消毒后投喂；定期清洗网箱，并将洗好的网箱在阳光下曝晒 2～3 d；保持水流畅通、水质清新、做好药物预防、定期对网箱及其周围水体进行药物泼洒；发现病鱼、死鱼，及时隔离治疗或处理。同时，在养殖过程中，应在饲料中额外加入有防病、助消化作用的添加剂，如大蒜素、维生素 C、益生菌等，提高银鲳抗病能力和生长效果。

第九章

银鲳病害防治技术

第一节　细菌性疾病的防治

细菌性疾病是鱼类养殖过程中最常见的病害，具有发生面积大、传播快、死亡率高、流行性广等特点，是一类严重危害鱼类健康的疾病，常常造成严重的经济损失，所以一直都是国内外学者关注的焦点。近年来，我国水产养殖的产量迅速增加，集约化程度也在不断提高，然而鱼病也随之增加，其中细菌性疾病为最主要的病害，所以对细菌性疾病的防治、诊断和病理的探索已经成为当前最为活跃的研究领域。

一、水产养殖常见的细菌性疾病

细菌性疾病是鱼类最常见的疾病之一，经常导致大批量的鱼类死亡，所以对此类疾病的研究一直备受国内外研究工作者的关注（Roberts et al，2009）。随着生物学研究技术的不断提高，细菌性疾病的研究也得到了迅速发展，细菌性疾病的种类和危害也引起了广泛的关注，并掀起了鱼类细菌性疾病的研究热潮（王瑞旋等，2005；Toranzo et al，2005）。目前现已报道的鱼类致病菌的种类繁多，其大部分已被鱼病学研究工作者认可，但仍需国际细菌分类组织承认。下面就鱼类细菌性疾病的分类及防治方法进行简要概述。

1. 赤皮病

赤皮病，是由条件性致病菌——荧光假单胞菌引发的，是一年四季都可发生流行的疾病，在春天最为常见（梁平等，2004）。在养殖过程中，鱼类会因为受到惊吓而碰撞，结果导致鱼体的机械性损伤，或是运输途中发生擦伤等，均可引起该病。病鱼的体表表现为发炎、出血，鳞片脱落，表皮糜烂等症状。所以在养殖过程中，应尽量保持安静，避免鱼类受到惊吓；在运输过程中，也要轻拿轻放，尽量减少鱼类应激（彩图12）。

2. 出血病

出血病，又称暴发性出血症或是细菌性败血症，是世界上比较常见的一种传染性的病害（葛卫强等，2010）。因其危害大、流行性广、持续时间长，而成为当前的研究焦点。该病主要由气单胞菌引发，其症状是腹腔积水、肛门肿大、体表充血等，多由水质恶化、溶解氧低和投喂劣质饲料引起。所以为了预防该病，需要加强养殖管理，定期消毒，经常换水，平常注意观察水质的变化。

3. 烂鳃病

烂鳃病，是指鱼类鳃部发生糜烂，鳃盖表皮充血发炎，鳃丝肿胀，伴有黏稠液体，并且末端有缺损（林福森，2016）。该病多由柱状黄杆菌引发。鱼鳃在受到机械性损伤后，极易诱发该病。所以在日常操作中，应保持安静，尽量减少鱼类应激，避免鱼体受伤；平常要定期对鱼池进行消毒和换水（张谨华，2007）。

4. 肠炎病

肠炎病，致病菌是肠型点状气单胞菌，属于条件致病菌，在鱼类的肠道中比较常见（王智勇，2006）。肠型点状气单胞菌不是优势菌，在健康的鱼类肠道内受到其他菌种和鱼类寄主的制约而不会诱发疾病，但会在特定的条件下引发鱼类肠道炎症。水体条件恶化，如环境温度骤变，溶解氧量下降，水质污染等，均可导致鱼体的免疫力下降，鱼类免疫系统调控肠道菌群的能力随之降低，这就给了肠型点状气单胞菌诱发肠炎的机会，致病菌借机打破肠道的菌群平衡，并诱发肠道炎症（Muroga et al，2001；王吉祥等，2017）。

5. 溃烂病

溃烂病，致病菌是嗜水气单胞菌，其在整个养殖周期的水体中普遍存在，是一种条件致病菌（淦胜，2012）。在养殖管理不当的情况下，极易发生鱼类溃烂病。病鱼表现为鳞片脱落，体表充血，皮肤溃烂，且呈红色斑状凹陷，在鱼体全身皆有发现，致死率较高。为避免鱼类的溃烂病，要采用合理的养殖密度，定期消毒，并加入益生菌对水质进行净化。

6. 竖鳞病

竖鳞病，致病菌是水型点状假单胞菌，是养殖水体中常见的致病菌，在鱼体表皮损伤后极易感染。在静水养鱼条件下发生较多，而在流水或是开放式养鱼条件下则发病较少。发病多在春季，水温在17～22 ℃。病鱼呈现鳞片竖立，鳞片基部的鳞囊水肿，内部渗出黏液。竖鳞病以预防为主，在捕捞、运输和养殖过程中，应尽量避免鱼体受伤。加强日常管理，经常给鱼池进行换水、消毒等。

7. 腐皮病

腐皮病，是鲢、鳙、草鱼等鱼类主要病害之一，在仔鱼、幼鱼、成鱼期都可发病，在我国的很多地区都曾发现此病害。腐皮病的致病菌是点状气单胞菌点状亚种，以夏秋两季最为多见，28～32 ℃为流行高峰期（淦胜，2012）。病鱼的主要患病部位在肛门附近和尾鳍基部，皮肤常常出现红斑，鳞片松动、脱落，肌肉腐烂（Marudhupandi et al，2017）。为预防腐皮病，要保持水体洁净，定期用药水对鱼池进行浸泡消毒，发病后可采用二氧化氯泼洒全池。

二、诊断方法

诊断技术的发展及其应用是鱼类细菌性疾病研究的重点内容。鱼类细菌性疾病的诊断需要对致病菌进行分离、鉴定，并且需要结合病鱼的症状、组织病变和环境条件等，以此进行确诊。传统的致病菌鉴定方法因为耗时长、步骤繁琐、工作量大，所以不利于疾病的及时治疗，给病鱼诊断带来极大的困难。随着医学微生物技术的不断发展，鱼类致病菌的快速诊断已经取得了突破性进展，大大减少了诊断的时间，提高了检测效率，而且显著提高了诊断的准确性（殷战等，1995）。

1. 分离培养技术

采用选择性培养基对致病菌进行分离、鉴定，是传统的诊断方法，因其制作简单、使用方便，所以一直沿用至今（储卫华，2000）。选择性培养基可以抑制多数细菌，仅允许一种或一类细菌的生长，从而筛选出致病菌，这种方法对培养温度、湿度、光照、含氧量和时间皆要求较高，所以对培养条件的把握和控制至关重要。

2. 生理特性鉴定技术

根据致病菌的形态、染色反应和生理生化性状等对致病菌进行理化特性鉴定，以此确定致病菌的种类。因其工作量大、耗时长、步骤繁琐，现在已经有了专门鉴定特定致病菌的试剂产品和诊断系统，如API系统、PhP系统和Biolog系统等。

3. PCR检测技术

PCR技术即聚合酶链式反应技术，其利用特异性引物对目标DNA片段进行扩增，并通过电泳获取特定片段，最后对片段进行测序来确定感染的致病菌的种类。这种方法简单、快速、准确，且能对微量的细菌进行鉴别，已是目前常用的诊断技术（储卫华，2000）。

4. 免疫诊断技术

荧光抗体技术具有高特异性、高灵敏性、高准确性等特点，是根据抗原抗体反应具有高特异性的原理，将已知抗体与荧光素结合，携带荧光素的抗体便可与抗原（致病菌）结合，从而可以在荧光显微镜下检测到致病菌。这种方法准确度高，而且快速简单，可在短时间内对混合感染的致病菌进行鉴别（张谨华，2007）。目前常用的免疫诊断技术包括免疫抗体技术、免疫酶技术和单克隆抗体技术。

5. DNA 指纹技术

DNA 指纹技术是指利用限制性酶对致病菌的基因组进行切割，其产物在电泳图谱或是 southern 杂交中产生条带，这些不同的条带显示了染色体不同位置上的不同长度的 DNA 序列，从而显示了不同种群基因组 DNA 的限制性片段长度的多态性。目前主要用于检测致病菌的 DNA 指纹技术有 RELP、AFLP 和 RAPD 等（张谨华，2007）。

6. 16 s rRNA 检测技术

通过检测 16 s rRNA 来确定细菌的种类和进化关系，已经是鉴定微生物的标准方法。16 s 和 23 s rRNA 之间的间隔区在长度、序列上具有相对多变性，利用 16 s 和 23 s rRNA 基因中的保守区设计引物进行扩增、测序，可以鉴别致病菌的种类。目前该技术已经是鉴别致病菌的主要技术之一，在水产养殖领域应用广泛（Donga et al，2015）。

7. 计算机应用技术

计算机应用技术，是将计算机技术与生物技术相结合，应用于鱼类细菌性致病菌检测的一门新型技术，该技术快速、准确、方便（储卫华，2000）。目前常用的方法是 MIS 法，即分离提取致病菌的脂类物质，计算机会根据已有的数据对脂类物质成分及含量进行统计分析，并计算出致病菌的种类和特点。

8. 探针技术

探针技术是目前比较高端的现代化技术，是在基因水平上，利用核酸杂交技术对致病菌进行快速检测。探针技术的原理是已知的高度特异性的核酸片段能与其互补的核酸序列进行杂交，从而通过标记的已知序列来确定未知序列，这样就能检测到待测核酸中的部分序列，以此鉴定致病菌（储卫华，2000）。目前常用的探针技术有 DNA 探针、RNA 探针和 cDNA。这种技术的优势也非常明显，具有灵敏、快捷、准确和直观等优点，目前已经在水产养殖领域广泛使用（Yamaguchi et al，2015）。

三、细菌性疾病的病理学研究

鱼类细菌性疾病的发生过程、病变特点和致病机理是传统的鱼类细菌性疾病病理学研究的重点，随着生物学技术的不断发展，电子显微镜的问世使得对鱼类器官、组织病变的描述和检测进入了微观领域（杨兴丽，2001）。荧光技术和免疫抗体标记技术的发展和应用，使得我们可以对致病菌侵染的全过程进行定位、跟踪观察。虽然传统的诊断技术可以通过对致病菌引发的各种病理变化的观察确定鱼类感染和死亡的原因，但不同的致病菌引起的病理变化往往具有相似性，所以需要确定致病菌的种类才能完善细菌性疾病的诊断技术。因此，对鱼类细菌性疾病病理学的研究，需要将鱼类的病变特征和致病菌的种类、侵染力和感染途径相结合，才能完善鱼类细菌性疾病的研究，并且深化对致病机理的认识（钱云霞等，2001）。

四、细菌性疾病的防治

鱼类细菌性疾病的"防重于治"，这是长期以来一贯坚持的原则。因为一旦暴发病害，治疗的难度就很大，往往造成严重的经济损失。所以功夫需要用在平时，对养殖水体需要进行优化处理，选择符合鱼类营养需要的饵料和合理的投喂方式，这些都是保证鱼类健康生长的前提条件。发现鱼病需要及时对病鱼进行隔离，并利用成熟、快捷的诊断技术对致病菌进行分离、鉴定。下面介绍几种防治细菌性疾病的方法。

1. 抗菌药物

抗菌素在水产养殖中的使用确实有效预防和治疗了很多鱼类细菌性病害，也是很多年来最常用的杀菌药物，其抑菌效果非常显著。但因为药物残留以及诱导产生抗性菌株和抗性基因等缺陷，抗菌素一直备受质疑和谴责，所以如何合理、有效地使用抗菌素是当前需要解决的难题（Gao et al，2018）。

2. 鱼类疫苗

鱼类虽然属于低等的脊椎动物，但是却具备了相对完善的免疫系统，包括特异性免疫和非特异性免疫。所以采用免疫接种的方法可以有效预防鱼类细菌性疾病（张颖等，2009）。免疫接种，不管对于人类还是对于鱼类，都是控制地方流行性传染病的有效手段。国内外已经把鱼类疫苗作为重要的预防病害的药物，已有部分疫苗在水产养殖业中大规模使用，且取得了可观的成果，有效预防了各种细菌性疾病的发生。

3. 中草药

中草药因为含有免疫活性物质，所以具有杀菌、灭菌和提高鱼类免疫抵抗力的功效。鱼类的免疫功能紊乱容易感染细菌性疾病，所以利用中草药从整体上调节内脏的机能和免疫力，可以有效预防和治疗细菌性的病害。中草药不会产生抗药性，而且副作用小，能够避免水质污染和产生抗性菌株等，所以是一种理想的药物。中草药的开发和利用，是预防鱼类细菌性疾病的重要手段，今后随着生物医学技术的发展，植物提取物的有效成分必然会被逐步得到开发和认可，这将为绿色药物的研发开辟新的思路（Ataguba et al，2018）。中草药防治细菌性病害的有效性已在生产实践中得到广泛的肯定，这也是我国发展绿色水产品的需要，具有良好的应用前景（高绪娜等，2015）。

4. 藻类提取物

20世纪50年代开始，藻类提取物被推荐用于鱼类细菌性疾病的防治，且取得了良好的效果（钱云霞等，2001）。藻类提取物可以作为抗生素的替代物，用于抑制细菌性病害的防治。藻类中多含有 $\omega-3$ 不饱和脂肪酸等活性成分，对水产中较常见的致病菌有较强的抑制或杀灭作用，可以替代鱼类饲料中常用的抗生素或是西药。藻类提取物能够有效避免耐药性、抗生素依赖性、药物残留和动物的二次感染等问题，并且可以提高鱼类的生长性能（Lee et al，2016）。

5. 免疫增强剂

免疫增强剂是指利用一些化学物质、应激原或是能够引起免疫应激反应，增强鱼类对细菌、病毒和寄生虫等抵抗力的物质。免疫增强剂的种类可分为五大类，包括生物活性物质、微生物来源制剂、动物来源制剂、人工合成制剂和营养因子物质（黄洪敏等，2005）。鱼类免疫增强剂能够提高非特异性和特异性免疫应答能力，如促进巨噬细胞活化、合成干扰素、产生溶菌酶、提高 IgM 抗体的含量等，被认为是一种提高鱼类免疫能力、增强疾病抵抗力的有效药物，具有重要的应用价值（Das et al，2001）。

6. 益生菌

益生菌是一类对宿主有益的活性微生物，可以定植于鱼类的肠道、生殖系统、体表等部位，通过改善鱼体及其所处水生环境的微生态平衡，发挥有益的作用（楼丹等，2009）。益生菌可增强鱼体的免疫功能，提高鱼类的生长性能，抑制致病菌，优化水生环境，净化水质，从而减少细菌性病害的发生，是理想的防治细菌性病害的活菌制剂。当前在欧美、日本和中国等国家和地区的产业中，益生菌被广泛地开发和应用，创造了巨大的经济效益，必然成为未来鱼类养殖病害防治的焦点。

五、细菌性疾病的防控和管理措施

一旦暴发鱼类细菌性的病害，将很难进行有效的、及时的治疗，而且极有可能出现大量的鱼类死亡，严重降低水产养殖的经济效益。为了避免鱼类的细菌性病害和提高水产养殖的产量，应做好水产养殖病害的防治工作，完善管理制度和预防机制。鱼类细菌性的病害应以预防为主，防治结合，功夫用在平时，做到"无病先防，有病早治"，有效控制鱼类细菌性病害的发生和流行。

1. 切断传染途径

水源是传播扩散的第一途径，所以养殖用水应该充足、清洁、无污染。各个养殖池的进、排水管道应该相对独立，避免交叉感染。定期清塘、消毒是预防病害发生的重要环节，所以一定要做好消毒、防疫工作。对各种病害的病原、病因、流行季节和区域要进行全面的考察学习，及时采取防控措施，杜绝传染源。一旦暴发病害，应采取严格的隔离措施，并进行消毒和销毁处理。

2. 改善养殖条件

科学合理地选择放养密度，不仅可以提高养殖效益，而且能保持水生环境的相对清洁和生态平衡，从而预防病害。使用绿色无公害的水质改良剂（如益生菌），控制细菌的结构组成和微生态平衡，可以有效地预防细菌性的病害。

3. 规范日常操作

鱼类的病害与日常操作紧密相关，因此在运输、放养、换池和分塘等过程中需要小心谨慎，尽量避免鱼类的机械性损伤。由于鱼类生活在水中受到多种环境因子的影响，极易引起应激反应，导致免疫力下降而发生疾病，因此注意避免鱼类遭受刺激。对于应激状态的鱼类，应适当添加抗应激的药物和免疫激活剂等，以帮助其恢复正常的生理状态（张自龙等，2009）。

六、银鲳常见细菌性疾病及其防治方法

1. 烂鳍烂尾皮肤病

烂鳍烂尾皮肤病是银鲳养殖过程中较为常见的一种细菌性疾病，其发病原因多是由于外界因子突变导致银鲳应激性反应，撞击或者摩擦池壁导致鳍条与皮肤受伤，进而引起细菌的交互感染所致。这种症状在养殖水温较高、养殖密度较大时出现的频率更高。

该病发生时的主要症状为：鱼体色变淡，鳍末端糜烂，糜烂面积较大时，鱼鳍边缘充血发红，皮肤伤口处充血且具有明显的炎症。该病症是影响银鲳人工养殖成活率的主要疾病之一。

银鲳细菌性皮肤病的主要病原及其防治方法如下：

(1) 弧菌属 弧菌是菌体短小，弯曲成弧形，尾部带一鞭毛的革兰氏阴性菌。弧菌属广泛分布于河口、海湾、近岸海域的海水和海洋动物体内。常见的主要鱼类致病菌为溶藻弧菌、鳗弧菌、副溶血弧菌、创伤弧菌等；有些弧菌也能引起人类疾病，如溶藻弧菌和创伤弧菌等。患病时常有的病状：发病初期体表部分褪色，随后充血或出血（鳍基部和鳍膜最为明显），鳞片脱落，形成溃疡，有的肛门红肿或眼球突出，眼内出血或眼球变白混浊。弧菌感染发病的适宜水温为 20～25 ℃，每年 10 月至翌年 6 月是流行病季节。鱼体发病与水质不良、池底污浊、放养密度过大、投喂劣质饵料、操作管理不慎、鱼体受伤等关系密切。弧菌感染的主要诊断方法是利用病灶组织进行细菌分离培养，也可用常规的 ELISA 试剂盒进行检测。

针对弧菌致病的主要预防措施：加强水质管理，保持养殖水环境清洁，避免养殖密度过大，投饵采用少量多次的方式；饲料中添加维生素 C（400 mg/kg）等营养性添加剂，提高鱼体免疫力和抗应激能力。

主要治疗方法：饲料中添加抗菌药物，如磺胺类药物、盐酸土霉素等，一般添加剂量为 0.2%～0.3%，连续投喂 5～7 d；定期使用盐酸土霉素药浴，使用浓度一般为 5～10 mg/L；病情严重的情况下，需要进行倒池，并用漂白粉等消毒剂彻底消毒养殖池。

(2) 链球菌属 链球菌广泛存在于自然界、人及动物粪便中，球形或卵圆形，直径 0.6～1.0 μm，多数呈链状排列，短者由 4～8 个细菌组成，长者由 20～30 个细菌组成。链的长短与菌种及生长环境有关，在液体培养基中形成链状排列比在固体培养基中的长。幼龄菌大多可见到透明质酸形成的荚膜，如延长培养时间，荚膜可被细菌自身产生的透明质酸酶分解而消失。链球菌无鞭毛，有菌毛样结构，革兰氏染色阳性，需氧或兼性厌氧，有些为厌氧菌。常见的导致鱼病的主要链球菌为海豚链球菌、无乳链球菌、副乳房链球菌和格氏乳球菌等，7—9 月的高温期容易流行，水温降到 20 ℃ 以下则较少。链球菌为典型的条件致病菌，平常生存于养殖水体及底泥中。在富营养化或养殖自身污染较为严重的水域中，此菌能长期生存，当养殖鱼体抵抗力降低时，易引起疾病。该病的发生与养殖密度大、换水率低、饵料鲜度差及投饵量大密切相关。由链球菌致病的最明显症状是摄食量明显降低，鳃盖内侧发红、充血，鳍发红、充血或溃烂，体表局部（特别是尾柄）往往溃烂。一般从鳃盖内侧出血等典型的外观症状和内部组织器官的病理变化就可初诊，进一步诊断需从病灶组织分离细菌，进行细菌学鉴定。

针对链球菌致病的主要预防措施：合理控制养殖密度，减少银鲳的应激性反应，可降低发病率；加强养殖水质管理，合理控制水体交换量，封闭式养殖条件下，日换水量最好控制在30％以上，保障水体的溶解氧量不低于6 mg/L；定期进行倒池，并用漂白粉彻底消毒池壁与池底；饲料中添加维生素C（400 mg/kg）等营养性添加剂，提高鱼体免疫力和抗应激能力。

主要治疗方法：通常情况下针对链球菌病的药物治疗，并不是很理想。常规情况下大多采用饲料与抗生素混合的方式制成药饵投喂。盐酸强力霉素每天每千克鱼用药30～50 mg，连续投喂一周；也可采用四环素，每天每千克鱼用药80～100 mg，连续投喂1～2周。

（3）假单胞菌属　假单胞菌属是一类需氧的革兰氏阴性细菌，无芽孢、有荚膜杆菌，呈杆状或略弯，端鞭毛，能运动。该属微生物具有极其丰富的代谢多样性，这些多样性也使得它们能够在非常广阔的生态位中生存，广泛分布于泥土、水、空气以及植物上，经由伤口传染。常见致病假单胞菌为荧光假单胞菌和恶臭假单胞菌，其在不同水温均可发病，在夏季与秋季温度较高时发病频率较高。假单胞菌致病与养殖水体水质差、养殖密度过大密切相关。此外，养殖银鲳应激导致体表受伤是病菌感染的主要诱发因素。假单胞菌感染的主要症状是体色变淡，鳍腐烂，体表伤口处溃疡或者形成含有脓血的疖疮。假单胞菌致病的诊断通常采用基于病灶组织的细菌培养进行鉴定。

针对假单胞菌致病的主要预防措施：养殖密度要适宜，不宜过高；保持较好的养殖水质，及时排出剩余饲料，每天日换水量控制在30％以上；确保养殖环境安静，避免银鲳的应激反应，减少体表受伤的发生率。

主要治疗措施：饲料中添加诺氟沙星、四环素等药物，添加剂量控制在0.1％～0.2％，连续投喂7 d，具有一定的治疗效果。

2. 腹水病

银鲳养殖过程中，在水温较高，且养殖密度较大时，健康状况较差的个体容易发生腹水病。鱼类腹水病的发生往往是多种病原菌复合感染的结果，常见的致病菌有爱德华菌、溶藻弧菌以及假单胞菌等。银鲳腹水病的主要症状为发病个体基本不摄食，腹部稍有膨胀但不是很明显，解剖后可见腹腔中积有较多的淡红色积水，常并发烂尾、烂鳍病。

银鲳腹水病的主要预防措施：养殖过程中保障养殖用水清洁，选择新鲜无污染饵料，避免投喂不新鲜的杂鱼；定期对养殖车间和工具消毒；及时隔离病鱼以防止相互传染；合理控制养殖密度，饲料中添加维生素C，以提高银鲳的抗病能力。

主要治疗措施：多采用复合性抗菌素配方，如诺氟沙星、强力霉素、复方新诺明多种抗生素的混合物（可按照1：1：1），通过制作药饵（100 mg/kg）或者药浴（3～5 mg/L）两种方式进行治疗。

第二节　寄生虫病的防治

自改革开放以来，我国水产养殖业发展迅速，已经是世界上唯一的养殖产量超过捕捞产量的国家。然而我国水产养殖业在满足巨大的市场需求的同时，为追求产量的巨大化，不断增加养殖规模，尤其是高密度集约化养殖模式得到了普遍的应用和推广，使得病害频发，尤其是寄生虫引发的流行性病害给水产业造成了严重的经济损失。所以国内外众多学者陆续开展了对寄生虫病种类、分布和防治措施的研究工作，其所取得的成果可为我国寄生虫病的防治提供科学的依据。

一、水产养殖常见寄生虫病

环境恶化引起养殖用水水质逐年变差，水体富营养化严重，浮游生物增多，这就为寄生虫大量繁殖创造了环境条件。鱼类寄生虫可以寄生在鱼体的表面、鳃和内脏等部位，严重影响其呼吸和摄食，并导致大量的鱼类死亡。

1. 刺激隐核虫病

刺激隐核虫，又称海水小瓜虫，是一种体型较大的纤毛虫，主要寄生在鱼的体表和鳃部，用肉眼可以在病鱼上看到白色小点状的胞囊，所以隐核虫病又被称为海水白点病。已知刺激隐核虫的生活史可以分为三个阶段：寄生阶段的滋养体期、分裂繁殖阶段的胞囊期和最具有感染能力的幼虫期。成熟的隐核虫可以通过分泌透明的弹性物质形成胞囊从而脱离鱼体，附着在池壁、池底和水管等物体上；能够进行无性分裂繁殖，其胞囊内形成成百上千的纤毛幼虫，幼虫在胞囊破裂后进入养殖水体中，缓慢旋转游动，并寻找宿主（黄兴周等，2013）。

在显微镜下，可以清楚地看到刺激隐核虫呈圆形或是椭圆形，全身被有纤毛，前端有一个胞口，虫体中有马蹄形的大核，4~8个，以此可对刺激隐核虫病进行准确诊断。刺激隐核虫幼虫的最适水温为15~25 ℃，此类病害多在春秋两季发生，但是一年四季均可发生。在放养密度较高的水泥池、池塘最易感染。该病害是传染性极强的病害，一旦暴发很难进行有效治疗，所以经常造成巨大的经济损失（Yin et al，2014）。

2. 车轮虫病

车轮虫病是水产养殖业中非常流行一种寄生纤毛虫病，是传统的池塘养殖和当前比较流行的集约化养殖中的常见病害，每年都会给水产业带来巨大的损失。车轮虫大多寄生在鱼的体表和鳃上，其病害流行范围广、传播快，多发生在早春、初夏和越冬期间，在海南一年四季均可暴发。车轮虫一旦寄生在鱼鳃上，就会造成鱼鳃组织分泌黏液，同时造成鳃上皮组织损伤，很容易引起继发性细菌、病毒感染，这将严重影响鱼的呼吸，并危及鱼的生命（邹鹤宽等，2006）。有几十种车轮虫可以引发车轮虫病，这些虫体大小一般在20~40 μm，由头、躯干和足三部分组成，呈蝶形，正面形状类似车轮，侧面呈毡帽状，外周布满纤毛，可利用纤毛运动作环状滚动。车轮虫病在鱼类发育的所有阶段均可发生，流行高峰期在4—8月，水温在18~28 ℃。

3. 指环虫病

在我国水产养殖区域经常出现鱼类的指环虫病，而且具有越来越严重的趋势。常见的指环虫有鳃片指环虫、鳙指环虫和鲢指环虫等。指环虫属于寄生单殖吸虫类，其口器、腹部和尾部下部布满锐利的小刀钩，虫体长达1.63 mm，头部背面前端有4个黑色的眼点，眼点附近有口，口下面膨大为咽，咽后面有2个肠管延伸到虫体后端连接成环状，可伸缩运动（王丽坤，2014）。指环虫属于雌雄同体，所产的卵会沉入水底，几日后便可孵化成为纤毛幼虫，并在水中游动，寻找宿主，在鱼鳃上寄生，脱去纤毛便可发育成成虫，通过其扁长的虫体缠绕在鱼类的鳃丝之间吮吸鱼的血液和组织液。检查病鱼时，用手指轻压外鳃盖可见有血水渗出，并且容易引发烂鳃、腐鳃等疾病，导致大量的鱼类死亡。指环虫病全年均可发生（邹鹤宽等，2006；蒙国辉，2008）。

4. 盾纤毛虫病

盾纤毛虫病的病原在不同的鱼中不尽相同，已发现的病原有指状拟舟虫、喙突拟舟虫、贪食迈阿密虫和蟹栖异阿脑虫等。之所以出现不同的病原，可能与寄生环境有关。盾纤虫属兼性寄生虫，可自由生活，多以浮游生物为食，但在特定的条件下便可表现为寄生性，成为鱼类寄生虫（崔青曼等，2007）。病鱼表现为黏液增多，在养殖池中散群，偶尔出现打转游动现象，摄食量减少，鱼鳍糜烂，鳃部褪色、鳃盖红肿，皮下肌肉组织出血或是出现坏死性溃疡（张立坤等，2007）。盾纤毛虫除了侵害鱼体表皮肤、鳍、肌肉外，还可以侵入鱼类的腹腔、肾脏、胰脏甚至脑部等（杜佳垠，2005）。

5. 固着类纤毛虫病

固着类纤毛虫的种类繁多，常见的有聚缩虫、累枝虫、钟形虫、单缩虫及杯体虫等。不同种类的固着类纤毛虫，其虫体的构造却大致相同，呈倒钟罩形或是高脚杯形，前端有盘状的口围盘结构，边缘布满纤毛，里面有一个口沟。有些虫体属于无性生殖，有的则属于有性生殖。部分虫体具有分支或是不分支的长柄，固着在鱼类宿主的体表、鳃等上面，以细菌、碎屑或是藻类为食（雷从改等，2016）。固着类纤毛虫在少量寄生时，鱼类宿主的外表没有明显的病症；但在大量的寄生时，病鱼的鳃及体表就会产生大量的黏液，游动缓慢且呼吸困难，极容易死亡。

6. 黏孢子虫病

黏孢子虫病的种类很多，现已报道的就有近千种。虫体全部通过寄生生活，可寄生在鱼类、两栖类、爬行类等动物的各种器官组织上，其中大部分属于鱼类寄生虫，在世界各地均有发现（Liu et al, 2018；温周瑞, 2013）。在北美、欧洲和日本流行的鲑鳟鱼类打转病，就是由脑黏体虫引起的，属于比较典型的黏孢子虫病，每年都会造成大量的鱼类死亡。黏孢子虫通常寄生在鱼的鳃部和体表上，形成白色的类似粉刺的胞囊，布满整个鳃部或是鱼体表面，胞囊所在的部位多会充血，呈紫红色或是溃烂。该病没有明显的季节性，一年四季均会发生，以秋季发病率最高（林永添等, 2005）。

7. 淀粉卵涡鞭虫病

淀粉卵涡鞭虫病的病原为眼点淀粉卵窝鞭虫，属于肉鞭动物门、鞭毛亚门、植鞭纲、腰鞭目、胚沟科。虫体多呈梨形、椭圆形或是球形，寄生期间的虫体为营养体，内有淀粉粒，一端具假根状突起，营养体成熟后或是鱼死后缩回假根，形成胞囊脱落在水中，并可在适当条件下，以二分裂法多次分裂形成大量涡孢子。涡孢子破囊后以旋转方式在水中游动，遇到鱼类宿主便可附着上去，脱掉鞭毛，以假根侵入鱼体内，再次成为营养体。该病害多流行于夏、秋高温季节，在海南一年四季均可发生，最适宜的水温为 23～27 ℃；硝酸盐含量高时，涡孢子发育较快（雷从改等, 2016）。此病多流行于海水鱼和半咸水鱼类养殖中，死亡率较高。病鱼的体表、鳃盖和鳍等处会出现许多的小白点，鳃盖开闭不规则或是难以闭合，呼吸频率加快，口不能闭合，有时喷水；发病后期，鱼体上白点连片重叠，像裹了一层粉末，故有"打粉病"之称。病鱼瘦弱无力，游动缓慢，有时会在固体物上擦伤身体，继而诱发细菌感染（林永添等, 2005）。

8. 鲷长颈棘头虫病

鲷长颈棘头虫属于棘头动物门、棘吻目、泡吻科。真鲷长颈棘头虫主要寄生在真鲷的直肠内，该虫体吻部刺入直肠内壁，破坏肠壁组织，引起炎症、充血或出血。病鱼体表刮伤或脱鳞，肛门红肿或外突，严重时引起死亡；在寄生虫数量多时，会造成肠阻塞，有时造成直肠从肛门中脱出。该病害多发生在春、秋两季，感染率较高，一般感染率为 20%～30%，甚至可达 80% 以上，主要危害网箱养殖的鲷科鱼类，尤以真鲷为主。

9. 鲀异沟虫病

鲀异沟虫属于八铗科、八铗属，虫体扁平细长，呈舌状，长 5～20 mm，虫体后部延长，后固着器上有 4 对固着铗，最末端一对较小。该病的症状非常明显，可以通过肉眼观察诊断；病症的特点是病鱼鳃上有呈链状的虫卵拖在鳃孔以外。鲀异沟虫的虫体可用固着铗固着在鱼类鳃部的肌肉上面，导致寄生部位的外部组织隆起，虫体后部被包埋在组织内部，一般病鱼鳃部上可寄生几十个甚至上百个鲀异沟虫。此病于夏、秋季节流行，主要危害 100 g 以上的鲀科鱼类（马洪青, 2005）。发病初期虫体寄生于鳃丝，后期寄生虫移居于较深处的肌肉部位，多以鱼体的血液为营养，刺激鳃分泌黏液增多，病鱼苍白呈贫血状，鳃瓣感染部位组织崩坏，常有腐臭味。病鱼逐渐失去食欲，游泳无力，逐渐衰弱死亡（张涛等, 2017）。

10. 海盘虫病

海盘虫属于扁形动物门、多钩亚纲、指环目、锚首虫科、海盘虫属。主要的病原有石斑鱼海盘虫、黑鲷海盘虫和约氏海盘虫等。海盘虫大多寄生在鱼类的鳃部，用锚钩固定在鳃丝上，以血液为食，这会导致鱼类贫血。此外，虫体的锚钩也会损伤鳃部组织，使鳃丝浮肿、充血。海盘虫病的流行时间为春末、夏秋。该病是南方沿海网箱养殖的常见病，对石斑鱼危害颇大，也常常危害 100 g 以下的鲈、东方鲀等鱼种，发病率 20% 左右，死亡率高达 50%。

11. 鲇水虱病

鲇害水虱属于甲壳动物门、等足类、缩头水虱科、害水虱属。该虫主要寄生在鱼体的胸鳍、腹鳍和尾鳍等鳍上，其中以胸鳍居多，以鱼类的血液为食，寄生部位会有充血、出血甚至溃烂等病症，严重就会导致鱼类死亡。病鱼体表常有脱鳞或是擦伤现象，摄食量减少，游动缓慢，眼球外突。

12. 布娄克虫病

病原布娄克虫属纤毛门、动片纲、腹口亚纲、管咽目、赤管科。虫体腹面呈椭圆形或卵形，腹面平坦，腹面前部有一圆形胞口，能够伸缩，虫体的前部及背部前缘有纤毛，此虫繁殖非常迅速，采用横二分裂法进行高速繁殖。该虫主要寄生在鱼鳃部，常常导致鱼的鳃部贫血，呈灰白色；鳃丝浮肿，鳃盖打开，闭合困难，在水中呈"开鳃"状态。该病害具有显著的隐蔽性，当其在水底大量繁殖时，病鱼往往仅有几条浮在水面，这对病害的早期诊断造成了极大的困难。该病害主要危害大黄鱼等石首鱼科鱼类的鱼苗，多在晚春、初夏暴发，一般在集约化养殖区域多发，流行季节为 4—6 月（林永添等，2002）。

13. 贝尼登虫病

病原梅氏新贝尼登虫，属于单殖吸虫、多室科，虫体椭圆扁平，呈白色，长 6～7 mm，肉眼可见。该虫主要寄生在大黄鱼的鳍、体表、头部和眼睛里，以鱼体的黏液细胞、上皮细胞和血细胞为食，寄生部位呈白色透明状，大小如芝麻粒，所以该病害又被称为"白芝麻病"和"白蚁病"。寄生数量多时，鱼体黏液增多，表皮粗糙，局部呈白色。病鱼在感染后，焦躁不安，不断狂游或是摩擦网壁，导致鳞片脱落，引发细菌感染。大黄鱼在感染贝尼登虫病后食欲减退，常常消瘦衰竭而死。死鱼表皮破烂不堪、鳞片脱落、眼部受损。发病时间多在 6—11 月，在秋苗培育阶段，常与刺激隐核虫、锚首虫混合感染，从而加重病情。该病主要危害网箱养殖的大黄鱼、鮸、石斑鱼等，其中以大黄鱼最为常见（薛学忠，1993）。

14. 水蛭病

病原海水水蛭是一种环节寄生动物，雌雄同体，虫体呈细长线状，10～30 mm，肉眼可见。该虫前后端有吸盘，以后端吸盘吸附在鱼体表和鳍上（雷从改等，2016）。水蛭前端吸盘上面有口，可从寄主身上吸食血液，并对伤口有麻醉作用，所以水蛭在吸血时鱼类无明显应激反应。当有大量的水蛭寄生时，鱼就会因大量失血而衰弱，摄食减少，生长缓慢，严重可导致死亡（Kaygorodova et al，2014）。

二、寄生虫病的防治

一般情况下，绝大多数的寄生虫在自然水体中不会对鱼类造成严重的损伤。因为在稳定的生态环境中，鱼类与寄生虫之间保持着一种平衡的状态，然而在环境条件发生剧变时，生态平衡会被破坏，寄生虫趁机大量繁殖并侵袭鱼类宿主，致使鱼类活力下降，生长缓慢，免疫力低下，最终导致鱼类死亡（Sueiro et al，2017）。所以加强管理，保持养殖水体的清洁，对于鱼类的健康养殖至关重要。鱼类寄生虫病害对水产养殖业的危害极大，死亡率一般在 20%～30%，甚至高达 90% 以上。因此对鱼类寄生虫的防治一定要高度重视，定期消毒、换水，尽可能预防寄生虫病患的发生（徐长峰等，2004）。

1. 切断传染源

首先，在鱼池的建造上应尽量做到符合病患防治的标准和要求，如果是池塘建设需要建造独立的排水口，而且要保持水源充足，尽量避免有寄生虫从进水口吸入。其次是制定合理的防疫制度，尤其在鱼苗引进时，需要进行严格的检疫，待确认无病后再进行养殖，以断绝传染源（程来保，2018）。再次，在新进的鱼苗、鱼种进入鱼池前或是正常换池时，需要用药物对池塘或是水泥池进行彻底的消毒。

2. 科学管理

寄生虫有时会黏附在饲料中进入养殖水体，所以投喂的饲料必须清洁、新鲜，最好经过消毒、杀虫处理。食物残渣要及时清理，避免因有机物增多而助长了寄生虫的繁殖。在春末、夏季，水温升高，代谢物的发酵较快，水中溶解氧容易被消耗；在溶解氧减少时，鱼类抵抗力下降，容易感染寄生虫。所以在进入春季后，需要适当的换水，保持水体的高溶氧量与优质的水生环境（Schade et al，2016）。有条件可以采用水质改良剂或是消毒剂等，杀灭寄生虫、致病菌等，保持水体清洁（黄兴周等，2013）。

3. 中药治疗

传统杀虫药物的使用非常广泛，致使寄生虫产生了抗药性，传统药物的疗效降低，同时破坏水质，而且容易产生药物残留，对鱼类的毒副作用较大，直接影响水产品的质量，间接危及广大消费者的健康（Zoral et al，2017）。目前中药已经成为一种新型的绿色药物，因其毒副作用小、安全性高、残留少、来源广、成本低等优点而广受好评（谢仲权等，1996；Pu et al，2017）。在倡导绿色无公害产品的新时代，中药成了最受欢迎的药物之一，具有非常广阔的应用前景。虽然中药的疗效得到了普遍的认可，然而在鱼类寄生虫病大规模暴发时，短期内的使用往往缺乏显著的效果，因此开发新型中药并进行有效的加工显得尤为重要（刘海侠等，2006）。目前已有大量的科研工作者借助生物学技术的发展，对渔用中药成分、性质、药效、配伍和药理等方面进行了全面、系统的研究，使其能更好地服务于水产养殖业，有效预防和治疗鱼类寄生虫病。此外，为了提高杀虫药物的疗效，结合中西药的优势，研制新型高效、绿色的药物也是目前研究的焦点，如生产中敌百虫和苦参碱的结合应用等（陈晓兰等，2017）。

4. 化学药物治疗

用于杀寄生虫的化学药物种类较多，常见的有漂白粉、食盐、高锰酸钾、敌百虫、硫酸铜和硫双二氯酚等。使用化学药物时，最好根据虫体的特点合理地选用药物，比如原生动物寄生虫是单细胞低等动物，重金属盐类的杀虫效果最佳，诸如硫酸铜、高锰酸钾、硫酸亚铁等；而对于体型较大的寄生虫，则可用敌百虫和硫双二氯酚等。不管采用何种药物，都要根据寄生虫的来源、特征以及药物的成分来进行科学的选定。在操作过程中要特别留意鱼的状态，因为鱼类都有一定的药物耐受范围，一旦发现鱼活动异常，需要及时停止用药，并对养殖水体进行稀释处理或是直接换掉（黄兴周等，2013）。

三、寄生虫病的诊断程序

目前，对鱼类寄生虫病的检测标准尚未出台，然而鉴于鱼类寄生虫病的巨大危害，黄玉柳等（2017）开展了对诊断程序与技术方法的探索和调研，基于已有的文献支持，结合养殖过程中所积累的数据和经验，归纳和总结了较完整的检测方法，可操作性强，可为水产养殖过程中的实际诊断提供有价值的参考。

1. 注意事项

诊断的病鱼样品必须是活鱼或是刚死不久的，否则会因为死后太久而使得症状消失或是淡化，也有可能寄生虫离开鱼类宿主，而影响诊断结果的可靠性和准确性。所需工具必须要洗净、消毒，以避免外来寄生虫的干扰。检查时提前准备好工具，逐条对病鱼进行取样和观察，建议尽可能多地将病变组织保存，用于进一步的诊断。检查过程中应尽量保持鱼体表面清洁和湿润，防止干燥而影响症状观察。检测不同的病鱼，需要更换取样工具，以防交叉感染而影响诊断结果。

2. 检测顺序

首先要准确测量和观察鱼体的外部特征，检查病鱼的体表组织，然后对病鱼进行解剖，观察体腔和内脏组织（黄玉柳等，2017）。器官组织的检测顺序按以下进行：心脏、膀胱、胆囊、肝脏、脾脏、脂肪组织、肠黏膜、胃肠、性腺、鳔、胃、眼、脑、脊椎和肌肉。

3. 肉眼观察

将病鱼放在洁净的解剖盘中，观察体色、体表黏液、鳍的损伤等。肉眼仔细察看病鱼的头部、口腔、眼睛、鳃盖、鳞片、鳍条等处，如有较大的寄生虫，则可以用肉眼看到。如果病鱼体表有大量黏液，或是头、口、鳍条等处腐烂，则往往是由感染车轮虫、斜管虫、三代虫引起的。鳃是检测的重要部位，很多寄生虫都是寄生在这个部位。检查时首先要将鳃盖掀起，主要察看鳃丝的颜色，接着观察黏液分泌量，有无白点、肿块等（孙克年，2003）。

4. 镜检

肉眼检查完之后，再进行镜检，镜检顺序同肉眼观察相似。镜检，又称"活检"，是从病鱼有病变的可疑部位上切下一部分病变组织进行病理切片检查，以明确诊断，此种方法准确可靠（谢炎福，2009）。首先从病鱼的病变部位取下一块组织、血液或是内含物，然后放到显微镜下观察。由于寄生虫病的感染部位多在体表、黏液和肠道，所以主要从这三个部位进行取样和镜检（王丽坤等，2016）。

5. 诊断

首先对养殖水体的环境条件进行检测，比如水温、水质、溶解氧、pH 等，并咨询鱼类养殖的具体管理情况，比如投喂、防疫和发病时间等。其次是通过肉眼观察和镜检，对寄生虫的种类进行确定。最后依据检测数据和镜检结果进行综合分析和诊断，并采取有效的治疗措施。

四、寄生虫病生态学研究

鱼类寄生虫种类繁多，生活方式复杂，在寄生虫流行过程中，鱼类寄主与寄生虫、环境生态因子之间关系密切，三者相互影响，所以鱼类寄生虫病的发病机理可用"三环体"关系来概括。寄生虫的种类与数量一直存在着动态变化，且该病害的发生往往取决于寄生虫的种类、发育阶段和寄生的数量，同时也取决于鱼类寄主的发育阶段和健康水平。此外，鱼类所处的水生环境也间接或是直接影响寄生虫和鱼类寄主。所以，从整体上研究寄生虫的动态变化规律以及与宿主、环境之间的关系，具有重要的意义（杨凯等，2009）。环境条件包括物理、化学以及生物因子等，都对寄生虫的繁殖与病害的发生有显著的影响。针对当前寄生虫的影响因素与生态研究，潘厚军等（2014）提议建立主要鱼类寄生虫发生的数学模型和养殖池塘平衡稳定的生态系统。

1. 建立鱼类寄生虫病发生的数学模型

收集不同地区的病害的发病资料和环境因子，结合病害发生的检测数据和现场调查资料，综合考虑寄生虫病的各项生态因子（Gomes et al，2017），进行系统、科学的统计分析，揭示鱼类寄生虫发生的特点和规律，建立数学模型，构建程序流程图，编制计算机程序，运用生态综合评估模型的方法，对寄生虫病的发生、发展以及预防和治疗进行预测和计算（潘厚军等，2014）。

2. 建立养殖池塘平衡稳定的生态系统

鱼类寄生虫病害的发生与生态系统密切相关。生态系统由生产者、消费者和分解者组成。生产者主要是浮游植物。寄生虫属于消费者，兼性寄生虫与部分专性寄生虫生活史中都有一个自由生活的阶段，以浮游植物为食（潘厚军等，2014）。如果池塘水质恶化，生态系统中的有机碳能不足，就会引起捕食性原生动物的食物匮乏，这就给寄生性原生动物的繁殖提供了条件，最终导致病害的发生。所以，通过调节水质，提高池塘天然生产力，可为寄生虫的防控提供一条安全有效的新途径。

五、抗寄生虫药物的使用要点

水生动物用的杀虫剂多是通过药浴或是内服的方式来杀死寄生在体内外的寄生虫，而且多是化学驱虫药物。依据不同的寄生虫，应选择不同的药物，并且需要合理地进行使用，这样不仅可以快速地杀虫和治疗鱼病，而且可以保护水生环境，所以科学合理地选择和使用抗寄生虫药物非常重要。

1. 选择的要点

理想的鱼类抗寄生虫药物应要满足三个条件，即安全、高效、广谱。药物的安全性是选择药物的首要条件，因为鱼用杀虫剂的不当选择可能造成鱼类中毒，而且很多药物的残留也会危害人类健康和破坏水生环境。所以在水产养殖中应选择毒性小、安全可靠、不污染或是轻污染的药物（Jørgensen，2017）。此外，高效和广谱也是药物选择的要点。因为杀虫效率超过 95% 才能有效地杀灭各个生长阶段的寄生虫，而且寄生虫的感染往往是混合感染，所以最好选择对所有寄生虫都有杀灭作用的广谱杀虫药物（吴小成等，2010）。

2. 使用原则

首先要注重早期预防，包括定期消毒、切断传播途径、控制传染源等环节；在发病季节，可以根据该水域的寄生虫的发病史对鱼类进行早期检查，提前预防。其次是给药方式要合理，应根据鱼类的种类和大小、养殖模式、易感季节、药物特点等选择适宜的药物。再者，就是要严格依据药物的安全和有效使用浓度制订合理的给药方案，包括使用浓度、持续时间和给药次数等，切忌随意加大使用量（田洁莉，2017）。

3. 注意事项

温度对杀虫药物的毒性影响较大，所以应根据养殖水温合理地加大或是减低剂量。很多杀虫药物都极易引起鱼类药物中毒，比如硫酸铜会引起藻类的大量死亡，这会导致藻类腐败而产生毒素，从而导致鱼类中毒。药物的使用量过大时，也极易引起鱼类的死亡，所以计算使用量时须准确计算水体体积，充分地稀释，严禁局部泼洒或是过高浓度使用。

六、银鲳常见寄生虫病及其防治方法

(一)刺激隐核虫病及其防治方法

1. 刺激隐核虫

刺激隐核虫常被称为海水小瓜虫，属原生动物门、纤毛亚门、寡膜纤毛纲、膜口亚纲、膜口目、凹口科、隐核虫属。刺激隐核虫常寄生于海水硬骨鱼类的皮肤与鳃组织上，可引起鱼类的传染性疾病，且传染性很强。银鲳患刺激隐核虫病的主要症状为体表黏液增多，在体表和鳃上有一些肉眼可观察到的小白点，病情严重时，游泳无力、不摄食，鳃盖活动频率明显增加，如不及时治疗，7～10 d 内死亡率可达 90% 以上。该病的发生与养殖水质差、饲养密度大密切相关。因此，其预防措施主要包括保障养殖水质清洁，合理控制饲养密度，投喂需少量多次，不能过饱投喂。

刺激隐核虫生活史大致可分为三个时期，即成虫、包囊和纤毛幼虫。成虫与幼虫的细胞壁较薄，生命力弱，但包囊具有较强的抵抗恶劣环境的能力，药物很难对包囊起到杀伤作用，因此，针对刺激隐核虫病的防治，只能是通过药物减少成虫和幼虫的数量，逐步阻断其生活史，方可达到防治刺激隐核虫病的效果。在近十余年的银鲳养殖实践过程中，如预防措施不到位，银鲳在夏季往往会发生刺激隐核虫病，这在很大程度上阻碍了这一品种的推广进度。银鲳应激性反应强，对药物特别是重金属药物的敏感性非常高，常规的用药方法往往会导致银鲳的大量死亡。通过研究发现，适宜的硫酸铜药物刺激在一定程度上会使银鲳鱼体上的刺激隐核虫成虫脱落，结合水流辅助则可加速成虫的脱落。药物可致部分成虫死亡，但大部分成虫会在 10～12 h 发育为包囊，每个包囊经过 6～7 d 后可产生 200～300 个纤毛幼虫。因此，在考虑到银鲳自身对药物的反应基础上，日间采用稍高剂量的硫酸铜即可很大程度地杀死成虫，又可促进成虫的脱落；夜间降低药物的剂量，其目的主要两个，一是低剂量药物可继续作用于残留的成虫，二是进一步降低药物对银鲳自身的影响，促进银鲳体力的修复，增加其抵抗力。如此反复多次用药后会起到良好的防治效果。结合生产实践，过少的投药次数不利于刺激隐核虫病的防治，过多的投药次数，虽可对刺激隐核虫起到一定的防治作用，但所用药物对银鲳自身也会产生较大的负面影响，会降低其成活率，得不偿失。

2. 工厂化养殖模式下银鲳刺激隐核虫病的防治方法

(1) 日间药物的使用方法　按照 0.25～0.35 mg/L 的使用剂量（优选 0.3 mg/L），根据养殖水体的体积称取五水合硫酸铜，溶解后均匀泼洒于养殖池中，日间不换水。

(2) 夜间药物的使用方法　在进入夜间之前进行换水，换水量50%，使养殖水体中的药物浓度降至 0.125～0.175 mg/L（优选 0.15 mg/L）。

(3) 药物的使用频率　每隔一天再次添加五水合硫酸铜，考虑到日换水量为50%，再次添加药物时要计算水体中剩余的药物浓度，添加药物后使水体药物浓度维持在 0.25～0.35 mg/L（优选 0.3 mg/L），以此方法共处理 7 次，即共添加 7 次的五水合硫酸铜。

(4) 人为水流操作方法　池底放置一水泵，通过水管将水泵的出水口放置于贴近池壁的水面上方，出水口方向与水平面成一定角度，通过水泵将银鲳养殖池内的水体旋转流动起来。每添加一次五水合硫酸铜后即开启水泵，并维持 24 h。

3. 实施案例

(1) 实验用鱼　通过皮肤及鳃组织镜检确定已感染刺激隐核虫病（病情不是很严重）的一批银鲳幼

鱼（同一个池子中的鱼），共450尾。

（2）实验设计　分五个处理组，分别为空白对照组（不用药物处理）；药物处理对照组（硫酸铜与硫酸亚铁5∶2合剂处理，使用剂量0.5 mg/L，换水后及时补充药物，使水体药物浓度维持在0.5 mg/L，连续投放7次药物）；实验组Ⅰ（硫酸铜处理，日间剂量0.4 mg/L，夜间剂量0.2 mg/L，水流辅助，隔天投放一次药物，连续投放7次药物）；实验组Ⅱ（硫酸铜处理，日间剂量0.3 mg/L，夜间剂量0.15 mg/L，水流辅助，隔天投放一次药物，连续投放7次药物）；实验组Ⅲ（硫酸铜处理，日间剂量0.2 mg/L，夜间剂量0.1 mg/L，水流辅助，隔天投放一次药物，连续投放7次药物），每个处理组各设三组重复，实验于15个直径2 m、深度1.5 m的玻璃钢桶中进行，每个玻璃钢桶中随机放置30尾银鲳。实验期间，每天傍晚换水一次，换水量为50%，连续充气增氧，水体溶解氧大于7 mg/L。

（3）分析指标　统计用药期间以及用药结束后15 d内的累计死亡率情况，其中空白对照组分别统计在7 d、14 d、22 d以及29 d内的累计死亡率；每个重复组随机挑选3条鱼进行皮肤黏液检测（镜检），统计用药结束后低倍镜（10×10）下单个视野中刺激隐核虫的数量。

（4）数据分析　采用SPSS19.0软件进行单因素方差分析，$P<0.05$表示存在显著性差异。

（5）实验结果　表9-1为各处理组用药期间的死亡率情况。由表可以看出，实验Ⅱ在整个用药过程中的死亡率是最低的。

表 9 - 1　各处理组用药期间的死亡率

单位：%

空白对照组（7 d）	空白对照组（14 d）	药物处理对照组（7 d）	实验组Ⅰ（14 d）	实验组Ⅱ（14 d）	实验组Ⅲ（14 d）
20.36±3.72	65.74±8.22	15.91±2.87	14.55±2.99	9.53±2.12*	17.11±3.51

注：*表示其数值显著低于其他各处理组（$P<0.05$）。

表9-2为各处理组用药结束后15 d内的死亡率情况。由表同样可以看出，累积死亡率在实验Ⅱ组也是最低的，其次为实验组Ⅰ、药物处理对照组、实验组Ⅲ。

表 9 - 2　各处理组用药结束后15 d内的累计死亡率

单位：%

空白对照组（22 d）	空白对照组（29 d）	药物处理对照组（22 d）	实验组Ⅰ（29 d）	实验组Ⅱ（29 d）	实验组Ⅲ（29 d）
77.65±8.23	89.86±9.35	33.76±5.21	26.22±4.89	15.16±3.28*	35.81±3.96

注：*表示其数值显著低于其他各处理组（$P<0.05$）。

表9-3示用药结束后皮肤黏液镜检（10×10）单个视野中刺激隐核虫的数量。由表可以看出，实验组Ⅱ的用药方式是最佳的，鱼体上刺激隐核虫数量最低。

表 9 - 3　各处理组用药结束后低倍镜（10×10）下单个视野中的虫体数量（个）

空白对照组	药物处理对照组	实验组Ⅰ	实验组Ⅱ	实验组Ⅲ
14.26±3.11	7.02±2.18	5.17±2.09	3.20±1.05*	7.22±1.95

注：*表示其数值显著低于其他各处理组（$P<0.05$）。

（6）结论　通过实验分析得出，日间、夜间采用相同的药物剂量以及增加用药次数，虽然在降低刺激隐核虫数量方面有一定优势，但过多的药物刺激却会导致银鲳累计死亡率明显升高；无流水辅助不利于刺激隐核虫数量的降低，也不利于改善银鲳的成活率；用药次数过少同样不利于改善银鲳的成活率。综合分析得出，实验组Ⅱ的用药方法对于银鲳刺激隐核虫病的防治效果是最理想的。

（二）鱼虱病及其防治方法

鱼虱属节肢动物门、甲壳纲、桡足亚纲、鱼虱目、鱼虱科。鱼虱科国内有 5 属，大多寄生在海水鱼，仅鱼虱属的少数种类寄生在咸淡水或淡水鱼类。鱼虱体大而扁平，虫体寄生在海水鱼的体表及鳃上，肉眼可见。银鲳患鱼虱病的主要症状为病鱼不安，摄食减少，狂游，常与池底或池壁摩擦游动。肉眼观察及结合镜检可确诊。该病流行地区广，我国从南至北均有分布，常引起大批鱼种死亡。在我国南方地区，鱼虱全年均可产卵，一年四季均有流行。江浙一带 4—10 月、长江流域 6—8 月为流行盛期。

针对银鲳鱼虱病的预防方法，主要是养殖用水需采用沙滤水，无沙滤水的条件下，需要在进水口套上一个 200 目的网袋，以减少养殖水体中致病原的数量。此外，保障养殖水体的日换水量不低于 30%。

主要治疗方法：常用药物是敌百虫，0.2～0.5 mg/L 晶体敌百虫（90%）连续使用 5 d，有较好的治疗效果。

附录 1

银鲳相关科研项目

中国水产科学研究院东海水产研究所历年主持承担的银鲳科研项目见附表 1-1。

附表 1-1　历年主持银鲳科研项目

年份	项目名称	项目编号	项目类型	负责人	主持单位	协作单位
2004	中国银鲳人工繁殖及养殖技术研究	沪农科攻字 2004-8-3	上海市科技兴农重点攻关项目	施兆鸿	中国水产科学研究院东海水产研究所	浙江省舟山市水产研究所
2006	高度不饱和脂肪酸对银鲳仔稚鱼发育的影响	06ZR14119	上海市自然基金项目	施兆鸿	中国水产科学研究院东海水产研究所	上海水产大学
2007	中国鲳鱼全人工养殖的关键技术研究	沪农科攻字 2007-4-1	上海市科技兴农重点攻关项目	施兆鸿	中国水产科学研究院东海水产研究所	浙江省舟山市水产研究所、上海水产大学
2007	银鲳人工繁殖关键技术研究	2007Z02	中央级公益性科研院所基本科研业务费重点项目	赵峰	中国水产科学研究院东海水产研究所	—
2008	鲳鱼胚胎及仔稚鱼发育阶段的营养调控	2008M14	中央级公益性科研院所基本科研业务费面上项目	彭士明	中国水产科学研究院东海水产研究所	
2009	银鲳性腺发育与成熟规律的基础研究	2009M05	中央级公益性科研院所基本科研业务费面上项目	孙鹏	中国水产科学研究院东海水产研究所	—
2011	银鲳扩繁关键技术研究	2011BAD13B01	十二五国家科技支撑计划子课题	施兆鸿	中国水产科学研究院东海水产研究所	中国水产科学研究院黄海水产研究所、宁波大学
2011	银鲳幼鱼对温度、盐度的适应性及其营养调控机制研究	2011M09	中央级公益性科研院所基本科研业务费面上项目	彭士明	中国水产科学研究院东海水产研究所	—
2011	降低室内养殖银鲳应激反应的关键技术研究	J2011010	浙江省近岸水域资源开发与保护重点实验室开放基金	彭士明	中国水产科学研究院东海水产研究所	浙江省近岸水域资源开发与保护重点实验室
2013	中国银鲳开口饵料及工厂化育苗关键技术优化研究	沪农科攻字 2013-2-1号	上海市科技兴农重点项目	彭士明	中国水产科学研究院东海水产研究所	上海市水产研究所

（续）

年份	项目名称	项目编号	项目类型	负责人	主持单位	协作单位
2013	n－3 HUFA 对银鲳性类固醇激素分泌的影响及与卵黄发生的关系研究	31202009	国家自然基金青年项目	彭士明	中国水产科学研究院东海水产研究所	—
2014	银鲳健康养殖关键技术研究与应用	2014Z02	中央级公益性科研院所基本科研业务费重点项目	高权新彭士明张晨捷	中国水产科学研究院东海水产研究所	—
2016	磷壁酸在植物乳杆菌与银鲳肠黏膜细胞互作中的作用探索	31502206	国家自然基金青年项目	高权新	中国水产科学研究院东海水产研究所	—
2017	银鲳人工养殖关键技术集成示范	沪农科种字（2017）第1－10号	上海市种业发展项目	彭士明	中国水产科学研究院东海水产研究所	上海市水产研究所
2017	南极磷虾粉海水养殖应用及养殖鱼类品质评价——在银鲳养殖饲料中的对比应用研究	—	企业合作项目	彭士明	中国水产科学研究院东海水产研究所	—
2018	银鲳对水母摄食偏好的消化生理适应机制	31772870	国家自然基金面上项目	彭士明	中国水产科学研究院东海水产研究所	—

附录 2

银鲳科技成果鉴定与科技奖励情况

一、银鲳科技成果鉴定

成果名称：银鲳人工繁育关键技术研究。

完成单位：中国水产科学研究院东海水产研究所；舟山市水产研究所；上海海洋大学。

鉴定日期：2013 年 12 月 21 日。

组织鉴定单位：农业部科技教育司。

鉴定专家组成员：雷霁霖，杨红生，庄志猛，张根玉，张俊彬，马平，倪琦。

2013 年 12 月 21 日，农业部科技教育司组织有关专家在上海对中国水产科学研究院东海水产研究所主持完成的"银鲳人工繁育关键技术"研究成果进行鉴定。专家听取了项目组的汇报，审阅了有关技术资料，经质询和讨论，形成如下鉴定意见：

（1）项目组提交的技术资料齐全，符合鉴定要求。

（2）阐明了银鲳亲鱼性腺发育过程的组织学、细胞学特征、性激素水平变化规律以及关键营养素的需求，描述了鲳鱼生殖细胞的超微结构和受精生物学过程，丰富了银鲳繁殖生物学研究。运用分子标记技术分析了我国近海鲳属鱼类（银鲳、灰鲳、翎鲳、中国鲳、珍鲳）的种质资源特性，为我国鲳属鱼类资源保护和人工繁育亲本选择提供了理论依据。

（3）确立了银鲳及灰鲳的人工授精及孵化技术，形成了银鲳苗种人工繁育工艺流程（包括人工催产关键时间点、激素注射剂量等催产关键技术以及早期发育阶段的饵料系列），累计培养出银鲳商品苗种（叉长约 3 cm）80 万余尾，其中 2010 年获得了全人工繁殖的子一代苗种 10 万余尾，育苗成活率达到 20.3%；2012 年在长江口邻近海域增殖放流银鲳苗种（叉长约 5 cm）2 万尾，在我国实现了鲳属鱼类全人工苗种繁育和增殖放流"零"的突破。

（4）获得了银鲳在不同饲养条件和应激反应的相关生理生化指标，发明了银鲳人工饲料配方，建立了陆基工厂化、池塘以及海上网箱等多种养殖模式，为银鲳规模化养殖奠定了基础。

（5）项目实施期间发表学术论文 55 篇（其中 SCI 收录 10 篇），获得授权发明专利 4 项、实用新型专利 14 项；培养博士 1 名，硕士 6 名。

鉴定委员会专家一致认为：该项成果总体上达到国际先进水平，其中银鲳全人工繁育技术达到国际领先水平。

二、银鲳科技成果奖励

银鲳科技成果奖励情况见附表 2-1。

附表 2-1　银鲳科技成果奖励情况

成果名称	完成单位	完成人	获奖时间	科技奖励类型	奖励级别
银鲳苗种繁育及养殖关键技术研究及应用	中国水产科学研究院东海水产研究所	彭士明，施兆鸿，张晨捷，高权新，赵峰，王建钢，孙鹏，尹飞，马凌波，张凤英，马春艳	2017 年	海洋工程科学技术奖	一等奖
银鲳全人工繁育及养殖关键技术及应用	中国水产科学研究院东海水产研究所；上海海洋大学；上海市水产研究所	施兆鸿，彭士明，高权新，张晨捷，赵峰，黄旭雄，潘桂平，马凌波，孙鹏，尹飞，张凤英，马春艳	2017 年	上海市技术发明奖	二等奖

（续）

成果名称	完成单位	完成人	获奖时间	科技奖励类型	奖励级别
银鲳人工繁育关键技术研究	中国水产科学研究院东海水产研究所；舟山市水产研究所；上海海洋大学	施兆鸿，彭士明，王建钢，赵峰，罗海忠，黄旭雄，孙鹏，尹飞，高权新，傅荣兵，马凌波，张凤英，马春艳	2015 年	上海海洋科学技术奖	一等奖
银鲳人工繁育关键技术研究	中国水产科学研究院东海水产研究所；舟山市水产研究所；上海海洋大学	施兆鸿，彭士明，王建钢，赵峰，罗海忠，黄旭雄，孙鹏，尹飞，高权新，傅荣兵，马凌波，张凤英，马春艳	2015 年	中国水产科学研究院科技进步奖	二等奖

附录 3

《无公害食品　海水养殖用水水质》（NY 5052—2001）

中华人民共和国农业部发布

2001 - 09 - 03 发布　2001 - 10 - 01 实施

1　范围

本标准规定了海水养殖用水水质要求、测定方法、检验规则和结果判定。

本标准适用于海水养殖用水。

2　规范性引用文件

下列文件中的条款通过本标准的引用而成为本标准的条款。凡是注日期的引用文件，其随后所有的修改单（不包括勘误的内容）或修订版均不适用于本标准，然而，鼓励根据本标准达成协议的各方研究是否可使用这些文件的最新版本。凡是不注日期的引用文件，其最新版本适用于本标准。

GB/T 7467　水质六价铬的测定二苯碳酰二肼分光光度法

GB/T 12763.2　海洋调查规范海洋水文观测

GB/T 12763.4　海洋调查规范海水化学要素观测

GB/T 13192　水质有机磷农药的测定气相色谱法

GB 17378　（所有部分）海洋监测规范

3　要求

海水养殖水质应符合附表 3 - 1 要求。

附表 3 - 1　海水养殖水质要求

序号	项　目	标准值
1	色、臭、味	海水养殖水体不得有异色、异臭、异味
2	大肠菌群，个/L	≤45 000，供人生食的贝类养殖水质≤500
3	粪大肠菌群，个/L	≤2 000，供人生食的贝类养殖水质≤140
4	汞，mg/L	≤0.0002
5	镉，mg/L	≤0.005
6	铅，mg/L	≤0.05
7	价铬，mg/L	≤0.01
8	总铬，mg/L	≤0.1
9	砷，mg/L	≤0.03
10	铜，mg/L	≤0.01
11	锌，mg/L	≤0.1
12	硒，mg/L	≤0.02
13	氰化物，mg/L	≤0.005
14	挥发性酚，mg/L	0.005
15	石油类，mg/L	≤0.05
16	六六六，mg/L	≤0.001
17	滴滴涕，mg/L	≤0.000 05
18	马拉硫酸，mg/L	≤0.000 5
19	甲基对硫磷，mg/L	≤0.000 5
20	乐果，mg/L	≤0.1
21	多氯联苯，mg/L	≤0.000 02

4　测定方法

海水养殖用水水质按附表 3-2 提供方法进行分析测定。

附表 3-2　海水养殖水质项目测定方法

序号	项目	分析方法	检出限，mg/L	依据标准
1	色、臭、味	（1）比色法	—	GB/T 12763.2
		（2）感官法	—	GB 17378
2	大肠菌群	（1）发酵法　（2）滤膜法	—	GB 17378
3	粪肠菌群	（1）发酵法　（2）滤膜法	—	GB 17378
4	汞	（1）冷原子吸收分光光度法	1.0×10^{-6}	GB 17378
		（2）金捕集冷原子吸收分光光度法	2.7×10^{-6}	GB 17378
		（3）双硫腙分光光度法	4.0×10^{-4}	GB 17378
5	镉	（1）双硫腙分光光度法	3.6×10^{-3}	GB 17378
		（2）火焰原子吸收分光光度法	9.0×10^{-5}	GB 17378
		（3）阳极溶出伏安法	9.0×10^{-5}	GB 17378
		（4）无火焰原子吸收分光光度法	1.0×10^{-5}	GB 17378
6	铅	（1）双硫腙分光光度法	1.4×10^{-3}	GB 17378
		（2）阳极溶出伏安法	3.0×10^{-4}	GB 17378
		（3）无火焰原子吸收分光光度法	3.0×10^{-5}	GB 17378
		（4）火焰原子吸收分光光度法	1.8×10^{-3}	GB 17378
7	六价铬	二苯碳酰二肼分光光度法	4.0×10^{-3}	GB/T 7467
8	总铬	（1）二苯碳酰二肼分光光度法	3.0×10^{-4}	GB 17378
		（2）无火焰原子吸收分光光度法	4.0×10^{-4}	GB 17378
9	砷	（1）砷化氢-硝化氢-硝酸银分光光度法	4.0×10^{-4}	GB 17378
		（2）氢化物发生原子吸收分光光度法	6.0×10^{-5}	GB 17378
		（3）催化极谱法	1.1×10^{-3}	GB 7585
10	铜	（1）二乙氨基二硫化甲酸钠分光光度法	8.0×10^{-5}	GB 17378
		（2）无火焰原子吸收分光光度法	2.0×10^{-4}	GB 17378
		（3）阳极溶出伏安法	6.0×10^{-4}	GB 17378
		（4）火焰原子吸收分光光度法	1.1×10^{-3}	GB 17378
11	锌	（1）双硫腙分光光度法	1.9×10^{-3}	GB 17378
		（2）阳极溶出伏安法	1.2×10^{-3}	GB 17378
		（3）火焰原子吸收分光光度法	3.1×10^{-3}	GB 17378
12	硒	（1）荧光分光光度法	2.0×10^{-4}	GB 17378
		（2）二氨基联苯胺分光光度法	4.0×10^{-4}	GB 17378
		（3）催化极谱法	1.0×10^{-4}	GB 17378
13	氰化物	（1）异烟酸-唑啉酮分光光度法	5.0×10^{-4}	GB 17378
		（2）吡啶-巴比士酸分光光度法	3.0×10^{-4}	GB 17378
14	挥发性酚	蒸馏后　4-氨基安替比林分光光度法	1.1×10^{-3}	GB 17378
15	石油类	（1）环己烷萃取荧光分光光度法	6.5×10^{-3}	GB 17378
		（2）紫外分光光度法	3.5×10^{-3}	GB 17378
		（3）重量法	0.2	GB 17378
16	六六六	气相色谱法	1.0×10^{-6}	GB 17378

（续）

序号	项目	分析方法	检出限，mg/L	依据标准
17	滴滴涕	气相色谱法	3.8×10^{-6}	GB 17378
18	马拉硫磷	气相色谱法	6.4×10^{-4}	GB/T 13192
19	甲基对硫磷	气相色谱法	4.2×10^{-4}	GB/T 13192
20	乐果	气相色谱法	5.7×10^{-4}	GB 13192
21	多氯联苯	气相色谱法	1.0×10^{-6}	GB 17378

注：部分有多种测定方法的指标，在测定结果出现争议时，以方法（1）测定为仲裁结果。

5 检验规则

海水养殖用水水质监测样品的采集、贮存、运输和预处理按 GB/T 12763.4 和 GB 17378.3 的规定执行。

6 结果判定

本标准采用单项判定法，所列指标单项超标，判定为不合格。

附录4

《无公害食品　渔用药物使用准则》（NY 5071—2002）

中华人民共和国农业部发布

2002－07－25发布　2002－09－01实施

1　范围

本标准规定了渔用药物使用的基本原则、渔用药物的使用方法以及禁用渔药。

本标准适用于水产增养殖中的健康管理及病害控制过程中的渔药使用。

2　规范性引用文件

下列文件中的条款通过本标准的引用而成为标准的条款。凡是注日期的引用文件，其随后所有的修改单（不包括勘误的内容）或修订版均不适用于本标准，然而，鼓励根据本标准达成协议的各方研究是否可使用这些最新版本。凡是不注日期的引用文件，其最新版本适用于本标准。

NY5070　无公害食品水产品中渔药残留限量

NY5072　无公害食品渔用配合饲料安全限量

3　术语和定义

下列术语和定义适用于本标准。

3.1　渔用药物　fishery drugs

用以预防、控制和治疗水产动植物的病、虫害，促进养殖品种健康生长，增强机体抗病能力以及改善养殖水体质量的一切物质，简称"渔药"。

3.2　生物源渔药　biogenic fishery medicines

直接利用生物活体或生物代谢过程中产生的具有生物活性的物质或从生物体提取的物质作为防治水产动物病害的渔药。

3.3　渔用生物制品　fishery biopreparate

应用天然或人工改造的微生物、寄生虫、生物毒素或生物组织及其代谢产物为原材料，采用生物学、分子生物学或生物化学等相关技术制成的、用于预防、诊断和治疗水产动物传染病和其他有关疾病的生物制剂。它的效价或安全性应采用生物学方法检定并有严格的可靠性。

3.4　休药期　withdrawal time

最后停止给药日至水产品作为食品上市出售的最短时间。

4　渔用药物使用基本原则

4.1　渔用药物的使用应以不危害人类健康和不破坏水域生态环境为基本原则。

4.2　水生动植物增养殖过程中对病虫害的防治，坚持"以防为主，防治结合"。

4.3　渔药的使用应严格遵循国家和有关部门的有关规定，严禁生产、销售和使用未经取得生产许可证、批准文号与没有生产执行标准的渔药。

4.4　积极鼓励研制、生产和使用"三效"（高效、速效、长效）、"三小"（毒性小、副作用小、用量小）的渔药，提倡使用水产专用渔药、生物源渔药和渔用生物制品。

4.5　病害发生时应对症用药，防止滥用渔药与盲目增大用药量或增加用药次数、延长用药时间。

4.6　食用鱼上市前，应有相应的休药期。休药期的长短，应确保上市水产品的药物残留限量符合 NY 5070 要求。

4.7　水产饲料中药物的添加应符合 NY 5072 要求，不得选用国家规定禁止使用的药物或添加剂，也不得在饲料中长期添加抗菌药物。

5 渔用药物使用方法

各类渔用药使用方法见附表4-1。

附表4-1 渔用药物使用方法

渔药名称	用 途	用法与用量	休药期（d）	注意事项
氧化钙（生石灰）calcii oxydum	用于改善池塘环境，清除敌害生物及预防部分细菌性鱼病	带水清塘：200 mg/L～250 mg/L（虾类：350 mg/L～400 mg/L）全池泼洒：20 mg/L（虾类：15 mg/L～30 mg/L）		不能与漂白粉、有机氧、重金属盐、有机结合物混用
漂白粉 bleaching powder	用于清塘、改善池塘环境及防治细菌性皮肤病、烂鳃病出血病	带水清塘：20 mg/L全池泼洒：1.0 mg/L～1.5 mg/L	≥5	1. 勿用金属容器盛装。2. 勿与酸、铵盐、生石灰混用
二氯异氰尿酸钠 sodium dichloroisocyanurate	用于清塘及防治细菌性皮肤病溃疡病、烂鳃病、出血病	全池泼洒：0.3 mg/L～0.6 mg/L	≥10	勿用金属容器盛装
三氯异氰尿酸 trichlorosisocyanuric acid	用于清塘及防治细菌性皮肤病溃疡病、烂鳃病、出血病	全池泼洒：0.2 mg/L～0.5 mg/L	≥10	1. 勿用金属容器盛装。2. 针对不同的鱼类和水体的pH，使用量应适当增减
二氧化氯 chlorine dioxide	用于防治细菌性皮肤病、烂鳃病、出血病	浸浴：20 mg/L～40 mg/L，5 min～10 min全池泼洒：0.1 mg/L～0.2 mg/L，严重时0.3 mg/L～0.6 mg/L	≥10	1. 勿用金属容器盛装。2. 勿与其他消毒剂混用
二溴海因	用于防治细菌性皮肤病和病毒性疾病	全池泼洒：0.2 mg/L～0.3 mg/L		
氯化钠（食盐）sodium choiride	用于防治细菌、真菌或寄生虫疾病	浸浴：1%～3%，5 min～20 min		
硫酸铜（蓝矾、胆矾、石胆）copper sulfate	用于治疗纤毛虫、鞭毛虫等寄生虫性原虫病	浸浴：8 mg/L（海水鱼类：8 mg/L～10 mg/L），15 min～30 min全池泼洒：0.5 mg/L～0.7 mg/L（海水鱼类：0.7 mg/L～1.0 mg/L）		1. 常与硫酸亚铁合用。2. 广东鲂慎用。3. 勿用金属容器盛装。4. 使用后注意池塘增氧。5. 不宜用于治疗小瓜虫病
硫酸亚铁（硫酸低铁、绿矾、青矾）ferrous sulfate	用于治疗纤毛虫、鞭毛虫等寄生性原虫病	全池泼洒：0.2 mg/L（与硫酸铜合用）		1. 治疗寄生性原虫病时需与硫酸铜合用。2. 乌鳢慎用
高锰酸钾（锰酸钾、灰锰氧、锰强灰）potassium permanganate	用于杀灭锚头鳋	浸浴：10 mg/L～20 mg/L，15 min～30 min全池泼洒：4 mg/L～7mg/L		1. 水中有机物含量高时药效降低。2. 不宜在强烈阳光下使用
四烷基继铵盐络合碘（季铵盐含量为50%）	对病毒、细菌、纤毛虫、藻类有杀灭作用	全池泼洒：0.3 mg/L（虾类相同）		1. 勿与碱性物质同时使用。2. 勿与阴性离子表面活性剂混用。3. 使用后注意池塘增氧。4. 勿用金属容器盛装

（续）

渔药名称	用　途	用法与用量	休药期（d）	注意事项
大蒜 crow's treacle, garlic	用于防治细菌性肠炎	拌饵投喂：10 g/kg 体重～30 g/kg 体重，连用 4 d～6 d（海水鱼类相同）		
大蒜素粉（含大蒜素 10%）	用于防治细菌性肠炎	0.2/kg 体重，连用 4 d～6 d（海水鱼类相同）		
大黄 medicinal rhubarb	用于防治细菌性肠炎、烂鳃	全池泼洒：2.5 mg/L～4.0 mg/L（海水鱼类相同） 拌饵投喂：5 g/kg 体重～10 g/kg 体重，连用 4 d～6 d（海水鱼类相同）		投喂时常与黄芩、黄柏合用（三者比例 5∶2∶3）
黄芩 raikai skullcap	用于防治细菌性肠炎、烂鳃、赤皮、出血病	拌饵投喂：2 g/kg 体重～4 g/kg 体重，连用 4 d～6 d（海水鱼类相同）		投喂时常与大黄、黄芩合用（三者比例为 2∶5∶3）
黄柏 amur corktree	用于防治细菌性肠炎、出血	拌饵投喂：2 g/kg 体重～6 g/kg 体重，连用 4 d～6 d（海水鱼类相同）		投喂时常与大黄、黄芩合用（三者比例为 3∶5∶2）
五倍子 chinese sumac	用于防治细菌性烂鳃、赤皮、白皮、疖疮	全池泼洒：2 mg/L～4 mg/L（海水鱼类相同）		
穿心莲 common andrographis	用于防治细菌性肠炎、烂鳃、赤皮	全赤泼洒：15 mg/L～20 mg/L 拌饵投喂：10 g/kg 体重～20 g/kg 体重，连用 4 d～6 d		
苦参 lightyellow sophora	用于防治细菌性肠炎、竖鳞	全池泼洒：1.0 mg/L～1.5 mg/L 拌饵投喂：1 g/kg 体重～2 g/kg 体重，连用 4 d～6 d		
土霉素 oxytetracycline	用于治疗肠炎病、弧菌病	拌饵投喂：50 mg/kg 体重～80 mg/kg 体重，连用 4 d～6 d（海水鱼类相同，虾类：50 mg/kg 体重～80 mg/kg 体重，连用 5 d～10 d）	≥30（鳗鲡） ≥21（鲇鱼）	勿与铝、镁离子及卤素、碳酸氢钠、凝胶合用
噁喹酸 oxslinic acid	用于治疗细菌肠炎病、赤鳍病、香鱼、对虾弧菌病，鲈鱼结节病，鲕鱼疖疮病	拌饵投喂：10 mg/kg 体重～3 mg/kg 体重，连用 5 d～7 d（海水鱼类 1 mg/kg 体重～20 mg/kg 体重，对虾：6 mg/kg 体重～60 mg/kg 体重，连用 5 d）	≥25（鳗鲡） ≥21（香鱼、鲤鱼）≥16（其他鱼类）	用药量不同的疾病有所增减
磺胺嘧啶（磺胺哒嗪）sulfadiazine	用于治疗鲤科鱼类的赤皮病、肠炎病、海水鱼链球菌病	拌饵投喂：100 mg/kg 体重连用 5 d（海水鱼类相同）		1. 与甲氯苄氨嘧啶（TMP）同用，可产生增效作用。2. 第一天药量加倍
磺胺甲噁唑（新诺明、新明磺）sulfamethoxazole	用于治疗鲤科鱼类的肠炎病	拌饵投喂：100 mg/kg 体重，连用 5 d～7 d		1. 不能与酸性药物同用。2. 与甲氧苄氨嘧啶（TMP）同用，可产生增效作用。3. 第一天药量加倍
磺胺间甲氧嘧啶（制菌磺、磺胺-6-甲氧嘧啶）sulfamonomethoxine	用鲤科鱼类的竖鳞病、赤皮病、及弧菌病	拌饵投喂：50 mg/kg 体重～100 mg/kg 体重，连用 4 d～6 d	≥37（鳗鲡）	1. 与甲氧苄氨嘧啶（TMP）同用，可产生增效作用。2. 第一天药量加倍
氟苯尼考 florfenicol	用于治疗鳗鲡爱德华氏病、赤鳍病	拌饵投喂：10.0 mg/kg 体重，连用 4 d～6 d	≥7（鳗鲡）	

（续）

渔药名称	用　　途	用法与用量	休药期（d）	注意事项
聚维酮碘（聚乙烯吡咯烷酮碘、皮维碘、PVP-1、伏碘）（有效碘 1.0%）povidone-iodine	用于防治细菌烂鳃病、弧菌病、鳗鲡红头病。并可用于预防病毒病：如草鱼出血病、传染性胰腺坏死病、传染性造血组织坏死病、病毒性出血败血症	全池泼洒：海、淡水幼鱼、幼虾：0.2 mg/L～0.5 mg/L 海、淡水成鱼、成虾：1 mg/L～2 mg/L 鳗鲡：2 mg/L～4 mg/L 浸浴：草鱼种：30 mg/L，15 min～20 min 鱼卵：30 mg/L～50 mg/L（海水鱼卵25 mg/L～30 mg/L），5 min～15 min		1. 勿与金属物品接触。 2. 勿与季氨盐类消毒剂直接混合使用

注1：用法与用量栏未标明海水鱼类与虾类的均适用于淡水鱼类。

注2：休药期为强制性。

6 禁用渔药

严禁使用高毒、高残留或具有三致毒性（致癌、致畸致突变）的渔药。严禁使用对水域环境有严重破坏而又难以修复的渔药，严禁直接向养殖水域泼洒抗菌素，严禁将新近开发的人用新药作为渔药的主要或次要成分。仅用渔药见附表4-2。

附表4-2　禁用渔药

药物名称	化学名称（组成）	别　　名
地虫硫磷 fonofos	0-2基-s苯基二硫代磷酸乙酯	大风雷
六六六 BHC（HCH）Benzem, bexachloridge	1, 2, 3, 4, 5, 6-六氯环乙烷	
林丹 lindane, agammaxare, gamma-BHC, gamma-HCH	y-1, 2, 3, 4, 5, 6-六氯环乙烷	丙体六六六
毒杀芬 camphechlor（ISO）	八氯莰烯	氯化莰烯
滴滴涕 DDT	2, 2-双（对氯苯基）-1, 1, 1-三氯乙烷	
甘汞 calomel	二氯化汞	
硝酸亚汞 mercurous nitrate	硝酸亚汞	
醋酸汞 mercuric acetate	醋酸汞	
呋喃丹 carbofuran	2, 3-氢-2, 二甲基-7-苯并呋喃—甲基氨基甲酸酯	可百威、大扶农
杀虫脒 chlordimeform	N-（2-甲基-4-氯苯基）N′, N′-二甲基甲脒盐酸盐	克死螨
双甲脒 anitraz	1, 5-双-（2, 4-二甲基苯基）-3-甲基1, 3, 5-三氮戊二烯-1, 4	二甲苯胺脒
氟氯氰菊酯 flucythrinate	（R, S）-α-氰基-3-苯氧苄基-（R, S）-2-（4-二氯甲氧基）-3-甲基丁酸脂	报好江乌氟氯氰菊酯
五氯芬钠 PCP-Na	五氯酚钠	

（续）

药物名称	化学名称（组成）	别　名
孔雀石绿 malachite green	C（23）H（25）ClN（2）	碱性绿、盐基快绿、孔雀绿
锥虫胂胺 tryparsamide		
酒石酸锑钾 anitmonyl potassium tartrate	酒石酸锑钾	
磺胺噻唑 sulfathiazolum ST，norsultazo	2-（对氨基苯碘酰胺）-噻唑	消治龙
磺胺脒 sulfaguanidine	N（1）-脒基磺胺	磺胺胍
呋喃西林 furacillinum, nitrofurazone	5-硝基呋喃醛缩氨基脲	呋喃新
呋喃唑酮 furacillinum, nifulidone	3-（5-硝基糠叉氨基）-2-噁唑烷酮	痢特灵
呋喃那斯 furanace, nitrofurazone	6-羟甲基-2-[-5-硝基-2-呋喃基乙烯基）吡啶	p-7138（实验名）
氯霉素（包括其盐、酯及制剂） chloramphennicol	由委内瑞拉链霉素生产或合成法制成	
红霉素 erythromycin	属微生物合成，是 *Streptomyces eyythreus* 生产的抗生素	
杆菌肽锌 zinc bacitracin premin	由枯草杆菌 *Bacillus stubtills* 或 *B. leicheni formis* 所产生的抗生素，为一含有噻唑环的多肽化合物	枯草菌肽
泰乐菌素 tylosin	*S. fradiae* 所产生的抗生素	
环丙杀星 ciprofloxacin（CIPRO）	为合成的第三代喹诺酮类抗菌药，常用盐酸盐水合物	环丙氟哌酸
阿伏帕星 avoparcin		阿伏霉素
喹乙醇 olaquindox	喹乙醇	喹酰胺醇羟乙喹氧
速达肥 fenbendazole	5-苯硫基-2-苯并咪唑	苯硫哒唑氨甲基甲酯
己烯雌酚（包括雌二醇等其他类似合成等雌性激素） diethylstilbestol, stilbestrol	人工合成的非甾体雌激素	乙烯雌酚，人造求偶素
甲基睾丸酮（包括丙酸睾丸素、去氢甲睾酮以及同化物等雄性激素） methyltestosterone, metandren	睾丸素 C（17）的甲基衍生物	甲睾酮甲基睾酮

参 考 文 献

蔡德陵，李红艳，唐启升，等，2005. 黄东海生态系统食物网连续营养谱的建立：来自碳氮稳定同位素方法的结果 [J]. 中国科学C辑：生命科学，35（2）：123-130.

蔡德陵，张淑芳，张经. 2003，天然存在的碳、氮稳定同位素在生态系统研究中的应用 [J]. 质谱学报，24（3）：434-440.

蔡星媛，张秀梅，田璐，等，2015. 盐度胁迫对魁蚶稚贝血淋巴渗透压及鳃 Na^+/K^+-ATP 酶活力的影响 [J]. 南方水产科学，11（2）：12-19.

曹运长，李文笙，叶卫，等，2008. 蓝太阳鱼第一次性周期性腺发育的组织学 [J]. 动物学杂志，43（1）：88-95.

曾端，麦康森，艾庆辉，2008. 脂肪肝病变大黄鱼肝脏脂肪酸组成、代谢酶活性及抗氧化能力的研究 [J]. 中国海洋大学学报，38（4）：542-546.

曾玲，金显仕，李富国，2005. 黄海南部银鲳的生殖力及其变化 [J]. 海洋水产研究，26（6）：1-5.

曾庆飞，孔繁翔，张恩楼，等，2008. 稳定同位素技术应用于水域食物网的方法学研究进展 [J]. 湖泊科学，20（1）：13-20.

常抗美，吴常文，吴剑锋，2007. 我国海水网箱养殖的现状与发展趋势，海水养殖业的可持续发展——挑战与对策[C]. 北京：海洋出版社：20-24.

常青，梁萌青，张汉华，等，2009. 海水仔稚鱼的营养需求与微颗粒饲料研究进展 [J]. 渔业科学进展，30（1）：130-136.

常玉梅，匡友谊，曹鼎臣，等，2006. 低温胁迫对鲤血液学和血清生化指标的影响 [J]. 水产学报，30（5）：701-705.

陈超，施兆鸿，薛宝贵，等，2012. 低温胁迫对七带石斑鱼幼鱼血清生化指标的影响 [J]. 水产学报，36（8）：1249-1256.

陈刚，汤保贵，张健东，等，2005. pH、底物体积分数和盐度对军曹鱼消化组织淀粉酶活力的影响 [J]. 海洋科学，29（11）：28-30.

陈军，徐皓，倪琦，等，2009. 我国工厂化循环水养殖发展研究报告 [J]. 渔业现代化，36（4）：1-7.

陈品健，王重刚，郑森林，1998. 盐度影响真鲷幼鱼消化酶活力的研究 [J]. 厦门大学学报（自然科学版），37（5）：754-756.

陈晓兰，贾纪萍，杨海峰，等，2017. 中药在动物寄生虫疾病中的应用研究进展 [J]. 黑龙江畜牧兽医，17：98-100.

成庆泰，杨文华，1963. 鲳科，东海鱼类志 [M]. 北京：科学出版社：406-411.

成庆泰，1962. 鲳科，南海鱼类志 [M]. 北京：科学出版社：759-766.

程来保，2018. 淡水鱼类寄生虫病的危害及防治措施 [J]. 渔业致富指南，16：262-263.

储卫华，2000. 鱼类细菌性疾病快速诊断技术进展 [J]. 水利渔业，20（2）：29-30.

崔杰峰，潘柏申，2000. 急性心肌梗死血清酶标志物沿革 [J]. 上海医学检验杂志，15（1）：13-14.

崔青曼，袁春营，董景岗，等，2008. 渤海湾银鲳年龄与生长的初步研究 [J]. 天津科技大学学报，23（3）：30-32.

崔青曼，袁春营，李春岭，等，2007. 主要海水养殖鱼类白点病和盾纤毛虫病防治技术 [J]. 水利渔业，27（6）：85-87.

邓思明，熊国强，詹鸿禧，1981. 中国鲳亚目鱼类分类系统的初步研究，鱼类学论文集（第二辑）[M]. 北京：科学出版社：25-38.

杜浩，危起伟，甘芳，等，2006. 美洲鲥应激后皮质醇激素和血液生化指标的变化 [J]. 动物学杂志，41（3）：80-84.

杜佳垠，2005. 大菱鲆寄生虫性疾病 [J]. 河北渔业，4：33-35.

杜强，林黑着，牛津，等，2011. 卵形鲳鲹幼鱼的赖氨酸需求量 [J]. 动物营养学报，23（10）：1725-1732.

杜强，温海深，刘群，等，2014. 急性温度胁迫对虹鳟肝脏代谢酶活性及生长相关基因表达的影响 [J]. 大连海洋大学学报，29（6）：566-571.

范文洵，李泽英，赵煦和，1984. 蛋白质食物的营养评价 [M]. 北京：人民卫生出版社.

方永强, 翁幼竹, 胡晓霞, 2001. 性类固醇激素及其受体在文昌鱼性腺和神经系统中的分布 [J]. 动物学报, 47 (4): 398 - 403.

丰程程, 张颖, 张永, 等, 2013. 哲罗鱼胚胎至仔稚幼鱼期主要免疫指标和抗氧化酶的活性变化 [J]. 淡水渔业, 43 (6): 35 - 39.

冯广朋, 庄平, 章龙珍, 等, 2012. 温度对中华鲟幼鱼代谢酶和抗氧化酶活性的影响 [J]. 水生生物学报, 36 (1): 137 - 142.

冯伟, 李健, 李吉涛, 等, 2011. VC 对中国对虾非特异免疫因子及 $TLR/NF-\kappa B$ 表达量的影响 [J]. 水产学报, 35 (2): 200 - 207.

冯仰廉, 2004, 反刍动物营养学 [M]. 北京: 科学出版社.

冯颖, 杨建成, 石娇, 等, 2006. 牛磺酸对大鼠睾丸间质细胞分泌睾酮的影响及作用机理初探 [J]. 畜牧兽医学报, 37 (12): 1293 - 1296.

淦胜, 2012. 常规养殖鱼类细菌性疾病防治 [J]. 渔业致富指南, 15: 59 - 61.

高露姣, 施兆鸿, 严莹, 2007. 银鲳仔鱼消化系统的组织学研究 [J]. 中国水产科学, 14 (4): 540 - 546.

高权新, 施兆鸿, 彭士明, 2013. 益生菌在水产养殖中的研究进展 [J]. 海洋渔业, 35 (3): 364 - 267.

高权新, 谢明媚, 彭士明, 等, 2016. 急性温度胁迫对银鲳幼鱼代谢酶、离子酶活性及血清离子浓度的影响 [J]. 南方水产科学, 12 (2): 59 - 66.

高绪娜, 陈玉春, 赵倩, 2015. 植物提取物在水产饲料中的应用及作用机理研究 [J]. 广东饲料, 24 (8): 34 - 36.

葛卫强, 王高学, 2010. 鱼类细菌性疾病的分类及防治 [J]. 畜牧与饲料科学, 31 (1): 47 - 48.

葛颖华, 钟晓明, 2007. 维生素 C 和维生素 E 抗氧化机制及其应用的研究进展 [J]. 吉林医学, 28 (5): 707 - 708.

龚启祥, 倪海儿, 李伦平, 等, 1989. 东海银鲳卵巢周年变化的组织学观察 [J]. 水产学报, 13 (4): 316 - 325.

桂丹, 刘文斌, 2008. 不同营养添加剂对热应激异育银鲫血液生化指标的影响 [J]. 动物营养学报, 20 (2): 228 - 233.

郭旭鹏, 李忠义, 金显仕, 等, 2007. 采用碳氮稳定同位素技术对黄海中南部鳀鱼食性的研究 [J]. 海洋学报, 29 (2): 98 - 104.

何大仁, 刘正琮, 江素菲, 等, 1982. 棱鲻胚胎及早期仔鱼的研究 [C] // 梭鱼鲻鱼研究文集征集组. 梭鱼鲻鱼研究文集. 北京: 中国农业出版社: 198 - 211.

何杰, 强俊, 徐跑, 等, 2014. 低温驯化下 4 种不同品系罗非鱼血清皮质醇与免疫相关指标的变化 [J]. 中国水产科学, 21 (2): 266 - 274.

何杰, 强俊, 朱志祥, 等, 2013. 两种不同低温应激方法对吉富罗非鱼 (*Oreochromis niloticus*) 死亡率、血清皮质醇和天然免疫因子的影响 [J]. 海洋与湖沼, 44 (4): 919 - 925.

何天培, 王玉江, 1994. 牛磺酸在猫营养中的作用 [J]. 国外畜牧科技, 21 (2): 36 - 37.

洪万树, 方永强, 2000. 鱼类芳香化酶活性研究的进展 [J]. 水产学报, 24 (3): 285 - 288.

洪万树, 张其永, 郑建峰, 1991. 港养黄鳍鲷性腺发育和性转变研究 [J]. 台湾海峡, 10 (3): 221 - 227.

侯海燕, 鞠晓辉, 陈雨生, 2017. 国外深海网箱养殖业发展动态及其对中国的启示 [J]. 世界渔业, 5: 162 - 166.

侯亚义, 韩晓冬, 2001. 温度和类固醇激素对虹鳟免疫球蛋白 M (IgM) 的影响 [J]. 南京大学学报, 37 (5): 563 - 568.

胡斌, 李小勤, 冷向军, 等, 2008. 饲料 VC 对草鱼生长、肌肉品质及非特异性免疫的影响 [J]. 中国水产科学, 15 (5): 794 - 800.

胡培培, 刘汝鹏, 赵忠波, 等, 2014. 运输时间和密度对翘嘴鲌皮质醇、耗氧率及氧气袋内水质的影响 [J]. 水生生物学报, 38 (6): 1190 - 1194.

黄国强, 李洁, 唐夏, 等, 2012. 温度胁迫及恢复过程中褐牙鲆幼鱼 GH、IGF-I、RNA/DNA 比值和糖原的变化 [J]. 南方水产科学, 8 (6): 16 - 21.

黄洪敏, 邵健忠, 顶黎新, 2005. 鱼类免疫增强剂的研究现状与进展 [J]. 水产学报, 29 (4): 552 - 559.

黄金凤, 徐奇友, 王常安, 等, 2013. 温度和饲料蛋白质水平对松江镜鲤幼鱼血清生化指标的影响 [J]. 大连海洋大学学报, 28 (2): 185 - 190.

黄兴周, 魏莉兰, 2013. 鱼类主要寄生虫病及其防治 [J]. 新农村: 黑龙江, 18: 209 - 210.

黄旭雄, 陈马康, 魏文志, 2000. 几种植物浆养殖卤虫的饵料效果 [J]. 水产学报, 24 (3): 254 - 258.

黄玉柳, 黎小正, 吴祥庆, 等, 2017. 鱼类寄生虫病的检测与诊断程序及其应用 [J]. 水产科技情报, 37 (2): 83 - 85.

黄志斐，马胜伟，张喆，等，2012. BDE3 胁迫对翡翠贻贝（*Perna viridis*）SOD、MDA 和 GSH 的影响 [J]. 南方水产科学，8（5）：25 - 30.

惠天朝，王家刚，朱荫湄，2001. 镉对罗非鱼肝组织中 GSH 代谢的影响 [J]. 浙江大学学报（农业与生命科学版），27（5）：575 - 578.

吉红，曹艳姿，刘品，等，2009. 饲料中 HUFA 影响草鱼脂质代谢的研究 [J]. 水生生物学报，33（5）：881 - 889.

季文娟，2000. 黑鲷幼鱼饲料蛋白源氨基酸平衡的研究 [J]. 中国水产科学，10（7）：37 - 40.

冀德伟，李明云，王天柱，等，2009. 不同低温胁迫时间对大黄鱼血清生化指标的影响 [J]. 水产科学，28（1）：1 - 4.

雷从改，王秀英，刘天密，2016. 海南省石斑鱼养殖常见寄生虫疾病及其防治 [J]. 水产科技情报，43（3）：126 - 130.

李爱杰，1996. 水产动物营养与饲料学 [M]. 北京：中国农业出版社.

李春生，1995. 鲳科，东海黄海鱼类名称和图解 [M]. 东京：海外渔业协力财团，194 - 195.

李广丽，刘晓春，林浩然，2005. 芳香化酶抑制剂 letrozole 对赤点石斑鱼（*Epinephelus akaara*）性逆转的作用 [J]. 生理学报，57（4）：473 - 479.

李慧云，刘鹏威，魏华，2008. 双酚 A 对鲫雌激素受体表达和雌二醇水平的影响 [J]. 上海水产大学学报，17（6）：641 - 646.

李建华，刘东文，方丽云，等，2007. 牛磺酸的生理功能及其在畜禽饲料中的应用进展 [J]. 安徽农业科学，35（15）：4540 - 4541.

李可俊，管卫兵，徐晋麟，等，2007. PCR - DGGE 对长江河口八种野生鱼类肠道菌群多样性的比较研究 [J]. 微生态学杂志，19（3）：267 - 269.

李伟微，2008. 银鲳亲鱼、胚胎及仔稚鱼的脂肪酸与氨基酸营养 [D]. 上海：上海海洋大学.

李希国，李加儿，区又君，2006. 温度对黄鳍鲷主要消化酶活性的影响 [J]. 南方水产，2（1）：43 - 48.

李希国，李加儿，区又君，2006. 盐度对黄鳍鲷幼鱼消化酶活性的影响及消化酶活性的昼夜变化 [J]. 海洋水产研究，27（1）：40 - 45.

李远友，陈伟洲，孙泽伟，等，2004. 饲料中 n - 3 HUFA 含量对花尾胡椒鲷亲鱼的生殖性能及血浆性类固醇激素水平季节变化的影响 [J]. 动物学研究，25（3）：249 - 255.

李云航，孙鹏，施兆鸿，等，2012. 养殖与野生银鲳精巢发育形态学和组织学的初步比较 [J]. 海洋渔业，34（3）：256 - 262.

李忠义，郭旭鹏，金显仕，等，2006. 长江口及其邻近水域春季虾虎的食性 [J]. 水产学报，30（5）：654 - 661.

梁超愉，张汉华，郭根喜，等，2002. 海水网箱养殖现状及抗风浪网箱养殖的发展前景 [J]. 水产科技，4：10 - 13.

梁萌青，常青，王印庚，等，2005. 维生素 E 及脂肪源对大菱鲆非特异性免疫的影响 [J]. 海洋水产研究，26（5）：15 - 21.

梁平，李东占，姜景田，2004. 常见养殖鱼类细菌性疾病的防治 [J]. 北京水产，5：25 - 26.

梁旭方，白俊杰，劳海华，等，2003. 真鲷（*Pagrus major*）脂蛋白脂肪酶基因表达与内脏脂肪蓄积营养调控定量研究 [J]. 海洋与湖沼，34（6）：625 - 631.

林丹军，尤永隆，1998. 褐菖鲉精细胞晚期的变化及精子结构研究 [J]. 动物学研究，19（5）：359 - 366.

林福森，2016. 养殖鱼类常见细菌性疾病的防治 [J]. 江西水产科技，4：41 - 45.

林亮，李卓佳，郭志勋，等，2005. 施用芽孢杆菌对虾池底泥细菌群落的影响 [J]. 生态学杂志，24（1）：26 - 29.

林仕梅，麦康森，谭北平，2007. 菜粕、棉粕替代豆粕对奥尼罗非鱼（*Oreochromis niloticus* × *O. aureus*）生长、体组成和免疫力的影响 [J]. 海洋与湖沼，38（2）：168 - 173.

林永添，陈洪清，余祚溅，2005. 闽东地区海水网箱养殖鱼类寄生虫疾病概况 [J]. 齐鲁渔业，22（5）：33 - 36.

林永添，2002. 大黄鱼布娄克虫病的诊断与防治 [J]. 中国水产，7：49.

刘宝良，雷霁霖，黄滨，等，2015. 中国海水鱼类陆基工厂化养殖产业发展现状及展望 [J]. 渔业现代化，42（1）：1 - 5.

刘波，王美垚，谢骏，等，2011. 低温应激对吉富罗非鱼血清生化指标及肝脏 *HSP70* 基因表达的影响 [J]. 生态学报，31（17）：4866 - 4873.

刘海侠，于三科，2006. 我国鱼类寄生虫病现状及防治对策 [J]. 动物医学进展，27（5）：103 - 105.

刘海燕，雷武，朱晓鸣，等，2009. 饲料中不同维生素 C 含量对长吻鮠的影响 [J]. 水生生物学报，33（4）：682 - 689.

刘含亮，孙敏敏，王红卫，等，2012. 壳寡糖对虹鳟生长性能、血清生化指标及非特异性免疫功能的影响 [J]. 动物营养学报，24（3）：479-486.

刘静，李春生，李显森，2002. 中国鲳属鱼类系统发育和动物地理学研究［J］. 海洋科学集刊，44：235-239.

刘静，李春生，李显森，2002. 中国鲳属鱼类的分类研究［J］. 海洋科学集刊，44：240-252.

刘镜恪，陈晓琳，徐世宏，2005. 实验室微粒饲料中二十二碳五烯酸（EPA）与二十碳四烯酸（AA）的比例对牙鲆仔稚鱼生长、存活的影响［J］. 海洋科学，29（10）：41-43.

刘康，黄凯，覃希，等，2014. 饲料糖水平对吉富罗非鱼幼鱼免疫指标及低温下血液生化指标的影响［J］. 水产科学，33（2）：87-91.

刘琨，周丽青，李凤辉，等，2017. 银鲳（*Pampus argenteus*）染色体标本制备及其核型研究［J］. 渔业科学进展，38（6）：64-69.

刘磊，彭士明，高权新，等，2016. 基于银鲳 RNA-seq 数据中 SSR 标记的信息分析［J］. 安徽农业科学，44（28）：101-105.

刘利平，王武，赵雷蕾，等，2004. 江黄颡鱼精子的超微结构［J］. 上海水产大学学报，13（3）：198-202.

刘兴旺，谭北平，麦康森，等，2007. 饲料中不同水平 n-3 HUFA 对军曹鱼生长及脂肪酸组成的影响［J］. 水生生物学报，31（2）：190-195.

刘雪珠，杨万喜，2002. 硬骨鱼类精子超微结构及其研究前景［J］. 东海海洋，20（3）：32-37.

刘雪珠，杨万喜，2004. 平鲷精子的超显微结构［J］. 东海海洋，22（1）：43-48.

刘长忠，周克勇，2001. 添加合成氨基酸降低粗蛋白水平对鲫鱼生产性能的影响［J］. 饲料工业，22（6）：9-11.

柳学周，徐永江，马爱军，等，2004. 温度、盐度、光照对半滑舌鳎胚胎发育的影响及孵化条件调控技术研究［J］. 海洋水产研究，25（6）：1-6.

柳学周，庄志猛，2014. 半滑舌鳎繁育理论与养殖技术［M］. 北京：中国农业出版社.

楼丹，杨季芳，谢和，2009. 益生菌在水产养殖中的作用［J］. 浙江万里学院学报，22（2）：78-83.

鲁双庆，刘少军，刘红玉，等，2002. Cu^{2+} 对黄鳝肝脏保护酶 SOD、CAT、GSH-PX 活性的影响［J］. 中国水产科学，9（2）：138-141.

罗海忠，陈波，傅荣兵，等，2007. 鮸鱼性腺发育人为调控技术研究［J］. 海洋渔业，29（2）：128-133.

罗海忠，施兆鸿，傅荣兵，等，2007. 东海灰鲳胚胎和仔鱼早期发育的观察［J］. 上海水产大学学报，16（5）：246-250.

罗奇，区又君，艾丽，等，2010. 温度和 pH 对条石鲷幼鱼消化酶活力的影响［J］. 热带海洋学报，29（5）：154-158.

萝莉，叶元土，林仕梅，等，2003. 日粮必需氨基酸模式对草鱼生长及蛋白质周转的影响［J］. 水生生物学报，27（3）：278-282.

吕云云，陈四清，于朝磊，等，2015. 饲粮蛋白脂肪比对圆斑星鲽（*Verasper variegates*）生长、消化酶及血清生化指标的影响［J］. 渔业科学进展，36（2）：118-124.

马爱军，陈超，雷霁霖，等，2005. 饲育密度对大菱鲆（*Scophthalmus maximus* L.）生长、饲料转化率及色素的影响［J］. 海洋与湖沼，36（3）：207-212.

马爱军，雷霁霖，陈四清，等，2003. 大菱鲆营养需求与饲料研究进展［J］. 海洋与湖沼，34（4）：450-459.

马春艳，赵峰，孟彦羽，等，2009. 基于线粒体细胞色素 b 基因片段序列变异探讨 3 种鲳属鱼类系统进化［J］. 海洋科学进展，30（5）：20-26.

马洪青，2005. 暗纹东方鲀沟虫病的综合防治［J］. 渔业致富指南，7：51.

麦贤杰，黄伟健，叶富良，等，2005. 海水鱼类繁殖生物学和人工繁育［M］. 北京：海洋出版社：40-41.

梅景良，马燕梅，2004. 温度和 pH 对黑鲷主要消化酶活性的影响［J］. 集美大学学报（自然科学版），9（3）：226-230.

蒙国辉，2008. 金鱼鳃部常见寄生虫疾病与治疗［J］. 畜牧兽医科技信息，9：94-95.

孟庆闻，苏锦祥，李婉端，1987. 鱼类比较解剖［M］. 北京：科技出版社：175-176.

孟晓林，冷向军，李小勤，等，2007. 杜仲对草鱼鱼种生长和血清非特异性免疫指标的影响［J］. 上海水产大学学报，16（4）：329-333.

明建华，谢骏，徐跑，等，2010. 大黄素、维生素 C 及其配伍对团头鲂生长、生理生化指标、抗病原感染以及两种 *HSP70*s mRNA 表达的影响［J］. 水产学报，34（9）：1447-1459.

倪海儿，杜立勤，2001. 东海鲻卵巢发育的组织学观察［J］. 水产学报，24（4）：317-325.

倪海儿，龚启祥，1995. 东海银鲳个体生殖力的研究［J］. 浙江水产学院学报，14（2）：118-122.

倪娜，柳学周，徐永江，等，2011. 条斑星鲽卵巢发育规律和性类固醇激素周年变化研究 [J]. 渔业科学进展，32（3）：16－25.

倪寿文，桂远明，刘焕亮，1993. 草鱼、鲤、鲢、鳙和尼罗罗非鱼肝胰脏和肠道蛋白酶活性的初步探讨 [J]. 动物学报，39（2）：160－168.

潘厚军，夏润林，李华，等，2014. 鱼类寄生虫动态变化相关生态因子的研究进展 [J]. 生态科学，33（6）：1200－1207.

潘鲁青，唐贤明，刘泓宇，等，2006. 盐度对褐牙鲆（*Paralichthys olivaceus*）幼鱼血浆渗透压和鳃丝 $Na^+ - K^+ - ATPase$ 活力的影响 [J]. 海洋与湖沼，37（1）：1－6.

潘沙芳，李太武，苏秀榕，2006. 用多元分析法研究泥蚶（*Tegillarca granosa*）氨基酸的地区差异 [J]. 海洋与湖沼，37（6）：536－540.

彭士明，黄旭雄，赵峰，等，2008. 野生与养殖银鲳幼鱼氨基酸含量的比较 [J]. 海洋渔业，30（1）：26－30.

彭士明，李云莉，高权新，等，2016. 银鲳 *ERα* 基因片段的克隆及卵黄发生期间饲料 n－3 LC－PUFA 对其组织表达的影响 [J]. 海洋渔业，38（2）：157－165.

彭士明，李云莉，施兆鸿，等，2016. 海水鱼类亲体必需脂肪酸营养的研究概况与展望 [J]. 海洋渔业，38（1）：98－106.

彭士明，林少珍，施兆鸿，等，2013. 饲养密度对银鲳幼鱼增重率及消化酶活性的影响 [J]. 海洋渔业，35（1）：72－76.

彭士明，施兆鸿，陈超，等，2010. 根据 mtDNA *D-loop* 序列分析东海银鲳群体遗传多样性 [J]. 海洋科学，34（2）：28－32.

彭士明，施兆鸿，陈超，2008. 鲳梭鱼营养与环境因子方面的研究现状及展望 [J]. 海洋渔业，30（4）：356－362.

彭士明，施兆鸿，高权新，等，2013. 增加饲料中 VC 质量分数对银鲳血清溶菌酶活性及组织抗氧化能力的影响 [J]. 南方水产科学，9（4）：16－21.

彭士明，施兆鸿，高权新，等，2016. 银鲳卵黄发生期间组织中抗氧化水平的变化及饲料 n－3 LC－PUFA 对其的影响 [J]. 中国水产科学，23（2）：263－273.

彭士明，施兆鸿，侯俊利，等，2009. 银鲳 3 个野生群体线粒体 *COⅠ* 基因的序列差异分析 [J]. 上海海洋大学学报，18（4）：398－402.

彭士明，施兆鸿，侯俊利，2010. 海水鱼类脂类营养与饲料的研究进展 [J]. 海洋渔业，32（2）：218－224.

彭士明，施兆鸿，侯俊利，2010. 基于线粒体 *D-loop* 区与 *COⅠ* 基因序列比较分析养殖与野生银鲳群体遗传多样性 [J]. 水产学报，34（1）：19－25.

彭士明，施兆鸿，李杰，等，2011. 运输胁迫对银鲳血清皮质醇、血糖、组织中糖元及乳酸含量的影响 [J]. 水产学报，35（6）：831－837.

彭士明，施兆鸿，孙鹏，等，2010. 养殖密度对银鲳幼鱼生长及组织生化指标的影响 [J]. 生态学杂志，29（7）：1371－1376.

彭士明，施兆鸿，孙鹏，等，2012. 饲料组成对银鲳幼鱼生长率及肌肉氨基酸、脂肪酸组成的影响 [J]. 海洋渔业，34（1）：51－56.

彭士明，施兆鸿，尹飞，等，2011. 利用碳氮稳定同位素技术分析东海银鲳食性 [J]. 生态学杂志，30（7）：1565－1569.

彭士明，孙鹏，尹飞，等，2010. 银鲳与翎鲳肌肉必需氨基酸组成模式的比较分析 [J]. 海洋渔业，32（4）：435－439.

彭士明，尹飞，孙鹏，等，2010. 不同饲料对银鲳幼鱼增重率、肝脏脂酶及抗氧化酶活性的影响 [J]. 水产学报，34（6）：769－774.

钱云霞，王国良，邵健忠，2001. 海水养殖鱼类细菌性疾病研究概况 [J]. 海洋湖沼通报，2：78－87.

强俊，杨弘，王辉，等，2012. 急性温度应激对吉富品系尼罗罗非鱼（*Oreochromis niloticus*）幼鱼生化指标和肝脏 *HSP70* mRNA 表达的影响 [J]. 海洋与湖沼，43（5）：943－953.

乔秋实，徐维娜，朱浩，等，2011. 饥饿再投喂对团头鲂生长、体组成及肠道消化酶的影响 [J]. 淡水渔业，41（2）：63－69.

秦洁芳，陈海刚，蔡文贵，等，2011. 邻苯二甲酸二丁酯对汉氏棱鳀生化指标的影响 [J]. 南方水产科学，7（2）：29－34.

屈亮，庄平，章龙珍，等，2010. 盐度对俄罗斯鲟幼鱼血清渗透压、离子含量及鳃丝 Na^+/K^+-ATP 酶活力的影响 [J]. 中国水产科学，17（2）：243-251.

邵同先，张苏亚，康健，等，2002. 低温环境对家兔血清蛋白、血糖和钙含量的影响 [J]. 环境与健康杂志，19（5）：379-380.

沈同，王镜岩，等，1990. 生物化学 [M]. 北京：高等教育出版社.

施兆鸿，高露姣，谢营梁，等，2006. 舟山渔场银鲳和灰鲳繁殖特性的比较 [J]. 水产学报，30（5）：647-653.

施兆鸿，黄旭雄，李伟微，等，2008. 海捕灰鲳亲鱼不同组织中脂肪及脂肪酸分析 [J]. 水产学报，32（2）：309-314.

施兆鸿，黄旭雄，李伟微，等，2008. 养殖银鲳幼鱼体脂含量及脂肪酸组成的变化 [J]. 上海水产大学学报，17（4）：435-439.

施兆鸿，马凌波，高露姣，等，2007. 人工育苗条件下银鲳仔稚幼鱼摄食与生长特性 [J]. 海洋水产研究，28（4）：38-46.

施兆鸿，彭士明，孙鹏，等，2009. 我国鲳属鱼类养殖的发展潜力及前景展望 [J]. 现代渔业信息，24（10）：3-8.

施兆鸿，彭士明，王建钢，等，2011. 人工养殖银鲳子代的胚胎发育及仔稚幼鱼形态观察 [J]. 中国水产科学，18（2）：267-274.

施兆鸿，王建钢，高露姣，等，2005. 银鲳繁殖生物学及人工繁育技术的研究进展 [J]. 海洋渔业，27（3）：246-251.

施兆鸿，谢明媚，彭士明，等，2016. 温度胁迫对银鲳（*Pampus argenteus*）幼鱼消化酶活性及血清生化指标的影响 [J]. 渔业科学进展，37（5）：30-37.

施兆鸿，张晨捷，彭士明，等，2013. 盐度对银鲳血清渗透压、过氧化氢酶及鳃离子调节酶活力的影响 [J]. 水产学报，37（11）：1601-1608.

施兆鸿，赵峰，王建刚，等，2009. 舟山渔场银鲳人工授精及孵化 [J]. 渔业现代化，36（1）：18-21.

舒琥，何敏莲，张海发，等，2007. 卵形鲳鲹染色体组型研究 [J]. 广州大学学报（自然科学版），6（2）：23-25.

舒虎，刘晓春，林浩然，2005. LHRH-A 缓释剂对雌性赤点石斑鱼卵巢发育、性类固醇激素分泌及脑垂体 GTH 细胞超微结构的影响 [J]. 动物学研究，26（4）：422-428.

水户敏，千田哲资，1967. マナガツオの卵发生，仔鱼前期および瀬户海における产卵について [J]. 日本水产学会志，33（10）：948-951.

宋波澜，陈刚，叶富良，等，2007. 军曹鱼幼鱼脂肪酶的活力与环境因子的关系 [J]. 暨南大学学报（自然科学版），28（5）：531-536.

宋志明，刘鉴毅，庄平，等，2015. 低温胁迫对点篮子鱼幼鱼肝脏抗氧化酶活性及丙二醛含量的影响 [J]. 海洋渔业，37（2）：142-150.

苏慧，区又君，李加儿，等，2012. 饥饿对卵形鲳鲹幼鱼不同组织抗氧化能力、Na^+/K^+-ATP 酶活力和鱼体生化组成的影响 [J]. 南方水产科学，8（6）：28-36.

孙克年，2003. 鱼体外寄生虫病鉴别诊断及其防治方法 [J]. 渔业致富指南，10：49-50.

孙鹏，李云航，尹飞，等，2012. 养殖银鲳第一次性周期性腺发育组织学 [J]. 海洋渔业，34（4）：393-399.

孙鹏，彭士明，尹飞，等，2010. 盐度对条石鲷幼鱼 Na^+/K^+-ATP 酶活力的影响 [J]. 水产学报，34（8）：1204-1209.

孙鹏，尹飞，施兆鸿，等，2013. 养殖银鲳卵巢发育的组织学观察 [J]. 中国水产科学，20（2）：293-298.

孙鹏，尹飞，王建建，等，2014. 操作胁迫对云纹石斑鱼肝脏抗氧化和鳃 $Na^+-K^+-ATPase$ 活力的影响 [J]. 海洋渔业，36（3）：247-251.

孙鹏，2015. 基于 *CO I* 序列比较中国和科威特养殖鲳鱼群体的遗传差异 [J]. 海洋科学，39（1）：53-58.

孙学亮，邢克智，陈程勋，等，2010. 急性温度胁迫对半滑舌鳎血液指标的影响 [J]. 水产科学，29（7）：387-392.

汤保贵，陈刚，张健东，等，2004. pH、底物浓度及暂养盐度对红鳍笛鲷消化道淀粉酶活力的影响 [J]. 动物学杂志，39（2）：70-73.

汤伏生，朱晓燕，张兴忠，1994. 鲤鱼肠道细菌及其淀粉酶对宿主消化的影响 [J]. 水产学报，18（4）：177-182.

唐毅，李萍，1991. 牛磺酸对大鼠心肌 Ca^{2+} 调节作用的研究 [J]. 中国药理学通报，7（4）：263-266.

田洁莉，2017. 水产养殖生产中如何合理使用抗寄生虫药物 [J]. 黑龙江水产，6：35-37.

田美平，庄平，张涛，等，2010. 西伯利亚鲟性腺早期发生、分化、发育的组织学观察 [J]. 中国水产科学，17（3）：496-506.

田相利，任晓伟，董双林，等，2008. 温度和盐度对半滑舌鳎幼鱼消化酶活性的影响 [J]. 中国海洋大学学报，38（6）：

895 - 901.

田相利，王国栋，董双林，等，2011. 盐度突变对半滑舌鳎血浆渗透压和鳃丝 Na^+/K^+ - ATP 酶活性的影响 [J]. 海洋科学，35 (2)：27 - 31.

王春芳，解绶启，2004. 稚幼鱼的营养与饲料研究进展 [J]. 水生生物学报，28 (5)：557 - 562.

王辅明，朱祥伟，马永鹏，等，2009. 低浓度五氯酚暴露对稀有鮈鲫体内 SOD 活性、GSH 和 HSP70 含量的影响 [J]. 生态毒理学报，4 (3)：415 - 421.

王吉桥，褚衍伟，张丽燕，等，2009. 维生素 C 对花鱼骨鱼种生长和免疫指标的影响 [J]. 大连水产学院学报，24 (3)：213 - 220.

王吉祥，唐玉华，2017. 春季鱼类五种细菌性疾病防控 [J]. 广西水产科技，1：34 - 35.

王家林，常青，梁萌青，2006. 饲料中必需氨基酸与非必需氨基酸的比率对牙鲆生长、氮的沉积与排泄的影响 [J]. 海洋水产研究，27 (3)：67 - 72.

王建辰，1993. 家畜生殖内分泌学 [M]. 北京：中国农业出版社：61 - 68.

王建钢，施兆鸿，彭士明，2010. 银鲳驯养技术的探讨 [J]. 现代渔业信息，12：26 - 28.

王建建，高权新，张晨捷，等，2014. 野生与养殖银鲳消化道菌群结构中产酶菌的对比分析 [J]. 水产学报，38 (11)：1899 - 1910.

王建建，施兆鸿，高权新，等，2015. 野生银鲳消化道内潜在产酶益生菌产酶条件的初步研究 [J]. 海洋渔业，37 (6)：533 - 540.

王君娟，2010. 来自大黄鱼肠道的弧菌拮抗菌的筛选、鉴定及其性能研究 [D]. 上海：上海海洋大学.

王俊萍，冀建军，黄仁录，2005. 牛磺酸营养研究进展 [J]. 中国畜牧杂志，41 (12)：57 - 59.

王丽坤，崔宇超，侯美如，2016. 鱼寄生虫囊蚴检测方法的比较分析 [J]. 黑龙江畜牧兽医，8：206 - 207.

王丽坤，2014. 常见鱼类寄生虫疾病及其防治 [J]. 中国畜牧兽医文摘，30 (10)：209 - 209.

王奇，范灿鹏，陈锟慈，等，2010. 三种磺胺类药物对罗非鱼肝脏组织中谷胱甘肽转移酶（GST）和丙二醛（MDA）的影响 [J]. 生态环境学报，19 (5)：1014 - 1019.

王瑞旋，冯娟，2008. 军曹鱼肠道细菌及其产酶能力的研究 [J]. 海洋环境科学，27 (4)：309 - 312.

王瑞旋，徐力文，冯娟，2005. 海水鱼类细菌性疾病病原及其检测、疫苗研究概况 [J]. 南方水产科学，1 (6)：72 - 79.

王伟，姜志强，孟凡平，等，2012. 急性温度胁迫对太平洋鳕仔稚鱼成活率、生理生化指标的影响 [J]. 水产科学，31 (8)：19 - 22.

王文博，汪建国，李爱华，等，2004. 拥挤胁迫后鲫鱼血液皮质醇和溶菌酶水平的变化及对病原的敏感性 [J]. 中国水产科学，11 (5)：408 - 412.

王武，2000. 鱼类增养殖学 [M]. 北京：中国农业出版社.

王义强，黄世蕉，赵维信，等，1990. 鱼类生理学 [M]. 上海：上海科学技术出版社：148 - 168.

王渊源，1991. 鱼虾的蛋白质需要量和其研究方法 [J]. 动物学杂志，26 (5)：42 - 48.

王占峰，张萍，魏萍，2010. 肠道益生菌抗病毒作用及其机制研究进展 [J]. 中国微生物学杂志，22 (2)：184 - 185.

王智勇，2006. 鱼类常见细菌性疾病的防治技术 [J]. 内陆水产，2006，6：18 - 19.

位莹莹，徐奇友，李晋南，等，2013. 不同蛋白质水平饲料中添加 α - 酮戊二酸对松浦镜鲤生长性能、体成分和血清生化指标的影响 [J]. 动物营养学报，25 (12)：2958 - 2965.

温宝书，张敏，1995. 牛磺酸的细胞保护作用 [J]. 中国药学杂志，30 (8)：451 - 452.

温海深，林浩然，2001. 环境因子对硬骨鱼类性腺发育成熟及其排卵和产卵的调控 [J]. 应用生态学报，12 (1)：151 - 155.

温周瑞，2013. 鱼类寄生虫病流行规律及预测预报方法探讨 [J]. 水产养殖，34 (10)：35 - 39.

吴金英，林浩然，2003. 斜带石斑鱼消化系统胚后发育的组织学研究 [J]. 水产学报，27 (1)：7 - 12.

吴佩秋，1980. 小黄鱼卵母细胞发育的形态特征和季节变化 [J]. 动物学报，26 (4)：337 - 345.

吴锐全，2006. 池塘养殖的现状问题及对策建议 [J]. 海洋与渔业（3）：10 - 11.

吴小成，解发钧，2010. 选用和使用抗寄生虫药物的注意事项 [J]. 水产养殖，31 (4)：44 - 45.

吴莹莹，柳学周，王清印，等，2007. 半滑舌鳎精子的超微结构 [J]. 海洋学报，29 (6)：167 - 171.

伍汉霖，1985. 鲳科，福建鱼类志 [M]. 福州：福建科学技术出版社：430 - 436.

小岛吉雄，1979. 水生生物及遗传育种 [M]. 东京：水产出版社：46 - 62.

谢明媚，彭士明，张晨捷，等，2015. 急性温度胁迫对银鲳幼鱼抗氧化和免疫指标的影响 [J]. 海洋渔业，37（6）：541-549.

谢小军，邓利，张波，1998. 饥饿对鱼类生理生态学影响的研究进展 [J]. 水生生物学报，22（3）：181-188.

谢炎福，2009. 显微镜在鱼体外寄生虫病快速诊断和后续治疗中的应用 [J]. 渔业致富指南，13：51-53.

谢仲权，赵建民，王建武，1996. 中草药在淡水养鱼中的应用 [J]. 饲料与畜牧，5：18-19.

徐钢春，杜富宽，聂志娟，等，2015.10‰盐度对长江刀鲚幼鱼装载和运输胁迫中应激指标的影响 [J]. 水生生物学报，39（1）：66-72.

徐力文，刘广锋，王瑞旋，等，2007. 急性盐度胁迫对军曹鱼稚鱼渗透压调节的影响 [J]. 应用生态学报，18（7）：1597-1600.

徐奇友，李婵，杨萍，等，2008. 用大豆分离蛋白和肉骨粉代替鱼粉对虹鳟生产性能和非特异性免疫指标的影响 [J]. 大连水产学院学报，23（1）：8-12.

徐奇友，许红，郑秋珊，等，2007. 牛磺酸对虹鳟仔鱼生长、体成分和免疫指标的影响 [J]. 动物营养学报，19（5）：544-548.

徐维娜，刘文斌，邵仙萍，等，2011. 维生素 C 对异育银鲫原代肝脏细胞活性及抗敌百虫氧化胁迫的影响 [J]. 水产学报，35（12）：1849-1856.

徐永江，刘学周，王清印，等，2011. 养殖圆斑星鲽血浆性类固醇激素表达与同巢发育及温光调控的关系 [J]. 中国水产科学，18（4）：836-846.

徐永江，柳学周，温海深，等，2010. 性类固醇激素及其受体在半滑舌鳎性腺分化发育过程中的表达与生理功能 [J]. 中国海洋大学学报，40（7）：66-72.

徐长峰，白禄军，景占明，等，2004. 大中型水面鱼类寄生虫性疾病防治初探 [J]. 科学养鱼，12：43-44.

许治冲，刘晖，徐奇友，等，2012. 温度和饲料脂肪水平对松浦镜鲤免疫及抗氧化能力的影响 [J]. 大连海洋大学学报，27（5）：429-435.

薛学忠，1993. 养殖大黄鱼贝尼登虫病及防治技术 [J]. 水产科技情报，20（3）：129-131.

杨彬彬，邵庆均，2013. 鱼类肠道微生物的研究进展 [J]. 中国饲料，23：1-4.

杨汉博，王峰，2009. 动物消化道脂肪酶研究概述 [J]. 饲料广角，5：33-35.

杨建成，冯颖，孙长勉，等，2007. 牛磺酸对雄性大鼠生殖激素分泌水平的影响 [J]. 安徽农业科学，35（11）：3283-3284.

杨建成，冯颖，吴高峰，等，2007. 牛磺酸对体外培养大鼠睾丸间质细胞睾酮分泌的影响 [J]. 安徽农业科学，35（15）：4529-4533.

杨健，陈刚，黄建盛，等，2007. 温度和盐度对军曹鱼幼鱼生长与抗氧化酶活力的影响 [J]. 广东海洋大学学报，27（4）：25-29.

杨凯，冯守明，等，2009. 水产养殖动物寄生虫及环境的相互关系 [J]. 天津农林科技，2：4-6.

杨文华，成庆泰，1987. 鲳科，中国鱼类系统检索（上册）[M]. 北京：科学出版社：425.

杨兴丽，2001. 鱼类细菌性疾病的研究进展 [J]. 河南水产，4：8-27.

杨鸢劼，邴旭文，徐增洪，2008. 不饱和脂肪酸对黄鳝生长及免疫指标的影响 [J]. 安徽农业大学学报，35（2）：224-228.

姚志峰，章龙珍，庄平，等，2010. 铜对中华鲟幼鱼的急性毒性及对肝脏抗氧化酶活性的影响 [J]. 中国水产科学，17（4）：731-738.

殷名称，1991. 北海鲱卵黄囊期仔鱼的摄氏能力和生长 [J]. 海洋与湖沼，22（6）：554-560.

殷名称，1996. 鱼类早期生活史阶段的自然死亡 [J]. 水生生物学报，20（4）：363-372.

殷战，徐伯亥，1995. 鱼类细菌性疾病的研究 [J]. 水生生物学报，19（1）：76-83.

尹飞，彭士明，孙鹏，等，2010. 低盐胁迫对银鲳幼鱼肠道消化酶活力的影响 [J]. 海洋渔业，32（2）：160-165.

尹飞，孙鹏，彭士明，等，2011. 低盐度胁迫对银鲳幼鱼肝脏抗氧化酶、鳃和肾 ATP 酶活力的影响 [J]. 应用生态学报，22（4）：1059-1066.

尹洪滨，孙中武，刘玉堂，等，2000. 索氏六须鲇精子的超微结构 [J]. 水产学报，24（4）：302-305.

尹洪滨，孙中武，沈希顺，等，2004. 山女鳟营养成分分析 [J]. 水生生物学报，28（5）：578-580.

尹洪滨，尹家胜，孙中武，等，2008. 哲罗鱼精子的超微结构 [J]. 水产学报，32（1）：27-31.

尤永隆，林丹军，1996. 黄颡鱼（*Pseudobagrus fulvidraco*）精子的超微结构 [J]. 实验生物学报，29（3）：235-239.

尤永隆，林丹军，1996. 鲤鱼精子超微结构的研究 [J]. 动物学研究，17（4）：377-383.

尤永隆，林丹军，1997. 大黄鱼精子的超微结构 [J]. 动物学报，43（2）：119-126.

于娜，李加儿，区又君，等，2011. 盐度胁迫对鲻鱼幼鱼鳃丝 Na$^+$/K$^+$-ATP 酶活力和体含水量的影响 [J]. 动物学杂志，46（1）：93-99.

岳彦峰，彭士明，施兆鸿，等，2013. 饲料 n-3 HUFA 水平对褐菖鲉血清生化指标、主要脂代谢酶活力及抗氧化能力的影响 [J]. 海洋渔业，35（4）：460-467.

张晨捷，高权新，彭士明，等，2017. 饲料中大豆油替代鱼油对银鲳运输前后应激指标及组织抗氧化能力的影响 [J]. 动物营养学报，29（1）：354-364.

张晨捷，高权新，施兆鸿，等，2014. 低盐度和不同硫酸铜浓度对银鲳鳃离子调节酶和肝抗氧化功能的影响 [J]. 中国水产科学，21（4）：711-719.

张晨捷，彭士明，高权新，等，2017. 饲料中大豆油替代鱼油对银鲳幼鱼血清溶菌酶活性及组织抗氧化能力的影响 [J]. 渔业科学进展，38（3）：115-123.

张晨捷，彭士明，王建钢，等，2013. 盐度对银鲳（*Pampus argenteus*）Na$^+$/K$^+$-ATP 酶活力及血清渗透压调节激素浓度的影响 [J]. 海洋与湖沼，44（5）：1396-1402.

张殿昌，马振华，2015. 卵形鲳鲹繁育理论与养殖技术 [M]. 北京：中国农业出版社.

张凤英，马凌波，施兆鸿，等，2008. 3 种鲳属鱼类线粒体 *CO I* 基因序列变异及系统进化 [J]. 中国水产科学，15（3）：392-399.

张海涛，王安利，2004. 营养素对鱼类脂肪肝病变的影响 [J]. 海洋通报，23（1）：82-89.

张谨华，2007. 鱼类细菌性疾病的检测及防治进展 [J]. 山西科技，6：120-121.

张克烽，张子平，陈芸，等，2007. 动物抗氧化系统中主要抗氧化酶基因的研究进展 [J]. 动物学杂志，42（2）：153-160.

张立坤，王玉梅，肖国华，等，2007. 牙鲆盾纤毛虫病及防治技术研究 [J]. 河北渔业，6：30-32.

张强，1997. 人工养殖对虾与野生对虾脂肪酸的组成分析和测定 [J]. 分析化学，25（9）：1027-1030.

张琴星，张涛，侯俊利，等，2013. 盐度变化对多鳞四指马鲅幼鱼鳃丝 Na$^+$-K$^+$-ATP 酶及肝脏抗氧化酶活性的影响 [J]. 海洋渔业，35（3）：324-330.

张仁斋，陆穗芬，赵传，等，1985. 中国近海鱼卵与仔鱼 [M]. 上海：上海科学技术出版社：151-153.

张涛，徐思祺，宋颖，2017. 红鳍东方鲀的病害防治简述 [J]. 科学养鱼，6：65-67.

张伟，王有基，李伟明，等，2014. 运输密度和盐度对大黄鱼幼鱼皮质醇、糖元及乳酸含量的影响 [J]. 水产学报，38（7）：973-980.

张晓雁，李罗新，张燕珍，等，2013. 性腺发育及年龄对养殖中华鲟抗氧化力的影响 [J]. 长江流域资源与环境，22（8）：1049-1054.

张旭晨，王所安，1992. 细鳞鱼精巢超微结构和精子发生 [J]. 动物学报，38（4）：355-358.

张颖，孙慧武，徐伟，等，2010. 饲料卵磷脂对施氏鲟血清卵黄蛋白原、卵径及性类固醇激素水平的影响 [J]. 中国水产科学，17（4）：783-790.

张颖，杨舸，2009. 鱼类疫苗的研究概况与进展 [J]. 西昌学院学报（自然科学版），1：13-14+17.

张永忠，徐永江，柳学周，等，2004. 圆斑星鲽精子的超微结构及核前区特殊结构 [J]. 动物学报，50（4）：630-637.

张自龙，范慧香，2009. 浅谈鱼类细菌性疾病致病原因及控制对策 [J]. 渔业致富指南，9：51-52.

赵传絪，张仁斋，1985. 中国近海鱼卵与仔鱼 [M]. 上海：上海科学技术出版社：151-153.

赵传絪，1990. 中国海洋渔业资源 [M]. 杭州：浙江科学出版社：111-115.

赵峰，施兆鸿，庄平，2010. 银鲳繁育生物学研究进展 [J]. 海洋科学，34（1）：90-96.

赵峰，庄平，施兆鸿，等，2009. 银鲳 4 野生群体肌肉营养成分的比较分析与评价 [J]. 动物学杂志，44（5）：117-123.

赵峰，庄平，章龙珍，等，2006. 盐度驯化对施氏鲟鳃 Na$^+$/K$^+$-ATP 酶活力、血清渗透压及离子浓度的影响 [J]. 水产学报，30（4）：444-449.

赵峰，庄平，章龙珍，等，2008. 施氏鲟不同组织抗氧化酶对水体盐度升高的响应 [J]. 海洋水产研究，29（5）：65-69.

赵峰，庄平，章龙珍，等，2010. 银鲳精子的超微结构 [J]. 海洋渔业，32（4）：383-387.

赵峰，庄平，章龙珍，等，2011. 渤海、黄海及东海近海五个银鲳地理群体的形态变异 [J]. 海洋学报，33（1）：104-111.

赵峰，庄平，章龙珍，等，2011. 基于线粒体 Cyt b 基因的黄海南部和东海银鲳群体遗传结构分析 [J]. 水生生物学报，35（5）：745-752.

赵红霞，曹俊明，谭永刚，等，2008. 军曹鱼幼鱼维生素 C 需要量的研究 [J]. 动物营养学报，20（4）：435-441.

赵会宏，刘晓春，刘付永忠，等，2003. 斜带石斑鱼雌鱼卵巢发育与血清性类固醇激素的生殖周期变化 [J]. 中山大学学报（自然科学版），42（6）：56-59.

赵梅琳，温海深，张冬茜，等，2014. 绿鳍马面鲀 ERα 基因部分 cDNA 序列克隆及其表达研究 [J]. 海洋科学，38（5）：81-88.

郑斌，何中央，丁雪燕，等，2003. 大黄鱼肌肉必需氨基酸组成模式的研究 [J]. 浙江海洋学院学报（自然科学版），22（3）：218-221.

郑元甲，陈雪忠，程家骅，等，2003. 东海大陆架生物资源与环境 [M]. 上海：上海科学技术出版社：379-388.

钟国防，钱曦，华雪铭，等，2010. 玉米蛋白粉替代鱼粉对暗纹东方鲀溶菌酶活性及 c 型溶菌酶 mRNA 表达的影响 [J]. 水产学报，34（7）：1121-1128.

钟俊生，楼宝，袁锦丰，2005. 鲵鱼仔稚鱼早期发育的研究 [J]. 上海水产大学学报，14（3）：231-237.

钟俊生，吴美琴，练青平，2007. 春、夏季长江口沿岸碎波带仔稚鱼的种类组成 [J]. 中国水产科学，14（3）：436-443.

周显青，梁洪蒙，2003. 拥挤胁迫下小鼠肝脏脂质过氧化物含量和抗氧化物酶活性的变化 [J]. 动物学研究，24（3）：238-240.

周小秋，1994. 鱼类能量需要量研究进展 [J]. 国外水产，4：3-8.

周勇，马绍赛，曲克明，等，2009. 悬浮物对半滑舌鳎（Cynoglossus semilaevis）幼鱼肝脏溶菌酶、超氧化物歧化酶和鳃丝 Na⁺-K⁺-ATPase 活力的影响 [J]. 海洋与湖沼，40（3）：367-372.

周志刚，石鹏君，姚斌，等，2007. 海水鱼消化道菌群结构研究进展 [J]. 海洋水产研究，28（5）：123-131.

朱成德，1986. 仔鱼开口摄氏期及其饵料综述 [J]. 水生生物学报，10（1）：86-95.

朱文彬，刘浩亮，陈作志，等，2013. 低温胁迫对马来西亚红罗非鱼血清生化指标的影响 [J]. 水产学杂志，26（5）：16-20.

朱友芳，洪万树，林金忠，2011. 铜离子对中国花鲈幼鱼的毒性研究 [J]. 生态毒理学报，6（3）：331-336.

庄平，章龙珍，田宏杰，等，2008. 盐度对施氏鲟幼鱼消化酶活力的影响 [J]. 中国水产科学，15（2）：198-203.

卓孝磊，邹记兴，2007. 我国海水鱼类核型及染色体显带研究进展 [J]. 热带海洋学报，26（5）：73-80.

邹鹤宽，邹勇，2006. 几种常见鱼类寄生虫疾病防治方法 [J]. 科学养鱼，3：80.

Abu-Hakima R，1984. Comparison of aspects of the reproductive biology of Pomadasys, Otolithes and *Pampus* spp. in Kuwaiti waters [J]. Fisheries Research，2（3）：177-200.

Acerete L，Balasch J C，Espinosa E，et al，2004. Physiological responses in Eurasian perch (*Perca fluviatilis* L.) subjected to stress by transport and handling [J]. Aquaculture，237：167-178.

Adron J W，Blair A，Cowey C B，et al，1976. Effects of dietary energy level and dietary energy source on growth, feed conversion and body composition of turbot (*Scophthalmus maximus* L.) [J]. Aquaculture，7：125-132.

Afzelius B A，1978. Fine structure of the gargish spermatozoon [J]. Journal of Ultrastructure Research，64：309-314.

Ai Q H，Mai K S，Li H T，et al，2004. Effects of dietary protein to energy ratios on growth and body composition of juvenile Japanese seabass, *Lateolabrax japonicus* [J]. Aquaculture，230：507-516.

Ai Q H，Mai K S，Tan B P，et al，2006. Effects of dietary vitamin C on survival, growth, and immunity of large yellow croaker, *Pseudosciaena crocea* [J]. Aquaculture，261（1）：327-336.

Ai Q H，Mai K S，Zhang C X，et al，2004. Effects of dietary vitamin C on growth and immune response of Japanese seabass, *Lateolabrax japonicas* [J]. Aquaculture，242（1-4）：489-500.

Ai Q H，Xu H G，Mai K S，et al，2011. Effects of dietary supplementation of Bacillus subtilis and fructooligosaccharide on growth performance, survival, non-specific immune response and disease resistance of juvenile large yellow croaker, *Larimichthys crocea* [J]. Aquaculture，317（1-4）：155-161.

Al - Abdul - Elah K M，Almatar S，Abu - Rezq T，et al，2001. Development of hatchery technology for the silver pomfret *Pampus argenteus*（Euphrasen）：effect of microalgal species on larval survival［J］. Aquaculture Research，32（10）：849 - 860.

Alasslvar C，Taylor K D A，Zubcov E，et al，2002. Differentiation of cultured and wild sea bass（*Dicentrarchus labrax*）：total lipid content，fatty acid and trace mineral composition［J］. Food Chemistry，79（2）：145 - 150.

Albert K I，Snorri G A，2003. Gill Na$^+$，K$^+$ - ATPase activity，plasma chlorideand osmolality in juvenile turbot（*Scophthalmus maximus*）reared at different temperatures and salinities［J］. Aquaculture，218（1 - 4）：671 - 683.

Alexander J B，Ingram G A，1992. Noncellular non - specific defense mechanisms of fish［J］. Ann. Rev. Fish. Dis. 2：249 - 279.

Al - Harbi A H，Uddin M N，2004. Seasonal variation in the intestinal bacterial flora of hybrid tilapia（*Oreochromis niloticus×Oreochromis aureus*）cultured in earthen ponds in Saudi Arabia［J］. Aquaculture，229（1 - 4）：37 - 44.

Almatar S M，Al - Abdul - Elah K M，Abu - Rezq T，2000. Larval developmental stages of laboratory - reared silver pomfret，*Pampus argenteus*［J］. Ichthyological Research，47（2）：137 - 141.

Almatar S M，James C M，2007. Performance of Different Types of Commercial Feeds on the Growth of Juvenile Silver Pomfret，*Pampus argenteus*，under Tank Culture conditions［J］. Journal of the World Aquaculture Society，38（4）：550 - 556.

Almatar S M，Lone K P，Abu - Rezq T S，et al，2004. Spawning frequency，fecundity，egg weight and spawning type of silver pomfret，*Pampus argenteus*（Euphrasen）（Stromateidae），in Kuwait waters［J］. Journal of Applied Ichthyology，20（3）：176 - 188.

Amann R I，Ludwig W，Schleifer K H，1995. Phylogenetic identifycation and in situ detection of individual microbial cells without cultivation［J］. Microbiology Reviews，59（1）：143 - 169.

Aminikhoei Z，Choi J，Lee S M，2013. Effects of different dietary lipid sources on growth performance，fatty acid composition，and antioxidant enzyme activity of juvenile rockfish，*Sebastes schlegeli*［J］. Journal of the World Aquaculture Society，44（5）：716 - 725.

Andersen F，Lygren B，Maage A，et al，1998. Interaction between two dietary levels of iron and two forms of ascorbic acid and the effect on growth，antioxidant status and some non - specific immune parameters in Atlantic salmon（*Salmo salar*）smolts［J］. Aquaculture，161（1 - 4）：437 - 451.

Anderson K，Swanson P，Pankhurst N，et al，2012. Effect of thermal challenge on plasma gonadotropin levels and ovarian steroidogenesis in female maiden and repeat spawning Tasmanian Atlantic salmon（*Salmo salar*）［J］. Aquaculture，334（1 - 4）：205 - 212.

Andrew D O，Wade O W，Frank P M，et al，2011. Effects of salinity and temperature on the growth，survival，whole body osmolality，and expression of Na$^+$/K$^+$ - ATPase mRNA in red porgy（*Pagrus pagrus*）larvae［J］. Aquaculture，314（1 - 4）：193 - 201.

Anja M L，Carl B S，2006. Effects of acute stress on osmoregulation，feed intake，IGF - I，and cortisol in yearling steelhead trout（*Oncorhynchus mykiss*）during seawater adaptation［J］. General and Comparative Endocrinology，148（2）：195 - 202.

Argent J R，McEvoy L A，Bell J G，1997. Requirements，presentation and sources of unsaturated fatty acids in marine fish larval feeds［J］. Aquaculture，155：117 - 127.

Asfie M，Yoshijima T，Sugita H，2003. Characterization of the goldfish fecal microflora by the fluorescent in situ hybridization method［J］. Fisheries Science，69（1）：21 - 26.

Assis C R，Linhares A G，Oliveira V M，et al，2014. Characterization of catalytic efficiency parameters of brain cholinesterases in tropical fish［J］. Fish Physiology and Biochemistry，40（6）：1659 - 1668.

Ataguba G A，Dong，H T，Rattanarojpong T，et al，2018. Piper betle Leaf Extract Inhibits Multiple Aquatic Bacterial Pathogens and In Vivo Streptococcus agalactiae Infection in Nile Tilapia［J］. Turkish Journal of Fisheries and Aquatic Sciences，18（5）：671 - 680.

Avella M A，Gioacchini G，Cecamp O，et al，2010. Application of multi - species of Bacillus in sea bream larviculture［J］. Aquaculture，305（1 - 4）：12 - 19.

Axelrod J, Reisine T D, 1984. Stress hormones: their interaction and regulation [J]. Science, 224: 452 – 459.

Ayson F G, Parazo M M, Reyes J D M, 1990. Survival of young rabbitfish (*Siganus guttatus* Bloch) under simulated transport conditions [J]. Journal of Applied Ichthyology, 6: 161 – 166.

Bairagi A, Sakar Ghosh K, Sen S K, et al, 2002. Enzyme producing bacterial flora isolated from fish digestive tracts [J]. Aquaculture International, 10 (2): 109 – 121.

Bairagi A, Sarkar Ghosh K, Sen S K, et al, 2004. Evaluation of the nutritive value of Leucaena leucocephala leaf meal, inoculated with fish intestinal bacteria Bacillus subtilis and Bacillus circulans in formulated diets for rohu, *Labeo rohita* (Hamilton) fingerlings [J]. Aquaculture Research, 35 (5): 436 – 446.

Baker R F, Ayles G B, 1990. The effects of varying density and loading level on the growth of Arctic charr (*Salvelinus alpinus*) and rainbow trout (*Oncorhynchus mykiss*) [J]. Journal of the World Aquaculture Society, 21: 58 – 62.

Balcazar J L, Vendrell D, De Blas I, et al, 2006. Immune modulation by probiotic strains: quantification of phagocytosis of *Aeromonas salmonicida* by leukocytes isolated from gut of rainbow trout (*Oncorhynchus mykiss*) using a radiolabelling assay [J]. Comparative Immunology Microbiology and Infectious Diseases, 29 (5 – 6): 335 – 343.

Barcellos L J G, Marqueze A, Trapp M, et al, 2010. The effects of fasting on cortisol, blood glucose and liver and muscle glycogen in adult jundiá *Rhamdia quelen* [J]. Aquaculture, 300: 231 – 236.

Bardonnet A, Riera P, 2005. Feeding of glass eels (*Anguilla anguilla*) in the course of their estuarine migration: new insights from stable isotope analysis [J]. Estuarine, Coastal and Shelf Science, 63: 201 – 209.

Barton B A, Haukenes A H, Parsons B G, et al, 2003. Plasma cortisol and chloride stress responses in juvenile walleyes during capture, transport, and stocking procedures [J]. North American Journal of Aquaculture, 65 (3): 210 – 219.

Beaudoin C P, Tom W M, Prepas E E, et al, 1999. Individuals specialization and trophic adaptability of northern pike (*Esox lucius*): an isotope dietary analysis [J]. Oecologia, 120: 386 – 396.

Becerril MR, Asencio F, Lopez VG, et al, 2014. Single or combined effects of Lactobacillus sakei and inulin on growth, non – specific immunity and IgM expression in leopard grouper (*Mycteroperca rosacea*) [J]. Fish Physiology and Biochemistry, 40 (4): 1169 – 1180.

Becker A G, Parodi T V, Gonçalves J F, et al, 2013. Ectonucleotidase and acetylcholinesterase activities in silver catfish (*Rhamdia quelen*) exposed to different salinities [J]. Biochemical Systematics and Ecology, 46: 44 – 49.

Bell J G, Mcghee F, Patrick J, et al, 2003. Rapeseed oil as an alternative to marine fish oil in diets of post – smolt Atlantic salmon (*Salmo salar*): changes in flesh fatty acid composition and effectiveness of subsequent fish oil "wash out" [J]. Aquaculture, 218: 515 – 528.

Bell J G, Sargent J R, 2003. Arachidonic acid in aquaculture feeds: current status and future opportunities [J]. Aquaculture, 218 (1 – 4): 491 – 499.

Bell M V, Batty R S, Dick J R, et al, 1995. Dietary dificiency of docosahexaenoic acid impairs vision at low light intensities in juvenile herring (*Clupea harengus* L.) [J]. Lipids, 30: 440 – 443.

Bell M V, Henderson R J, Pirie B J S, et al, 1985. Effects of dietary polyunsaturated fatty acid deficiencies on mortality, growth and gill structure in the turbot, *Scophthalmus maximus* [J]. Journal of Fish Biology, 26: 181 – 191.

Bell M V, Tocher D R, 1989. Molecular species composition of the major phospholipidscan in brian and retina from rainbow trout [J]. Biochemical Journal, 264: 909 – 915.

Belo M A A, Schalch S H C, Moraes F R, et al, 2005. Effect of dietary supplementation with vitamin E and stocking density on macrophage recruitment and giant cell formation in the teleost fish, *Piaractus mesopotamicus* [J]. Journal of Comparative Pathology, 133: 146 – 154.

Bergo K, Bremset G, 1998. Seasonal changes in the body composition of young riverine Atlantic salmon and brown trout [J]. Journal of Fish Biology, 52: 1272 – 1288.

Berka R, 1986. The transport of live fish, A review [C]. EIFAC Technical. Paper, 48: 52.

Bessonart M, Izquierdo M S, Salhi M, et al, 1999. Effect of larval cod for arachidonic acid levels on the growth and survival of gilthead sea bream (*Sparus aurata* L.) larvae [J]. Aquaculture, 179: 265 – 275.

Bitterlich G, 1985. Digestive enzyme pattern of two stomachless filter feeders silver carp, *Hypophthalmichthys molitrix* Val., and bighead carp, *Aristichthys nobilis* Rich [J]. Journal of Fish Biology, 27 (2): 103 – 112.

Bjørnsson B, 1994. Effects of stocking density on growth rate of Halibut (*Hippoglossus hippoglossus* L.) reared in large circular tanks for three years [J]. Aquaculture, 123: 259 - 270.

Blanchard J, Grosell M, 2006. Copper toxicity across salinities from freshwater to seawater in the euryhaline fish Fundulus heteroclitus: Is copper an ionoregulatory toxicant in high salinities? [J]. Aquatic Toxicology, 80 (2): 131 - 139.

Boerrigter J, Manuel R, Bos R, et al, 2015. Recovery from transportation by road of farmed European eel (*Anguilla anguilla*) [J]. Aquaculture Research, 46 (5): 1248 - 1260.

Boutet I, Long C L, Bonhomme F A, 2006. Transcriptomic approach of salinity response in the euryhaline teleost, *Dicentrarchus labrax* [J]. Gene, 379: 40 - 50.

Boyd C E, 1982. Water Quality Management for Ponds Fish Culture [M]. Amsterdam: Elsevier.

Boyd C E, Massaut L, 1999. Risks associated with the use of chemicals in pond aquaculture [J]. Aquacultural Engineering, 20 (2): 113 - 132.

Bransden M P, Battaglene S C, Goldsmid R M, et al, 2007. Broodstock condition, egg morphology and lipid content and composition during the spawning season of captive striped trumpeter, *Latris lineate* [J]. Aquaculture, 268 (1 - 4): 2 - 12.

Breves J P, Hasegawa S, Yoshioka M, et al, 2010. Acute salinity challenges in Mozambique and Nile tilapia: Differential responses of plasma prolactin, growth hormone and branchial expression of ion transporters [J]. General and Comparative Endocrinology, 167 (1): 135 - 142.

Brinkmeyer R L, Holt G J, 1998. Highly unsaturated fatty acids in diets for red drum (*sciaenops ocellatus*) larval [J]. Aquaculture, 161: 253 - 268.

Brito R, Chimal M E, Gaxiola G, et al, 2000. Growth, metabolic rate, and digestive enzyme activity in the white shrimp *Litopenaeus setiferus* early postlarvae fed different diets [J]. Journal of Experimental Marine Biology and Ecology, 255: 21 - 36.

Buddington R K, 1985. Digestive secretions of lake sturgeon, *Acipenser fulvescens*, during early development [J]. Journal of Fish Biology, 26: 715 - 723.

Cabana G, Rasmussen J B, 1996. Comparison of aquatic food chains using nitrogen isotopes [J]. Proceedings of the National Academy of Sciences, 93: 10844 - 10847.

Cahill M M, 1990. Bacterial flora of fishes: a review [J]. Microbial Ecology, 19 (1): 21 - 41.

Capozzi V, Spano G, 2009. Horizontal gene transfer in the gut: is it a risk? [J]. Food Research International, 42 (10): 1501 - 1502.

Carnevali O, De Vivo L, Sulpizio R, et al, 2006. Growth improvement by probiotc in European sea bass juveniles (*Dicentrarchus labrax*, L.), with particular attention to IGF - I, myostatin and cortisol gene expression [J]. Aquaculture, 258 (1 - 4): 430 - 438.

Carnevali O, Zamponi M C, Sulpizio R, et al, 2004. Administration of probiotic strain to improve sea bream wellness during development [J]. Aquaculture International, 12 (4 - 5): 377 - 386.

Castell J D, Blair T, Neil S, et al, 2001. The effect of different HUFA enrichment emulsions on the nutritional value of rotifers (*Brachionus plicatilis*) to larval haddock (*Melanogrammus aeglefinus*) [A]. Larvi: 3rd fish and shellfish larviculture symposium Gent, Belgium, September 3 - 6, 2001. Special Publication European Aquaculture Society [C], 30: 111 - 114.

Castell J D, Bell J G, Tocher D R, et al, 1994. Effects of purified diets containing different combinations of arachidonic acid and docosahexaenoic acid on survival, growth and fatty acid composition of juvenile turbot (*Scophthalmus maximus*) [J]. Aquaculture, 128: 315 - 333.

Cejas J R, Almansa E, Villammandos J E, et al, 2003. Lipid and fatty acid composition of ovaries from wild fish and ovaries and eggs from captive fish of white sea bream (*Diplodus sargus*) [J]. Aquaculture, 216: 299 - 313.

Celik M, Diler A, Küçükgülmez A, 2005. A comparison of the proximate composition and fatty acid profiles of zander (*Sander lucioperca*) from two different regions and climate conditions [J]. Food Chemistry, 92: 637 - 641.

Cerdá J, Carrillo M, Zanuy S, et al, 1994. Influence of nutritional composition of diet on sea bass, *Dicentrarchus labrax* L., reproductive performance and egg and larval quality [J]. Aquaculture, 128: 345 - 361.

Chabrillon M, Rico R M, Arijo S, et al, 2005. Interactions of microorganisms isolated from gilthead sea bream, Sparus aurata L. , on Vibrio harveyi, a pathogen of farmed Senegalese sole, *Solea senegalensis* (Kaup) [J]. Journal of Fish Disease, 28 (9): 531 - 537.

Chaves - Pozo E, Munoz P, Lopez - Munoz A, et al, 2005. Early innate immune response and redistribution of inflammatory cells in the bony fish gilthead seabream experimentally infected with Vibrio anguillarum [J]. Cell Tissue Research, 320 (1): 61 - 68.

Chen R G, Lochmann R, Goodwin A, et al, 2004. Effects of dietary vitamins C and E on alternative complement activity, hematology, tissue composition, vitamin concentrations and response to heat stress in juvenile golden shiner (*Notemigonus crysoleucas*) [J]. Aquaculture 242: 553 - 569.

Cheng W, Hsiao I S, Chen J C, 2004. Effect of ammonia on the immune response of Taiwan abalone Haliotis diversicolor supertexta and its susceptibility to Vibrio parahaemolyticus [J]. Fish and Shellfish Immunology, 17 (3): 193 - 202.

Chiu C H, Cheng C H, Gua W R, et al, 2010. Dietary administrationof the probiotic, Saccharomyces cerevisiae P13, enhanced the growth, innate immune responses, and disease resistance of the grouper, *Epinephelus coioides* [J]. Fish and Shellfish Immunology, 29 (6): 1053 - 1059.

Cho C Y, Bureau D P, 1995. Determination of the energy requirements of fish with particular reference to salmonids [J]. Journal of Applied Ichthyology, 11: 141 - 163.

Choi C Y, An K W, An M I, 2008. Molecular characterization and mRNA expression of glutathione peroxidase and glutathione S - transferase during osmotic stress in olive flounder (*Paralichthys olivaceus*) [J]. Comparative Biochemistry and Physiology - Part A: Molecular &. Integrative Physiology, 149 (3): 330 - 337.

Choi C Y, Habibi H R, 2003. Molecular cloning of estrogen receptor *a* and expression pattern of estrogen receptor subtypes in male and female goldfish [J]. Molecular and Cellular Endocrinology, 204 (1 - 2): 169 - 177.

Choi S H, Yoon T J, 2008. Non - specfic immune response of rainbow trout (*Oncorhynchus Mykiss*) by dietary heat - inactivated potential probiotics [J]. Immune Network, 8 (3): 67 - 74.

Chong A S C, Ishak S D, Osman Z, et al, 2004. Effect of dietary protein level on the reproductive performance of female swordtails *Xiphophorus helleri* (Poeciliidae) [J]. Aquaculture, 234: 381 - 392.

Christian K, Tipsmark J, Adam L, et al, 2008. Osmoregulation and expression of ion transport proteins and putative claudins in the gill of Southern Flounder (*Paralichthys lethostigma*) . Comparative Biochemistry and Physiology, Part A, 150 (3): 265 - 273.

Clements K D, 1997. Fermentation and gastrointestinal microorganisms in fishes [M]//Gastrointestinal Microbiology. US: Spinger.

Coma J, Carrion D, Zimmeman D, 1995. Use of plasma urea nitrogen as a rapid response criterion to determine the lysine requirement of pigs [J]. Journal of Animal Science, 73: 472 - 481.

Congleton J L, LaVoie W J, Schreck C B, et al, 2000. Stress indices in migrating juvenile chinook salmon and steelhead of wild and hatchery origin before and after barge transportation [J]. Transactions of the American Fisheries Society, 129 (4): 946 - 961.

Couto A, Enes P, Peres H, et al, 2008. Effect of water temperature and dietary starch on growth and metabolic utilization of diets in gilthead sea bream (*Sparus aurata*) juveniles [J]. Comparative Biochemistry and Physiology - Part A, 151 (1): 45 - 90.

Cruz E M, Almatar S M, Abdul - Elah K, et al, 2000. Preliminary studies on the performance and feeding behavior of silver pomfret (*Pampus argenteus* Euphrasen) fingerlings fed with commercial feed and reaered in fiberglass tanks [J]. Asian Fisheries Science, 13: 191 - 199.

Cynrino J E P, Bureau D, Kapoor B G, 2008. Feeding and digestive functions of fishes [M]. Enfield USA: Science Publishers Inc.

Dabrowski K, Luczynski M, Rusiecki M, 1985. Free amino acids in the late embryogenesis and pre - hatching stage in two coregonid fishes [J]. Biochemical Systematics and Ecology, 13: 349 - 356.

Dadzie S, Abou - Seedo F, Al - Qattan E, 2000. The food and feeding habits of the silver pomfret, *pampus argenteus* (Euphtsaen), in Kuwait waters [J]. Journal of Applied Ichthyology, 16 (1): 61 - 67.

Dadzie S, Abou - Seedo F, Al - Shallal T, 1998. The onset of spawning in the silver pomfret, *Pampus argenteus* (Euphrasen), in Kuwait waters and its implications for management [J]. Fisheries Management Ecology, 5 (6): 501 - 510.

Dadzie SF. Abou - Seedo, Al - Shalal T, 2000. Reproductive biology of the silver pomfret, *Pampus argenteus* (Euphrasen), in Kuwait waters [J]. Journal of Applied Ichthyology, 16: 247 - 253.

Dalmin G, Kathiresan K, Purushothaman A, 2001. Effect of probiotics on bacterial population and health status of shrimp in culture pond ecosystem [J]. Indian Journal of Experimental Biology, 39 (9): 939 - 942.

Dandapat J, Chainy G B N, Janardhana Rao K, 2003. Lipid peroxidation and antioxidant defence status during larval development and metamorphosis of giant prawn, *Macrobrachium rosenbergii* [J]. Comparative Biochemistry and Physiology Part C: Toxicology & Pharmacology, 135 (3): 221 - 223.

Das B K, Pattnaik P, Murjani G, et al, 2001. Edwardsiella tarda endotoxin as an immunopotentiator in Singhi, Heteropneustes fossilis fingerlings [J]. Indian journal of experimental biology, 39 (12): 1311 - 1313.

De Boeck G, Vlaeminck A, van der Linden A, et al, 2000. The energy metabolism of common carp (*Cyprinus carpio*) when exposed to salt stress: an increase in energy expenditure or effects of starvation? [J]. Physiological and Biochemical Zoology, 73: 102 - 111.

De Zoysa M, Whang I, Lee Y, et al, 2009. Transcriptional analysis of antioxidant and immune defense genes in disk abalone (*Haliotis discus discus*) during thermal, low - salinity and hypoxic stress [J]. Comparative Biochemistry and Physiology Part B: Biochemistry and Molecular Biology, 154 (4): 387 - 395.

Deurs B V, Lastein U, 1973. Ultrastructure of the spermatozoa of the teleost Pantodon buchholzi Peters, with particular reference to the midpiece [J]. Journal of Ultrastructure Research, 42: 517 - 533.

Di Marco P, Priori A, Finoia M G, et al, 2008. Physiological responses of European sea bass *Dicentrarchus labrax* to different stocking densities and acute stress challenge [J]. Aquaculture, 275: 319 - 328.

Dimitroglou A, Merrifield D L, Carnevali O, et al, 2011. Microbial manipulations to improve fish health and production - a Mediterranean perspective [J]. Fish and Shellfish Immunology, 30 (1): 1 - 16.

Domingueza M, Takemura A, Tsuchiya M, et al, 2004. Impact of different environmental factors on the circulating immunoglobulin levels in the Nile tilapia, *Oreochromis niloticus* [J]. Aquaculture, 241 (1): 491 - 500.

Donga H T, Nguyena V V, Le H D, et al, 2015. Naturally concurrent infections of bacterial and viral pathogens in disease outbreaks in cultured Nile tilapia (*Oreochromis niloticus*) farms [J]. Aquaculture, 448: 427 - 435.

Doyen P, Bigot A, Vasseur P, et al, 2008. Molecular cloning and expression study of pi - class glutathione S - transferase (pi - GST) and selenium - dependent glutathione peroxidase (Se - GPx) transcripts in the freshwater bivalve *Dreissena polymorpha* [J]. Comparative Biochemistry and Physiology Part C: Toxicology & Pharmacology, 147 (1): 69 - 77.

Dziewulska K, Domagala J, 2005. Differentiation of gonad maturation in sibling precocious males of the sea trout (*Salmo truttam. trutta* L.) in their first year of life [J]. Aquaculture, 250: 713 - 725.

Eddie E D, Norman Y S W, 2005. Cloning and characterization of sea bream $Na^+ - K^+ - ATPase$ α and β subunit genes: In vitro effects of hormones on transcriptional and translational expression [J]. Biochemical and Biophysical Research Communications, 331 (4): 1229 - 1238.

Eddie E D, Norman Y S W, 2009. Modulation of fish growth hormone levels by salinity, temperature, pollutants and aquaculture related stress: a review [J]. Reviews in Fish Biology and Fisheries, 19 (1): 97 - 120.

Eddie E D, Scott P K, James C Y L, et al, 2002. Chronic salinity adaptation modulates hepatic heat shock protein and Insulin - like growth factor I expression in black sea bream [J]. Marine biotechnology, 4 (2): 193 - 205.

Elliott N G, Haskard K, Koslow J A, 1995. Morphometric analysis of orange roughy (*Hoplostethus atlanticus*) off the continental slope of southern Australia [J]. Journal of Fish Biology, 46 (2): 202 - 220.

Ellis T, North B, Scott A P, et al, 2002. The relationships between stocking density and welfare in farmed rainbow trout [J]. Journal of Fish Biology, 61: 493 - 531.

Emerson K, Russo R C, Lund R E, et al, 1975. Aqueous ammonia equilibrium calculations: effects of pH and temperature [J]. Journal of the Fisheries Research Board of Canada, 32: 2379 - 2383.

Estevez A, McEvoy L A, Bell J G, 1990. Growth, survival, lipid composition and pigmentation of turbot (*Scophthalmus maximus*) larval fed live - prey enriched in arachidonic and eicosapentaenoic acids [J]. Aquaculture, 180: 321 - 343.

Estudillo C B, Duray M N, 2003. Transport of hatchery – reared and wild grouper larvae, *Epinephelus sp* [J]. Aquaculture, 219: 279 – 290.

Eyckmans M, Tudorach C, Darras V M, et al, 2010. Hormonal and ion regulatory response in three freshwater fish species following waterborne copper exposure [J]. Comparative Biochemistry and Physiology, Part C, 152 (3): 270 – 278.

Fernandez – Palacios H, Izquierdo M S, Robaina L, et al, 1995. Effect of n – 3 HUFA level in broodstock diets on egg quality of gilthead sea bream (*Sparus aurata* L.) [J]. Aquaculture, 132 (3 – 4): 325 – 337.

Figueiredo – Silva A, Rocha E, Dias J, et al, 2005. Partial replacement of fish oil by soybean oil on lipid distribution and liver histology in European sea bass (*Dicentrarchus labrax*) and rainbow trout (*Oncorhynchus mykiss*) juveniles [J]. Aquaculture nutrition, 11 (2): 147 – 155.

Fivelstad S, Kallevik H, Iversen H M, et al, 1993. Sublethal effects of ammonia in soft water on Atlantic salmon smolts at a low temperature [J]. Aquaculture. International, 1: 157 – 169.

Fowler H L, 1972. A synopsis of the fishes of China (Vol. 1) [M]. Netherlands: Antiquariaat Junk: 296 – 305.

Fracalossi D M, Allen M E, Yuyama L K, et al, 2001. Ascorbic acid biosynthesis in Amazonian fishes [J]. Aquaculture, 192 (2 – 4): 321 – 332.

Frenoux J R, Prost E D, Belleville J L, 2001. A polyunsaturated fatty acid diet lowers blood pressure and improve antioxidant status in spontaneously hypertensive rats [J]. The Journal of Nutrition, 131 (1): 39 – 45.

Frouel S, Le Bihan E, Serpentini A, et al, 2008. Preliminary study of the effects of commercial Lactobacilli preparations on digestive metabolism of juvenile sea bass (*Dicentrarchus labrax*) [J]. Journal of Molecular Microbiology and Biotechnology, 14 (1 – 3): 100 – 106.

Fu Y X, 1997. Statistical tests of neutrality of mutations against population growth, hitchhiking and background selection [J]. Genetics, 147: 915 – 925.

Furuita H, Hori K, Suzuki N, et al, 2007. Effect of n – 3 and n – 6 fatty acids in broodstock diet on reproduction and fatty acid composition of broodstock and eggs in the Japanese eel *Anguilla japonica* [J]. Aquaculture, 267 (1 – 4): 55 – 61.

Furuita H, Tanaka H, Yamamoto T, et al, 2000. Effects of n – 3 HUFA levels in broodstock diet on the reproductive performance and egg and larval quality of the Japanese flounder, *Paralichthys olivaceus* [J]. Aquaculture, 187 (3): 387 – 398.

Furuita H, Tanaka H, Yamamoto T, et al, 2002. Effect of high levels of n – 3 HUFA in broodstock diet on egg quality and egg fatty acid composition of the Japanese flounder *Paralichthys olivaceus* [J]. Aquaculture, 210 (1 – 4): 323 – 333.

Furuita H, Yamamoto T, Shima T, et al, 2003. Effect of arachidonic acid levels in broodstock diet on larval and egg quality of Japanese flounder *Paralichthys olivaceus* [J]. Aquaculture, 220 (1 – 4): 725 – 735.

Fyhn, H J, 1989. First feeding of marine fish larvae: are free amino acids the source of energy? [J]. Aquaculture, 80: 111 – 120.

Ganguly S, Paul I, Mukhopadhayay S K, 2010. Immunostimulant, probiotic and prebiotic – their applications and effectiveness in aquaculture: a review [J]. Israeli Journal of Aquaculture – Bamidgeh, 62 (3): 130 – 138.

Gao Q X, Li Y L, Qi Z H, et al, 2018. Diverse and abundant antibiotic resistance genes from mariculture sites of China's coastline [J]. Science of the Total Environment, 630: 117 – 125.

Gao Q X, Xiao C F, Min M H, et al, 2016. Effects of probiotics dietary supplementation on growth performance, innate immunity and digestive enzymes of silver pomfret, *Pampus argenteus* [J]. Indian Journal of Animal Research, 50 (6): 936 – 941.

Gardiner D M, 1978. Fine structure of the spermatozoon of the viviparous teleost, *Cymatogaster aggregate* [J]. Journal of Fish Biology, 13: 435 – 438.

Gatesoupe F, 1994. Lactic acid bacteria increase the resistance of turbot larvae, *Scophthalmus maximus*, against pathogenic Vibrio [J]. Aquatic Living Resources, 7 (4): 277 – 282.

Ghioni C, Tocher D R, Bell M V, et al, 1999. Low C18 to C20 fatty acid elongase activity and limited conversion of stearidonic acid, 18: 4 (n – 3), to eicosapentaenoic acid, 20: 5 (n – 3), in acell line from the turbot, *Scophthalmus maximus* [J]. Biochimica et Biophysica Acta, 1437: 170 – 181.

Gill R, Tsung A, Billiar T, 2010. Linking oxidative stress to inflammation: Toll – like receptors [J]. Free Radical Biology and Medicine，48（9）：1121－1132.

Gill T N，1884. Notes on the stromateidae [J]. Proceedings of the American Philosophical Society，21（116）：664－672.

Giri S S，Sukumaran V，Oviya M，2013. Potential probiotic Lactobacillus plantarum VSG3 improves the growth，immunity，and disease resistance of tropical freshwater fish，*Labeo rohita* [J]. Fish and Shellfish Immunology，34：660－666.

Gjedrem T，1983. Genetic variation in quantitative traits and selective breeding in fish and shellfish [J]. Aquaculture，33（1-4）：51－72.

Golombieski J I，Silva L V F，Baldisserotto B，et al，2003. Transport of silver catfish（*Rhamdia quelen*）fingerlings at different times，load densities，and temperatures [J]. Aquaculture，216：95－102.

Gomes G B，Hutson K S，Domingos J A，2017. Use of environmental DNA（eDNA）and water quality data to predict protozoan parasites outbreaks in fish farms [J]. Aquaculture，479：467－473.

Gomes L C，Araujo－Lima C A R M，Roubach R，et al，2003. Effect of fish density during transportation on stress and mortality of juvenile tambaqui *colossoma macropomum* [J]. Journal of the World Aquaculture Society，34（1）：76－84.

Gopalan U K，1969. Studies on the maturity and spawning of silver pomfret，*Pampus argenteus*（Euphrasen）in the Arabian Sea [J]. Bull Natl Inst Sci（India），38：785－796.

Goss G，Gilmour K，Hawkings G，et al，2011. Mechanism of sodium uptake in PNA negative MR cells from rainbow trout，*Oncorhynchus mykiss* as revealed by silver and copper inhibition [J]. Comparative Biochemistry and Physiology，Part A，159（3）：234－241.

Govoni J J，Boehlert G W，Watanabe Y，1986. The physiology of digestion in fish larvae [J]. Environmental Biology of Fishes，16：59－77.

Gregory T R，Wood C M，1999. The effects of chronic plasma cortisol elevation on the feeding behaviour，growth，competitive ability，and swimming performance of juvenile rainbow trout [J]. Physiological and Biochemical Zoology，72（3）：286－295.

Greytak S R，Callard G V，2007. Cloning of three estrogen receptors（ER）from killifish（*Fundulus heteroclitus*）：differences in populations from polluted and reference environments [J]. General and Comparative Endocrinology，150（1）：174－188.

Grier H J，1973. Ultrastructure of the testis in the teleost *Poecilia latipinna* [J]. Journal of Ultrastructure Research，45：82－92.

Gunasekera K F，Shim T，Lam J，1997. Influence of dietary protein content on the distribution of amino acids in oocytes，serum and muscle of Nile tilapia *Oreochromis niloticus*（L.）[J]. Aqaculture，152：205－211.

Gwo J C，Lin C Y，Yang W L，et al，2006. Ultrastructure of the sperm of blue sprat，*Spratelloides gracilis*；Teleostei，Clupeiformes，Clupeidae [J]. Tissue and Cell，38：285－291.

Haedrich R L，1967. The Stromateoid fishes：systematics and a classification [J]. Bulletin of the Museum of Comparative Zoology，135（2）：31－39.

Halver J E，Tidws K，1979. Finfish nutrition and fish feed technology [M]. Berlin：Hememam Cimbh and Co.

Han Y Z，Koshio S，Jiang Z Q，et al，2014. Interactive effects of dietary taurine and glutamine on growth performance，blood parameters and oxidative status of Japanese flounder *Paralichthys olivaceus* [J]. Aquaculture，434：348－354.

Handeland S O，Bjornsson B T，Arnesen A M，et al，2003. Seawater adaptation and growth of post－smolt Atlantic salmon（*Salmo salar*）of wild and farmed strains [J]. Aquaculture，220：367－384.

Hansen G H，Strom E，Olagen J A，1992. Effect of different holding regimens on the intestinal microflora of herring（*Clupea harengus*）larvae [J]. Applied and Environmental Microbiology，58（2）：461－470.

Hargreaves J A，Kucuk S，2001. Effects of diel un－ionized ammonia fluctuation on juvenile hybrid striped bass，channel catfish，and blue tilapia [J]. Aquaculture，195：163－181.

Harmon T S，2009. Methods for reducing stressors and maintaining water quality associated with live fish transport in tanks：a review of the basics [J]. Reviews in Aquaculture，1：58－66.

Henrique M M F，Morris P C，Davies S J，1996. Vitamin C status and physiological response of the gilthead seabream，Sparus aurata L.，to stressors associated with aquaculture [J]. Aquaculture Research，27：405－412.

Herrera M，Vargas－Chacoff L，Hachero I，et al，2009. Physiological responses of juvenile wedge sole *Dicologoglossa cu-*

neata (Moreau) to high stocking density [J]. Aquaculture Research, 40: 790 - 797.

Hoiben W E, Williams P, Saarinen M, et al, 2002. Phylogenetic analysis of intestinal microflom indicates a novel Mycoplasma pbylotype in farmed and wild salmon [J]. Microbial Ecology, 44 (2): 175 - 185.

Hosfeld C D, Hammer J, Handeland S O, et al, 2009. Effects of fish density on growth and smoltification in intensive production of Atlantic salmon (*Salmo salar* L.) [J]. Aquaculture, 294: 236 - 241.

Hossain M A, Almater S M, James C M, 2010. Optimum Dietary Protein Level for Juvenile Silver Pomfret, *Pampus argenteus* (Euphrasen) [J]. Journal of the World Aquaculture Society, 41: 710 - 720.

Huang C Y, Chao P L, Lin H C, 2010. Na$^+$/K$^+$ - ATPase and vacuolar - type H$^+$ - ATPase in the gills of the aquatic air - breathing fish *Trichogaster microlepis* in response to salinity variation [J]. Comparative Biochemistry and Physiology, Part A, 155 (3): 309 - 318.

Hussain NA, Abdullah M, 1977. The length - weight relationship, spawning season and food habits of six commercial fishes in Kuwait waters [J]. Indian Jounal of Fisheries, 24: 181 - 194.

Huynh M D, Kitts D D, Hu C, et al, 2007. Comparison of fatty acid profiles of spawning and non - spawning Pacific herring, *Clupea harengus pallasi* [J]. Comparative Biochemistry and Physiology, Part B, 146 (4): 504 - 511.

Huys L, Dhert P, Robles R, et al, 2001. Search for beneficial bacterial strains for turbot (*Scophthalmus maximus* L.) larviculture [J]. Aquaculture, 193 (1 - 2): 25 - 37.

Hwang P P, Chou M Y, 2013. Zebrafish as an animal model to study ion homeostasis [J]. European journal of physiology, 465 (9): 1233 - 1247.

Hwang P P, Lee T H, 2007. New insights into fish ion regulation and mitochondrion - rich cells [J]. Comparative Biochemistry and Physiology, Part A, 148 (3): 479 - 497.

Ibeas C, Cejas J R, Fores R, et al, 1997. Influence of eicosapentaenoic to docosahexaenoic acid ratio of dietary lipids on growth and fatty acid composition of gilthead seabream (*Sparus aurata*) juveniles [J]. Aquaculture, 150: 91 - 102.

Ibeas C, Cejas J, Gomez T, et al, 1996. Influence of dietary n - 3 highly unsaturated fatty acids levels on juvenile gilthead seabream (*Sparus aurata*) growth and tissue fatty acid composition [J]. Aquaculture, 142: 221 - 235.

Iguchi K, Ogawa K, Nagae M, et al, 2003. The influence of rearing density on stress response and disease susceptibility of ayu (*Plecoglossus altivelis*) [J]. Aquaculture, 220: 515 - 523.

Iversen M, Finstad B, Mckinley R S, et al, 2005. Stress responses in Atlantic salmon (*Salmo salar* L.) smolts during commercial well boat transports, and effects on survival after transfer to sea [J]. Aquaculture, 243 (1 - 4): 373 - 382.

Izquierdo M S, Fernández - Palacios H, Tacon A G J, 2001. Effect of broodstock nutrition on reproductive performance of fish [J]. Aquaculture, 197 (1 - 4): 25 - 42.

James C M, Almatar S, 2008. Potential of silver pomfret (*Pampus argenteus*) as a new candidate species for aquaculture [J]. Aquaculture Asia, 13 (2): 49 - 50.

Jamieson B G M, 1991. Fish evolution and systematics: Evidence from spermatozoa [M]. Cambridge: Cambridge University Press.

Jeanette C F, Amy K P, Liza M, et al, 2007. Effects of environmental salinity and temperature on osmoregulatory ability, organic osmolytes, and plasma hormone profiles in the Mozambique tilapia (*Oreochromis mossambicus*) [J]. Comparative Biochemistry and Physiology, Part A, 146 (2): 252 - 264.

Jeong B Y, Jeong W G, Moon S K, et al, 2002. Preferential accumulation of fatty acids in the testis and ovary of cultured and wild sweet smelt *Plecoglossus altivelis* [J]. Comparative Biochemistry and Physiology, 131: 251 - 259.

Jiang W D, Feng L, Liu Y, et al, 2010. Lipid peroxidation, protein oxidant and antioxidant status of muscle, intestine and hepatopancreas for juvenile Jian carp (*Cyprinus carpio* var. Jian) fed graded levels of myo - inositol [J]. Food Chemistry, 120: 692 - 697.

Jones D A, Kumlu M, Le Vay L, et al, 1997. The digestive physiology of herbivorous, omnivorous and carnivorous crustacean larvae: a review [J]. Aquaculture, 155: 285 - 295.

Jørgensen L V G, 2017. The fish parasite *Ichthyophthirius multifiliis* - Host immunology, vaccines and novel treatments [J]. Fish and Shellfish Immunology, 67: 586 - 595.

Joshua P, Charlotte B, Christopher G, 2012. Effects of low salinity media on growth, condition, and gill ion transporter expression in juvenile Gulf killifish, *Fundulus grandis* [J]. Comparative Biochemistry and Physiology, Part A, 161 (4): 415 - 421.

Josson N, Josson B, 1998. Body composition and energy allocation in life history stages of trout [J]. Journal of Fish Biology, 53: 1306 - 1316.

Juan M M, Raulil C, Maria P M R, 2002. Osmoregulatory action of PRL, GH, and cortisol in the gilthead seabream [J]. General and Comparative Endocrinology, 129 (2): 95 - 103.

Kaiser H, Vine N, 1998. The effect of 2 - phenoxyethanol and transport stocking density on the post - transport survival rate and metabolic activity in the goldfish, *Carassius auratus* [J]. Aquarium Sciences and Conservation, 2: 1 - 7.

Kanak E G, Dogan Z, Eroglu A, et al, 2014. Effects of fish size on the response of antioxidant systems of *Oreochromis niloticus* following metal exposures [J]. Fish Physiology and Biochemistry, 40 (4): 1083 - 1091.

Kanazawa A, Teshima S, Kakuta Y, 1979. Effects of dietary linolenic and linolenic acids on growth of prawn [J]. Oceanologica Acta, 2: 43 - 47.

Karina M M, Marcio A F, Michel T K, et al, 2009. Increased growth hormone (GH), growth hormone receptor (GHR), and insulin - like growth factor I (IGF - I) genetranscription after hyperosmotic stress in the Brazilian flounder *Paralichthys orbignyanus* [J]. Fish Physiology and Biochemistry, 35 (3): 501 - 509.

Karl L, Giorgi B, Natallia S, et al, 2010. Seawater and freshwater challenges affect the insulin - like growth factors IGF - I and IGF - II in liver and osmoregulatory organs of the tilapia [J]. Molecular and Cellular Endocrinology, 327 (1 - 2): 40 - 46.

Katherine D, Shunsuke M, Hiroshi K, et al, 2003. Development of an enzyme - linked immunosorbent assay for the measurement of plasma growth hormone (GH) levelsin channel catfish (*Ictalurus punctatus*): assessment of environmental salinity and GH secretogogues on plasma GH levels [J]. General and Comparative Endocrinology, 133 (3): 314 - 322.

Kaushik S J, Medale F, 1994. Energy requirements, utilization and dietary supply to salmonids [J]. Aquaculture, 124: 81 - 97.

Kaygorodova I A, Sorokovikova N V, 2014. Mass leech infestation of sculpin fish in Lake Baikal, with clarification of disease - prone species and parasite taxonomy [J]. Physiology and Behavior, 63 (6): 754 - 757.

Keembiyehetty C N, Wilson R P, 1998. Effects of water temperature on growth and nutrient utilization of sunshine bass (*Morone chrysops* × *Morone saxatilis*) fed diets containing different energy/protein ratios [J]. Aquaculture, 166: 151 -162.

Kendall A W J, Ahlstrom E H, Moser H G, 1984. Early life history stages of fishes and their characters [M]//Ontogeny and systematics of fishes. Am Soc Ichthyol Herpetol, US: Allen Press Inc.: 11 - 12.

Kesarcodi - Watson A, Kaspar H, Lategan M J, et al, 2008. Probiotics in aquaculture: The need, principles and mechanisms of action and screening processes [J]. Aquaculture, 274: 1 - 14.

Kibatchi A E, 1967. Ascorbic acid in steroidogenesis [J]. Nature, 215: 1385 - 1386.

Kim K D, Lee S M, 2004. Requirement of dietary n - 3 highly unsaturated fatty acids for juvenile flounder (*Paralichthys olivaceus*) [J]. Aquaculture, 229: 315 - 323.

Kim Y, Han K, 1989. Studies on the fishery biology of pomfrets, *Pampus spp.* in Korean waters [J]. Bulletin of Korean Fisheries Society, 22: 241 - 265.

King S, Gillette M, Titman D, et al, 2002. The Sensory Quality System: a global quality control solution [J]. Food Quality and Preference, 13: 385 - 395.

Klesius P H, 1990. Effect of size and temperature on the quantity of immunoglobulin in channel catfish, *Ictalurus punctatus* [J]. Veterinary Immunology and Immunopathology, 24 (2): 187 - 195.

Kolkovski S, 2001. Digestive enzymes in fish larvae and juveniles - implications and applications to formulated diets [J]. Aquaculture, 200 (1): 181 - 205.

Kong X H, Wang G Z, Li S, et al, 2012. Effects of low temperature acclimation on antioxidant defenses and ATPase activities in the muscle of mud crab (*Scylla paramamosain*) [J]. Aquaculture, 370 - 371: 144 - 149.

Koven W M, Koven R D, Van Anholt S, et al, 2003. The effect of dietary arachidonic acid on growth, survival, and cortisol levels in different - age gilthead seabream larvae (*Sparus auratus*) exposed to handling or daily salinity change [J].

Aquaculture, 228: 307－320.

Koven W M, Koven Y, Barr S, et al, 2001. The effect of dietary arachidonic acid (20: 4n－6) on growth, survival and resistance to handling stress in gilthead seabream (*Sparus aurata*) larvae [J]. Aquaculture, 193: 107－122.

Koven W M, Tandler A, Kissil G W, et al, 1990. The effect of dietary (n－3) polyunsaturated fatty acids on growth, survival and swim bladder development in *Sparus aurata* larvae [J]. Aquaculture, 91: 131－141.

Koven W M, Tandler A, Kissil G W, et al, 1992. The importance of n－3 highly unsaturated fatty acids for growth in larval *Sparus aurata* and their effect on survival, lipid composition and size distribution [J]. Aquaculture, 104: 91－104.

Kristiansen T S, Ferno A, Holm JC, et al, 2004. Swimming behaviour as an indicator of low growth rate and impaired welfare in Atlantic halibut (*Hippoglossus hippoglossus* L.) reared at three stocking densities [J]. Aquaculture, 230: 137－151.

Kubokawa K, Watanabe T, Yoshioka M, et al, 1999. Effects of acute stress on plasma cortisol, sex steroid hormone and glucose levels in male and female sockeye salmon during the breeding season [J]. Aquaculture, 172: 335－349.

Kültz D, Bastrop R, Jürss K, et al, 1992. Mitochondria－rich (MR) cells and the activities of the $Na^+/K^+-ATPase$ and carbonic anhydrase in the gill and opercular epithelium of *Oreochromis mossambicus* adapted to various salinities [J]. Comparative Biochemistry and Physiology, part B, 102 (2): 293－301.

Kumar R, Mukherjee S C, Ranjan R, et al, 2008. Enhanced innate immune parameters in *Labeo rohita* (Ham.) following oral administration of Bacillus subtilis [J]. Fish and Shellfish Immunology, 24 (2): 168－172.

Kumar S, Sahu N P, Pal A K, et al, 2013. Short－term exposure to higher temperature triggers the metabolic enzyme activities and growth of fish *Labeo rohita* fed with high－protein diet [J]. Aquaculture Nutrition, 19 (2): 186－198.

Kuzmina V V, 1996. Influence of age on digestive enzyme activity in some freshwater teleosts [J]. Aquaculture, 148: 25－37.

Larsen P F, Nielsen E E, Meier K, et al, 2012. Differences in salinity tolerance and gene expression between two populations of Atlantic cod (*Gadus morhua*) in Response to Salinity Stress [J]. Biochemical Genetics, 50 (5－6): 454－66.

Lays N, Iversen M M T, Frantzen M, et al, 2009. Physiological stress responses in spotted wolffish (*Anarhichas minor*) subjected to acute disturbance and progressive hypoxia [J]. Aquaculture, 295: 126－133.

Lee S M, Lee J H, Kim K D, 2003. Effect of dietary essential fatty acids on growth starry flounder (*Platichthys stellatus*) [J]. Aquaculture, 225: 269－281.

Lee W, Oh J Y, Kim E A, et al, 2016. A prebiotic role of Ecklonia cava improves the mortality of Edwardsiella tarda－infected zebrafish models via regulating the growth of lactic acid bacteria and pathogen bacteria [J]. Fish and Shellfish Immunology, 54: 620－628.

Lemieux H, Blier P, Dutil J D, 1999. Do digestive enzymes set a physiological limit on growth rate and food conversion efficiency in the Atlantic cod (Gadus morhua)? [J]. Fish Physiology and Biochemistry, 20 (4): 293－303.

Levan A, Tred K, Sandberg A A, 1964. Nomencture for centromeric position on chromosomes [J]. Heredita, 52 (2): 201－220.

Li Y Y, Chen W Z, Sun Z W, et al, 2005. Effect of n－3HUFA content in broodstock diet on spawning performance and fatty acid composition of eggs and larvae in *plectorhynchus cinctus* [J]. Aquaculture, 245: 263－272.

Lie O, 2001. Flesh quality－the role of nutrition [J]. Aquaculture research, 32 (Suppl. 1): 341－348.

Lim C, Klesius P H, Li, M H, et al, 2000. Interaction between dietary levels of iron and vitamin C on growth, hematology, immune response and resistance of channel catfish (*Ictalurus punctatus*) to Edwardsiella ictaluri challenge [J]. Aquaculture 185: 313－327.

Lima I, Moreira S M, Osten J R V, et al, 2007. Biochemical responses of the marine mussel *Mytilus galloprovincialis* to petrochemical environmental contamination along the North－western coast of Portugal [J]. Chemosphere, 66 (7): 1230－1242.

Limsuwan T, Lovell R T, 1981. Intestinal synthesis and absorption of vitamin B_{12} in channel catflsh [J]. The Journal of Nutrition, 111 (12): 21－25.

Limsuwan T, Lovell R T, 1982. Intestinal synthesis and dietary nonessentiality of vitamin B_{12} for Tilapia nilotica [J]. Transactions of the American Fisheries Society, 111 (4): 485－490.

Lin C H, Tsai R S, Lee T H, 2004. Expression and distribution of Na$^+$, K$^+$ - ATPase in gill and kidney of the spotted green pufferfish, *Tetraodon nigroviridis*, in response to salinity challenge [J]. Comparative Biochemistry and Physiology, Part A, Molecular & Integrative Physiology, 138 (3): 287 - 295.

Lin M F, Shiau S Y, 2005. Dietary l - ascorbic acid affects growth, nonspecific immune responses and disease resistance in juvenile grouper, *Epinephelus malabaricus* [J]. Aquaculture, 244: 215 - 221.

Lin Y M, Chen C N, Yoshinaga T, et al, 2006. Short - term effects of hyposmotic shock on Na$^+$/K$^+$ - ATPase expression in gills of the euryhaline milkfish, *Chanos chanos* [J]. Comparative Biochemistry and Physiology, Part A, 143 (3): 406 -415.

Liu C H, Chiu C H, Wang S W, et al, 2012. Dietary administration of the probiotic, *Bacillus subtilis* E20, enhances the growth, innate immune responses, and disease resistance of the grouper, *Epinephelus coioides* [J]. Fish and Shellfish Immunology, 33 (4): 699 - 706.

Liu C, Zhuang Z, Chen S, et al, 2014. Medusa consumption and prey selection of silver pomfret *Pampus argenteus* juveniles [J]. Chinese Journal of Oceanology and Limnology, 32: 71 - 80.

Liu J, Li C S, 1998. Redescription of a stromateoid fish, *Pampus punctatissimus* (T. *et* S., 1845) and comparision with *Pampus argenteus* (Euphrasen, 1788) [J]. Chinese Journal of Oceanology and Limnology, 16 (2): 161 - 166.

Liu J, Li C S, 1998. A new pomfret species, *Pampus minor* sp. Nov. (Stromateidae) from Chinese waters [J]. Chinese Journal of Oceanology and Limnology, 16 (3): 280 - 285.

Liu X H, Xu L W, Luo D, et al, 2018. Outbreak of mass mortality of yearling groupers of *Epinephelus* (Perciformes, Serranidae) associated with the infection of a suspected new enteric *Sphaerospora* (Myxozoa: Myxosporea) species in South China Sea [J]. Journal of Fish Diseases, 41 (4): 663 - 672.

Liu Y, Wang W N, Wang A L, et al, 2007. Effects of dietary vitamin E supplementation on antioxidant enzyme activities in *Litopenaeus vannamei* (Boone, 1931) exposed to acute salinity changes [J]. Aquaculture, 265 (1 - 4): 351 - 358.

Lodeiros C J M, Himmelman J H, 2000. Identification of factors affecting growth and survival of the tropical scallop *Euvola* (*Pecten*) *ziczac* in the Golfo de Cariaco, Venezuela [J]. Aquaculture, 182: 91 - 114.

López L M, Durazo E, Viana M T, et al, 2009. Effect of dietary lipid levels on performance, body composition and fatty acid profile of juvenile white seabass, *Atractoscion nobilis* [J]. Aquaculture, 289: 101 - 105.

Lubzens E, Young G, Bobe J, et al, 2010. Oogenesis in teleosts: how fish eggs are formed [J]. General and Comparative Endocrinology, 165 (3): 367 - 389.

Lundstedt L M, Melo J F B, Moraes G, 2004. Digestive enzymes and metabolic profile of *Pseudoplatystoma corruscans* (Teleostei: Siluriformes) in response to diet composition [J]. Comparative Biochemistry and Physiology, Part B, 137: 331 - 339.

Luo Z, Tan X Y, Li S D, et al, 2012. Effect of dietary arachidonic acid levels on growth performance, hepatic fatty acid profile, intermediary metabolism and antioxidant responses for juvenile *Synechogobius hasta* [J]. Aquaculture nutrition, 18 (3): 340 - 348.

Madsen S S, Nishioka R S, Bem H A, 1996. Seawater acclimation in the anadromous striped bass, *Morone saxatilis*: strategy and hormonal regulation [C]. San Francisco: San Francisco State University: 167 - 174.

Makridis P, Martins S, Tsalavouta M, et al, 2005. Antimicrobial activity in bacteria isolated from Senegalese sole, *Solea senegalensis*, fed with natural prey [J]. Aquaculture Research, 36 (16): 1619 - 1627.

Manuel R, Boerrigter J, Roques J, et al, 2014. Stress in African catfish (*Clarias gariepinus*) following overland transportation [J]. Fish Physiology and Biochemistry, 40 (1): 33 - 44.

Martinez R M, Morales A E, Sanz A, 2005. Antioxidant defenses in fish: Biotic and abiotic factors [J]. Reviews in Fish Biology and Fisheries, 15 (1 - 2): 75 - 88.

Marudhupandi T, Kumar T T A, Prakash S, et al, 2017. Vibrio parahaemolyticus a causative bacterium for tail rot disease in ornamental fish, Amphiprion sebae [J]. Aquaculture Reports, 8: 39 - 44.

Masahiro E, Kazuyuki H, Nobuhiro N, et al, 2009. Mechanism of development of ionocytes rich in vacuolar - type H$^+$ - ATPase in the skin of zebrafish larvae [J]. Developmental Biology, 329 (1): 116 - 129.

Mazorra C, Bruce M, Bell J G, et al, 2003. Dietary lipid enhancement of broodstock reproductive performance and egg and larval quality in Atlantic halibut (*Hippoglossus hippoglossus*) [J]. Aquaculture, 227 (1 - 4): 21 - 33.

McDonald D G, Goldstein M D, Mitton C, 1993. Responses to hatchery - reared brook trout, lake trout, and spake to transport stress [J]. Transactions of the American Fisheries Society, 122: 1127 - 1138.

McEvoy L A, Naess T, Bell J G, el al, 1998. Lipid and fatty acid composition of normal and malpigmented Atlantic halibut (*Hippoglossus hippoglossus*) fed enriched Artemia: a comparison with fry fed wild copepods [J]. Aquaculture, 163: 237 - 250.

McGoogan B, Gatlin DM, 1999. Dietary manipulations affecting growth and nitrogenous waste production of red drum, *Sciaenops ocellatus*: I. Effects of dietary protein and energy levels [J]. Aquaculture, 178: 333 - 348.

Menoyo D, Lopez - Bote C J, Bautista J M, et al, 2003. Growth, digestibility and fatty acid utilization in large Atlantic salmon (*Salmo salar*) fed varying levels of n - 3 and saturated fatty acids [J]. Aquaculture, 22: 295 - 307.

Menuet A, Pellegrini E, Anglade I, et al, 2002. Molecular characterization of three estrogen receptor forms in zebrafish: binding characteristics, transactivation properties, and tissue distributions [J]. Biology of Reproduction, 66 (6): 1881 -1892.

Mercure F, Van Der Kraak G, 1995. Inhibition of gonadotropin - stimulated ovarian steroid production by polyunsaturated fatty acids in teleost fish [J]. Lipids, 30 (6): 547 - 554.

Mishra S, Behera N, 2010. Amylase activity of a starch degrading bacteria isolated from soil receiving kitchen wastes [J]. African Journal of Biotechnology, 7 (18): 3326 - 3331.

Mito S, Senta T, 1967. On the egg development and prelarval stages of silver pomfret with reference to its spawning in the Seto Inland sea [J]. Bulletin of the Japanese Society for the Science of fish, 33 (10): 948 - 951.

Moldal T, Løkka G, Wiik - Nielsen J, et al, 2014. Substitution of dietary fish oil with plant oils is associated with shortened mid intestinal folds in Atlantic salmon (*Salmo salar*) [J]. BMC Veterinary Research, 10 (1): 1 - 13.

Mommsen T P, Vijayan M M, Moon T W, 1999. Cortisol in teleosts: dynamics, echanisms of action, and metabolic regulation [J]. Reviews in Fish Biology and Fisheries, 9: 211 - 268.

Monteiro S M, Mancera J M, Fernandes A F, et al, 2005. Copper induced alterations of biochemical parameters in the gill and plasma of *Oreochromis niloticus* [J]. Comparative Biochemistry and Physiology, Part C, 141 (4): 375 - 383.

Monteiro S M, Santos N M, Calejo M, et al, 2009. Copper toxicity in gills of the teleost fish, *Oreochromis niloticus*: Effects inapoptosis induction and cell proliferation [J]. Aquatic Toxicology, 94 (3): 219 - 228.

Montero D, Basurco B, Nengas I, et al, 2005. Mediterranean fish nutrition [M]. Zaragoza: CIHEAM.

Montero D, Kalinowski T, Obach A, et al, 2003. Vegetable lipid sources for gilthead seabream (*Sparus aurata*): effects on fish health [J]. Aquaculture, 225: 353 - 370.

Moore B C, Forouhar S, Kohno S, et al, 2012. Gonadotropin - induced changes in oviducal mRNA expression levels of sex steroid hormone receptors and activin - related signaling factors in the alligator [J]. General and Comparative Endocrinology, 175 (2): 251 - 258.

Moreira I S, Peres H, Couta A, et al, 2008. Temperature and dietary carbohydrate level effects on performance and metabolic utilization of diets in European sea bass (*Dicentrarchus labrax*) juveniles [J]. Aquaculture, 274 (1): 153 - 160.

Morris P C, Beattiea C, Elder B, et al, 2005. Application of a low oil pre - harvest diet to manipulate the composition and quality of Atlantic salmon, *Salmo salar* L [J]. Aquaculture, 244: 187 - 201.

Mourente G, Diaz - Salvago E, Bell J G, et al, 2002. Increased activities of hepatic antioxidant defence enzymes in juvenile gilthead sea bream (*Sparus aurata* L.) fed dietary oxidized oil: attenuation by dietary vitamin E [J]. Aquaculture, 214: 343 - 361.

Mourente G, Diza - salvago E, Tocher D R, et al, 2000. Effects of dietary polyunsaturated fatty acid/vitamin E (PUFA/ tocopherol ratio on antioxidant defence mechanisms of juvenile gilthead sea bream (*Sparus aurata* L., Osteichthyes, Sparidae) [J]. Fish Physiology and Biochemistry, 23 (4): 337 - 351.

Mourente G, Good J E, Bell J G, 2005. Partial substitution of fish oil with rapeseed, linseed and olive oils in diets for European seabass (*Dicentrarchus labrax* L.): effects on flesh fatty acid composition, plasma prostaglandins E_2 and F_{2a}, immune function and effectiveness of a fish oil finishing diet [J]. Aquaculture Nutrition, (11): 25 - 40.

Mourente G, Rodriguez A, Tocher D R, et al, 1993. Effects of dietary docosahexaenoic acid (DHA; 22: 6n - 3) on lipid and fatty acid compositions and growth in gilthead seabream (*Sparus aurata* L). larvae during first feeding [J]. Aquaculture, 112: 79 - 98.

Mourente G, Tocher D R, Diaz - salvago E, et al, 1999. Study of the n - 3 highly unsaturated fatty acids requirement and antioxidant status of *Dentex dentex* larvae at the Artemia feeding stage [J]. Aquaculture, 179 (1 - 4): 291 - 307.

Mourente G, Toeher D R, Sargent J R, 1991. Specific accumulotion of docosahexaenolc acid (22: 6n - 5) in brain lipids during development of Juvenile turbot *Scophthalmus maximus* L. [J]. Lipids, 26: 871 - 877.

Mourente G, 1996. In vitro metabolism of C - 14 - polyunsaturated fatty acids in midgut gland and ovary cells from *Penaeus kerathurus* Forskal at the beginning of sexual maturation [J]. Comparative Biochemistry and Physiology, Part B, 115: 255 - 266.

Moutou K A, Panagiotaki P, Mamuris Z, 2004. Effects of salinity on digestive protease activity in the euryhaline sparid *Sparus aurata* L. : a preliminary study [J]. Aquaculture Research, 35 (9): 912 - 914.

Mozanzadeh M T, Marammazi J G, Yavari V, et al, 2015. Dietary n - 3 LC - PUFA requirements in silvery - black porgy juveniles (*Sparidentex hasta*) [J]. Aquaculture, 448: 151 - 161.

Mulero V, Esteban M A, Meseguer J, 1999. Effects of in vitro addition of exogenous vitamins C and E on gilthead seabream (*Sparus aurata* L.) phagocytes [J]. Veterinary Immunology and Immunopathology, 66: 185 - 199.

Muneo O, 1988. An atlas of the early stage fisher in Japan [M]. Tokyo: Tokai University Press.

Muroga K, 2001. Viral and bacterial diseases of marine fish and shellfish in Japanese hatcheries [J]. Aquaculture, 202 (1 - 2): 23 - 44.

Nakabo T, 1993. Fishes of Japan with Pictorial Keys to the Species [M]. Tokyo: Tokai University Press: 1152.

Navarro I, Gutiérrez J, Planas J, 1992. Changes in plasma glucagon, insulin and tissue metabolites associated with prolonged fasting in brown trout (*Salmo trutta fario*) during two different seasons of the year [J]. Comparative Biochemistry and Physiology, 102: 401 - 407.

Navarro I, Gutiérrez J, 1995. Fasting and starvation. In: Hochachka, P. W., Mommsen, T. (Eds.), Biochemistry and Molecular Biology of Fishes [M]. Elsevier Science B. V, 393 - 434.

Nayak S K, 2010. Probiotics and immunity: A fish perspective [J]. Fish and Shellfish Immunology, 29: 2 - 14.

Nayak S K, 2010. Role of gastrointestinal microbiota in fish [J]. Aquaculture Research, 41 (11): 1553 - 1573.

Nguyen H Q, Tran T M, Reinertsen H, et al, 2010. Effects of dietary essential fatty acid levels on broodstock spawning performance and egg fatty acid composition of cobia, *Rachycentron canadum* [J]. Journal of the world aquaculture society, 41 (5): 687 - 699.

Nikoskelainen S, Ouwehand A, Bylund G, et al, 2001. Protection of rainbow trout (*Oncorhynchus mykiss*) from furunculosis by *Lactobacillus rhamnosus* [J]. Aquaculture, 198 (3): 229 - 236.

Nilsson - Ehle P, Garfinkel AS, Schotz MC, 1980. Lipolytic enzymes and plasma lipoprotein metabolism [J]. Annual Review of Biochemistry, 49: 667 - 693.

Nissen H P, Kreysel H W, 1983. Polyunsaturated acids in relation to sperm motility [J]. Andrologia, 15: 264 - 269.

Noctor G, Foyer C H, 1998. Ascorbate and glutathione: Keeping active oxygen under control [J]. Annual Review of Plant Physiology and Plant Molecular Biology, 49: 249 - 279.

Norambuena F, Estevez A, Sanchez - Vazquez F J, et al, 2012. Self - selection of diets with different contents of arachidonic acid by Senegalese sole (*Solea senegalensis*) broodstock [J]. Aquaculture, 364 - 365 (2): 198 - 205.

Norambuena F, Morais S, Estévez A, et al, 2013. Dietary modulation of arachidonic acid metabolism in senegalese sole (*Solea Senegalensis*) broodstock reared in captivity [J]. Aquaculture, 372 - 375 (1): 80 - 88.

Oda T, Namba Y, 1982. Attempt to artificial fertilization and rearing of larvae of silver pomfret, *Pampus argenteus* [J]. Okayama Suishi Jiho, 56: 195 - 197.

Ogino C, 1980. Requirement of calla and rainbow trout for essential amino acids [J]. Bulletin of the Japanese Society for the Science of Fish, 46: 171 - 174.

Olafien J, Hamen G, 1992. Intact antigen uptake in intestinal epithelial cells of marine fish larvae [J]. Journal of Fish Biology, 40 (2): 141 - 156.

Olafsen J A, 2001. Interactions between fish larvae and bacteria in marine aquaculture [J]. Aquaculture, 200 (1 - 2):

223 -247.

Olsen Y A, Einarsdottir I E, Nilssen K J, 1995. Metomidate anaesthesia in Atlantic salmon, *Salmo salar*, prevents plasma cortisol increase during stress [J]. Aquaculture, 134: 155 - 168.

Olsson J C, Westerdahl A, Conway P L, et al, 1991. Isolation and characterization of turbot (*Scophthalmus maximus*) associated bacteria with inhibitory effects against Vibtio - Anguilarum [J]. Applied and Environmental Microbiology, 57 (8): 2223 - 2228.

Om A D, Ji H, Umino T, et al, 2003. Dietary effects of eicosapentaenoic acid and docosahexaenoic acid on lipid metabolism in black sea bream [J]. Fisheries Science 69 (6): 1182 - 1193.

Om A D, Umino T, Nakagawa H, et al, 2001. The effects of dietary EPA and DHA fortification on lipolysis activity and physiological function in juvenile black sea bream *Acanthopagrus schlegeli* (Bleeker) [J]. Aquaculture Research, 32 (1): 55 - 262.

Ortuno J, Esteban M A, Cuesta A, et al, 2001. Effect of oral administration of high vitamin C and E dosages on the gilthead seabream (*Sparus aurata* L.) innate immune system [J]. Veterinary Immunology and Immunopathology, 79: 167 -180.

Ortuno J, Esteban M A, Meseguer J, 2003. The effect of dietary intake of vitamins C and E on the stress response of gilthead seabream (*Sparus aurata* L.) [J]. Fish and Shellfish Immunology, 14, 145 - 156.

Ostrowski A D, Watanabe W O, Montgomery F P, et al, 2011. Effects of salinity and temperature on the growth, survival, whole body osmolality, and expression of $Na^+/K^+ - ATPase$ mRNA in red porgy (*Pagrus pagrus*) larvae [J]. Aquaculture, 314: 193 - 201.

Oyoo - Okoth E, Cherop L, Ngugi C C, et al, 2011. Survival and physiological response of *Labeo victorianus* (Pisces: Cyprinidae, Boulenger 1901) juveniles to transport stress under a salinity gradient [J]. Aquaculture, 319 (1 - 2): 226 - 231.

Panigrahi A, Kiron V, Puangkaew J, et al, 2005. The viability of probiotic bacteria as a factor influencing the immune response in rainbow trout *Oncorhynchus mykiss* [J]. Aquaculture, 243 (1 - 4): 241 - 254.

Pankhurst N W, King H R, Anderson K, et al, 2011. Thermal impairment of reproduction is differentially expressed in maiden and repeat spawning Atlantic salmon [J]. Aquaculture, 316 (1 - 4): 77 - 87.

Pankhurst N W, King H R, 2010. Temperature and salmonid reproduction: implications for aquaculture [J]. Journal of Fish Biology, 76 (1): 69 - 85.

Park W, Lee C H, Lee C S, et al, 2007. Effects of a gonadotropin - releasing hormone analog combined with pimozide on plasma sex steroid hormones, ovulation and egg quality in freshwater - exposed female chum salmon (*Oncorhynchus keta*) [J]. Aquaculture, 271 (1): 488 - 497.

Parsamanesh A, 2001. A comparison of Pampus argenteus stock parameters in east and west Asia [J]. Indian Journal of Fisheries, 48: 63 - 70.

Pati S, 1980. Food and feeding habits of silver pomfret *Pampus argenteus* (Euphrasen) from Bay of Bengal with a note on its significance in fishery [J]. Indian Journal of Fisheries, 27: 244 - 256.

Pati S, 1982. Studies on the maturation, spawning and migration of Silver pomfret, *Pampus argenteus* (Euuphrasen), from Bay of Bengal [J]. Matsya, 8: 12 - 22.

Pavlidis M, Angellotti L, Papandroulakis N, et al, 2003. Evaluation of transportation procedures on water quality and fry performance in red porgy (*Pagrus pagrus*) fry. Aquaculture, 218: 187 - 202.

Pedersen B H, Ugelstad I, Hjelmeland K, 1990. Effects of a transitory, low food supply in the early life of larval herring (*Clupea harengus*) on mortality, growth and digestive capacity [J]. Marine Biology, 107: 61 - 66.

Peng S M, Chen L Q, Qin J G, et al, 2008. Effects of replacement of dietary fish oil by soybean oil on growth performance and liver biochemical composition in juvenile black seabream, *Acanthopagrus schlegeli* [J]. Aquaculture, 276: 154 -161.

Peng S M, Chen L Q, Qin J G, et al, 2009. Effects of dietary vitamin E supplementation on growth performance, lipid peroxidation and tissue fatty acid composition of black seabream (*Acanthopagrus schlegeli*) fed oxidized fish oil [J]. Aquaculture nutrition, 15 (3): 329 - 337.

Peng S M, Chen X Z, Shi Z H, et al, 2012. Survival of Juvenile Silver Pomfret, *Pampus argenteus*, kept in Transport Conmditions in Different Densities and Temperatures [J]. The Israeli Journal of Aquaculture - Bamidgeh, 678: 6 - 11.

Peng S M, Gao Q X, Shi Z H, et al, 2015. Effect of dietary n - 3 LC - PUFAs on plasma vitellogenin, sex steroids, and ovarian steroidogenesis during vitellogenesis in female silver pomfret (*Pampus argenteus*) broodstock [J]. Aquaculture, 444: 93 - 98.

Peng S M, shi Z H, Gao Q X, et al, 2017. Dietary n - 3 LC - PUFAs affect lipoprotein lipase (LPL) and fatty acid synthase (FAS) activities and mRNA expression during vitellogenesis and ovarian fatty acid composition of female silver pomfret (*Pampus argenteus*) broodstock [J]. Aquaculture nutrition, 23: 692 - 701.

Peng S M, Shi Z H, Yin F, et al, 2012. Selection of diet for culture of juvenile silver pomfret, *Pampus argenteus* [J]. Chinese Journal of Oceanology and Limnology, 30 (2): 231 - 236.

Peng S M, Shi Z H, Yin F, et al, 2013. Effect of high - dose vitamin C supplementation on growth, tissue ascorbic acid concentrations and physiological response to transportation stress in juvenile silver pomfret, *Pampus argenteus* [J]. Journal of Applied Ichthyology, 29 (6): 1337 - 1341.

Peng S M, Yue Y F, Gao Q X, et al, 2014. Influence of dietary n - 3 LC - PUFA on growth, nutritional composition and immune function in marine fish *Sebastiscus marmoratus* [J]. Chinese Journal of Oceanology and Limnology, 32 (5): 1000 -1008.

Peng S, Shi Z, Hou J, et al, 2009. Genetic diversity of silver pomfret (*Pampus argenteus*) populations from the China Sea based on mitochondrial DNA control region sequences [J]. Biochemical Systematics and Ecology, 37: 626 - 632.

Peres H, Oliva - Teles A, 1999. Effect of dietary lipid level on growth performance and feed utilization by European sea bass juveniles (*Dicentrarchus labrax*) [J]. Aquaculture, 179: 325 - 334.

Perez M J, Rodriguez C, Cejas J R, et al, 2007. Lipid and fatty acid content in wild white seabream (*Diplodus sargus*) broodstock at different stages of the reproductive cycle [J]. Comparative Biochemistry and Physiology (Part B), 146 (2): 187 - 196.

Perez T, Balcazar J L, Ruiz - zarzuela I, et al, 2010. Host - microbiota interactions within the fish intestinal ecosystem [J]. Mucosal Immunology, 3 (4): 355 - 360.

Person - Le Ruyet J, Chartois H, Quemener L, 1995. Comparative acute ammonia toxicity in marine fish and plasma ammonia response [J]. Aquaculture, 136: 181 - 194.

Person - Le Ruyet J, Labbe L, Bayon N L, et al, 2008. Combined effects of water quality and stocking density on welfare and growth of rainbow trout (*Oncorhynchus mykiss*) [J]. Aquatic Living Resources, 21: 185 - 195.

Pesce S, Fajon C, Bardot C, et al, 2008. Longitudinal changes in microbial planktonic communities of a French river in relation to pesticide and nutrient inputs [J]. Aquatic Toxicology, 86 (3): 352 - 360.

Petit G, Beauchaud M, Buisson B, 2001. Density effects on food intake and growth of largemouth bass (*Micropterus salmoides*) [J]. Aquaculture Research, 32: 495 - 497.

Phillips D L, Gregg J W, 2003. Source partitioning using stable isotopes: coping with too many sources [J]. Oecologia, 136: 261 - 269.

Picchietti S, Fausto A M, Randelli E, et al, 2009. Early treatment with Lactobacillus delbrueckii strain induces an increase in intestinal T - cells and granulocytes and modulates immune - related genes of larval *Dicentrarchus labrax* (L.) [J]. Fish Shellfish Immunology, 26 (3): 368 - 376.

Picchietti S, Mazzini M, Taddei A R, et al, 2007. Effects of administration of probiotic strains on GALT of larval gilthead seabream: immunohistochemical and ultrastructural studies [J]. Fish and Shellfish Immunology, 22 (1 - 2): 57 - 67.

Pickering A D, Pottinger T G, 1989. Stress responses and disease resistance in salmonid fish: Effects of chronic elevation of plasma cortisol [J]. Fish Physiology and Biochemistry, 7: 253 - 258.

Pickering A D, Stewart A, 1984. Acclimation of the interrenal tissue of the brown trout, *Salmo trutta* L., to chronic crowding stress [J]. Journal of Fish Biology, 24: 731 - 740.

Poirier G R, Nicholson N, 1982. Fine structure of the testicular spermatozoa from the channel catfish *Ictalurus punctatus* [J]. Journal of Ultrastructure Research, 80: 104 - 110.

Pond D W, Fallick A E, Stevens C J, et al, 2008. Vertebrate nutrition in a deep - sea hydrothermal vent ecosystem: Fatty acid and stable isotope evidence [J]. Deep – Sea Research I, 55: 1718 – 1726.

Pu H Y, Li X Y, Du Q B, et al, 2017. Research Progress in the Application of Chinese Herbal Medicines in Aquaculture: A Review [J]. Animal Nutrition and Feed Science, 3 (5): 731 – 737.

Puangkaew J, Kiron V, Shuichi Satoh T, et al, 2005. Antioxidant defense of rainbow trout (*Oncorhynchus mykiss*) in relation to dietary n – 3 highly unsaturated fatty acids and vitamin E contents [J]. Comparative Biochemistry and Physiology Part C, 140: 187 – 196.

Raida M K, Buchmann K, 2007. Temperature – dependent expression of immune – relevant genes in rainbow trout following *Yersinia ruckeri* vaccination [J]. Disease of Aquatic Organisms, 77: 41 – 52.

Rainuzzo J R, Reilan K I, Jorsensen L, et al, 1994. Lipid composition in turbot larva fed live feed cultured by emulsion of different lipid classes [J]. Comparative Biochemistry and Physiology Part A, 107: 699 – 710.

Ramirez R F, Dixon B A, 2003. Enzyme production by obligate intestinal anaerobic bacteria isolated from Oscars (*Astronotus ocellatus*), angelfish (*Pterophyllum scalare*) and southern flounder (*Paralichthys lethostigma*) [J]. Aquaculture, 227 (1): 417 – 426.

Rawk J F, Samuel B S, Gordon J I, 2004. Gnotobiotic zebrafish reveal evolutionarily conserved responses to the gut microbiota [J]. Proceedings of the National Academy of Sciences, 101 (13): 4596 – 4601.

Rawls J F, Mahowald M A, 2007. In vivo imaging and genetic analysis link bacterial motility and symbiosis in the zebrafish gut [J]. Proceedings of the National Academy of Sciences, 104 (18): 7622 – 7627.

Ray A, Ghosh K, Ring E, 2012. Enzyme – producing bacteria isolated from fish gut: a review [J]. Aquaculture Nutrition, 18 (5): 465 – 492.

Regan C T, 1902. A revision of the fishes of the family Stromateidae [J]. The Annals and magazine of natural history, 7 (10): 115 – 207.

Regost C, Arzel J, Ardinal M C, et al, 2001. Dietary lipid level, hepatic lipogenesis and flesh quality in turbot (*Psetta maxima*) [J]. Aquaculture, 193: 291 – 309.

Regost C, Arzel J, Cardinal M, et al, 2003. Total replacement of fish oil by soybean or linseed oil with a return to fish oil in turbot (*Psetta maxima*) 2. Flesh quality properties [J]. Aquaculture, 220: 737 – 747.

Regost C, Arzel J, Robin J, et al, 2003. Total replacement of fish oil by soybean or linseed oil with a return to fish oil in turbot (*Psetta maxima*) 1. Growth performance, flesh fatty acid profile, and lipid metabolism [J]. Aquaculture, 217: 465 – 482.

Regost C, Jakobsen J V, Rora A M B, 2004. Flesh quality of raw and smoked fillets of Atlantic salmon as influenced by dietary oil sources and frozen storage [J]. Food Research International, 37: 259 – 271.

Ren M C, Liu B, Habte – tsion H M, et al, 2015. Dietary phenylalanine requirement and tyrosine replacement value for phenylalanine of juvenile blunt snout bream, *Megalobrama amblycephala* [J]. Aquaculture, 442: 51 – 57.

Reubush K J, Heath A G, 1996. Metabolic responses to acute handling by fingerling inland and anadromous striped bass [J]. Journal of Fish Biology, 49: 830 – 841.

Rhee K J, Sethupathi P. DAks A, et al, 2004. Role of commensal bacteria in development of gut – associated lymphoid tissues and preimmune antibody repertoire [J]. The Journal of Immunology, 172 (2): 1118 – 1124.

Riley L G, Hirano T, Grau E G, 2003. Effects of transfer from seawater to fresh water on the growth hormone insulin – like growth factor – I axis and prolactin in the Tilapia, *Oreochromis mossambicus* [J]. Comparative Biochemistry and Physiology, Part B, 136 (4): 647 – 655.

Ringo E, Gatesoupe F J, 1998. Lactic acid bacteria in fish: a review [J]. Aquaculture, 160 (3 – 4): 177 – 203.

Ringo E, Myklebust R, Mayhewe T M, et al, 2007. Bacterial translocation and pathogenesis in the digestive tract of larvae and fry [J]. Aquaculture, 268 (1 – 4): 251 – 264.

Roberts H E, Palmeiro B, Weber E S, et al, 2009. Bacterial and parasitic diseases of pet fish [J]. Veterinary Clinics of North America: Exotic Animal Practice, 12 (3): 609 – 638.

Robertson P A W, Dowd C O, Burrells C, et al, 2000. Use of *Camobacterium* sp. as a probiotic for Adantic salmon (*Salmo salar* L.) and rainbow trout (*Oncorhynchus mykiss*, Walbaum) [J]. Aquaculture, 185 (3): 235 – 243.

Robin J H, Regost C, Arzel J. et al, 2003. Fatty acid profile of fish following a change in dietary fatty acid source: model of fatty acid composition with a dilution hypothesis [J]. Aquaculture, 225: 283 - 293.

Rodriguez C, Perez J A, Badia P, et al, 1998. The n - 3 highly unsaturated fatty acids requirements of gilthead seabream (*Sparus aurata* L.) larval when using an appropriate DHA/EPA ratio in the diet [J]. Aquaculture, 169: 9 - 23.

Rodriguez C, Perez J A, Lovenzo A, et al, 1994. n - 3HUFA requirement of larval gilthead seabream Sparaus aurata when using high levels of eicosapentaenoic acid [J]. Comparative Biochemistry and Physiology Part A, 107: 693 - 698.

Rodriguez C, 1997. Influence of the EPA/DHA ratio in rotifers on gilthead seabream (*sparus auralar*) larval development [J]. Aquacutture, 150: 77 - 89.

Rollo A, Sulpizio R, Nardi M, et al, 2006. Live microbial feed supplement in aquaculture for improvement of stress tolerance [J]. Fish Physiology and Biochemistry, 32 (2): 167 - 177.

Rønnestad I, Fyhn H J, 1993. Metabolic aspects of free amino acids in developing marine fish eggs and larvae [J]. Reviews in Fisheries Science & Aquaculture, 1: 239 - 259.

Rønnestad I, Robertson R R, Fyhn H J, 1996. Free amino acids and protein content in pelagic and demersal eggs of tropical marine fishes [J]. In: MacKinlay D D, Eldridge M Eds. The Fish Egg. American Fisheries Society, Physiology Section, Bethesda, 81 - 84.

Rønnestad I, Thorsen A, Finn R N, 1999. Fish larval nutrition: a review of recent advances in the roles of amino acids [J]. Aquaculture, 177: 201 - 216.

Rora A M B, Birkeland S, Hultmann L, et al, 2005. Quality characteristics of farmed Atlantic salmon (*Salmo salar*) fed diets high in soybean or fish oil as affected by cold - smoking temperature [J]. LWT, 38: 201 - 211.

Rosenlund G, Obach A, Sandberg M G, et al, 2001. Effect of alternative lipid sources on long - term growth performance and quality of Atlantic salmon (*Salmo salar* L.) [J]. Aquaculture Research, 32 (Suppl. 1): 323 - 328.

Ross S W, Dalton D A, Kramer S, et al, 2001. Physiological (antioxidant) responses of estuarine fishes to variability in dissolved oxygen [J]. Comparative Biochemistry and Physiology, Part C, Toxicology & Pharmacology, 130 (3): 289 - 303.

Rowland S J, Mifsud C, Nixon M, et al, 2006. Effects of stocking density on the performance of the Australian freshwater silver perch (*Bidyanus bidyanus*) in cages [J]. Aquaculture, 253: 301 - 308.

Ruane N M, Komen H, 2003. Measuring cortisol in the water as an indicator of stress caused by increased loading density in common carp (*Cyprinus carpio*) [J]. Aquaculture, 218: 685 - 693.

Ryan S M, Fitzgerald G F, Sinderen D V, 2006. Screening for and identification of starch -, amylopectin -, and pullulan - degrading activities in bifidobacterial strains [J]. Applied and environmental microbiology, 72 (8): 5289 - 5296.

Saenz De Rodriganez M A, Diaz - Rosales P, Chabrillon M, et al, 2009. Effect of dietary administration of probiotics on growth and intestine functionality of juvenile Senegalese sole (*Solea senegalensis*, Kaup 1858) [J]. Aquaculture Nutrition, 15 (2): 177 - 185.

Sakata T, Sugita H, Mitsuoka T, et al, 1980. Isolat on and distribution of obligate anaerobic bacteria from the intestines of freshwater fish [J]. Bulletin of the Japanese Society of Scientific Fisheries, 46 (10): 1249 - 1255.

Salinas A E, Wong M G, 1999. Glutathione S - transferases - A review [J]. Current Medicinal Chemistry, 6 (4): 279 - 309.

Salinas I, Abelli L, Bertoni F, et al, 2008. Monospecies and multispecies probiotic formulations produce different systemic and local immunostimulatory effects in the gilthead seabream (*Sparus aurata* L.) [J]. Fish and Shellfish Immunology, 25 (1 - 2): 114 - 123.

Salinas I, Cuesta A, Esteban M A, et al, 2005. Dietary administration of *Lactobacillus delbrueckii* and *Bacillus subtilis*, single or combinated, on gilthead seabream cellular innate immune responses [J]. Fish and Shellfish Immunology, 19 (1): 667 - 677.

Sameh M, Katsuhisa U, Tetsuya H, et al, 2007. Effects of environmental salinity on somatic growth and growth hormone/insulin - like growth factor - I axis in juvenile tilapia *Oreochromis mossambicus* [J]. Fisheries Science, 73 (5): 1025 - 1034.

Sampaio F G, BoijinkC L, Santos L B, et al, 2012. Antioxidant defenses and biochemical changes in the neotropical fish pacu, *Piaractusmesopotamicus*: Responses to single and combined copper and hypercarbiaexposure [J]. Comparative Biochemistry and Physiology, Part C, 156 (3 - 4): 178 - 186.

Santamarina - Fojo S, Haudenschild C, Amar M, 1998. The role of hepatic lipase in lipoprotein metabolism and atherosclerosis [J]. Current Opinion in Lipidology, 9: 211 - 219.

Sargent J R, Bell G, Mcevoy L, et al, 1999. Recent developments in the essential fatty acid nutrition of fish [J]. Aquaculture, 177: 191 - 199.

Sargent J R, Bell J G, Bell M V, et al, 1994. The metabolism of phospholipids and polyunsaturated fatty acids in fish. In: Lahlou B, Vitiello P (Eds). Aquaculture: Fundamental and applied research [M]. Washington D C: American Geophysical Union.

Sargent J R, Bell J G, Bell M V, et al, 1995. Requirement crkerta for essential fatty acids [J]. Journal of Applied Ichthyology, 11: 183 - 198.

Sargent J R, McEvoy L A, Bell J G, 1997. Requirements, presentation and sources of unsaturated fatty acids in marine fish larval feeds [J]. Aquaculture, 155: 117 - 127.

Sargent J R, Mcevoy L A, Estevez A, et al, 1999. Lipid nutrition of marine fish during early development: current status and future directions [J]. Aquaculture, 179: 217 - 229.

Sargent J R, Tocher D R, Bell J G, 2002. The lipids. In: Halver, J. E., Hardy, R. W. (Eds.), Fish Nutrition [M]. San Diego, CA: Academic Press.

Sasaki S, Ota T, Takagi T, 1989. Compositions of fatty acids in the lipids of chum salmon during spawning migration [J]. Nippon Suisan Gakkaishi, 55: 2191 - 2197.

Sato M, Kondo T, Yashinaka R, et al, 1982. Effect of dietary ascorbic acid levels on collagen formation in rainbow trout [J]. Bulletin of the Japanese Society of Scientific Fisheries, 48 (4): 553 - 556.

Sattin G, Mager E M, Beltramini M, et al, 2010. Cytosolic carbonic anhydrase in the Gulf toadfish is important for tolerance to hypersalinity [J]. Comparative Biochemistry and Physiology, Part A, 156 (2): 169 - 175.

Schade F M, Raupach M J, Wegner K M, 2016. Seasonal variation in parasite infection patterns of marine fish species from the Northern Wadden Sea in relation to interannual temperature fluctuations [J]. Journal of Sea Research, 113: 73 - 84.

Schram E, Van der Heul J W, Kamstra A, et al, 2006. Stocking density - dependent growth of Dover sole (*Solea solea*) [J]. Aquaculture, 252: 339 - 347.

Schreck C B, Contreras - Sanchez W, Fitzpatrick M S, 2001. Effects of stress on fish reproduction, gamete quality, and progeny [J]. Aquaculture, 197: 3 - 24.

Schreck C B, Jonsson L, Feist G, et al, 1995. Conditioning improves performance of juvenile chinook salmon, *Oncorhynchus tshawytscha*, to transportation stress [J]. Aquaculture, 135: 99 - 110.

Segner H, Storch V, Reinecke M, et al, 1994. The development of functional digestive and metabolic organs in turbot, *Scophthalmus maximus* [J]. Marine Biology, 119: 471 - 486.

Seo J S, Lee K W, Rhee J S, et al, 2006. Environmental stressors (salinity, heavy metals, H_2O_2) modulate expression of glutathione reductase (GR) gene from the intertidal copepod *Tigriopus japonicas* [J]. Aquatic Toxicology, 80 (3): 281 - 289.

Shaw B J, Bairuty G A, Handy R, 2012. DEffects of waterborne copper nanoparticles and copper sulphate on rainbow trout, (*Oncorhynchus mykiss*): Physiology and accumulation [J]. Aquatic Toxicology, 116 - 117: 90 - 101.

Shearer K D, 1994. Factors affecting the proximate composition of cultured fishes with emphasis on salmonids [J]. Aquaculture, 119 (1): 63 - 88.

Shigehisa H, Toyoji K, Nobuko N, et al, 2003. Molecular biology of major components of chloride cells [J]. Comparative Biochemistry and Physiology, Part B, 136 (4): 593 - 620.

Skjervold P O, Fjæra S O, Ostby P B, et al, 2001. Live - chilling and crowding stress before slaughter of Atlantic salmon (*Salmo salar*) [J]. Aquaculture, 192: 265 - 280.

Smith T B, Wahl D H, Mackie R I, 2005. Volatile fatty acids and anaerobic fermentation in temperate piscivorous and omnivorous freshwater fish [J]. Journal of Fish Biology, 48 (5): 829 - 841.

Smith W L, 1989. The eicosanoids and their biochemical mechanism of action [J]. Biochemical Physiology, 259: 315 - 324.

Sobhana K S, Mohan C V, Shankar K M, 2002. Effect of dietary vitamin C on the disease susceptibility and inflammatory response of mrigal, *Cirrhinus mrigala* (Hamilton) to experimental infection of *Aeromonas hydrophila* [J]. Aquaculture, 207: 225 - 238.

Son V M, Chang C C, Wu M C, et al, 2009. Dietary administration of the probiotic, Lactobacillus plantarum, enhanced the growth, innate immune responses, and disease resistance of the grouper *Epinephelus coioides* [J]. Fish and Shellfish Immunology, 26 (5): 691 - 698.

Song Z D, Li H Y, Wang J Y, et al, 2014. Effects of fishmeal replacement with soy protein hydrolysates on growth performance, blood biochemistry, gastrointestinal digestion and muscle composition of juvenile starry flounder (*Platichthys stellatus*) [J]. Aquaculture, 426 - 427: 96 - 104.

Sorbera L A, Asturiano J F, Carrillo M, et al, 2001. Effects of polyunsaturated fatty acids and prostaglandins on oocyte maturation in a marine teleost, the European seabass (*Dicentrarchus labrax*) [J]. Biology of reproduction, 64 (1): 382 -389.

Stephen D E, Stephen H J, 2002. Microbiology of summer flounder *Paralichthys dentatus* fingerling production at a marine fish hatchery [J]. Aquaculture, 211 (1 - 4): 9 - 28.

Stoss J, 1983. Fish gamete preservation and spermatozoon physiology [M]//Hoar W S, Randall D J. Fish Physiology, New York: Academic Press: 307 - 308.

Stowasser G, McAllen R, Pierce GJ, et al, 2009. Trophic position of deep - sea fish - Assessment through fatty acid and stable isotope analyses [J]. Deep - Sea Research I, 56: 812 - 826.

Sueiro M C, Bagnato E, Palacios M G, 2017. Parasite infection and immune and health - state in wild fish exposed to marine pollution [J]. Marine Pollution Bulletin, 119 (1): 320 - 324.

Sugita H, Hirose Y, Matsuo N, et al, 1998. Production of the antibacterial substance by *Bacillus* sp. strain NM 12, an intestinal bacterium of Japanese coastal fish [J]. Aquaculture, 165 (3): 269 - 280.

Sugita H, Miyajima C, Deguchi Y, 1990. The Vitamin B_{12} Producing Ability of Intestinal Bacteria Isolated From Tilapia and Channel Catfish [J]. Nippon Suisan Gakkaishi, 56 (4): 701 - 701.

Sugita H, Oshima K, Tamura M, et al, 1983. Bacterial flora in the gastrointestine of freshwater fishes in the river (Japan) [J]. Bulletin of the Japanese Society of Scientific Fisheries, 44 (9): 1387 - 1395.

Sugita H, Shibuya K, Shimooka H, et al, 1996. Antibacterial abilities of intestinal bacteria in freshwater cultured fish [J]. Aquaculture, 145 (1): 195 - 203.

Sun Y Z, Xia H Q, Yang H L, et al, 2014. TLR2 signaling may play a key role in the probiotic modulation of intestinal microbiota in grouper *Epinephelus coioides* [J]. Aquaculture, 430: 50 - 56.

Sun Y Z, Yang H L, Ma R L, et al, 2010. Probiotic applications of two dominant gut Bacillus strains with antagonistic activity improved the growth performance and immune responses of grouper *Epinephelus coioides* [J]. Fish and Shellfish Immunology, 29 (5): 803 - 809.

Suquet M, Dorange G, Omnes M H, et al, 1993. Composition of the seminal fluid and ultrastructure of the spermatozoon of turbot *Scophthalmus maximus* [J]. Journal of Fish Biology, 42: 509 - 516.

Surai P F, Brillard J P, Speake B K, et al, 2000. Phospholipid fatty acid composition, vitamin E content and susceptibility to lipid peroxidation of duck spermatozoa [J]. Theriogenology, 53: 1025 - 1039.

Surai P F, Speake B K, Noble R C, et al, 1999. Species - specific differences in the fatty acid profiles of the lipids of the yolk and of the liver of the chick [J]. Journal of the science of food and agriculture, 79: 733 - 736.

Suzer C, Coban D, Kamaci H O, et al, 2008. *Lactobacillus* spp. bacteria as probiotics in gilthead sea bream (*Sparus aurata*, L.) larvae: effects on growth performance and digestive enzyme activities [J]. Aquaculture, 280 (1 - 4): 140 -145.

Swain P, Nayak S K, 2003. Comparative sensitivity of different serological tests for seromonitoring and surveillance of *Edwardsiella tarda* infection of Indian major carps [J]. Fish and Shellfish Immunology, 15 (4): 333 - 340.

Tacchi L, Lowrey L, Musharrafieh R, et al, 2015. Effects of transportation stress and addition of salt to transport water on the skin mucosal homeostasis of rainbow trout (*Oncorhynchus mykiss*) [J]. Aquaculture, 435: 120 - 127.

Tacon A G, Hasan M R, Subasinghe R P, 2006. Use of fishery resources as feed inputs to aquaculture development: Trends and policy implications [C]//Rome, Italy: FAO Fisheries Circular No. 1018, FAO Fisheries Department: Food and Agriculture Organization of the United Nations.

Tacon A G, 2004. Use of fish meal and fish oil aquaculture: a global perspective [J]. Aquatic Resources, Culture and Development, 1 (1): 3 – 14.

Takahiro S, Takuro N, Moeri H, et al, 2012. Relationships between gill Na$^+$, K$^+$ – ATPase activity and endocrine and local insulin – like growth factor – I levels during smoltification of masu salmon (*Oncorhynchus masou*) [J]. General and Comparative Endocrinology, 178 (2): 427 – 435.

Takashi Y, Stephen D, Mcormick S H, 2012. Effects of environmental salinity, biopsy, and GH and IGF – I administration on the expression of immune and osmoregulatory genes in the gills of Atlantic salmon (*Salmo salar*) [J]. Aquaculture, 362 – 363: 177 – 183.

Takeuchi T, Masuda R, Ishizaki Y, et al, 1996. Determination of the requirement of larval striped jack for eicosapentaenoic acid and docosahexaenoic acid using enriched *Artemia nauplii* [J]. Fisheries Science, 62: 760 – 765.

Takeuchi T, 1997. Essential fatty acid requirements of aquatic animals with emphasis on fish larvae and fingerlings [J]. Reviews in Fisheries Science & Aquaculture, 5: 1 – 25.

Tan X Y, Luo Z, Xie P, et al, 2009. Effect of dietary linolenic acid/linoleic acid ratio on growth performance, hepatic fatty acid profiles and intermediary metabolism of juvenile yellow catfish *Pelteobagrus fulvidraco* [J]. Aquaculture, 296: 96 – 101.

Tandler A, Harel M, Koven W M, et al, 1995. Broodstock and larvae nutrition in gilthead seabream *Sparus aurata* new findings on its involvement in improving growth, survival and swim bladder inflation [J]. Isrel Journal of Aquaculture, 47: 95 – 111.

Telli G S, Ranzani – Paiva M J T, Dias D D, et al, 2014. Dietary administration of Bacillus subtilis on hematology and non –specific immunity of Nile tilapia *Oreochromis niloticus* raised at different stocking densities [J]. Fish and Shellfish Immunology, 39: 305 – 311.

Teodoro C E S, Martins M L L, 2000. Culture conditions for the production of thermostable amylase by *Bacillus* sp. [J]. Brazilian Journal of Microbiology, 31 (4): 298 – 302.

Thorsen A, Fyhn H J, Wallace R, 1993. Free amino acids as osmotic effectors for oocyte hydration in marine fishes. In: Walther BT, Fyhn H J Eds. Physiology and Biochemistry of Fish Larval Development [M]. Bergen: University of Bergen: 94 – 98.

Tine M, Lorgeril J, Panfili J, et al, 2007. Growth hormone and Prolactin – 1 gene transcription in natural populations of the black – chinned tilapia *Sarotherodon melanotheron* acclimatised to different salinities [J]. Comparative Biochemistry and Physiology, Part B, 147 (3): 541 – 549.

Tinoco J, 1982. Dietary requirements and functions of alphalinolenic acid in animals [J]. Lipid Research, 21: 19 – 45.

Tocher D R, 2003. Metabolism and functions of lipids and fatty acids in teleost fish [J]. Reviews in Fisheries Science & Aquaculture, 11 (2): 107 – 184.

Tomasso J R, 1994. Toxicity of nitrogenous wastes to aquaculture animals [J]. Rev. Fish Sci., 2 (4): 291 – 314.

Tomy S, Chang Y M, Chen Y H, et al, 2009. Salinity effects on the expression of osmoregulatory genes in the euryhaline black porgy *Acanthopagrus schlegeli* [J]. General and Comparative Endocrinology, 161 (1): 123 – 132.

Toranzo A E, Magariños B, Romalde J L, et al, 2005. A review of the main bacterial fish diseases in mariculture systems [J]. Aquaculture, 246 (1): 37 – 61.

Toshihiro W, Masato A, Masaru T, 2004. Effects of low – salinity on the growth and development of spotted halibut *Verasper variegates* in the larva – juvenile transformation period with reference to pituitary prolactin and gill chloride cells responses [J]. Journal of Experimental Marine Biology and Ecology, 308 (1): 113 – 126.

Trenzado C E, Morales A E, de la Higuera M, 2008. Physiological changes in rainbow trout held under crowded conditions and fed diets with different levels of vitamins E and C and highly unsaturated fatty acids (HUFA) [J]. Aquaculture, 277: 293 – 302.

Trenzado C E, Morales A E, Palma J M, et al, 2009. Blood antioxidant defenses and hematological adjustments in crowded/uncrowded rainbow trout (*Oncorhynchus mykiss*) fed on diets with different levels of antioxidant vitamins and HUFA [J]. Comparative Biochemistry and Physiology, Part C, 149: 440 – 447.

Trushenski J, Schwarz M, Takeuchi R, et al, 2010. Physiological responses of cobia *Rachycentron canadum* following exposure to low water and air exposure stress challenges [J]. Aquaculture, 307: 173 - 177.

Tsai J C, Hwang P P, 1998. Effects of wheat germ agglutinin and colchicines on microtubules of the mitochondria - rich cells and Ca^{2+} uptake in tilapia (*Oreochromis mossambicus*) larvae [J]. The journal of Experimental Biology, 201: 2263 -2271.

Tseng D Y, Ho P L, Huang S Y, et al, 2009. Enhancement of immunity and disease resistance in the white shrimp, *Litopenaeus vannamei*, by the probiotic, Bacillus subtilis E20 [J]. Fish and Shellfish Immunology, 26: 339 - 344.

Tsuzuki M Y, Sugai J K, Maciel J C, et al, 2007. Survival, growth and digestive enzyme activity of juveniles of the fat snook (*Centropomus parallelus*) reared at different salinities [J]. Aquaculture, 271 (1 - 4): 319 - 325.

Urbinati E C, de Abreu J S, da Silva Camargo A C, et al, 2004. Loading and transport stress of juvenile matrinxa (*Brycon cephalus*, Characidae) at various densities [J]. Aquaculture, 229: 389 - 400.

Vander Zanden M J, Rasmussen J B, 2001. Variation in δ 15N and δ 13C trophic fractionation: Implications for aquatic food web studies [J]. Limnology and Oceanography, 46 (8): 2061 - 2066.

Vassallo A, Watanabe T, Yoshizaki g, et al, 2001. Quality of eggs and spermatozoa of rainbowtrout fed an n - 3EFA deficient diet and its effect on the lipid and fatty acid components of eggs, semen and livers [J]. Fish Science, 67: 818 -827.

Vaughan E E, De Vries M C, Zoetendal E G, et al, 2002. The intestinal LABs [J]. Antonie Van Leeuwenhoek, 82 (1 - 4): 341 - 352.

Viarengo A, Canesi L, Martinez P G, et al, 1995. Pro - oxidant processes and antioxidant defence systems in the tissues of the Antarctic scallop (*Adamussium colbecki*) compared with the Mediterranean scallop (*Pecten jacobaeus*) [J]. Comparative Biochemistry and Physiology, 111 (1): 119 - 126.

Vijayan M M, Leatherland J F, 1990. High stocking density affects cortisol secretion and tissue distribution in brook charr, *Salvelinus fontinalis* [J]. Journal of Endocrinology, 124 (2): 311 - 318.

Vijayan M M, Pereira C, Grau E G, et al, 1997. Metabolic responses associated with confinement stress in tilapia: the role of cortisol [J]. Comparative Biochemistry and Physiology, Part C, 116: 89 - 95.

Villasante A, Patro B, Chew B, et al, 2015. Dietary intake of purple corn extract reduces fat body content and improves antioxidant capacity and n - 3 polyunsaturated fatty acid profile in plasma of rainbow trout, *Oncorhynchus mykiss* [J]. Journal of the world aquaculture society, 46 (4): 381 - 394.

Wang J T, Liu Y J, Tian L X, et al, 2005. Effect of dietary lipid level on growth performance, lipid deposition, hepatic lipogenesis in juvenile cobia (*Rachycentron canadum*) [J]. Aquaculture, 249: 439 - 447.

Wang W N, Wu J, Su S J, 2008. Effects of salinity stress on antioxidant enzymes of *penaeus monodon* of two different life stages [J]. Comparative Biochemistry and Physiology, Part C, 148 (4): 466.

Wang X J, Kim K W, Bai S C, et al, 2003. Effects of the different levels of dietary vitamin C on growth and tissue ascorbic acid changes in parrot fish (*Oplegnathus fasciatus*) [J]. Aquaculture, 215 (1): 203 - 211.

Wassef E A, Wahbi O M, Shalaby S H, 2012. Effects of dietary vegetable oils on liver and gonad fatty acid metabolism and gonad maturation in gilthead seabream (*Sparus aurata*) males and females [J]. Aquaculture International, 20 (2): 255 -281.

Watanabe T, Kitajima C, Fujita S, 1983. Nutritional values of live organisms used in japan for mass propagation of fish: a review [J]. Aquaculture, 34: 115 - 143.

Watanabe T, Takeuchi T, Saito M, et al, 1984. Effect of low protein - high calorie or essential fatty acid deficiency diet on reproduction of rainbow trout [J]. Nippon Suisan Gakkaishi, 50 (7): 1207 - 1215.

Watanabe T, Vassallo - Agius R, 2003. Broodstock nutrition research on marine finfish in Japan [J]. Aquaculture, 27 (1 - 4): 35 - 61.

Watanabe T, 1982. Lipid nutrhion in fish Comp [J]. Biochemistry and Physiology, 73B: 3 - 15.

Watanabe T, 1993. Importance of doeosaheeuoic acid in marine larval fish [J]. World aquaculture society, 24: 152 - 161.

Watts M, Pankhurst N W, Sun B, 2003. Vitellogenin isolation, purification and antigenic cross reactivity in three teleost species [J]. Comparative Biochemistry and Physiology (Part B), 134 (3): 467 - 476.

Weakleyd J C, Claiborneb J B, Hyndman K A, et al, 2012. The effect of environmental salinity on H^{+} efflux in the euryhaline barramundi (*Lates calcarifer*) [J]. Aquaculture, 338 - 341: 190 - 196.

Winston G W, Di Giulio R T, 1991. Prooxidant and antioxidant mechanisms in aquatic organisms [J]. Aquatic Toxicology, 19 (2): 137 - 161.

Wu F C, Ting Y Y, Chen H Y, 2002. Docosahexaenoic acid is superior to eicosahexaenoic acid as the essential fatty acid for growth of grouper, *Epinephelus malabaricus* [J]. Journal of Nutrition, 132: 72 - 79.

Xing M X, Hou Z H, Qu Y M, et al, 2014. Enhancing the culturability of bacteria from the gastrointestinal tract of farmed adult turbot *Scophthalmus maximus* [J]. Chinese Journal of Oceanology and Limnology, 32: 316 – 325.

Yamada U, 1986. Fishes of the East China Sea and the Yellow Sea [M]. Nagasaki: Seikai National Fisheries Research Laboratory: 280 – 283.

Yamaguchi T, Fuchs B M, Amann R, et al, 2015. Rapid and sensitive identification of marine bacteria by an improved in situ DNA hybridization chain reaction (quick HCR – FISH) [J]. Systematic and Applied Microbiology, 38 (6): 400 –405.

Yang Q H, Tan B P, Dong X H, et al, 2015. Effects of different levels of Yucca schidigera extract on the growth and nonspecific immunity of Pacific white shrimp (*Litopenaeus vannamei*) and on culture water quality [J]. Aquaculture, 439: 39 – 44.

Yang W K, Hseu J R, Tang C H, et al, 2009. Na^+/K^+ – ATPase expression in gills of the euryhaline sailfin molly, *Poecilia latipinna*, is altered in response to salinity challenge [J]. Journal of Experimental Marine Biology and Ecology, 375 (1 – 2): 41 – 50.

Yin F, Dan X M, Sun P, et al, 2014. Growth, feed intake and immune responses of orange – spotted grouper (*Epinephelus coioides*) exposed to low infectious doses of ectoparasite (*Cryptocaryon irritans*) [J]. Fish and Shellfish Immunology, 36 (1): 291 – 298.

Yin F, Peng S M, Sun P, et al, 2011. Effects of low salinity on antioxidant enzymes activities in kidney and muscle of juvenile silver pomfret *Pampus argenteus* [J]. Acta Ecologica Sinica, 31 (1): 55 – 60.

Yoshioka T, Wada E A, 1994. Stable isotope study on seasonal food web dynamics in a eutrophic lake [J]. Ecology, 75 (3): 835 – 846.

Zakeri M, Kochanian P, Marammazi J G, et al, 2011. Effects of dietary n – 3 HUFA concentrations on spawning performance and fatty acids composition of broodstock, eggs and larvae in yellowfin sea bream, *Acanthopagrus latus* [J]. Aquaculture, 310 (3 – 4): 388 – 394.

Zamal H, Ollevier F, 1995. Effect of feeding and lack of food on growth, gross biochemical and fat acid composition of juvenile catfish [J]. Journal of Fish Biology, 46: 404 – 414.

Zapata A, Diez B, Cejalvo T, et al, 2006. Ontogeny of the immune system of fish [J]. Fish and shellfish Immunology, 20 (2): 126 – 136.

Zhang Q, Ma H M, Mai K S, et al, 2010. Interaction of dietary *Bacillus subtilis* and fructooligosaccharide on the growth performance, non – specific immunity of sea cucumber, *Apostichopus japonicas* [J]. Fish and Shellfish Immunology, 29: 204 – 211.

Zhang Q, Yu H R, Tong T, et al, 2014. Dietary supplementation of Bacillus subtilis and fructooligosaccharide enhance the growth, non – specific immunity of juvenile ovate pompano, *Trachinotus ovatus* and its disease resistance against *Vibrio vulnificus* [J]. Fish and Shellfish Immunology, 38: 7 – 14.

Zhao F, Dong Y, Zhuang P, et al, 2011. Genetic diversity of silver pomfret (*Pampus argenteus*) in the Southern Yellow and East China Seas [J]. Biochemical Systematics and Ecology, 39 (2): 145 – 150.

Zhou X, Tian Z, Wang Y, et al, 2010. Effect of treatment with probiotics as water additives on tilapia (*Oreochromis niloticus*) growth performance and immune response [J]. Fish Physiology and Biochemistry, 36 (3): 1573 – 5168.

Zimmer A M, Barcarolli I F, Wood C M, et al, 2012. Waterborne copper exposure inhibits ammonia excretion and branchial carbonic anhydrase activity in euryhaline guppies acclimated to both fresh water and seawater [J]. Aquatic Toxicology, 122 – 123 (15): 172 – 180.

Zokaeifar H, Balcázar J L, Saad C R, et al, 2012. Effects of Bacillus subtilis on the growth performance, digestive enzymes, immune gene expression and disease resistance of white shrimp, *Litopenaeus vannamei* [J]. Fish and Shellfish Immunology, 33: 683 – 689.

Zoral M A, Futami K, Endo M, et al, 2017. Anthelmintic activity of Rosmarinus officinalis against *Dactylogyrus minutus* (Monogenea) infections in *Cyprinus carpio* [J]. Veterinary Parasitology, 247: 1 – 6.

Zuo R T, Ai Q H, Mai K S, et al, 2012. Effects of dietary n – 3 highly unsaturated fatty acids on growth, nonspecific immunity, expression of some immune related genes and disease resistance of large yellow croaker (*Larmichthy scrocea*) following natural infestation of parasites (*Cryptocaryon irritans*) [J]. Fish and Shellfish Immunology, 32 (2): 249 –258.

Zuo R T, Mai K S, Xu W, et al, 2015. Dietary ALA, but not LNA, increase growth, reduce inflammatory processes, and increase anti – oxidant capacity in the marine finfish *Larimichthys crocea* [J]. Lipids, 50 (2): 149 – 163.

图书在版编目（CIP）数据

银鲳繁育理论与养殖技术／彭士明，施兆鸿主编.
—北京：中国农业出版社，2018.12
ISBN 978-7-109-24878-6

Ⅰ.①银… Ⅱ.①彭… ②施… Ⅲ.①鲳属-海水养
殖 Ⅳ.①S965.331

中国版本图书馆 CIP 数据核字（2018）第 260244 号

中国农业出版社出版
（北京市朝阳区麦子店街 18 号楼）
（邮政编码 100125）
责任编辑　王金环　郑　珂

北京通州皇家印刷厂印刷　　新华书店北京发行所发行
2018 年 12 月第 1 版　　2018 年 12 月北京第 1 次印刷

开本：889mm×1194mm　1/16　印张：19　插页：2
字数：650 千字
定价：138.00 元
（凡本版图书出现印刷、装订错误，请向出版社发行部调换）

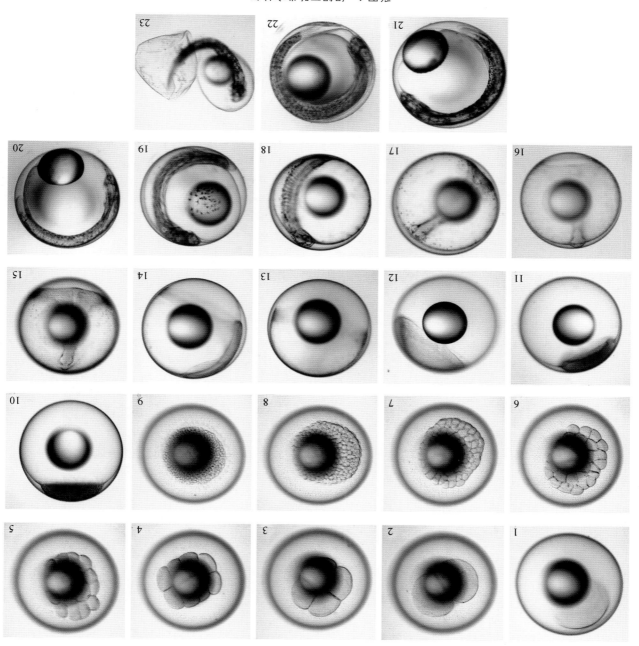

彩图1　拟鲩胚胎发育特征

1. 胚盘隆起　2. 2细胞期　3. 4细胞期　4. 8细胞期　5. 16细胞期　6. 32细胞期　7. 64细胞期
8. 多细胞期　9. 桑椹期　10. 囊胚期　11. 低囊胚期　12. 原肠早期　13. 原肠中期　14. 原肠末期
15. 眼囊期　16. 胚孔封闭期　17. 肌节出现期　18. 尾芽形成期　19. 尾芽期　20. 心脏期
21. 耳石花纹期　22. 孵化期　23. 初孵仔鱼

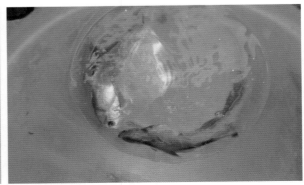

彩图3 银鲳亲鱼

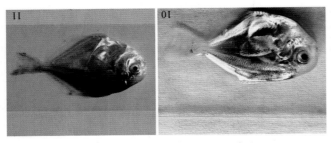

彩图2 银鲳仔、稚、幼鱼形态发育特征

1.初孵仔鱼　2.0.5d仔鱼　3.1d仔鱼　4.2d仔鱼　5.3d仔鱼　6.7d仔鱼
7.15d稚鱼　8.25d稚鱼　9.40d稚鱼　10.50d幼鱼　11.60d幼鱼

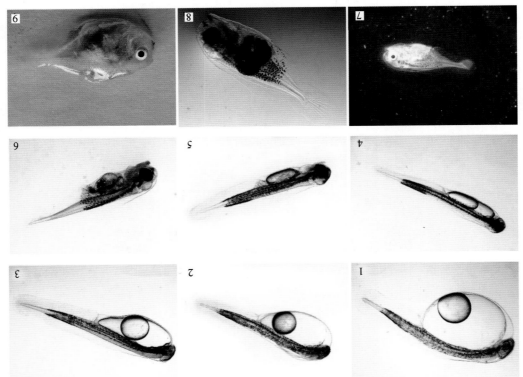

彩图 4　银鲳人工催产注射

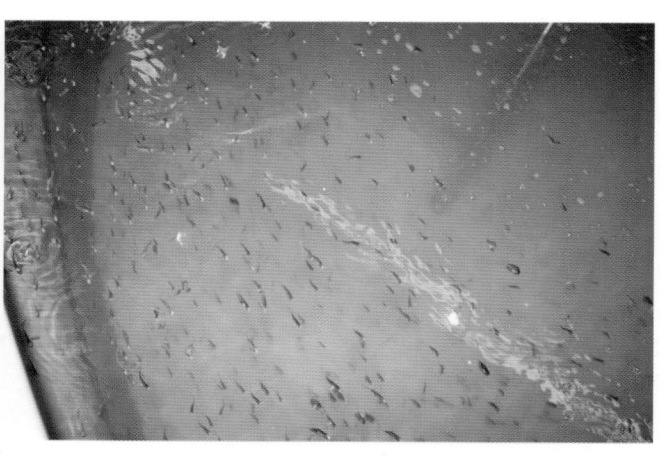

彩图 5　银鲳苗种

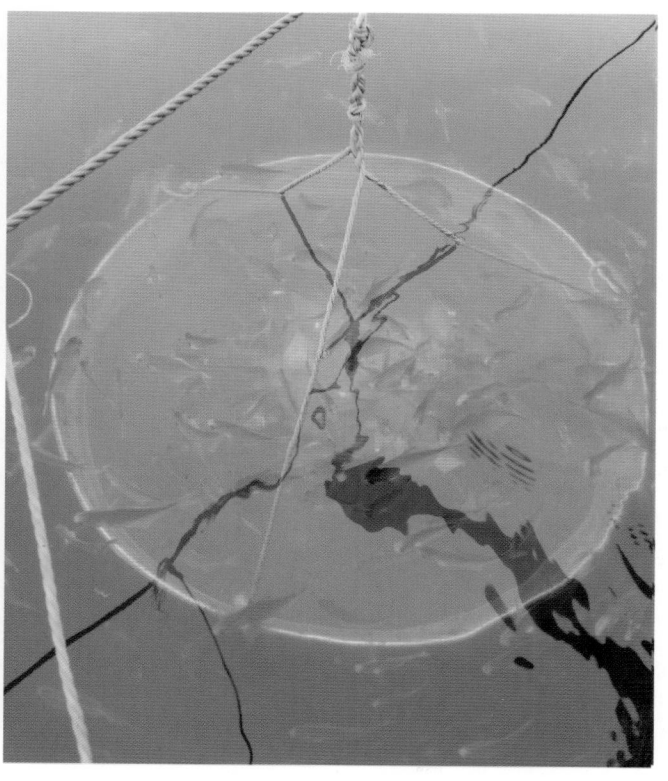

彩图 6　银鲳摄食

彩图 7　银鲳人工育苗车间

彩图 8　银鲳工厂化养殖车间

彩图 9　银鲳池塘养殖——度夏　　　　　　彩图 10　银鲳池塘养殖——越冬

彩图 11　过度应激导致银鲳死亡的典型症状（头部充血，脱鳞）

彩图 12　银鲳肠道气泡堆积（左图苗种，右图成鱼）